普通高等教育“十四五”规划教材
生物科学类专业系列教材

微生物学

第2版

王伟东　洪坚平　主编

中国农业大学出版社
·北京·

内 容 简 介

本书系统全面地介绍了微生物的概念、微生物的结构与功能、营养、代谢、生长与调控、遗传育种、免疫、微生物生态、微生物的分类与鉴定、微生物与环境保护、微生物在农业上的应用等，适合作为普通高等院校农林类院校本科生教材，也可作为研究生教育、其他从事生命科学和工程相关工作的科研人员的参考书，还可供对微生物知识感兴趣的读者阅读。

图书在版编目(CIP)数据

微生物学 / 王伟东，洪坚平主编. --2 版. --北京：中国农业大学出版社，2024.1
ISBN 978-7-5655-3126-2

Ⅰ.①微… Ⅱ.①王…②洪… Ⅲ.①微生物学－高等学校－教材 Ⅳ.①Q93

中国国家版本馆 CIP 数据核字(2023)第 248830 号

书　名　微生物学　第 2 版
Weishengwuxue
作　者　王伟东　洪坚平　主编

策划编辑　赵　艳　　**责任编辑**　赵　艳
封面设计　郑　川　李尘工作室
出版发行　中国农业大学出版社
社　址　北京市海淀区圆明园西路 2 号　　**邮政编码**　100193
电　话　发行部 010-62733489，1190　　读者服务部 010-62732336
编辑部 010-62732617，2618　　出　版　部 010-62733440
网　址　http://www.caupress.cn　　**E-mail**　cbsszs@cau.edu.cn
经　销　新华书店
印　刷　河北虎彩印刷有限公司
版　次　2024 年 2 月第 2 版　2024 年 2 月第 1 次印刷
规　格　210 mm×285 mm　16 开本　19.25 印张　570 千字
定　价　60.00 元

第2版编审人员

主　　编　王伟东（东北林业大学）

　　　　　　洪坚平（山西农业大学）

副 主 编（按姓氏拼音排序）

　　　　　　马金成（华南农业大学）

　　　　　　王　冰（山东农业大学）

　　　　　　王秀然（吉林农业大学）

　　　　　　徐开未（四川农业大学）

参　　编（按姓氏拼音排序）

　　　　　　董　浩（吉林农业大学）

　　　　　　韩晓丽（山西农业大学）

　　　　　　洪艳华（黑龙江八一农垦大学）

　　　　　　李　毅（山西农业大学）

　　　　　　李明聪（山东农业大学）

　　　　　　刘　凯（山东农业大学）

　　　　　　刘丽英（山东农业大学）

　　　　　　宋　鹏（河南科技大学）

　　　　　　王海洪（华南农业大学）

　　　　　　张宝俊（山西农业大学）

　　　　　　周　波（山东农业大学）

主　　审　王世伟（西北大学）

第1版编写人员

主　　编　王伟东（黑龙江八一农垦大学）

洪坚平（山西农业大学）

副 主 编　（按姓氏拼音排序）

王海洪（华南农业大学）

王秀然（吉林农业大学）

徐开未（四川农业大学）

周　波（山东农业大学）

参　　编　（按姓氏拼音排序）

董　浩（吉林农业大学）

韩晓丽（山西农业大学）

梁利宝（山西农业大学）

刘　凯（山东农业大学）

刘丽英（山东农业大学）

宋　鹏（河南科技大学）

张　瑶（山东农业大学）

张宝俊（山西农业大学）

第2版前言

本教材第1版由王伟东、洪坚平两位教授主编，于2015年出版，经过多年的使用，得到了全国许多单位的大力支持和肯定。微生物学是当今生命科学中发展最为迅速，并且对其他学科影响很大，对人类的生活及生产有着深远影响的学科之一，无论是基础研究还是应用研究，近年来都取得了较大的进展。因此，为了适应新形势下新农科人才培养的需求，使读者对当前的微生物学有进一步的全面了解，我们有必要对教材进行修订。

党的二十大报告提出，全面贯彻党的教育方针，落实立德树人根本任务，培养德智体美劳全面发展的社会主义建设者和接班人。因此，本次修订在继续坚持原教材“加强基础，拓宽专业面，重视应用”原则的基础上，吸纳了近年来国内外本学科研究发展的新动态、新成果、新知识、新方法，紧密结合我国的生产实践，在内容上进行了更新和完善，同时结合我国在微生物发展历史和教学科研的成果，将思政元素进行有机融合。

在章节编排上沿用了第1版的编写顺序，但对各章节的内容进行了必要的调整：剔除或简化了第1版中与其他课程重复的内容；删除并更新了第1版中一些不适当或者过时的说法，明确了一些含糊不清的信息；在内容上突显了微生物学知识进一步与农业生产结合，更新了农业微生物生物技术的应用、微生物与能源、微生物与环境保护三章内容；更新了第2章古菌部分最新研究进展。为帮助读者更好地学习，每章章首统一编写了内容提示、教学目标，章尾设置了本章小结、复习思考题。希望通过微生物学的学习，不仅使学生能够全面系统地掌握微生物学的基本知识和基本实验技能，而且了解微生物在农业、生物工程、医学、工业发酵、环境保护、航天科学和海洋科学等方面的重要作用，并能够运用所学的知识解决生产实践和日常生活中遇到的与微生物学相关的问题。

参与本次修订的老师为原班人员并增加了部分推荐人员，均为国内农林院校和综合性高等院校的老师，他们多年从事微生物学教学和科研工作，有着丰富的教学和科研经验，保证了本教材修订顺利完成。编写分工如下：第1章由董浩编写，第2章由洪坚平、王伟东、洪艳华编写，第3章由刘丽英编写，第4章由宋鹏编写，第5章由徐开未编写，第6章由王海洪、马金成编写，第7章由韩晓丽编写，第8章由刘凯编写，第9章由张宝俊编写，第10章由王秀然编写，第11章由王冰编写，第 12 章由周波编写，第 13 章由李明聪编写，第 14 章由李毅编写。全书由王伟东负责统稿和定稿工作，西北大学王世伟教授对全书进行了审读。

本书的编写得到了参编院校领导和同事的支持，深圳大学李猛教授对第 3 章编写给予了指导和帮助，中国农业大学出版社对本书的编写和出版给予了支持，在此一并表示真诚的感谢！本书编写参阅了很多参考文献，并引用了很多文献中的图片和表格，在此对原作者表示诚挚的谢意！

由于编者水平有限，书中难免有不足和疏漏之处，敬请读者批评指正，以便于我们及时修订。

编　者
2023 年 5 月

第1版前言

微生物学是一门古老而又年轻的学科，发展到现在已经有几千年的历史，是与人类关系最密切的学科之一。微生物学是生物科学的基础学科，它是在个体、群体和分子水平上研究微生物的形态特征、生理代谢、遗传变异、生态分布与功能、进化分类等生命活动的基本规律，并被人类应用于与生活相关的各个领域的一门科学。随着分子生物学技术的发展，越来越多的微生物资源被人类认识、发掘，神秘的微生物世界变得越来越清晰，微生物在农业、生物工程、医学、工业发酵、环境保护、航天科学和海洋科学等方面起到至关重要的作用。因此，人类了解微生物学知识非常重要。

农林类院校与综合类院校在人才培养目标上有一定的差异，对微生物学知识理解的深度和角度不一致。本书是针对普通高等农林院校的培养目标和教学实际编写的，编写力求做到既系统全面地介绍传统知识，又引进最新的微生物学研究进展。在章节编排上遵循了一般的微生物学编写顺序，按照形态结构、营养、代谢、生长与调控、遗传变异、免疫、微生物生态和进化分类等顺序；在内容上强调了微生物与农业的结合，单独设置了农业微生物生物技术的应用、微生物与环境保护、微生物与能源3章；在第2章的古菌部分，综述了目前的最新研究进展，把古菌的门类综述为5个门类，这是一个大胆的尝试。编者希望通过微生物学的学习，不仅使学生能够全面系统地掌握微生物学的基本知识和基本的实验技能，而且了解微生物在农业、生物工程、医学、工业发酵、环境保护、航天科学和海洋科学等方面的重要作用，能够运用所学知识解决生产实践和日常生活中遇到的与微生物学相关的问题。

本书的编者是国内农业院校从事多年微生物学教学和科研工作的教师，有着丰富的教学和科研经验。编写分工如下：第1章由董浩编写，第2章由洪坚平、王伟东编写，第3章由刘丽英编写，第4章由宋鹏编写，第5章由徐开未编写，第6章由王海洪编写，第7章由韩晓丽编写，第8章、13章由刘凯编写，第9章由张宝俊编写，第10章由王秀然编写，第11章由张瑶编写，第12章由周波编写，第14章由梁利宝编写。编写过程中各位编者经过多次讨论后，由王伟东、洪坚平两位主编和周波、王海洪、王秀然、徐开未四位副主编初步统稿，最后由王伟东负责全书的统稿和定稿工作。

本书在编写过程中得到了参编院校领导和同事的支持。中国科学院微生物研究所东秀珠研究员对第2章编写给予了指导和帮助；黑龙江八一农垦大学王彦杰、高亚梅、晏磊老师对全书的校稿给予了帮助；中国农业大学出版社对于本书编写给予了大力支持。在此一并表示真诚的感谢！本书编写参阅了部分参考文献，并引用了部分文献中的图片和表格，在此对原作者表示诚挚的谢意！

由于编者水平有限，书中难免有不足和疏漏之处，敬请读者批评指正，以便于我们及时修订。

编　者
2015年4月

目　录

第1章 绪论

内容提示

本章主要介绍微生物及微生物学的定义，微生物的特点，微生物与人类生活，微生物学发展简史及微生物学的未来。

教学目标

掌握微生物的定义及范围，了解微生物与人类的关系，熟悉微生物学发展历史中的一些重要科学家及重要事件。

我们周围有大量的肉眼看不清或看不见的生物，假如用你的头发在培养基上划一划，或者在培养基上方弹一弹衣袖，大约 1 d 后，你将会发现培养基上有生长的现象，这些就是微生物。微生物与我们息息相关，无论是我们生活的外部环境还是人体内部，都存有数量庞大的微生物，它们可以帮助我们消化食物，同时也可能给我们带来疾病。

1.1 微生物与微生物学

微生物是指一群个体微小、结构简单的低等生物的总称。大体上，微生物可被分为有细胞的个体和无细胞的个体两大类。无细胞的个体主要包含行寄生生活的病毒，如禽流感病毒、猪瘟病毒等。有细胞的个体又包括原核微生物和真核微生物两类。

原核微生物的细胞核分化程度低，仅有原始的核区，没有核膜与核仁，细胞器不是很完善。这类微生物种类众多，包括细菌、放线菌、蓝细菌、立克次氏体、支原体、衣原体及古菌等。

真核微生物的细胞核分化程度较高，有核膜、核仁和染色体；细胞质内有完整的细胞器（如内质网、核糖体及线粒体等）。真核微生物主要包括真菌（酵母菌、霉菌、蕈菌）、单细胞藻类和原生动物等。

微生物学是以上述所有微生物为研究对象，从分子水平、细胞水平和群体水平上研究微生物的形态结构、生理代谢、遗传变异、生态分布和分类进化等生命活动规律的科学，其根本任务是发掘、利用有益微生物，控制、消灭有害微生物，为人类社会的进步服务。

1.1.1 微生物的特点

微生物也是生物的一种，与其他生物间具有多个共性：基本组成单位是细胞（病毒除外）；主要化学成分包括蛋白质、核酸、脂质、碳水化合物（又称“糖类”）；具有生长代谢和遗传繁殖等生理活动能力。但微生物由于个体微小，结构简单，所以又具有一些其他生命体所不具备的特性，包括：体积小、比面积大，吸收多、转化快，生长旺、繁殖快，适应强、易变异，分布广、种类多。这五大特点在理论和实践上都有极其重要的意义。

1.1.1.1 体积小、比表面积大

这一特点是微生物与其他生物相区别的关键，也是其他 4 个特点的基础。微生物的个体都相当微小，测量其大小通常用微米（μm）或纳米（nm）为单位。例如，我们熟悉的大肠杆菌（*Escherichia coli*）的大小仅为 1 μm（宽）×2 μm（长），最早发现的烟草花叶病毒（*Tobacco mosaic virus*，TMV）大小仅为 15 nm（宽）×300 nm（长），因此想要观察微生物，往往要借助于光学显微镜，甚至电子显微镜。微生物虽然体积小，但是其比表面积很大。比表面积是指某物体单位体积所占有的表面积，即：比表面积＝表面积/体积。物体的体积越小，其比表面积就越大。例如，直径为 1 μm 的细菌，比表面积为 6；而直径为 10 μm 的真核细胞，其比表面积只为 0.3，二者相差 20 倍。微生物的比表面积大，所以微生物与外界环境的接触面大，同时与外界环境进行物质和能量交换的机会也就越大，正是微生物有这样一个巨大的

交换平台，才赋予了微生物的其他 4 个特点。

1.1.1.2 吸收多、转化快

微生物大的比表面积必然具有较强的与环境进行信息、物质和能量交换的能力，为微生物能量的积累和代谢产物的生产提供了充分的物质基础。例如，在适宜条件下大肠杆菌每小时可消耗其自身重量 1 000～10 000 倍的乳糖。乳酸菌每小时可产生自身重 1 000 倍的乳酸。又比如，1 头 500 kg 的奶牛 24 h 生产的蛋白质约为 1 kg，同样质量的酵母在 24 h 内可生产高达 500 000 kg 的蛋白质。

微生物这种高效率的吸收转化能力具有极大的应用价值，即在自然界和人类实践中更好地发挥其超小型“活的化工厂”的作用。

1.1.1.3 生长旺、繁殖快

微生物具有极高的生长和繁殖速度，是高等动植物无法比拟的。例如在适宜的条件下大肠杆菌细胞分裂一次仅需 20 min，那么 24 h 就能繁殖 72 代，这时，由原来的 1 个细胞可繁殖到 4.722×10^{21} 个细胞，质量可达 4.722×10^{6} kg，相当于 4 000 个地球的质量。但是，由于细菌的生长与营养、空间、生活条件和代谢产物等因素密切相关，所以微生物的几何递增速度不会维持太长时间。因而，在液体培养过程中，细菌细胞的浓度一般仅达 10^{8}～10^{9} 个/mL。

在工业发酵上，微生物的快速繁殖能力有利于生产效率的提高和生产周期的缩短。当然，必须注意防止一些危害人、畜和农作物的病原微生物及会引起物品霉腐变质的有害微生物的快速繁殖。

1.1.1.4 适应强、易变异

微生物具有极强的适应性，这也是动植物无法比拟的。在长期的生物进化过程中，为了适应多变的环境条件，微生物产生了许多灵活的代谢调控机制，可产生多种诱导酶，使之具有极强的抗逆性。微生物对环境条件尤其是对普通生命体很难生存的“极端环境”(如高温、低温、高酸、高碱、高盐、高辐射、高压和高毒等)的适应能力是极为惊人的，堪称生命之最。例如，在海底火山分离物中分离得到的火网菌属(*Pyrodictium*)最适生长温度高达 105 ℃；嗜酸铁原体(*Ferroplasma oxidophilus*)可以生活在黄铁矿排出的废水环境中，其 pH 接近于 0。

微生物之所以有如此灵活多变的适应能力，与微生物个体特点密切相关。虽然微生物自发突变的频率比较低，但是由于其具有个体小、结构简单、比面积大、繁殖快、数量多等特点，在短时间内也可出现大量变异后代。对人类而言，微生物易变异的特点具有两面性。一方面，我们可以利用变异选育优良菌种。例如，青霉素生产菌产黄青霉(*Penicillium chrysogenum*)在 1943 年每毫升青霉素发酵液仅获得 20 U 青霉素，经过多年的诱变育种，生产菌株的发酵能力得到大幅度的提升，每毫升发酵液可获得 100 000 U 青霉素。另一方面，有些病原菌的易变异特性令其在抗生素的广泛应用中产生了极强的抗药性，给人类的健康带来极大的危害。例如，近些年比较流行的“超级细菌”就泛指临床上出现的多种耐药菌，如耐甲氧西林金黄色葡萄球菌(methicillin-resistant *Staphylococcus aureus*，MRSA)、抗万古霉素肠球菌(vancomycin-resistant *Enterococcus*，VRE)、耐多药肺炎链球菌(multidrug-resistant *Streptococcus pneumonia*，MDRSP)、多重抗药性结核杆菌(multidrug-resistance *Mycobacterium tuberculosis*，MDR-TB)以及碳青霉烯酶肺炎克雷伯菌(*Klebsiella pneumoniae* carbapenemase，KPC)等。随着耐多药病原菌的出现，开发适宜的替代抗感染疗法(如噬菌体、细菌素和抗体治疗等手段)成为研究的热点。

1.1.1.5 分布广、种类多

由于微生物的适应能力强，加之体积小、质量轻等特点，微生物可以达到“无孔不入”的地步。它可以生活在动植物体内外、土壤、大气、冰川、海底、盐湖、沙漠、酸性矿水和岩层，甚至油井下，在不同的生态环境中形成了特有的生态类群。

微生物种类繁多，迄今为止，我们所知道的微生物约有 20 万种，其中包括原核微生物 3 500 种，病毒 4 000 种，真菌 9 万种，原生动物和藻类 10 万种。然而，有人估计目前已知的种类只占地球上实际存在的微生物总数的 1.0%～10.0%，为人类进一步开发利用微生物资源提供了广阔的空间。随着分离培养技术的改进、分类工作的大量开展，微生物新种、新属、新科，甚至新目、新纲不断被发现。例如，微生物中较易培养的大型微生物——真菌，至今还以每年发现约 1 500 个新种的速度增加。

微生物的多样性除了物种的多样性以外，还体现在生理代谢类型、代谢产物、生态类型及遗传基因的多样性等方面。因此，微生物资源是极其丰富的。

1.1.2 微生物与人类的关系

微生物与人类社会和文明的发展有着极为密切的关系。微生物与人类关系的重要性及微生物对于人类已有文明甚至人类可持续发展所做出的贡献和潜力，都有着光辉的记录并将继续创造着新的功绩。在现代科学中，对人类健康影响最大、贡献最为突出的应该算是微生物学了。所谓的现代微生物学是一门包含许多不同专业方向的大学科，它对医学、工业、农业、生态环境、生物化学和分子生物学等的发展都有重大影响，促进了人类的进步。

1.1.2.1 微生物与农业生产

在当前的现代农业中，微生物的作用不容小视，主要表现在微生物农药、动物疫病防控、肥料、饲料和农业生物技术的发展等方面。

1. 微生物农药

微生物农药是利用微生物生命活动所产生的代谢产物来防治植物病虫害、杂草等的生物制剂，主要包括杀菌剂、杀虫剂和除草剂等。微生物杀虫剂是应用非常广泛的生物农药，占整个领域的90%以上，包括细菌杀虫剂、真菌杀虫剂和病毒杀虫剂等。细菌杀虫剂中的苏云金芽孢杆菌(*Bacillus thuringiensis*, Bt)杀虫剂是研究最深入和应用最广泛的，它能抑制150多种鳞翅目害虫，其作用机理是昆虫摄入该制剂后，全身中毒死亡。真菌杀虫剂可利用白僵菌(*Beauveria*)和绿僵菌(*Metarhizium*)等真菌与害虫的接触进而进入虫体内，达到杀虫效果。病毒杀虫剂主要利用昆虫杆状病毒来侵袭虫体，复制后在虫体中广泛传播使虫体大量死亡。相比化学药物，微生物农药选择性强，对人、畜及其他农作物和环境相对较安全，且不会产生抗性，有利于维持生态平衡。随着国家和社会对环境保护的要求越来越高，微生物农药也将在作物农药中占据越来越大的份额。

2. 微生物与动物疫病防控

科技的不断进步，促进了养殖业的快速发展。目前，养殖业正在由传统型向工厂型转变，集约化的生产方式达到了空前的高度。同时，世界经济一体化越来越明显，统一的大市场逐渐形成。在畜牧业大发展的同时，各种疫病也肆意蔓延，动物疫病已成为危害养殖业和食品公共卫生的头号大敌。以微生物为原料或者利用微生物技术制得的各种生物制品，包括细菌类疫苗、病毒类疫苗、抗毒素、抗血清及微生态制剂，对预防和治疗各种动物疫病起着关键作用。

3. 微生物肥料

微生物肥料是利用相关微生物与材料吸附混合在一起配制而成的，可利用微生物的特点，通过微生物自身的生命活动来增加土壤的肥力，提高作物的生长水平的生物制剂，也称为菌肥。菌肥的作用机理主要包括3个方面：一是调节植物生长，主要依靠微生物产生生长素等激素类物质以及多种维生素和氨基酸等，这类肥料作用后，可以调节和刺激作物的生长过程；二是提高土壤肥力，如固氮类菌肥通过固氮作用，将空气中的氮气转化为植物可以利用的有机氮肥，提高土壤中氮素的含量；三是增强植物抗性，微生物在生长代谢过程中会分泌多种抗生素和杀虫物质，同时可以诱导植物产生多酚氧化酶、过氧化物酶及苯丙氨酸解氨酶等参与植物防御反应，抑制植物病原菌的生长，减少作物疾病发生。

4. 微生物饲料

微生物饲料是指包含微生物菌体或其代谢产物的饲料或饲料添加剂。利用微生物在饲料基质中的生命活动，积累菌体数量及菌体代谢所产生的各种维生素、酶制剂、抗生素及一些中间代谢物，将饲料基质转化为集菌体蛋白质、微生物活性益生菌、生物活性小肽类氨基酸及复合酶制剂于一体的生物发酵饲料。微生物饲料不仅可以弥补常规饲料中缺乏的氨基酸等营养物质，而且通过活性菌帮助机体消化吸收饲料中的一些粗原料。微生物种类繁多，代谢旺盛，产出率高，使得利用微生物加工生产饲料，具有其他物理化学方法所不可替代的优势。在当前常规饲料成本高的环境下，发展微生物饲料潜力十分巨大，对促进畜牧业的良性发展起到了非常关键的作用。

1.1.2.2 微生物与人类健康

微生物病原菌曾经给人类带来巨大的灾难。14世纪中叶，鼠疫杆菌引起的瘟疫导致了欧洲1/3人口的死亡；16世纪前后，欧洲大规模暴发的流行性感冒波及了90%以上的欧洲人；在整个20世纪，微生物引起的传染病也始终伴随着人类，如西尼罗河热、拉沙热、脊髓灰质炎、黄热病、艾滋病、牛海绵状脑病、禽流感等；即使到了21世纪，我们仍然不断地遭受着微生物病原菌引起的疾病的威胁，如2003年的严重急性呼吸综合征(severe acute respiratory syndrome, SARS),2007 年的猪流感,2008 年的人粒细胞无形体病、手足口病(肠道病毒 *Enterovirus*, EV71),2011 年的布鲁氏菌病,2013 年的 H7N9 禽流感以及 2019 年席卷全球的新型冠状病毒肺炎(corona virus disease 2019, COVID-19)等。此外,国际微生物学会联合会以及微生物学界的研究者们也广泛认为,有强有力的证据表明,微生物可能会导致某些非传染性慢性疾病,例如某种形式的癌症或冠心病。这种新传染病的发生和旧传染病的复发与传播,也进一步推动了人们探索新的途径以防治危害人类健康的疾病。通过医疗保健战线上的"六大战役",即外科消毒手术的建立,寻找人畜重大传染病的病原菌,免疫防治法的发明和广泛应用,磺胺等化学治疗剂的普及,抗生素的大规模生产和推广,以及近年来利用工程菌生产多胺类生化药物等,使原来猖獗的细菌性传染病得到了较好的控制,天花等烈性传染病已彻底绝迹,小儿麻痹症也已基本消灭,流行性乙型脑炎等流行病也在逐步控制和消灭中。近年来,随着亚洲甲型流感病毒、肿瘤病毒、真菌毒素和细菌毒素、衣原体、支原体等研究的深入及疫苗等技术的迅猛发展,也意味着微生物技术的发展再一次取得了能够影响人类福祉与进一步保障社会平稳运行的重大突破,正因为如此,人类的健康水平和平均寿命大幅度提高。

1.1.2.3 微生物与工业发展

通过食品罐藏防腐、酿造技术的改造、纯种厌氧发酵的建立、液体深层通气搅拌大规模培养技术的创建以及代谢调控发酵技术的发明,古老的酿造技术迅速发展为工业发酵新技术;接着,又在遗传工程等高新技术的推动下,进一步发生质的飞跃,发展为发酵工程,并与遗传工程、细胞过程、酶工程和生物反应器工程一起,共同组成当代的一个高技术学科——生物工程学(biotechnology)。

我国抗生素、氨基酸、有机酸、多糖、寡糖、维生素、酿酒、酶制剂等的生产都已具有相当规模。例如,抗生素产量不断增加,质量进一步提高,品种逐渐增多,发酵单位也稳步上升,产品的产量居世界首位,远销世界各国。我国的一步发酵法生产维生素 C 和十五碳二元酸生产新工艺,以及十二碳二元酸及其衍生物工业化生产技术等都达到了国际先进水平。我国成功地以薯干和废糖蜜为原料,用微生物发酵法生产味精、柠檬酸、甘油、有机酸等,产量高,质量好。许多产品结束了依赖进口的局面。尤其是利用发酵法生产酶制剂,在我国属于新兴工业,促进了酿酒、食品、印染、制糖、纺织、皮革等行业的发展,不仅仅提高了产量,更主要的是提高了产品质量。利用微生物法勘探石油和天然气,提高了原油采收率,并创造了多种微生物采油工艺,应用范围不断扩大。

1.1.2.4 微生物与环境保护

1. 生态系统中的"清道夫"

在我们日常生活中,经常会遇到一些食品和物品变质、发霉等问题,这就是微生物的分解作用。微生物的这种作用虽然会给我们带来一些麻烦,但对于整个生态系统来说,却是必不可少的。微生物通过分解动植物的残体来获得能量和养料合成自身生长所必需的物质。微生物可以把地球上所有死亡的动植物残体清扫得干干净净,将各个有机体转变为生产者所需要的元素还回到地球中,所以,我们把微生物看作是生态系统中的"清道夫"。微生物的分解作用是地球上生命得以持续发展、不断进化的原动力之一。

2. 对污染物的抗性与降解

微生物个体微小,代谢能力强,容易变异,它们比其他生物更容易适应复杂多变的环境。当环境某些条件发生变化时,例如有一些新的化合物出现时,某些微生物能不断变异以适应这种变化,它们会产生新的突变株来适应新环境。所以,这些特征使微生物更容易处理降解污染物。同时,许多微生物也可以对一些生物外源性物质进行化学转化,使其转变成毒性较小或者更适合其他微生物降解的小分子化合物。

3. 废弃物的生物处理

目前,人类的生产活动,导致环境污染越来越严重,针对环境污染的问题和不同的环境污染类型,有多种多样的处理办法。主要包括:化学法、物理法和生物法。这 3 类方法可以结合使用,但是由于化学法和物理法的成本高,投资大以及二次污染等问题,使生物法越来越被重视。生物法指利用微生物的代谢活动来处理各种废弃物的过程。例如对于城市垃圾的处理,可以引进生物处理工艺,即在处理系统中引入特定功能的微生物进行好氧处理,加速发酵过程,厌氧发酵处理的同时还可以收集沼气。对于废水可以采用悬浮细胞法、活性污泥法及生物膜法等进行处理。

1.1.3 微生物学及其研究内容

微生物学(microbiology)是生物学的一个分支学科,它是研究微生物及其生命活动规律和应用的科学。它是在群体、细胞或分子水平上研究微生物的形态结构、生理代谢、遗传变异、生态分布和分类进化等生命活动的基本规律,并将其应用于工业发酵、医疗卫生、环境保护和生物工程等领域。

微生物学经历了一个多世纪的发展,研究领域不断拓宽并逐步涌现出大量的分支学科。现根据研究对象与任务等的不同,将微生物学简单地归为以下几类。

(1)根据研究对象的类群的不同　微生物学可分为:细菌学、真菌学、病毒学、藻类学、原生动物学、自养菌生物学和厌氧菌生物学等。

(2)根据研究微生物生命活动的基本规律　微生物学可分为:总学科为普通微生物学,其分支学科有微生物形态学、微生物分类学、微生物生理学、微生物生物化学、微生物遗传学、微生物资源学、微生物细胞生物学及分子微生物学等。

(3)根据应用领域的不同　微生物学可分为:总学科为应用微生物学,其分支学科包括工业微生物学、农业微生物学、石油微生物学、医学微生物学、药用微生物学、诊断微生物学、兽医微生物学、卫生微生物学、食品微生物学、乳品微生物学及抗生素学等。

(4)根据微生物所处的生态环境的不同　微生物学可分为:环境微生物学、土壤微生物学、海洋微生物学、水生微生物学、地质微生物学、宇宙微生物学及微生态学等。

此外,随着微生物学与其他学科之间的交叉与融合,促进了一些新的分支学科的形成与发展,如分析微生物学、化学微生物学、微生物信息学、微生物地球化学、微生物化学分类学、微生物数值分类学、微生物生物工程学及微生物基因组学等。

1.2 微生物学的发展简史

今天的发现就是明天的历史。在微生物学这个活跃的研究领域,1874—1917 年被称为微生物学的黄金时代。表 1-1 中列举了一些著名的微生物学家及其成就。自 1900 年以来,每年都有与微生物学研究相关的成果荣获诺贝尔奖(表 1-2)。当你刚刚开始学习微生物学时,应该首先了解为微生物学的发展做出突出贡献的人物和事迹。大体上,微生物学的发展史可以分为 5 个时期,即感性认识时期、形态描述时期、生理学时期、生物化学时期和分子生物学时期。

表 1-1　微生物学黄金时代:早期微生物学家及其成就

年份	研究者	成就
1874	Billroth	发现链状球菌
1876	Koch	确定炭疽热的病原菌是炭疽杆菌
1878	Koch	鉴别葡萄球菌
1879	Hansen	发现麻风分枝杆菌是麻风病的致病菌
1880	Laveran 和 Ross	鉴定了疟原虫在感染者红细胞中的生活史
1880	Pasteur 和 Sternberg	从唾液中分离和培养肺炎球菌
1881	Koch	用减毒炭疽杆菌对动物免疫
1882	Leistikow 和 Loeffler	培养奈瑟氏淋病双球菌
1882	Koch	发现肺结核的病原菌是肺结核分枝杆菌
1883	Koch	鉴定霍乱弧菌是霍乱的致病菌
1883	Klebs	鉴定白喉棒杆菌是白喉的致病菌
1885	Escherich	鉴定大肠杆菌是人体肠道天然居住者
1886	Flugge	染色法鉴别细菌
1887	Bruce	鉴定羊布鲁氏菌
1887	Petri	发明了培养皿

续表 1-1

年份	研究者	成就
1889	Charrin 和 Roger	发现细菌在免疫血清中的凝集现象
1889	Kitasato	发现破伤风梭菌产生破伤风毒素
1890	Pfeiffer	鉴定了流感嗜血杆菌
1890	Von Behring 和 Kitasato	用白喉毒素对动物免疫
1892	Ivanovski	发现烟草花叶病毒的可滤性
1894	Pfeiffer	发现免疫血清的溶菌作用
1898	Shiga	发现痢疾的致病菌——志贺氏痢疾杆菌
1898	Loeffler 和 Frosch	发现口蹄疫病毒的可滤性
1899	Beijerinck	发现烟草花叶病毒在细胞内繁殖
1901	Reed 和他的同事	证明引起黄热病的病毒
1903	Remlinger 和 Riffat-Bey	证明引起狂犬病的病毒
1905	Schaudium 和 Hoffmann	证实梅毒螺旋体是梅毒的致病菌
1907	Asburn 和 Craig	证明引起登革热的病毒
1909	Flexner 和 Lewis	证明引起小儿麻痹症的病毒
1915	Twort	发现侵染细菌的病毒
1917	d'Herelle	再次独立发现侵染细菌的病毒

表 1-2　与微生物学研究相关的诺贝尔奖

年份	得奖者	研究主题
1901	Van Behring	抗白喉血清治疗法
1902	Ross	疟疾(malaria)
1905	Koch	肺结核(tuberculosis)
1907	Laveran	原生动物和疾病的发生
1928	Nicolle	斑疹伤寒症
1939	Domagk	百浪多息的抗菌作用
1945	Fleming，Chain 和 Florey	青霉素
1951	Theiler	黄热病疫苗
1952	Waksman	链霉素
1954	Enders，Weller 和 Robbins	培养脊髓灰质炎病毒
1965	Jacob，Lwoff 和 Monod	微生物的基因调控机制
1966	Rous	病毒与癌症
1969	Delbruck，Hershey 和 Luria	病毒感染活细胞的机制
1975	Baltimore，Temin 和 Dulbecco	肿瘤病毒和细胞遗传物质的相互关系
1976	Blumberg 和 Gajdusek	传染病的起源和传播新机制
1978	Smith，Nathans 和 Arber	DNA 限制性内切酶
1980	Berg	重组 DNA
1984	Milstein，Kohler 和 Jerne	免疫学
1987	Tonegawa	抗体多样性遗传学
1988	Black，Elion 和 Hitchings	药物疗法的原则
1989	Bishop 和 Varmus	癌症的遗传学基础

续表 1-2

年份	得奖者	研究主题
1990	Murray, Thomas 和 Corey	移植技术和药物
1993	Mullis	聚合酶链式反应扩增 DNA
1993	Smith	将外源片段剪接到 DNA 的方法
1993	Sharp 和 Roberts	基因的不连续性
1996	Doherty 和 Zinkernagel	免疫防御系统识别病毒感染的细胞
1997	Prusiner	朊病毒
2001	LelandHartwell, Paul Nurse 和 Timothy Hunt	细胞周期的关键分子调节机制
2002	Sydney Brenner, H. Robert Horvitz 和 John E. Sulston	以线虫生物为模型找到细胞图谱
2005	Barry J. Marshall, J. Robin Warren	幽门螺杆菌
2006	Andrew Fire 和 Craig C. Mello	发现关掉特定基因的功能
2008	Haraldzur Hausen	宫颈癌病原体
2009	Elizabeth Blackburm, Carol Greider 和 Jack Szostak	端粒酶
2011	Jules Hoffmann, Bruce Beutler 和 Ralph Steinman	发现免疫应答的"守门人"
2012	John Bertrand Gurdon 和 Shinya Yamanaka	细胞核重新编程
2013	James E. Rothman, Randy W. Schekman 和 Thomas C. Südhof	囊泡运输调控机制
2015	屠呦呦	有关疟疾治疗中的新发现
2016	Yoshinori Ohsumi	细胞自噬机制
2018	James P Allison 和 Tasuku Honjo	抑制免疫负调节的癌症疗法
2019	William G. KaelinJr, Sir Peter J. Ratcliffe 和 Gregg L. Semenza	细胞如何感知和适应氧气供应
2020	Harvey J. Alter, Michael Houghton 和 Charles M. Rice	丙型肝炎病毒
2021	David Julius 和 Ardem Patapoutian	发现温度和触觉感受器

1.2.1 感性认识时期（约 8 000 年前至 1676 年）

虽然微生物个体微小，肉眼无法看见或看清，但是人类很早就开始和微生物打交道。然而，受知识积累和技术水平的限制，当时的人们尚不知道有这样一群微小生命的存在，但这并不妨碍人类对有益微生物的利用，以提高自己的生活水平，以及采用一些必要的措施预防有害微生物的侵犯。例如，我国人民早在 4 000～5 000 年前就已能用谷物制酒，发明了制曲酿酒工艺；在甲骨文中我们也发现了一些"酒"字；北魏(386—534 年)贾思勰的《齐民要术》记载了制醋、做酱的方法，并记述了不同的轮作方式，指出豆类和谷类作物的轮作可预防植物土传病害；在医学方面，华佗(约 145—208 年)提出"割腐肉以防传染"；《左传》中记有用酿酒微生物治疗腹泻的方法；《医宗金鉴》里记载了种痘预防天花，这种方法在宋真宗时代(968—1022 年)已广泛应用。

感性认识时期是人类还未见到微生物个体之前的一段漫长的历史时期。当时人类虽然未见到微生物个体，却已与微生物频繁地打交道，并根据自己的经验在实践中开展利用有益微生物和防治有害微生物的活动，但只是长期停留在实践的低水平应用阶段。

1.2.2 形态描述时期(1676—1861 年)

形态描述时期的主要标志，就是显微镜的诞生。1665 年左右，英国科学家胡克(Robert Hooke)制造了一个复式显微镜(光通过两个透镜的显微镜)，并且用它观察到了霉菌。第一个利用显微镜观察到活的微生物体的是一位叫列文虎克(Antonie van Leeuwenhoek)(图 1-1)的荷兰布商和透镜研磨业余爱好者。列文虎克没上过大学，他最大的爱好就是磨透镜，而且技术非常好，可以使透镜放大到 300 倍，他利用自己制作的显微镜观察日常生活的每个地方，终于被他发现了一种可以动的微小生命，于是被朋友推荐，他把自己观察到的"微动体"绘图寄给英国皇家学会，推动了微生物的进一步研究。限于当时科学技术水平，在此后的两个世纪中对微生物知识的积累缓慢，一直停留在形态的描述，未能将其形态与生理活动及人类生产实践联系起来，不了解微生物的活动规律及其与人类的关系，还未形成学科。因此将这一时期称为“形态描述时期”。

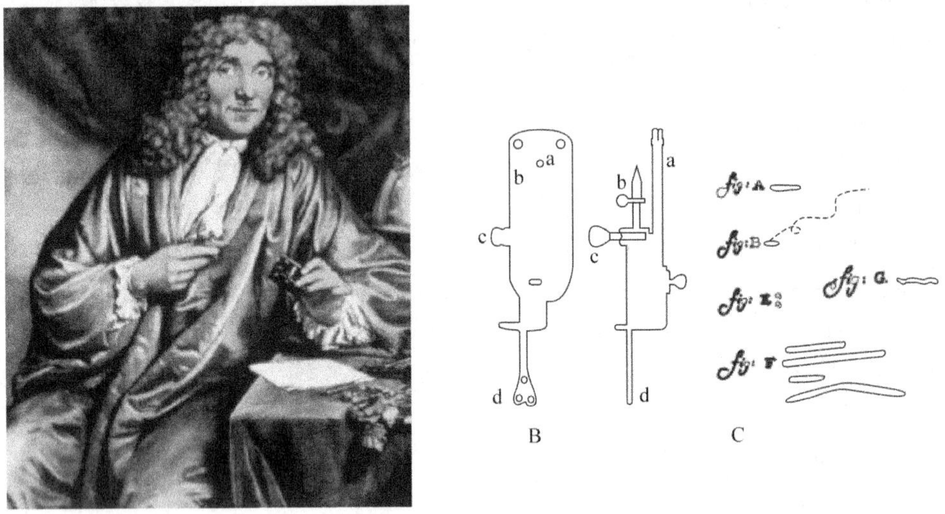

A

A. 列文虎克手持显微镜　B. 一架显微镜的组成图示：a. 透镜，b. 装样针，c 和 d. 调焦距的螺旋

C. 列文虎克绘制的来自人口腔中的细菌

图 1-1　列文虎克（1632—1723 年）和他的显微镜

（引自 Prescott，2002）

1.2.3　生理学时期（1861—1897 年）

19 世纪中期，灭菌技术和纯培养技术的诞生，标志着微生物学正式成为一门学科。很多科学家对微生物的生理活动进行了研究，并与实际生产和预防疾病联系起来，为微生物学的发展奠定了理论和技术基础。在这一时期的典型代表人物主要有法国人巴斯德（Louis Pasteur）（1822—1895 年）（图 1-2）和德国人柯赫（Robert Koch）（1843—1910 年）（图 1-3）。

图 1-2　路易斯·巴斯德（1822—1895 年）在他的实验室工作

（引自 Prescott，2002）

图 1-3　罗伯特·柯赫（1843—1910 年）在他的实验室检查样品

（引自 Prescott，2002）

巴斯德被誉为“微生物学之父”，他的主要贡献体现在以下 3 个方面：①证明了发酵是由微生物引起的，并解决了“酒病”“蚕病”等生产中的难题；②利用曲颈瓶实验彻底否定了生命自发学说；③医学上的巨大贡献——开创了免疫学学科。

同时期的另一位细菌学奠基人是德国学者柯赫，他把早年应用的马铃薯固体培养技术，改进为明胶培养技术，进而提高为琼脂平板技术（1882 年）；与他的助手们创立了显微摄影、悬滴培养及染色等一整套微生物研究方法；他首次分离出炭疽杆菌（1877 年），相继在 1882—1883 年又分离出结核杆菌、链球菌和霍乱弧菌（*Vibrio cholerae*）等病原微生物。

除了巴斯德和柯赫两人外，还有许多微生物学家也为微生物学的发展做出了突出贡献，如贝哲林克(M. Beijerinck)与维诺格拉德斯基(Winogradsky)研究了豆科植物的根瘤菌，为土壤微生物学的形成奠定了基础，并创立了加富培养技术。伊万诺夫斯基(D. Iwanowski)在1892年研究烟草花叶病时，发现感染叶片研磨过滤后的无菌滤液可引起健康烟草发病，因此发现了病毒的存在，扩大了对微生物的认识，奠定了病毒学的基础。

综上所述，生理学时期虽然只有短短的几十年，但对微生物由表及里、由外至内进行了深入的研究。这一时期无论是在微生物知识积累，还是实验技术的建立，都取得了显著的成就，是微生物学发展史上名副其实的"奠基期"。

1.2.4 生物化学时期(1897—1953年)

1897年，德国人布赫纳(E. Büchner)用酵母菌无细胞滤液进行乙醇发酵取得成功，建立了现代酶学，从而开创了微生物生物化学研究的新时代。此后，微生物生理生化代谢研究得以蓬勃发展。1929年，英国医生弗莱明(A. Fleming)发现青霉素能抑制细菌生长。此后，科学家们纷纷从微生物中寻找抗生素类物质，推动了抗生素的深入研究与利用。1944年，美国土壤微生物学家瓦克斯曼(Waksman)等筛选得到链霉素、氯霉素、四环素、金霉素等多种抗生素。抗生素工业如雨后春笋般发展起来，形成了强大的现代化产业。除医学应用外，抗生素还广泛用于动植物病害及杂草防治和食品保藏等方面。

1935年，斯坦利(W. Stanley)纯化得到烟草花叶病毒的结晶。1937年，鲍登(F. Bordon)等证实该结晶为核蛋白，它具有感染能力。此后，证明其他许多病毒的主要成分也是核蛋白。这些发现不仅为病毒病的治疗指明了方向，而且为探索生命的本质和起源提供了线索。

20世纪30年代电子显微镜的发明，突破了光学显微镜的限制，为微生物学等学科提供了重要的观察工具。1939年考施(G. Kausche)等第一次用电子显微镜观察了棒状的烟草花叶病毒。

1941年，毕德尔(G. Beadle)和塔特姆(E. Tatum)分离并研究了脉孢菌的一系列生化突变型，将遗传学和生物化学紧密结合起来，不仅促进了微生物遗传学和微生物生理学的建立，而且也促进了分子遗传学的形成。同时，也使基因和酶的关系得到阐明，提出了"一个基因一个酶"的假说，对基因的作用和本质有了进一步的了解。

1944年，艾弗里(O. Avery)等通过细菌转化实验，证明存储遗传信息的物质是脱氧核糖核酸(DNA)，第一次确切地将DNA和基因的概念联系起来，开创了分子生物学的新纪元。

1.2.5 分子生物学时期(1953年至今)

自20世纪以来，电子显微镜、同位素示踪技术的广泛应用，以及生物化学、生物物理学等边缘学科的建立都大大推动了微生物学向分子水平的发展。

1953年，沃森(Watson)和克里克(Crick)提出DNA双螺旋结构模型，是生物学革命的里程碑，从此开启了生物学研究的新篇章。特别是20世纪60年代，微生物学、遗传学与生物化学的广泛融合，促进了分子生物学的产生，使生命科学跃入了一个崭新的阶段。

微生物学的各分支学科也得以快速发展并取得一些重大成果。例如，在微生物系统学研究方面，20世纪70年代以后，通过对各大类微生物进行分子生物学研究，以及大量资料的不断累积，美国学者沃斯(Woese)(1977)利用16S rRNA基因序列分析技术发现了古菌(archaea)。它是一群生活在极端环境中的独特生命体，其细胞结构、生理生化等许多特性不同于原核生物与真核生物，因而被列为第三型生物，据此，科学家们提出了新的三原界学说。在微生物生理学方面，此阶段的研究主要集中于生物大分子如何装配成各种细胞器，并与遗传学相结合研究代谢的基因表达和调控等方面。至20世纪80年代末，固氮酶合成及活性调节已有较大突破；通过微生物遗传学研究，建立了基因重组技术；微生物生态学研究则将研究领域拓宽至宇宙空间和微生物赖以生存的微生态环境；在医学微生物研究中，科学家们发现了一些新的病原微生物如引起获得性免疫缺陷综合征(acquired immune deficiency syndrome, AIDS，简称艾滋病)的人体免疫缺陷病毒(human immunodeficiency virus, HIV)、与慢性胃炎和溃疡病有关的幽门螺杆菌(*Helicobacter pylori*)等；在工业微生物方面，新的微生物资源不断被发现与开发。例如20世纪80年代开发的阿维菌素(avermectin)因广谱、高效、低毒而被誉为"超级抗生素"，可广泛用于杀灭家畜体内外多种寄生虫和防治植物虫害等；在方法、技术上，新的理化分析技术和电子计算机的应用，使微生物学的研究由定性到定量，进而向自动控制发展。利用基因工程和聚合酶链式反应技术构建工程菌，或者从一种生物体克隆编码某种蛋白质所需的基因，由载体导入大肠杆菌或酵母细胞并表达，可获得许多常规技术或天然来源无法得到的微生物产物。

进入 21 世纪以后，微生物学已经进入"组学"时代，基因组学和其他"组学"是数学、物理、化学、信息、计算机等多种学科交叉的结果；以微生物为研究模式的合成生物学更是一门新兴的交叉学科，它是工程学思想与生物学研究的充分融合，也是基因组测序技术、计算机建模及模拟技术、生物工程技术、化学合成技术等现代技术的综合和交叉。随着各学科的迅速发展和人类社会的实际需要，各学科之间的交叉和渗透将是必然的发展趋势。21 世纪的微生物学还将进一步向地质、海洋、大气、太空渗透，使更多的边缘学科得到发展。微生物学与能源、信息、材料、计算机的结合也将开辟新的研究和应用领域。此外，微生物学的研究方法和技术也将会在其他学科先进技术的基础上，向自动化、定向化和定量化发展。

综上所述，微生物学发展史是一部远远没有完成的书，它对人类的贡献将会不断延续。微生物世界是一个十分广阔的天地，微生物学不仅有辉煌的过去和现在，更会有更加灿烂的未来。

1.3 微生物学的未来

微生物学已深刻地影响着人类社会和生命科学的发展，其对于人类面临的新发和复发传染病威胁以及发展高效而不破坏环境的工业技术都是需要的。那么未来的微生物学的发展将主要集中在什么方面呢？哪些领域最有前途？我们将面临什么样的挑战呢？下面简要列举一些微生物学研究热点，以期为把握未来的微生物学发展提供一些理念。

1.3.1 传染病防控方面

新传染病不断地出现，而旧疾病的复发传播并具有破坏性。艾滋病、出血热和结核病就是新发和复发传染病的最好例证。微生物学家们必须重视这些传染病的研究（其中还存在许多未知因素）并做出阐释。

在传染病的治疗方面，抗生素的抗药性增加将是一个极为严峻的问题，特别是多重抗药性菌株的传播，使得现有抗生素在疾病治疗中失效。微生物学家需要寻找新药来对付病原体，或者寻找新的治疗途径以应对抗药性。显然这些问题的解决要多种技术的综合利用。

在致病机理的研究方面，我们虽然已经了解了部分病毒和病菌的致病机制，但仍有大部分的病原微生物的感染途径和感染机理尚不清晰，需要深入探讨和解析。

1.3.2 工农业方面

微生物在工业和环境控制中的关键作用日益凸显，我们必须学会如何以多种新的途径来利用微生物。例如，微生物能够：①作为高品质食物和其他实用产品（如工业用酶）的来源；②降解污染物和有毒废物；③用作治疗疾病和提高农业生产率的载体。此外，在防止微生物损害食品和农作物方面也显示了其重要性。

1.3.3 微生物资源、微生物生态学方面

微生物的资源开发也是值得研究的另一领域。实际上，据统计目前已经认识的微生物种群还不到地球上的 1%。我们必须研究开发新的分离技术和恰当的微生物分类方法，以及深入研究实验室还不能培养的微生物和极端微生物，发现新的微生物资源将可能引导工业制造更加进步和增强环境控制。

特殊微生物和微生物生态学的进一步研究将会有助于更好地认识微生物与非生命世界之间的相互作用。此外，这种认识还能使我们更有效地控制污染问题。同样，在微生物与高等有机体的共生关系中，微生物是必不可少的合作者，这一点将更清楚。共生关系的探讨也将有助于我们对生命世界的了解，促进植物、动物和人类健康的改善。

1.3.4 微生物基因组学

许多微生物的基因组已测序，在今后几年内，将会有更多微生物的基因组序列被测定。这些序列都将为了解基因组与细胞结构是怎样的关系提供重要信息。伴随生物信息学和计算机技术的快速发展，基因组及其功能的分析也将迅速发展。

1.3.5 微生物材料方面

由于微生物具有相对简单的特点，被认为是研

究生物学中各种基础性问题的极好材料。例如，复杂细胞结构是如何发育的，细胞相互之间如何通信，又如何应答环境？微生物群落常常呈生物被膜状生活，这些生物被膜对于医学和微生物生态学都是非常重要的。生物被膜研究刚刚起步，需要我们更深入地探讨才能较好地了解它们的本质并加以应用。总之，微生物与微生物的相互作用有待进一步探究。

最后，新发现和新技术也将使微生物学家面临严峻的挑战，他们将需要为这些事件对社会带来的正面和负面的长期影响发表全面客观的见解。总之，微生物学的未来是光明的，该学科的发展也为其甚至其他的自然科学的从事者带来良机。

本章小结

微生物是一群个体微小、结构简单的低等生物的总称。它包括原核微生物、真核微生物和病毒。微生物具有体积小、比表面积大，吸收多、转化快，生长旺、繁殖快，适应强、易变异，分布广、种类多5个特点。微生物与人类关系密切，除了给我们带来疾病等痛苦之外，更多的是在农业、工业、食品、医药等各个行业领域给我们带来利益，给我们的生活和周围环境带来深远的影响。微生物学的发展过程包括感性认识时期、形态描述时期、生理学时期、生物化学时期和分子生物学时期5个阶段，每个阶段都诞生了许多著名的科学家，创建了许多著名的理论、实验和技术，为现代微生物学的发展奠定了基础。微生物学的未来是光明的，微生物学仍将是领先的学科，也会为人类社会的进一步发展做出更为突出的贡献。

复习思考题

1. 简述微生物的定义、特点。
2. 列举微生物发展史中一些著名科学家的贡献。
3. 谈谈微生物学与人类生活的关系。

第2章

原核微生物

内容提示

本章介绍原核微生物的细胞形态、构造(包括基本结构和特殊结构)及其功能,细菌和放线菌的形态结构、繁殖方式、菌落特征及其常见类群,以及蓝细菌、支原体、立克次氏体和衣原体的形态及特点。古菌的细胞壁与细菌、真核生物细胞壁结构的区别,掌握几种主要古菌类群的生理生化特点和类群的生态功能。

教学目标

了解并掌握原核微生物细胞结构(包括基本结构和特殊结构)及其特点;掌握细菌、放线菌、蓝细菌的形态结构、繁殖方式和菌落特征并了解其常见类群;了解支原体、衣原体、立克次氏体的形态结构和繁殖方式等特征;掌握古菌的细胞形态、结构和功能特点,古菌与细菌和真核生物在形态结构及功能上的不同,了解古菌在生物界中的分类地位,熟悉古菌主要类群的生理生化特征。

2.1 细菌

细菌(bacteria)是一类结构简单、种类繁多、多以二分裂方式繁殖和水生性较强的原核生物,是微生物的一大类群,是微生物学的主要研究对象。

细菌在自然界分布广,不论在自然界,还是生物体内外,都有大量的细菌集居着。特别是在温暖、潮湿和富含有机物质的地方,各种细菌的生长繁殖和代谢均极其旺盛,并散发出一股特殊的臭味或酸败味。细菌大量繁殖时,尤其是腐败细菌常常会引起各种食物和工农业产品腐烂变质,细菌中的病原菌也会引起动植物病害,甚至夺走无数生命。

2.1.1 细菌的形态与大小

细菌是单细胞原核微生物,在一定环境条件下具有相对稳定的形态结构。常见的细菌有球菌、杆菌和螺旋菌 3 种基本形态,另外,仅少数为其他形状,如丝状、三角形、方形和圆盘形等。

细菌大小的度量单位是微米(μm,即 10^{-6} m),球菌以其直径表示,杆菌和螺旋菌以宽×长表示,螺旋菌长度则是指其可见长度而不是真正长度。

2.1.1.1 球菌

球菌(coccus)单独存在时,呈圆球形或椭圆形,直径 0.5~1.0 μm,根据其细胞分裂的方向和数目以及排列方式的不同,见图 2-1。常见的有:单球菌,细胞在一个平面上进行分裂,分裂后菌体全部散开,单独存在,如尿素小球菌;葡萄球菌,细胞在不规则平面上进行多次分裂,菌体排列无一定规则,呈葡萄状,典型菌有葡萄球菌属;四联球菌,细胞在 2 个相互垂直的平面上各分裂一次后,形成的 4 个细胞排列在一起,呈"田"字形,如四联球菌;八叠球菌,细胞在 3 个相互垂直的平面上各分裂一次,8 个新细胞排列在一起,呈立方体形,如尿素生孢八叠球菌;双球菌,细胞在一个平面上进行分裂一次后,2 个细胞不分开,成对排列,如肺炎双球菌;链球菌细胞在一个平面上多次分裂后而不分开的,排列成链状,如乳酸链球菌。

2.1.1.2 杆菌

外形为杆状的细菌称杆菌,见图 2-2。常见的有长宽接近的短杆或球杆状菌,如甲烷短杆菌属(*Methanobrevibacter*);长宽相差较大的棒杆状或长杆状菌,如枯草芽孢杆菌(*Bacillus subtilis*)、梭状杆菌(*Bacterium fusiformis*);分枝状或叉状菌,如双歧杆菌属(*Bifidobacterium*);竹节状(两端平截),如炭疽芽孢杆菌(*Bacillus anthracis*)等。

按杆菌细胞的排列方式不同则有成对的双杆菌,成链状的链杆菌,另外,常见的有栅状、"八"字状以及由鞘衣包裹在一起的丝状等多种。典型的杆菌有大肠杆菌、枯草杆菌、链杆菌、变形杆菌。

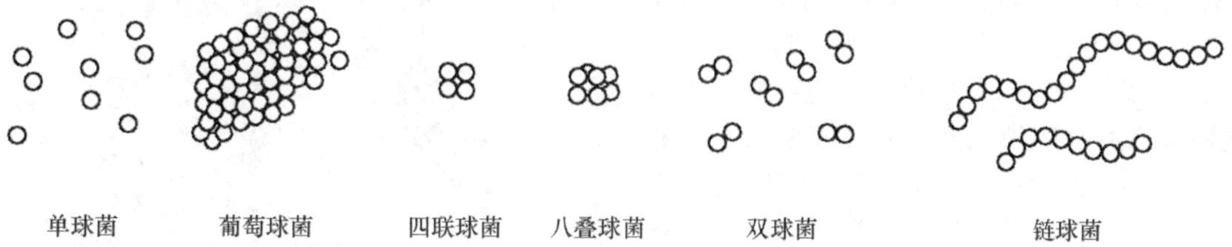

图 2-1 球菌不同排列的形态

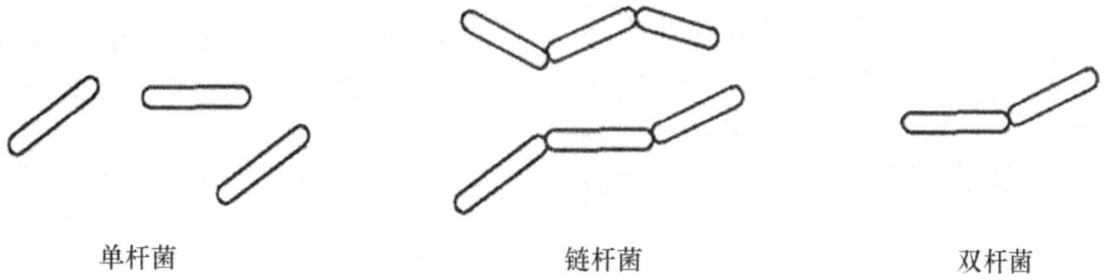

图 2-2 杆菌形态

2.1.1.3 螺旋菌

螺旋状的细菌称螺旋菌，见图 2-2。一般长 5～50 μm，宽 0.5～5 μm，根据菌体的弯曲可分为①弧菌(vibrio)：螺旋不足一环者呈香蕉状或逗点状，如霍乱弧菌(*Vibrio cholerae*)；②螺菌(spirillum)：满2～6 环的小型、坚硬的螺旋状细菌，如小螺菌(*Spirillum minor*)；③螺旋体(spirochaeta)：旋转周数多(通常超过 6 环)、体长而柔软的螺旋状细菌，如梅毒螺旋体(*Treponema pallidum*)。

2.1.2 细菌细胞的结构与功能

一般细菌都具有的结构称为基本结构，包括细胞壁、细胞膜、细胞质和核区等，而把仅在部分细菌中才有的或在特殊环境条件下才形成的结构称为特殊结构，主要是鞭毛、菌毛、荚膜和芽孢等。细菌细胞的模式构造可见图 2-3。

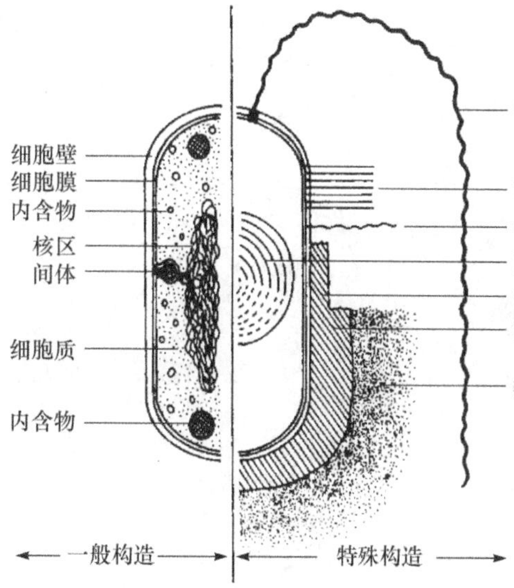

图 2-3 细菌细胞模式构造

(引自周德庆，2020)

2.1.2.1 细菌细胞的一般结构与功能

1. *细胞壁*

细胞壁是位于细胞最外的一层厚实、坚韧的外被，主要成分为肽聚糖。细胞壁的主要功能有：①固定细胞外形和提高机械强度，使其免受渗透压等外力的损伤；②为细胞的生长、分裂和鞭毛运动所必需；③阻拦大分子有害物质(某些抗生素和水解酶)进入细胞；④赋予细菌特定的抗原性以及对抗生素和噬菌体的敏感性。

由于细菌细胞既微小又透明，一般先要经过染色才能进行显微镜观察。对细菌进行的各种染色，尤以鉴别染色中的革兰氏染色法(Gram stain)最为重要。革兰氏染色法是由丹麦医生 C. Gram 于 1884 年发明的，其主要步骤为，首先将细菌经结晶紫初染，然后用媒染剂碘液处理，再用乙醇脱色，最后用番红复染。通过革兰氏染色能将细菌区分成两大类：一类最终染成紫色，称革兰氏阳性(简称 G^+)细菌，另一类被染成红色，称革兰氏阴性(简称 G^-)细菌。

(1) G^+ 细菌的细胞壁　G^+ 细菌细胞壁的特点是厚度大(20～80 nm)和化学组分简单，一般含 90%

肽聚糖和 10%磷壁酸。

肽聚糖又称胞壁质，是原核微生物细菌细胞壁中的特有成分。肽聚糖分子由肽和聚糖两部分组成，其中的肽包括四肽尾和肽桥两种，而聚糖则是由 *N*-乙酰葡糖胺和 *N*-乙酰胞壁酸两种单糖相互间隔连接成的长链。这种肽聚糖网格状分子交织成一个致密的网套覆盖在整个细胞上，由图 2-4 和图 2-5 可知，每一个肽聚糖单体由 3 部分组成：①双糖单位，由一个 *N*-乙酰葡糖胺通过 β-1,4-糖苷键与另一个 *N*-乙酰胞壁酸相连。②四肽尾（或四肽侧链，tetrapeptide side chain），由 4 个氨基酸分子按 *L*-型与 *D*-型交替方式连接而成。在金黄色葡萄球菌（*S. aureus*）中，接在 *N*-乙酰胞壁酸上的四肽尾为 *L*-Ala→*D*-Glu→*L*-Lys→*D*-Ala，其中 2 种 *D*-型氨基酸一般仅在细菌细胞壁上见到。③肽桥（或肽间桥，peptide interbridge），在 *S. aureus* 中，肽桥为甘氨酸五肽，它起着连接前后 2 个四肽尾分子的“桥梁”作用。

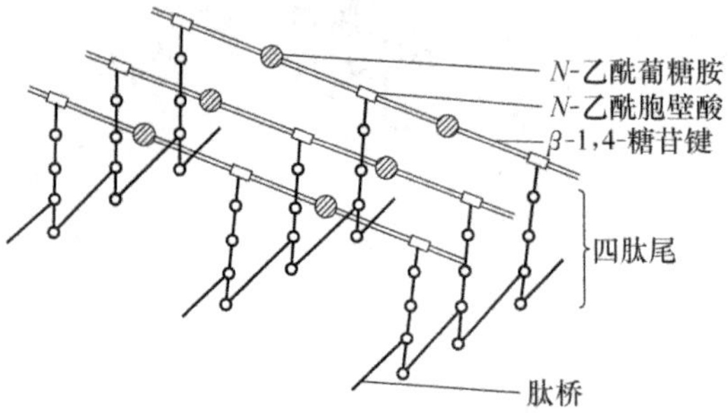

图 2-4　G⁺ 细菌肽聚糖的立体结构（片段）

（引自周德庆，2020）

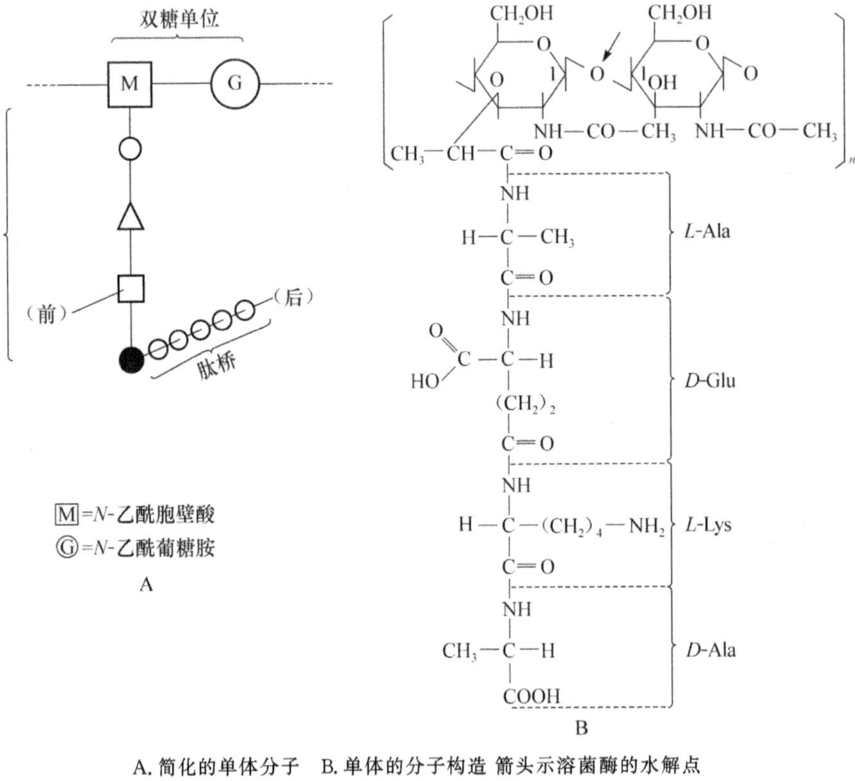

A. 简化的单体分子　B. 单体的分子构造 箭头示溶菌酶的水解点

图 2-5　G⁺ 细菌肽聚糖的单体图解

（引自周德庆，2020）

磷壁酸是结合在 G⁺ 细菌细胞壁上的一种酸性多糖，主要成分为甘油磷酸或核糖醇磷酸。磷壁酸可分为两类：一类是与肽聚糖分子进行共价结合的，称壁磷壁酸，其含量会随培养基成分而改变；另一类是跨越肽聚糖层并与细胞膜相交联的，称为膜磷壁酸或脂磷壁酸。磷壁酸的主要生理功能有：①磷壁酸带有的大量负电荷，可与环境中的 Mg^{2+} 等阳离子结合，以提高细胞膜上一些合成酶的活力；②调节细胞内自溶素的活力，可以防止细胞因自溶而死亡；③可作为噬菌体的特异性吸附受体；④G⁺ 细菌有特异的表面抗原，增强某些致病菌（如 A 族链球菌）对宿主细胞的粘连，避免被白细胞吞噬，并有抗补体的作用，因而还可用于菌种鉴定。

（2）G⁻ 细菌的细胞壁　G⁻ 细菌细胞壁的厚度

较 G^+ 细菌薄，层次较多，成分较复杂，肽聚糖层很薄（仅 2～3 nm），故机械强度较 G^+ 细菌弱，G^+ 细菌和 G^- 细菌细胞壁的区别见图 2-6。

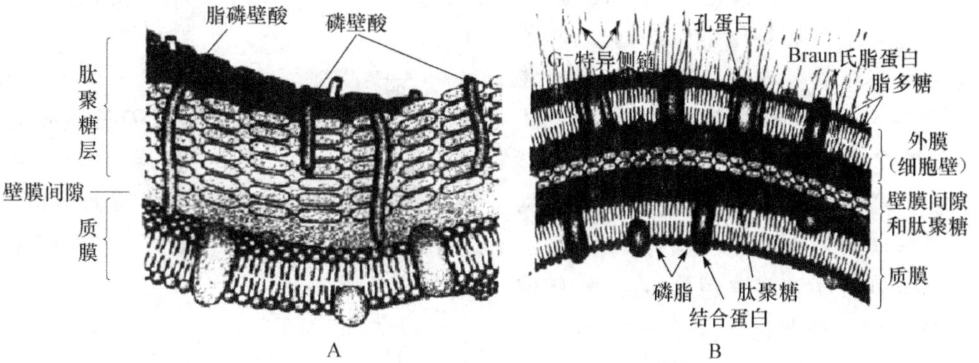

A. 革兰氏阳性细菌　B. 革兰氏阴性细菌

图 2-6　G^+ 与 G^- 细菌细胞壁的结构比较

（引自 Prescott 等，2005）

G^- 细菌肽聚糖的构造可以大肠杆菌（*E. coli*）为典型代表。其肽聚糖层埋藏在外膜脂多糖（LPS）层之内。G^- 细菌肽聚糖单体结构与 G^+ 细菌基本相同，差别仅在于：①四肽尾的第三个氨基酸分子不是 *L*-Lys，而是被一种只存在于原核生物细胞壁上的特殊氨基酸——内消旋二氨基庚二酸（m-DAP）所代替；②没有特殊的肽桥，前后两单体间的连接仅通过甲四肽尾的第四个氨基酸（*D*-Ala）的羧基与乙四肽尾的第三个氨基酸（m-DAP）的氨基直接相连，因而只形成较稀疏、机械强度较差的肽聚糖网套（图 2-7）。

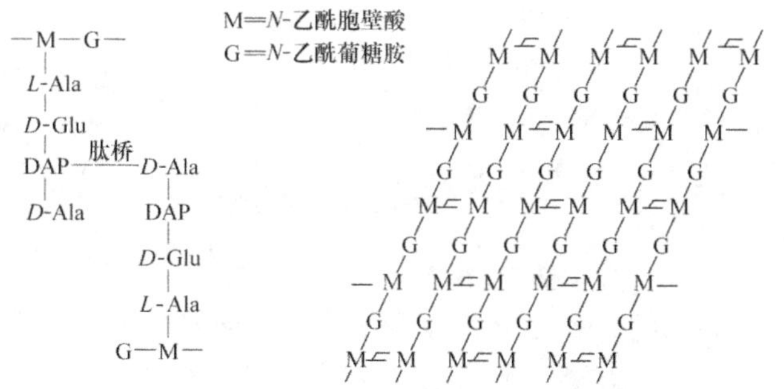

图 2-7　G^- 细菌细胞壁胎聚糖构造图

（引自周德庆，2020）

外膜（又称“外壁”）是 G^- 细菌细胞壁所特有的结构，它位于壁的最外层，化学成分为脂多糖、磷脂和若干种外膜蛋白。外膜具有控制细胞的通透性。

脂多糖是 G^- 阴性菌特有的成分，位于 G^- 细菌细胞壁最外层的一层，厚 8～10 nm，结构较为复杂，由类脂 A、核心多糖和 *O*-特异侧链（或称 *O*-多糖或 *O*-抗原）组成。脂多糖的功能有：①脂多糖中的类脂 A 是构成 G^- 细菌致病物质内毒素的物质基础；②吸附 Ca^{2+}、Mg^{2+} 等阳离子，提高这些离子在细胞表面的浓度；③决定细胞壁抗原多样性；④某些噬菌体吸附的受体；⑤可保护菌体免受溶菌酶、抗生素、染料等物质侵害。

外膜蛋白指嵌合在 LPS 和磷脂层外膜上的 20 余种蛋白，多数功能还不清楚。另有一类中间有孔道、可控制某些物质（如抗生素等）进入外膜的三聚体跨膜蛋白，称孔蛋白，有特异性与非特异性两种。

周质空间是指 G^- 细菌外膜与细胞膜间的狭窄胶质空间（12～15 nm），其中存在着多种周质蛋白，包括水解酶类、合成酶类和运输蛋白等。

（3）革兰氏染色反应的机制　革兰氏染色是微生物学鉴别染色中重要的染色方法。通过对细菌细胞壁的分析，表明革兰氏染色的反应主要与其细胞壁的结构与通透性有关，即 G^+ 和 G^- 细菌染色的区别主要是由其细胞壁化学成分的差异而引起的。G^+ 细菌通过结晶紫液初染和碘液媒染后，在其细胞膜内可形成不溶于水的结晶紫与碘的复合物，G^+ 细菌由于其细胞壁较厚、肽聚糖含量高，层次多和细胞壁间隙小而交联致密呈网状，用脱色剂乙醇(95%)处理时，肽聚糖网因失水而使网孔缩小，再加上其不含类脂，乙醇的处理不会破坏细胞结构，因此结晶紫与碘的复合物仍牢牢滞留在细胞壁内，使其保持紫色。而 G^- 细菌因其细胞壁薄、外膜层类脂含量高、肽聚糖层薄和交联度差，遇脱色剂 95%乙醇后，以类脂为主的外膜迅速溶解，这时薄而松散的肽聚糖网不能阻挡结晶紫与碘的复合物溶出，因此细胞被乙醇洗成无色。这时，再经番红等红色染料复染，就使 G^- 细菌呈现红色，而 G^+ 细菌仍保留最初的紫色。

(4)缺壁细菌　细胞壁是一切原核生物的最基本结构之一。但在自然界长期进化中或在实验室菌种自发突变的特殊情况下，都会产生少数细胞壁缺损的种类。

①L 型细菌：1935 年，英国李斯特(Lister)预防医学研究所发现的发生自发突变形成的细胞壁缺损细菌——念珠状链杆菌(*Streptobacillus moniliformis*)。其细胞膨大、对渗透压十分敏感、在固体培养基上形成"油煎蛋"似的小菌落，由于李斯特的第一个字母是 L，所以称该菌为"L 型细菌"。许多 G^+ 或 G^- 细菌在实验室或宿主体内都可产生 L 型突变。通常所说的 L 型细菌应专指那些实验室或宿主体内通过自发突变而形成的遗传性稳定的细胞壁缺损菌株。

②原生质体：指在人为条件下，用溶菌酶除净处于等渗蔗糖溶液中 G^+ 细菌的细胞壁，或用青霉素抑制新生细胞壁合成后，仅剩有一层细胞膜包裹的圆球状渗透敏感细胞。G^+ 细菌最易形成原生质体，这种原生质体除对相应的噬菌体缺乏敏感性、不能进行正常的鞭毛运动和细胞不能分裂外，仍保留着正常细胞所具有的其他正常功能。

③球状体：又称原生质球，指用溶菌酶 EDTA(乙二胺四乙酸)处理细胞时，可得到残留了部分细胞壁的原生质体。通常由 G^- 细菌形成，球状体与上述原生质体的性质相同。

④支原体(mycoplasma)：是在长期进化中形成的、适应自然生活条件的无细胞壁的原核生物，因为它的细胞膜中含有一般原核生物所没有的甾醇，所以即使缺乏细胞壁，细胞膜仍有较高的机械强度。

(5)抗酸细菌的细胞壁　抗酸细菌(acid-fast bacteria)是一类细胞壁中含有大量分枝菌酸(mycolic acid)等蜡质的特殊革兰氏阳性细菌，其疏水尾在内侧，形成一层高度有序的膜。为适应物质运送，在这层通透性极差的膜上嵌埋着许多有透水孔的蛋白质。

在抗酸细菌的细胞壁中含有约 60%类脂，肽聚糖含量则很少，故它们虽从染色反应上属于革兰氏阳性细菌，但从其类脂外壁层(相当于革兰氏阴性菌的 LPS 外膜)和肽聚糖内壁层的结构来看，又与革兰氏阴性细菌的细胞壁相似。抗酸细菌细胞壁构造的模式见图 2-8。

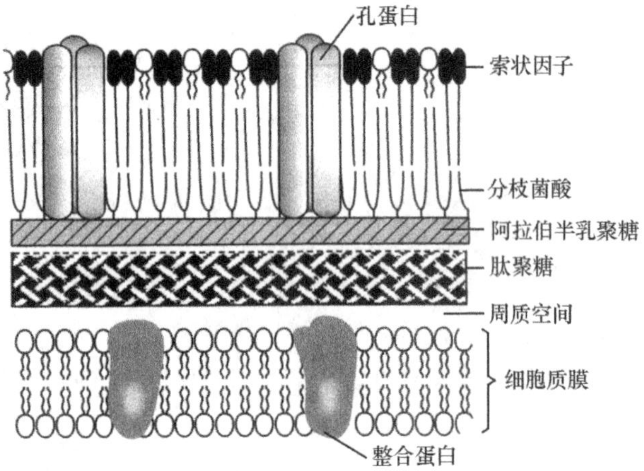

图 2-8　抗酸细菌细胞壁构造的模式

(引自沈萍和陈向东，2016)

2. 细胞膜

细胞膜又称细胞质膜、质膜，是一层紧贴在细胞壁内侧，包围着细胞质的柔软、脆弱、富有弹性的半透性薄膜，厚为 7.5～10 nm，占细胞干重的 10%～30%，由磷脂、蛋白质和少量糖类组成。用电子显微镜观察细菌的超薄切片，则可更清楚地看到细胞膜是在内外两暗色层之间夹着一浅色中间层的一种双层膜结构，这一结构称为液态镶嵌模型。可为细菌作为渗透屏障，维持细胞内正常的渗透压；能选择性地控制细胞内、外的营养物质和代谢产物的运送和交换；合成细胞壁和糖被有关成分(如肽聚糖、磷壁酸、LPS 和荚膜多糖等)的重要场所；并且参与 DNA 复制与子细胞的分裂；膜上含有与氧化磷酸化或光合磷酸化等能量代谢有关的酶系，是细胞的产能基地；是鞭毛基体的着生部位，并可提供鞭毛旋转运动所需的能量。原核生物的细胞膜上一般不含胆固醇等甾醇，其模式构造见图 2-9。

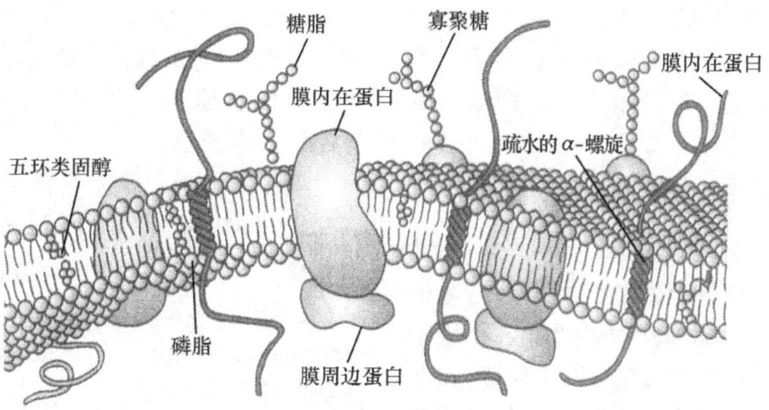

图 2-9 原核生物细胞膜的模式构造

间体(或中体)是一种由细胞膜内褶形成的一个或几个片层状、管状或囊状构造(图 2-3),多见于 G^+ 细菌。位于细胞中央的间体可能与 DNA 复制、分配及细胞分裂有关;位于细胞周围的间体可能与某些酶(如青霉素酶)分泌有关。近年来也有学者提出不同观点,总之,对于间体还应进行深入的研究。

3. 细胞质及其内含物

细胞质是指被细胞膜包围的除核区以外的一切半透明、胶体状、颗粒状物质的总称。主要成分为核糖体、蛋白质、贮藏物、酶类、中间代谢物、质粒、各种营养物质和大分子的单体等,其含水量约为 80%。少数细菌还含类囊体、羧酶体、气泡或伴孢晶体等有特定功能的细胞组分。与真核生物明显不同的是,原核生物的细胞质是不流动的。

细胞内含物是指细胞质内一些形状较大的颗粒状构造,主要包括如下 5 种。

①核糖体:又称核蛋白体,是多肽和蛋白质合成的地方。在细菌中,电子显微镜下可见游离态和或多聚态的小颗粒分布于细胞质中,沉降系数 70S,由 50S 大亚基和 30S 小亚基组成,核糖体由 RNA 和蛋白质构成,其中 RNA 60%,蛋白质 40%。

②贮藏物:一类由不同化学成分累积而成的不溶性颗粒,由单层膜包裹,主要功能是贮存营养物。一般,一种细菌只贮存一种贮藏性颗粒,常见的有:

聚-β-羟基丁酸(PHB),是细菌所特有的一种折射的、单层膜包裹的,大小变化很大的类脂性质的碳源类贮藏物,不溶于水,而溶于氯仿,可用尼罗蓝或苏丹黑染色,具有贮藏能量、碳源和降低细胞内渗透压等作用。

淀粉和糖原为葡萄糖的多聚体,是碳源和能源的贮藏物质,存在于某些肠道细菌和梭状芽孢杆菌中。遇碘液变蓝为淀粉,变红为糖原。

异染粒,又称迂回体或捩转菌素。因最初是在迂回螺菌中被发现,并可用亚甲蓝或甲苯胺蓝染成红紫色,故名。颗粒大小为 0.5 ~1.0 μm,是无机偏磷酸的聚合物,分子呈线状。一般在含磷丰富的环境中形成。具有贮藏磷元素和能量,以及降低细胞渗透压等作用。在白喉棒杆菌和结核分枝杆菌中极易见到,可用于这类细菌的鉴定。

硫滴,某些硫细菌和光合细菌在富含硫化氢的环境中,可将 H_2S 氧化成硫,呈固态硫滴累积在细胞内,当环境中缺乏硫化氢时,可提供硫素营养。

③磁小体:存在于少数水生螺菌属和嗜胆球菌属等趋磁细菌中,是细胞内 Fe_3O_4 的结晶颗粒,具有磁体性质。

④羧酶体:又称羧化体,是存在于一些自养细菌细胞内的多角形或六角形内含物,大小与噬菌体相仿,在自养细菌的 CO_2 固定中起着关键作用。

⑤气泡:是存在于许多光能营养型、无鞭毛运动水生细菌中的泡囊状内含物,其中充满气体,具有调节细胞比重,以使其漂浮在最适水层中的作用,借以获取光能、氧和营养物质。每个细胞含数个至数百个气泡,它主要存在于多种蓝细菌中。

4. 核区和质粒

核区又称核质体、原核、拟核或核基因组,指原核生物所特有的无核膜包裹、无固定形态的原始细胞核,是一条环状双链 DNA 分子高度卷曲、缠绕而成的超螺旋形态的区域。用富尔根(Feulgen)法染色,可见到菌体中紫色形态不定的核区。

质粒是指一种独立于染色体外,能自我复制并稳定遗传的共价闭合环状 DNA 分子。通常仅为染色体分子量的 1.5%～3%。质粒具有独立复制功能，同时也能复制与它相连的外来 DNA 片段，并维持多代，细菌分裂时遗传到子代中。

2.1.2.2 细菌细胞的特殊结构与功能

1. 糖被

糖被（glycocalyx）是指包被于某些细菌细胞壁外的一层厚度不定的透明胶状物质。按其有无固定层次、层次厚薄又可细分为：①荚膜，即大荚膜，较厚（约 200 nm），相对稳定附着在单个细胞壁外，有明显的外延和一定形状；荚膜的含水量很高（90%），经脱水和特殊染色后可在光学显微镜下看到；用炭黑墨水或苯胺黑对产荚膜细菌进行负染色（即背景染色），可方便地在光学显微镜下观察到荚膜。②微荚膜，较薄（<200 nm），与细胞表面结合较紧，在光学显微镜下看不到，但是血清学试验能证明其存在；③黏液层，无明显的边沿，与细胞表面结合松散，可向周围环境扩散，在液体培养基培养会增加培养基的黏度；④菌胶团，有的细菌能分泌黏液将许多细菌粘在一起，形成一定形状的黏胶物。

糖被具有如下功能：①保护作用，因其富含水分，含有大量极性基团可保护菌体免受干旱损伤，可防止噬菌体的吸附和裂解。例如，肺炎克雷伯菌（*Klebsiella pneumoniae*）的荚膜既可使其黏附于人体呼吸道并定植，还可保护它们免受宿主白细胞的吞噬。肺炎双球菌的荚膜见图 2-10。②贮藏养料，以备营养缺乏时重新利用，如黄色杆菌的荚膜等。③作为透性屏障或（和）离子交换系统，以保护细菌免受重金属离子的毒害。④表面附着作用，例如可引起龋齿的唾液链球菌（*Streptococcus salivarius*）和变异链球菌（*S. mutans*）就会分泌一种己糖基转移酶，使蔗糖转变成果聚糖，由它把细菌牢牢黏附于

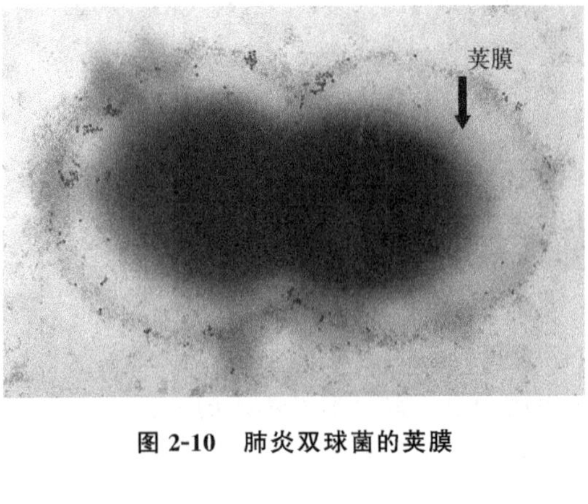

图 2-10 肺炎双球菌的荚膜

牙齿表面，这时细菌发酵糖类所产生的乳酸在局部发生累积，严重腐蚀齿表珐琅质层，引起龋齿。⑤细菌间的信息识别作用，如根瘤菌属（*Rhizobium*）。⑥堆积代谢废物。

糖被与生产实践关系密切，可用作药物和生化试剂，如肠膜明串珠菌（*Leuconostoc mestenteroides*）的糖被可提取葡聚糖以制备“代血浆”或葡聚糖生化试剂；也可用作工业原料，如野油菜黄单胞菌（*Xanthomonas campestris*）的糖被（黏液层）可提取一种用途极广的胞外多糖——黄原胶，已被用于石油开采中的钻井液添加剂以及印染和食品等工业中；可用于菌种鉴定。

2. 鞭毛

鞭毛是指生长在某些细菌细胞膜上的，穿过细胞壁伸展到菌体细胞之外的长丝状、波曲的蛋白质附属物，具有运动功能。细菌鞭毛数目因菌种而异，为一至数十条。鞭毛的有无和着生方式可用于细菌的分类和鉴定。

细菌中，所有的弧菌和螺菌、半数杆菌和少数球菌具有鞭毛。鞭毛在细胞表面的着生方式多样，如图 2-11 所示。

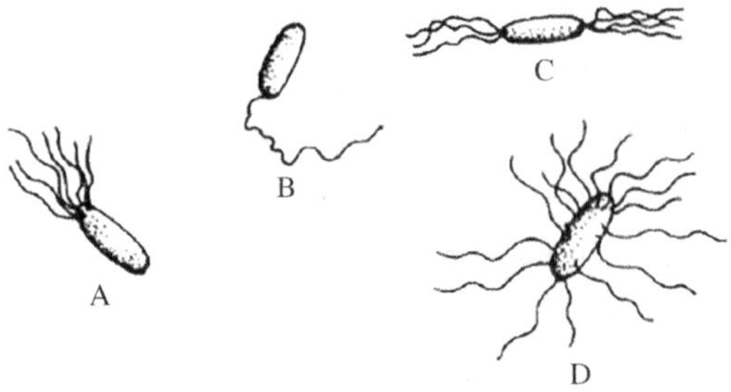

A. 偏端丛毛菌　B. 一端单毛菌　C. 两端鞭毛菌　D. 周生鞭毛菌

图 2-11 细菌鞭毛着生的示意图

（引自黄秀梨和辛明秀，2009）

鞭毛的结构：原核生物（包括古菌）的鞭毛都有共同的构造，包括基体、鞭毛钩和鞭毛丝 3 部分。

革兰氏阴性细菌鞭毛最为典型。由图 2-12 可见，G^- 细菌大肠杆菌鞭毛的基体（basal body）由 4 个称作环（ring）的盘状物组成。最外层为 L 环，它连接在细胞壁的外膜上，第二个环是与细胞壁内壁层肽聚糖上相连的 P 环，第三个环是靠近周质空间的 S-M 环（或内环），共同嵌埋在细胞质膜和周质空间上。S-M 环被 10 余个 Mot 蛋白包围成一圈，由它驱动 S-M 环的快速旋转。在 S-M 环的基部还存在

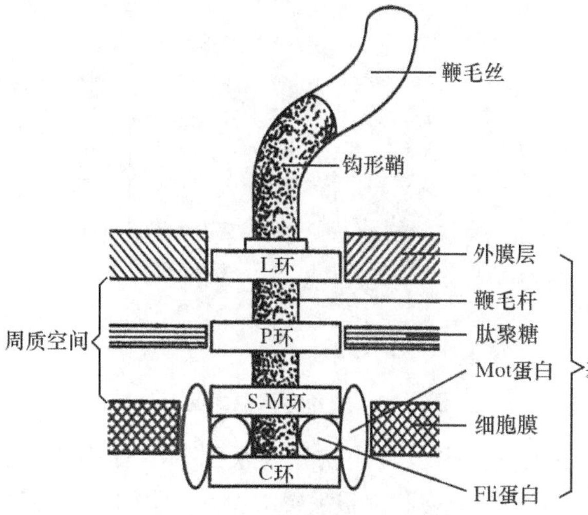

图 2-12 细菌鞭毛的结构

（引自周德庆，2020）

一个 Fli 蛋白，起着键钮的作用，它可根据细胞提供的信号令鞭毛进行正转或逆转。第四环为近年来发现的 C 环，它连接在细胞膜和细胞质的外界处。其功能与 S-M 环相同。

G^- 和 G^+ 细菌的鞭毛构造稍有区别，见图 2-13。G^+ 细菌，如枯草芽孢杆菌的鞭毛结构较简单，除其基体仅有 S 和 M 两环分别连接在肽聚糖层和细胞质膜外，钩形鞘的形状与 G^- 细菌略有不同外，其他均与 G^- 细菌相同。

鞭毛的功能：鞭毛具有推动细菌运动的功能，它们能趋向于有利环境而避开不利条件，运动使细菌对其环境中的不同物理、化学或生物因子做有方向性的应答，称为趋性。

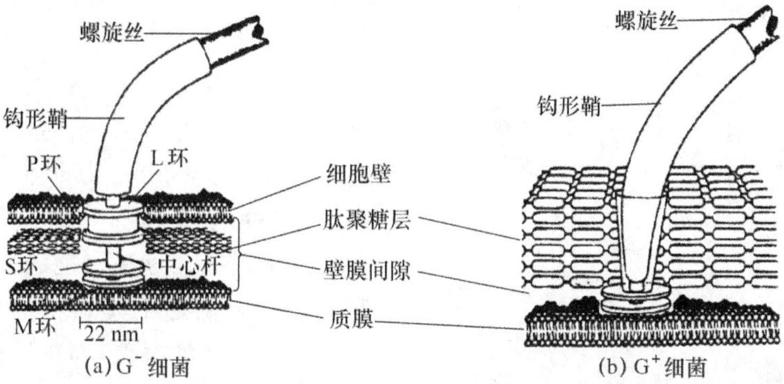

图 2-13 G^- 和 G^+ 细菌鞭毛的结构

3. 菌毛

菌毛又称纤毛、伞毛、线毛或须毛，是一种长在细菌体表的纤细、中空、短直且数量较多的蛋白质类附属物，直接着生于细胞质膜内侧的菌毛基粒上，具有使菌体附着于物体表面上的功能（图 2-14）。如淋病奈氏球菌（*Neisseria gonorhoeae*）就可借助菌毛黏附于人体泌尿生殖道的上皮细胞上，引起严重的性病。

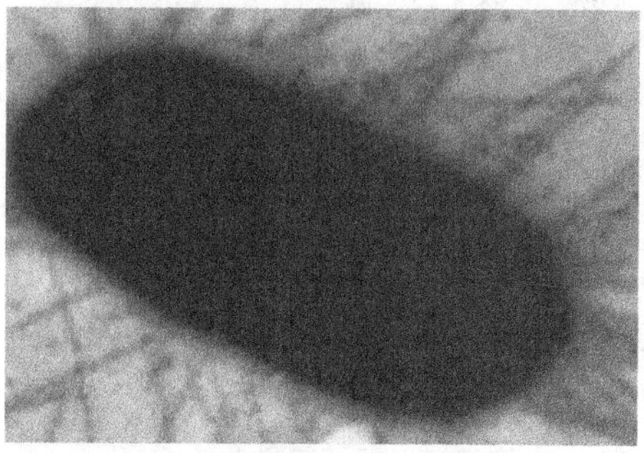

图 2-14 细菌的菌毛示意图

（引自黄秀梨和辛明秀，2020）

4. 性毛

性毛又称性菌毛，是一类特殊的菌毛，存在于大肠杆菌和肠道菌表面，构造和成分与菌毛相同。但比菌毛长，且每个细胞仅一至少数几根。一般见于 G^- 细菌的雄性菌株（供体菌）中，具有向雌性菌株（受体菌）传递遗传物质的作用，有的还是 RNA 噬菌体的特异性吸附受体。大肠杆菌性菌毛如图 2-15 所示。

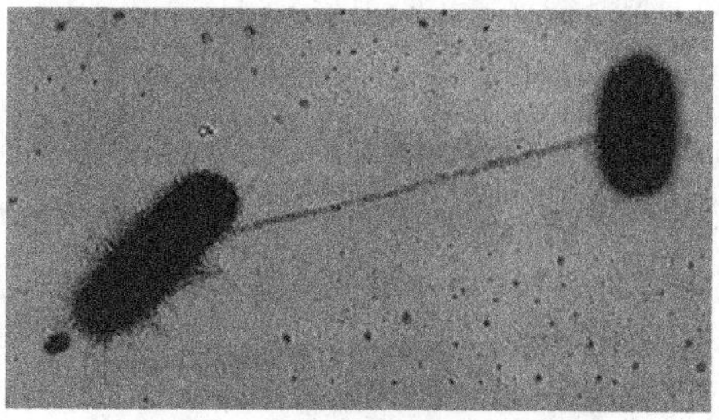

图 2-15 大肠杆菌性菌毛示意图

（引自黄秀梨和辛明秀，2020）

5. 芽孢

芽孢是指某些细菌，如芽孢杆菌或梭状芽孢杆菌在其生长发育后期，在细胞内形成圆形或椭圆形、厚壁、含水量低、折光性强、具有抗逆性的休眠体，也称内生孢子。每一个营养细胞内仅形成一个芽孢（内生孢子），故芽孢不是细菌的繁殖方式。

芽孢具有较厚的壁和高度的折光性，在光学显微镜下为一透明的小体，染色时不易着色，需要强染色剂（孔雀绿等）加热进行染色。芽孢大小和在菌体的位置因菌种而异（图 2-16），因此，细菌芽孢存在与否，其大小、形状及位置等在细菌鉴定中具有重要的意义。能产芽孢的细菌主要是 G^+ 细菌的两个属——好氧性的芽孢杆菌属（*Bacillus*）和厌氧性的梭菌属（*Clostridium*）。G^+ 球菌只有尿素生孢八叠球菌有芽孢；G^- 细菌只有脱硫肠状菌有芽孢。

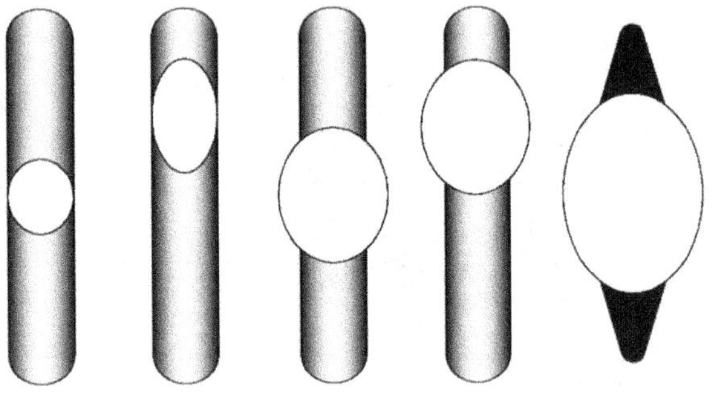

图 2-16　细菌芽孢示意图

芽孢的结构较为复杂（图 2-17）。成熟芽孢具有多层结构，由外到内依次为：①芽孢外壁，重量占芽孢干重的 2%～10%，分内外两层，厚约 25 nm，主要成分是脂蛋白及少量的氨基糖。②芽孢衣，厚约 3 nm，层数 3～15 层，主要含有疏水性的角蛋白，占芽孢干重的 50%～80%，其中半胱氨酸和疏水氨基酸含量较高。芽孢衣非常致密，对多价离子的透性差，对溶菌酶、蛋白酶、表面活性剂有很强抗性。③皮层，较厚，体积较大，占芽孢总体积 36%～60%，含特有的芽孢肽聚糖和吡啶二羧酸的钙盐（DPA-Ca），具有较强的抗热性。皮层的渗透压很高，含水量约 70%，而芽孢的平均含水量只有 40%。④芽孢核心由芽孢壁、芽孢质膜、芽孢质和芽孢核区组成。内含有核糖体和 DNA，含水量极低。

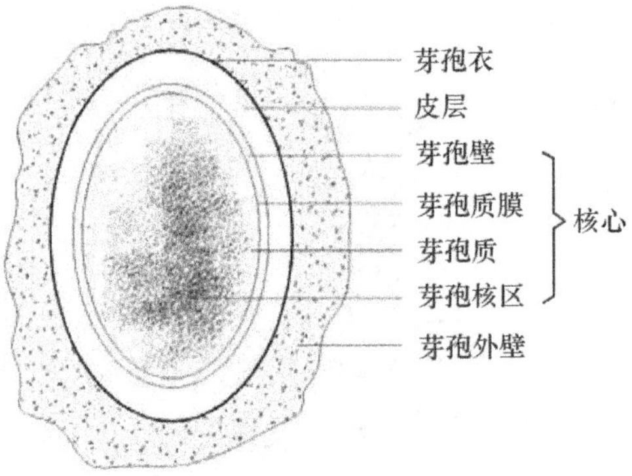

图 2-17　细菌芽孢模式图

芽孢是生命世界中抗逆性最强的一种构造，在抗热、抗化学药物和抗辐射等方面十分突出。例如，肉毒梭菌（*Clostridium botulinum*）的芽孢在沸水中要经 5.0～9.5 h 才被杀死；巨大芽孢杆菌（*Bacillus megaterium*）芽孢的抗辐射能力比 *E. coil* 细胞强 36 倍。芽孢的休眠能力更为突出，在常规条件下，一般可保持几年至几十年而不死亡。有的芽孢甚至可休眠数百至数千年，最极端的例子是有美国的一块有 2 500 万～4 000 万年历史的琥珀，从其中蜜蜂肠道内还可分离到有生命力的芽孢。

芽孢具有高度耐热性的机制。渗透调节皮层膨胀学说综合阐述了其耐热机制：芽孢衣对多价阳离子和水分的透性很差，而皮层的高离子强度，使芽孢皮层产生了极高的渗透压去夺取芽孢核心中的水分，其结果造成皮层的充分膨胀和核心的高度失水，正是这种失水的核心才赋予了芽孢极强的耐热性。另外，芽孢皮层中含有营养细胞所没有的 DPA-Ca 的螯合作用，它能使芽孢内的生物大分子形成耐热的稳定性凝胶，从而增强芽孢的耐热性。芽孢的抗化学药物的能力主要是芽孢衣的透性很差以及芽孢原生质的高度失水状态。芽孢衣中富含半胱氨酸，可使芽孢具有较强的抗辐射作用。

芽孢的有无、形态、大小和着生位置是细菌分类和鉴定的重要形态学指标。细菌的休眠构造除芽孢外，还有孢囊。孢囊是棕褐色固氮菌（*Azotobacter vinelandii*）等一些固氮菌在外界缺乏营养的条件下，由整个营养细胞外壁加厚、细胞失水而形成的一种抗干旱但不抗热的圆形休眠体。因为一个营养细胞仅形成一个孢囊，所以与芽孢一样，孢囊也不具有繁殖功能。孢囊在适宜条件下，可发芽并重新进行营养生长。

6. 伴胞晶体

少数芽孢杆菌，例如苏云金芽孢杆菌（*Bacillus thuringiensis*，简称“Bt”）在形成芽孢的同时，会在细胞内的芽孢旁形成一颗菱形、方形或不规则形的碱溶性蛋白质晶体，称为伴胞晶体（即δ内毒素）。伴胞晶体对鳞翅目、双翅目和鞘翅目等200多种昆虫和动、植物线虫有毒杀作用，所以可将这类细菌制成对人畜安全、对害虫的天敌和植物无害的环保型生物农药——细菌杀虫剂。

2.1.3 细菌的繁殖

细菌繁殖的方式主要为裂殖，只有少数种类进行芽殖。

2.1.3.1 裂殖

裂殖是指一个细胞通过分裂而形成两个子细胞的过程。首先是DNA进行复制，两条DNA链各自形成一个核区，两个核区间形成细胞质膜，使细胞质分开，形成两个子细胞的细胞壁，最后形成两个大小一致的子细胞。对杆状细胞来说，有横分裂和纵分裂两种方式。横分裂指分裂时细胞间形成的隔膜与细胞长轴呈垂直状态；纵分裂则呈平行状态，一般细菌均进行横分裂。

在少数细菌中还存在着不等二分裂，其结果产生了两个在外形、构造上有明显差别的子细胞，例如柄细菌属（*Caulobacter*）的细菌，通过不等二分裂产生了一个有柄、不运动的子细胞和另一个无柄、有鞭毛、能运动的子细胞。

另外，绿色硫细菌（又称暗网菌属，*Pelodictyon*）进行厌氧光合作用时，形成松散、不规则、三维构造并由细胞链组成的网状体。细胞进行成对地“一分为三”方式的三分裂，形成一对“Y”形细胞，随后仍进行二分裂，其结果就形成了特殊的网眼状菌丝体。

具有端生单鞭毛的蛭弧菌（*Bdellovibrio*），在宿主细菌体内生长时，会形成不规则的盘曲的长细胞，然后细胞多处同时发生均等长度的分裂，形成多个弧形子细胞。

2.1.3.2 芽殖

芽殖是指在母细胞表面，尤其在其一端先形成一个小突起，待其长大到与母细胞相仿后再相互分离并独立生活的一种繁殖方式。以这类方式繁殖的细菌称芽生细菌（budding bacteria），包括芽生杆菌属（*Blastobacter*）、硝化杆菌属（*Nitrobacter*）和红假单胞菌属（*Rhodopseudomonas*）等。

2.1.4 细菌的群体特征

2.1.4.1 固体培养基上的群体特征

1. 菌落

菌落是指一个或几个同种微生物细胞在固体培养基上大量繁殖，形成肉眼可见的，具有一定形态、构造等特征的子细胞群体。如果菌落是由一个单细胞繁殖形成的，则它就是一个纯种细胞群或克隆，称为微生物的纯培养。把分散的纯种细胞接种在固体培养基的较大表面上（试管表面），长出的多个“菌落”相互连成一片，形成菌苔。

2. 细菌菌落群体形态

固体培养基表面，细菌的菌落一般具有湿润、较光滑、较透明、较黏稠、易挑取（与培养基结合不紧密）、质地均匀以及菌落正反面或边缘与中央部位的颜色一致等性质。不同形态、生理类型的细菌，在其菌落形态、构造等特征上也有所差异。

2.1.4.2 半固体培养基中的群体特征

通常把明胶半固体培养基灌注在试管中，形成高层直立柱，然后用穿刺接种法接入试验菌种。可从直立柱表面和穿刺线上细菌群体的生长状态和有无扩散现象来判断该菌的运动能力和其他特性，对菌种进行鉴定。

2.1.4.3 液体培养基中的群体特征

细菌在液体培养基中生长时，会因其细胞特征、比重、运动能力和对氧气等关系的不同，而形成几种不同的群体形态：多数表现为混浊，部分表现为沉淀，一些好氧性细菌则在液面上大量生长，形成有特征性的、厚薄有差异的菌醭（pellicle）、菌膜（scum）或环状、小片状不连续的菌膜等，中部形成的称为凝絮，底部的称为沉淀。

2.1.5 细菌的分类及代表属

细菌的主要类型可进一步阐明微生物物种的多样性，类型和各属的特性按《伯杰氏系统细菌学手册》第一版（1984—1989）划分，细菌的主要类型及其代表属如下。

2.1.5.1 革兰氏阳性细菌（G^+细菌）

1. G^+球菌

（1）微球菌属（*Micrococcus*）　该属细菌为需氧

菌、不发酵葡萄糖，主要分布在哺乳动物的皮肤上，也存在于肉类、乳制品、土壤和水中。大多数种可产生类胡萝卜素，使菌落可呈黄、橙、橙红、粉红或红色。它们与节杆菌(*Arthrobacter*)关系密切，分类学家认为微球菌可能是节杆菌在细胞周期中的球菌阶段，是一种退化形式。

(2)葡萄球菌属(*Staphylococcus*)　该属细菌为兼性厌氧菌，发酵葡萄糖，主要存在于温血动物的皮肤、皮肤腺体和黏膜上。有的种是人或动物的条件致病菌，可引起化脓性感染，如丘疹、肺炎、骨髓炎、心肌炎、脑膜炎及关节炎等，也可产生肠毒素，引起食物中毒。

(3)链球菌属(*Streptococcus*)　是在一个或两个平面上分裂，成对、呈链状或四联状，为兼性或耐氧厌氧菌。主要通过乳酸发酵获取能量，与微球菌不同，一般没有包括接触酶在内的含血红素的呼吸酶。说明它们更具有厌氧的特性。

2. 产芽孢的 G^+ 杆菌和球菌

(1)芽孢杆菌属(*Bacillus*)　枯草芽孢杆菌(*B. subtilis*)是代表种，不仅可用于细菌生理学研究，还可生产蛋白酶、淀粉酶；地衣芽孢杆菌(*B. licheniformis*)可用于生产碱性蛋白酶、甘露聚糖酶和杆菌肽(可杀灭家畜动物肠道中的 G^+ 致病菌)；多黏芽孢杆菌(*B. polymyxa*)可生产多黏菌素，用于杀灭家畜、禽肠道内的 G^- 致病菌；炭疽芽孢杆菌(*B. anthracis*)是人畜共患菌，可引起皮肤炭疽、肺炭疽、肠炭疽等炭疽病；蜡状芽孢杆菌(*B. cereus*)是工业发酵生产中常见的污染菌，同时也可引起人的肠胃炎；苏云金芽孢杆菌(*B. thuringiensis*)的伴孢晶体可杀死玉米螟虫、棉铃虫等。

(2)芽孢八叠球菌属(*Sporosarcina*)　形态上同八叠球菌，在特定的条件下形成芽孢，分解尿素，严格好氧，广泛分布于土壤中，有的种可从海水中分离得到。

(3)梭状芽孢杆菌属(*Clostridium*)　细胞呈杆状，形成椭圆形或球形芽孢；芽孢常使菌体膨大呈鼓槌状、梭状。大多数为专性厌氧，化能有机营养类型。常见于土壤、海水、淡水的沉积物，人和动物的肠道中也有分布。

3. G^+ 杆菌

(1)乳酸杆菌属(*Lactobacillus*)　形状有细长、偶有弯曲的杆状到短的球杆状，多成链排列。专性代谢糖类化合物生成50%以上的乳酸。多分布于乳制品、发酵植物食品如泡菜、酸菜等以及青贮饲料和人的肠道，尤其是乳儿肠道中。

(2)棒杆菌属(*Corynebacterium*)　细胞呈直、略弯、两端常呈一端膨大的棒状，兼性厌氧，有的为好氧，化能有机营养类型。北京棒杆菌(*C. pekinense*)可产生谷氨酸，寄生型的棒杆菌可引起人、动植物的病害，如使人患白喉病的白喉棒杆菌(*C. diphtheriae*)。

(3)分枝杆菌属(*Mycobacterium*)　细胞呈略弯曲或直的杆状，有时有分枝，也能出现丝状或以菌丝体状生长。结核分枝杆菌(*M. tuberculosis*)是人类肺结核、肠结核、骨结核、肾结核的病原菌。结核杆菌分为人型、牛型、鸟型、鼠型、冷血动物型以及非洲型。麻风分枝杆菌(*M. leprae*)是引起人类麻风病的病原菌。分枝杆菌属可从土壤、痰液和其他污染物中分离到。

(4)双歧杆菌属(*Bifidobacterium*)　细胞形态呈多样性，长细胞略弯或有突起，或有不同分枝，或有分叉或产生匙形末端；短细胞端尖，也有球形细胞。存在于人、动物及昆虫的口腔和肠道中。

2.1.5.2　革兰氏阴性细菌(G^- 细菌)

1. 螺旋体

螺旋体菌体细长、弯曲呈螺旋状，其大小为(0.1～3) μm×(5～250) μm。这类细菌细胞的外围裹以细胞质膜和细胞壁，形成原生质柱。每个细胞具有2～100条及以上的周质鞭毛，使菌体在液体环境中可游动或沿纵轴旋转和屈曲运动。脊螺旋体属(*Cristispira*)等可在固体基质上可爬行或蠕动。螺旋体广泛分布于自然界及动物体，属于化能异养型，有腐生和寄生两大类。

2. 螺旋状或弧状的 G^- 细菌

这类细菌的细胞呈螺旋状或弧状，螺旋圈数从一到多圈。具有典型的细菌鞭毛，化能有机营养，大多数的种不能利用糖类，有的种可以在含有 H_2、CO_2 和 O_2 的混合气体中自养生长；有的可在微氧条件下固氮。代表菌有：螺菌属(*Spirillum*)、固氮螺菌属(*Azosprillum*)、蛭弧菌属(*Bdellovibrio*)等9个属。蛭弧菌属中有一类特别的细菌，称为蛭弧菌，它们可以寄生在另外一些菌体上，生长发育，也可无寄主而生存。

3. G^- 的杆菌和球菌

(1)假单胞菌属(*Pseudomonas*)　多数是具有一

根或几根极生鞭毛，能运动的直或弯曲的需氧性杆菌。其最突出的特点是能广泛地利用有机化合物作为碳源和能源。多数种能利用100多种不同的化合物，很多种假单胞菌能合成黄绿色水溶性荧光色素，是土壤、淡水、海水常见的腐生菌。土壤中该菌作为反硝化细菌在自然界氮素循环中起重要作用。

人们熟悉的铜绿假单胞菌（*P. aeruginosa*），又称绿脓杆菌，当它感染人的严重烧伤或皮肤外伤的创伤面后，会引起全身性感染，导致败血症。

（2）固氮菌属（*Azotobacter*）　细胞呈卵圆形，个体大，通常为1.5～2 μm或更大；形态多样，从杆状到球状，呈单个、成对（"8"字形），或不规则团块；在含有碳水化合物的培养基上，菌体可形成丰厚的荚膜或黏液层，使菌落呈黏液状；主要分布在土壤和水中。细胞内具有特殊的防氧保护机制，该属细菌在好氧条件下，有自生固氮作用。常见菌种为褐色固氮菌（*A. chroococcum*）。

（3）根瘤菌属（*Rhizobium*）　细胞呈杆状，通常细胞内含有聚β-羟基丁酸；在碳水化合物培养基上生长时可产生大量胞外黏液。根瘤菌刺激豆科植物根部形成根瘤，在根瘤中根瘤菌以只生长不分裂的多形态（T、Y、棒槌形）的类菌体（bacteroid）形式存在，能有效地与豆科植物共生固氮。

（4）埃希菌属（*Escherichia*）　G^-，细胞呈直杆状。因其为兼性厌氧菌，所以具有呼吸代谢和发酵代谢两种产能系统。

该属中最典型的代表种是大肠杆菌（*E. coli*）。存在于动物和人的肠道内，是肠道内的正常菌群。在正常情况下，大肠杆菌可以合成维生素B和维生素K，供人体吸收利用，一些菌株能产生大肠杆菌素，抑制肠道致病菌（如痢疾杆菌）和腐生菌的滋生，对机体有利。但是，当机体处于极度衰弱时或外伤等原因，大肠杆菌侵入肠外组织或器官时，则又是条件致病菌，可引起肠外感染，如肾炎、膀胱炎等泌尿系统的感染。如大肠杆菌O157菌株，曾引发人群严重的肠道传染病。

此外，还有志贺菌属（*Shigella*）、沙门菌属（*Salmonella*）、克雷伯菌属（*Klebsiella*）、肠杆菌属（*Enterobacter*）、变形杆菌属（*Proteus*）等与人类关系都很密切。

（5）醋酸杆菌属（*Acetobacter*）　细胞呈椭圆形至杆状，直或稍弯曲，最显著的特征是能将乙醇氧化成醋酸，对酸性条件有较高的耐受能力并将醋酸或乳酸进一步氧化成 H_2O 和 CO_2。其生长的最佳碳源是乙醇、甘油和乳酸，是制醋工业的菌种。醋酸杆菌多分布于植物的花、果实以及葡萄酒、啤酒、苹果汁和果园土中。

（6）甲基球菌属（*Methylococcus*）和甲基单胞菌属（*Methylomonas*）　在好氧和微好氧条件下，以甲烷、甲醇、甲醛等一碳化合物作为唯一碳源和能源，所以又称其为甲烷氧化菌。由于这一独特的生理特性，人们将来有可能利用甲烷这种廉价和广泛的碳源培养甲烷氧化菌，以获得无毒的细菌蛋白，来扩大人类蛋白质食品的来源。

2.1.5.3　光合细菌

1. 紫色硫细菌

这是一类含有菌绿素和类胡萝卜素、能进行光合作用、光合内膜多样、以硫化物或硫酸盐作为电子供体、沉积硫的光能自养型细菌。多分布在淡水、海水和高盐等含有可溶性有机物和低氧压的水生环境中，也常见于潮湿的土壤和水稻田中。因含有不同类型的类胡萝卜素，细胞培养液呈紫色、红色、橙褐色、黄褐色，故称为紫色硫细菌。红螺菌属（*Rhodospirillum*）、红假单胞菌属（*Rhodopseudomonas*），也称非硫紫色细菌。

2. 蓝细菌（*Cyanobacteria*）

这是一类含有叶绿素a、以水作为供氢体和电子供体、通过光合作用将光能转变成化学能、同化 CO_2 为有机物质的光合细菌。由于它们具有与植物相同的光合作用系统，历史上曾被藻类学家归为藻类，称为蓝藻。以藻蓝素占优势的色素使细胞呈现特殊的蓝色，故而得名为蓝细菌。蓝细菌的细胞大小差异悬殊，最小的聚球蓝细菌属（*Synechococcus*）其直径仅为0.5～1 μm，而大颤蓝菌属（*Oscillatoria*）可超过60 μm。蓝细菌在自然界中的分布极广，河流、湖泊和海水等水域中常见；其营养极为简单，以硝酸盐或氨作为氮源，多数能固氮，在水稻田中培养蓝细菌可保持和提高土壤肥力。实验证明将蓝细菌作为食物和辅助营养物，可用于治疗肝硬化、贫血、白内障、青光眼、胰腺炎等疾病，对糖尿病、肝炎也有一定疗效。

2.1.5.4　化能无机营养细菌

1. 硝化细菌（nitrifying bacteria）

硝化细菌是指能将还原态的无机氮化合物氧化为亚硝酸盐和硝酸盐，进行无机营养生长的细菌。

细胞呈球形或杆状，革兰氏阴性，无芽孢，严格需氧；周生或极生鞭毛，细胞内具有极复杂的膜系统；对酸敏感，随着硝酸的产生，环境 pH 下降，抑制硝化细菌的生长，影响硝化作用的进行，阻止酸的继续产生。主要分为亚硝化细菌(能够把氨氧化成亚硝酸盐的细菌)和硝化细菌(能够将亚硝酸进一步氧化成硝酸盐的细菌)两类菌群，均是专性化能自养菌。自然界中没有一种化能无机自养细菌能够使氨完全氧化成硝酸盐，而是由两类不同生理类群的细菌协同进行，来完成氧化过程。

2. 无色硫细菌

无色硫细菌是指能够氧化还原态或部分还原态无机硫化合物的细菌。它们广泛分布在含有无机硫和铁的陆地和水域中，如污水、河口、湖泊的淤泥中，对自然界中硫素循环起着不可缺少的作用。具有代表性的属是硫杆菌属(*Thiobacillus*)，大多数是严格的自养菌，其细胞呈小杆状，非光能营养型细菌，能氧化硫或各种还原态的硫化合物。氧化的终产物是硫酸盐，从中获得能量，以 CO_2 为唯一碳源。

由于低能量的化能自养生活，这类细菌生长缓慢。硫酸盐氧化产物的形成，会造成酸性的环境，可用此类细菌进行冶金。这类细菌的代表种是氧化硫硫杆菌(*Thiobacillus thiooxidans*)和氧化亚铁硫杆菌(*Thiobacillus ferrooxidans*)。

3. 氢细菌(*Hydrogenobacter*)

这是一类以 H_2 作为电子供体，通过对 H_2 的氧化获取能量、同化 CO_2 的化能自养细菌。目前该类群的细菌仅有氢杆菌属(*Hydrogenobacter*)一属，细胞呈直杆状，最适生长温度为 70～75 ℃，最高为 80 ℃，该菌在宇航业中具有潜在的重要利用价值。

2.1.5.5 有附属物、无附属物芽殖和非芽殖的细菌

1. 有附属物、非芽殖的细菌

柄杆菌属(*Caulobacter*)，细胞呈杆状或类弧状、纺锤状，具有十分独特的不对称细胞分裂方式，形成非芽殖的分裂周期。幼龄细胞一端着生 1 根鞭毛，老龄细胞具有柄，柄同样具有外膜、肽聚糖、细胞质膜和细胞质。

2. 有附属物、芽殖的细菌

生丝微菌属(*Hyphomicrobium*)，细胞呈杆状，末端尖，或呈椭圆形、卵形、菜豆形。可产生单极生或双极生的丝状物，长度不一。其繁殖方式独特，生活史为母细胞附着在固体基物上→长出丝状物→丝状物末端形成芽体→芽体膨大，长出 1 根鞭毛形成子细胞→脱离母细胞，游动→子细胞失去鞭毛，成熟为母细胞。

3. 无附属物、非芽殖的细菌

嘉氏铁柄杆菌属(*Gallionella*)，细胞呈肾形，子细胞分裂后迅速变圆。在含有亚铁的天然水或矿质培养基中生长的细胞，从细胞的凹面处分泌出胶质的氢氧化铁，形成由一束数量很多的细丝构成的无机质的柄。二分分裂繁殖，在分裂过程中连续产生柄。若细胞离开柄，则靠 1 根单极生鞭毛运动。

4. 无附属物、芽殖的细菌

浮霉状菌属(*Phanctomyces*)，细胞呈球形、椭圆形、泪珠状或球茎状。个体最大可达 3.5 μm，细胞长有由多纤维组成的刺突、束、刺毛，它们不完全是用于连接细胞和基物，而是通过固着器将细胞连接成同源的聚集物，呈玫瑰花结或花束状，芽殖。

2.1.5.6 鞘细菌、滑行细菌和黏细菌

鞘细菌是多个细菌相连，共处于管状的鞘内，该细菌的特征是能分泌产生一个中空管状的鞘套，使细胞呈直线排列，外观上鞘细菌呈丝状。专性有机营养型细菌，二分分裂繁殖，在伸长的细胞链顶端生成极生或亚极生的游动孢子，脱离母体后附着在固体表面，在繁殖成一条有鞘套的细胞链→固定生长→形成新的丝状体。广泛分布于富含有机物的水生环境中，在化工厂的冷却水管道中滋生时，可造成管道堵塞。如球衣菌(*Sphaerotilus*)，其鞘套由脂蛋白多糖复合体构成，在含铁水域中生长时，能在鞘套内沉积氢氧化铁、氧化铁。

滑行细菌的形态和生理特性呈多样性，其共同点是进行滑行运动。有些滑行细菌在运动时是沿着长轴在向前旋转，而有的则是只保持细胞的一边与基物表面接触，向前滑行。这类细菌不形成子实体，也不能进行光合作用。除贝日阿托氏菌属(*Beggiatoa*)的某些菌株进行化能无机营养外，其他均为化能有机营养。

黏细菌(*Myxobacteria*)严格好氧，呼吸产能代谢。化能有机营养型，生活史中有营养细胞和子实体两个阶段；所产生的胞外酶能水解蛋白质、核酸、脂肪和各种糖，有些种可分解纤维素，大多数的种能溶解真核生物和原核生物。主要的特点是能产生杆

状，细胞壁很薄，能靠细胞分泌的黏液在固体表面滑行运动，并由黏液、菌体（黏孢子）构成的形态各异、颜色鲜艳、肉眼可见的子实体。常见于树皮、腐烂的木材、堆肥和食草动物粪便、土壤中。

2.2 放线菌

放线菌是一类呈丝状生长，主要以孢子繁殖，陆生性较强的，介于细菌和真菌之间的单细胞微生物。放线菌的细胞结构和细胞壁化学组成与细菌相似，属于原核生物；其菌体呈纤细的菌丝状且分支，以孢子繁殖等特征与霉菌相似。1992 年已发现的 80 余属放线菌几乎都呈革兰氏阳性。放线菌广泛分布在含水量较低、有机物较丰富和呈微碱性的土壤中。每克土壤中放线菌的孢子数一般可达 10^5～10^7 个，泥土所特有的泥腥味，主要由放线菌产生的土腥味素所引起。

放线菌与人类的关系极其密切，绝大多数属有益菌。至今已报道过的近万种抗生素中，放线菌产生的约占微生物产生抗生素的 70%，如红霉素、链霉素、四环素、多氧菌素。放线菌的次生代谢产物，包括抗癌剂、酶抑制剂、抗寄生虫剂、免疫抑制剂和农用杀虫（杀菌）剂等。放线菌还是许多酶制剂（葡萄糖异构酶、蛋白酶）、维生素 A、维生素 B_{12} 等的生产菌。弗兰克氏菌属（*Frankia*）与非豆科植物的共生固氮具有重大的作用。此外，放线菌在甾体转化、石油脱蜡和污水处理中也有重要应用。许多放线菌有极强的分解纤维素、石蜡、角蛋白、琼脂和橡胶等的能力，故它们在环境保护、提高土壤肥力和自然界物质循环中起着重大作用。只有极少数放线菌能引起人和动植物病害。

2.2.1 放线菌的形态构造

2.2.1.1 放线菌的形态构造

放线菌的种类很多，形态、构造和生理、生态类型多样。2000 年《伯杰氏系统细菌学手册》中记载的有 509 种与人类关系最密切的链霉菌属（*Streptomyces*），因此以链霉菌属为例来阐明放线菌的形态、构造。

链霉菌在自然界分布最为广泛，种类最多，形态最为典型。其细胞呈丝状分枝，菌丝直径很细（<1 μm）。在营养生长阶段，菌丝内无横隔膜，单细胞内有多个原核。分枝菌丝不断延伸和分枝形成网状结构，称为菌丝体。链霉菌的菌丝体部分按其形态可以分为 3 部分。

基内菌丝，又称基质菌丝、营养菌丝或一级菌丝。当其孢子落在固体基质表面并发芽后，菌丝体就不断伸长、分枝并以放射状向基质表面和内层扩展，形成大量色浅、较细的具有吸收营养和排泄代谢废物功能的菌丝，称为基内菌丝。基内菌丝可产生水溶性或脂溶性色素，有黄、红、紫、褐蓝等。

气生菌丝或称二级菌丝，由基内菌丝生长到一定阶段，不断向空间方向分化出颜色较深、直径较粗的分枝菌丝，通常无横隔，有的也产色素。

孢子丝是气生菌丝生长到一定阶段特化形成的菌丝体结构，并通过横割分裂方式，产生成串的分生孢子（conidia，spore），见图 2-18。

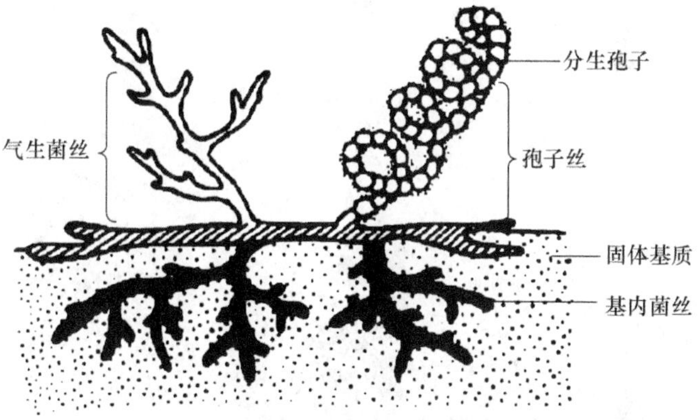

图 2-18 链霉菌丝形态结构

（引自黄秀梨和辛明秀，2020）

孢子丝的形态多样，有垂直、弯曲、丛生、螺旋状、轮生（一级轮生或二级轮生）等多种（图 2-19）。

2.2.1.2 其他放线菌所特有的形态构造

1. 无气生菌丝的放线菌

以诺卡氏菌属（*Nocardia*）为代表的原始放线菌具有分枝状、发达的营养菌丝，但多数无气生菌丝。当营养菌丝成熟后，会以横割分裂方式形成形状、大小较一致的杆菌状、球菌状或分枝杆状的分生孢子。

2. 菌丝顶端形成少量孢子的放线菌

有的放线菌会在菌丝顶端形成一至数个或较多的孢子。如小单孢菌属（*Micromonospora*）放线菌多数不形成气生菌丝，而在分枝的基内菌丝顶端产一个孢子；小双孢菌属（*Microbispora*）和小四孢菌属（*Microtetraspora*）放线菌都是在基内菌丝上不形成孢子而仅在气生菌丝顶端分别形成 2 个和 4 个孢子的放线菌；

小多孢菌属(*Micropolyspora*)则既在气生菌丝又在基内菌丝顶端形成 2～10 个孢子。

3. 具有孢囊并产孢囊孢子的放线菌

孢囊链霉菌属(*Streptosporangium*)放线菌在气生菌丝的主丝或侧丝的顶端形成由孢子丝盘卷而成的孢囊,孢囊内部产生多个孢囊孢子(无鞭毛)。

4. 有孢囊并产游动孢子的放线菌

游动放线菌属(*Actinoplanes*)放线菌的气生菌丝不发达,在基内菌丝上形成孢囊,内含许多呈盘曲或直行排列的球形或近球形的孢囊孢子,其上着生一至数根端生或周生鞭毛,可运动。这可作为放线菌分类鉴定时的重要形态学指标。

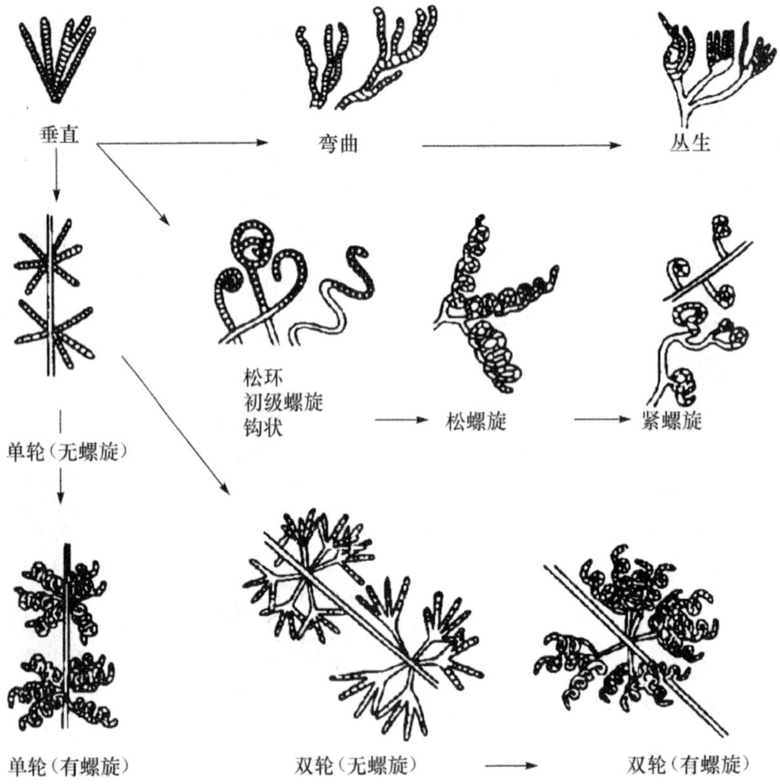

图 2-19　链霉菌不同类型孢子丝着生结构

(引自李阜棣和胡正嘉,2016)

2.2.2　放线菌的繁殖

自然条件下,多数放线菌通过形成各种无性孢子和菌丝体断裂进行繁殖。以形成无性孢子最常见,仅少数种类是以基内菌丝分裂形成孢子状细胞进行繁殖的。液体培养时,放线菌很少形成孢子,实验室摇瓶培养和工厂发酵罐中进行深层液体搅拌培养时,主要靠菌丝片段进行繁殖。

放线菌无性孢子有分生孢子和孢囊孢子两种。分生孢子的形成方式主要有横割分裂和凝聚分裂。根据电子显微镜下的超薄切片观察,发现仅有横割分裂一种,并通过两种途径进行:①细胞膜内陷,再由外向内逐渐收缩,最后形成一完整的横割膜,从而把孢子丝分割成许多分生孢子;②细胞壁和膜同时内陷,再逐步向内缢缩,最终将孢子丝缢裂成一串分生孢子。另外,游动放线菌属(*Actinoplanes*)、链孢囊菌属(*Streptosporangium*)的某些放线菌形成的孢囊孢子,是在气生菌丝或基内菌丝一端膨大形成孢囊,成熟后释放出大量的孢囊孢子。

2.2.3　放线菌的群体特征

2.2.3.1　在固体培养基上形态特征

在固体培养基表面,多数放线菌有基内菌丝和气生菌丝的分化,气生菌丝成熟时又会进一步分化成孢子丝并产生成串的干粉状孢子,它们伸展在空间,并且集中于一处形成菌落,由于菌丝间没有毛细管水存积,于是其菌落特征与细菌有明显差别:菌落表面干燥、不透明、表面呈致密的丝绒状,上有一薄层彩色的“干粉”;菌落和培养基的连接紧密,难以挑取;菌落的正反面颜色常不一致,以及在菌落边缘的琼脂平面有变形的现象等。

少数原始的放线菌如 *Nocardia* 等缺乏气生菌丝或气生菌丝不发达,因此其菌落外形与细菌接近。

2.2.3.2 在液体培养基内培养特征

对放线菌进行室内摇瓶培养时,常可见到在液面与瓶壁交界处粘贴着一圈菌苔,培养液清而不混,其中悬浮着许多珠状菌丝团,一些大型菌丝团则沉在瓶底等现象。

2.2.4 放线菌的主要类群

2.2.4.1 链霉菌属(*Streptomyces*)

链霉菌属放线菌在固体培养基上生长时,形成发达的基内菌丝和气生菌丝,气生菌丝生长到一定阶段时分化产生孢子丝,孢子丝可呈直形、波曲和螺旋形,在排列方式上又有簇生、单轮生、二级轮生之别。孢子丝可产 3～50 个孢子,孢子呈球形、椭圆形或杆状,表面光滑或具有瘤状、刺状、毛发状或鳞片状等饰物。该属在放线菌目中是最大的一属,有千余种,有 600 多种可以产生抗生素,用于临床的已超过 100 种,如链霉素(streptomycin)、卡那霉素(kanamycin)、丝裂霉素(mitomycin)等。此外,该属的种还可以产生维生素、酶和酶抑制剂。链霉菌普遍存在于土壤内,大多为好氧,腐生;其菌落紧密,多皱,皮壳状或平滑,具有各种颜色。根据气生菌丝颜色、基内菌丝颜色、可溶性色素、孢子丝形态和孢子形态,链霉菌属被分为白色、黄色、球孢、粉红孢、淡紫灰、青色、烬灰、绿色、蓝色、灰红紫、灰褐、金色、吸水和轮生 14 个类群。多数腐生型的链霉菌在土壤中生长,分解土壤中其他微生物难以利用的有机物,对土壤环境具有高度的适应性,在土壤改良中具有积极意义。少数寄生型的种能引起植物病害,如疮痂链霉菌(*S. scabies*)可导致马铃薯和甜菜的疮痂病。

2.2.4.2 孢囊菌属(*Dactylosporangium*)

该类放线菌以孢囊孢子形式进行繁殖。孢子的分裂和排列方式可用于区分不同的属。主要包括:①游动放线菌属(*Actinoplanes*)。孢囊呈球状、棒状或不规则状,产生圆形或近圆形具有丛生鞭毛的游动孢子,多分布在腐烂植物和土壤中。②游动单孢菌属(*Planomonospora*)。产生梭形、具有周生鞭毛的游动孢子,该属多分布在温带和热带的土壤中。③指孢囊菌属(*Dactylosporangium*)。孢囊呈指状或棒状,其内可产生规则的球形孢子,排列成单一行列。16S rRNA 寡核苷酸编目表明该属在系统发育上与游动放线菌属、小单孢菌属的关系密切。

2.2.4.3 多腔孢囊放线菌属

这类放线菌包括嗜皮菌属、地嗜皮菌属和弗兰克氏菌属,其共同特征是:菌丝进行纵向和横向分裂,直接产生孢子,菌丝形成细胞群或孢子簇,细胞壁含有内消旋二氨基庚二酸(meso-diaminopimelic acid,m-DAP)。如弗兰克氏菌属(*Frankia*),该属放线菌最显著的特征是能与非豆科木本植物共生固氮。弗兰克氏菌属可利用的最适碳源是短链脂肪酸和有机酸,能利用吐温是该属独有的特征,在木麻黄和杨梅上可形成具有向上生长小根的根瘤;而在桤木、鼠李科和蔷薇科植物上形成的根瘤成簇,每簇由许多裂片状的小根瘤组成。在有隔、分枝的菌丝体顶端的孢囊柄上,形成孢囊,孢囊具有固氮功能。

2.2.4.4 小单胞菌属(*Micromonospora*)

在单轴分枝的孢子梗上产生圆形的单生孢子是该属最突出的表观特征。腐生型的小单孢菌具有很强的分解纤维素、几丁质的能力。此菌属分布于土壤、湖泥、堆肥、厩肥中,一般好氧,腐生,菌落与基质紧密结合在一起,凸起在基质的表面,凸凹不平,多皱或光滑。菌落时常为黄橙色或红色,也有深褐,黑色,蓝色。菌落表面常由孢子堆积而成污褐或黑绿色薄层。有 30 多个种产生抗生素,其中庆大霉素由刺孢小单孢菌(*M. echinospora*)产生。

2.2.4.5 诺卡氏菌属(*Nocardia*)和拟诺卡氏菌属(*Nocardiopsis*)

诺卡氏菌属又名原放线菌属,诺卡氏菌多数种只有营养菌丝,而无气生菌丝。菌落秃裸;有的在基内菌丝体上覆盖着极薄一层气生菌丝枝——子实枝,培养 15 h 至 4 d 的菌丝体产生横隔膜后,可突然断裂成长短近一致的杆状或带叉的杆状体或球状体,以此复制成新的多核菌丝体是该属突出的特点。该属主要分布于土壤中,大部分是好氧性腐生菌,少数厌氧寄生。菌落结构和外貌多种多样,有些菌种表面多皱、致密、干燥、接种环一触即碎。有些菌落平滑或凸起,无光或发亮呈水渍状。有 30 多种产生抗生素,如对结核分枝杆菌(*Mycobacterium tuberculosis*)和麻风杆菌(*M. leprae*)有特效的利福霉素

(rifomycin)由地中海诺卡氏菌(*N. mediterranei*)产生,以及抗 G^+ 细菌的瑞斯托霉素(ristocetin)。此外,有的诺卡氏菌在石油脱蜡、烃类发酵、处理含氰废水方面有实用价值。拟诺卡氏菌属在形态特征上与诺卡氏菌属相似,有的种可引起人和动物眼及肺部感染。

2.2.4.6 其他放线菌

1. 高温放线菌属(*Thermoactinomyces*)

在系统发育上,该属与其他放线菌在遗传上远缘。气生菌丝和基内菌丝均可产生单个孢子是该属的特点。多分布在高温的堆肥、厩肥和自热草堆中,有些种可产抗生素。

2. 马杜拉放线菌属(*Actinomadura*)

该属的放线菌可产生多种抗生素,如抗禽类球虫病的马杜霉素(madumycin),有的种可通过伤口感染引起足分枝菌病。

3. 放线菌属(*Actinomyces*)

该菌最突出的特征是无气生菌丝,不形成孢子,通过营养菌丝断裂成"V""Y"形体进行繁殖。多数是致病菌,如引起人肺感染的衣氏放线菌(*A. israelii*)。

2.3 古菌

20 世纪 70 年代以前,科学家们一直认为地球上的生命由原核生物和真核生物两大类组成。1977 年,Carl R. Woese 等在研究了 60 多种不同细菌的 16S rRNA 序列后,发现了一群序列奇异的细菌——甲烷细菌,之后又发现一些极端嗜热、嗜盐的细菌的 16S rRNA 序列与一般细菌的相似性均低于 63%,根据它们特殊的生境将其命名为古细菌(archaebacteria)。在发现古细菌和细菌的远缘关系后又将其更名为古菌(Archaea)。小亚基核糖体 RNA(SSU rRNA)是广泛应用于生物进化关系研究的分子标识。基于对 SSU rRNA 的系统发育分析,Woese 等在 1977 年提出了著名的三域学说,即认为整个生命是由细菌域(Bacteria)、古菌域(Archaea)和真核生物域(Eucarya)构成(表 2-1)。三域分类系统的提出具有里程碑式的意义,极大地推动了人们对地球生命及古菌的认识和理解,被认为是迄今最能反映地球生物亲缘关系的分类系统。

表 2-1 细菌域、古菌域及真核生物域细胞的主要区别特征

(引自刘志恒等,2008;陈雯莉,2019)

特征	细菌	古菌	真核生物
细胞大小	通常 1 μm 左右	通常约 1 μm	常为 1 μm 或更大
细胞结构	原核	原核	真核
细胞壁	一般有,常含有肽聚糖	一般有,无胞壁酸和 *D*-氨基酸,含有假肽聚糖或蛋白质	动物细胞无壁,植物、真菌多样化,有纤维素、几丁质等,无胞壁酸
膜脂	直链脂肪酸和甘油分子通过酯键相连,通常无固醇	通过醚键连接类异戊二烯	直链脂肪酸和甘油分子通过酯键相连,通常有固醇
核膜及核仁	无	无	有
基因组	1 个环状染色体(不具核膜)和质粒	1 个环状染色体(不具核膜)和质粒	线状染色体(具核膜)和质粒
核糖体大小	70S(30S、50S)	70S(30S、50S)	80S(40S、60S)(细胞器中为 70S)
蛋白质起始氨基酸	甲酰甲硫氨酸	甲硫氨酸	甲硫氨酸
DNA 依赖的 RNA 聚合酶			
酶的种类	一种	几种	三种
结构	4 个亚基	复杂,多个亚基(9～12)	复杂,多个亚基(12～15)
多顺反子 mRNA	存在	存在	不存在
mRNA 内元	不存在	不存在	存在

续表 2-1

特征	细菌	古菌	真核生物
mRNA 剪切、加帽及多聚 A 尾	不存在	不存在	存在
鞭毛运动	旋转运动	旋转运动	挥鞭运动
对白喉毒素的敏感性	不敏感	敏感	敏感
对茴香霉素的敏感性	不敏感	敏感	敏感
对氯霉素的敏感性	敏感	不敏感	不敏感
对利福平的敏感性	敏感	不敏感	不敏感

美国微生物学家詹姆士·雷克(James Lake)基于分子系统发育学提出"Eocyte"假说,认为真核生物起源于古菌,并提出地球生命由细菌和古菌所组成的二域分类形式。近年来由于阿斯加德古菌(Asgard archaea)的发现及分离培养获得新突破,结合基因组多个单拷贝保守基因的串联系统发育学分析,科学家发现真核生物与阿斯加德古菌亲缘关系非常近,真核生物属于古菌的一个分支,二域假说获得更多有力的科学支持。但地球生命进化树究竟是三域还是二域、古菌与真核生物之间的确切关系仍有待进一步研究。

古菌最初被发现时,主要生活于极端环境中,如海洋底部的高压热溢口、盐碱湖、热泉等高温、高盐、低 pH 和缺氧环境中。目前所知,地球上生物所能生存的最高温度极限为 130 ℃,是生存于北太平洋海底热液口的一种古菌;最低 pH 极限是嗜热嗜酸古菌保持的 pH 0～0.8;最高盐浓度是嗜盐古菌保持的 5.2 mol/L NaCl。随着分子生物技术在环境微生物研究中的广泛应用,科学家们发现古菌在地球上有着更为广泛的分布,如海洋、湖水、沉积物和土壤等不同生境,并在这些生境的物质循环过程中发挥着重要的和不可替代的作用。古菌域成员具有丰富的多样性,并且大部分是不可培养的。正如 Woese 所说,"如果你正在进行培养,那么你很有可能正在得到一个错误的生物蓝图"。"非培养"分子生物学研究方法是研究古菌域生物的重要手段。

研究古菌的意义在于通过古菌的研究,人类可以探索生命适应环境的极限,探索生命的起源和早期演化过程,认识生命的多样性和研究真核生物遗传信息传递过程的模式以及真核生物起源的途径。

2.3.1 古菌的细胞形态与细胞结构

2.3.1.1 古菌的细胞形态

古菌是一个表型差异很大的集合类群,不同类群之间在形态特征上有很大差异,有球状、杆状、螺旋状、裂片状和扁平状等(图 2-20)。细胞呈革兰氏染色阳性或阴性,有些是单细胞,有些形成丝状或聚集体。古菌的细胞直径一般为 0.1～15 μm,而有的丝状体长度可达 200 μm。细胞团也呈多种颜色,如红色、紫色、黄色和白色等。

2.3.1.2 古菌的细胞结构

1. 细胞壁

古菌一般都有细胞壁(除个别无细胞壁古菌类群外,如热原体属 *Thermoplasma*),但古菌细胞壁与细菌细胞壁的化学成分不同。古菌细胞壁中没有肽聚糖,而是由多糖(假肽聚糖)、糖蛋白或蛋白质构成,不同的古菌化学组成差异也很大。另外,几乎所有的古菌细胞壁都是由蛋白质或糖蛋白等组成的、呈六角形对称的小单体拼接而成的类结晶表面层(S层)。以甲烷杆菌属(*Methanobacterium*)为例,它的假肽聚糖(pseudopeptidoglycan)的多糖骨架是由 *N*-乙酰葡糖胺和 *N*-乙酰塔罗糖胺糖醛酸(*N*-acetyltalosaminouronic acid)以 β-1,3-糖苷键(不被溶菌酶水解)交替连接而成,连在后一氨基糖上的肽尾由 *L*-Glu、*L*-Ala 和 *L*-Lys 三个 *L*-型氨基酸组成,肽桥由 *L*-Glu 一个氨基酸组成(图 2-21)。

除了假肽聚糖结构外,还有一些古菌含有独特的细胞壁结构。如甲烷八叠球菌属(*Methanosarcina*),其细胞壁多糖含半乳糖胺、葡糖醛酸、葡萄糖和乙酸,不含磷酸和硫酸。极端嗜盐古菌中盐球菌属(*Halococcus*)的细胞壁由硫酸化多糖组成,其中含葡萄糖、甘露糖、半乳糖和它们的氨基糖，以及糖醛酸和乙酸；盐杆菌属（*Halobacterium*）的细胞壁由糖蛋白组成，其中糖类包括葡萄糖、葡糖胺、甘露糖、核糖和阿拉伯糖，蛋白质由大量天冬氨酸等酸性氨基酸组成；甲烷球菌属（*Methanococcus*）和甲烷微菌属（*Methanomicrobium*）等的细胞壁则由蛋白质组成。

2. 细胞质膜

多数细菌和真核生物细胞质膜的脂类主要是由脂肪酸通过酯键与甘油连接构成的甘油酯组成，而古菌的细胞质膜的脂类则由异戊二烯侧链代替了脂肪酸与甘油经醚键连接形成的甘油醚构成。古菌完整的极性膜脂由核心膜脂和极性头基组成（图 2-22）。

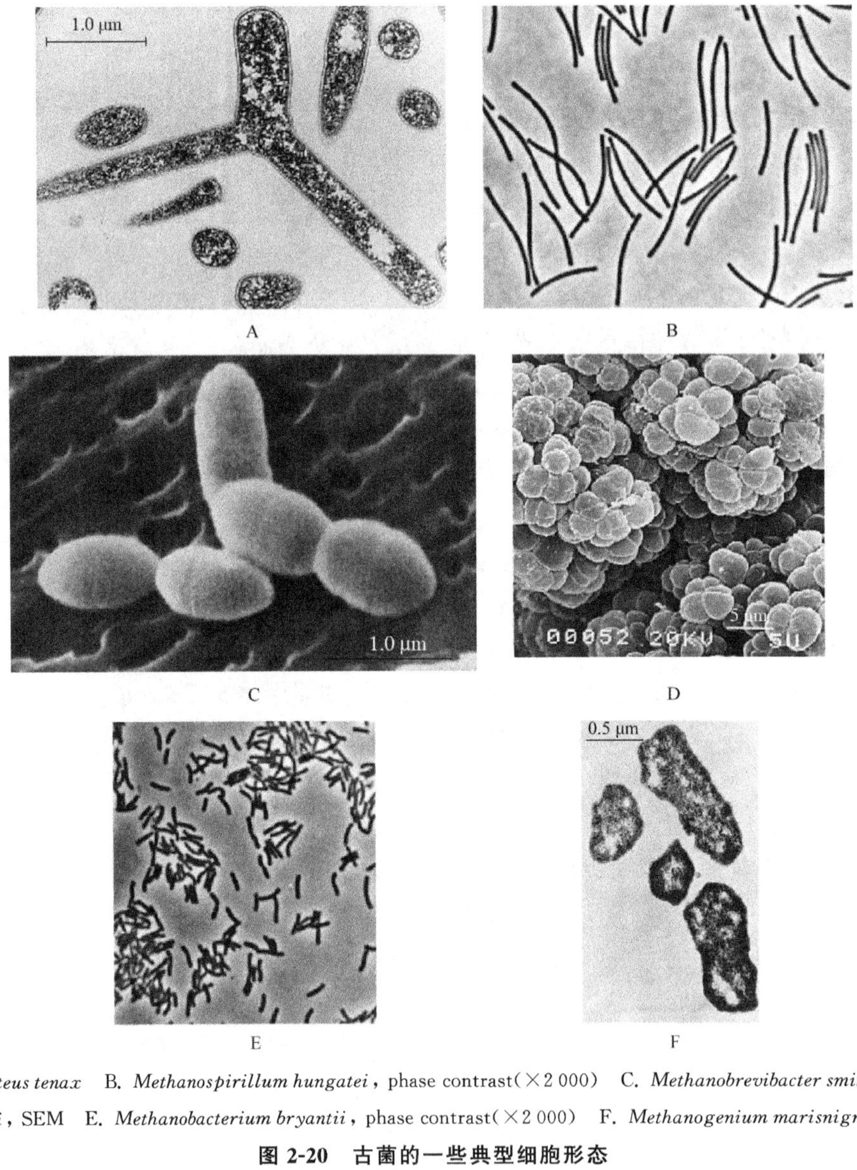

A. *Thermoproteus tenax*　B. *Methanospirillum hungatei*, phase contrast(×2 000)　C. *Methanobrevibacter smithii*　D. *Methanosarcina mazei*, SEM　E. *Methanobacterium bryantii*, phase contrast(×2 000)　F. *Methanogenium marisnigri* (×45 000)

图 2-20　古菌的一些典型细胞形态

（引自 Prescott 等，2005）

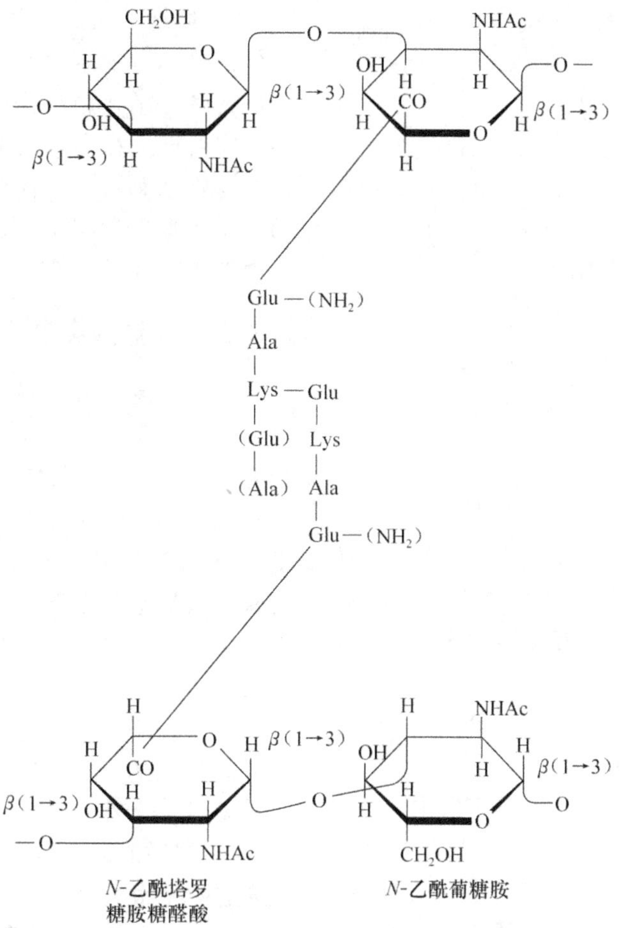

图 2-21　甲烷杆菌属细胞壁中假肽聚糖的单体结构

（引自 Prescott 等，2005）

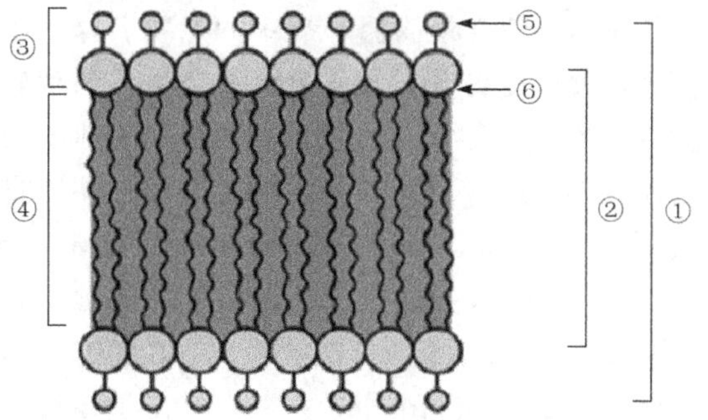

①完整极性膜脂 intact polar lipids；②核心膜脂 core lipids；③亲水端 hydrophilic end；④疏水端 hydrophobic end；⑤极性头基 polar head groups；⑥醚键 ether linkage

图 2-22　古菌的细胞膜结构

核心膜脂由亲水的头部和疏水的尾部组成，亲水的头部由甘油组成，而疏水的尾部由长链烃组成，一般是异戊二烯的重复单位（如四聚体植烷、六聚体鲨烯等），头部和尾部通过特殊的醚键连接成甘油二醚或者甘油四醚。在细菌和真核生物的细胞质膜中，其结构都是双分子层。但在古菌中，其细胞质膜存在着单分子层或单、双分子层混合膜。当磷脂为二甘油四醚时，连接两端两个甘油分子的两个植烷侧链会发生共价结合，形成二植烷，从而形成单分子层膜。通常含有 20 个碳原子的二醚侧链形成双分子层膜，而含有 40 个碳原子的四醚侧链可形成更坚韧的单分子层膜（图 2-23）。研究发现，这类单分子层膜多存在于嗜高温的古菌中，原因可能是这种膜有较双分子层膜更高的机械强度。此外，细胞膜中含有多种独特脂类，仅在各种嗜盐菌中就已经发现有细菌红素、α-胡萝卜素、β-胡萝卜素、番茄红素、视黄醛（可与蛋白质结合成视紫红质）和萘醌等。

古菌细胞膜脂极性头基多由磷酸盐、糖基、肌醇和氨基衍生物等组成。氨基衍生物头基是产甲烷古菌特有的生物标记物（如磷酸乙醇胺、磷酸丝氨酸和甘油磷酸乙醇胺）。肌醇作为产甲烷古菌细胞膜脂头基组分，在广古菌门的嗜热菌中也有出现，但所占比例较小。磷脂衍生物头基则主要出现在嗜盐古菌中。

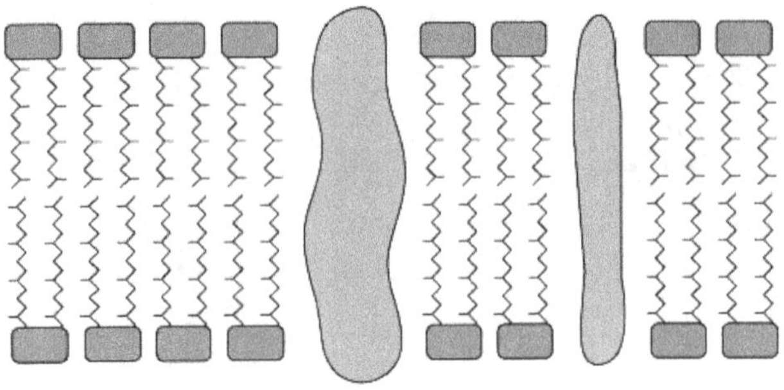

图 2-23　古菌的双分子层膜

（由结合蛋白和含 20 个碳原子的二醚侧链形成）

（引自 Prescott 等，2005）

3. 细胞质和染色体

古菌的细胞质和细菌的细胞质很相似。在古菌的细胞质中也发现内含体存在，如糖原颗粒、多磷体、聚羟烷酯以及伪空胞。只是迄今尚未在古菌中发现羧化体。在古菌中也发现有细胞骨架蛋白，如发现 FtsZ 蛋白（微管蛋白）参与细胞分裂，MreB 蛋白（肌动蛋白）参与决定细胞形状。另外，古菌同细菌的核糖体与拟核在功能上起同样作用，但是在构成上有很大差别，反映出古菌特殊的系统发生关系。

古菌核糖体大小为 70S，由 50S 大亚基和 30S 小亚基构成，50S 大亚基含 23S rRNA 和 5S rRNA，30S 小亚基含 16S rRNA。但是，古菌与细菌相比，构成核糖体的蛋白质有差别，rRNA 也有很大差别。古菌和细菌的核糖体蛋白数目不一样，细菌核糖体蛋白为 55 个左右，而古菌核糖体蛋白数量约为 68 个。根据与细菌和真核细胞核糖体蛋白的比较，古菌核糖体蛋白大致可以分为 3 类：第一类核糖体蛋白在所有生物都存在；第二类核糖体蛋白为古菌所特有，细菌和真核生物不具有，这类蛋白比较少；第三类核糖体蛋白则存在于古菌和真核生物中。没有所谓原核生物所特有的核糖体蛋白，即没有一种核糖体蛋白仅存在于细菌和古菌，而不存在于真核细胞。

古菌的拟核是细胞质内含有染色体的区域，其染色体为环状 DNA 分子。一些古菌中染色体的结构与真核细胞染色体相似，即基本结构单位均是组蛋白和一段 DNA 组成的核小体。古菌的组蛋白基因只有一个或者两个，若同一古菌含有两个组蛋白基因，二者的氨基酸序列也十分相似。与真核生物一样，古菌的组蛋白也形成二聚体，且主要为同源二聚体，这种同源二聚体为古菌组蛋白的基本单位，由它来完成染色质的组装。目前，两个同源二聚体组成的四聚体和三个同源二聚体组成的六聚体都有发现，二者缠绕不同长度的 DNA。最近解析的古菌核小体三维结构显示，构成真核生物核小体与古菌核小体的基本结构原理是一致的，这种染色质的基本结构在真核生物出现之前就已经存在了。当然，不是所有古菌都有核小体结构，例如大多数泉古菌门的古菌类群就没有组蛋白，它们的染色体紧密缠绕是由拟核结合蛋白完成的。

2.3.2　古菌的类群

Woese 根据 16S rRNA 基因的同源性和古菌在系统发育树上形成的两个明显分枝，建议将可培养的古菌划分为广古菌门（Euryarchaeota）和泉古菌门（Crenarchaeota）两个门。进入 21 世纪，随着测序技术的快速发展，目前至少有 27 个古菌门类被命名。这些古菌被进一步归纳为广古菌门、TACK 超门、DPANN 超门和最新的阿斯加德古菌（Asgard）超门。

（1）广古菌门（Euryarchaeota）　最早从牛瘤胃中分离得到的一类产甲烷菌，随后更多能产甲烷的广古菌门被分离和发现，主要包括产甲烷菌、极端嗜盐菌、嗜热嗜酸菌和嗜热菌。到目前为止，广古菌门是含有数量最大、种类最多的可培养古菌类群。对极端环境中分离的广古菌门进行基因组和生理学研究，促进了我们对古菌的认识。例如，生活在高温高压环境中的产甲烷广古菌（*Methanopyri*），是目前地球上已知的生活在最高温环境中的生物。这些古菌的发现也大幅度提升了我们对极端条件下的生物适应性的理解。近年来，生物地球化学和组学的研究表明，广古菌门不仅参与甲烷的生成，而且还能进行厌氧甲烷的氧化（anaerobic methane oxidation，AOM）。有证据表明这些古菌还参与了其他短链烃类的厌氧氧化，以及硫、氮、铁等元素的生物地球化学循环，这说明广古菌门在生物地球化学循环中扮演更多样化的角色。此外，一些广古菌类群还参与了有机物降解。例如，DHVE2 能够降解蛋白质以获得能量；MBG-D（被称为 DHVE1）含有高含量的胞外肽酶，其活性可直接在缺氧的海洋沉积物中测定。MG-Ⅱ和 MG-Ⅲ的基因组分析发现，这些类群可能参与了某些高分子有机化合物的循环。部分 MG-Ⅱ生物体含有视紫红质，它们可以利用光来促进能量的产生或促进底物的运输，并且还可以降解蛋白质。

（2）TACK 超门　最初包括奇古菌门（Thaumarchaeota）、曙古菌门（Aigarchaeota）、泉古菌门

(Crenarchaeota)和初古菌门(Korarchaeota),TACK来自四个门拉丁名的第一个字母。目前,TACK超门中还包括深古菌门(Bathyarchaeota)、Geothermarchaeota和Verstraetearchaeota等。由于嗜热嗜酸的特性,泉古菌门成为古菌中最容易获得纯菌的种系。其中,硫化叶菌属(*Sulfolobus*)是第一个从富含硫化物的热泉环境中分离得到的古菌纯菌株,该属已成为研究嗜热菌和病毒相互作用的典型古菌。大多数泉古菌门成员是厌氧异养型微生物,能利用蛋白质和糖类作为碳源,而部分泉古菌门成员能利用硫循环进行化能无机自养。奇古菌门原来被分类成MG-Ⅰ,属于泉古菌门。但是后来的系统发育研究发现,奇古菌门是独立于泉古菌门的一个新古菌门。奇古菌门基因组片段中发现有氨氧化过程中关键的氨单加氧酶(ammonia monooxygenase, AMO)基因。氨氧化的奇古菌门在海洋和陆地环境微生物中占据着绝大部分,所以被认为是地球上最丰富的古菌。此外,奇古菌门能够从尿素和氰酸盐中获得氨,它们的活动与温室气体N_2O的产生有关,还被证明可以合成甲基磷酸盐,这是在营养有限的海洋中生成甲烷的潜在底物。曙古菌门广泛分布于陆地和地下地热系统及海洋热液环境中,代谢功能多样化,可氧化热泉生境中丰富的包含C、H、S等元素的气体(如CO、H_2、H_2S等),实现能量的自我供给;同时部分菌株中检测到的CS(citrate synthetase)基因表征该类微生物可通过roTCA(reversed oxidative TCA)循环完成CO_2的固定;此外,部分菌株拥有硫酸盐还原功能,以充分适应热泉生态系统中高硫含量特征。曙古菌门第一个基因组重建的是*Caldiarchaeum subterraneum*,这表明该门主要与含氧温泉群落有关,它们可能利用一系列细胞外聚合物,因此在循环溶解有机碳方面十分重要。初古菌门(Korarchaeota)是通过16S rRNA序列区分离的一类古菌,来源于美国黄石公园超热环境中。*Korarchaeum cryptofilum*是初古菌门中第一个进行基因组重建的成员。近年来,通过宏基因组分析,初古菌基因组的数量和多样性都有所增加。此外,初古菌的某些基因组含有*Mcr*基因,这些基因被认为与甲烷循环和硫酸盐还原有关。深古菌门最初被命名为MCG(Miscellaneous Crenarchaeota group),在近岸和海洋海底环境中的古菌中占主导地位,其中的一些成员可能进行光驱动的新陈代谢。另外,深古菌门在缺氧海洋、缺氧淡水和高温热泉地区也广泛分布,数量丰富,并且种类繁多。因此,与奇古菌门一样,深古菌门也是地球上最丰富的古菌之一,但它没有纯菌代表,具体的功能和代谢特征都是通过基因组学等非培养方法获得。

(3)DPANN超门　包括丙盐古菌门(Diapherotrites),小古菌门(Parvarchaeota),谜古菌门(Aenigmarchaeota),纳盐古菌门(Nanohaloarchaeota)和纳古菌门(Nanoarchaeota)。DPANN来自五个门的拉丁文第一个字母,该门中的古菌在以往的多样性调查中往往被忽视,起初人们认为它们仅限于极端酸性和热液环境中,然而,现在发现它们在自然界中无处不在,并在不同环境中发挥着重要的生态作用。对DPANN进行更广泛的基因组取样,大大扩展了已知DPANN的多样性,包括Woesearchaeota、Pacearchaeota、Huberarchaeota和几个未鉴定的门。系统发育多样性表明,ARMAN实际上是两个截然不同的门,即Micrarchaeota和Parvarchaeota,因此将Micrarchaeota作为DPANN古菌的新门。最近研究发现,未培养的Micrarchaeota和Parvarchaeota包含CRISPR相关蛋白9(Cas9)病毒防御系统,这可能产生重要的生物技术应用。基因组学研究结果显示,DPANN超门有着不完整的遗传和代谢能力,这个共同的特征导致它们必须依赖于与其他古菌的相互作用而获取自身所需的生物分子,但它们中的一些群体具有糖酵解、β-氧化和其他的代谢途径利用有机化合物(碳水化合物和脂类)的能力。

(4)阿斯加德古菌超门　阿斯加德(Asgard)古菌,又名仙宫古菌,是最近确立的第四个古菌超门。最初是从北大西洋洛基城堡海底热液喷口附近的沉积物中通过宏基因组技术发现的,随后命名为洛基古菌(Lokiarchaeota)。随后阿斯加德古菌超门中的索尔古菌门(Thorarchaeota)、奥丁古菌门(Odinarchaeota)和海姆达尔古菌门(Heimdallarchaeota)、海拉古菌门(Helarchaeota)的基因组也从不同环境中发现,共同构成阿斯加德古菌超门中最初的五个古菌门。这五个门均以北欧神话中的神命名。李猛教授课题组于2020年初在我国红树林湿地沉积物中率先发现了第六个阿斯加德古菌门,将其命名为葛德古菌(Gerdarchaeota)。在此基础上,李猛教授课题组与Eugene Koonin教授课题组等开展深入合作,对现有基因组和不同环境样品的宏基因组进行整合分析,获得了162个高质量的阿斯加德古菌基因组,其中75个属于尚未报道的新基因组,从中发现了 6 个尚未被报道的阿斯加德古菌新门，其中 5 个门类分别以北欧神话的神命名为赫尔莫德古菌（Hermodarchaeota）、巴德尔古菌（Baldrarchaeota）、霍德尔古菌（Hodarchaeota）、包尔古菌（Borrarchaeota）和卡瑞古菌（Kariarchaeota），还有一个更为古老的阿斯加德古菌新分支则以中国古典名著《西游记》中“孙悟空”的名字命名为悟空古菌（Wukongarchaeota），以彰显我国文化自信。悟空古菌具备氢氧化的化能自养代谢潜能，显著区别于其他阿斯加德古菌混合营养或异养的代谢模式，这也是将其命名为中国神话人物的原因。

目前，古菌的发现几乎都是根据 DNA 测序获得的信息而发现的，大多数古菌尚难以人工培养。随着更多不同生境中的古菌被发现，现在的分类和系统发生关系仍然可能出现调整。从表型特征上，古菌一般分为 5 大生理类群，即极端嗜盐古菌、产甲烷古菌、无细胞壁古菌、还原硫酸盐古菌以及极端嗜热和超嗜热代谢硫元素古菌群。

2.3.2.1 极端嗜盐古菌（extremely halophilic archaea）

极端嗜盐古菌生存于高盐环境中，例如盐湖、盐碱湖、晒盐场、含盐浓度高的土壤以及粗盐腌制的食品。这类微生物最低生长 NaCl 浓度为 1.5 mol/L（质量分数 9%），最适生长 NaCl 浓度为 2～4 mol/L（质量分数 12%～23%），最高生长 NaCl 浓度为 5.5 mol/L（质量分数 32%，NaCl 的饱和浓度）。

极端嗜盐古菌均为 G^-，细胞呈杆状或球状，细胞壁缺少肽聚糖，但含有醚脂以及典型的古菌 RNA 聚合酶结构。大多数菌株不运动，少数菌株靠丛生鞭毛运动。极端嗜盐古菌对大多数细菌型抗生素不敏感，具有典型的古菌特性并且都以二分分裂的形式繁殖，不形成休眠态或孢子。

所有嗜盐古菌都是化能有机营养菌，多数利用氨基酸和有机酸作为能源和碳源，有一些种还可以氧化碳水化合物，生长需要若干生长因子（主要是维生素）。嗜盐古菌的电子传递链系统含有 a 型、b 型和 c 型细胞色素，通过由细胞膜驱动的化学渗透机制形成的质子动力而获得能量。大多数种为专性好氧菌，有些嗜盐古菌可以厌氧生长，以碳水化合物的发酵以及与硝酸盐或延胡索酸盐的无氧呼吸而获得能量。

极端嗜盐古菌的生长虽然需要高浓度的 Na^+，但胞内的 Na^+ 浓度并不高，这是因为嗜盐菌具有一种浓缩、吸收外部 K^+ 而向胞外排放 Na^+ 的能力。在 Na^+ 占优势的高盐环境中，嗜盐古菌的细胞内部往往积累大量（4～5 mol/L）的 K^+，可防止过多的 Na^+ 进入细胞，从而保持细胞中的低 Na^+ 浓度。嗜盐古菌的细胞壁以糖蛋白替代肽聚糖，这种糖蛋白含有高量的酸性氨基酸，如天冬氨酸和谷氨酸，形成负电荷区域，吸引带正电荷的 Na^+，Na^+ 被束缚在嗜盐菌细胞壁的外表面，起着维持细胞完整性的重要作用。但外环境中的 Na^+ 被降低，或者将在高盐溶液中的嗜盐菌移入低盐溶液中，由于赖以维持细胞壁稳定性的 Na^+ 减少，会导致细胞壁一块块地破裂，最后嗜盐菌的细胞被裂解。嗜盐菌的细胞质蛋白特异性地含有许多低分子量的亲水性氨基酸，这样在高离子浓度的胞内环境中，细胞质可呈现溶液状态，而疏水性氨基酸过多则会趋向成簇，从而使细胞质失去活性。对一些嗜盐古菌酶的研究表明，它们的活性依赖 K^+ 而不是 Na^+；此外，嗜盐古菌核糖体的稳定性也需要高浓度 K^+ 维持（而非嗜盐细菌核糖体的稳定性则不需要 K^+）。

极端嗜盐古菌的光合系统较一般光合细菌更简单，它不含细菌叶绿素，也不存在电子传递链，只在细胞膜上含有一种可作为光受体的色素蛋白，被称为细菌视紫红质（bacteriorhodopsin），它与嗜盐古菌的 ATP 合成有关。视紫红质由视黄醛以烯醇式碱基与蛋白质的赖氨酸残基通过共价键相连而构成。视黄醛能够吸收光并催化质子的跨膜转移。当嗜盐杆菌从高通气量的生长条件下转移到限氧条件时，细胞颜色就会因为细菌视紫红质嵌入细胞膜内而从橙红色变为紫红色（紫膜）。嗜盐杆菌的紫膜含有 25%的脂类和 75%的蛋白质，并随机嵌入细胞质膜的表面。细菌视紫红质的视黄醛发色团（通常为全反式构型）吸收光以后，被激发并暂时转化成顺式构型，这一转化将导致质子转移到细胞膜外表面。然后，视黄醛分子松弛，在暗处吸收细胞质内的质子后返回到更稳定的全反式异构体，从而完成光循环。随着质子在细胞膜外表面的积累，形成质膜上的质子梯度差，产生电化势。菌体利用这种电化势在 ATP 酶的催化下，进行 ATP 的合成，为菌体储备生命活动所需要的能量。嗜盐菌的这种光介导的质子泵还具有通过 Na^+/K^+ 反向转运向细胞外排出 Na^+

的功能，并且驱动为保持细胞渗透压平衡所需要的 K^+ 和各种营养物的吸收。对于氨基酸的吸收也被证明是间接地通过光来驱动，一种氨基酸-Na^+ 泵运输系统被用于运载氨基酸的吸收。

极端嗜盐古菌隶属于盐杆菌纲（Halobacteria）、盐杆菌目（Halobacteriales）、盐杆菌科（Halobacteriaceae），共包括了 18 个属（*Halobacterium*、*Haloarcula*、*Haloferax*、*Halorubrum*、*Halobaculum*、*Natrialba*、*Halogeometricum*、*Haloterrigena*、*Halobiforma*、*Natronorubrum*、*Natronomonas*、*Halomicrobium*、*Natronococcus*、*Natronobacterium*、*Hatrinema*、*Halococcus*、*Halosimplex*、*Halorhabdus*）。

2.3.2.2 产甲烷古菌

产甲烷古菌是严格厌氧菌，共同点是能以 H_2、甲酸或乙酸还原 CO_2 产生甲烷。它们能够利用一碳或二碳化合物产生甲烷，但不能代谢比乙酸更复杂的有机物。广泛分布于各种厌氧环境中，如在海水沉积物、水稻田、沼泽地和淡水、反刍动物的瘤胃、厌氧消化反应器以及昆虫和原生动物的肠道中等。产甲烷古菌能量代谢的代表性反应式如下。

$$4H_2^{+} + H^+ + HCO_3^- \longrightarrow CH_4 + 3H_2O$$

$$\Delta G^{0'} = 135.6\ \text{kJ/mol}$$

当依赖 H_2/CO_2 生长时，产甲烷古菌是化能无机自养菌。但 CO_2 的固定过程不是通常自养菌的卡尔文循环，而是乙酰 CoA 途径。许多产甲烷古菌也利用甲醇、甲酸、甲胺和乙酸产生甲烷而获取能量。在人工培养条件下，一些产甲烷古菌生长需要氨基酸或酵母提取物、酪素水解物等复合添加物，某些瘤胃产甲烷古菌还需要支链脂肪酸。所有产甲烷古菌都利用 NH_4^+ 作为氮源，少数菌种还可以固定分子氮（N_2）。产甲烷古菌的生长还需要微量金属元素镍（Ni），它是产甲烷辅酶 F_{430} 的成分，也存在于氢化酶和一氧化碳脱氢酶中。铁和钴也是产甲烷古菌的重要微量金属元素，并且与镍一起成为产甲烷古菌生长所必需的微量金属元素。除了特殊的能量代谢方式外，产甲烷古菌还含有特殊的辅酶，如辅酶 F_{420} 和辅酶 M，所以产甲烷古菌的菌落在紫外线下能够发出荧光。

在农业有机废弃物的厌氧消化处理方式中，产甲烷古菌起着重要的作用。厌氧消化分为 3 个阶段。第一阶段为水解、发酵阶段，复杂有机物在微生物作用下进行水解和发酵。例如，多糖先被水解为单糖，再通过酵解途径进一步发酵成乙醇和脂肪酸，如丙酸、丁酸、乳酸等；蛋白质则先水解为氨基酸，再经脱氨基作用产生脂肪酸和氨。第二阶段为产氢、产乙酸阶段，由产氢产乙酸细菌将丙酸、丁酸等脂肪酸和乙醇等转化为乙酸、H_2 和 CO_2。第三阶段为产甲烷阶段，由产甲烷菌利用乙酸和 H_2、CO_2 产生 CH_4。研究表明，厌氧生物处理过程中约有 70% CH_4 产自乙酸的分解，其余少量则产自 H_2 和 CO_2 的合成。在自然界中，产甲烷古菌也是与其他类型的微生物协同作用完成其生理和生态功能的。

根据《伯杰氏系统细菌学手册》第 9 版的产甲烷菌最新分类系统，产甲烷古菌分可为 5 个目，分别是甲烷杆菌目（Methanobacteriales）、甲烷球菌目（Methanococcales）、甲烷微菌目（Methanomicrobiales）、甲烷八叠球菌目（Methanosarcinales）和甲烷火菌目（Methanopyrales）。具体如表 2-2 所示。

表 2-2 产甲烷古菌的类群及其特征

属名	形态	产甲烷底物和特征	典型栖息地
甲烷杆菌目（Methanobacteriales）			
甲烷杆菌属（*Methanobacterium*）	长杆状或丝状	H_2+CO_2+甲酸，>60 ℃不生长	厌氧消化反应器、瘤胃、水稻土壤、腐败木质、厌氧活性污泥等
甲烷短杆菌属（*Methanobrevibacter*）	短杆状或柳叶状	H_2+CO_2+甲酸，生长温度<70 ℃	
甲烷球形菌属（*Methanosphaera*）	球形	甲醇$+H_2$，生长温度低于 70 ℃	
甲烷热杆菌（*Methanothermobacter*）	杆状或丝状	H_2+CO_2，60 ℃以上生长	
甲烷嗜热菌属（*Methanothermus*）	杆状	H_2+CO_2，能还原 S，极端嗜热	

续表 2-2

属名	形态	产甲烷底物和特征	典型栖息地
甲烷球菌目(Methanococcales)			
甲烷球菌属(*Methanococcus*)	不规则球形	H_2+CO_2,丙酮酸$+CO_2$,甲酸	海底沉积物、温泉等
甲烷嗜热球菌属(*Methanothermococcus*)	球形		
甲烷超嗜热球菌属(*Methanocaldococcus*)	球形,极生鞭毛	H_2+CO_2,最适生长温度 80~85 ℃	
甲烷火热菌属(*Methanotorris*)	球形	最适生长温度大于 70 ℃	
甲烷微菌目(Methanomicrobiales)			
甲烷微菌属(*Methanomicrobium*)	短杆状	H_2+CO_2,甲酸	厌氧消化反应器、土壤、海底沉积物、温泉、腐败木质、厌氧活性泥等
甲烷袋状菌属(*Methanoculleus*)	不规则球状	H_2+CO_2,甲酸,乙醇	
甲烷泡菌属(*Methanofollis*)	不规则球状	H_2,甲酸盐(有些种利用乙醇、正丙醇和正丁醇)	
产甲烷菌属(*Methanogenium*)	不规则球状	H_2+CO_2,甲酸	
叶形甲烷菌属(*Methanolacinia*)	叶形	H_2+CO_2,甲酸	
甲烷盘菌属(*Methanoplanus*)	盘状细胞	H_2+CO_2,甲酸	
甲烷粒菌属(*Methanocorpusculum*)	不规则球状	H_2+CO_2,甲酸,乙醇	
甲烷螺菌属(*Methanospirillum*)	螺旋状	H_2+CO_2,甲酸,乙醇,最适温度 30~37 ℃	
甲烷八叠球菌目(Methanosarcinales)			
甲烷八叠球菌属(*Methanosarcina*)	不规则球状,聚集成团	H_2+CO_2,甲醇,甲胺,乙酸	高盐海底沉积物、厌氧消化反应器、动物胃肠道等
甲烷拟球菌属(*Methanococcoides*)	球杆状	甲醇,甲胺(只利用甲基化合物)	
甲烷盐叶菌属(*Methanohalobium*)	不规则球状	甲醇,甲胺(只利用甲基化合物),嗜盐	
甲烷嗜盐菌属(*Methanohalophilus*)	不规则球状	甲醇,甲胺,甲烷硫化物(只利用甲基化合物),嗜盐	
甲烷叶菌属(*Methanolobus*)	不规则球状	甲醇,甲胺(只利用甲基化合物)	
甲烷食甲基菌属(*Methanomethylovorans*)	不规则球状	甲胺,乙酸	
甲烷微球菌属(*Methanimicrococcus*)	不规则球状	甲基化合物	
甲烷盐碱菌属(*Methanosalsum*)	球杆状	甲醇,甲胺(只利用甲基化合物)	
甲烷鬃菌属(*Methanosaeta*)	带鞘的杆状	只利用乙酸产甲烷和生长	
甲烷火菌目(Methanopyrales)			
甲烷火菌属(*Methanopyrus*)	杆状,成链排列	H_2+CO_2,80 ℃以下不生长	海底沉积物

2.3.2.3　无细胞壁古菌

这类古菌在系统发育学上属于广古菌界的热原体纲,最大的特点是没有细胞壁,细胞膜中含有由四醚脂和甘露糖、葡萄糖构成的脂多糖,细胞膜还含有糖蛋白、不含有固醇,这种在化学上具有独特结构的细胞膜对酸热环境非常稳定。热原体为嗜酸嗜热化能有机营养菌,在复合培养基中最适生长温度是55 ℃,最适 pH 为 2,当 pH 接近中性时细胞自溶。除了少数菌株外,其他所有热原体菌株都曾从自热废煤堆分离得到,说明废煤堆或煤本身是热原体的主要生境。热原体像其他支原体一样,基因组非常小,DNA 长度只有 1.1 Mb,GC 含量约为 46%。DNA 由一类高碱性的 DNA 结合蛋白所包被,并将 DNA 装配成类似于真核细胞核小体的球形颗粒。这类蛋白质与真核细胞的碱性组蛋白非常类似，二者氨基酸序列也很相似。目前，热原体纲只有 1 个目、3 个科，分别是热原体科（Thermoplasmataceae）、嗜酸菌科（Picrophilaceae）和铁原体科（Ferroplasmataceae）（表 2-3）。

表 2-3 热原体目的类群及特征

科	属	主要特征
热原体科（Thermoplasmataceae）	热原体属（*Thermoplasma*）	细胞呈不规则的球状，无细胞壁。兼性好氧，是嗜酸嗜热的异养型。最适生长 pH 为 2，范围为 pH 1.0～4.0，生长的温度范围为 33～67 ℃，最适 60 ℃，运动
嗜酸菌科（Picrophilaceae）	嗜酸菌属（*Picrophilus*）	细胞呈不规则的球状，直径约 1.0 μm，有细胞壁。是极端嗜酸嗜热的异养型。好氧生长。最适生长 pH 为 0.7，生长 pH 范围为 0～3.5
铁原体科（Ferroplasmataceae）	铁原体属（*Ferroplasma*）	细胞呈多形态，无细胞壁也无硫层。极端嗜酸，最适生长 pH 为 1.7，pH 范围为 1.3～2.2。最适温度 35 ℃，生长的温度范围为 20～45 ℃。氧化 $FeSO_4$ 为 Fe_2S_3。化能无机自养型，不能利用糖、氨基酸、有机酸和其他有机物

2.3.2.4 能代谢硫的古菌

能代谢硫的古菌分为两类，分别是能代谢硫元素的古菌和能还原硫酸盐的古菌，它们多数属于泉古菌界，包括极端嗜热和嗜热嗜酸的古菌，大部分生活在海底热溢口或陆地的硫黄热泉中。菌体形态多样，包括杆状、球状、丝状和盘状细胞。G^-，专性嗜热，生长温度范围为 70～113 ℃；嗜酸，最低生长 pH 达 2。

（1）能代谢元素硫的古菌 绝大多数是专性厌氧菌，能够进行化能有机营养或化能无机营养的产能代谢。在厌氧条件下进行化能无机营养，以元素硫作为电子受体，氧化多种有机化合物。许多化能无机营养的极端嗜热古菌能以 H_2 作为能源，在好氧条件下以 H_2 作为电子供体。其他化能无机营养的类群在生长时还需要 S^0 和 Fe^{2+}，并在氧化 S^0 和 Fe^{2+} 的过程中产生 N_2 和 NH_4^+。元素硫在这类古菌的产能代谢中起到关键作用，因此，这类古菌在自然界的硫素循环中起重要作用。目前已知的这类古菌有硫化叶菌属（*Sulfolobus*）、酸菌属（*Acidianus*）、热变性菌属（*Thermoproteus*）、热丝菌属（*Thermophilum*）、硫还原球菌属（*Desulfurococcus*）、硫还原叶菌属（*Desulfurolobus*）、热棒菌属（*Pyrobaculum*）、甲烷嗜热菌属（*Methanothermus*）、栖冥河菌属（*Stygiolobus*）、火球菌属（*Pyrococcus*）、热网菌属（*Prodictium*）、热叶菌属（*Pyrolobus*）、热盘菌属（*Thermodiscus*）、葡萄嗜热菌属（*Staphylothermus*）、热球菌属（*Thermococcus*）、甲烷火菌属（*Methanopyrus*）、甲烷球菌属（*Methanococcus*）、栖热袍菌属（*Thermotoga*）。

（2）能还原硫酸盐的古菌 这类古菌属于古生球菌目、古生球菌科、古生球菌属（*Archaeoglobus*），极端嗜热，最适温度大约为 83 ℃。菌体为不规则的球形，常呈三角形，在 420 nm 波长下细胞呈绿色荧光。菌落光滑，呈黑绿色。该类群严格厌氧，可进行化能无机营养、化能有机营养和化能混合生长，也可以利用硫代硫酸盐和 H_2 进行自养生长。在异养条件下，利用甲酸盐、乳酸盐、葡萄糖、淀粉和蛋白质作为电子供体，将硫酸盐或硫代硫酸盐还原为硫化物，但不利用分子硫作为电子受体。此外能在培养过程中产生少量甲烷，因为它含有少量的辅酶 M 和辅酶 F_{420} 等。

2.4 其他原核微生物

2.4.1 蓝细菌

蓝细菌（*Cyanobacteria*），旧名为蓝藻（blue algae）或蓝绿藻（blue-green algae），是一类进化历史悠久（在 17 亿～21 亿年前已经形成）、G^-、无鞭毛、含叶绿素 a，但不含叶绿体（区别于真核生物的藻类）、能进行产氧性光合作用的大型单细胞原核微生物。由于藻青素（cyanophycin）和藻蓝素（algocyan）的存在使其呈现出蓝色，所以被称为“蓝细菌”。与光合细菌区别是：光合细菌（如红螺菌）进行较原始的光合磷酸化作用，反应过程不放氧，为厌氧生物，而蓝细菌能进行光合作用并且放氧。它的发展使整个地球大气从无氧状态发展到有氧状态，从而孕育了一切好氧生物的进化和发展。至今已有 120 多种蓝细菌具有固氮能力，特别是与满江红鱼腥蓝细菌（*Anabaena azollae*）共生的水生蕨类满江红，是一种良好的绿肥。但是,有的蓝细菌在受氮、磷等元素污染后引起富营养化的海水“赤潮”和湖泊的“水华”,给渔业和养殖业带来严重危害。此外,还有少数水生种类如微囊蓝细菌属(*Microcystis*)会产生可诱发人类肝癌的毒素(缩氨酸微囊藻素)。

蓝细菌广泛分布于自然界,包括各种水体、土壤中和部分生物体内外,甚至在岩石表面和其他恶劣环境(高温、低温、盐湖、荒漠和冰原等)中都可找到它们的踪迹。相比其他真核藻类,蓝细菌对于高温、干旱、高盐度、紫外线等具有更高的耐受度。它们对生活条件、营养要求都不高,只要有空气、阳光、水分和少量无机盐类,便能大量成片生长。它们在岩石风化、土壤形成以及水体生态平衡中起着重要的作用,因此有地球“先锋生物”之美称。另外,蓝细菌具有一定经济价值,包括许多食用种类,如发菜念珠蓝细菌(*Nostoc flagelliforme*)、普通木耳念珠蓝细菌(*Nostoc commun*)、盘状螺旋蓝细菌(*Spirulina platensis*)、最大螺旋蓝细菌(*Spirulina maxima*)等,目前后两种已开发成有一定经济价值的“螺旋藻”产品。蓝细菌发酵代谢生产能源物质是目前开发生物质能源的热点领域,在当今能源需求不断增加、环境污染严重、粮食供应不足的背景下,开发新型生物能源具有广阔前景。蓝细菌在不同的发酵条件下可产生氢气、乙醇、甲烷等新型能源。

2.4.1.1 蓝细菌的形态结构

蓝细菌的细胞体积一般比细菌大,通常直径为3~10 μm,最大的可达60 μm,如巨颤蓝细菌(*Oscillatoria princeps*)。细胞形态多样,包括5类:由二分裂形成的单细胞,如黏杆蓝细菌属(*Gloeothece*);由复分裂形成的单细胞,如皮果蓝细菌属(*Dermocarpa*);有异形胞的菌丝,如鱼腥蓝细菌属(*Anabaena*);无异形胞的菌丝,如颤蓝细菌属(*Oscillatoria*);分枝状菌丝,如飞氏蓝细菌属(*Fischerella*)(图2-24)。

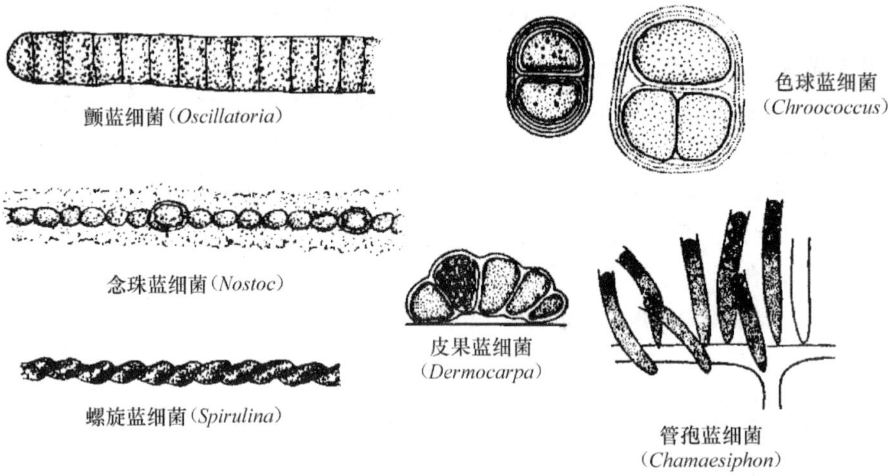

图2-24 几类蓝细菌的典型形态

(引自周德庆,2002)

蓝细菌的构造与G^-细菌相似:细胞壁双层,含肽聚糖。细胞质周围有复杂的光合色素层,通常以类囊体(thylakoid)的形式出现,这是蓝细菌细胞内进行光合作用的部位。细胞内还有能固定CO_2的羧酶体。在水生性种类的细胞中,常有气泡构造,使菌体漂浮,保持在光线最充足的地方,以利于光合作用。细胞中的内含物还有可用作碳源的糖原、聚β-羟基丁酸(poly-β-hydroxybutyric acid, PHB),可用作氮源营养的蓝细菌肽(cyanophycine)和贮存磷的聚磷酸盐。蓝细菌细胞内的脂肪酸较为特殊,含有2个至多个双键的不饱和脂肪酸,而其他原核生物通常只含有饱和脂肪酸和单个双键的不饱和脂肪酸。

2.4.1.2 蓝细菌的运动方式

单细胞蓝细菌通常是不运动的,不形成鞭毛。不少种类,尤其是水生种类在其细胞壁外可分泌黏质糖被(黏液层、荚膜)或形成鞘衣(胶质外套),不但可把各单细胞集合在一起,使其具有强的抗旱能力,还可在基质上进行滑行运动。有些蓝细菌的滑行运动并不是简单的转移,而是丝状体的旋转、逆转和屈曲。

2.4.1.3 蓝细菌的营养与代谢特征

蓝细菌基本属于专性光能自养型,其光合作用内膜有两种不同的结构。某些单细胞的蓝细菌，其光反应中心和电子传递系统位于细胞质膜上，而藻胆素则位于细胞质膜下面的内褶层中。但是，大多数蓝细菌的光合色素位于类囊体的片层膜中。在类囊体膜上含有叶绿素 a、类胡萝卜素、光反应中心和电子传递链。在类囊体的外表，散布着分离开的藻胆体颗粒，其中含有藻胆素(phycopilin，一类辅助光合色素)。通常情况下，光合作用过程包括 PSⅠ和 PSⅡ，而且是产氧的。然而，在有硫化物存在时，许多蓝细菌只利用 PSⅠ进行不产氧的光合作用，类似于厌氧的紫硫细菌。但从营养和代谢来看，蓝细菌属于光能自养型生物，有少数海洋蓝细菌需要维生素 B_{12}。许多丝状蓝细菌在缺乏无机氮化合物(如硝酸盐或铵盐)的情况下，能够形成异形胞。它们是圆形的，长在丝状体的中间或顶端，具有厚的外壁，颜色相对暗淡，好像是空的细胞，类囊体聚集在其两端。它们失去藻胆蛋白，但仍保留叶绿素 a。所有含有异形胞的蓝细菌都能固氮。由于异形胞缺乏 PSⅡ，它们不再产生氧气或固定 CO_2；异形胞的壁厚，壁中含有大量糖脂，也影响外面氧气的渗入；且藻胆素含量低，吸收光能少。这样，它们从结构和代谢上提供一个厌氧环境，使固氮酶保持活性，催化固氮反应发生。但是，有些不形成异形胞的单细胞蓝细菌也能固氮。异形胞与相邻的营养细胞有细胞间的连接，而且这些细胞之间有物质的相互交换，即光合作用产物从营养细胞移向异形胞，而固氮产物则从异形胞转入营养细胞。

藻胆素分为藻蓝素、藻红素、别藻蓝素等，其中，藻蓝素常占优势，在不同光照条件下，菌体所含色素比例改变，因而可呈现黄、褐、红等其他颜色，这是蓝细菌利用有效光源的一种适应能力。

2.4.1.4 蓝细菌的繁殖

蓝细菌以类似于芽生方式繁殖。丝状蓝细菌靠无规则的丝状体断裂释放出菌体片(称链丝段)而繁殖。蓝细菌细胞有几种特化形式：①异形胞(heter-cyst)，是存在于丝状生长种类中的形大、壁厚、专司固氮功能的细胞，数目少而不定，位于细胞链的中间或末端，如念珠蓝细菌属(*Nostoc*)和鱼腥蓝细菌属(*Anabaena*)等；②静息孢子(akinete)，是长在细胞链中间或两端的形大、壁厚、色深的休眠细胞，富含贮藏物，能抵御干旱等不良环境，可见于 *Anabaena* 和 *Nostoc* 的种类；③链丝段，又称连锁体(hormogonium)或藻殖段，是由长细胞链断裂而成的短链段，具有繁殖功能；④内孢子，少数种类如管孢蓝细菌属(*Chamaseiphon*)能在细胞内形成许多球形或三角形的内孢子，待成熟后即可释放，具有繁殖作用。

2.4.1.5 蓝细菌的代表属

目前，蓝细菌门共有 5 个目，56 个属。

1. 宽球蓝细菌目(Pleurocapsales)

宽球蓝细菌目共有 7 个属。通过形成小的球形细胞(小孢子)来繁殖。小孢子由营养细胞复分裂产生，并随母细胞含纤维外壁的破裂而释放出来。营养细胞的膨大总是伴随着含纤维外壁层的增厚。本目中单细胞的属只依靠复分裂繁殖，而其他属则通过二分裂形成细胞聚集体，然后再由组成聚集体的部分或所有细胞进行复分裂而释放出小孢子。常见的属有宽球蓝细菌属(*Pleurocapsa*)和皮果蓝细菌属(*Dermocarpa*)。

2. 色球蓝细菌目(Chroococcales)

色球蓝细菌目共有 14 个属。这些是以二分裂或芽生繁殖的单细胞蓝细菌，细胞呈球形至杆状。分裂是在 1 个、2 个或 3 个相互垂直并连续的平面上进行，或在不规则的平面上进行，以至于细胞单个存在或形成不同大小的聚集体。细胞聚集体的形状和黏合取决于分裂的平面和规律性，并取决于把细胞聚合在一起的胞外黏液或有结构的鞘存在与否。代表属有微囊蓝细菌属(*Microcystis*)、黏杆蓝细菌属(*Gloeobacter*)，黏球蓝细菌属(*Gloeocapsa*)和管孢蓝细菌属(*Chamaesiphon*)。

3. 真枝蓝细菌目(Stignemattales)

真枝蓝细菌目共有 5 个属。该目中蓝细菌的形态最复杂，并高级分化。细胞能多平面、多方向地分裂，具有异形胞。所有的属都能周期性地产生真分枝，并在有些属中形成多细胞列(二或多排细胞)。有些属也可产生“假分枝”，也有些属产生静息孢子。大量不能培养或研究很少的真枝蓝细菌存在于弱酸性的寡营养湖或流速很急的溪流中。相当大量的真枝蓝细菌存在于潮湿的陆地环境中。代表属为飞氏蓝细菌属(*Fischerella*)。

4. 念珠蓝细菌目(Nostocales)

念珠蓝细菌目共有 12 个属。该目中的蓝细菌是唯一能在一个平面上进行二分裂并能产生异形胞的丝状蓝细菌。有些属会产生“假分枝”，有的会产生静息孢子。许多可以产生凝胶状或黏液状的鞘或者胞外基质，其坚硬度和黏稠度不一。本目中的蓝细菌作为胞内或胞外的共生生物而著名，在某些情况下，它们可以作为固氮或固碳的资源被宿主所利用。共生关系主要为念珠蓝细菌属(*Nostoc*)和鱼腥蓝细菌属(*Anabaena*)的种，最常见的是地衣，但仅在绿色植物中，如苔藓类植物、蕨类、苏铁类以及被子植物中的根乃拉草属(*Gunnera*)。

最常见的属有念珠蓝细菌属(*Nostoc*)。细胞呈球形、桶形或圆柱形，由细胞平行分裂产生的链丝段常卷曲在坚固的鞘被中。我国许多地面上在雨后出现的地木耳就是念珠蓝细菌的一种。

鱼腥蓝细菌属(*Anabaena*)。细胞呈球形，细胞在平行面上分裂形成丝状体，链状丝外有一层或薄或厚的鞘套。丝状体中有少数不同于营养细胞的特殊细胞——异形胞，它是固氮的场所。红萍鱼腥蓝细菌(*Anabaena azollae*)生活在红萍体腔中，能够固氮，故培养红萍可作为饲料和肥料。

5. 颤蓝细菌目(Oscillatoriales)

颤蓝细菌目共有 18 个属。该目中所有蓝细菌都在一个平面上进行二分裂并只产生"营养"细胞的丝状蓝细菌。如螺旋蓝细菌属(*Spirulina*)，它是地球上最早出现的利用光能和无机物制造有机物的原始生物之一，细胞内含物均一或有颗粒体。菌体呈淡蓝绿色，无藻殖段，蛋白质含量高达 50%～60%，脂肪含量为 6%～7%，还含有多种矿物质和维生素，目前已经开发成保健食品螺旋藻。

2.4.2 支原体

支原体(mycoplasma)，又译成霉形体，是一类无细胞壁、G^-、介于独立生活和细胞内寄生生活间的最小的原核微生物。最初是由 Nocard 于 1898 年首次从患传染性胸膜肺炎的病牛中分离出来的，称为胸膜肺炎微生物(pleuropneumonia organism)，后来又从不同宿主分离到形态、生理方面都相似的细菌，统称为类胸膜肺炎微生物(pleuropneumonia-like organism, PPLO)。许多支原体是人和动物的致病菌。

支原体在自然界分布较广，有些生活在污水、土壤或堆肥中，少数可污染实验室的组织培养物。有的支原体可引起人和禽畜的呼吸道、肺部、尿道、生殖系统的炎症。1967 年以后，发现在患"丛枝病"的桑、马铃薯等植物的韧皮部中有支原体存在。为了与感染动物的支原体相区分，一般称侵染植物的支原体为类支原体(mycoplasma-like organisms, MLO)或植原体(phytoplasma)。它们是许多黄化型、矮缩型植物病害的病原体，现已知近 300 属的植物上有 80 多种由类支原体引起的病害，过去曾被误认为是由病毒引起的。这群生物皆无法培养，但单克隆抗体和核酸探针应用表明它们的遗传多样性丰富多彩。

支原体的特点主要有：①细胞很小，直径一般为 150～300 nm，多数为 250 nm，光学显微镜下勉强可见；有滤过性；②细胞柔软，形态多样，常呈不同大小的球状、环状、长短不一的丝状、杆状及不规则等多种形态；③缺乏细胞壁，呈 G^-，对渗透压较敏感；④细胞膜中含有一般原核微生物所没有的甾醇，故具有较高的机械强度和韧度；⑤可人工培养，营养要求苛刻，能在含血清、酵母膏和甾醇等营养丰富的培养基上生长；⑥以二分裂繁殖为主，也有出芽、分枝等方式繁殖；⑦菌落小(直径 0.1～1.0 mm)，在固体培养基表面呈特有的"油煎蛋"状菌落；在液体培养基中仅见轻度浑浊；⑧多数能以糖类作为能源，能在有氧或无氧条件下进行氧化型或发酵型产能代谢；⑨基因组很小，仅在 0.6～1.1 Mb(为 *E. coli* 的 1/5～1/4)；⑩对抑制细胞壁合成的抗生素(如青霉素)不敏感，而对能抑制蛋白质生物合成的抗生素(如四环素、红霉素等)和破坏含甾体的细胞膜结构的抗生素(如两性霉素、制霉菌素等)敏感。

支原体在分类中属于柔膜体纲(Mollicutes)，有 4 目 5 科 8 属。现已发现支原体 160 多种，广泛分布在土壤、污水、动植物和人体中。少数为腐生性，大多数为寄生性或共生性。部分支原体种对人、畜禽具有致病性，例如牛胸膜肺炎、羊胸膜肺炎、猪地方流行性肺炎(喘气病)、鸡慢性呼吸道病及新近分类划入的猪附红细胞体(eperythrozoon)病等。确定与人类致病有关的有 3 个菌种：肺炎支原体(是原发性非典型肺炎的病原)、人型支原体和解脲脲原体。从人体还分离到几种其他的支原体，迄今为止无确定的致病作用。如 AIDS 相关支原体，从这些病人体内常常分离出支原体，支原体在这里可能作为继发感染病原。

2.4.3 立克次氏体

立克次氏体(richettsia)是一类专性寄生于真核细胞内的 G^- 原核微生物。1909 年，美国医生 H.

T. Ricketts 首次发现落基山斑疹伤寒的病原体，后来不幸被该菌感染，死于墨西哥城。1916 年，人们为了纪念他，将斑疹伤寒等这类病原体命名为立克次氏体。它与支原体不同的是有细胞壁和不能独立生活；与衣原体的区别在于其细胞较大、无滤过性和存在产能代谢系统。

立克次氏体的特点与细菌相似：①细胞较大，为 (0.3～0.6) μm×(0.8～2.0) μm，光学显微镜下清晰可见；②细胞形态多样，有球状、双球状、杆状至丝状等；③无鞭毛，不运动；④革兰氏阴性，细胞壁肽聚糖层中含有 *N*-乙酰胞壁酸和二氨基庚二酸，细胞壁外层含有与细菌类似的脂多糖复合物；⑤细胞膜透性高，易从寄主细胞获得营养和辅酶等，离开寄主无法生活；⑥以二分裂方式繁殖（每分裂一次约 8 h）；⑦酶系统不完全，能量代谢途径不完整；⑧对四环素和青霉素等抗生素敏感；⑨对热敏感，一般在 56 ℃以上经 30 min 即被杀死；⑩基因组很小，如 1998 年 11 月公布的普氏立克次氏体（*Rickettsia prowazeki*）基因组为 1.1 Mb，含 834 个基因。立克次氏体含有多种抗原，具有群或种的特异性，可用鸡胚、敏感动物及合适的组织培养。

立克次氏体是引起人的斑疹伤寒、脑脊髓炎、恙虫热和 Q 热等严重传染病的病原体，也可引起牛、绵羊发生心水病，患畜发热，甚至可导致死亡。一般寄生于虱、蚤、蜱、螨等节肢动物消化道的上皮细胞，并在其中大量繁殖，细胞破裂后所释放的大量个体随粪便排出。当虱、蚤叮咬人体时，趁机排粪，在人体抓痒之际，粪中立克次氏体便随即从伤口进入血流，在血细胞中大量繁殖并产生内毒素，置人于死地。

目前，立克次氏体归于立克次体目，科、属分类仍在变动。立克次氏体经节肢动物传播对人、畜致病，引起人类致病的主要种类是普氏立克次氏体（*Richettsia prowazeki*）、斑疹伤寒立克次氏体（*Richettsia typhi*）和恙虫病立克次氏体（*Richettsia tsutsugamushi*），对人、畜致病的贝氏柯克斯体（*Coxiella burnetii*），致反刍动物心水病的反刍动物艾立希体（*Ehrlichia ruminantium*）等。

2.4.4 衣原体

衣原体（chlamydia）是一类比立克次氏体小，严格在真核细胞内寄生的小型 G^- 原核微生物。1956 年我国著名微生物学家汤飞凡、张晓楼、黄元桐、王克乾等自沙眼中首次分离到病原体。由于它们具有滤过性、专性活细胞内寄生和能在寄主细胞中形成包涵体，而被认为是病毒，直到 1970 年才正式命名为衣原体。

衣原体虽有一定的代谢能力，但缺少独立的产能系统，必须依靠寄主获得能量、酶系以及低分子质量化合物，故有"能量寄生型生物"之称。衣原体特点有：①有细胞构造；②细胞呈球形或卵球形，直径 0.2～0.3 μm；③有细胞壁（但缺肽聚糖）；④细胞内同时含有 RNA 和 DNA 两种核酸；⑤有核糖体，大小为 70S；⑥产生能量的酶系统不完整，必须严格细胞内寄生；⑦对抑制细菌的抗生素和药物敏感；⑧只能用鸡胚卵黄囊膜、小白鼠腹腔等细胞组织物活体进行人工培养。

衣原体的生活史非常独特，在其生活周期中存在大、小两种细胞。小细胞是具有坚硬细胞壁且有感染力的细胞，称作原体（elementary body, EB）。原体主要存在细胞外，较为稳定，呈球形偶尔呈梨形，小而致密，具有高度的传染性。原体是发育成熟的衣原体，Giemsa 染色呈紫色，Macchiavello 染色为红色。原体经空气传播，一旦遇到合适的新宿主，就可通过吞噬作用、吞饮作用、受体介导的细胞摄粒作用三种方式进入细胞，在其中生长，转化成较大的且无感染力的薄壁细胞，称为始体（initial body），也叫网状体（reticulate body, RB）。始体是衣原体在宿主细胞内发育周期的繁殖形，不具有感染性，圆形或卵圆形，富含 RNA，Macchiavello 染色为蓝色。始体代谢活跃，通过二分裂繁殖，产生的子代始体和原体有膜包围，在宿主细胞基质中形成各种形态的包涵体。始体表面有刺突，数量多于原体。当始体分化为原体，核酸浓缩在胞浆中。在包涵体膜的附近，衣原体颗粒包装成熟。待释放出细胞后，重新通过气流传播感染新的宿主。整个生活史约需 48 h。每个宿主细胞产生新的感染性单位的数目，从低于 100 直至大于 1 000，相当于每有一个原体侵入，可以产生 16～24 个原体。过去认为衣原体的生活周期是独一无二的，但研究人员在柯克斯体（*Coxiella*）和军团菌（*Legionella*）形态建成的 γ-变形杆菌（γ-Proteobacteria）中发现了类似的生活周期，因此不能仅依据生活周期来判断是否是衣原体。

衣原体与立克次氏体在形态、构造、大小、染色特性等方面都很相似，也寄生生活。但衣原体不需媒介（节肢动物传播）而直接感染宿主；在寄主细胞内繁殖时有一定的发育阶段：原体—始体—子代原体。

目前衣原体为1目3科，其中衣原体科有2个属，即衣原体属（*Chlamydia*）和亲衣原体属（*Chlamydophilia*）；副衣原体科、西氏衣原体科各有1个属。较熟悉的衣原体有4种：沙眼衣原体（*Chlamydia trachomatis*），可引起人类沙眼、性病淋巴肉芽肿、一些形式的关节炎、新生儿包涵体结膜炎和肺炎等；肺炎亲衣原体（*Chlamydia pneumoniae*），致人的急性呼吸道病，对动物无致病性；牛羊亲衣原体（*Chlamydia pecorum*），致牛和绵羊腹泻、关节炎、脑脊髓炎等；鹦鹉热亲衣原体（*Chlamydia psittaci*），致人肺炎，致畜禽肺炎、流产、关节炎等，引起鹦鹉热等人兽共患病。

综上所述，支原体、立克次氏体和衣原体是介于细菌与病毒之间的同属 G^- 的原核微生物。支原体、立克次氏体和衣原体，其寄生性逐步增强（表2-4）。

表2-4　细菌、支原体、立克次氏体、衣原体和病毒的比较

比较项目	细菌	支原体	立克次氏体	衣原体	病毒
直径/μm	0.5～2.0	0.2～0.25	0.2～0.5	0.2～0.3	<0.25
可见性	光学显微镜	光学显微镜勉强	光学显微镜	光学显微镜勉强	电子显微镜
细胞结构	有	有	有	有	无
含核酸类型	DNA和RNA	DNA和RNA	DNA和RNA	DNA和RNA	DNA或RNA
核糖体	有	有	有	有	无
细胞壁	有（含肽聚糖）	无	有（含肽聚糖）	有（不含肽聚糖）	无
细胞膜	有（无甾醇）	有（含甾醇）	有（无甾醇）	有（无甾醇）	无
繁殖时个体完整性	二分裂	保持	保持	保持	不保持
大分子合成能力	有	有	有	无	无
产ATP系统	有	有	有	无	无
氧化谷氨酰胺能力	有能力	有能力	有能力	无能力	无能力
对抑制细菌抗生素的反应	敏感	敏感（对抑制细胞壁合成者例外）	敏感	敏感（青霉素例外）	有抗性

本章小结

原核微生物包括7大类，即三菌（细菌、放线菌、蓝细菌）、三体（支原体、立克次氏体、衣原体）和古菌。它们的共同特点是个体微小、形态简单、进化地位低，基因组为原核。原核微生物的细胞细小，核的结构原始，无核膜包裹，细胞壁含有独特的肽聚糖，细胞内无细胞器分化。

细菌是主要的原核微生物，其形态主要有球状、杆状和螺旋状3种；细胞结构包括细胞壁（支原体例外）、细胞质膜、细胞质、核区及各种内含物等一般构造外；少数细菌具有糖被（荚膜、微荚膜、黏液层）、鞭毛、菌毛和芽孢等特殊构造。缺壁细菌主要有支原体、L型细菌、原生质体和球状体。通过革兰氏染色可把所有细菌区分成 G^+ 和 G^- 两大类。

放线菌是一类呈丝状生长、以孢子繁殖、陆生性较强的原核微生物，由基内菌丝、气生菌丝和孢子丝构成，多数放线菌可以产生抗生素。

蓝细菌是 G^-，含叶绿素a、不含叶绿体，能进行产氧性光合作用的单细胞原核微生物；含有类囊体，能够进行光合作用；具有固氮作用的异形胞，能抵御不良环境的静息孢子以及具有繁殖能力的链丝段和内孢子等。

支原体、立克次氏体和衣原体是3类同属 G^- 的小型原核微生物。生活方式既有腐生又有寄生，介于细菌和病毒之间，多数为病原菌。其中支原体无细胞壁，能够独立生活；立克次氏体是专性寄生，衣原体则是能量寄生。

古菌的细胞壁与细菌细胞壁的化学成分不同，古菌细胞壁中没有肽聚糖，而是由假肽聚糖、糖蛋白或蛋白质构成。古菌细胞质膜的脂类是由异戊二烯侧链与甘油经醚键连接形成的甘油醚构成。

古菌域最初主要是由广古菌门和泉古菌门组成。目前古菌域可以归纳为4个超门，即广古菌门、

TACK 超门、DPANN 超门和最新的阿斯加德古菌超门。从表型特征上古菌一般分为 5 大生理类群，即极端嗜盐古菌、产甲烷古菌、无细胞壁古菌、还原硫酸盐古菌以及极端嗜热和超嗜热代谢硫元素古菌。

古菌不仅生活在极端环境中，如海洋底部的高压热溢口、盐碱湖、热泉等高盐、高温、低 pH 和缺氧环境；在地球上还有着更为广泛的分布，如海洋、湖水、沉积物和土壤等不同生境，在自然界的物质循环过程中发挥着重要的和不可替代的作用。古菌域生物具有丰富的多样性，并且大部分是不可培养的微生物。

古菌与农业生产密切相关。已知一些古菌广泛分布于各种类型的土壤中，它们参与土壤的氮素循环，如氨氧化古菌，这与耕地质量相关。另外，在农业有机废弃物的生物处理过程中，也有大量的古菌参与其中并发挥重要作用，如产甲烷古菌、氨氧化古菌等。人们可以借鉴高盐、高碱及高酸等生境中的古菌，研究和解决农作物的抗逆性问题等。古菌是一类没有被充分发掘和利用的资源，具有极大的研究价值和应用潜力。

复习思考题

1. 试比较 7 类原核生物的主要特性。

2. 典型细菌的大小和重量是多少？试设想几种形象化的比喻并加以说明。

3. 简要说明 G^+ 和 G^- 细菌细胞壁的主要构造及其异同。

4. 试比较 G^+ 和 G^- 细菌肽聚糖结构的差别。

5. 什么是缺壁细菌？试比较 4 类缺壁细菌的形成、特点及应用。

6. 试述革兰氏染色法的机制并说明此法的重要性。

7. 何谓“拴菌试验”？它何以能证明鞭毛的运动机制？

8. 请解释芽孢耐热机制。

9. 什么是菌落？试讨论细菌的细胞形态与菌落形态间的相关性。

10. 放线菌的菌丝按形态结构分为哪几类？各有何特点？

11. 放线菌的菌落特征和繁殖方式有哪些？

12. 试述立克次氏体、支原体、衣原体的主要特点和区别。

13. 列举放线菌类群及其代表属。

14. 简述细菌代表属的特点。

15. 简述细菌的一般结构与特殊结构及其功能。

16. 生物界三域学说是由谁在哪年提出来的？研究古菌具有什么意义？

17. 细菌域、古菌域及真核生物域主要生物学特征区别是什么？

18. 古菌的细胞壁组成特点是什么？与细菌细胞壁的区别是什么？

19. 古菌的细胞质膜与细菌和真菌的细胞质膜有什么区别？

20. 古菌域主要有几个类群？各个类群的主要特征是什么？

第3章

真核微生物

内容提示

本章主要介绍真核微生物的细胞结构,酵母菌、霉菌和蕈菌的形态、结构和功能、繁殖方式,常见酵母菌、霉菌和蕈菌的类群,以及单细胞原生动物、单细胞藻类和黏菌的一些基本知识。

教学目标

了解真核微生物与原核微生物的区别,掌握酵母菌和蕈菌的形态、结构和功能、繁殖方式,了解常见酵母菌和蕈菌的类群,了解单细胞原生动物、单细胞藻类和黏菌的基本知识。

真核微生物是形体微小、结构简单的真核生物的统称。

3.1 真核微生物的细胞结构

3.1.1 真核细胞的基本结构

与原核细胞相比,真核细胞个体更大,结构更复杂,显著特征是有明显的细胞核,还有一些由膜包裹的细胞器,图 3-1 是其结构示意。有细胞壁的真核细胞其内部为原生质体,由细胞质膜包裹着,其中为细胞质和细胞核。细胞质是透明而黏稠的溶胶,由各种细胞器及其他物质组成。除细胞器以外的胶状溶液为胞质溶胶(cytosol)或称细胞基质(cell matrix)。内含细胞骨架、各种酶、贮藏物质等内含物。真核微生物主要包括真菌、显微藻类和原生动物等。

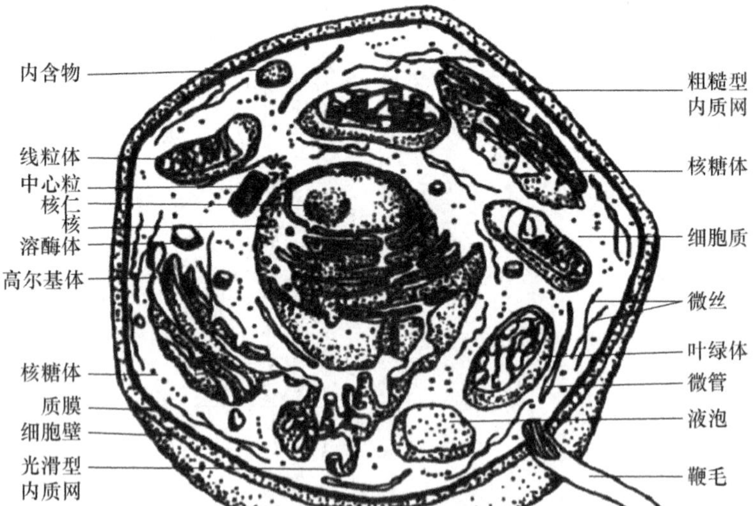

图 3-1 真核细胞结构示意

(引自周德庆,2020)

3.1.1.1 细胞壁和细胞质膜

1. 细胞壁

真核微生物的细胞壁厚100～250 nm，它占细胞干物质的30%。真核微生物细胞壁主要由多糖组成，成分是纤维素或几丁质，或兼含有这两种成分或其他多糖(包括甘露聚糖和葡聚糖)，有的细胞壁还含有少量蛋白质和脂类。藻类细胞壁的成分除纤维素外，有的还含有其他多糖或者大量的钙和硅。硅藻细胞壁主要含二氧化硅，大量硅藻沉积成为硅藻土；珊瑚藻的细胞壁中有碳酸钙，是形成珊瑚礁的基础。原生动物通常没有细胞壁，细胞可以改变形状，有的种类具有表膜(pellicle 或 periplast)，能维持细胞形状；也有的原生动物形成一层外壁和壳(shell)。

2. 细胞质膜

真核细胞与原核细胞在其细胞质膜的构造和功能上十分相似，都为双层磷脂，蛋白质镶嵌其间。显著不同点之一是真核细胞含固醇(sterol)，如胆固醇，使细胞坚韧。在营养物质的吸收上，有的真核细胞还具有吞噬作用(phagocytosis)。借助于囊泡将物质吞入细胞内，称为胞吞作用(endocytosis)；将物质排出细胞外，称为胞吐作用(exocytosis)。原生动物的噬菌作用是这种运输机制的一个例子。

3.1.1.2 细胞核

真核细胞有定形的核，具有单位膜状的核膜，膜上有许多小孔，可以有选择地允许物质出入。细胞核是细胞遗传信息(DNA)存储、复制和转录的主要部位，由核被膜、染色质、核仁和核基质等构成。遗传物质以染色体(chromosome)形式存在。真核生物中的染色体由染色质丝组成。染色质丝由核小体组成(组蛋白八聚体，DNA 链的一部分附着并包裹在其周围)。染色质丝被蛋白质包装成称为染色质的浓缩结构。染色质含有绝大多数的 DNA 和少量的母系遗传获得的线粒体 DNA。真核细胞可以有多条染色体，因种类不同而异，如粗糙脉孢菌有 7 条，酿酒酵母有 17 条，双孢蘑菇有 13 条。

3.1.1.3 细胞质和细胞器

在细胞质膜和细胞核之间透明而黏稠的溶胶统称为细胞质(cytoplasm)，由细胞基质、细胞骨架和细胞器组成。

1. 细胞基质和细胞骨架

在细胞中除细胞器以外的胶状溶液称为细胞基质，内含细胞骨架和各种酶类以及内含物与中间代谢产物，是新陈代谢的重要场所。

细胞骨架(cytoskeleton)是由肌动蛋白丝、微管和中间纤维组成的细胞支架，具有支撑、运动和运输功能。

2. 细胞器(organelle)和其他具有膜的结构体

(1)线粒体(mitochondria)　是进行氧化磷酸化反应的重要细胞器，其功能是把贮藏在有机物中的化学潜能转化成生命活动所需能量(ATP)，故是一切真核细胞的“动力车间”。线粒体由内、外两层膜包裹，外膜平整，内膜高度折叠，形成了大量由内、外双层内膜构成的嵴(matrix)。嵴的存在，极大地扩展了内膜进行生物化学反应的面积。线粒体的大小同细菌细胞相当，含 70S 核糖体，DNA 排列呈环形双螺旋状，用于合成一小部分(约 10%)专供线粒体自身所需的蛋白质。某些线粒体的 70S 核糖体同原核细胞的 rRNA 也有高度相似性。

(2)叶绿体　其结构类似于线粒体，含有大量折叠的内膜系统、70S 核糖体和环状双螺旋大分子，是进行光合作用的场所，合成 ATP 和固定 CO_2。它只存在于光合真核生物中，包括微生物中的藻类。叶绿体中含叶绿素和蛋白质，将光能转化为以 ATP 形式存在的化学能。叶绿体的构造由叶绿体膜(chloroplast membrane)、类囊体(thylakoid)和基质(stroma)3 部分组成。

(3)核糖体　是无膜包裹的颗粒状细胞器，功能是合成蛋白质。真核细胞含 80S 核糖体，由蛋白质和 RNA 组成，包括 60S 和 40S 两个亚单位。大、小两个亚单位在核仁中合成后，输送到细胞质中组装。核糖体除分布于细胞质中外，也存在于线粒体和叶绿体中，但都是一些与原核生物相同的 70S 核糖体。

(4)各种具有膜结构的功能　除线粒体和叶绿体外，真核细胞还含有许多具有膜的结构体，表 3-1 是这些具有膜结构的特征和功能的概括。

3.1.1.4 鞭毛和纤毛

在某些真核微生物细胞表面长有或长或短的毛发状、具有运动功能的细胞器，其中形态较长(150.0～200.0 μm)、数量较少者称鞭毛，单极生或双极生，而形态较短(5.0～10.0 μm)、数量较多者则称纤毛。真菌的鞭毛与细菌的鞭毛在运动功能上虽相同，但在构造、运动机理和所耗能源形式等方面都有显著差别。

真菌鞭毛由鞭杆(shaft)和基体(basel body)组成。鞭杆的横切面呈"9＋2"型，即中心有一对包在中央鞘内的相互平行的中央微管，其外围绕一圈(9个)微管二联体，整个鞭杆由细胞质膜包裹。每一个二联体是由亚丝A和B组成的，亚丝A由13根原纤维形成。亚丝B仅有10根原纤维，其中有3根是与亚丝A合用的。从二联体的A管伸出二条侧臂，对着相邻二联体的亚丝B，臂长约30.0 nm，宽9.0 nm，两臂之间的间隔为16.0～22.0 nm。在二联体之间有连丝连接。此外，还从亚丝A向中央一对微管发出辐射状的连丝，称为放射辐条。放射辐条的辐条头是自由的，不与中央鞘相连。

基体又称生毛体或动体，呈短杆状，直径为120.0～170.0 nm，长为200.0～500.0 nm，经横切面观察，外围有9个三联体，中央没有微管和鞘，为"9＋0"型(图3-2)。

表3-1 真核细胞具有膜的结构体

名称	特征	主要功能
线粒体	大小如细菌，含复杂折叠内膜	产能(呼吸作用)
叶绿体	含叶绿体，形状不一	光合作用
内质网	含大量内膜，有粗糙和光滑两种类型	蛋白质合成
高尔基体	具明显结构的膜聚合体	推动酶和其他大分子向外分泌
液泡	低密度的球形体	食物消化(食物液泡)，废物排出(收缩液泡)
溶酶体	亚显微结构颗粒	包含和释放消化酶类
过氧化物酶体	亚显微结构颗粒	进行光呼吸作用
乙醛酸循环体	亚显微结构颗粒	含乙醛酸循环的酶类

引自 http://en.wikipedia.org/wiki/Organelle

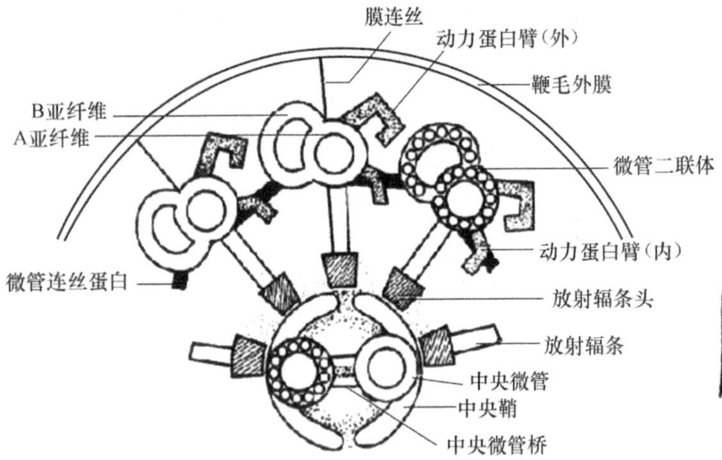

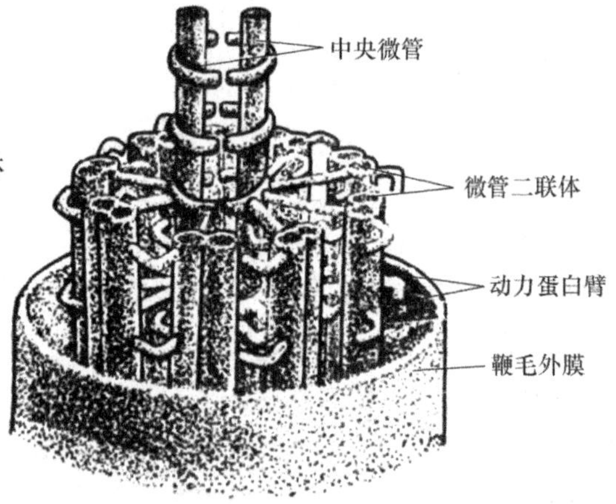

图3-2 真菌鞭毛示意

(引自周德庆，2020)

真核微生物鞭毛微管主要由微管蛋白和微管相关蛋白(microtuble-associated protein)共同组成，它们与运动的产生、微管聚合和解聚的调节或微管和其他细胞组成之间的连接等相关。

在二联体的侧臂上存在的ATP酶，称为动力蛋白(dynein)，它可以水解ATP，放出能量，供鞭毛运动所需。在二联体之间的横桥中，有连接蛋白(nexin)，这是一种溶于酸，分子量为165 000 Da的蛋白质，因其连接相邻的二联体，故称为连接蛋白。其作用可能是在鞭毛运动时限制两相邻二联体间的滑行量。在鞭毛的间质中还含有间质蛋白，约占鞭毛总蛋白的40%。真菌鞭毛运动为均匀的波动。

3.1.2 原核细胞和真核细胞结构的比较

原核细胞和真核细胞的大小有明显区别，原核细胞直径一般为 0.5～2.0 μm，而真核细胞为 2.0～20.0 μm。表 3-2 分别列出了原核细胞和真核细胞主要结构上的不同之处。

表 3-2 原核细胞和真核细胞结构对比

（引自周德庆，2020）

细胞结构	原核生物	真核生物
细胞壁	由肽聚糖、其他多糖、蛋白质和糖蛋白组成	通常为多糖组成，包括纤维素
细胞质		
质膜	不含固醇	含固醇
内膜	简单，仅存在于某些细菌中	复杂，内质网、高尔基体
核糖体	70S	80S（线粒体和叶绿体中的核糖体为 70S）
具单位膜的细胞器	无	有几种细胞器
呼吸系统	在部分质膜和内膜中	在线粒体中
光合色素	在内膜或绿色体中，无叶绿体	在叶绿体中
气囊	某些细菌具备	不具备
细胞核和核质		
核膜	无	有
核仁	无	有
DNA	通常为一个环状大分子，也存在于质粒中	与组蛋白结合，存在于染色体中
细胞分裂	缺有丝分裂	进行有丝分裂
有性生殖	不具备	具备，进行减数分裂
基因中的内含子	一般没有	普遍存在

真核细胞中普遍具有微管，主要存在于运动器官中（如鞭毛和纤毛），也存在于有丝分裂纺锤体（mitotic spindle apparatus）中。有些原核生物的个体虽然有形态上的分化，但不如真核生物复杂而普遍。真核生物形成菌丝体和各种孢子，许多种类进行有性生殖，甚至有复杂的生活史循环。

原核生物细胞和真核生物细胞的差别并不反映两类生物之间存在进化的先后关系，原核生物中古菌的某些结构特征甚至更接近于真核生物。细菌、古菌、真核生物都来自某原始生物，然后沿着 3 个不同路线进化，形成地球上多种多样的微生物和高等生物。

3.1.3 微生物细胞的功能

从前文的阐述可知，微生物细胞就是微生物能够独立生活的个体。它虽然体积微小却有非常复杂的结构，能够进行生物化学反应，执行生命活动所需的各种功能。微生物细胞与非生物有本质区别，表现在下列 5 个方面：①营养功能。细胞从外界吸收化学物质，在细胞内进行转化和合成，产生能量，排出废物。②生长能力。细胞利用营养物质进行生长和分裂，一般每个细胞形成两个相等或相似的子细胞。③分化。多数微生物细胞在生活过程中会发生形态和功能的变化，甚至会出现明显的特殊结构。④信号传递。不同细胞之间，甚至高等动植物之间，常常通过化学信号物质而发生关系和相互作用。⑤进化。细胞生物不断地进化，细胞的遗传变异对生物的适合度（fitness）产生影响，有利于那些能够适应环境的个体生存和发展。微生物细胞与高等生物细胞也有区别，虽然许多高等生物也具备上述细胞属性，但它们个体中每个细胞只能作为整体的一部分而存在，不是独立生活的。而微生物的每个细胞都是一部完整、独立存在的复杂生化“机器”和“编码装置”（图 3-3），在其中进行生物化学反应和能量转换，并有一套由遗传成分编码的程序，控制着性状的代代相传，如果程序出现差错，则产生变异。

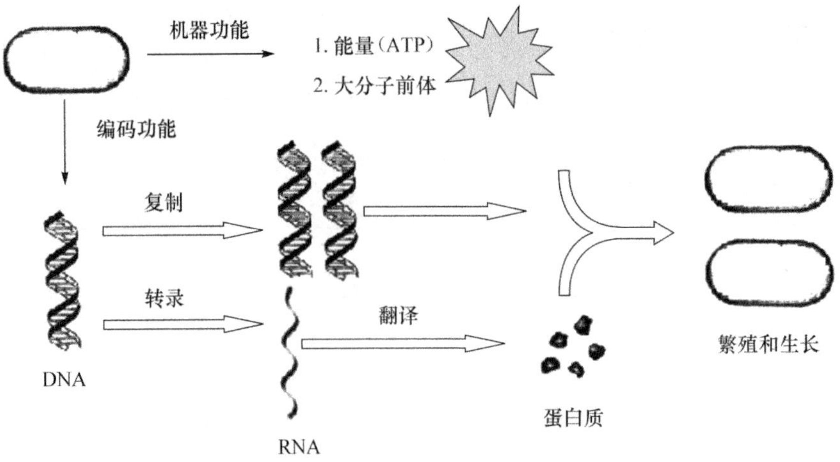

图 3-3 微生物细胞功能示意图

(引自李阜棣和胡正嘉,2016)

微生物细胞作为生化机器,吸收营养和能量。通过酶的催化作用,在细胞内进行化学转化,从而获得生长和复制(繁殖后代)。细胞作为编码机器,可以比喻为计算机,在其中处理遗传信息,通过转录和翻译将信息在细胞分裂繁殖过程中传递给子代。细胞的这两种功能是高度协调的,使之能够获得最好的生长,并将特性真实地传给子代。不论原核微生物细胞还是真核微生物细胞,都具备这一共同的基本功能。

3.2 单细胞真核微生物

3.2.1 酵母菌

酵母菌(yeast)是一群单细胞的真核微生物。这个术语不是系统进化的分类单元,只是一个无分类学意义的普通名称。通常用于以芽殖或裂殖来进行无性繁殖的单细胞真菌,便于与霉菌区分。极少数种可产生子囊孢子进行有性繁殖。酵母菌应用很早,与人类关系密切,在酿造、食品、医药工业等方面占有重要地位。

酵母菌主要分布在含糖质较高的偏酸性环境,如果品、蔬菜、花蜜和植物叶子上,特别是葡萄园和果园的土壤中,因而有人称其为糖菌(sugar fungus)。在牛奶和动物的排泄物中也可找到。空气中也有少数存在,它们多为腐生型,少数为寄生型。

3.2.1.1 酵母菌的形态

大多数酵母菌为单细胞,呈球形、卵圆形或圆柱形,也有特殊形态,如柠檬形、瓶形或三角形等。有些酵母菌,如假丝酵母属(*Candida*)的热带假丝酵母(*Candida tropicalis*)或产朊假丝酵母(*Candida utilis*)在芽殖过程中芽体未与母细胞断裂前,又在芽体上长出新的芽体,子细胞不与母细胞脱离,其间以极狭小的面积相连,呈藕节状细胞,称为假菌丝(pseudohyphae)。酵母菌的细胞形态如图 3-4 所示。酵母菌假菌丝与霉菌真菌丝的区别见表 3-3。

酵母菌细胞的大小为长 5.0～20.0 μm,可达 50.0 μm,宽 1.0～5.0 μm,可达 10.0 μm 以上,比细菌大 5～10 倍。在普通光学显微镜下可直接观察酵母菌的芽体和母细胞(图 3-4b);经特殊染色后还可区分出酵母菌细胞内的细胞核、脂肪滴、肝糖粒和液泡等特殊结构;经扫描电子显微镜可清晰地观察到酵母菌细胞的立体构象和表面结构(图 3-4c,f);用透射或扫描电子显微镜观察酵母菌的超薄切片,则可区分内部的详细结构(图 3-5b,图 3-6)。

表 3-3 假菌丝和真菌丝的区别

(引自林稚兰和罗大珍,2011)

性状	假菌丝	真菌丝
细胞串	藕节状	竹节状,细胞间原生质流通
胞间相连面积	极狭小	横隔面积与细胞直径一致
功能	芽体与母细胞没有分化,可独立生活	特化为营养菌丝、气生菌丝和繁殖菌丝

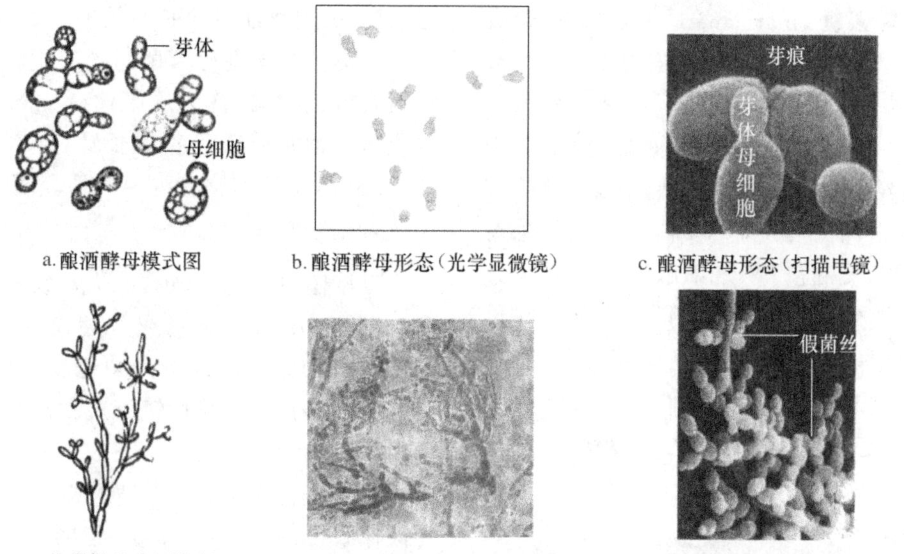

a. 酿酒酵母模式图　b. 酿酒酵母形态（光学显微镜）　c. 酿酒酵母形态（扫描电镜）

d. 热带假丝酵母模式图　e. 热带假丝酵母形态（光学显微镜）　f. 白假丝酵母形态（扫描电镜）

a～c. 酿酒酵母（卵圆形）　d～f. 热带假丝酵母和白假丝酵母（假菌丝）

图 3-4　酵母菌的形态

（引自林稚兰和罗大珍，2011）

酵母菌是单细胞微生物，细胞粗短，细胞间充满毛细管水，在固体培养基表面形成的菌落也与细菌相仿，一般都有湿润、较光滑、有一定的透明度、容易挑起、菌落质地均匀以及正反面和边缘、中央部位的颜色都很均一等特点。但酵母细胞比细菌大，细胞内颗粒较明显、细胞间隙含水量相对较少以及不能运动等特点，导致菌落较大、较厚、外观较稠和较不透明。酵母菌菌落的颜色比较单调，多数呈乳白色，少数为红色，个别为黑色。另外，凡不产生假菌丝的酵母菌，其菌落更为隆起，边缘圆整；而会产生假菌丝的酵母，则菌落较平坦，表面和边缘较粗糙。酵母菌的菌落一般还发出酒香味。

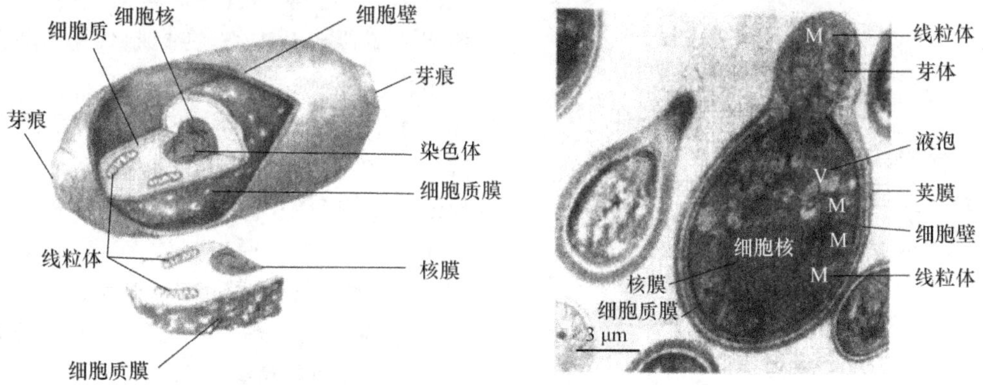

a. 酵母菌细胞结构（模式图）　b. 酵母菌细胞结构（透射电镜照片）

图 3-5　酵母菌细胞结构

（a 引自 Prescott 等，2005；b 引自 Pommerville，2010）

3.2.1.2　酵母菌的结构和功能

酵母菌的细胞结构与其他真核生物细胞结构相似（图 3-5），但没有高尔基体（Golgi apparatus）和植物中的叶绿体，有细胞壁、细胞膜、细胞质、细胞核、一个或多个液泡、线粒体、内质网、微体、核糖体和贮藏物质等。有的种还有黏性荚膜、芽痕和诞生痕。

1. 细胞壁

酵母菌细胞壁厚为 25.0～70.0 μm，质量约为细胞干重的 25%，是一种坚韧的结构。细胞壁由内至外分 3 层结构（图 3-7），其化学组成主要是：外层为甘露聚糖（mannan），占 40%～50%；内层为葡聚糖（glucan），占 35%～45%；中间是蛋白质分子，占

5%～10%。甘露聚糖(mannan)是一种分枝聚合物，主链以 α-1，6-糖苷键结合，而支链则以 α-1，2-或 α-1，3-糖苷键结合，呈网状。葡聚糖，也是一种分枝的多糖聚合物。主链以 β-1，6-糖苷键结合，支链则以 β-1，3-糖苷键结合。它们作为细胞骨架，维持细胞形状。多数蛋白质为与细胞壁结合的酶(如葡聚糖酶、甘露聚糖酶、淀粉酶等)。细胞壁还含有少量类脂和以环状形式分布在芽痕周围的几丁质。酵母菌的细胞壁可用蜗牛消化酶(一种含葡聚糖酶、蛋白酶、脂酶等 20 多种酶的复合酶)水解，从而形成酵母原生质体，也可用它来水解酵母菌的子囊壁，以释放其中的子囊孢子。

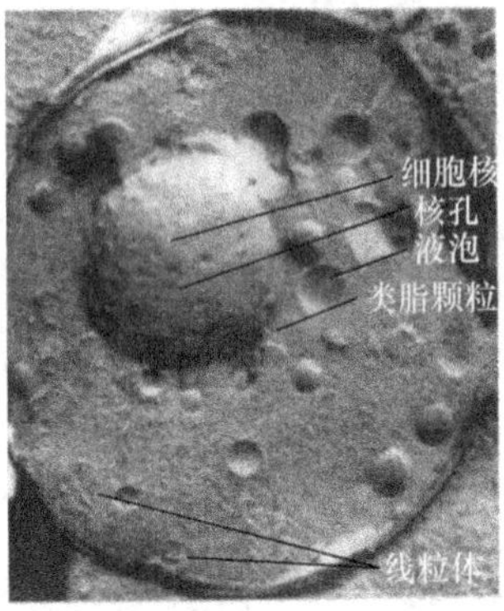

图 3-6　酵母菌细胞扫描电镜照片

(引自 Michael 等，2006)

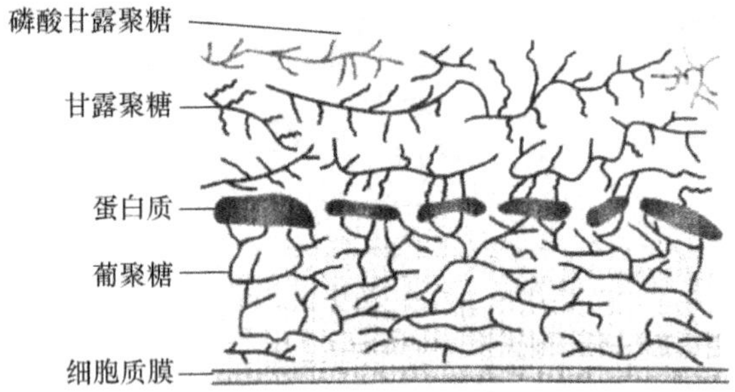

图 3-7　酵母菌细胞壁的化学结构(模式图)

(引自 Michael 等，2006)

2. 细胞膜

酵母菌等真核生物的细胞膜结构、成分与原核生物细胞相似，是典型的单位膜，主要由蛋白质、类脂(磷脂、甾醇、甘油酯等)和少量糖类组成。其中甾醇以麦角甾醇为主，它经紫外线照射后能转化成维生素 D_2，可作为维生素 D 的来源。甾醇的作用还不清楚，也许能增强膜的强度。酵母菌细胞已有由膜分化的细胞器。它的膜功能不及原核生物细胞膜那样具有多样性，主要用于调节渗透压、吸收营养和分泌物质，并与细胞的合成作用有关。

酵母菌和霉菌等真菌的细胞质膜表面有一种特殊的膜折叠结构，称为质膜体(plasmalemmasome)。质膜体沿细胞质膜可扩展长达(20.0～30.0)nm×300.0 nm，位于细胞壁内膜的外表面。

3. 细胞核

酵母菌细胞核(nucleus，复数 nuclei)较小、球形，直径 2 μm。在普通光学显微镜下，用特殊染色法(Feulgen 染色法或荧光染色法)可清楚看到细胞核的形态。在电子显微镜下观察冰冻蚀刻法制片或用相差显微镜观察在 18%～21%明胶培养基中生长的酵母菌细胞时，多可在细胞中央看到与液泡相邻并被核膜(nuclear envelope)包围的细胞核(图 3-7)。

酵母菌细胞核由 DNA、组蛋白、其他蛋白和少量 RNA 组成线形复合结构的染色质(chromatin)，细胞有丝分裂或减数分裂时，染色质丝进一步盘绕、折叠、浓缩呈棒状结构的染色体(chromosome)。染色体数目因种而异，酿酒酵母的单倍体细胞含 16 条染色体，DNA 的相对分子质量$(1.2\sim1.4)\times10^{10}$，总长度 13 500 kb，有 400～6 500 个基因，已全部完成测序工作。其他酵母菌染色体数目较少，有两种汉逊酵母(*Hansenula* sp.)的单倍体细胞含 3 条染色体，而异常汉逊酵母(*Hansenula anomala*)只有 2 条染色体。染色体是遗传信息的主要载体，细胞核是细胞的遗传控制中心，在控制代谢和繁殖中起重要作用。

除细胞核含 DNA 外，在酵母菌线粒体、“2 μm 质粒”及少数酵母菌线状质粒中，也含有 DNA。酵母菌线粒体 DNA 为环状分子，DNA 相对分子质量为 5.0×10^{7}，类似原核生物 DNA，比高等动物线粒体 DNA 大 5 倍，占酵母菌 DNA 的 15%～23%。独立复制，只控制线粒体内若干呼吸酶的合成。2 μm 质粒为闭合环状超螺旋 DNA 分子，长约 2 μm，在细胞核中拷贝数达 50～100 个/细胞，占酵母菌基因组的 2%～4%，自主复制，可作外源 DNA 的载体，并由此组建工程菌。

4. 其他构造

在普通光学显微镜下观察成熟酵母菌细胞时，经常看到一个或多个大小不等的直径为 0.3～3.0 μm 的球形液泡(vacuole)。幼龄细胞液泡很小，老龄细胞液泡较大，位于细胞中央，出芽时大液泡分隔成几个小液泡，分配至子细胞和母细胞中。其内含有一些水解酶以及聚磷酸、类脂、中间代谢物和金属离子等。液泡可能起着营养物和水解酶类的贮藏库的作用，同时还有调节渗透压的功能。

在有氧条件下，酵母菌细胞内会形成许多线粒体。它的外形呈杆状或球状，大小为(0.3～0.5) μm×3.0 μm，外面由双层膜包裹着。内膜经折叠后形成嵴(crista)，其上富含参与电子传递和氧化磷酸化的酶，在嵴的两侧均匀地分布着圆形或多面形的基粒。嵴间充满液体的空隙称为基质(matrix)，它含有三羧酸循环的酶系。在缺氧条件下生长的酵母菌细胞，只能形成无嵴的简单线粒体。这就说明，线粒体的功能是进行氧化磷酸化。线粒体是酵母菌细胞的“动力房”和“发电站”。

在有的酵母菌中，还可找到一种单层膜包裹的球形细胞器，比线粒体小，内含 DNA，称为微体，直径约3.0 μm。它的功能是可分解细胞中的 H_2O_2，使其免受 H_2O_2 毒害，或可能是参与甲醇和烷烃的氧化等。

3.2.1.3 酵母菌的繁殖

酵母菌的繁殖方式有无性繁殖和有性繁殖两种。无性繁殖又分芽殖、芽裂和裂殖，有的甚至可形成厚垣孢子和节孢子。有性繁殖方式是产生子囊孢子。凡有性繁殖产生子囊孢子的酵母称为真酵母。尚未发现有性繁殖方式的酵母称为假酵母。

1. 无性繁殖

(1) 芽殖　出芽繁殖是酵母菌进行无性繁殖的主要方式，如酿酒酵母(图 3-8a)。成熟的酵母菌细胞，先长出一个小芽，芽细胞长到一定程度，脱离母细胞继续生长，而后由芽又形成新个体。如此循环往复。一个成熟的酵母菌通过出芽繁殖可平均产生 24 个子细胞。芽殖发生在细胞壁的预定点上，这个点可由细胞脱落遗留的芽痕(bud scar)来识别。每个酵母细胞有数个至多个芽痕。

酵母菌出芽的方式因种不同，形成的子细胞形状也随之而异。多数酵母菌以多边出芽的方式繁殖，即在母细胞的各个方向出芽，形成的子细胞为圆形、椭圆形或柱状；有的酵母菌芽细胞产生于母细胞的两端，称两端出芽，细胞通常呈柠檬状；还有少数酵母菌以三边出芽的方式繁殖，即在母细胞的三边产生芽细胞，细胞通常呈三角形。

(2) 芽裂　母细胞总在一端出芽，并在芽基处形成隔膜，子细胞呈瓶状。这种在出芽的同时又产生横隔膜的情况称为芽裂或半裂殖。有的甚至两端芽殖中均产生横隔膜，此称两端芽裂。这种方式很少出现。

(3) 裂殖　少数种类的酵母菌与细胞一样，借细胞横分裂而繁殖(图 3-8b)。如裂殖酵母属(*Schizosaccharomyces*)，圆形或卵圆形细胞，长到一定大小后，细胞进一步增大或伸长，核分裂，然后在细胞中产生一隔膜，将两个细胞分开，末端变圆，最终形成两个新细胞。

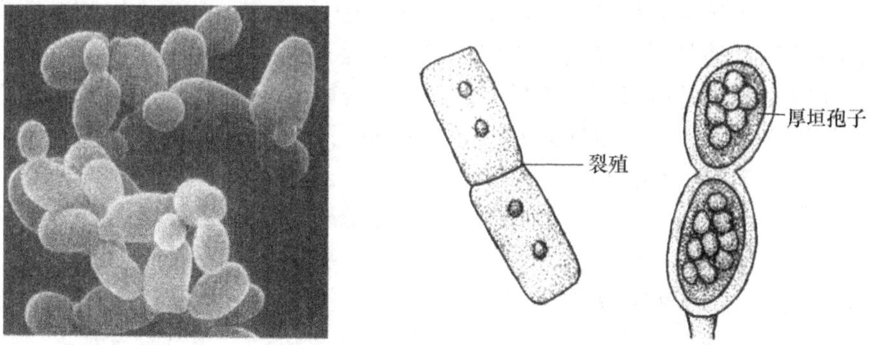

a. 酿酒酵母出芽生殖
(扫描电镜照片)

b. 裂殖和厚垣孢子(模式图)

图 3-8　酵母菌无性繁殖

(a 引自 Prescott 等，2005；b 引自 Pommerville，2010)

梗孢酵母属(*Sterigmatomyces*)中的酵母菌，往往在母细胞上生出一个或几个小梗，梗的顶端再生一细胞，成熟后可在小梗上断裂或暂不断裂再继续生一小梗。有的酵母菌可产生掷孢子。有的酵母如白假丝酵母可形成厚垣孢子(图 3-8b)。

在这些无性繁殖方式中，只简单介绍一下酵母菌的出芽过程。首先，邻近细胞核的中心体产生一个小的突起，同时细胞表面向外突出，出现小芽；然后，母细胞部分核物质、染色体、细胞质进入芽内，芽逐渐增大；最后，芽细胞从母细胞得到一套完整的核结构、线粒体、核糖体等而与母细胞分离，成为独立生活的细胞。

当环境条件适宜而生长繁殖迅速时，酵母菌出芽形成的子细胞尚未与母细胞分开，又长出新芽，于是形成了成串的细胞，犹如假丝状，故称假丝酵母。热带假丝酵母（*Candida tropicalis*）、解脂假丝酵母（*Candida lipolytica*）等均以此方式繁殖。有的酵母菌在液体培养基中或缺氧情况下，也可形成像藕一样的节及可分枝的假丝。

2. 有性繁殖

酵母菌以形成子囊孢子进行有性繁殖。当酵母发育到一定阶段，两个性别不同的细胞（单倍体核）接近，各伸出一个小的突起而相接触，使两个细胞结合起来。然后，接触处细胞壁溶解，两个细胞通过所形成的融合管道进行质配（图 3-9a），两个单倍体的核也移至融合管道中发生核配形成二倍体核的接合子，接合子可在融合管道的垂直方向形成芽细胞，然后二倍体核移入芽细胞内（图 3-9b）。此二倍体芽细胞可以从融合管道上脱离下来，再开始二倍体营养细胞可以进行多代的营养繁殖，因而酵母菌的单倍体、双倍体细胞都可以独立存在。

在合适的条件下，接合子经减数分裂，双倍体核分裂为 4～8 个单倍体核，其外包以细胞逐渐形成子囊孢子（图 3-9c），包含在由酵母细胞壁演变来的子囊（即原来的二体细胞）中。子囊孢子又萌发生长成单倍体营养细胞。子囊孢子的数目和形状是酵母菌鉴定的重要依据。

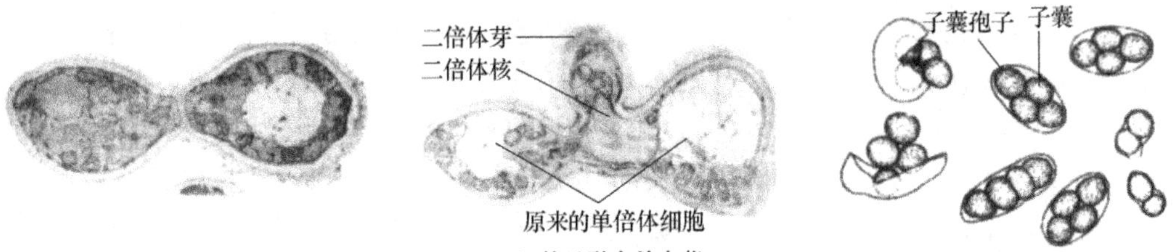

a. 细胞已融合　　b. 核已融合并出芽（透射电子显微镜照片）　　c. 酵母菌子囊及子囊孢子（模式图）

a，b 为温奇汉逊酵母接合生殖过程

图 3-9　酵母菌有性繁殖

（引自 Michael 等，2006）

不同性状的两个单倍体酵母菌细胞经过质配、核配形成子囊孢子，子囊孢子萌发形成单倍体细胞。单倍体细胞再接触、融合，往复循环，其间单倍体和二倍体的酵母菌又可独立营养生长和出芽繁殖，这就是酵母菌的生活史。酵母菌的生活史可分为 3 种类型。

第一种：单倍体型。在生活史中单倍体营养阶段较长，二倍体阶段很短。例如八孢裂酵母（*Schizosaccharomyces octosporus*），单倍体营养细胞借裂殖繁殖；当两个营养细胞接触，形成融合管，质配后立即核配，两个细胞接合成一个，二倍体连续分裂 3 次（其中第一次为减数分裂），形成 8 个单倍体子囊孢子，子囊破裂后释放出来。在适宜条件下，每个子囊孢子萌发为单倍体营养细胞，又以裂殖方式进行无性繁殖。如此循环往复，周而复始。

第二种：双倍体型。在其生活史中，二倍体营养阶段较长，单倍体阶段较短。例如路德酵母（*Saccharomycodes ludwigii*）相对接合型的邻近单倍体子囊孢子在子囊内就成对结合，发生质配和核配，形成二倍体的细胞；该细胞萌发，芽管穿过子囊壁而成为芽生菌丝，酵母细胞从此处出芽。芽细胞以一横隔与母细胞隔离后即分开；这些二倍体核营养细胞经减数分裂转变为子囊，每个子囊内产生 4 个单倍体的子囊孢子。

第三种：单双倍体型。在其生活史中，单倍体营养阶段和二倍体营养阶段都可以出芽方式继续繁衍，所以两个阶段是同等重要的，这就使生活史形成了世代交替（图 3-10）。现以酿酒酵母（*Saccharomyces cerevisiae*）为例，单倍体营养细胞借出芽繁殖；两个单倍体营养细胞结合，质配和核配，形成二倍体核；二倍体细胞并不立即进行核分裂，而是以出芽方式进行无性繁殖，成为二倍体营养细胞；二倍体营养细胞在适宜条件下转变为子囊，二倍体核经减数分裂形成 4 个子囊孢子；单倍体子囊孢子作为营养细胞也可进行芽殖。二倍体营养细胞较大而且生活力强。因此，在发酵工业上对酵母的利用多采用二倍体营养细胞进行生产。

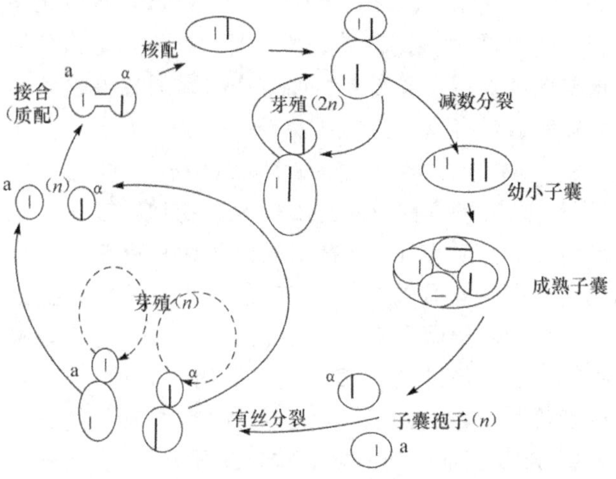

图 3-10　酵母菌生活史(单双倍体型)(模式图)

（引自林稚兰和罗大珍，2016）

总之，真菌特别是低等真菌在生物学特征、研究方法及应用方面与细菌有许多相似之处。但真菌与细菌又很不相同，真菌细胞一般比细菌大，构造也较复杂。除一些真酵母外，真菌多是多细胞的，生长繁殖方式也不一样。从代谢类型看，真菌中没有发现自养型，没有专性厌氧型。真菌细胞壁的化学组成、超显微结构也与细菌不同，对化学治疗剂的反应也不一样。几乎所有真菌的营养需要都比较简单，一般适宜在酸性环境中生长。放线菌与细菌也有很多相同和差异。

3.2.1.4　酵母菌的类群

1. 酵母菌属（*Saccharomyces*）

酵母菌属于真核域（Eukarya），真菌界（Fungi），子囊菌门（Ascomycota），半子囊菌纲（Hemiascomycetes），酵母目（Saccharomycetales），酵母科（Saccharomycetaceae），酵母属（*Saccharomyces*）。这属的一些菌种具有典型的酵母菌的形态和构造。细胞为圆形、椭圆形或香肠形。没有真菌丝，有的有假菌丝，无性繁殖为芽殖，有性繁殖为形成子囊孢子。种类较多，在路德的酵母菌属中曾列举 41 种。但最主要的是酿酒酵母（*Saccharomyces cerevisiae*）（图 3-11）和葡萄汁酵母。

酿酒酵母细胞为球形或者卵形，直径 5.0～10.0 μm，广泛分布在各种水果的表皮，发酵的果汁、酒曲以及土壤中。酿酒酵母被广泛用于啤酒、白酒、果酒酿造和面包制造。菌体也可作药用或饲料，具有较大的经济价值。酿酒酵母还常用作研究真核生物分子和细胞生物学的模式生物，其作用相当于原核的模式生物大肠杆菌，也是第一个完成基因组测序的真核生物，测序工作于 1996 年完成。

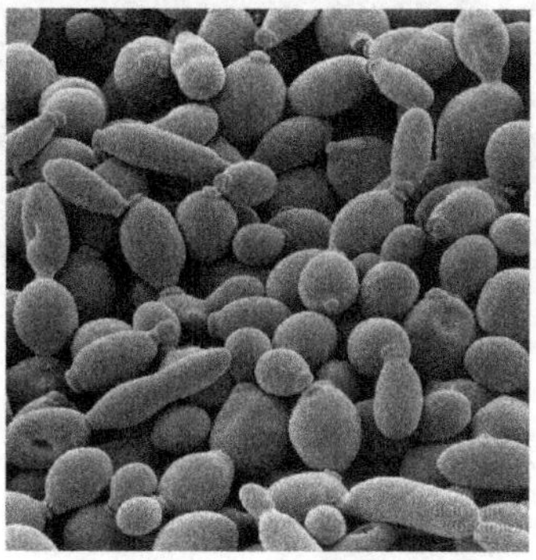

图 3-11　酿酒酵母

（引自赵斌等，2011）

路德于 1970 年将卡尔斯伯酵母、娄哥酵母和葡萄汁酵母合并成一种，叫葡萄汁酵母。它与酿酒酵母的主要区别是发酵棉子糖。在麦芽汁中，25 ℃下培养 3 d，细胞呈圆形、卵形、椭圆或长形。供啤酒酿造底层发酵，或作饲料和药用。此外，它还是维生素的测定菌，可测定泛酸、硫胺素、吡哆醇、肌醇等。

2. 裂殖酵母属（*Schizosaccharomyces*）

裂殖酵母（fission yeast）是一类简单的单细胞真核微生物，属于子囊菌亚门酵母科中的裂殖酵母亚科，细胞为椭圆形或圆柱形。无性繁殖为分裂繁殖，有时形成假菌丝。有性繁殖是营养细胞结合形成子囊，子囊内有 1～4 个或 8 个子囊孢子。子囊孢子是球形或卵圆形，具有生醇发酵的能力，不同化硝酸盐。其基因组为 14 Mb，大约是大肠杆菌基因组的 4 倍。最主要的种类是粟酒裂殖酵母（*Schizosaccharomyces pombe*）（图 3-12），虽然都属于子囊真菌，粟酒裂殖酵母与酿酒酵母（*Saccharomyces cerevisiae*）存在诸多差异，如系统分类、细胞周期、rRNA 的生物合成、基因的组织、结构及表达调控等方面。在某些方面，裂殖酵母与高等动物的相似性更大。因此，裂殖酵母也是一种研究真核生物的良好模式生物，尤其是研究细胞周期和基因表达调控方面的价值颇大。

八孢裂殖酵母（*S. octosporus*）也是这一属的重要菌种。无性繁殖为裂殖。在麦芽汁琼脂培养基上菌落为乳白色，无光泽；麦芽汁中 25 ℃培养 3 d，液面无菌膜，液清，菌体沉于管底。曾经从蜂蜜、粗制蔗糖和水果上分离得到。

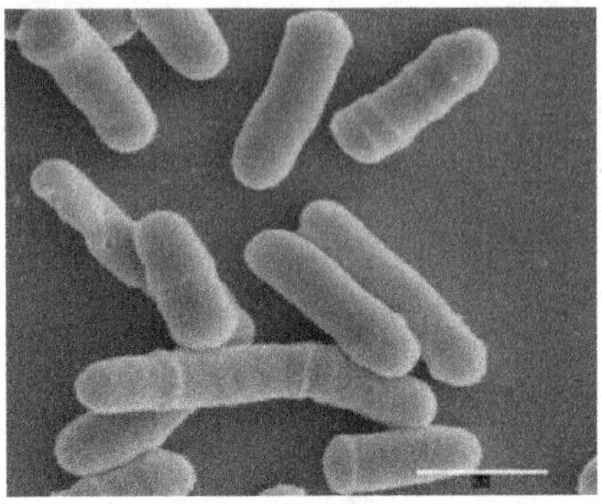

图 3-12 粟酒裂殖酵母

（引自 Eriksson 等，1993）

3. 假丝酵母属（*Candida*）

未发现此属酵母菌的有性繁殖，属于半知菌亚门，芽孢菌纲，隐球酵母目，隐球酵母科（图 3-13）。细胞为圆形、卵形或长形，无性繁殖为多边芽殖，形成假菌丝，有的菌有真菌丝，也可形成厚垣孢子，不产生色素，该属的多个种能够进行生醇发酵。有的菌种能利用纤维生产食用或饲料蛋白质。白色假丝酵母（或称白色念珠菌）（*Candida albicans*）会生长在阴道壁等湿润的人类上皮组织。常见的假丝酵母如下。

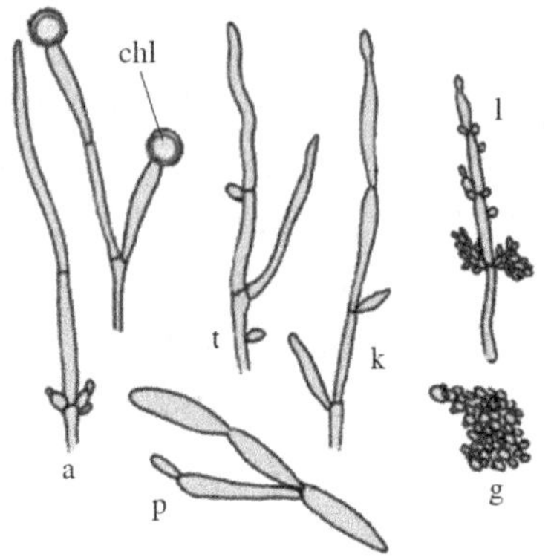

a. 白色念珠菌 t. 热带假丝酵母 k. 克鲁斯氏念珠菌
l. 葡萄牙假丝酵母 g. 光滑念珠菌 p. 近平滑假丝酵母菌
chl. 厚垣孢子

图 3-13 假丝酵母

（引自沈萍和陈向东，2016；赵斌等，2011）

（1）热带假丝酵母（*C. tropicalis*） 是最常见的假丝酵母。在葡萄糖-酵母汁-蛋白胨液体培养基中 25 ℃培养 3 d，细胞呈球形或卵球形，大小为（4.0～8.0）μm×（6.0～11.0）μm。在麦芽汁琼脂上菌落为白色到奶油色，无光泽或稍有光泽，软而平滑或部分有皱纹。培养时间长时，菌落变硬。在加盖玻片的玉米粉琼脂培养基上培养，可见大量假菌丝和芽生孢子。

热带假丝酵母氧化烃类的能力强，在 230～290 ℃石油馏分的培养基中，经 22 h 后，可得到相当于烃类重量 92%的菌体。所以是生产石油蛋白质的重要菌种。用工业废弃物如生产味精的废液也可培养热带假丝酵母作为饲料。

（2）解脂假丝酵母（*C. lipolytica*） 细胞为卵形、长形，有的细胞可长达 20 μm。在加盖玻片的玉米粉琼脂培养基上，可看到假菌丝或具有横隔的真菌丝。在菌丝顶端或中间有单个或成双的芽生孢子。解脂假丝酵母能利用的糖类很少，但它们分解脂肪和蛋白质的能力很强。主要用于石油发酵，可用廉价的石油为原料生产酵母蛋白，同时可使石油脱蜡，降低石油分馏的凝固点。此外，还可利用解脂假丝酵母生产柠檬酸、维生素、谷氨酸和脂肪酸等。从黄油、石油井口的油黑土中、炼油厂或生产油脂车间等地方都可以分离到这种微生物。

（3）产朊假丝酵母（*C. utilis*） 又叫产朊圆酵母或食用圆酵母。其蛋白质和维生素 B 的含量都比酿酒酵母高，它能以尿素和硝酸作为氮源，在培养基中不需要加入任何生长因子即可生长。它能利用五碳糖和六碳糖，既能利用造纸工业的亚硫酸废液，还能利用糖蜜、木材水解液等生产出可食用的蛋白质。

（4）球拟酵母属（*Torulopsis*） 此属与假丝酵母同属隐球酵母科，细胞为球形、卵形或略长形，生殖方式为芽殖。无假菌丝，无色素，有生醇发酵能力。有些种能产生甘油等多元醇，在适宜条件下能将 40%的糖转化为多元醇。由于甘油是重要的化工原料，所以这属的酵母菌是重要的工业微生物。其代表菌种为白色球拟酵母，广泛存在于自然界，能发酵甘油。球形球拟酵母耐高渗透压，可在高糖浓度的基质上生长，如蜜饯、蜂蜜等食品。有的菌种也可进行石油发酵，可生产蛋白质或其他产品。

（5）红酵母属（*Rhodotorula*） 也属于隐球酵母科，细胞为圆形、卵形或长形，为多边芽殖，多数种类没有假菌丝。其特点是有明显的红色（图 3-14）或黄色色素，多个种因形成荚膜而使菌落呈黏质状，如赫红酵母。红酵母菌没有生醇发酵的能力，少数种类为致病菌，在空气中时常发现。红酵母会生长在浴帘等潮湿的家具上。有的菌，如勃红酵母，能产生脂肪，其脂肪含量可达干物质量的 50%～60%。但合成脂肪的速度较慢，如培养液中添加氮和磷，可加快其合成脂肪的速度。产 1 g 脂肪大约需 4.5 g 葡萄糖。此外，赫红酵母还可产生丙氨酸、谷氨酸、甲硫氨酸等多种氨基酸。

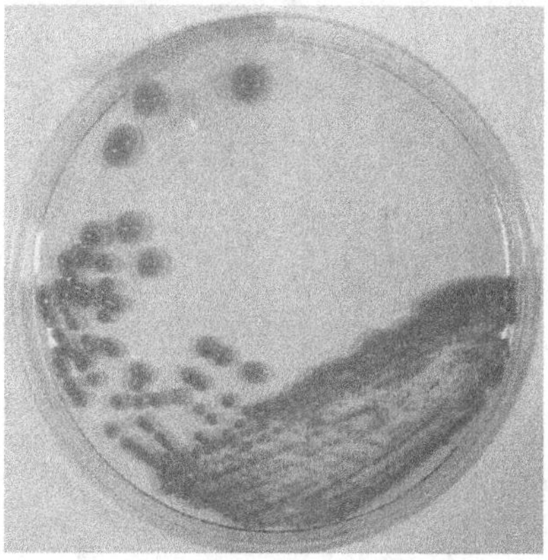

图 3-14 红酵母(图中为其红色菌落)
(引自韦革宏和王卫卫，2008)

(6)掷孢酵母属(*Sporobolomyces*) 属于担子菌亚门冬孢菌纲黑粉菌目掷孢酵母科(图 3-15)。掷孢指投掷其孢子。它们的孢子是由卵圆形的营养细胞生出的小突起形成的，然后由一种机制有力地射出。Buller 证明，这种机制是担子菌所特有的。也有一些学者认为掷孢酵母是一种低等的担子菌。这一属的特点是：形成红至鲑肉粉红色的菌落及肾形或豆形的掷孢子。掷孢酵母的幼年菌落几乎和红酵母的菌落无法区别。因此，也有人认为，红酵母可能是由掷孢酵母退化而来的，因为它们丧失了形成掷孢的能力。

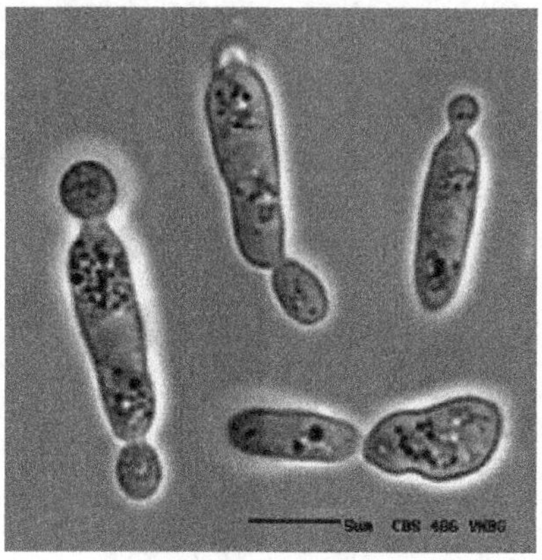

图 3-15 掷孢酵母
(引自韦革宏和王卫卫，2008)

3.2.2 其他单细胞真核微生物

3.2.2.1 原生动物

原生动物(protozoan)是一类缺少真正细胞壁，细胞通常无色，具有运动能力，并进行吞噬营养的单细胞真核生物。它们个体微小，在 10.0～300.0 μm，大多数都需要显微镜才能看见(图 3-16)。在自然界分布广泛，生活于淡水、海水动物粪便和其他生物体内及潮湿的土壤中，主要营腐生和寄生生活，少数种类可与其他生物共生。为研究方便，一般将原生动物分为 4 个纲：鞭毛纲(Mastigophora)、肉足纲(Sarcodina)、孢子纲(Sporozoa)和纤毛纲(Ciliata)。鞭毛纲、肉足纲、纤毛纲三纲存在于水体和污(废)水生物处理构筑物中，并发挥重要作用。孢子纲中的孢子虫营寄生生活，寄生于人体和动物体内，可随粪便排到污水中，故需要消灭。

原生动物由细胞质膜包被，有一个细胞核，少数种类含多个细胞核，有分化的细胞器。由相应的细胞器执行摄食、营养、呼吸、排泄、生长、繁殖、运动及对刺激的反应等各种生理功能，如胞口、胞咽、食物泡、吸管是摄食、消化、营养的细胞器，收集管、伸缩泡、胞肛是排泄的细胞器，鞭毛、纤毛、刚毛、伪足是运动和捕食的细胞器，眼点是感觉细胞器。可见，有的细胞器执行多种功能，如伪足、鞭毛、纤毛、刚毛既能执行运动功能，又能执行摄食功能，甚至还有感觉功能。

原生动物的 3 种主要摄食方式是：①光能自养，捕捉光作为能源，以 CO_2 为主要碳源；②光能异养，利用光合作用获得能量，必须有有机碳化合物；③化能异养，需要化学能和有机碳。一些原生动物很难进行分类，例如具有多种摄食能力的种类。大多数原生动物是异养的，以细菌、藻类和其他原生动物为食。

原生动物有无性繁殖和有性繁殖两种繁殖方式。无性繁殖是自由生活的原生动物喜欢的繁殖方式。常见的无性繁殖为裂殖，多数是横分裂，有些鞭毛虫为纵分裂。原生动物细胞一般通过二分裂方式繁殖，还有多分裂法，如寄生的孢子虫。有些原生动物可以芽殖，分为外生芽和内生芽两种方式。几乎所有原生动物都可形成抵御不良环境的孢囊，当遇到适宜环境时，可释放出一个原生动物细胞，有些可在孢囊内分裂成 2～4 个细胞后释放出来。

在不利条件下，如年老、饥饿、干燥或其他环境压力下，原生动物通常开始有性生殖，有些种群需要交替进行有性生殖以增强其活力。

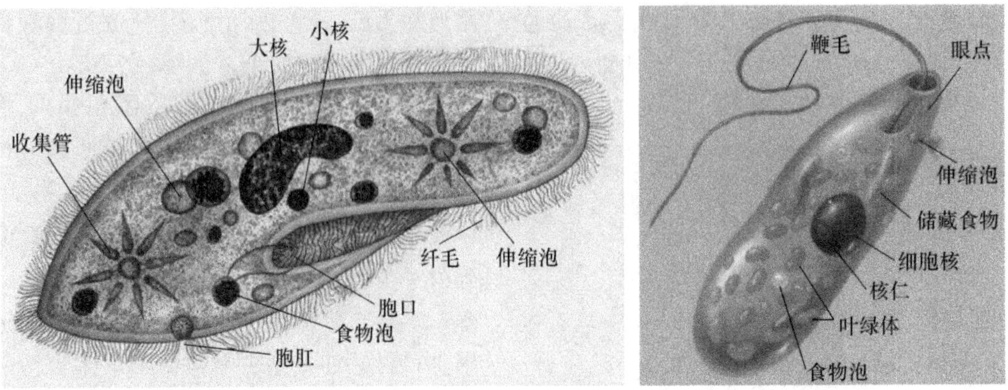

a.草履虫　　b.眼虫细胞结构

图 3-16 常见的两种原生动物

（a 引自顾福康，1991；b 引自赵斌等，2011）

3.2.2.2 单细胞藻类

藻类(algae)是含有叶绿素的不同于绿色植物的光合自养型真核微生物。通过光合作用固定空气中或溶解的 CO_2 得到碳和能量。藻类与其他植物的主要区别在于有性生殖，它们是配子结合，单细胞转变为配子或由配子囊中产生配子，以孢子繁殖为主而有别于高等植物。藻类个体形态多样，大小悬殊(图 3-17)。大多数是微小的，常常是组成土壤微生物、水域或海洋微生物的一部分，但也有许多个体大的，如海带(一种褐藻)，它的体长可达 60.0～70.0 m，目前发现最大的藻类是巨藻科的类型，它们可长达 100.0 m。据目前统计，全球已知的藻类约有 4 万种。

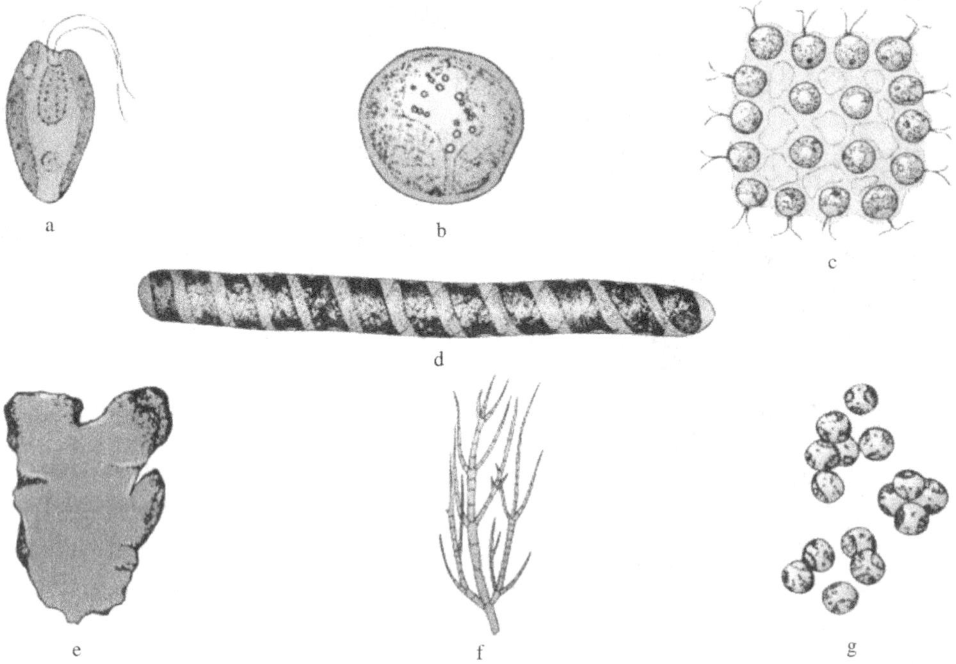

a. 隐藻属(*Cryptomonas*)　b. *Palmellopsis*　c. 盘藻属(*Gonium*)　d. 螺带鼓藻属(*Spirotaenia*)　e. 大型海藻礁膜属(*Monostroma*)　f. 毛枝藻属(*Stigeoclonium*)　g. 金囊藻属(*Chrysocapsa*)

图 3-17　一些代表藻类的形态

（引自赵斌等，2011）

藻类在自然界，特别是各种水体中广泛存在，常常是影响水质的重要原因。例如，有些自来水的怪味就是在供水系统中生长的藻类引起的，而藻类在近海的大量繁殖，也会由于水中氧气的大量消耗而引起鱼类和其他海洋生物的窒息、死亡，形成对渔业生产影响极大的赤潮。

3.3 霉菌

霉菌(mould)又称丝状真菌(filamentous fungi)，通常是指菌丝体较发达又不产生大型肉质子实体结构的真菌。在潮湿环境下往往引起食品等物质的霉变。它们种类繁多、形态各异、大小悬殊、细胞结构多样。霉菌不是分类学的名词，在分类上属于真菌门的各个亚门。

3.3.1 霉菌的形态

霉菌菌体由分枝或不分枝的菌丝构成，菌丝(hypha)是丝状或管状结构，是霉菌营养体的基本单位。许多菌丝交织在一起构成菌丝体(mycelium)。在光学显微镜下菌丝呈管状，直径为 3.0～10.0 μm，比细菌或放线菌粗约 10 倍。根据菌丝中是否有隔膜，可把菌丝分为有隔菌丝(菌丝由横膈膜分割成成串的多细胞，每个细胞含有一个或多个细胞核。如青霉菌、曲霉菌等大多数霉菌菌丝属于此类)和无隔菌丝(整个菌丝为长管状单细胞，细胞质含有多个核，在菌丝生长过程中只有核分裂和原生质量的增加，没有细胞数目的增多。如根霉、毛霉、犁头霉等)两大类(图 3-18)。

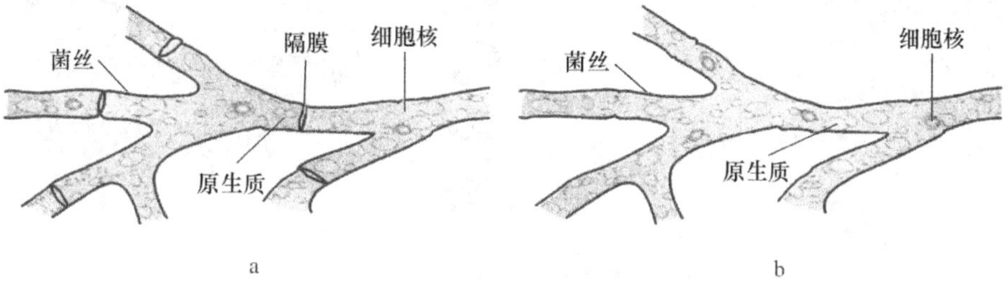

图 3-18 有隔菌丝(a)和无隔菌丝(b)

(引自赵斌等，2011)

3.3.2 霉菌的特化结构

霉菌的菌丝体在固体培养基上伸入培养基内吸取营养，称为营养菌丝体；而另一部分伸展到空间的菌丝称为气生菌丝体。这两种菌丝体在长期进化中，形成各种特化结构。

3.3.2.1 营养菌丝体的特化结构

常见的营养菌丝体的特化结构(图 3-19)有如下 7 种。

(1)假根　是根霉属(*Rhizopus*)真菌的匍匐枝与基质接触处分化形成的根状菌丝，具有固着和吸收营养的作用。

(2)附着胞　许多植物寄生真菌在其芽管或老菌丝顶端发生膨大，并分泌黏性物，借以牢固地黏附在宿主的表面，这一结构就是附着胞。附着胞上形成纤细的针状感染菌丝，以侵入宿主的角质层而吸收营养。

(3)附着枝　部分寄生真菌由菌丝细胞生出 1～2 个细胞的短枝，将菌丝附着于宿主的表面，即为附着枝。

(4)吸器　某些寄生真菌从菌丝上产生的旁枝，侵入宿主细胞内形成指状、球状或丛枝状结构，用于吸收寄主细胞中的营养而不使其致死。

(5)匍匐菌丝　毛霉目(*Mucorales*)真菌在固体基质上常形成与表面平行、具有延伸功能的菌丝。

(6)菌核　是由菌丝体交织形成的形状、大小不一的坚硬休眠体。在不良条件下可用于保存生命力。

(7)菌索　有些高等真菌菌丝平行排列组成似绳索结构，称为菌索。具有促进菌体蔓延和抵御不良环境的作用。

3.3.2.2 气生菌丝体的特化结构

气生菌丝体主要特化成各种形式的子实体。子实体是指在其里面或上面可产生孢子的、有一定形状和构造的任何菌丝体组织。

(1)结构简单的子实体　产生无性孢子、结构简单的子实体类型主要包括:曲霉属(*Aspergillus*)或青霉属(*Penicillium*)等的分生孢子头,根霉属(*Rhizopus*)或毛霉属(*Mucor*)等的孢子囊。产生有性孢子的简单子实体有担子菌的担子。

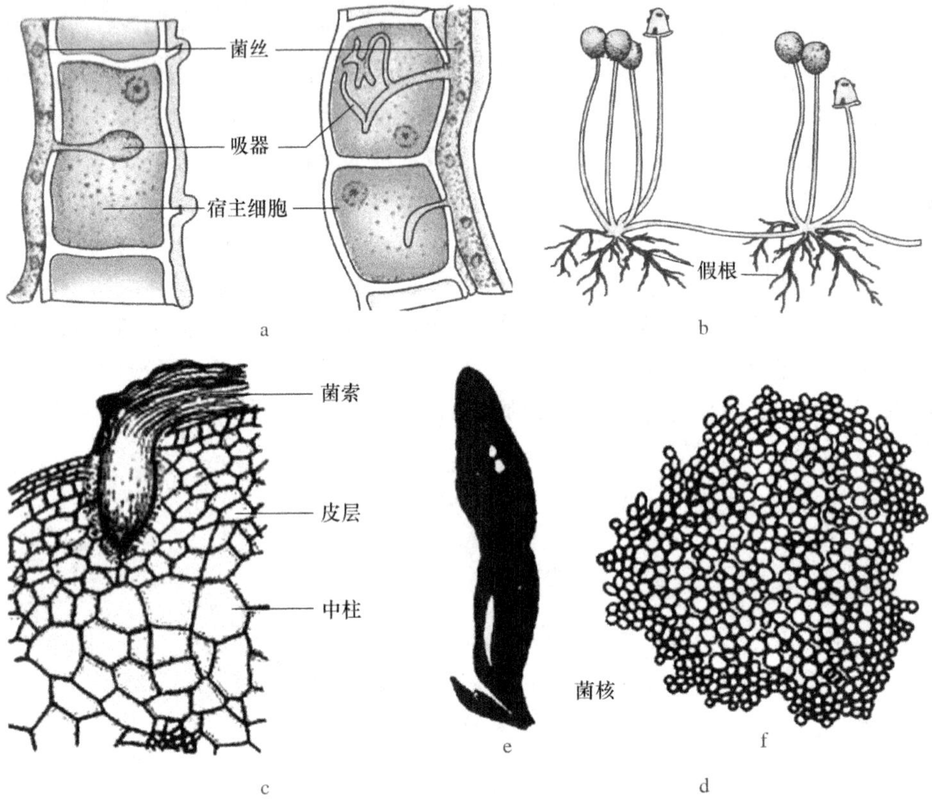

a. 吸器 b. 匍匐根霉假根 c. 菌索 d. 菌核(e)及横切面(f)

图 3-19 营养菌丝体的特化结构

(引自赵斌等,2011)

(2)结构复杂的子实体 产无性孢子的子实体主要有分生孢子器(pycnidium)、分生孢子座(sporodochium)和分生孢子盘(acervulus)。分生孢子器是一个球形或瓶形结构,在其内壁表面或底部长有极短的分生孢子梗,梗上产分生孢子。分生孢子座是由分生孢子梗紧密聚集成簇而形成的垫状结构,分生孢子长在梗的顶端,这是瘤座孢科真菌的共同特征。分生孢子盘是分生孢子梗在寄主角质层或表皮下簇生形成的盘状结构,有时其中还夹杂着刚毛。

能产生有性孢子的、结构复杂的子实体,称为子囊果(ascocarp)。在子囊和子囊孢子发育过程中,从原来的雄器和雌器下面的细胞上生出许多菌丝,它们有规律地将产囊菌丝包围,形成一定结构的子囊果。

3.3.3 霉菌的繁殖

霉菌的繁殖分为无性繁殖和有性繁殖。

3.3.3.1 无性繁殖

无性繁殖是指不经过两性细胞的结合,只是营养细胞的分裂或营养菌丝的分化而形成同种新个体的过程。无性孢子(图 3-20)是霉菌进行繁殖的主要方式,包括如下:

(1)节孢子(arthrospore) 又称粉孢子或裂孢子,是由菌丝断裂而形成的。菌丝生长到一定阶段,菌丝上出现许多横隔,然后从横隔处断裂,产生许多形如短柱状、筒状或两端呈钝圆形的节孢子,如白地霉。

(2)游动孢子(zoospore) 游动孢子产生在由菌丝膨大而成的游动孢子囊内,呈圆形或肾形,具有一根或两根鞭毛,能够游动,大多为鞭毛菌亚门的真菌,如壶菌。

(3)厚垣孢子(chlamydospore) 又称厚壁孢子,由菌丝中间的个别细胞膨大,原生质浓缩和细胞壁变厚而形成的休眠孢子,是霉菌度过不良环境的一种休眠细胞,如总状毛霉。

(4)孢囊孢子　即生长在孢子囊内的孢子。是一种内生孢子，在孢子形成时，气生菌丝或孢囊梗顶端膨大，并在下方生出横隔与菌丝分开而形成孢子囊。孢子囊逐渐长大，然后在囊中形成许多核，每一个核包以原生质并产生孢子壁，即成孢囊孢子，如根霉、毛霉等。

(5)分生孢子(conidiospore)　由气生菌丝顶端的分生孢子梗结构形成，是霉菌中最常见的一类无性孢子，是生于菌丝细胞外的孢子，所以称外生孢子，如曲霉、青霉等。

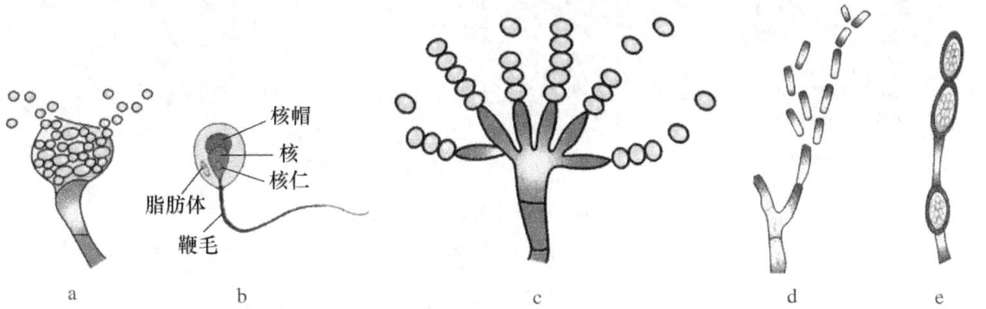

a. 孢囊孢子　b. 游动孢子　c. 分生孢子　d. 节孢子　e. 厚垣孢子

图 3-20　真菌的无性孢子

(引自赵斌等，2011)

3.3.3.2　有性繁殖

经过两个性细胞结合而产生新个体的过程为有性繁殖。一般分为质配(plasmogamy)、核配(karyogamy)、减数分裂(meiosis)3 个阶段。有性繁殖方式因菌不同而不同。主要的有性孢子如下：

(1)卵孢子(oospore)　有两个大小不同的配子囊结合发育而成。小配子囊称为雄器，大配子囊称为藏卵器，如同丝水霉。

(2)接合孢子(zygospore)　由菌丝生出的形态相同或略有不同的配子囊结合而成(图 3-21)。接合孢子的形成过程是两个相邻的菌丝相遇，各自向对方伸出极短的侧枝，称为原配子囊，原配子囊接触后，顶端各处膨大并形成横隔，即为配子囊。相接的两个配子囊之间的横隔消失，其细胞质与细胞核互相配合，同时外部形成后壁，即为接合孢子。具有同宗配合(同一菌体的菌丝可以自身结合)和异宗配合(两种不同质的菌才能结合)两种方式，如毛霉目大毛霉。

(3)子囊孢子(ascospore)　子囊是含有一定数量子囊孢子的袋状结构。子囊分为同配型子囊和异配型子囊。在子囊和子囊孢子发育过程中，原来的雄器和藏卵器下面的细胞生出许多菌丝，子囊被包裹在一个由菌丝组成的包被内，形成具有一定形状的子实体，即子囊果(图 3-22)。子囊果按外形可分为闭囊壳、子囊壳、子囊盘 3 种类型，如麦氏白粉菌。

(4)担孢子(basidiospore)　担孢子是担子菌产生的有性孢子。担孢子多为圆形、椭圆形、腊肠形等。

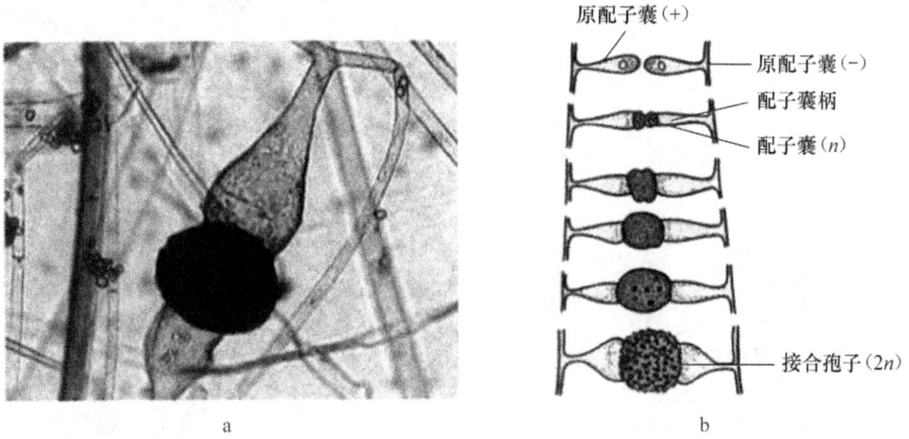

a. 根霉接合孢子显微照片　b. 接合孢子形成过程

图 3-21　匍匐根霉(*Rhizopus stolonifer*)的有性繁殖

(引自赵斌等，2011)

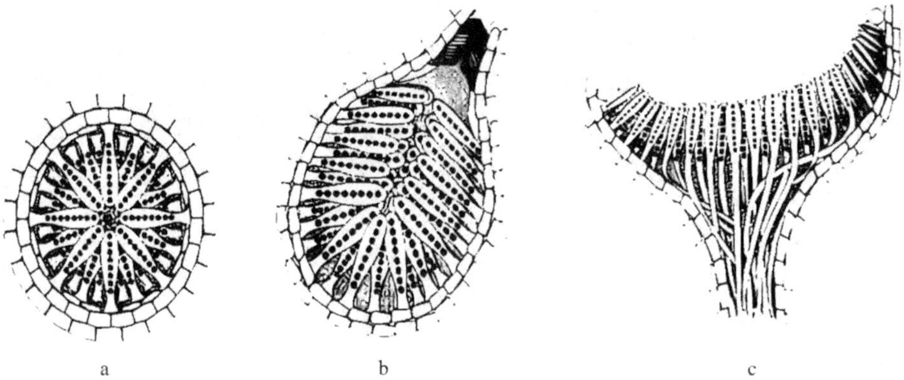

a. 闭囊壳　b. 子囊壳　c. 子囊盘

图 3-22　子囊果的类型

（引自赵斌等，2011）

3.3.3.3　霉菌的生活史

霉菌从一种孢子开始，经过一定的生长繁殖（包括无性繁殖和有性繁殖），最后又产生同一种孢子，这一循环称为霉菌的生活史（图 3-23）。较典型的过程包括：霉菌的菌丝体（营养体）在适宜条件下产生无性孢子，无性孢子萌发形成新的菌丝体，如此重复多次，此为生活史中的无性阶段。当菌丝生长繁殖一定时间后，在一定条件下，开始有性繁殖，即从菌丝体上分化出特殊的性细胞（器官），或两条异性营养菌丝进行结合，经过质配、核配，形成双倍体细胞核，最后经过减数分裂形成单倍体孢子，这类孢子萌发再形成新的菌丝体。这就是霉菌生活史的一个循环周期。

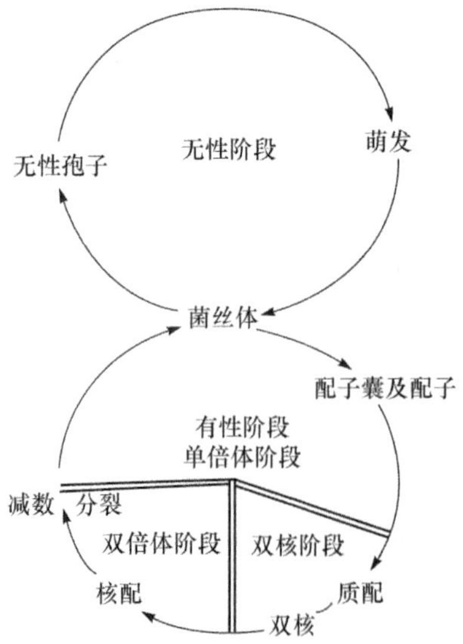

图 3-23　霉菌的生活史

（引自赵斌等，2011）

3.3.4　常见霉菌的类群

3.3.4.1　毛霉属（*Mucor*）

毛霉属接合菌纲毛霉目毛霉科。毛霉种类很多，是重要的食品工业微生物。其淀粉酶活力很强，可把淀粉转化为糖。在豆腐乳的酿造过程中对腐乳的独特风味形成起极其重要的作用。毛霉还能产生草酸、乳酸、琥珀酸和甘油等。

毛霉生长迅速，菌丝体发达，呈棉絮状，由许多分支的菌丝构成。菌丝一般呈白色，无隔膜，有多个细胞核，以孢囊孢子进行无性繁殖，孢子囊呈黑色或褐色，表面光滑。有性繁殖产生接合孢子（图 3-24）。

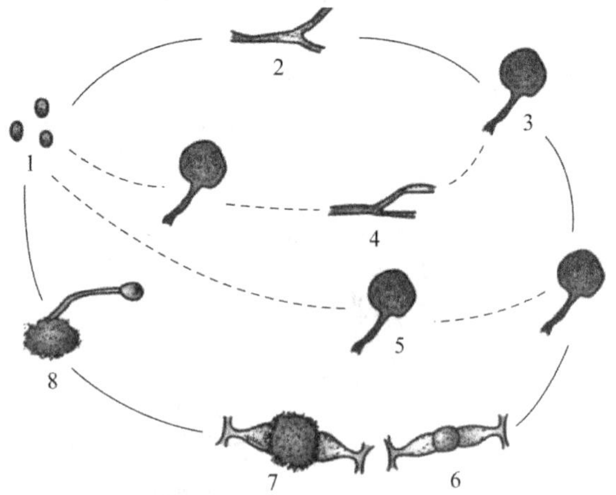

1. 孢子　2. 孢子萌发成菌丝　3. 形成孢子囊　4、5. 同阶段的再形成　6、7. 接合孢子的形成　8. 接合孢子的萌发

图 3-24　毛霉属生活史

（引自赵斌等，2011）

3.3.4.2　曲霉属（*Aspergillus*）

曲霉属是自然界分布最普遍的腐生菌类之一，

其许多菌种在传统的酿造业、现代的发酵工业及生物工程中被广泛利用，有些菌则可引起谷物、食品、饲料等制品的霉腐变质。多数曲霉在生活史中只具有无性阶段，属于半知菌类，一部分曲霉则具有性阶段，属子囊菌类。

曲霉的鉴定和分类在传统上是以形态(图 3-25)和培养特征为主要依据的。曲霉属真菌菌丝体呈无色透明或明亮的颜色；分生孢梗茎以大体垂直的方向从特化的后壁的足细胞生出，光滑或粗糙，通常无隔膜；顶端膨大形成不同形状的顶囊，从其表面形成瓶梗，最后由瓶梗产生分生孢子；分生孢子单生，具有不同形状和各种颜色，连接成不分枝的链；从顶囊到分生孢子链，形成具有不同形状和颜色的分生孢子头。

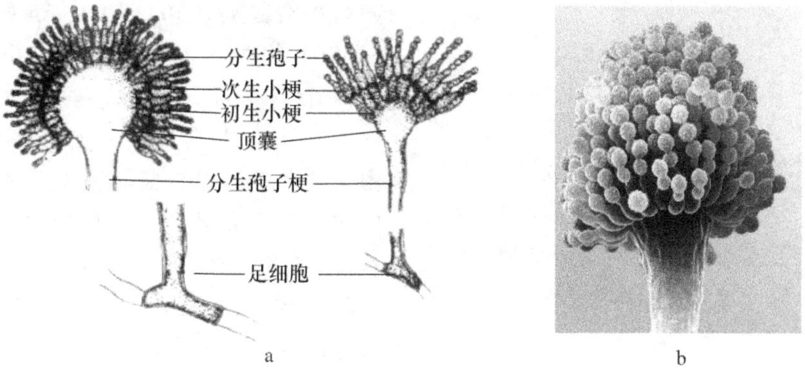

a. 曲霉各部位名称　b. 曲霉菌电镜图

图 3-25　曲霉属的形态图

(引自赵斌等，2011)

3.3.4.3　青霉属(*Rhizopus*)

青霉属是腐生类真菌的一部分，在土壤、大气及其他物体上都有存在。青霉属能产生各种有益代谢产物，例如参与食品的发酵，产生高度有效抗革兰氏阳性细菌的物质——青霉素，产生其他代谢产物(灰黄霉素、柠檬酸、葡萄糖酸、纤维素酶、脂肪酶等)。但是青霉也有有害的一面，例如可引起食品、水果等霉变，青霉是条件致病菌，青霉可产生一些毒素等。

青霉菌丝体有气生型菌丝体和埋伏型菌丝体之分。菌落质地可分为绒状、絮状、绳状、颗粒状 4 种类型。青霉菌丝细，具有隔膜，无色透明或色淡，展开并产生大量的不规则分枝，形成不同致密程度的菌丝体。由菌丝体组成的菌落边缘通常明确、整齐，很少不规则。分生孢子梗经过多次分枝，产生几轮对称或不对称的小梗，小梗顶端产生成串的青色分生孢子。帚状枝(分生孢子梗)有单轮生、双轮生、三轮生、四轮生及不规则者(图 3-26)。

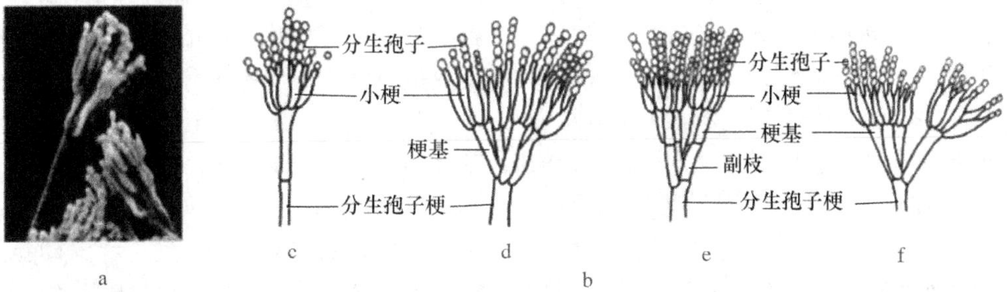

a. 青霉电镜图　b. 青霉个体形态(c. 单轮青霉　d. 对称二轮青霉　e. 多轮青霉　f. 不对称青霉)

图 3-26　青霉属形态

(引自赵斌等，2011)

3.3.4.4　木霉属(*Trichoderma*)

木霉属于半知菌亚门丝孢纲丝孢目黏孢菌类。对多种病原真菌具有拮抗作用，对由真菌引起的土传病害具有较好的效果，是一类农业生防菌。目前国内外已有许多商品化木酶制剂。木霉对植物病原菌的生防机制主要包括：竞争作用、重寄生作用、抗生作用及诱导植物抗性作用等。

木霉的菌落生长迅速,由白色渐变成绿色,产孢区常排列成同心轮纹。菌丝无色,有隔膜及分枝,有厚垣孢子。分生孢子梗呈对生或互生分枝,分枝顶端着生瓶状小梗,小梗生出多个分生孢子。分生孢子呈球形或椭圆形,光滑或粗糙,黄绿色。

3.4 蕈菌

蕈菌(mushroom)又称伞菌,是一个通俗名称,通常是指那些能形成大型肉质子实体或菌核组织的高等真菌,包括大多数担子菌类和极少数的子囊菌类。蕈菌广泛分布于地球各处,在森林落叶地带更为丰富。全世界目前已发现大约 25 万种真菌,其中有 1 万多种大型真菌,可食用的种类有 2 000 多种(中国 1 500 种),目前已鉴定的食用菌(edible mushroom)已有 981 种,其中已经驯化 92 种,70 多种已人工栽培成功,如常见的双孢蘑菇、木耳、香菇、灵芝等,少数种类有毒或会引起木材朽烂。

3.4.1 蕈菌的形态

蕈菌的最大特征是形成形状、大小、颜色各异的大型肉质子实体。典型的蕈菌,其子实体是由顶部的菌盖(包括表皮、菌肉和菌褶)、中部的菌柄(常有菌环和菌托)和基部的菌丝体 3 部分组成(图 3-27)。子实体是食用菌产生有性孢子的繁殖器官,也叫担子果(子囊菌则称子囊果)。

3.4.1.1 菌柄

菌柄又叫菇柄或菇脚,起支持菌盖和输送养分的作用,多为圆柱形或纺锤形。大多中生于菌盖上,也有偏生或侧生的,甚至完全无柄。组成菌柄的菌丝体基本上是垂直排列。菌柄皮层由厚壁细胞紧密靠拢组成。菌柄中有的菌丝排列充实(中实);有的只是疏松的筋质细胞(中松);有的则无菌丝(中空)。有些伞菌如双孢蘑菇,子实体幼小时,在菌盖边缘和菌柄间有一层包膜叫内菌幕,覆盖于子实层外。当子实体长大时,菌盖展开,内菌幕与菌盖脱离,残留在菌柄中上部的环状物叫菌环。有些伞菌如草菇在菌蕾时,外面包裹一层菌膜叫外菌幕,能随子实体长大而增厚,以后残留在菌柄基部的叫菌托。菌托的有无以及大小、形状、厚薄等特性是伞菌分类的重要依据。

3.4.1.2 菌盖

菌盖又叫菇盖、菌伞,是菌褶着生的地方。不同的食用菌,菌盖的形状也各不相同。常见的有半球形、扇形、钟形、圆锥形、漏斗形和平展形等。菌盖表面有的光滑,有的有皱纹、条纹或龟裂;有的干燥,有的湿润或黏滑;有的具有绒毛、鳞片或晶粒等。菌盖的直径大小不一,通常褶菌盖直径在 6.0 cm 以下的归为小型菌类;6.0～10.0 cm 的为中型菌类;10.0 cm 以上的为大型菌类。菌盖由角质层(也称覆盖层)和菌肉两部分组成。角质层由保护菌丝组成,依次可分外皮层、盖皮及下皮层。菌肉大多数为白色,由生殖菌丝和联结菌丝组成。生殖菌丝是构成菌肉的主要菌丝类型,它比联结菌丝宽而直,能不断生长,分隔多,分隔处明显缢缩。联结菌丝生长有限,分隔少,常大量或不规则地分枝。在红菇科中,生殖菌丝由球状胞组成,埋于管状联结菌丝的基质中,常失去再生能力,所以这些菇类用组织分离难以成活。有些伞菌除生殖菌丝和联结菌丝外,还有产乳菌丝(或称分泌菌丝),内含乳汁或油滴。

3.4.1.3 菌褶

菌褶又叫菇叶、菇鳃,位于菌盖下方,呈放射状排列的片状结构,是产生担孢子的场所。菌褶稀密、长短不等,与菌柄连接的方式有:①直生(贴生)——菌褶的一端直接着生在菌柄上;②延生——菌褶沿着菌柄向下着生;③离生——菌褶不和菌柄接触;④弯生——菌褶内端与菌柄着生处呈一凹陷。

菌褶中央是菌髓细胞,两侧是子实层。子实层是产生担子的细胞层。除木耳、猴头菌等的子实层分布在耳片和肉刺的表面外,大多数食用菌的子实层都分布在刀片状菌相的两侧。担子菌的子实层由无数呈栅状排列的担子和囊状体组成。

(1)担子　是担孢子的孕育者。担子有分隔和不分隔,不分隔的担子,一般呈棒状,顶端通常具 4 个小梗,各生 1 个孢子,有的只有 2 个小梗和 2 个孢子。未成熟的担子多无小梗,称为幼担子。但成熟菇体的子实层也有的出现幼担子,它不产生小梗和孢子。银耳类的担子具有纵隔,即纵隔为 4 个部分,顶端同样生 4 个孢子。而黑木耳类的担子具有横隔,分四节,倾斜伸出 4 个小梗和生有 4 个孢子。这类产生在担子上的孢子称为担孢子(产生在子囊内的孢子称子囊孢子)。

(2)囊状体　囊状体分布在子实层里,一般都比担子大，为不孕细胞。大多生在菌褶两侧，也有生在菌褶边缘，后者叫缘囊体。囊状体一般单生，而缘囊体有的则丛生。囊状体的形状有棒状、瓶状、梭形、纺锤形或梨形等。囊状体的顶端有钝圆、角状、尾状、圆头状、细长或具有结晶等。囊状体的形态在分类上也是重要的依据之一。

(3)孢子　担孢子的形状有球形、椭圆形、肾形、圆柱形、多角形等。大多数食用菌的孢子表面光滑，但有的有沟、刺、麻点、小瘤及纵条纹。这些都是伞菌进行分类的重要依据。有些食用菌如草菇的担孢子，具有芽孔。单个孢子通常是透明无色的，但上万上亿个孢子成堆时(孢子印)，则呈现有白色、红色、褐色、紫色、黑色等颜色。

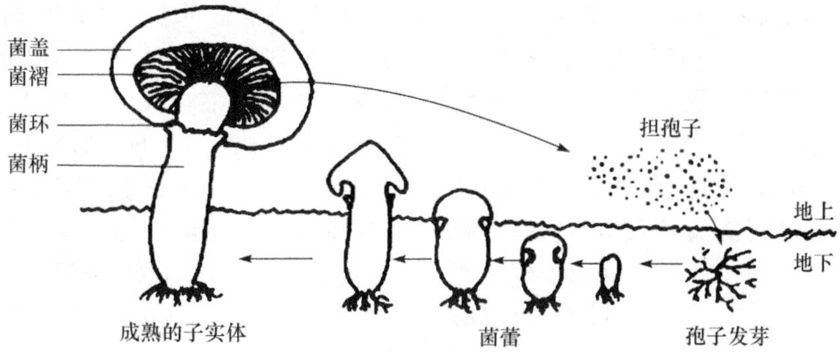

图 3-27　蕈菌的典型构造

(引自周德庆,2020)

3.4.2　蕈菌的结构和功能

3.4.2.1　结构

在蕈菌的发育过程中，其菌丝的分化可明显地分成 5 个阶段，即①形成一级菌丝：担孢子萌发，形成由许多单核细胞构成的菌丝，称一级菌丝；②形成二级菌丝：不同性别的一级菌丝发生接合后，通过质配形成由双核细胞构成的二级菌丝，它通过独特的“锁状联合”(图 3-28a)，即形成喙状突起而连合两个细胞的方式不断使双核细胞分裂，从而使菌丝尖端不断向前延伸；③形成三级菌丝：到条件合适时，大量的二级菌丝分化为多种菌丝束，即为三级菌丝；④形成子实体：菌丝束在适宜条件下会形成菌蕾，然后再分化、膨大成大型子实体；⑤产生担孢子：子实体成熟后，双核菌丝的顶端膨大，细胞质变浓厚，在膨大的细胞内发生核配形成二倍体的核。二倍体的核经过减数分裂和有丝分裂，形成 4 个单倍体子核。这时顶端膨大细胞发育为担子，担子上部随即突出 4 个梗，每个单倍体子核进入一个小梗内，小梗顶端膨胀生成担孢子。

锁状联合的形成过程极为巧妙(图 3-28b)：当双核菌丝尖端细胞分裂时，在两个细胞核之间菌丝侧生一个钩状短枝，一个核进入短枝内，另一个核留在菌丝内。两个核同时进行一次有丝分裂，形成 4 个核。分裂后短枝中的一个子核退回到菌丝尖端。此时，钩状短枝向后弯曲生长接触到菌丝壁，形成拱桥形。菌丝中分裂后的两个核之一趋向前端，同时拱桥正下方两核之间产生一个横隔。短枝尖端与菌丝壁接触处细胞壁溶解，短枝中的一个核回到菌丝中生长尖端后面的一个细胞内，并生出另一个横隔将这个菌丝细胞与短枝隔开，最终在菌丝上就增加了一个双核细胞。

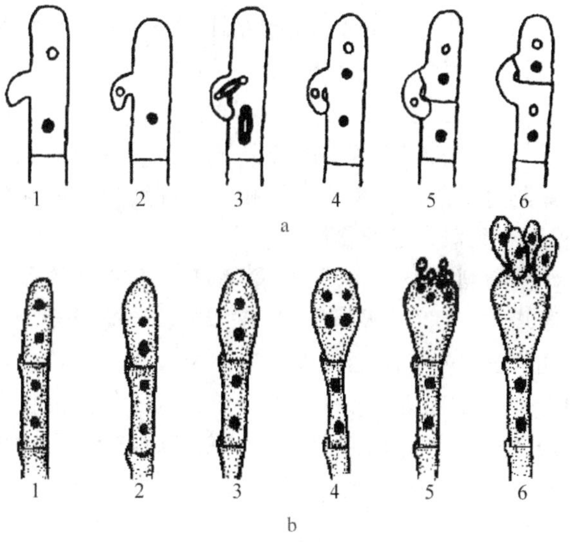

图 3-28　锁状联合(a)和担孢子的形成(b)

(引自周德庆,2020)

3.4.2.2 功能

目前,人们对食用蕈菌的营养学价值研究较多。食用菌医疗及保健功效集中于以下方面:

(1)能降低胆固醇和抑制血压升高 据研究发现,香菇、金针菇、木耳等9种食用菌的子实体均具有降低胆固醇的作用。食用菌都含有植物固醇,其结构与胆固醇十分相似,但人体不会吸收,相反,它能干扰胆固醇的吸收,使血液中的胆固醇浓度保持在安全水平。食用菌还能升高高密度脂蛋白的比例,改善血管硬化程度,对高血压起到一定的治疗作用,对心血管系统的健康有利。

(2)具有抗病毒的功效 食用菌的浸出液中,有一种双链螺旋状核糖核酸,能刺激人体网状组织和白细胞生产释放干扰素,抑制病毒的复制增殖。因此,食用菌具有预防病毒性感冒、保护肝脏、防治乙肝的功能。

(3)增强免疫功能,抗肿瘤、抗衰老 菌类多糖能增强人体网状肉皮系统吞噬细胞的作用,激活胸腺淋巴的T细胞和骨髓淋巴的B细胞,组成免疫统一战线,监视和吞灭有恶化倾向的异常细胞,将癌细胞杀灭在萌芽状态。近代的科学研究证明:灵芝的菌丝体和子实体中含有的高分子多糖类生理活性物质除具有增强机体免疫功能和抑制肿瘤生长的活性外,还有延缓衰老的作用。

随着科学技术的进步,食用菌人工栽培的品种不断增加,其医疗及保健功能之谜逐步被揭开。以食用和药用真菌为主,结合其他药用及食用植物大力开展保健功能食品的研究、开发与组分搭配以及类似于临床试验的系列分析研究,以提高人类健康水平和抵抗疾病的能力,是21世纪人类健康事业的重要任务之一。

3.4.3 蕈菌的繁殖

担子菌有无性繁殖和有性繁殖。

3.4.3.1 无性繁殖

大多数担子菌的无性繁殖不发达,通常通过芽殖、菌丝断裂,以及产生分生孢子、节孢子或粉孢子来进行。

3.4.3.2 有性繁殖

担子菌的有性繁殖是在担子上形成担孢子。担子起源于双核菌丝的顶端细胞,经过锁状联合之后,顶端细胞逐渐膨大,双核进行核配,经减数分裂后产生4个单倍体核。

3.4.4 蕈菌的类群

Ainsworth在1973年提出菌物界的分类体系,他把菌物界分为黏菌门和真菌门。蕈菌隶属于担子菌亚门和子囊菌亚门。

3.4.4.1 担子菌亚门常见蕈菌

我们日常见到的绝大多数蕈菌包括可以广泛栽培的蕈菌都是担子菌,在已知的858种蕈菌中,有94%为担子菌,它们隶属于46个科144个属。常见的有伞菌目(Agaricales)的侧耳、榆黄蘑、香菇、草菇、金针菇、双孢蘑菇、大肥菇、鸡腿菇等;非褶菌目的鸡油菌、猴头、灵芝、干巴菌、茯苓等;木耳目(Auriculariales)的黑木耳、毛木耳、皱木耳以及琥珀褐木耳等;银耳目(Tremellales)的银耳、金耳、茶耳、橙耳等;鬼笔目(Phallales)的竹荪;马勃目(Lycoperdales)的梨形灰包、大秃马勃等。

3.4.4.2 子囊菌亚门常见蕈菌

少数蕈菌属于子囊菌,它们的子实体大都是盘状、鞍状、钟状或脑状,子囊产生在子实体的表面或产生于开口的腔内。如块菌目(Tuberales)的中国块菌、黑孢块菌、白块菌等;盘菌目(Pezizales)的羊肚菌等;球壳菌目麦角菌科(Clavicipitaceae)的冬虫夏草[*Cordyceps sinensis* (Berk.)Sacc]等。

目前我国有90%的野生食药兼用菌还没有得到开发,已经广泛栽培的20多种蕈菌中没有一种属于子囊菌,搞好这些蕈菌的野生驯化、半人工栽培及人工栽培都具有十分重要的意义。

食用菌的分类主要是以其形态结构、细胞、生理生化、生态学、遗传等特征为依据的。特别是以子实体的形态和孢子的显微结构为主要依据。

3.5 黏菌

黏菌(slime mold),又称黏质霉菌、裸菌,是非光合营养的真核微生物。它们的营养体是没有细胞壁的黏变形体(myxamoeba),通常以摄食性吸收营养(主要以细菌、真菌的孢子和有机颗粒作为食物),生活循环近似原生动物,但是它们在繁殖阶段产生子实体,以孢子进行繁殖,这又与真菌相似。黏菌大多数为腐生菌。无直接经济意义,极少数寄生在经济植物上,危害寄主。黏菌在自然界分布广泛,常发现它们在阴湿的土壤、潮湿的植物残体、朽木和树皮上，具有许多不同的分类群。其中较为著名的两大类是原生质体黏菌与细胞性黏菌。原生质体黏菌在分类上称为黏菌亚纲(Myxogastria)，也称为"真黏菌"或"非细胞黏菌"，而细胞性黏菌则属于网柱黏菌亚纲(Dictyostelia)，两者的主要差异在于生命周期与生理结构。

3.5.1 黏菌的形态结构

黏菌生活周期中有3个形态不同的阶段：原质团(或假原质团，也称为变形虫群合体)阶段；子实体阶段，形成孢子囊和孢子；游动孢子阶段，孢子萌发产生游动孢子或配子。

3.5.1.1 原质团

原质团是黏菌营养体的一种类型，是无壁、多核(二倍体)的原生质团块，最初是不定形黏团，逐渐发展成扇形，最后成为网状。原质团(plasmodium)湿润、黏稠，并具有各种颜色，如黄色、红色、粉红色或灰绿色等。它们可在基物上爬行，并在爬行的路途上留下一条明显发亮的"黏径"。若在显微镜下观察，可以发现原质团有内质和外质之分。外质较黏，有一层胶质鞘包裹。内质则由分枝成网状的菌脉组成。菌脉中的原生质做有规则的流动，它们先向一个方向流动，缓慢停下来，然后再向相反方向流动，并按一定的时间间隔重复该过程。菌脉并非固定不变，它们可以彼此连接而增大，也可能由于内含物流向别处而收缩或消失。原生质流动的机制是由于肌动蛋白和肌球蛋白的收缩作用。这类物质已从多头绒泡菌(*Ceratiomyxa fructiculosa*)的原质团中提取出来了，并证明它们具有相似于肌肉肌动蛋白的收缩特性。原质团中含有大量二倍体的核，引人注意的是这些核同步进行有丝分裂。细胞生物学家利用黏菌原质团这一特点详细研究了有丝分裂的问题。

同一种的两块原质团接触后，能够很快地融合成一个整体，在它们接触处可以看到内含物从一个原质团流入另一个原质团。在大约几个小时内，它们就会自行调整为一个整体了。如果是两个不同种的原质团，或是同一种但不同地区分离株的原质团都不能融合，甚至还可能相互排斥，或发生相互致死的反应，可见，黏菌原质团的融合是受遗传性能控制的。

3.5.1.2 假原生质团或变形虫群合体

假原生质团(pseodoplasmodium)由单倍体变形体(类似原生动物的变形虫)聚集形成，彼此不融合，但群合体(grex)行动一致。食物缺乏时聚集，靠自身分泌的黏菌素控制，为一种环腺苷酸(cAMP)，聚集后形状多样，向光、温、湿处移动。

3.5.1.3 子实体

黏菌子实体(fruiting body)有很美丽的颜色和外形，有淡粉红色、黄色和紫色等，形态为一根细茎，顶生各种形状的头部；或无茎，平铺生长。黏菌子实体有以下4种类型(图3-29)。

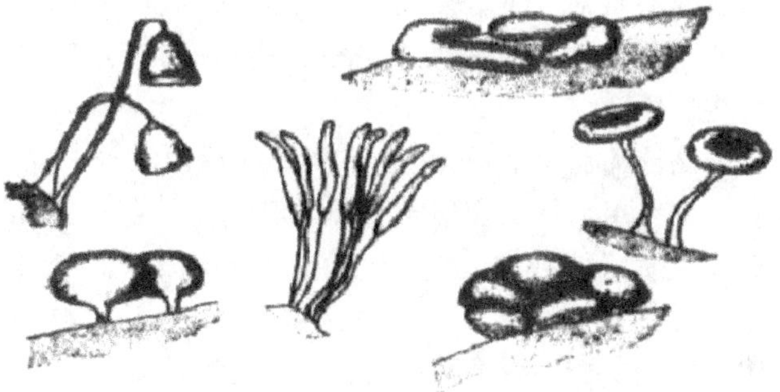

图3-29 不同形态的黏菌子实体

(1)孢囊体型　有柄，顶生孢子囊；或无柄，圆形、柱形或杯形。孢子囊内生大量孢子，在众多孢子之间分布一些线状孢间丝，起支持孢子的作用，如发网菌、高杯菌。大多数黏菌属于这种类型。

(2)复囊体型　子实体较大，一般为垫状或块状，由一群无柄孢囊聚集而成，它们外面有共同的包被包裹，每个孢囊自己的包被就看不见了，这种黏菌常见的有煤绒菌、粉瘤菌等。

(3)假复囊体型　这种类型的子实体也是由许多孢囊紧密地聚集在一起组成，各孢囊有自己的包被，无共同包被。

(4)原质囊体型　子实体似无柄孢囊，保持着原质体的分叉状态，原生质围绕原质体主脉集中，形成脉络形状的子实体结构。如蛇形半网菌属于这种类型。

黏菌的子实体是在原质团或变形虫群合体上产生的。在食物耗尽和有光线的条件下形成子实体。黏菌产生孢子时原质团群合体都有趋光爬行的习性，它们常从土缝中爬出来，恰好在土缝边缘形成子实体。形成过程为：原质团或群合体变圆，逐渐向上堆积成帽状或蛞蝓状，随后一部分原质团或变形虫成为茎，另一部分成为顶端，由顶端再分化成孢子囊和孢子，茎(或柄)变硬成为无生命的物质。成熟孢子多为单倍体，厚壁、深色，在不利条件下可存活数年之久。

3.5.1.4 变形虫

当黏菌的孢子遇到适宜的条件时，则萌发生出一个变形虫(amoebae)，有时称其为黏变形虫(myzoamoebae)，或是先释放出一个有鞭毛的游动孢子，一般是前生双鞭毛，而且是典型的“9＋2”结构。游动孢子游一段时间后变为变形体形态。变形体无细胞壁，不定形，直径一般小于 10.0 μm，可以伸出伪足捕食细菌或其他颗粒状食物。在黏菌中，凡可以形成游动孢子和变形体两个阶段的种类，其形态可以因水的关系而互变。若将变形体放在水中，它们可以长出鞭毛在水中游动，如除去水分，又可变成爬行的变形体。

黏菌的游动孢子和变形体均可行使配子的功能。两个单倍体的变形体结合成双倍体的合子。凡形成原质团的种类，由合子发展成原质团。而变形体群合体由许多单个变形体集合而成，以后在群合体中发生交配。变形体的爬行具有趋光性。

3.5.1.5 菌核

菌核(sclerotia)是在不良环境下，一些黏菌的原生质团块转变为不规则的硬团块。当原质团遇到黑暗、干燥和食物缺乏等条件时，它可以慢慢地变成一个菌核，外面形成硬壳。菌核可长期休眠，抵抗不良环境，条件好时，再恢复生长为原生质体。

3.5.2 黏菌的生活史

科学家们将营养阶段形成原质团的黏菌称为原生质体黏菌(又称非细胞黏菌)，而将营养阶段形成假原质团(变形体群合体)的黏菌称为细胞性黏菌，这里分别举例说明它们的生活史，并以此来介绍它们各自的繁殖特点。

3.5.2.1 原生质体黏菌

原生质体黏菌的特色是没有单一细胞，而形成一整团的原生质，其生活史可分为二倍体时期与单倍体时期(图 3-30)。生活周期中的营养期以单倍体变形虫形式存在，靠吞噬营养。在一定条件下，变形虫融合形成二倍体细胞。二倍体细胞继续生长，并不断进行核的有丝分裂，而细胞并不分裂，最终形成合胞体，逐渐形成子实体，并分化出茎、孢子囊等结构。孢子囊内进行减数分裂产生单倍体孢子，孢子成熟释放并萌发成变形虫。

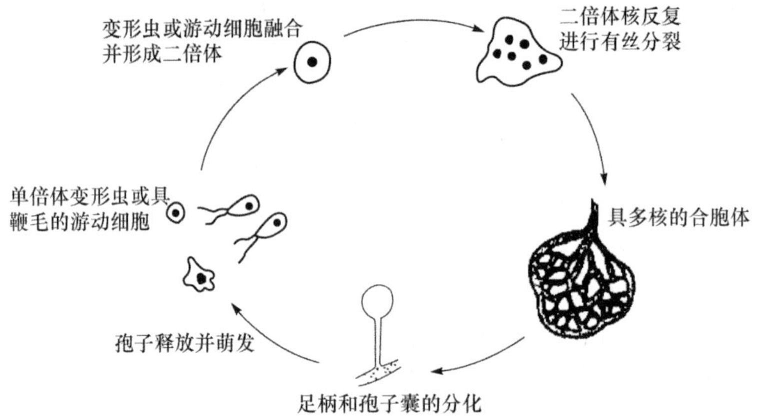

图 3-30 原生质体黏菌的生活周期

(引自林稚兰和罗大珍，2011)

3.5.2.2 细胞性黏菌

细胞性黏菌的生活史可分为无性生殖与有性生殖两种周期，两者之间可以互换。其中二倍体时期出现在有性生殖周期中。此类黏菌生活周期的大部分时间以单倍体的单核变形虫形式存在。它们靠吞噬细菌等提供营养。在一定时候它们可聚集成多细胞的合胞体(plasmodium)，逐渐分化出茎、孢子囊等结构。孢子囊中形成单倍体的孢子，成熟后释放，又变成单倍体的变形虫(图 3-31)。

3.5.3 黏菌的培养

黏菌(myxomycete)大多性喜阴凉、潮湿的场所，因而只要足够潮湿的有机物质都可能成为其栖息之所，常见的栖息地(子实体形成、出现地)有腐木、枯枝、落叶、枯草等腐烂的植物残留物。庭院中或野外的活树干、树枝上也常见有其踪影，特别是在下雨时节过后数天(3～7 d)，可以看到不少的树皮黏菌。其他尚有粪生黏菌、雪线黏菌等。

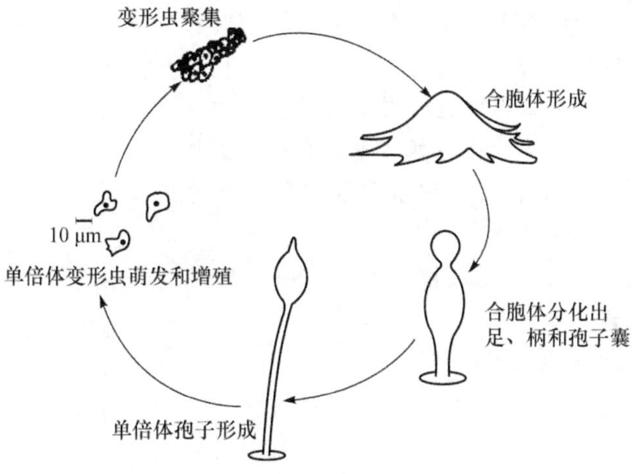

图 3-31　细胞性黏菌的生活周期

（引自林稚兰和罗大珍，2011）

研究发现，在我国已有千年记载历史的"太岁"（又称肉灵芝）是由黏菌、细菌和真菌3类菌构成的一种稀有的聚合体，是地球上迄今发现的最古老的古生物活体标本。到目前为止，"太岁"在生物界还没有一个科学准确的定位，许多研究也尚处于初步阶段，而关于"太岁"的作用和药效，在生物学界始终有争议。

在实验室内人工培养的原质团一般能生长得很好，所以对原质团内的原生质流动、有丝分裂和原质团融合等都研究得较多。在细胞黏菌中只是对盘基网柄菌研究较细致。从孢子不太容易培养出黏菌。人们通常以菌核、孢子和变形体来保存原种，在燕麦琼脂上可以培养出原质团，但连续培养时，原质团易死亡。在动物肝浸液琼脂平板上，加入细菌悬液，会有利于变形体的生长存活。目前，对黏菌的描述大多根据它们在自然界的表现。从发现黏菌的存在到目前已有100年，但对它们的认识确实很不足，除了由于它们的一些种类还难以人工培养外，主要的原因是人们尚未找到有明显经济价值的菌种。

由于黏菌的特殊形态结构，在分子生物学迅速发展的今天，已开始受到重视。例如，它们的惊人整齐的同步分裂，它们井然有序的聚集和细胞的分化能力，都吸引着细胞生物学家和分子生物学家的注意力。相信它们的经济意义将在深入广泛的研究中得到开发。

本章小结

真核微生物主要包括属于植物界的显微藻类、属于动物界的原生动物和属于"菌物界"的真菌等微生物。真菌按其外观特征可粗分为酵母菌、霉菌和蕈菌3类。

真核微生物的细胞较大，构造复杂，有细胞膜、细胞质、细胞核（真核）和许多执行特殊生理功能的细胞器，有的种类还有细胞壁、鞭毛和纤毛等特殊构造。

酵母菌是一类与人类关系密切的简单真菌，其无性繁殖方式通常为芽殖，少数为裂殖。典型的酵母菌具有有性繁殖，根据它们无性与有性繁殖交替中的不同特点，可把酵母菌的生活史分成3种类型。

霉菌一般是指菌丝体较发达但不形成大型肉质子实体的真菌。它们与人类关系密切，许多种类可生产有用代谢产物，不少种类是植物致病菌或可引起工农业产品的霉变。它们的细胞构造虽与酵母菌相似，但却以菌丝体形式存在，菌丝体可分营养菌丝体和气生菌丝体两类，它们在不同种类或不同生活条件下可分化成多种具有特殊生理功能的构造：气生菌丝可分化出各种类型的子实体，由它们产生大量的无性或有性孢子。真菌的孢子种类多、体积小、数量大，有较强的抗逆性。在科学研究和生产实践中有较多的应用。

能产生大型肉质子实体的真菌俗称蕈菌，主要属于担子菌类。从进化角度来分析，蕈菌的子实体在本质上与一般微生物的菌落类似，是在陆生条件下气生菌丝体发生高度特化和组织化的适应性进化。蕈菌的发育过程有5个明显的阶段。其中双核菌丝细胞的增殖方式十分特殊，称为锁状联合。蕈菌种类很多，与人类关系密切，不少种类可食用或药用。

黏菌，又称裸菌，它们的营养体是没有细胞壁的黏变形体，通常以摄食性吸收营养（主要以细菌、真菌的孢子和有机颗粒作为食物），生活循环近似原生动物，但是它们在繁殖阶段产生子实体，以孢子进行繁殖，这又与真菌相似。目前，对于黏菌的分类尚不统一。黏菌的生活周期中表现有几个不同的阶段，各阶段都有不同的形态特征，形成无细胞壁的原质团是黏菌的特征性阶段，有些形成假原质团，实际上是变形体的群合体。此外，它们在子实体阶段可形成孢子囊和孢子。孢子在适宜条件下萌发产生游动孢子或配子，是游动孢子阶段。科学家们将营养阶段形成原质团的黏菌称为非细胞黏菌，而将营养阶段形成假原质团（变形体群合体）的黏菌称为细胞性黏菌。

复习思考题

1.试比较原核和真核细胞结构的异同。

2.试图示并说明真核微生物“9+2”型鞭毛的构造和生理功能。

3.名词解释:假菌丝、酵母菌、黏菌。

4.常见的酵母菌有哪些?

5.试简述酵母菌的几种生活史。

6.原生动物的主要类群有哪些?

7.霉菌的菌丝类型有哪两种?菌丝特化形态有哪些?

8.霉菌的孢子类型有哪些?

9.为什么说蕈菌也是真核微生物?

10.什么叫锁状联合?其生理意义如何?试图示其过程。

11.试比较酵母菌、霉菌和藻类细胞壁成分的异同。

第4章 病 毒

内容提示

病毒(virus)是由一个核酸分子与蛋白质构成的非细胞形态的靠寄生生活的生命体。它有一个保护性的外壳,包裹着一段DNA或者RNA,可以利用宿主的细胞系统进行自我复制,但无法独立生长和复制。病毒种类很多,可以感染几乎所有具有细胞结构的生命体。本章将从病毒的概念、特点、类群、结构、功能、繁殖、亚病毒和研究方法等方面进行深入的讲述。

教学目标

了解病毒的形态构造与成分,熟悉病毒的繁殖方式与过程,掌握病毒的一步生长曲线,掌握亚病毒的存在形式与类型。

4.1 病毒的概念

病毒是一类只能在活细胞内寄生的非细胞型微生物,每一种病毒只含有一种核酸。它们只能在活细胞内营专性寄生,靠其宿主代谢系统的协助来复制核酸、合成蛋白质等组分,然后再进行装配而得以增殖,是专性寄生的大分子生物。在离体条件下,它们能以无生命的化学大分子状态长期存在并保持其侵染活性。病毒个体称病毒粒子(virion),一般只有在电子显微镜下才能看见,常以"nm"来度量。病毒粒子的主要成分为DNA或RNA和蛋白质壳体,有些病毒还有包膜包围。病毒粒子有各种形态,其典型代表分别为植物病毒中的烟草花叶病毒为杆形、动物病毒中的腺病毒为二十面体球形和微生物病毒中的*E. coli* T偶数噬菌体为蝌蚪形。

在生物界中,微生物的发现比动物、植物迟得多;在微生物中,细菌的发现较迟,病毒更迟;在病毒中,类病毒、卫星病毒和朊病毒等亚病毒的发现最迟。人类对病毒的认识过程主要经历了以下几个阶段。

4.1.1 早期经验阶段

病毒的发现比细胞生物要迟得多,而且人类认识病毒是从它们的致病性开始的。人类在发现病毒存在之前,早就与病毒引起的多种疾病打交道了。该时期是人们常受其害而不知其毒恶的阶段,在这个时期人们从生活中已经获得了一些关于病毒的经验。

古希腊哲学家亚里士多德(Aristotle)早在公元前4世纪就描述过狂犬病的症状。公元前2—3世纪,我国和印度都记载过天花。公元前1 500年左右(18代埃及王朝时代),有一幅浅浮雕清楚地刻着一位一条腿萎缩的祭司,这是患过瘫痪性脊髓灰质炎的特有标志。17世纪西欧的郁金香热,后来知道主要是由于郁金香花叶病毒使其花瓣呈现美丽的杂色,这可能就是最早发现的植物病毒病。18世纪天花在英国流行时,曾猖獗一时。天花曾对人类的威胁极大,墨西哥历史上的一次大流行曾导致300多万人病死。而种痘的推广普及保护了无数人免于患天花或病死。凡患过牛痘的人就不会再患天花了,这是英国伦敦西部的农民在生产实践中获得的经验。

4.1.2 病毒的发现阶段

人类初步认识病毒的存在是在19世纪末期。1886年,梅耶(Mayer)发现烟草花叶病。通过对叶子和土壤的分析,他指出这种病害不是营养病,不能把它归于无机物平衡失调。他把患有花叶病的烟草植株的叶片加水研碎,取其汁液注射到健康烟草的叶脉中,能引起花叶病,证明这种病是可以传染的,因此他认为这可能是一种细菌病。1892年,俄国的伊万诺夫斯基(Iwanowski)重复了梅耶的试验,证实了梅耶所看到的现象，而且进一步发现，患病烟草植株的叶片汁液，通过细菌过滤器后，还能引发健康的烟草植株发生花叶病。这种现象可以说明，致病的病原不是细菌，伊万诺夫斯基将其解释为是由细菌产生的毒素而引起的。1898 年，荷兰细菌学家贝杰林克(Beijerinck)同样证实了梅耶的观察结果，并同伊万诺夫斯基一样，发现烟草花叶病病原能够通过细菌过滤器。但贝杰林克想得更深入，他把烟草花叶病株的汁液置于琼脂凝胶块的表面，发现感染烟草花叶病的物质在凝胶中以适度的速度扩散，而细菌仍滞留于琼脂的表面。最终，贝杰林克指出，这是一种新的物质，称为“有感染性的活的流质”，并取名为病毒，拉丁名叫“virus”。因此，真正发现病毒的科学家是贝杰林克。此后，许多学者陆续发现了各种植物病毒、动物病毒和细菌病毒。例如，1898 年，莱夫勒(Loeffler)和弗罗施(Frosh)在牛的淋巴液中发现了口蹄疫病毒，后来许多学者又陆续发现了一系列新的动植物的“滤过性病毒”(filterable virus)病，如黄热病(1902 年)、脊髓灰质炎病(1909 年)、鸡肉瘤病(1911 年)等。1915 年和 1917 年，特沃特(Twort)和德赫雷尔(Herelle)还分别发现了痢疾志贺菌(*Shigella dysenteriae*)的噬菌体。

4.1.3 病毒的研究阶段

1935 年，美国的斯坦利(Stanley)首次提纯并结晶了烟草花叶病毒(*Tobacco mosaic virus*，TMV)，从而使人们对病毒化学本质的认识有了重大突破，并为病毒的深入研究开辟了广阔的道路。如今在美国加利福尼亚大学的原斯坦利实验室里，仍然保留着一个标注着“Tob. Mos.”字样的瓶子，其中就盛着当年第一次提纯的 TMV。鉴于斯坦利在 TMV 研究中的突出贡献，1946 年他被授予诺贝尔化学奖，这是病毒学领域第一个获此殊荣的科学家。1936 年，鲍顿(Bawden)和皮里(Pirie)等在纯化的 TMV 中发现了含磷和糖类的组分，它们以核糖核酸的形式存在，通过热变化，这种核酸可以从病毒粒子中释放出来。这一发现也被斯坦利及其同事证实，他们从几种不同植物病毒的核蛋白中分离出核酸。1955 年，谢弗(Schaffer)和施沃特(Schwerdt)成功地结晶了脊髓灰质炎病毒，它是第一个被结晶出来的动物病毒。

4.1.4 深入探索阶段

赫尔希(Hershey)和蔡斯(Chase)于 1952 年利用同位素证实 T_2 噬菌体的遗传物质仅仅是 DNA 的著名实验，开创了病毒分子生物学的先河；接着，1956 年，康拉特(Conrat)等又完成了 TMV 的核酸和蛋白质的体外拆分和重建实验；1960 年，安德尔(Anderer)弄清了 TMV 衣壳蛋白的氨基酸排列顺序；1965 年，美国科学家施皮格尔曼(Spiegelman)第一次在体外用无细胞体系成功复制 *E. coli* 的噬菌体 RNA；1967 年，高兰(Goulian)又用类似的方法复制了噬菌体 ΦX174 的 DNA，从而打破了病毒必须在活体内才能增殖的传统观念；1970 年，巴尔的摩(Baltimore)和特明(Temin)在单链 RNA 病毒中发现的反转录酶及其致癌作用，对病毒学、肿瘤学、分子遗传学和分子生物学都具有重大的推动作用。自 1971 年起人们陆续发现了各种亚病毒，1971 年迪纳(Diener)发现了类病毒，1982 年普鲁辛纳(Prusiner)发现了朊病毒，1983 年吉伯斯(Gibbs)发现了拟病毒。与此同时，人们利用先进的分子生物学方法逐一测定了 RNA 噬菌体 MS2(Fiers，1976)、DNA 噬菌体 ΦX174(Sanger，1977)、马铃薯纺锤块茎类病毒(Gross，1978)和动物病毒 SV40(Fiers，1978)等核酸的一级结构。

至今，病毒作为遗传工程中外源基因载体的研究正在扩大和深入，为人类带来无法预料的经济效益和社会效益。此外，病毒学与人类保健、畜牧兽医、植物保护和发酵工业的关系也日渐重要。

4.2 病毒的特点和形态

4.2.1 病毒的特点

随着电子显微镜和现代生物技术的发展与应用，病毒的本质越来越清楚，它具有以下特点：①病毒个体微小。绝大多数病毒能通过细菌滤器的微小颗粒，必须通过电子显微镜才能观察其具体形态和大小。②没有细胞结构。病毒被称为“分子生物”，其化学成分较简单，主要成分仅核酸和蛋白质两种，而且只含 DNA 或 RNA 一类核酸，尚未发现一种病毒兼含两类核酸。③无产能酶系，也无蛋白质和核酸合成系统。在宿主细胞协助下，通过核酸的复制和核酸蛋白质装配的形式进行增殖，不存在个体的生长和二均分裂等细胞繁殖方式。④具有双重存在方式。以核酸分子形式在活细胞内营专性寄生，在离体条件下，能以无生命的化学大分子状态存在，具有感染性，可形成结晶。⑤对一般抗生素不敏感，但对干扰素敏感。⑥有些病毒的核酸能整合到宿主基因组中，并诱发潜伏性感染。随着电子显微镜技术的发展，尤其是金属投影、磷钨酸与醋酸铀负染色法和 X 射线衍射技术等的广泛应用，使人们对病毒的形态和显微结构的研究达到了一个新的水平。

4.2.2 病毒的形态特征

由于病毒是非细胞生物，单个病毒个体不能称作"单细胞"，而是称为"病毒粒子"。病毒粒子(virus particle)有时也称病毒颗粒，是指成熟的、结构完整的、具有感染性的单个病毒。病毒粒子的主要成分是核酸和蛋白质。如图 4-1 所示，核酸位于病毒粒子的中心，构成了它的核心(core)或基因组(genome)，蛋白质包围在核心周围，构成了病毒粒子的衣壳(capsid)。衣壳是病毒粒子的主要支架结构和抗原成分，对核酸有保护作用。衣壳是由许多在电子显微镜下可辨别的形态学亚单位——衣壳粒(capsomere 或 capsomer)所构成的。核心和衣壳合在一起称为核衣壳(nucleocapsid)，它是任何病毒(指"真病毒")所必须具备的基本结构。有些较复杂的病毒，在其核衣壳外还被一层由类脂或脂蛋白组成的包膜(envelope)包裹着。有时包膜上还长有刺突(spike)等附属物。

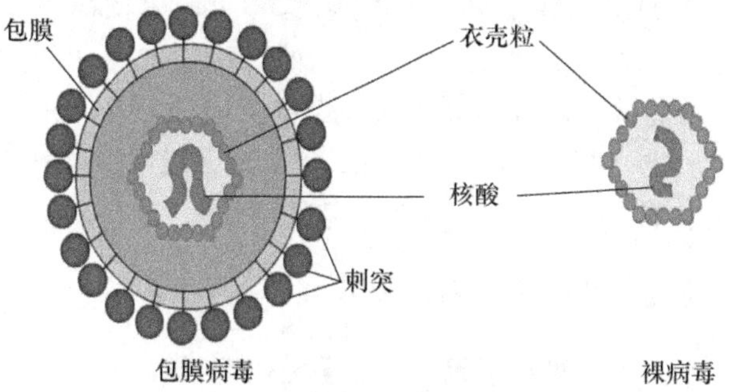

图 4-1 病毒粒子的基本结构

(引自赵斌等，2011)

病毒一般呈球形或杆状，也有呈卵圆形、砖形、丝状和蝌蚪状等各种形态的(图 4-2)，如腺病毒为球状，TMV 为杆状。细菌病毒又称噬菌体，多为蝌蚪形，也有微球形和丝状的。大肠杆菌 T 偶数噬菌体为蝌蚪形，而大肠杆菌噬菌体 fd 为丝状，ΦX174 为球形。

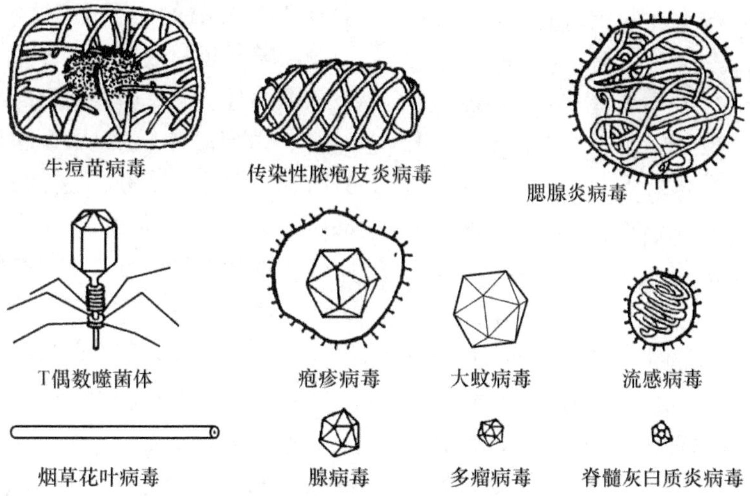

图 4-2 常见病毒粒子的形态

(引自黄秀梨和辛明秀，2009)

(1)球形(sphericity) 人、动物、真菌的病毒多为球形，其直径 20～30 nm，如腺病毒、疱疹病毒、脊髓灰质炎病毒、花椰菜花叶病毒、噬菌体 MS2 等。

(2)杆状(filament) 或者称为丝状，有些类似于杆菌，有些类似于弧菌。多见于植物病毒，是某些植物病毒的固有特征，如 TMV、苜蓿花叶病毒、甜菜黄化病毒等。人和动物的某些病毒也有呈丝状的，如流感病毒、麻疹病毒、家蚕核型多角体病毒等，其丝长短不一，直径为 15～22 nm，长度可达 70 nm。

(3)砖形(brick-shape) 如痘病毒(天花病毒、牛痘苗病毒等)。这些病毒通常被描述为砖形或面包形，是一群最大最复杂的病毒，其实大多数呈现卵圆形或者“菠萝形”。

(4)蝌蚪状(tadpole-shape) 由一卵圆形的头及一条细长的尾组成,如大肠杆菌的偶数噬菌体。噬菌体又有多种,包括有头有尾的、有头无尾的和有尾无头的,最多的是第一种。有头有尾的又包括可收缩的尾巴和不可收缩的尾巴,不可收缩的尾巴又包括长尾和短尾的;有头无尾的又根据衣壳粒的大小分为大顶衣壳粒和小顶衣壳粒。

(5)弹状病毒(bullet-shape) 形似子弹头,如狂犬病病毒等,其他多为植物病毒。

4.2.3 病毒的群体形态

虽然病毒粒子无法用光学显微镜观察到,但当它们大量聚集并使宿主细胞发生病变时,就形成了具有一定形态、构造并能用光学显微镜加以观察和识别的特殊“群体”,例如,动、植物细胞中的病毒包涵体;有的还可以用肉眼观察,如由噬菌体在菌苔上形成的“负菌落”即噬菌斑,由动物病毒在宿主单层细胞培养物上形成的空斑,以及由植物病毒在植物叶片上形成的枯斑等。病毒的这类“群体”形态对病毒的分离、纯化、鉴别和计数等许多实际工作具有一定的意义。

4.2.3.1 包涵体

在某些感染病毒的宿主细胞内,出现光学显微镜可见的大小、形态和数量不等的小体,称为包涵体。它们多数位于细胞质内,具有嗜酸性;少数位于细胞核内,具有嗜碱性;也有在细胞质和细胞核内都存在的类型。根据包涵体的特点,可把它们分成以下4种类型:①病毒的聚集体,例如在感染了昆虫的核型多角体病毒(nuclearpolyhedrosis virus,NPV)和质型多角体病毒(cytoplasmic polyhedrosis virus,CPV)的宿主细胞中所形成的蛋白质包涵体,其内含有大量的病毒粒子;少数动物病毒如腺病毒和呼肠孤病毒引起的包涵体,是病毒粒子的聚集体;少数植物病毒如TMV引起的包涵体,也是病毒粒子的聚集体;②大多数由动物病毒引起的包涵体,是病毒的合成部位;③病毒蛋白和与病毒感染有关的蛋白质,例如许多由植物病毒引起的包涵体;④非病毒性包涵体,某些化学因子甚至由细菌感染也可引起包涵体的形成,这就不是“病毒的群体形态”了。

在实践上,病毒的包涵体主要有两类应用:①用于病毒病的诊断。由于许多由病毒引起的包涵体具有其特定的形态、构造和特性,所以可用作鉴定相应病毒的一种手段。例如,同属于马铃薯Y族病毒的烟草蚀纹病毒和马铃薯Y病毒,两者虽在形态上极其相似,但它们所引起的包涵体的形态却截然不同,前者为三角形,后者为矩形。又如,在病毒感染的动物细胞内有6种比较重要的包涵体,都有助于相应病毒病的诊断。它们是痘苗病毒引起的细胞质内嗜酸性的Guarnieri氏体、单纯疱疹病毒引起的细胞核内嗜酸性的Cowdry氏A型小体、呼肠孤病毒引起的核周围细胞质内嗜酸性包涵体、腺病毒引起的核内嗜碱性包涵体、狂犬病毒引起的细胞质内嗜酸性的Negri氏体,以及麻疹病毒引起细胞核和细胞质内的嗜酸性包涵体等。如上所述,不是所有的病毒都能形成包涵体,若干非病毒的因子也可形成包涵体状结构,因此包涵体只能作为病毒病的辅助诊断指标。②用于生物防治。在昆虫的核型多角体病毒和质型多角体病毒所引起的包涵体内含有大量活性病毒,因此可用于生产生物防治剂。

4.2.3.2 噬菌斑

将少量噬菌体与大量宿主细胞混合后,将此混合液与45 ℃左右的琼脂培养基在培养皿中充分混匀,铺平后培养。经数小时至10余小时后,在平板表面布满宿主细胞的菌苔上,可以用肉眼看到一个个透亮不长菌的小圆斑,这就是噬菌斑(plaque)。每一个噬菌斑一般是由一个噬菌体粒子形成的。当一个噬菌体侵染一个敏感细胞后,隔不久即释放出一群子代噬菌体,它们通过琼脂层的扩散又侵染周围的宿主细胞,并引起它们裂解,如此经过多次重复,就出现了一个由无数噬菌体粒子构成的群体——噬菌斑。由此可见,噬菌斑的形成与细菌菌落的形成有点相似。噬菌斑的形成可用于检出、分离、纯化噬菌体和进行噬菌体的计数。

4.2.3.3 空斑和病斑

为进行有活性的动物病毒粒子的计数,在噬菌斑技术的启发下,杜尔贝科(Dulbecco)和福哥特(Vogt)于1953年发明了单层动物细胞上的病毒空斑计数法。在覆盖一薄层琼脂的一片单层细胞上,如某一细胞感染了病毒,则增殖后的病毒粒子只能扩散至邻近的细胞,最终形成一个与噬菌斑类似的空斑。如果用中性红等活性染料加以染色,不但可以区分活细胞和死细胞,而且可使空斑更为清晰。如果单层细胞受肿瘤病毒感染,则会产生细胞剧增,这种有点类似于菌落的病灶称为病斑。

4.2.3.4 枯斑

枯斑是植物叶片上的植物病毒群体。1929 年，美国病毒学家霍姆斯(Holmes)最早发明用枯斑法测定 TMV 的数目。方法是把试样与少许金刚砂相混，然后在心叶烟的叶子上轻轻摩擦，2～3 d 后，叶子上出现的局部坏死灶即枯斑。

4.3 病毒的类群

自从 1898 年贝杰林克首次提出“病毒”的概念以来，已经过去 100 多年时间。病毒的种类由最初的几十种、几百种，发展到今天的 2 000 多种。为了使如此多的病毒种类能够得到科学的命名和分类，国际病毒分类委员会(International Comitteeon Taxonomy of Viruses，ICTV)已多次修订了病毒的命名和分类原则，并且建立了由目、科(亚科)、属和种分类阶元构成的病毒分类系统。目前病毒分类学这一门重要的基础学科已开始走向完善并逐渐成熟起来。

4.3.1 病毒的分类及命名的进程

1937 年，莱瓦迪蒂(Levaditi)和雷宾(Lepine)就曾根据组织胚胎学与病毒的组织亲和性进行分类，将脊椎动物病毒分为 8 个类群。1948 年，霍姆斯提出了根据病毒所引起的宿主症状的分类方案。1963 年，国际微生物命名委员会病毒分会根据安德鲁斯(Andrewes)提出的分类建议提出了新的 8 项分类原则。1966 年，在莫斯科举行的第九届国际微生物学会上成立了国际病毒命名委员会(International Committee on Nomenclature of Viruses，ICNV)。1973 年，ICNV 正式更名为国际病毒分类委员会(International Committee on Taxonomy of Viruses，ICTV)。ICTV 于 2012 年发表了最新的病毒分类第九次报告。在这个报告中，将目前 ICTV 所承认的 2 284 种病毒和类病毒归入 349 个属、19 个亚科、87 个科和 6 个目，并公布了卫星病毒和朊病毒的种类。ICTV 明确“种”为病毒分类系统中的最小分类阶元，在每一个确定种下面列出至少一个、至多几十个不等的病毒型或病毒分离株，每个型或分离株列出其基因组(或基因)在 GenBank 上的登录号。

4.3.2 病毒分类的原则

病毒分类最初是根据病毒的寄主特性将病毒分为动物病毒、植物病毒和微生物病毒(噬菌体)3 大类，这种分类方法因其实用性而沿用至今。

按照宿主范围分为如下 3 种。

(1)动物病毒　无脊椎动物病毒，如对虾白斑综合征病毒，种类不是很多；脊椎动物病毒，包括鱼类病毒、禽类病毒、哺乳动物病毒、人类病毒等，种类很多。

(2)植物病毒　低等植物病毒和高等植物病毒。植物病毒对宿主的专一性通常较差。

(3)微生物病毒　几乎所有的细菌都有相应的噬菌体存在，放线菌、真菌等也存在噬菌体，现在又将噬菌体分为噬细菌体和噬真菌体。

但这种分类方法并没有反映出病毒的本质特征。随着电子显微镜技术的发展以及分离、提纯病毒新方法的应用，逐渐转向病毒本身的结构特征和化学组成的研究，使病毒的分类朝着自然系统的方向发展。

病毒分类考虑因素包括：①强调其分类和命名的稳定性、实用性、认可性和灵活性。稳定性是指病毒名称及其隶属关系一旦确定下来，就应该尽可能地保留；实用性是指病毒分类体制对病毒学研究领域是有用的；认可性是指病毒分类阶元和名称应该为病毒学研究者乐意接受和使用，所以，认可性也是实用性的必然结果；灵活性是指病毒分类阶元可以依据某些新发现而进行重新修订和再确定。②主要以病毒粒子特性(形态、理化性质、基因及基因组类型、有机物含量等)、抗原性质(病毒血清学性质与其抗原的关系)和病毒生物学特性(繁殖方式、宿主范围、传播途径和致病性)等作为依据。

4.3.3 病毒的命名现状

国际病毒分类系统采用目、科、亚科、属、种的分类单元，但是亚病毒感染因子采用任意分类。“目”(后缀为-*virales*)、“科”(后缀为-*viridae*)、“亚科”(后缀-*virinae*)以及“属”(后缀为-*virus*)，均为斜体，且首字母大写，如套式病毒目(*Nidovirales*)、冠状病毒科(*Coronaviridae*)、冠状病毒属(*Coronavirus*)。

4.3.3.1 动物病毒的命名

(1)种的命名　大多用其引起的疾病的名称，后面加上“病毒”两个字，如脊髓灰质炎病毒、猪瘟病毒、流感病毒等；在疾病名称前加上最初发现该病的地点，如日本乙型脑炎病毒、东方马脑炎病毒等；直接用地名称呼，如新城疫病毒，1926 年首次发现于印度尼西亚，同年发现于英国的新城，为了区别于鸡瘟病原，以发现地而得以命名；用人名称呼，如马立克氏病病毒首先由匈牙利马立克(Marek)于 1907 年报道，继而命名。

(2)科、属的命名　根据病毒粒子的形态和理化性质命名，如小 RNA 病毒科、反转录病毒科和轮状病毒科；根据病毒引起的病变性质命名，如疱疹病毒科、痘病毒科；根据病毒最初的分离部位命名，如腺病毒科；根据感染宿主的部位命名，如鼻病毒属；根据几个属的缩拼词命名，如乳多空病毒科命名源自乳头状瘤病毒、多瘤病毒和猿猴空泡形病毒 3 个病毒名称。

4.3.3.2　植物病毒的命名

暂用英文俗名而非拉丁双名法如：TMV。不用人名，必要时可用地名。病毒名称及其规范写法：ICTV 批准的病毒名称用斜体，简写用正体，例如 *Maize mosaic virus*(MMV)。植物病毒目名如芜菁黄花叶病毒目(*Tymovirales*)，科名如芜菁黄花叶病毒科(*Tymoviridae*)，属名如芜菁黄花叶病毒属(*Tymovirus*)。

4.3.3.3　流感病毒的命名

国际通用的是型别/分离地点/分离序号/分离时间(血凝素和神经氨酸酶的序号)，如 H5N1 禽流感病毒，它的正规代号是 A/HongKong/156/97(H5N1)，A 代表甲型病毒，HongKong 代表该病毒株最早发现的地区香港；156 是分离出该病毒实验室的代号；97 代表第一次分离出该病毒的时间 1997 年；H5N1 分别代表的血凝素和神经氨酸酶的分类。如果病毒株主要在动物中流行，人们会在最早分离出病毒地区的前面加上动物宿主的名称，如 A/chicken/HongKong/G9/97(H9N2)，chicken 说明这种病毒主要感染的动物是鸡。

4.4　病毒的结构和功能

4.4.1　病毒核酸

核酸是病毒粒子的内部中心结构，控制着病毒的遗传、变异、增殖和对宿主的感染性等特性。核酸可以是单股的，也可以是双股的；可以是线状的，也可以是环状的。但是任何一种病毒粒子核心内只含有一种类型的核酸(DNA 或 RNA)，DNA 或 RNA 构成病毒的基因组。病毒核酸可借助理化方法加以分离，这种分离的核酸因缺乏壳体的保护，较为脆弱，但仍具有感染性，称为感染性核酸，其感染范围比完整的病毒粒子更广，但感染力较低。

4.4.2　病毒壳体

病毒的壳体也称为衣壳，是包围在病毒核心外面的一层蛋白质结构，由许多蛋白质亚单位即多肽链构成的壳粒组成。这些亚单位称为衣壳粒，彼此呈对称性排列。衣壳的功能除能保护核心内的病毒核酸免受外界环境中不良因素(如 DNA 酶和 RNA 酶)的破坏外，衣壳还与病毒吸附、侵入和感染易感细胞有关，同时病毒的衣壳是病毒重要的抗原物质。核酸和衣壳合称核衣壳，它是任何真病毒粒子都具有的基本结构。

4.4.3　病毒的包膜

包膜也称封套或囊膜，是指包被在病毒核壳体外的一层包膜，它的主要成分是蛋白质、多糖和脂类，其成分主要来自宿主细胞，是病毒在感染宿主细胞“出芽”时从细胞膜或核膜处获得的。所以具有宿主细胞的类脂成分，易被脂溶剂如乙醚、氯仿和胆盐等溶解破坏。其中这些病毒特异性蛋白在病毒感染和复制过程中发挥作用，嵌附在脂质层中向外突出，称为包膜粒(peplomer)，如流感病毒包膜上有两种包膜粒，即血凝素和神经氨酸酶。有囊膜的病毒有利于其吸附宿主细胞，破坏宿主细胞表面受体，使病毒易于侵入细胞。

病毒包膜有维系病毒粒结构，具有保护衣壳作用。特别是病毒的包膜糖蛋白，具有多种生物学活性，是启动病毒感染所必需的。

有些病毒虽没有囊膜，但有其他一些特殊结构，如腺病毒在核衣壳的各个顶角上长出共计 12 根细长的“触须”，其形态好似大头针状，具有凝集和毒害敏感细胞的作用。

4.4.4　病毒的刺突

刺突即病毒包膜的糖蛋白。有些病毒除了具有包膜外，还有包膜突起。病毒包膜突起的化学本质大多为糖蛋白，其功能各不相同。有的是病毒粒子的吸附蛋白，与病毒的吸附有关；有的是病毒的融合蛋白，它可以促进病毒包膜与细胞膜融合，与病毒的侵入有关。

4.4.5 病毒结构的对称性

由于核酸的形态结构不同，壳微粒多肽排列也不同，所以构成了几种对称形式。用电子显微镜观察发现病毒的结构呈现高度对称性，即螺旋对称、复合对称、二十面体对称及复杂对称等。

4.4.5.1 螺旋对称

有些病毒粒子呈杆状或丝状，其衣壳形似一中空柱，电子显微镜观察可见其表面有精细螺旋结构。蛋白质亚基有规律地沿着中心轴（核酸）呈螺旋排列，进而形成高度有序、对称的稳定结构，如TMV、狂犬病毒、流感病毒、新城疫病毒、腮腺炎病毒等，特点是壳粒螺旋排列，中空。TMV是螺旋对称的典型代表（图4-3），其病毒粒子呈杆状或线状，蛋白质壳体由壳粒一个紧挨一个地螺旋排列而成，病毒RNA位于壳体内侧螺旋沟中。所有螺旋对称的动物病毒都有囊膜。

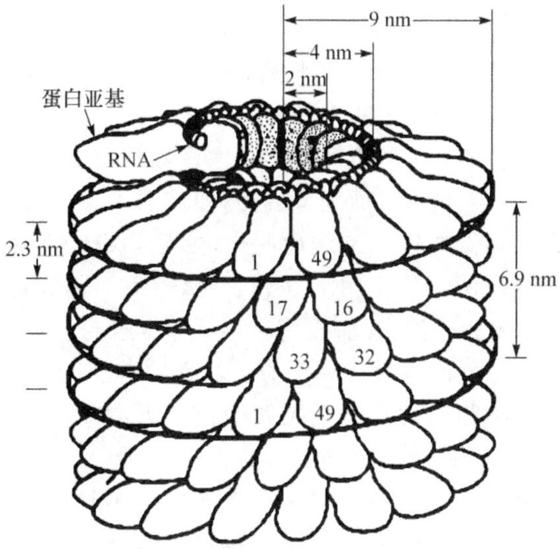

图4-3 烟草花叶病毒的结构示意图

（引自徐耀先等，2000）

4.4.5.2 复合对称

具有双对称结构的典型例子是有尾噬菌体（tailed phage），其壳体由头部和尾部组成。包装有病毒核酸的头部通常呈二十面体对称，尾部呈螺旋对称，如大肠杆菌T_4噬菌体（图4-4）。特点：壳粒排列既有螺旋对称又有立体对称。

大肠杆菌T_4噬菌体（图4-4）是复合对称的代表，由二十面体的头部与螺旋对称的尾部复合构成，呈蝌蚪状。头部蛋白质衣壳内有线状双链DNA构成的核心。在头尾相连处有颈部，由颈环和颈须构成，颈须的功能是裹住吸附前的尾丝。尾部由尾管、尾鞘、基板、刺突和尾丝构成。尾管中空，是头部DNA进入宿主细胞的通道。尾鞘由24圈螺旋组成。基板是六角形盘状结构，上面有6个刺突和6根尾丝，均有吸附功能。

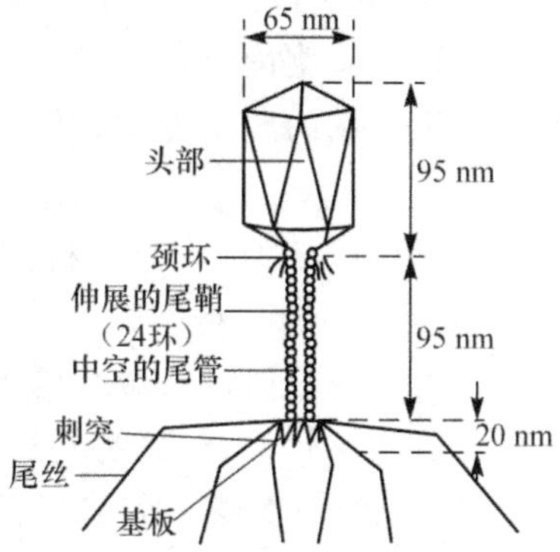

图4-4 大肠杆菌T_4噬菌体结构模式图

（引自沈萍和陈向东，2016）

4.4.5.3 二十面体对称

蛋白质亚基围绕具有立方对称的正多面体的角或边排列，进而形成一个封闭的蛋白质的鞘。有些病毒的外形呈球状，实际上是一个立体对称的多面体，一般为二十面体。它由20个等边三角形组成，具有12个顶角、20个面和30条棱。腺病毒是二十面体对称的典型代表。二十面体病毒有的也具有包膜。二十面体对称病毒包括大多数DNA病毒、反转录病毒及微RNA病毒，如腺病毒。

二十面体对称的作用：①结构稳定。蛋白质亚基以拓扑等价多面体排列，可产生高度有序的稳定结构，一定数目的蛋白质亚基排列为具有一定表面积的立体对称实体，二十面体容积最大，可容纳更多病毒核酸。②节约遗传信息。多面体如正方体、正八面体、十二面体、二十面体，若令其容积相同，则构成多面体的每个单位面的面积以二十面体最小，所需蛋白质亚基少，有利于病毒节约遗传信息。

4.4.5.4 复杂对称

痘病毒科的病毒对称性比较复杂，病毒粒子通常呈卵圆形，干燥的病毒标本呈砖形。在病毒体表面有双层膜，在病毒中心为哑铃状的核心，核心内含有蛋白质和核酸，核酸为双链DNA，线形。在核心两侧为侧面小体。

4.5 病毒的繁殖

4.5.1 病毒繁殖的一般过程

病毒由于缺乏完整的酶系统,不能单独进行物质代谢,必须在易感的活细胞中寄生。病毒的增殖是病毒基因组在宿主细胞内复制与表达的结果,它完全不同于其他微生物的繁殖方式,又称为病毒的复制。

病毒的复制是由宿主细胞供应原料、能量、酶和生物合成场所,在病毒核酸遗传密码的控制下,于宿主细胞内复制出病毒的核酸和合成病毒的蛋白质,进一步装配成大量的子代病毒,并将它们释放到细胞外的过程。病毒的种类繁多,增殖时不同的病毒在细节上有所不同,大体上分为5个阶段:吸附、侵入、脱壳、生物合成、装配和释放。

4.5.1.1 吸附

吸附是指病毒以其表面的特殊结构与宿主细胞的病毒受体发生特异性结合的过程,这是发生感染的第一步。

吸附又包括可逆吸附和不可逆吸附。可逆吸附又称为静电吸附,指病毒体与细胞接触,进行静电结合。它是非特异性、可逆的,由随机碰撞、布朗运动、静电引力引起,其他的粒子也可以发生这种吸附,如灰尘的吸附等。不可逆吸附又称为真正的吸附,指病毒体表面位点(蛋白质结构)与宿主细胞膜上相应的受体结合,是决定病毒感染的真正开始,如噬菌体通过尾丝与细菌表面的受体结合。

吸附作用受许多内外因素的影响,如细胞代谢抑制剂、酶类、脂溶剂、抗体,以及温度、离子浓度、pH等。

(1)温度　在一定范围内,病毒的吸附速率与温度成正比。例如,脊髓灰质炎病毒在1℃的吸附率仅是37℃的1/10。

(2)离子浓度　在一定浓度的阳离子存在的条件下,能够促进病毒对细胞的吸附(二价阳离子能促进噬菌体的吸附),螯合剂可抑制吸附。

(3)pH　不同的病毒吸附细胞的最适pH有很大的不同。例如腺病毒T型与红细胞结合的最适pH是5.5～8.7,而柯萨奇病毒B4吸附HeLa细胞的最适pH是3.0～3.5。

4.5.1.2 侵入

侵入是指病毒或其一部分进入宿主细胞的过程。侵入的方式因病毒或宿主细胞种类的不同而异。

噬菌体的侵入过程为:有伸缩尾的T偶数噬菌体吸附于宿主细胞后,尾丝收缩使尾管触及细胞壁,尾管端携带的溶菌酶溶解局部细胞壁的肽聚糖。接着通过尾鞘收缩将尾管推出并将头部核酸迅速注入细胞内,其蛋白质衣壳留在菌体外。

动物病毒侵入宿主细胞有几种方式:①通过胞饮作用进入细胞,如牛痘病毒;②通过病毒与宿主细胞膜的融合而进入细胞质中,如疱疹病毒;③病毒颗粒与宿主细胞膜上的受体相互作用,穿入细胞质中,如脊髓灰质炎病毒;④以完整的病毒颗粒直接通过宿主细胞膜穿入胞浆中,如呼肠孤病毒。

植物病毒的侵入通常是由表面伤口或咬食的昆虫口器感染,并通过胞间连丝、导管和筛管在细胞间乃至整个植株中扩散。

4.5.1.3 脱壳

脱壳是病毒侵入细胞后,病毒的包膜和(或)衣壳被除去而释放出病毒核酸的过程。脱壳的部位和方式随病毒种类的不同而异。大多数病毒在侵入时就已在宿主细胞表面完成脱壳,如T偶数噬菌体;有的病毒则需在宿主细胞内脱壳,如痘病毒需在吞噬泡中溶酶体酶的作用下部分脱壳,然后启动病毒基因表达出脱壳酶,在脱壳酶作用下完全脱壳。

脱壳过程多为受体介导,温度为35～38℃时,在宿主细胞水解酶和热裂解酶作用下,在细胞质内完成。

脱壳的方式包括:经溶酶体酶的作用脱壳,如包膜病毒和内吞进入的病毒;病毒自己合成脱壳酶脱壳,如痘苗病毒;对蛋白酶敏感脱壳,如脊髓灰质炎病毒;个别病毒不完全脱壳,如呼肠孤病毒;噬菌体则是把核酸注入细胞中就脱去了壳体,把壳体留在细胞外。

4.5.1.4 生物合成

病毒在宿主细胞内合成病毒蛋白质,并复制核酸,最后由新合成的病毒成分装配成完整病毒的过程称为病毒的生物合成。

病毒大分子合成包括核酸的复制和基因组的转录与翻译两大重要内容。同时为了保证合成的蛋白质在病毒的生命活动中准确地发挥功能,病毒的基因组转录和表达具有严格的时序性，即早期转录和晚期转录之分。核酸复制以前的转录为早期转录，转录的产物为早期 mRNA，翻译产生的蛋白为早期蛋白，主要参与病毒核酸的复制和抑制宿主大分子合成；核酸复制开始或复制后的转录为晚期转录，转录的产物为晚期 mRNA，翻译产生的蛋白为晚期蛋白，主要是构成病毒各种组分的结构蛋白。此过程可分为 3 个连续的阶段，分别是病毒早期基因的表达、病毒基因组的复制和病毒晚期基因的表达。

病毒核酸的复制模式主要有半保留复制和全保留复制两种模式。双链 DNA 直接以半保留方式进行复制；单链 DNA 先以亲代基因组为模板合成互补链，形成复制中间体，再以其中的负链合成子代的正链 DNA；单股正链 RNA，可直接起病毒 mRNA 的作用，附着到宿主细胞核糖体上，翻译出病毒蛋白；单股负链 RNA 复制过程为病毒粒子本身即含有 RNA 的 RNA 聚合酶，以亲代的负链 RNA 为模板转录出 mRNA，翻译出病毒结构蛋白和酶，同时该 mRNA 又可作为模板，在依赖 RNA 的 RNA 聚合酶作用下合成子代负链 RNA；双链 RNA，以亲代中的负链为模板合成正链 RNA，该正链 RNA 既可作为 mRNA，又可以作为模板合成其互补的负链形成子代双链 RNA；正链 RNA 在逆转录酶的作用下产生负链 DNA，再形成互补 DNA 链，最后表达出 mRNA（图 4-5）。

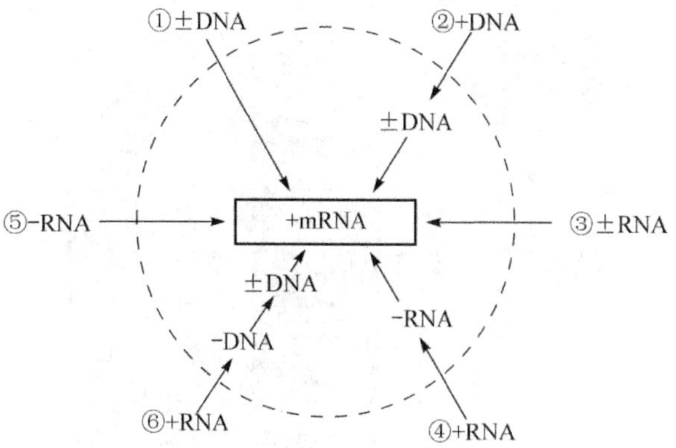

图 4-5 不同核酸类型病毒在宿主内 mRNA 的合成方式

（引自黄秀梨和辛明秀，2009）

4.5.1.5 装配

装配是指病毒大分子合成产生的结构组分能以一定方式结合，组装成完整的子代病毒颗粒，这一复制阶段称为装配。即在病毒感染的细胞内，将分别合成的病毒核酸和蛋白质组装为成熟病毒粒子的过程。装配方式主要有自我装配（如 TMV 螺旋壳体的装配，只有结构蛋白的参与）和指导装配（有非结构蛋白参加或具有蛋白水解切割作用）。

以噬菌体为例，T_4 噬菌体装配过程较复杂，主要步骤是 DNA 分子的缩合，通过衣壳包裹 DNA 而形成完整的头部，尾丝和尾部的其他“部件”独立装配完成，头部和尾部相结合后，最后装上尾丝（图 4-6）。

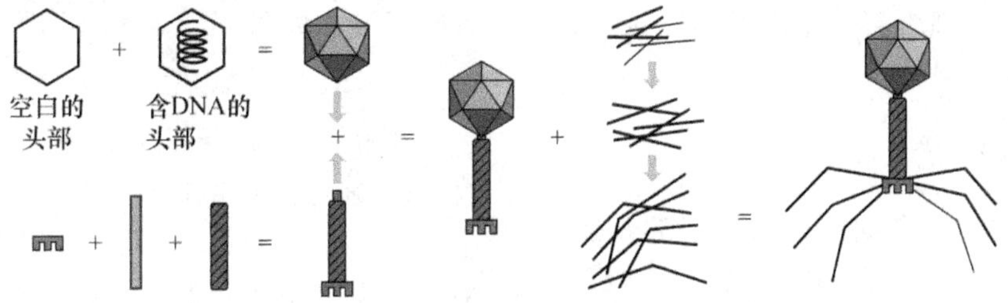

图 4-6 T 偶数噬菌体装配示意图

（仿自周德庆，2020）

动物病毒的装配：无包膜的动物病毒组装成核衣壳即为成熟的病毒体，有包膜的动物病毒一般在核内或细胞质内组装成核衣壳，然后以出芽形式释放时再包上宿主细胞核膜或质膜后，成为成熟病毒。

植物病毒的装配：TMV 等杆状病毒是先初装成许多双层盘，然后因 RNA 嵌入和 pH 降低等而变成双圈螺旋，最后由它聚合成完整的杆状病毒（图 4-7）。球状病毒则是靠一种非专一的离子相互作用而进行的自体装配体系来完成的。它们的核酸能催化蛋白亚基的聚合和装配，并决定其准确的二十面体对称的球状外形。

4.5.1.6 释放

释放是指病毒粒子从被感染的细胞内转移到外界的过程。主要有两种方式，分别是破胞释放和芽生释放。

（1）破胞释放　无包膜病毒在细胞内装配完成后，借助自身的降解宿主细胞壁或细胞膜的酶，如噬菌体的溶菌酶和脂肪酶、流感病毒包膜刺突的神经

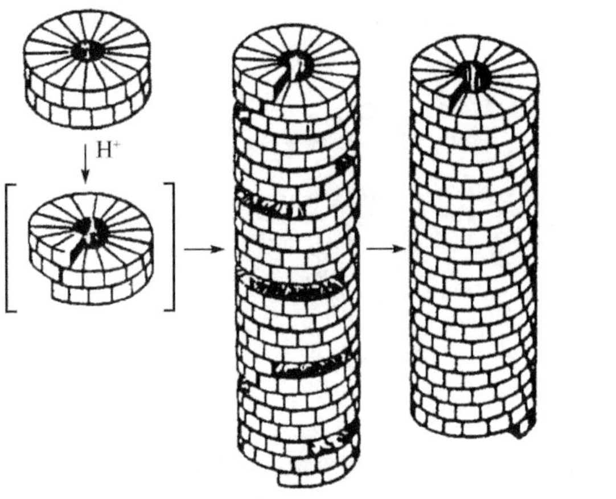

图 4-7　烟草花叶病毒的装配模式图

（引自黄秀梨和辛明秀，2020）

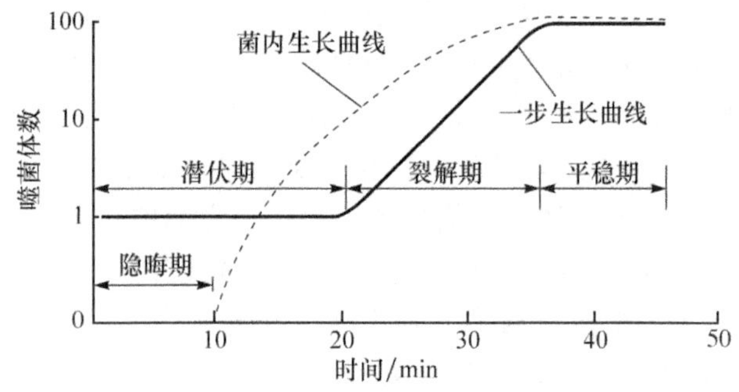

图 4-8　T_2 噬菌体的一步生长曲线

（仿自黄秀梨和辛明秀，2020）

氨酸酶等裂解宿主细胞，子代病毒便一起释放到胞外，宿主细胞死亡。

(2) 芽生释放　有包膜的病毒在宿主细胞内合成衣壳蛋白时，还合成包膜蛋白，经添加糖残基修饰成糖蛋白，转移到核膜、细胞膜上，取代宿主细胞的膜蛋白。宿主核膜或细胞膜上有该病毒特异糖蛋白的部位，便是出芽的位置。在细胞质内装配的病毒，出芽时外包上一层质膜成分。若在核内装配的病毒，出芽时包上一层核膜成分。有的先包上一层核膜成分，后又包上一层质膜成分，其包膜由两层膜构成，两层包膜上均带有病毒编码的特异蛋白、血凝素、神经氨酸酶等，宿主细胞并不死亡。

有些病毒如巨细胞病毒，往往通过胞间连丝或细胞融合方式，从感染细胞直接进入另一正常细胞，很少释放于细胞外。

4.5.2　一步生长曲线

凡能侵入宿主细胞、在细胞内增殖引起细胞裂解的噬菌体称烈性噬菌体，反之则称温和性噬菌体。在染色体组上整合有温和噬菌体基因组并能进行正常生长繁殖的宿主，称溶原菌，这种现象即为溶源性或溶源现象。定量描述烈性噬菌体增殖规律的曲线，称为一步生长曲线，其特征参数有潜伏期、裂解期和稳定期 3 个时期（图 4-8）。

4.5.2.1　潜伏期

潜伏期（latent period）是指从病毒吸附于细胞到受染细胞释放出第一个子代病毒所需的最短时间。不同病毒潜伏期长短不一，噬菌体一般有几分钟，动物病毒和植物病毒以小时或天计。它又可以分为两个阶段：①隐晦期，指在潜伏期前期人为地裂解宿主细胞以后，此裂解液仍无侵染性的一段时间，这时细胞正处于复制噬菌体核酸和合成衣壳的阶段，又称为潜隐期；②胞内累积期，即潜伏期的后期，指在隐晦期后，若人为地裂解细胞，其裂解液已呈现侵染性的一段时间，这意味着细胞内已经开始装配噬菌体粒子，此时电子显微镜可以观察到。

人为裂解病毒感染细胞，在潜伏期前一阶段，受染细胞内检测不到感染性病毒，在后一阶段感染性病毒在受染细胞内数量急剧增加。病毒在感染细胞内消失到细胞内重新出现新的感染病毒的时期为隐蔽期（eclipse period）。

4.5.2.2　裂解期

在潜伏期后，病毒效价急剧增加，这是新合成的病毒核酸和蛋白质装配成大量病毒粒子并释放的结果。潜伏期后宿主细胞裂解释放出大量子代病毒的时期称为裂解期（rise phase）或突破期。

4.5.2.3　稳定期

裂解期期末，受染细胞将子代病毒粒子全部释放出来，病毒效价稳定在最高处的时期，称为稳定期（plateau phase）或平稳期。裂解量（burst size）是指每个受染细胞产生的子代病毒粒子的平均数目，其值等于平稳期受染细胞释放的全部子代病毒粒子数除以潜伏期受染细胞的数目，即平稳期病毒效价与潜伏期病毒效价之比。裂解量取决于病毒和宿主细胞。不同病毒有不同的裂解量，噬菌体的裂解量一般为几十到几百个，而植物病毒和动物病毒一般为几百到几万个。

4.6　亚病毒

1971 年，迪纳（Diener）阐明马铃薯纺锤形块茎病的病原是一种具有感染性和自主复制能力的小分子 RNA，标志着人类对病毒界的认识又深入到一个新的层次。一类与传统的病毒（“真病毒”）有显著差别的非细胞生物——亚病毒的发现刷新了生命体的最低极限，对中心法则提出了挑战，并对阐明某些疑难病症的病因具有重要影响，是 20 世纪生命科学中的一件大事。

凡在核酸和蛋白质两种成分中，只含有其中一种的分子病原体，称为亚病毒，包括类病毒、朊病毒、卫星病毒和卫星核酸。在亚病毒中，仅类病毒和朊病毒能独立复制，卫星病毒和卫星核酸必须依赖辅助病毒进行复制。

4.6.1 类病毒

类病毒（viroid）是由单链共价闭合环状 RNA 分子组成，专性寄生在活细胞内的分子病原体，类病毒相对分子质量为 $(0.5\sim1.2)\times10^5$，大小仅为最小病毒的 1/20。类病毒 RNA 能自我复制，但不能编码蛋白质。迄今已知的类病毒只存在于高等植物中，其核酸都是 RNA 型，类病毒的传染力很强，但大多数呈不显性感染。1971 年，由迪纳第一个发现类病毒，目前只在植物中发现。

在发现马铃薯纺锤块茎病类病毒（图 4-9）以后，又陆续发现柑橘裂皮病、黄瓜白果病、菊花矮化病、菊花褪绿斑驳病、椰子坏死病和蛇麻矮化病等的病原体也是类病毒。类病毒的感染力很高，但大多数呈不显性感染，例如 11 个科的 138 种植物能感染马铃薯纺锤形块茎病类病毒，但只有茄科和菊科的 10 多种植物呈现症状。类病毒感染的另一个特点是潜伏期很长，马铃薯在感染纺锤块茎病类病毒后几个月甚至在第二代才出现块茎纺锤形症状，并严重减产。又如柑橘裂皮病的潜伏期长达几年之久。可以认为，类病毒是当今所知道的最小、只含 RNA 一种成分、专性细胞内寄生的分子生物。

类病毒的发现是生命科学中的一个重大事件。对生物学家来说，类病毒的发现为他们探索生命起源提供了一个新的低层次上的好对象；对分子生物学家来说，类病毒是研究重要生物大分子结构与功能的绝好材料；对病理学家来说，类病毒的发现为他们揭开人类和动、植物的各种传染性疑难杂症的病因带来了新的希望；对哲学家来说，类病毒的发现为他们长期以来有关生命本质的认识将带来革命性的影响。

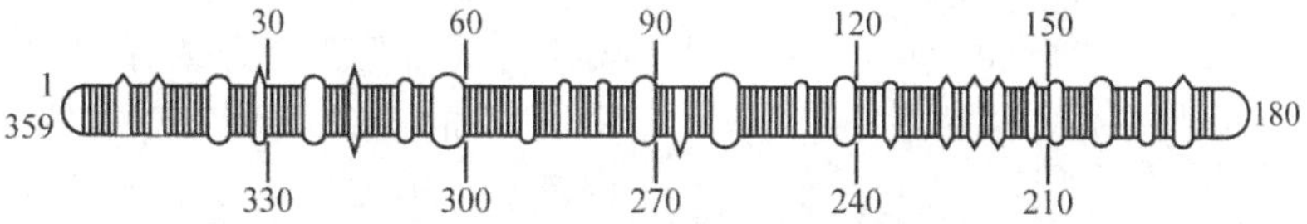

图 4-9　马铃薯纺锤块茎病类病毒的结构

（引自洪健等，2001）

4.6.2 朊病毒

朊病毒（prion）又称蛋白侵染子，是一类具有侵染性并能在宿主细胞内复制的小分子无免疫性疏水蛋白质，不含核酸。大约由 250 个氨基酸组成，仅为最小病毒的 1%。因其能引起宿主体内现成的同类蛋白质分子发生与其相似的构象变化，从而使宿主致病。例如人的库鲁病（Kuru disease）、羊瘙痒病（scrapie）、牛海绵状脑病（BSE）、雅氏病（CJD）等病的病原体均为朊病毒。

1982 年，美国的普鲁辛纳（Prusiner）终于发现羊瘙痒病的病原是一种蛋白质，称为朊病毒。这一发现在生物学界引起震惊，因为它与目前公认的“中心法则”即生物遗传信息流的方向“DNA→RNA→蛋白质”的传统观念发生抵触，因而有可能为分子生物学的发展带来革命性的影响，同时还有可能为弄清一系列疑难传染性疾病的病原带来新的希望。普鲁辛纳因此而获得 1997 年诺贝尔生理学或医学奖。

朊病毒分子质量为 27～30 ku，能耐热，其侵染性在 120～130 ℃条件下处理 4 h 不失活，能抵抗紫外线和电离辐射，并能抵抗 DNA 酶和 RNA 酶的处理。朊病毒敏感的是一些蛋白酶、氨基酸化学修饰剂（碳酸二乙酯）和蛋白质变性剂（尿素、苯酚）等。朊病毒在电子显微镜下呈杆状颗粒，直径 25 nm，长 100～200 nm（一般为 125～150 nm）。杆状颗粒不单独存在，总是呈丛状排列，每丛大小和形状不一，多时可含 100 个。

朊病毒致病作用是其能将动物体内正常的蛋白质 PrP^{C}（cellular prionprotein）改变折叠状态为 PrP^{Sc}（scrapie-associated prionprotein），这两种蛋白

质的一级结构并没有改变，PrP^C的高级结构中具有43%的α-螺旋和极少的β-折叠，而PrP^{Sc}具有30%的α-螺旋和43%的β-折叠(图4-10)。有人认为PrP^{Sc}进入细胞后与PrP^C结合，形成PrP^{Sc}-PrP^C复合体，导致PrP^C构型发生变化，转变为PrP^{Sc}，这样产生的两个PrP^{Sc}分子，再分别与PrP^C分子结合，产生4个PrP^{Sc}，如此周而复始，导致PrP^{Sc}数目呈指数增加。有关朊病毒的本质至今还有不同的看法，只有依靠进一步改进实验手段和通过深入研究才有可能得出可靠的结论。如今，朊病毒引起的疾病是继癌症、艾滋病之后对人类提出的又一巨大挑战。

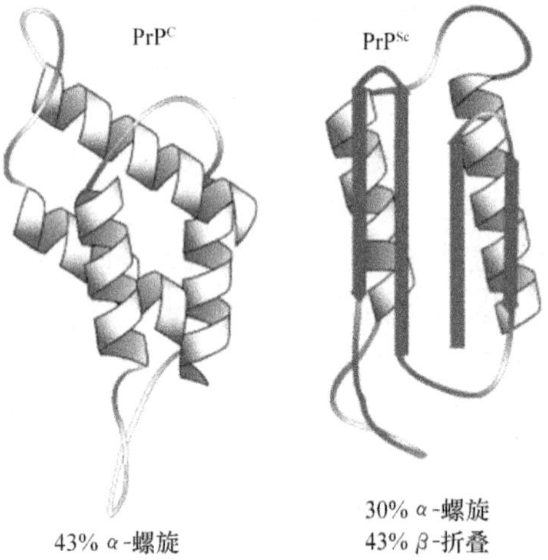

图4-10 PrP^C和PrP^{Sc}的结构模型

(引自尼克林等，2004)

4.6.3 卫星病毒和卫星核酸

卫星病毒(satellite virus)是一类基因组缺损、需要依赖辅助病毒基因才能复制、表达和增殖的亚病毒。例如大肠杆菌噬菌体P_4，缺乏编码衣壳蛋白的基因，需辅助病毒大肠杆菌噬菌体P_2同时感染，且依赖P_2合成的壳体蛋白装配成含P_2壳体1/3左右的P_4壳体，与较小的P_4 DNA组装成完整的P_4颗粒，完成增殖过程。丁型肝炎病毒必须利用乙型肝炎病毒的包膜蛋白才能完成复制周期，常见的卫星病毒还有腺联病毒、卫星烟草花叶病毒、卫星玉米白线花叶病毒、卫星稷子花叶病毒等。

卫星核酸(satellite nucleicacid)是一类寄生于辅助病毒壳体内，与辅助病毒基因组无同源性，但必须依赖于辅助病毒才能复制的RNA分子片段。有人也称之为卫星RNA(satRNA)。例如绒毛烟斑驳病毒的卫星RNA单独不能复制，但与基因组RNA-1共存时可感染和复制。许多卫星RNA能影响其辅助病毒在宿主中感染寄生的症状，如烟草环斑病毒的卫星RNA能减轻其在烟草上引起的环斑症状。常见的卫星RNA还有番茄黑环病毒的卫星RNA、黄瓜花叶病毒的卫星RNA等。

卫星病毒和卫星核酸都具有核酸复制必须依赖辅助病毒、核酸序列与辅助病毒序列无同源性、同时干扰辅助病毒的复制的特点，不同点是卫星病毒单独有核衣壳，其衣壳蛋白是由自身核酸编码，而卫星核酸不具有编码衣壳蛋白的能力，包埋在辅助病毒的衣壳中。

4.7 病毒学研究方法

4.7.1 标本的采集和处理

用于分离病毒的标本应含有足够量的活病毒，因此必须根据病毒的生物学特性、病毒感染的特征、流行病学规律以及机体的免疫保护机制，来选择所需要采集标本的种类，确定最适采集时间和标本处理的方法。标本采集必须无菌操作，如有细菌污染，可通过加抗生素、过滤和离心等方法处理。由于大多数病毒对热不稳定，所以标本经处理后一般应立即接种。若需要运送或保存，数小时内可置于50%中性甘油内4℃保存，对需较长时间冻存的标本最好置于-20℃以下或干冰保存。

以感染病毒的动物病料采集为例，一般来说，应从病畜体内存在病毒最多的器官或组织采取病料。例如上呼吸道疾病取鼻分泌物，脑炎取脑组织，痘症取患部皮肤。采集病料的时间，以症状刚出现时为佳。检查抗体时，则采取一个病畜的初期和恢复期的血清，以了解抗体浓度的变化。

4.7.2 病毒的分离培养

病毒与细菌不同，病毒是严格的活细胞内寄生的，因此分离培养病毒应采用寄主接种法、鸡胚培养法或细胞培养法，而且还必须根据不同病毒的要求进行选择，才能得到满意的结果。

(1)寄主接种法　分离的标本接种于实验寄主的种类和接种途径主要取决于病毒寄主范围和组织嗜性，同时还应考虑操作、培养及结果判定的简便。

噬菌体标本可接种于生长在培养液或培养基平板中的细菌培养物；植物病毒标本可接种于敏感植物叶片，产生坏死斑或枯斑；动物病毒标本可接种于敏感动物的特定部位，嗜神经病毒接种于动物脑内，嗜呼吸道病毒接种于动物鼻腔。常用动物有小白鼠、大白鼠、地鼠、家兔和猴子等。在兽医病毒学实践中，还常用标本动物进行感染试验。例如，应用健康马驹进行马传染性贫血病毒接种试验；应用健康猪、鸡分别进行猪瘟病毒、鸡新城疫病毒接种试验等。接种病毒后，隔离饲养，每日观察动物发病情况，根据动物出现的症状，初步确定是否有病毒增殖。

（2）鸡胚培养法　不同的病毒可选择不同日龄的鸡胚和不同的接种途径，如痘病毒接种于10～12 d的鸡胚绒毛尿囊膜上，鸡新城疫病毒宜接种在10 d的尿囊腔和羊膜腔内，虫媒病毒宜接种于5 d的卵黄囊，继续培养观察。

（3）细胞培养法　用机械方法或胰蛋白酶等方法将离体的活组织分散成单个细胞，在平皿中制成贴壁的单层细胞，然后铺上动物病毒悬液进行培养。细胞培养是目前最常用的方法。

4.7.3　病毒的鉴定

病毒鉴定是诊断病毒性疾病的可靠方法，也是病毒分类的前提。一般通过病毒的群体形态特征、血清学免疫学方法、病毒超微结构的研究方法、分子生物学方法、原生质体培养、免疫沉淀法、中和试验、凝胶扩散法、酶联免疫吸附测定法、物理学分析方法进行研究和鉴定。常用的分子生物学方法有分子杂交、序列测定、PCR。

拓展阅读

二维码 4-1　新型冠状病毒

本章小结

病毒是颗粒很小、以纳米为测量单位、结构简单、寄生性严格、以复制进行繁殖的一类非细胞型微生物。病毒同所有生物一样，具有遗传、变异、进化的能力。多数要用电子显微镜才能观察到，但当它们大量聚集并使宿主细胞发生病变时，就形成了具有一定形态、构造，并能用光学显微镜加以观察和识别的群体。

根据病毒的寄主特性将病毒分为动物病毒、植物病毒和细菌病毒3大类。

病毒主要由内部的遗传物质和蛋白质外壳组成。病毒的结构呈现高度对称性，包括螺旋对称、复合对称、二十面体对称及复杂对称等。

病毒可以利用宿主的细胞系统进行自我复制，完全依赖宿主细胞的能量和代谢系统，获取生命活动所需的物质和能量，无法独立生长和复制。病毒遇到宿主细胞会通过吸附、进入、复制、装配、释放子代病毒，噬菌体侵入宿主细胞，在细胞内增殖引起细胞裂解，其增殖规律的曲线称为一步生长曲线。

亚病毒是指含核酸或蛋白质侵染因子的一类简单病毒，包括类病毒、朊病毒、卫星病毒和卫星核酸。在亚病毒中，类病毒和朊病毒能独立复制，卫星病毒和卫星核酸必须依赖辅助病毒进行复制。

复习思考题

1. 为什么说病毒是一类非细胞结构的大分子生物？

2. 病毒核酸共分哪几类？试对每种类型写出一种病毒名称。

3. 病毒结构由哪几部分组成？各部分主要功能是什么？

4. 简述病毒衣壳和包膜的生物学意义。

5. 何谓病毒包涵体？它在实践上有哪些用途？举例说明。

6. 何谓噬菌斑？试述其对噬菌体研究工作的意义。

7. 试述影响噬菌体吸附作用的因素及其研究意义。

8. 简述溶源性细胞的形成过程及其特点。

9. 何谓一步生长曲线？试述各期特点及此曲线的实践意义。

10. 何谓类病毒？试说明它与病毒间的最主要区别及其研究意义。

第5章

微生物的营养

内容提示

本章介绍微生物细胞的化学组成、微生物的6大类营养物质及生理功能，不同划分标准下的微生物的营养类型。微生物营养物质的吸收方式，理解原生动物的胞吞作用，掌握营养物质通过质膜的渗透吸收（简单扩散、促进扩散、主动运输和基团转位）4种方式的差异和特点。还介绍培养基概念、配制原则、不同分类标准下的划分类型以及培养基的研制进展。

教学目标

掌握微生物的6大类营养物质及其生理功能，掌握微生物4种营养类型的特点，掌握不同分类标准下培养基的类型及用途，掌握微生物对营养物质的不同运输方式以及各种运输方式的异同。了解微生物营养物质不同运输方式的具体机制，了解培养基设计的原则和方法。了解培养组学。

5.1 微生物的营养需求

5.1.1 微生物细胞的化学组成

要了解微生物的营养需求，必须分析微生物细胞的化学组成。微生物细胞与其他生物细胞的化学组成基本相同，由各种化学元素组成。这些元素最终来自外界环境中的各种无机和有机化合物，主要以水、有机物和无机物的形式存在于细胞中。

5.1.1.1 化学元素组成

自然界生物细胞的化学组成具有共性，即微生物细胞的化学组成与动植物细胞高度相似。在元素水平上都需要20种左右：碳、氢、氧、氮、磷、硫、钠、钾、钙、镁、铁、锌、锰、硼、铜、钼、锡、钨、硒、钴、镍等化学元素，且以碳、氢、氧、氮、磷、硫6种元素为主，占细胞干重的97%。

不同微生物细胞中化学元素的含量不尽相同，即使同一种微生物在不同生长时期和不同生长条件下也会有差异。各种微生物的含碳量比较稳定，占干重的50%左右。不同微生物的含氮量差异较大，细菌、酵母菌的含氮量为13%～15%，丝状真菌为5%左右；一般幼龄细胞的含氮量比老龄细胞高；在氮源丰富的培养基上生长的细菌比在一般培养基上生长的细菌含氮量高。各种微生物的含磷量为5%左右，但有些细菌如聚磷菌能逆浓度梯度过量吸收磷酸盐合成多聚磷酸盐颗粒。硫细菌（sulfur bacteria）需要的硫较多。铁细菌（iron bacteria）含铁相对丰富。硅藻（diatom）细胞壁富含二氧化硅。生活在盐湖及海洋中的细菌依靠高浓度的Na^+生存。

5.1.1.2 化学物质组成

微生物细胞中的各类化学元素绝大多数是以化合物的形式存在的。重要的组成物质有水、有机物和无机物。水分占菌体湿重的70%～90%，含量最高。有机物主要包括蛋白质、核酸、糖类、脂类、维生素以及它们的降解产物和一些代谢产物等。无机物包括单独存在于细胞中的无机盐或与有机物结合的无机盐等物质。各类微生物细胞中的主要物质含量如表5-1所示。

5.1.2 微生物的营养物质及生理功能

各种化学元素主要以营养物质的形式供给微生物细胞，微生物从外界获取的营养物质，根据其在机体中生理功能的不同，可将它们分为6大类：碳源、氮源、能源、无机盐、生长因子和水。

表 5-1 微生物细胞中主要物质含量

（引自袁红莉和杨金水，2021） %

微生物类群	水分	干物质	占细胞干物质比例				
			蛋白质	核酸	碳水化合物	脂肪	无机元素
细菌	75～85	15～25	58～80	10～20	12～28	5～20	2～30
酵母菌	70～80	20～30	32～75	6～8	27～63	2～5	4～7
丝状真菌	85～95	5～15	14～52	1～2	27～40	4～40	6～12

5.1.2.1 碳源

碳源(carbon source)是在微生物生长过程中为微生物提供碳素来源的物质。碳占微生物细胞干物质的50%左右，因此，碳素是除水外微生物需要量最大的营养物。碳源物质在微生物细胞内经过一系列复杂的化学变化转化为糖类、脂类、蛋白质等细胞物质、代谢产物和细胞内贮藏物质。微生物所能利用的碳源远远超过动植物，至今人类已发现或合成的700多万种有机含碳化合物，几乎都能被微生物分解和利用。微生物可利用的碳源范围称作碳源谱(spectrum carbon source)。微生物的碳源谱极其广泛(表 5-2)。

表 5-2 微生物的碳源谱

（引自周德庆，2006）

类型	构成元素	化合物	培养基原料
有机碳	C·H·O·N·X*	复杂蛋白质、核酸等	牛肉膏、蛋白胨、花生饼粉等
	C·H·O·N	多数氨基酸、简单蛋白质等	一般氨基酸、明胶等
	C·H·O	糖、醇、有机酸、脂类等	葡萄糖、蔗糖、淀粉、糖蜜等
	C·H	烃类	天然气、石油及其不同馏分、液体石蜡等
无机碳	C·O	CO_2	CO_2
	C·O·X	Na_2CO_3、$CaCO_3$等	Na_2CO_3、$CaCO_3$等

* X指除C、H、O、N外的任何一种或几种元素。

从表 5-2 可看出，碳源谱可分为有机碳和无机碳两大类。凡必须利用有机碳源的微生物，称为异养微生物。对一切异养微生物而言，其碳源又兼作为能源，这种碳源被称作双功能营养物(difunctional nutrient)，如糖及糖的衍生物、醇类、有机酸、脂类、烃类、芳香族化合物等复杂的天然有机化合物。几乎各种有机碳素化合物，即使是高度不活泼的碳氢化合物，如石蜡、甚至人工合成的塑料，都可被不同的化能异养微生物所利用。因此在垃圾和污水处理中，常常根据处理物质的不同选用能分解这种物质的微生物。种类较少的自养微生物，则以 CO_2 为主要碳源，合成碳水化合物，进而转化成复杂的多糖、蛋白质、核酸、脂类等细胞物质。

微生物的碳源物质极其多样，简单的无机含碳化合物如 CO_2、碳酸盐以及比较复杂的有机物都能被利用。自养微生物以 CO_2 作为唯一或主要碳源。异养微生物吸收利用有机碳源的能力各不相同，最适合作为碳源的是“C·H·O”型，糖类是最好的碳源，绝大多数微生物均能利用葡萄糖和果糖，己糖的使用是最普遍的。微生物对糖类的利用，单糖优于双糖和多糖，己糖优于戊糖，葡萄糖、果糖优于半乳糖、甘露糖；在多糖中，淀粉优于几丁质、纤维素等多糖，同型多糖则优于杂多糖及其他聚合物（如木质素）等。

不同微生物的碳源谱很不相同。有些微生物能利用的碳源物质很广，如假单胞菌(*Pseudomonas*)的某些种可利用近100种不同的有机碳源。但有些微生物只能利用少数几种碳源，如甲基营养型微生物只能利用一碳化合物（如甲烷、甲醇）作为碳源。某些产甲烷古菌、自养细菌仅可利用 CO_2 为主要或唯一碳源；寄生型钩端螺旋体属(*Leptospira*)的细菌只能利用长链脂肪酸作为它们的主要碳源和能源。

科学研究中，微生物培养基的碳源常用葡萄糖、蔗糖、果糖、淀粉、甘露醇、有机酸、甘油等。而在工业发酵生产中，碳源大多数来源于植物体，如米糠、麸皮、面粉、玉米粉、糖蜜等，其成分以碳源为主，但也包含其他成分。

5.1.2.2 氮源

氮源(nitrogen source)是为微生物生长提供氮素来源的营养物质。它是微生物细胞蛋白质和核酸的主要成分。微生物细胞对氮的需要量仅次于碳，是微生物的主要营养物质。细菌、酵母菌细胞含氮量占细胞干重的7%～13%，霉菌细胞含氮量为5%左右。氮源物质一般不作能源，只有少数自养微生物能利用铵盐、亚硝酸盐作为氮源和能源。另外，某些厌氧微生物在碳源物质缺乏的厌氧条件下，可以利用某些氨基酸作为能源物质。

将微生物可利用的氮源范围称作氮源谱(spectrum of nitrogen source)。微生物的氮源谱也很广泛(表5-3)，且明显比动物或植物的广，可分为有机氮源和无机氮源两大类。有机氮源又称为蛋白质类氮源，主要是动物、植物蛋白及其不同程度的降解产物，蛋白胨、牛肉浸膏、酵母浸膏、黄豆饼粉、花生饼粉、玉米浆、鱼粉、蚕蛹粉等是常用有机氮源。无机氮源是一些含氮无机物，主要有铵盐、硝酸盐、NH_3和N_2等。

表5-3 微生物的氮源谱

(引自周德庆，2002)

类型	构成元素	化合物	培养基原料
有机氮	N•CHO•X	复杂蛋白质、核酸等	牛肉膏、蛋白胨、饼粉等
	N•CHO	氨基酸、简单蛋白质、尿素等	蛋白胨、尿素、明胶等
无机氮	N•H	NH_3、NH_4^+	$(NH_4)_2SO_4$、NH_4NO_3
	N•O	NO_3^-	KNO_3等
	N	N_2	空气

微生物对氮源的利用具有选择性，不同微生物利用的氮源各异。异养微生物对氮源的利用顺序通常是:"N•CHO"或"N•CHO•X"类优于"N•H"类，更优于"N•O"类，而最不易被利用的是"N"类。蛋白胨、牛肉膏、酵母粉等有机氮源因含多种营养因子，可作为多数微生物的氮源物质。微生物吸收、利用硝酸盐的能力较强，一般铵盐利用率比硝酸盐利用率高。细菌可以利用铵盐或硝酸盐作为氮源;放线菌、霉菌可利用硝酸盐作为氮源;而固氮微生物能利用分子态氮作为氮源物质，合成自己所需要的氨基酸和蛋白质。

因一些无机氮源的相对分子质量小、结构简单，容易被微生物吸收利用，在较短时间内可满足菌体生长需要，称其为速效氮源。而大多数有机氮源的相对分子质量大、存在形式较复杂，降解后才能被微生物利用，因此微生物吸收和利用这样的有机氮源需要一定的时间，称之为迟效氮源。在微生物发酵生产中，必须在培养基中添加一定比例的速效氮源和迟效氮源。速效氮源有利于菌体的快速生长，迟效氮源在培养基中存留时间长、被微生物缓慢吸收利用，有利于微生物合成代谢产物。在实际生产中，可以通过控制速效氮源和迟效氮源的比例和加入时间来调整微生物的生长期和代谢产物合成期，从而达到提高发酵单位的目的。

根据微生物对氮源利用的差异将其分为3种类型:一是氨基酸自养型(amino acid autotrophs)，不需要利用氨基酸作为氮源，能以铵盐、硝酸盐等无机氮为唯一氮源，自行合成所需要的一切氨基酸，进而转化成蛋白质及其他含氮有机物，不少微生物和所有绿色植物是氨基酸自养型生物;二是氨基酸异养型(amino acid heterotroph)，不能合成某些必需氨基酸，需要从外界吸收现成的氨基酸作为氮源，所有动物和大量异养微生物属于该类型;三是固氮微生物(nitrogen-fixing organisms，diazotroph)，能以空气中的氮气为氮源，其固氮酶系统将其还原为NH_3，进一步合成所需的各种有机氮化合物，如固氮菌、根瘤菌、弗兰克氏菌等。将微生物按对氮源利用的不同分成3种类型具有重要的实践意义。因为人类和动物都需外界提供现成的氨基酸和蛋白质，这些营养成分往往在其食物或饲料中较缺乏，为满足人类和动物对这些营养物质的需求，主要向绿色植物索取，因此，应该充分利用固氮微生物的固氮作用将空气中氮气转化为植物能吸收利用的氮素营养，尤其是与豆科植物共生的根瘤菌;除了向植物索取外，还应更多地发挥氨基酸自养型微生物的作用:将廉价的尿素、铵盐、硝酸盐等转化成菌株蛋白(SCP或食用菌)或各种氨基酸,是解决人类食物和其他动物饲料蛋白质不足的一个重要途径。

5.1.2.3 能源

能源(energy source)是为微生物提供最初能量来源的营养物质或辐射能。能源可分为两类:化学能和光能。少数微生物可利用光能,多数微生物的能源是化学物质。因此微生物的能源谱就显得十分简单。各种微生物的能源谱如下:

能源谱
- 辐射能(光能营养型):光能自养和光能异养微生物的能源
- 化学物质(化能营养型)
  - 有机物:化能异养微生物的能源
  - 无机物:化能自养微生物的能源

各种异养微生物的能源就是其碳源;化能自养微生物的能源来自相应的还原型无机物,如 NH_3、NO_2^-、H_2、H_2S、S、Fe^{2+} 等氧化放出的化学能,因此自养微生物生长所需的能源不是来自碳源,至今发现的能利用这些物质作为能源的微生物均为原核生物,如亚硝酸细菌、硝酸细菌、氢细菌、硫细菌、铁细菌等。

在能源中,有些能源要素或物质仅有一种功能,有些则具有多种功能。如光辐射能是单功能营养"物",还原态无机物如 NH_4^+ 是双功能营养物(兼具氮源、能源功能),氨基酸和蛋白质类是三功能营养物(兼具碳源、氮源、能源功能)。

5.1.2.4 无机盐

无机盐(inorganic salt)或矿质元素主要可为微生物生长提供除碳源和氮源外的各种重要元素,是微生物生命活动不可缺少的物质。微生物细胞中的矿质元素占细胞干重的3%~10%,它们在机体内主要作用包括:构成细胞组成成分,作为酶活性中心的组成部分,调节并维持微生物细胞的渗透压、氧化还原电位和pH,维持生物大分子及细胞结构的稳定性,某些元素如S、Fe还可作为一些自养微生物如硫细菌、铁细菌的能源。

根据微生物生长对矿质元素的需要量,可将其分为大量元素(macroelement)和微量元素(microelement)。生长所需浓度在 10^{-4}~10^{-3} mol/L 范围内的称为大量元素,如S、P、K、Mg、Na、Ca、Fe等。生长所需浓度在 10^{-8}~10^{-6} mol/L 范围内的称为微量元素,如Cu、Zn、Mo、Mn、Se、Co、Ni、Sn等。

除了大量元素和微量元素外,一些具有特殊形态结构和在特殊环境下生长的微生物,具有特殊的矿质元素要求。例如,大多数细菌不需要大量的钠,但一些生活在盐湖和海洋中的细菌则依靠高浓度的钠离子(Na^+)才能正常生存;硅藻需要硅酸来合成其富含二氧化硅的细胞壁。

在配制微生物培养基时,对大量元素来说,首选无机盐是 K_2HPO_4 和 $MgSO_4$,可同时提供多种需要量大的元素。就微量元素来说,因水、玻璃器皿、一般化学试剂或其他天然成分中微量元素以杂质状态普遍存在,一般培养基无须加入,只有在做特别精密的营养、代谢研究时,才专门加入。同时,许多微量元素是重金属,不能过量,否则可能产生毒害作用。

5.1.2.5 生长因子

生长因子(growth factor)通常指微生物自身不能用普通的碳源、氮源自行合成或合成量不能满足生长所需要,必须从外界直接获取这种物质或其前体的微量小分子有机化合物。广义上的生长因子包括维生素、氨基酸、嘌呤和嘧啶碱基。狭义上专指维生素,这是最先发现的生长因子,不提供能量,也不参与细胞结构组成,它们大多数是辅酶或辅基的成分,与微生物代谢有着密切的关系。微生物生长旺盛时所需要的维生素浓度大约是0.2 μg/mL。

自养型微生物具有自己合成全部生长因子的能力,而一些异养型微生物不能或只能部分合成它们所需的生长因子。不同类群微生物对生长因子的需要有明显的差异。氨基酸是许多微生物都需要的生长因子。若微生物缺乏合成某些必需氨基酸的能力,就必须在培养基中补充这些氨基酸或补充含有这些氨基酸的短肽才能正常生长。不同微生物合成氨基酸的能力不同,一般来说,革兰氏阴性细菌合成氨基酸的能力比革兰氏阳性细菌强,如肠膜明串珠菌合成氨基酸的能力很弱,需要补充17种氨基酸和维生素等生长因子才能正常生长;伤寒沙门菌能合成所需的大部分氨基酸,仅需要补充色氨酸;大肠杆菌能合成自身所需要的全部氨基酸。微生物需要氨基酸的质量浓度为20~30 μg/mL。

嘌呤和嘧啶也是很多微生物正常生长所需要的生长因子,主要作用是构成核酸、辅酶和辅基。微生物生长旺盛时需要嘌呤和嘧啶的质量浓度为

10～20 μg/mL。嘌呤和嘧啶进入微生物细胞后必须转化为核苷和核苷酸才能被利用。有些微生物不仅缺乏合成嘌呤和嘧啶的能力，还不能把它们正常结合到核苷酸上，这类微生物需供给核苷或核苷酸才能正常生长。

生长因子是不同于碳源、氮源和能源物质的重要营养物质，即并非所有微生物都需从外界吸收，有些微生物可自行合成。按微生物与生长因子的关系，可将微生物分为以下 3 类。

(1)生长因子自养型微生物(auxoautotroph) 指能自行合成而不需从外界提供生长因子的微生物。通常把这种不需要外界补充生长因子而在基础培养基上生长的菌株称为野生型菌株(wild type strain)。多数真菌、放线菌和不少细菌就属于生长因子自养型微生物。

(2)生长因子异养型微生物(auxoheterotroph) 指自身缺乏合成一种或多种生长因子的能力，需外界提供所需的生长因子才能正常生长的微生物，如各种乳酸菌、动物致病菌、支原体、原生动物等。通常将由于自发突变或诱发突变等从野生型菌株产生的丧失合成某种生长因子能力的菌株称为营养缺陷型(auxotroph)菌株。例如某种乳酸杆菌的一些菌系中，有的是谷氨酸的缺陷型，有的是维生素 B_1 的缺陷型，有的是谷氨酸和维生素 B_1 的双重缺陷型，还有甚者是多种氨基酸和维生素的缺陷型。造成某种缺陷型的原因是它们失去了有关合成该物质的酶。

(3)生长因子过量合成型微生物 有些微生物在代谢过程中分泌大量维生素等生长因子，可用于生产维生素的微生物，称作生长因子过量合成型微生物。有几种水溶性和脂溶性维生素已全部或部分利用工业发酵生产。例如阿舒假囊酵母(*Eremothecium ashbyil*)和棉阿舒囊霉(*Ashbya gossypii*)是维生素 B_2 产生菌；谢氏丙酸杆菌(*Propionibacterium shermanii*)、巴氏甲烷八叠球菌(*Methanosarcina barkeri*)、橄榄链霉菌(*Streptomyces olivaceus*)、灰色链霉菌(*S. griseus*)等是维生素 B_{12} 产生菌；梭菌属、阿舒囊霉属、假丝酵母属、假囊酵母属等可生产核黄素；棒杆菌属、欧文氏菌属、葡萄杆菌属等可生产维生素 C；酵母菌属可生产维生素 D；杜氏藻可生产 β-胡萝卜素等。现今研究的焦点是发掘能产生大量其他维生素的微生物和提高其产量。

通常对某些微生物生长所需的生长因子要求不了解，因此在配制相应培养基时，一般用生长因子含量丰富的天然物质如酵母膏、牛肉膏、麦芽汁、玉米浆或其他新鲜动、植物组织浸出液等作为原料，以保证微生物对它们的需要。

5.1.2.6 水

微生物细胞的含水量高，细菌、酵母菌和霉菌的营养体含水量分别为 80%、75% 和 85% 左右，霉菌孢子含水量约 39%，细菌芽孢核心部位则低于 30%。除少数微生物如蓝细菌能利用水的氢还原 CO_2 合成糖外，其他微生物并不把水当作真正的营养物。但微生物的生长离不开水，因此水仍作为营养要素。

细胞通过水才能吸收营养物质和排泄废物。水是微生物细胞的重要组成成分，占细胞湿重的 70%～90%，水还供给微生物氢和氧元素；水组成原生质胶体，保证细胞内一系列生物化学反应的正常进行，维持各种生物大分子(蛋白质、DNA)结构的稳定性；水是优良的溶剂，起运输介质的作用；水的比热高，能有效地吸收代谢过程中产生的热，并及时将热散发出细胞外，便于调节温度；水维持细胞的正常形态，含水量减少时，原生质由溶胶变为凝胶，生命活动减缓，质壁分离；含水量过多时，原生质胶体破坏，菌体膨胀死亡。由此可见，微生物离开水便不能进行正常的生命活动。

微生物细胞中的水分有游离水和结合水两部分。游离水处于自由流动状态，是最基本的溶剂，可被微生物利用的水。结合水是水与溶质或其他分子形成的水合物，它不流动、不易蒸发、不冻结、不能作为溶剂、不渗透、不能被微生物利用。微生物细胞内游离水和结合水的比例大约是 4∶1。

5.2 微生物的营养类型

微生物种类多，生态环境各异，营养类型比较复杂。微生物营养类型的划分方法很多，但通常是以碳源、能源和电子供体(氢供体)作为微生物营养类型划分的依据。根据微生物所利用的能源不同可将其分为光能营养型(phototroph)和化能营养型(chemotroph)。根据微生物所利用的碳源不同可将其分为自养型(autotroph)和异养型(heterotroph)。根据微生物所利用的氢供体不同可将其分为无机营养型(lithotroph)和有机营养型(organotroph)。根据微生物的生长因子来源不同可将其分为原养型

(prototroph)或野生型(wild type)和营养缺陷型(auxotroph)。根据微生物的营养吸收方式的不同可将其分为渗透营养型(osmotroph)和吞噬营养型(phagotroph)。根据微生物合成氨基酸的能力不同可将其分为氨基酸自养型(amino acid autotroph)和氨基酸异养型(amino acid heterotroph)。较多的划分是将能源、氢供体和碳源三者结合起来，将绝大部分微生物分为光能无机自养型(光能自养型)、光能有机异养型(光能异养型)、化能无机自养型(化能自养型)、化能有机异养型(化能异养型)4 种营养类型(表 5-4)。

表 5-4 微生物的营养类型

营养类型	碳源	能源	氢或电子供体	代表类群
光能无机自养型	CO_2	光能	无机物(H_2O、H_2S、S、H_2等)	蓝细菌、藻类、着色细菌
光能有机异养型	CO_2，简单有机物	光能	有机物	红螺菌科的细菌
化能无机自养型	CO_2	化学能(无机物氧化)	无机物(H_2、H_2S、Fe^{2+}、NH_3、NO_2^-等)	氢细菌、硫化细菌、铁细菌、硝化细菌等
化能有机异养型	有机物	化学能(有机物氧化)	有机物	绝大多数细菌、全部真核微生物、放线菌

5.2.1 光能无机自养型

光能无机营养型(photolithoautotrophy)简称光能自养型。这是一类以光能为能源，以无机物作为电子供体，以 CO_2 为唯一或主要碳源进行光合作用的微生物。许多光合细菌(主要是紫硫细菌和绿硫细菌)、蓝细菌和藻类就属于这种营养类型。光合色素是一切光合生物特有的色素，主要有叶绿素、类胡萝卜素和藻胆素。后两种为辅助色素，主要功能是捕获光能，并可在强光下保护叶绿素。

蓝细菌、藻类含叶绿素，它们与高等植物一样能利用水的光解产生 O_2 并同化 CO_2，即进行产氧光合作用。代表性反应式如下：

$$CO_2+H_2O \xrightarrow[\text{叶绿素}]{\text{光能}} [CH_2O]+O_2\uparrow$$

光合细菌与蓝细菌、藻类不同，它们的细胞虽含有与叶绿素类似的菌绿素，但不能进行以 H_2O 为氢供体的非环式光合磷酸化作用，不产生 O_2，而是以还原态无机硫化物(如 H_2S、S 或 $S_2O_3^{2-}$ 等)作为氢或电子供体，进行环式光合磷酸化获得能量同化 CO_2，在细胞内或外积累元素硫，其光养生长是在严格的厌氧和光照条件下进行，即进行不产氧光合作用。代表性反应式有：

$$CO_2+2H_2S \xrightarrow[\text{菌绿素}]{\text{光能}} [CH_2O]+H_2O+2S$$

$$CO_2+Na_2S_2O_3 \xrightarrow[\text{菌绿素}]{\text{光能}} [CH_2O]+Na_2S_2O_4+H_2SO_4$$

光合细菌生长需要光、还原态物质和其他营养物质。故光合细菌多分布于有光照、厌氧及含有其他养分的水体中，如富含 CO_2、H_2、硫化物等的浅水池塘及湖泊的亚表层水域中，藻类和蓝细菌则分布于表层水域中。光合细菌利用从表层透过的绿色及蓝绿色长波光、无氧环境以及来自底层的 H_2S 等硫化物进行生长繁殖。

5.2.2 光能有机异养型

光能有机异养型(photoorganoheterotrophy)又称光能异养型，这类微生物以光能作为能源，不以 CO_2 作为唯一碳源或主要碳源，需以外源的有机物作为主要碳源和供氢体，多数在人工培养时还需提供外源的生长因子，具有光合色素，利用光能将 CO_2 还原为糖类。例如红螺菌属(*Rhodospirillum*)的紫色非硫细菌利用异丙醇作为供氢体，利用光能同化 CO_2 并积累丙酮。

$$CO_2+2(CH_3)_2CHOH \xrightarrow[\text{菌绿素}]{\text{光能}} 2CH_3COCH_3+[CH_2O]+H_2O$$

它们中的一些类群在黑暗、好氧条件下停止光合色素的合成，不能进行光合作用，依赖环境中的少量有机物进行化能异养，但在有光和厌氧条件下进行光能有机营养。由于光能异养型微生物能高效利用废水中的低分子脂肪酸和醇，并具有多种代谢途径，目前已用于净化高浓度的有机废水，效果良好。该类微生物在处理污水和净化环境方面具有较好的发展前景。

5.2.3 化能无机自养型

化能无机自养型(chemolithoautotrophy)又称化能自养型,这类微生物的能源物质为无机物,如从含氮、硫、铁等元素的还原态无机物氧化中获得能源和电子,以 CO_2 或碳酸盐为唯一或主要碳源合成细胞物质。常见的化能自养型微生物包括硝化细菌、硫化细菌、铁细菌和氢细菌等,它们分别氧化铵、还原态无机硫化物(H_2S、S、$S_2O_3^{2-}$ 和 SO_3^{2-} 等)、Fe^{2+}、H_2 获得生长所需的能量,同化 CO_2 为细胞有机物。一般生长缓慢。有机物对该类微生物一般有毒害。

硝化细菌:$2NH_4^+ + 3O_2 \longrightarrow 2NO_2^- + 2H_2O + 4H^+ + 552.3\ kJ$

硫化细菌:$H_2S + 1/2O_2 \longrightarrow H_2O + S + 209.6\ kJ$

$S + 2/3O_2 \longrightarrow H_2SO_4 + 626.8\ kJ$

氢细菌:$H_2 + 1/2O_2 \longrightarrow H_2O + 237.2\ kJ$

铁细菌:$2Fe^{2+} + 1/2O_2 + 2H^+ \rightarrow 2Fe^{3+} + H_2O + 88.7\ kJ$

$CO_2 + 4H^+ \longrightarrow [CH_2O] + H_2O$

现在人们所培养的微生物为自然界存在微生物的1%左右,主要是因为在自然界存在的更多微生物不能在常规的培养基上生长,称为未培养微生物。但采用非传统的生长底物可以促进新型微生物的生长。近年来,利用非常规的电子供体与电子受体,发现了一些前所未知的化能无机自养型微生物。例如,从澳大利亚金矿中分离出了以剧毒物质亚砷酸为电子供体,CO_2 为唯一碳源,氧为受体的化能自养菌。

5.2.4 化能有机异养型

化能有机异养型(chemoorganotrophy)又称化能异养型,是一类以有机物为碳源、能源和供氢体,通过呼吸作用和发酵作用氧化有机物获得能量。对这类微生物来说,有机碳化合物是兼具碳源和能源功能的双重营养物。绝大多数细菌、全部真菌和原生动物属于这种营养类型。对这一类群整体而言,它们几乎能利用全部的天然有机物和各种人工合成的有机聚合物。化能异养型微生物中,根据它们所利用有机物性质的不同,又可将其分为腐生型(metatrophy)和寄生型(paratrophy)两类。凡可利用无生命的有机物如动植物尸体或残体作为碳源和能源的为腐生型,凡可寄生在活的宿主机体内吸收营养物质的为寄生型。细菌、酵母菌、放线菌中,大多数为腐生型,少数为寄生型。在腐生型和寄生型之间还存在着中间的过渡类型,即兼性腐生型和兼性寄生型,如结核分枝杆菌、痢疾志贺菌是以腐生为主、兼营寄生的兼性寄生菌。寄生菌和兼性寄生菌大多数是有害微生物,可引起人、畜、禽、农作物的病害。腐生菌虽不致病,但可使粮食、食品、饲料、衣物,甚至工业品发霉变质,有的还产生毒素,引起食物中毒。腐生型和兼性腐生型在自然界物质循环中起着重要作用。

5.2.5 其他营养型

上述营养类型的划分比较合乎一般营养和能量来源的标准,但不是绝对的。在它们之间,有时候却难划分出明确的界限。在光能型和化能型之间、自养型和异养型之间都有一些中间类型,有些微生物兼具几种营养类型。例如,红螺菌在光照和厌氧条件下,依靠光能生长,为光能营养型微生物;但在黑暗和好气的条件下,则以有机物作为能源物质,为化能营养型微生物。这些微生物有时被称为兼养型(mixotrophic),对环境变化的适应能力强。

5.3 微生物营养物质的吸收方式

微生物的结构简单,大多数是单细胞,没有专门摄取营养的器官或相关结构,在细胞表面进行物质交换。因此,微生物表面积的大小对其吸收营养是至关重要的。当体积一定时,杆状的表面积比球状的大,因此,自然界中杆状微生物种类最多,数量也最大。这充分显现出微生物适应环境的能力。

环境中的某些营养物质会吸附到细胞的表面,在细胞壁和细胞膜构成的选择性渗透屏障的"选择"作用下,所需的营养物质就进入微生物体内。影响营养物质向细胞内运输的因素主要有以下3方面。

(1)营养物质的性质　营养物质的大小、电负性、溶解性、极性等都影响其进入细胞的难易程度。

(2)微生物细胞的透过屏障　细胞壁和细胞膜构成了微生物细胞的屏障结构,对有荚膜或黏液层的微生物,荚膜或黏液层也属此屏障结构。细胞壁主要起机械阻挡作用,一般的营养物质(相对分子质量低于800的小分子物质)因其孔径较大可自由通过,但 G^+ 细菌因细胞壁结构较紧密,在一定程度上会影响营养物质的吸收。复杂的高分子化合物如多糖、蛋白质、纤维素和果胶等在进入微生物细胞之前必须先经过胞外酶的初步分解后才能进入，常见的胞外酶主要有：淀粉酶、纤维素酶、果胶酶、几丁质酶、蛋白酶、核酸酶和脂酶等。而荚膜或黏液层结构比较疏松，对微生物吸收营养的影响较小。细胞膜是由双层磷脂分子和可移动的膜蛋白组成的液态镶嵌结构，其上有许多小孔，是一种半渗透性膜，是物质进出细胞的主要屏障，对周围营养物的吸收具有选择性。可见对营养物质运输起关键作用的是细胞膜。

(3)环境条件　pH、介质的离子强度因影响营养物质的电离程度从而影响其进入细胞的能力。细胞膜的流动性、营养物质的溶解度、运输系统中酶的活性等会受环境温度的影响，因而在一定程度上影响营养物质的吸收能力。环境中被运输物质的结构类似物也影响微生物细胞对其运输的效率。

微生物从外界摄取营养物质的方式随微生物类群和营养物质种类而异。一般分为吞噬作用和渗透吸收两大类型。除原生动物吞噬作用外，其他各大类有细胞结构的微生物都是通过细胞膜的渗透和选择吸收作用从外界吸取营养物的。由于营养物质的多样性和复杂性，微生物采用多种方式对营养物质进行运输。根据运输过程中，被运输的营养物质的载体和能量消耗的差异，通常将营养物质通过质膜的方式分为 4 种：简单扩散、促进扩散、主动运输和基团转位。

5.3.1　简单扩散

简单扩散(simple diffusion)又称被动扩散(passive diffusion)或扩散(diffusion)，是物质进出细胞最简单的一种方式，指营养物质通过原生质膜上的小孔，由高浓度的胞外环境向低浓度胞内进行的扩散。当细胞膜内外两侧的浓度梯度消失时就达到一个动态平衡。但由于进入细胞内的营养物质不断被消耗，胞内始终保持较低的浓度，从而使简单扩散持续进行。

简单扩散不是微生物摄取营养物质的主要方式。因细胞膜上的小孔大小和形状对扩散物质分子的选择性，细胞不能逆浓度梯度吸收所需的营养物质，简单扩散速度很缓慢。通过这种方式运输的物质主要是一些气体如 CO_2、O_2，一些水溶性小分子如甘油、乙醇和某些氨基酸。较大的分子、离子和极性物质不可通过简单扩散进行跨膜运输。

5.3.2　促进扩散

促进扩散(facilitated diffusion)指溶质必须在细胞膜上的底物特异载体蛋白的协助下，不消耗能量的扩散运输方式。促进扩散是一种被动的物质跨膜运输方式，这与简单扩散相似。简单扩散速度慢，不能满足微生物对营养物质的需求，且有些非脂溶性物质，如无机盐、糖、氨基酸等，不能通过由碳氢组成的非极性区。但微生物细胞膜上的一些特异载体蛋白(carrier protein)能帮助上述物质快速顺利地通过细胞质膜运送入细胞。载体蛋白也称渗透酶(permease)、移位酶(translocase)或移位蛋白(translocator protein)，其分子上有和被运输物质特异结合的位置，在膜的外表面载体蛋白与被运输物质结合，形成底物-载体蛋白复合体，由高浓度向低浓度扩散或跨膜。因底物浓度在膜的内表面上较低，载体蛋白通过改变自身构象使复合体解离，不耗能就可加速把膜外高浓度的溶质扩散到膜内，而载体蛋白恢复其原来构象，又回到膜的外表面进行下一轮运输，直至膜内外浓度相等为止。被运输物质和相应载体蛋白之间存在一种亲和力，这种亲和力在细胞膜内外的大小不同。营养物质通过载体蛋白运输的速度与营养物质浓度梯度密切相关。渗透酶多为诱导酶，即当环境中有某种营养物质时，细胞才会合成运输这种营养物质的渗透酶。

促进扩散运输方式中，运输动力来自营养物质在细胞内外的浓度差，载体蛋白只起着加快运输的作用，载体蛋白、营养物质的化学成分和结构均不发生改变。每一种载体蛋白一般只运输相应的营养物质，具有较高的专一性。但某些载体蛋白可同时完成几种物质的运输，例如大肠埃希菌能用一种载体蛋白运输缬氨酸、亮氨酸和异亮氨酸，但对这 3 种氨基酸的运输能力有差别。另外，也有微生物对同一物质的运输由一种以上的载体蛋白来完成。例如，酿酒酵母运输葡萄糖可利用 3 种不同的载体蛋白，鼠伤寒沙门菌(*Salmonella typhimurium*)运输组氨酸能利用 4 种不同的载体蛋白。因原核生物细胞外的营养物质浓度常常较低，促进扩散并非是原核生物主要的运输方式。相对而言，在真核细胞中，促进扩散的作用较为明显，很多糖类和氨基酸常常通过这种方式进入细胞。

5.3.3 主动运输

主动运输(active transport)是一种需要特异载体蛋白(渗透酶)参与和消耗能量的逆浓度梯度吸收营养物质的运输方式。主动运输与促进扩散一样,需要膜上特异载体蛋白的参与。主动运输涉及 3 种载体蛋白:单向转运蛋白(uniporter)能把一种物质从细胞膜的一侧转运到另一侧;反向转运蛋白(antiporter)能把一种物质从细胞膜的一侧转运到另一侧,同时把另一种物质以相反的方向运输;同向转运蛋白(symporter)能把两种物质以相同的方向从细胞膜的一侧转运到另一侧。多数微生物往往只能借单向转运蛋白来运输相应的营养物质,少数微生物可以利用同向或反向转运蛋白运输不同的营养物质。

主动运输的载体蛋白也具有较强的专一性,因而对运输物质有高度的选择性。在膜的外表面转运蛋白对营养物显示了高亲和力,使营养物与转运蛋白特异性结合;当营养物质穿膜运输时,转运蛋白的构象改变,产生对营养物质具有低亲和力的结构,从而使营养物质在细胞内释放,即被运输物质与载体蛋白的亲和力主要由载体蛋白构象改变引起。然而,主动运输与促进扩散的载体蛋白存在较大的区别,载体蛋白构象的变化在促进扩散中不需要消耗能量,而在主动运输过程中需要消耗能量。微生物种类不同,其主动运输需要能量的来源也往往不同。光合微生物利用光能,如嗜盐细菌通过紫膜利用光能;好氧微生物和兼性厌氧微生物消耗的能量直接来源于呼吸作用中电子传递产生的质子动势;而厌氧微生物主要利用 ATP 水解时产生的质子动势等。

在主动运输中,研究得最多、最清楚的是钠-钾泵。一般将能使离子逆浓度梯度运输的载体称为泵(pump)。载体钠-钾泵实际上是钠-钾-ATP 酶,只有在 Mg^{2+}、Na^+、K^+ 同时存在时才可以水解 ATP,通过 ATP 水解提供的能量,能高效、主动地向细胞外排出 Na^+,向细胞内运输 K^+。钠-钾-ATP 酶作用的结果使细胞内 Na^+ 浓度降低而 K^+ 浓度升高,且不会因为环境中 Na^+、K^+ 浓度而改变,这是因为细胞内维持较高的 K^+ 浓度是保证许多酶的活性和蛋白质的合成所必需的。

主动运输可逆浓度梯度运输,对于许多生存于低浓度营养环境中的贫营养菌极为重要。主动运输是一种广泛存在于微生物中的主要物质运输方式,运输的营养物主要有无机离子、有机离子、一些糖类(乳糖、蜜二糖、葡萄糖、麦芽糖、阿拉伯糖等)、氨基酸和核苷等。

5.3.4 基团转位

通过主动运输方式运输的营养物质没有被修饰和改变。许多原核微生物还可以通过基团转位(group translocation)吸收营养物质,这种运输方式需要特异载体蛋白和消耗能量,这与主动运输一样,但又不同于一般的主动运输,因为它会使被运输的物质发生化学变化。

基团转位主要发现于厌氧型和兼性厌氧型细菌中,用于许多单糖、双糖及糖的衍生物的运输,也可运输碱基、核苷、脂肪酸等。以大肠杆菌运输葡萄糖为例介绍其运输机制:每输入一个葡萄糖分子,就要消耗相当于一个 ATP 的能量,能量来自高能化合物磷酸烯醇丙酮酸(PEP),主要靠磷酸转移酶系统(phosphotransferase system, PTS),即磷酸烯醇丙酮酸-己糖磷酸转移酶系统进行。PTS 组成较为复杂,由酶Ⅰ、酶Ⅱ和一种低分子质量的热稳定载体蛋白(heat-stable carrier protein, HPr)组成。具体运送分两步进行,即①热稳定载体蛋白(HPr)的激活:细胞内磷酸烯醇丙酮酸(PEP)的磷酸基团在酶Ⅰ的催化作用下激活为 HPr～P。HPr 和酶Ⅰ是非特异性地存在于细胞质中的蛋白,二者都不与糖类结合,无底物特异性,都不是载体蛋白。②糖经磷酸化而进入细胞膜内:膜外的糖分子先与酶Ⅱc(细胞表面的底物特异蛋白)结合,然后糖分子依次被 HPr～P、酶Ⅱa、酶Ⅱb 逐级传递的磷酸基因激活,最后这一磷酸糖通过酶Ⅱc 释放到胞内(图 5-1)。

酶Ⅱ结构多变,常由 a、b 和 c 三个亚基组成,其中酶Ⅱa 为无底物特异性可溶的细胞质蛋白;酶Ⅱb 和酶Ⅱc 均是对底物有特异性的膜蛋白,通过诱导产生,因此种类多。微生物生长在含葡萄糖的环境中,会诱导产生相应的酶Ⅱ,磷酸基团从 HPr～P 转移至葡萄糖形成葡萄糖-6-磷酸。如果生长在甘露糖中,即将 HPr～P 磷酸基团转移到甘露糖形成甘露糖-6-磷酸。这种运输机制的优点是:①运输产物(糖-6-磷酸)可立即进入代谢途径。②运输进细胞的营养物质转化为相应的磷酸化的糖类物质。因细胞膜对大多数极性的磷酸化合物具有高度的不渗透性,所以磷酸化后的糖一旦生成,就不易再渗透出细胞,从而使细胞内糖的浓度远远高于细胞外。③运输过程中虽消耗了 1 分子 PEP,但能量高效地保存在糖-6-磷酸中，并未浪费。磷酸烯醇丙酮酸在基团转移运输过程中起高能磷酸载体的作用。

上述4种营养物质跨膜运输方式的主要特点和区别见表5-5。需要指出的是，不同微生物运输物质的方式不同。即使同一种物质，不同微生物的运输方式也不一样。最突出的是葡萄糖，例如，葡萄糖在大肠杆菌、枯草芽孢杆菌、金黄色葡萄球菌、巴氏芽孢梭菌中靠基团转位运输，而在铜绿假单胞菌、维涅兰德固氮菌、藤黄微球菌中靠主动运输，在酵母菌中则是通过促进扩散来运输。又如，半乳糖在大肠杆菌中靠促进扩散运输，而在金黄色葡萄球菌中则是通过基团转位来运输的。

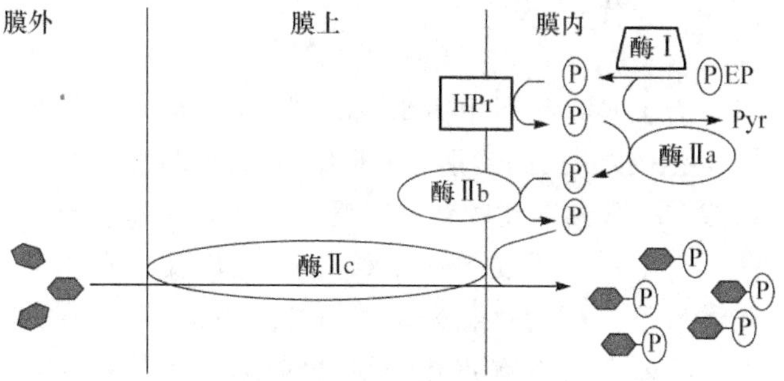

图5-1　基团转位模式图

（引自周德庆，2002）

表5-5　4种运输营养物质方式的比较

项目	简单扩散	促进扩散	主动运输	基团转位
特异载体蛋白	无	有	有	有
载体饱和效应	无	有	有	有
能量消耗	无	无	有	有
运送物质	无特异性	有特异性	有特异性	有特异性
溶质运输方向	由高到低（顺向）	由高到低（顺向）	由低到高（逆向）	由低到高（逆向）
运输速度	慢	快	快	快
平衡时膜内外浓度	内外相等	内外相等	内部浓度高	内部浓度高
与溶质类似物	无竞争性	有竞争性	有竞争性	有竞争性
运输抑制剂	无	有	有	有
运输物质举例	水、气体、甘油、乙醇、少数氨基酸、盐类	一些无机离子、氨基酸、糖、维生素、脂肪酸	糖、氨基酸、核苷及一些阳离子	糖、核苷、碱基、嘌呤、脂肪酸
说明	不是微生物吸收营养物质的主要方式	主要存在于真核生物中	大多数微生物的运输方式，特别是严格好氧菌	主要存在于厌氧菌和兼性厌氧菌中

5.3.5　吞噬作用

吞噬作用（phagocytosis）又称膜泡运输（membrane vesicle transport），是原生动物吸收营养物质的主要方式。除上述4种渗透吸收方式外，有些真核细胞通过细胞膜的内吞作用转运流体、颗粒、大分子甚至其他的细胞。当营养物质被吸附在细胞膜上时，其附近的细胞膜内陷，将营养物质包围，形成一个含有该营养物质的膜泡，之后膜泡离开细胞膜而进入细胞质中。如果膜泡中的营养物质是液体，则称为胞饮作用（pinocytosis）；如果膜泡中的营养物质是固体，称为胞吞作用（phagocytosis）。通过胞饮作用（或胞吞作用）运输的营养物质一般分为5个时期：吸附期、膜伸展期、膜泡迅速形成期、附着膜泡形成期和膜泡释放期（图5-2）。进入细胞质中的膜泡与溶酶体合在一起形成消化泡，膜泡中的营养物被溶酶体分解为低分子后被微生物利用。

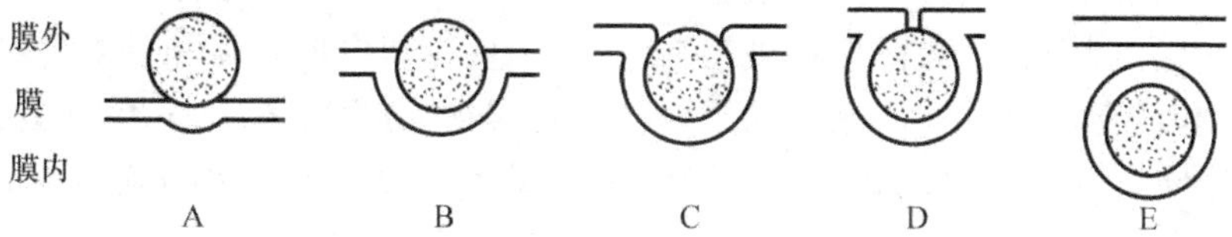

A. 吸附期　B. 膜伸展期　C. 膜泡迅速形成期　D. 附着膜泡形成期　E. 膜泡释放期

图5-2　吞噬作用示意图

5.4 培养基

为了研究和利用微生物，需要人工培养。培养基(culture medium)是人工配制、适合微生物生长繁殖或产生代谢产物的营养基质。任何培养基应具备微生物生长所需要的营养要素，且比例要合适。营养类型不同的微生物采用的培养基不同，如自养菌的培养基不必含有机化合物，异养菌的培养基需要有机化合物作为碳源和能源。

5.4.1 培养基的配制原则

微生物生长离不开碳源、氮源、能源、无机盐、生长因子和水 6 大类营养物质。微生物的种类繁多，营养要求各不相同。同时培养基还应有适宜的 pH、一定缓冲能力、一定氧化还原电位和合适渗透压。因此，设计和配制适合微生物生长要求的培养基应遵循如下原则。

5.4.1.1 目的明确

在设计培养基前，首先要明确培养的目的，培养微生物的种类，获得代谢产物的种类；要明确是进行一般研究还是精密研究，是用作实验室研究还是大量生产，是用作发酵培养基还是“种子”培养基等问题。根据不同的目的配制相应的培养基。

培养细菌、放线菌、酵母菌、霉菌所需的培养基是不同的。一般地，在实验室中异养型细菌常用牛肉膏蛋白胨培养基、放线菌用高氏Ⅰ号培养基、酵母菌用麦芽汁培养基、霉菌用查氏培养基。如果是为了获得菌体或用作种子的培养基，其营养成分应该丰富一些，特别是氮源含量宜高，以利于微生物的生长繁殖。如果为了获得代谢产物的培养基，则氮源宜低，避免微生物生长过旺而不利于代谢产物的积累。

5.4.1.2 选择适宜的营养物

首先，明确目的微生物的营养类型。自养微生物能以 CO_2 或碳酸盐作为主要碳源，故自养微生物的培养基不需要有机物作碳源。异养微生物则需在培养基中加有机物用作碳源和能源。而且不同类群的异养微生物的营养要求可能相差甚远，因此培养基的组成也可能差别很大。

多数异养微生物都是营养缺陷型，有的异养微生物需要多种生长因子，若无特别需要，通常在培养基内加入酵母膏、牛肉膏、动植物组织浸液等来提供微生物生长所需的多种生长因子和微量元素。培养微生物(除固氮菌外)需要加入无机氮或有机氮。根据不同微生物利用氮源物质的差异，科学选择。许多细菌不能利用硝酸盐，因此铵盐一般适宜作为细菌的氮源；大多数真菌既可利用铵盐，也可利用硝酸盐。细菌虽能利用无机氮生长，但不如利用有机氮普遍。常用的有机氮源主要有蛋白胨、牛肉膏等。此外，在选择氮源时还需注意速效氮源和长效氮源的搭配，以发挥各自优势。

如果配制的培养基是用作微生物的生理、代谢或遗传研究用，应考虑用合成培养基；如果是用于一般研究，可尽量按天然培养基的要求来配制；如果是配制发酵工业生产用培养基，既要提供足够的营养又要考虑节约成本。

5.4.1.3 营养物质浓度及配比合适

培养基中营养物质浓度合适时才能使微生物生长良好，营养物质浓度过低微生物不能正常生长，如碳源过少会引起菌体的衰老或自溶，氮源过少则菌体生长缓慢。浓度过高则可能对微生物生长起抑制作用，如高浓度无机盐、糖类物质、重金属离子等会起抑菌或杀菌作用。因此在配制培养基时应掌握好各种营养物质的浓度。

微生物的正常生长和(或)代谢产物的形成和积累还直接受培养基中各营养物质的浓度配比的影响，其中 C/N 的影响较大。碳氮比严格意义上是指培养基中碳元素与氮元素的物质的量的比值，有时也指培养基中还原糖与粗蛋白质之比。土壤混合微生物群体要求的 C/N 约为 25/1，发酵堆肥的 C/N 约为 30/1。不同微生物要求的 C/N 也不同，一般细菌和酵母菌细胞要求的 C/N 约为 5/1，根瘤菌要求的 C/N约为 11.5/1，固氮菌要求的 C/N 约为 27.6/1，霉菌细胞要求的 C/N 约为 10/1，因此，细菌、酵母菌的培养基的 C/N 就应较小，霉菌培养基的 C/N 应较大。此外，培养目的不同，C/N 也有差异。

对绝大多数微生物来讲，因为碳源又是能源，所以在培养基中的碳源量应较大。一般地，若微生物的代谢产物含碳量高，其培养基的 C/N 就需要维持较高水平；若代谢产物含氮量较高，就需要降低培养基的 C/N。

同样地，使用无机盐也需注意各离子间的比例适当，避免单盐离子产生的毒害作用。生长因子的添加也应保证微生物对各生长因子的平衡吸收。

5.4.1.4 控制理想的pH条件

一般各大类微生物都有其生长适宜的pH范围,细菌为pH 6.5～7.5,放线菌为pH 7.5～8.5,酵母菌和霉菌常为pH 4.5～6.0,藻类为pH 6.0～7.0,原生动物为pH 6.0～8.0。

在微生物生长过程中,随着营养物不断被利用和代谢产物的积累,培养基的pH也会发生改变。若不对培养基pH进行控制,会不利于微生物的生长或(和)代谢产物的积累。通常在培养基中加入pH缓冲剂或碳酸盐来维持培养基pH的相对恒定。常用的缓冲剂是一氢磷酸盐和二氢磷酸盐(如KH_2PO_4和K_2HPO_4)混合物。此外,在培养基中还存在一些天然缓冲系统,如蛋白胨、牛肉膏及其分解产物氨基酸都具有缓冲作用,氨基酸为酸碱两性物质,在一定程度上既可以抵御酸又可以抵御碱。

对一些大量产酸的微生物而言,如乳酸菌能积累大量乳酸,上述缓冲系统就难以起缓冲作用,在这种情况下,通常可在培养基中添加适量$CaCO_3$(常为1%～5%)进行调节。$CaCO_3$难溶于水,将其加入培养基中,并不会提高培养基的pH,但作为"备用碱"的$CaCO_3$可不断中和微生物产生的酸,从而将培养基pH控制在一定范围内。正是由于$CaCO_3$既不溶于水又具沉淀性,所以配制培养基时难以使它分布均匀,为方便起见,有时可用$NaHCO_3$来调节。

上述用缓冲剂或添加碳酸盐来调节培养基pH的方法,是通过培养基内在成分所起的调节作用,可称为pH的内源调节。当微生物在代谢活动中产生大量的酸或碱,使用缓冲剂和碳酸盐都无法有效调节时,就需要在培养过程中不断添加酸或碱来调节,这可称作pH的外源调节。

5.4.1.5 控制适当的氧化还原电位

氧化还原电位(redox potential)又称氧化还原势,是衡量某氧化还原系统中氧化剂接受电子或还原剂释放电子趋势的一种指标。一般用Eh表示,指以氢电极为标准时某氧化还原系统的电极电位值,其单位是V或mV。还原环境具有负电位,氧化环境具有正电位。自然界中氧化还原电位的下限为−400 mV,环境中无O_2;上限为+820 mV,环境中的O_2浓度高。

不同微生物生长对氧化还原电位(Eh)的要求不同。Eh值与氧分压有关,也与pH有关,还受某些微生物代谢产物影响。好氧微生物的生长必须保证氧的供应,在大规模生产中需要有专门的通气措施,在pH相对稳定条件下,可增加通气量(如振荡培养、搅拌)提高其氧分压,也可加入氧化剂来增加Eh值。而对于厌氧微生物,培养基中的氧必须处于低水平,否则会受氧的毒害,发酵生产中常采用深层静置发酵法创造厌氧条件。在实验室中培养严格厌氧微生物,除应驱走空气中的氧外,还应在培养基中加入适量的抗坏血酸(维生素C)、巯基乙醇、二硫苏糖醇、半胱氨酸、谷胱甘肽、硫化氢、硫化钠或铁粉等还原性物质来降低Eh值。

5.4.1.6 选择廉价易得原料

从经济角度考虑,在配制培养基时应尽量利用廉价且来源方便的原料。特别是在发酵工业中,培养基用量很大时,低成本的原料更能体现其经济价值。以粗代精、以烃代粮、以野代家、以废代好、以纤代糖、以次代好、以简代繁、以氮代胨、以国产代进口等已在某些微生物发酵产品中得到应用。例如甲烷发酵,工业中主要利用废水、废渣作为原料,而我国农村已推广利用人畜粪便及秸秆为原料发酵生产甲烷作为燃料;在微生物单细胞蛋白生产中,常常利用糖蜜、乳清、豆制品工业废液及黑废液等作为培养基的原料;用石油代替粮食发酵生产柠檬酸;用豆腐水发酵生产核黄素等。另外,大量的农副产品或制品,如米糠、麸皮、酒糟、玉米浆、豆饼、花生饼、蛋白胨、酵母浸液等都是常用的发酵工业原料。

5.4.1.7 无菌状态

由于培养基中的各营养成分非无菌原料,同时在配制过程中还会带来一定的污染,所以配制好的培养基必须马上进行灭菌,使其达到无菌状态。只有无菌培养基才能使用或保存,否则培养基中会有杂菌滋生。

培养基中的泡沫对灭菌效果有一定的影响,因为泡沫中的空气隔热层使泡沫中的微生物难以被杀死。为减少泡沫的产生,有时需要在培养基中加入消泡剂,或适当提高灭菌温度、延长灭菌时间。

5.4.2 培养基类型

培养基种类繁多,可以按不同的分类标准进行类型划分。

5.4.2.1 按组成成分划分

(1)天然培养基　天然培养基(natural medium)

指利用动植物组织或微生物体或它们的提取物及粗消化产物等制成的培养基。用作这种培养基的主要原料(表5-6)有:蛋白胨、牛肉膏、酵母膏、麦芽汁、糖蜜、马铃薯、玉米粉、麸皮、各种饼粉、牛奶和血清等。因其化学成分不确定或不恒定又称为非化学限定培养基(chemically undefined medium)。天然培养基的优点是营养丰富、种类多样、配制方便、价格低廉,缺点是化学成分难以确定、很不恒定、试验重复性差。因此,适用于实验室的一般菌种培养、发酵工业中生产菌种以及较大规模的微生物发酵生产。

表5-6 实验室配制培养基常用的几种天然有机物

(引自诸葛健和李华钟,2010)

营养物质	来源	主要成分	主要作用	用量/%
蛋白胨	将肉、酪素或明胶用酸或蛋白酶水解后干燥而成的粉末状物质	富含有机氮化物,也含有一些维生素和糖类	氮源、碳源、生长因子、无机盐	0.2~2.0
牛肉膏	瘦牛肉组织浸出汁浓缩而成的膏状物质	富含水溶性糖类、有机氮化物、维生素、盐等	碳源、氮源、无机盐、生长因子	0.5~1.0
酵母浸膏(酵母膏)	酵母菌的水溶性提取物浓缩而成的膏状物质	富含B族维生素,也含有有机氮化物和糖类	氮源、碳源、生长因子、无机盐	0.5~2.0
麦芽浸膏	大麦芽的水溶浸出物经浓缩而成的黄色黏膏状物	富含麦芽糖、有机氮化物、维生素和碱基	碳源、氮源、生长因子、无机盐	一般视麦芽糖的要求量
糖蜜	制糖过程中无法结晶的母液,色泽红褐色	富含水溶性糖类、维生素、氨基酸、盐等	碳源、氮源、无机盐、生长因子	一般视糖的要求量

(2)合成培养基　合成培养基(synthetic medium)是由化学成分完全了解的化学试剂配制而成的,也称为化学限定培养基(chemically defined medium)。它可以完全由无机盐或无机盐与有机化合物(如氨基酸、糖、嘌呤、嘧啶和维生素等)组成。合成培养基的优点是成分精确、重现性好,缺点是配制麻烦、价格较贵、微生物在其中生长较慢,一般是实验室用于有关微生物的营养需求、分类鉴定、菌种选育、代谢、生物量测定等对定量要求较高的研究工作。

(3)半合成培养基　半合成培养基(semi-synthetic medium)是由部分天然材料和部分化学试剂配制的培养基,如马铃薯蔗糖培养基。这类培养基成本低,配制方便,能有效地满足微生物的生长。实验室和发酵用的大多数培养基属半合成培养基。

5.4.2.2 按物理状态划分

根据培养基的物理状态,可分为液体培养基、固体培养基、半固体培养基和脱水培养基。

(1)液体培养基　液体培养基(liquid medium)指呈液态且不添加任何凝固剂的培养基。液体培养基营养成分分布均匀,有利于微生物的生长和代谢产物的积累。因此,微生物发酵工业大都用液体培养基;实验室的微生物液体培养主要用于获取大量菌体,进行微生物生理和代谢研究。

(2)固体培养基　固体培养基(solid medium)是外观呈固体状态的培养基。根据固体的性质还可将固体培养基分为3种类型。

①凝固性培养基:是由液体培养基加入适量的凝固剂后制成的,在一般培养温度下呈固体状态,这就是一般实验室常说的“固体培养基”。一般是加入平皿或试管中制成相应的平板或斜面,为微生物的生长提供一个营养平面,单个微生物细胞在其上生长繁殖形成单菌落,有利于微生物的纯种分离、鉴别、菌种保存等。常用的凝固剂有琼脂(agar)和明胶(gelatin)。制成固体培养基,通常用1.5%~2.0%的琼脂或5.0%~12.0%的明胶。理想的凝固剂应具备以下条件:对培养的微生物无毒害;不被培养微生物分解利用;能耐高温、高压,不会因灭菌而被破坏;在微生物培养过程中保持固体状态;凝固点温度不能太低;透明度好,黏着力强;配制方便;价格低廉。琼脂是一种从藻类(海产石花菜)中提取的高度分支的复杂多糖,主要成分为琼脂糖和琼脂胶,绝大多数微生物不能利用琼脂作为碳源。明胶是最早用来做凝固剂的物质,它是用动物的皮、骨等熬制出来的胶原蛋白制备的,但由于其凝固点过低,易被微生物用作氮源,而且凝固效果不及琼脂,在大多数实验

中已被琼脂取代。

②非可逆性凝固培养基:指一经凝固就不能再重新融化的固体培养基,如血清培养基或无机硅胶(silica gel)培养基。无机硅胶平板培养基专门用于化能自养微生物的分离和纯化。硅胶是硅酸钾和硅酸钠被硫酸或盐酸中和时形成的胶体,一旦凝固,就不能再融化。硅胶因不含有机物,适合培养自养微生物。通常在研究土壤微生物、自养微生物或微生物对碳、氮的利用时,常用硅胶作为固体培养基的凝固剂。除了琼脂、明胶和硅胶外,海藻酸胶、多聚醇F127及脱乙酰吉兰糖胶等也可作为凝固剂,但琼脂是绝大多数微生物最理想的凝固剂。

③天然固体培养基:是直接由天然固体物质(如马铃薯块、麸皮、玉米粉、米糠、木屑、麦粒、大豆等)制成的培养基,生产酒的酒曲,生产食用菌的棉籽壳培养基等。

(3)半固体培养基　在液体培养中加入少量凝固剂(如0.5%左右的琼脂)配制的硬度较低、柔软,在容器倒放时不致下流,但在剧烈震荡后则能破坏的培养基称为半固体培养基(semisolid medium)。主要用于观察微生物的运动性,噬菌体效价测定,各种厌氧菌、微好氧菌的培养等。

(4)脱水培养基　脱水培养基(dehydrated medium)又称预制干燥培养基或脱水商品培养基,指除含水以外的一切其他营养成分的商品培养基,使用时只需加入适量水然后灭菌即可,是一类成分精确、使用方便的现代化培养基。

5.4.2.3　按用途划分

(1)基础培养基　各种微生物的营养要求不同,但大多数微生物所需的基本营养物质是相同的。含有一般微生物生长繁殖所需的基本营养物质的培养基称为基础培养基(basal medium),也叫通用培养基(general purpose medium)。牛肉膏蛋白胨培养基是培养细菌常用的基础培养基,麦芽汁培养基和马铃薯蔗糖(或葡萄糖)培养基常用作酵母菌和霉菌的基础培养基。营养要求相似的微生物所需要的营养物质大多数种类是共同的,因此,基础培养基也可以作为一些特殊培养基的基础成分,再根据培养微生物的特殊营养要求,在基础培养基中加入所需要的特殊营养物质。

(2)加富培养基　加富培养基(enriched medium),一般是在基础培养基内加入额外或特殊营养物质,以满足样品中目标微生物数量少或对营养要求苛刻不易培养微生物的快速生长。常用的特殊营养物质是比较特殊的碳源和氮源,如血液、血清、动植物组织液、酵母浸液等。加富培养基还可以用来富集和分离某种微生物,因为加富培养基含有某种微生物所需的特殊营养物质,从而增加了这种微生物的生长速率,使分离对象能大量生长,所以加富培养基也称增殖培养基或富集培养基,常用于菌种的选择分离。

不同微生物除营养要求不同外,对环境的要求也可能不同,例如高温和低温、好氧和厌氧、光照和黑暗等。分离亚硝化细菌,需用以铵盐为能源的无机培养基,还必须在黑暗和好气条件下培养,才能使亚硝化细菌生长。因此,利用加富培养基并控制培养环境可以选择分离得到需要的微生物。

(3)鉴别培养基　鉴别培养基(differential medium)是在基础培养基内加入某种特殊化学物质(不起营养作用),用以鉴别不同微生物的培养基。鉴别培养基使难以区分的微生物,经培养后产生某种代谢产物,该代谢产物可以与培养基中特殊化学物质发生特定的化学反应,并能表现出明显的特征性变化,从而将这种微生物明显地区分出来。鉴别培养基主要用于快速分类鉴定,分离和筛选能产生某种代谢产物的微生物。例如,伊红-亚甲蓝培养基(EMB)是最常见的鉴别培养基,用于水、饮料、牛奶等的细菌学检查中,主要检测其中的大肠埃希菌。

(4)选择培养基　选择培养基(selected medium)一般是用来将某种或某类微生物从混杂的微生物群体中分离筛选出来。主要有以下两种类型。

一种类型是在基础培养基中加入某种特殊化学物质,对所需分离的微生物无害,也没有营养作用,但可抑制或杀死混杂微生物群体中的其他微生物,从而分离到对这种化学物质有抗性的微生物,被称作抑制性选择培养基。用作抑菌剂或杀菌剂的多是染色剂,它们对一些微生物起抑制作用,对另一些微生物不起抑制作用。例如,在培养基中加入数滴10%的酚对放线菌的生长没有影响,但可以抑制细菌和霉菌的生长,从而将放线菌从混杂的微生物群体中分离出来;在基础培养基中加入适量的孟加拉红、链霉素、四环素或青霉素等,能抑制细菌和放线菌的生长,进而可从混杂的微生物群体中分离出霉菌和酵母菌;在培养基中加入制霉菌素、灰黄霉素等能抑制真核微生物的生长;在基础培养基中加入染料结晶紫或刚果红，可以抑制革兰氏阳性菌的生长，从而达到分离革兰氏阴性菌的目的。

另一种类型是根据某些微生物的特殊营养需求用于富集和分离混杂微生物群体中的某种或某类微生物，被称作特殊营养选择培养基，在一定程度上类似于加富培养基。例如，分离产生胞外蛋白酶的微生物，常用以蛋白质为唯一氮源的选择培养基；从混杂的微生物群体中分离能降解纤维素或液体石蜡的微生物，则用以纤维素或液体石蜡作为唯一碳源的选择培养基；分离自身固氮菌用缺乏氮源的选择培养基。

5.4.3 培养基研制的进展

培养技术一直是传统的微生物学研究的重要方法之一。但由于技术和条件的限制，绝大多数的环境微生物无法人工培养成功，于是宏基因组学应运而生。宏基因组学的发展极大地扩充了已知的环境微生物数量。但宏基因组学存在自身的许多缺陷，如对低浓度群体（$<10^5$ CFU/mL，$<10^6$ CFU/g）并不敏感，难以识别其可靠的分类学特征；在基于宏基因组测序的研究过程中发现近 80%的细菌是未被培养的，难以识别和归类。另外，高通量测序的结果也受到广泛方法异质性。于是研究者们又把研究思路转向了传统的研究方法——培养。培养组学（culturomics）应运而生。

培养组学在 2012 年被提出，它基于传统的培养方法，尽可能地模仿细菌所处的自然环境，对样品进行多重条件的培养，对得到的培养物，结合基质辅助激光解吸电离飞行时间质谱法（MALDI-TOF），并在必要时进行 16S rRNA 基因扩增和测序，在分类学上进行相似性对比，从而探索细菌组成。培养组学被认为是宏基因组学的一个有效补充。随着培养组学的发展，一些通过分子手段鉴定不到的"unclassified"逐渐被培养鉴定。中国科学院微生物研究所刘畅等（2021）对来自 239 名中国健康志愿者的新鲜粪便的 31 份样本混合物，用 11 种预处理方法和 67 种不同的培养条件，得到 10 558 株分离菌，并将代表 400 个不同物种的 1 170 个菌株建立人类肠道微生物生物库（hGMB）。hGMB 拓展了已有的肠道细菌资源和基因组库，增加了 102 个新种、28 个新属和 3 个新科，代表了人肠道中超过 80%的常见细菌属和种，大大扩展了已有的人类肠道细菌资源，为深入研究肠道菌群、研发相关的转化应用，打下了坚实的基础。

国际上已有多个微生物保藏数据库可以提供大量的微生物培养基配方，如德国莱布尼茨研究所微生物和细胞培养中心 DSMZ 数据库，包含约 23 000 株菌种的 1 300 种培养基。但目前已培养的微生物还不到 10%，大量的新微生物资源的挖掘首先依赖于培养条件的建立，所以对微生物培养条件的模拟一直以来是微生物研究者的重要课题。近年 Oberhardt 等（2015）通过从多种数据库中提取已知的培养基配方及代谢特征信息，将现在的培养基汇总建立了 KOMODO（Known Media Database）数据库（http：//komodo. modelseed. org/）。该数据库包括来自 18 049 种不同微生物和 3 335 个培养基配方的信息。通过该数据库，发现同一个属内不同菌株的培养基中差别最大的是微量元素、维生素、辅因子。该网站结合 NCBI 微生物分类和微生物培养基数据库 DSMZ 等，依据传递预测模式（transitive prediction schema）和协同过滤模式（collaborative filtering predictor）预测新物种的培养基配方。传递预测模式，即若微生物 A 和 B 均可利用培养基Ⅰ，微生物 B 和 C 可利用培养基Ⅱ，微生物 C 可利用培养基Ⅲ，依次传递推理微生物 A 可利用培养基Ⅲ。协同过滤模式，即根据 16S rRNA 基因的系统进化相似性，根据已知培养基的物种来推断与其相似性高的近缘物种的培养基。KOMODO 使研究者可以根据微生物 16S rRNA 基因提供的系统发育关系预测培养基，大大加速了微生物培养的进程。

尽管培养技术已经取得了一些进展，但目前依然普遍认为，环境微生物如人类肠道微生物群等的培养依赖于大多数实验室无法轻易实施的复杂技术和精密条件，所以简化培养程序，继续发展新的培养技术才能更好地推动培养组学的发展和未知菌的发掘。

本章小结

营养物质是微生物生存的物质基础，也是其生长繁殖的前提条件。微生物所需要的营养物质，根据它们在机体中生理功能的不同，可将它们分为碳源、氮源、能源、无机盐、生长因子和水 6 大类。

根据碳源、氮源和电子供体的不同，可将绝大多数微生物分为光能无机自养型、光能有机异养型、化能无机自养型、化能有机异养型 4 种营养类型。目前已知的绝大多数细菌、全部真菌和原生动物都属化能有机异养型微生物。

由于营养物质的多样性和复杂性，微生物采用多种方式对营养物质进行吸收和运输。根据被运输物质的特点和物质运输过程中的能量消耗和营养物质载体蛋白的差异，可将营养物质跨膜的吸收方式分为：简单扩散、促进扩散、主动运输和基团转位。其中主动运输和基团转位在运输物质时需消耗细胞能量，把环境中浓度较低的营养物质逆浓度梯度吸收到细胞内，而且具有选择性，因此对微生物的生命活动更为重要。但原生动物主要以吞噬作用来摄取营养物，即通过细胞膜的内吞作用转运大分子、颗粒、流体甚至其他的细胞。

培养基是人工配制、适合微生物生长繁殖或产生代谢产物的营养基质。任何培养基应具备微生物生长所需要的6大类营养要素。微生物的种类繁多，营养要求各不相同，因此，要根据不同微生物的营养需求来配制相应的培养基。

培养基种类繁多，按不同的分类标准有不同的分类结果。按培养基的成分可以分为天然培养基、合成培养基和半合成培养基；根据培养基的物理状态，可以分为液体培养基、固体培养基和半固体培养基；按培养基对微生物的功能和用途不同，可将培养基分为基础培养基、加富培养基、鉴别培养基和选择培养基。

绝大多数的环境微生物无法用传统的培养技术进行人工培养，于是宏基因组学应运而生。但宏基因组学存在自身的许多缺陷，如对低浓度群体不敏感，80%的细菌未被培养，难以识别和归类。另外，高通量测序的结果也受到广泛方法异质性。培养组学应运而生。培养组学是一种利用多种培养条件，即通过高通量培养的方式来培养细菌的方法。MALDI-TOF和16S rRNA基因测序用来鉴定细菌种类。

复习思考题

1. 解释下列名词：促进扩散、主动运输、基团转位、光能自养微生物、光能异养微生物、化能自养微生物、化能异养微生物、天然培养基、合成培养基、半合成培养基、选择培养基、加富培养基、鉴别培养基、培养组学。

2. 什么叫培养基？培养基按物理状态可分为哪几类？按用途又可分为哪几类？

3. 什么叫生长因子？生长因子包括哪些类型？

4. 配制培养基应遵循哪些原则？

5. 说明微生物营养类型划分的依据，微生物分为哪几种营养类型？

6. 试比较简单扩散、促进扩散、主动运输和基团转位4种跨膜运输方式的异同。

7. 常用的固体培养基的凝固剂是什么？有何特性？

8. 什么是选择培养基和鉴别培养基？二者在微生物工作中有何重要意义？

9. 利用蔗糖作为唯一碳源和能源的微生物应属于哪一种营养类型？利用CO_2作为唯一碳源、元素铁（指低价铁，如Fe^{2+}）作为能源的微生物属于哪一种营养类型？

10. 什么是培养组学？培养组学对难培养微生物的意义是什么？

第6章 微生物的代谢

内容提示

本章主要讲述微生物的能量代谢，微生物的分解代谢，微生物的合成代谢，微生物代谢的调节，微生物次级代谢与次级代谢产物等内容。

微生物在生长繁殖过程中，需要不断从外界环境摄取营养物质，在体内经过一系列的生化反应，转变成能量和构成细胞的物质，并排出废弃物。这一系列的生化过程称为新陈代谢。微生物的代谢是微生物活细胞中所有生化反应的总称。它是生命活动的最基本特征。微生物的代谢分为物质代谢和能量代谢。物质代谢包括分解代谢和合成代谢。能量代谢包括产能代谢和耗能代谢。微生物的代谢与其他生物相比，有3个突出的特点：①代谢非常活跃，微生物个体微小，比表面积很大，因此，物质交换非常频繁、迅速；②代谢类型多样化，各种微生物其营养要求、能量来源、酶系统、代谢产物各不相同，形成多种多样的代谢类型，适应复杂的外界环境；③代谢调节精确、灵活。因此，微生物在自然界物质循环和生态系统中起着十分重要的作用。

教学目标

了解微生物代谢的多样性和复杂性，基本掌握微生物的有氧呼吸、无氧呼吸和发酵的基本理论、基本特点，了解生物固氮的基本机理及参与生物固氮的细菌种类，了解微生物代谢调节的基本特点。

代谢(metabolism)是生命存在的基本特征，是推动生物一切生命活动的动力源，通常泛指发生在活细胞中的全部生物化学反应的总称。代谢包括物质代谢和能量代谢。物质代谢又分为分解代谢和合成代谢。分解代谢(catabolism)又称异化作用，是指细胞将营养物质或细胞物质通过分解代谢酶系的催化逐步产生简单小分子物质、能量(一般以腺苷三磷酸即ATP形式存在)和还原力(一般用[H]来表示)的过程。合成代谢(anabolism)又称同化作用，是指细胞在合成酶系的催化下，利用简单的小分子物质、ATP形式的能量和[H]形式的还原力，合成复杂的大分子细胞物质的过程。分解代谢产生能量，合成代谢消耗能量，因此，能量代谢包括产能代谢和耗能代谢。实际在生物体内，合成代谢和分解代谢、耗能代谢和产能代谢是一个对立统一的过程，它们在生物体中偶联进行。无论是分解代谢还是合成代谢，其途径都是由一系列连续的酶促反应构成的。细胞通过调节酶的种类、数量、活性来控制其代谢活动，保证整个代谢途径的协调与完整，从而使细胞的生命活动得以正常进行。

微生物代谢与其他生物有统一性，但特殊性更突出，表现出惊人的多样性。例如在物质的利用上存在多样性，可分解众多储量丰富的有机物(纤维素、石油、天然气、木质素)；在物质的合成上的多样性表现为合成各种复杂的有机物，如次级代谢产物；在能量产生方式上也存在多样性，如各种厌氧途径、自养菌的化能合成作用、细菌的光合作用、嗜盐菌紫膜的光合作用等。

6.1 微生物的能量代谢

一切生命活动都是耗能反应，因此，能量代谢就成了代谢中的核心问题。能量既不能创造也不能消灭，只能从一种形式转变成另一种形式。因而，研究能量代谢的根本目的，是要追踪生物体如何把外界环境中多种形式的最初能源转换成生命活动都能利用的通用能源(ATP)。对微生物而言，它们可利用的最初能源不外乎是储存在有机物或还原态无机物中的化学能和光能。研究表明微生物可通过各种能量转换和形成方式，从环境所提供的最初能源中获得自身生命活动所需要的化学能，并且利用能量进行各种生命活动。微生物体内的这种能量转变过程称为能量代谢，它是通过微生物体内的生物氧化反应来实现的。因此，研究微生物的能量代谢机制，实质上就是追踪最初能源是如何一步步地转化并释放出 ATP 的具体生化反应过程(图 6-1)。

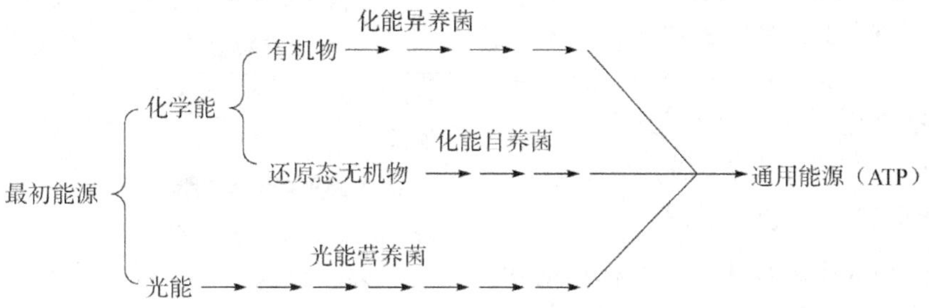

图 6-1 微生物的能量代谢

6.1.1 生物氧化的一般特性

6.1.1.1 生物氧化

生物的产能代谢是指物质在生物体内经过一系列连续的氧化还原反应，逐步分解并释放能量的过程，又称为生物氧化。生物体内的氧化和外界的燃烧在化学本质上虽然都是氧化反应，最终产物都是水、二氧化碳等高氧化态氧化物，所释放的能量也完全相等，但是二者所进行的方式却大不相同。以葡萄糖为例，表 6-1 列出了两者的不同点。化学反应中氧化是指底物失去电子，而生物氧化反应不仅仅是底物失去电子，还包括底物脱氢(即质子和电子)，也就是说生物氧化是一种失电子或脱氢的过程。化学反应中底物失去的电子直接交给高氧化态的物质——最终电子受体(O_2)，并同时产生大量的能量。生物氧化反应中底物失去的电子或氢不直接交给最终电子受体，而是需要通过多个电子载体的传递才能与最终电子受体结合，而能量伴随着电子或氢在电子载体上传递逐级释放。电子或氢沿着电子载体传递的过程称为递氢(或电子)，而最终电子受体接受载体上电子的过程称为受氢(或电子)。总之，生物氧化反应不同于普通的化学氧化反应，它是由一系列酶在温和的条件下按一定的次序催化进行，反应中的能量释放是分段逐级进行的，且释放出的能量以化学能的形式储存在一些特殊的化合物中，主要是 ATP。

表 6-1 生物氧化与燃烧的比较

(仿自周德庆，2020)

比较项目	燃烧	生物氧化
反应方式	$C_6H_{12}O_6 \xrightarrow{3O_2} 6H_2O$ $3O_2 \downarrow$ $6CO_2$	$C_6H_{12}O_6 \rightarrow \xrightarrow{3O_2} \rightarrow \rightarrow 6H_2O$ 还原氢[H] $3O_2 \downarrow$ 碳流 $6CO_2$
步骤	一步式快速反应	多步式梯级反应
条件	O_2	O_2 和其他氧化物
催化剂	无	酶
产能形式	热、光	ATP 和热

因此,生物氧化是一种分解代谢,即细胞物质在一系列分解酶的催化下脱氢(或电子),同时产生小分子中间代谢产物(这些中间产物主要用于其他大分子物质的合成),而脱下的氢一部分作为还原力用于细胞物质合成,一部分通过电子载体的传递,产生大量的能量。纵观上述,可以看出生物氧化的过程可分为脱氢(或电子)、递氢(或电子)和受氢(或电子)3 个阶段;而生物氧化的功能有产能(ATP)、产还原力[H]和产小分子中间代谢物 3 种。

6.1.1.2　通用能源——ATP 的产生

细胞可以直接利用的生物能为 ATP,称作通用能源。在微生物细胞内,ATP 主要在生物氧化的过程中产生。在生物氧化过程中,细胞物质释放出的原电子供体和终电子受体之间存在能量差,一部分以光或热的形式释放到环境中,另一部分以化学能的形式储存在 ATP 中。然而 ATP 的形成必须借助磷酸化反应才能最终完成能量转换。概括起来说,微生物通过 3 种磷酸化反应:底物水平磷酸化、电子传递氧化磷酸化和光合磷酸化,将 ADP 磷酸化形成 ATP,从而把生物氧化过程中产生的能量储存在 ATP 的高能磷酸键上。

一般来说,生物氧化的方式不同,发生的磷酸化方式也不一样。光合微生物通过光合磷酸化将光能转变为化学能储存在 ATP 中,其他微生物在生物氧化过程发生的磷酸化作用,将化学能储存在 ATP 中。

(1)底物水平磷酸化　在生物氧化过程,某些物质的分解可生成的含有高能键的化合物,这些中间产物在酶的作用下直接将能量转给 ADP(GDP)生成 ATP(GTP),因为这种磷酸化作用是在酶的底物水平进行,且与 ATP 的合成相偶联,因而将这种产生高能分子的方式称为底物水平磷酸化(substrate level phosphorylation),即:

$$X\sim P+ADP\xrightarrow{\text{酶}}X+ATP$$

最常见的例子是 3-磷酸甘油醛在脱氢酶的作用下脱氢,形成 1,3-二磷酸甘油酸,其 1 位的磷酸键为高能磷酸键。在磷酸甘油酸激酶的催化下,1,3-二磷酸甘油酸可以将高能键磷酸根转移给 ADP,生成 ATP。底物水平磷酸化的特点是 ATP 的产生不经过电子的传递,底物在生物氧化中脱下的电子或氢不经过电子传递链传递,而是通过酶促反应直接交给底物自身的氧化产物,同时将释放出的能量(一般通过高能磷酸键)交给 ADP,形成 ATP。它是微生物发酵过程中唯一产生 ATP 的方式,在呼吸过程中虽也存在,但处于次要地位。底物水平磷酸化中能量丰富的化合物如表 6-2 所示。

表 6-2　微生物代谢中的底物水平磷酸化

(引自诸葛健和李华钟,2010)

高能化合物的底物水平磷酸化	偶联形成的高能分子
1,3-二磷酸甘油酸→3-磷酸甘油酸	ATP
磷酸烯醇丙酮酸→丙酮酸	ATP
琥珀酰辅酶 A→琥珀酸	GTP
乙酰磷酸→乙酸	ATP
丙酰磷酸→丙酸	ATP
丁酰磷酸→丁酸	ATP
甲酰四氢叶酸→甲酸	ATP

(2)电子传递氧化磷酸化　在生物氧化过程中伴随着电子传递而发生的 ADP 磷酸化合成 ATP 的作用被称作电子传递氧化磷酸化(oxidative phosphorylation)。具体地讲,电子传递氧化磷酸化是指在生物氧化过程中底物脱下的氢和电子(常以还原力[H]形式存在)通过位于线粒体内膜或细菌质膜上的电子传递系统将电子传递给 O_2 或其他氧化型物质,在这个过程中偶联 ATP 的合成。

一般讲在生物氧化中,电子从供体传递到最终受体的过程中常包含一个或多个中间携带物即电子(氢)载体。电子(氢)载体可分为两大类:自由扩散型和与细胞膜紧密结合型。

自由扩散型的电子(氢)载体包括 NAD^+ 和 $NADP^+$,它们都是氢原子的载体,在电子传递中总是把两个 H 原子传递给下一个载体。虽然 NAD^+/NADH 和 $NADP^+$/NADPH 电极对具有相同的还原电势,但它们在细胞中的功能却不同:NAD^+/NADH 直接参与产能反应,而 $NADP^+$/NADPH 则主要参与生物化学中的合成反应。

与膜结合的电子(氢)载体组成了电子传递系统(electron transport system)(又称电子传递链或呼吸链),该系统由一系列能够进行氧化和还原的电子(氢)载体组成,它们按照氧化还原电势梯度差,链状排列,构成一个多酶体系,不对称地分布在线粒体内膜或细菌质膜上,其功能是把氢或电子从低氧化还原电势的化合物处逐级传递到高氧化还原电势的 O_2 或其他无机及有机氧化物,并使它们还原。

典型的线粒体电子传递链包括 5 种类型的氧化

还原酶和非蛋白电子(氢)载体(图 6-2):①NADH脱氢酶,它可以从 NADH 中转移 H 原子;②含核黄素的电子(氢)载体即黄素蛋白,包括 FMN 和 FAD;③Fe-S 蛋白,是传递电子的氧化还原载体,电子的传递是通过铁的氧化还原过程 $Fe^{3+}+e \longrightarrow Fe^{2+}$ 完成的;④脂溶性的非蛋白电子(氢)载体辅酶 Q(泛醌),可以通过细胞膜进行自由扩散;⑤细胞色素,是一类含有铁卟啉的血红素蛋白。

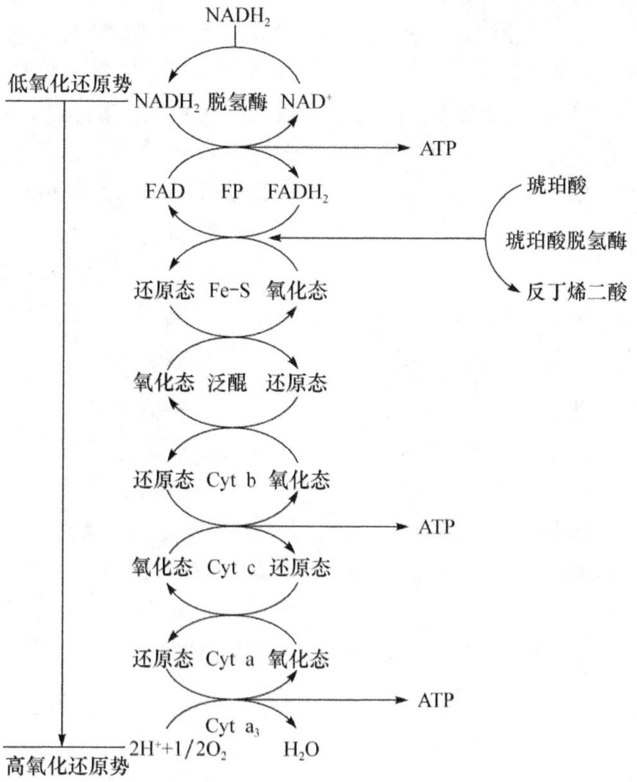

图 6-2 典型的电子传递

(仿自周德庆,2020)

电子传递水平磷酸化的过程是将底物氧化时脱下的氢和电子首先交给 NAD^+ 生成 $NADH+H^+$,或交给 $NADP^+$ 生成 $NADPH+H^+$,后者经过转氢酶的作用也可以将氢转给 NAD^+ 生成 $NADH+H^+$。另外,有的底物将脱下的氢和电子交给 FAD 或 FMN,生成 $FADH_2$ 或 $FMNH_2$。然后 $NADH+H^+$ 或 $FADH_2$ 及其他还原型载体上的氢原子以质子和电子的形式进入呼吸链。电子沿着呼吸链顺序传递至最终电子受体(O_2 或其他具有较高氧化还原电势的无机或有机氧化物),而质子则由膜的内侧转移至膜的外侧,造成了膜两侧质子分布不均匀,由此产生质子动势(质子动力、pH 梯度)。膜上的 ATP 酶在合成 ATP 时,将质子从膜外侧重新输回到膜的内侧,消除原有的质子动势。“一般说 1 分子 NADH 和 $FADH_2$ 可分别产生 2.5 分子和 1.5 分子 ATP”,与主流生物化学书籍同步。NADH 和 $FADH_2$ 经呼吸链氧化产生的 ATP 数根据以前的测定数值,经呼吸链氧化 NADH 可生成 3 分子 ATP,$FADH_2$ 可生成 2 分子 ATP;后来根据 Hinkle 等(2005)研究,NADH 经呼吸链氧化应该生成 2.5 分子 ATP,$FADH_2$ 可生成 1.5 分子 ATP。

与真核生物的呼吸链相比,细菌的呼吸链具有以下 5 个特点:①细菌的呼吸链位于细胞质膜上;②电子供体具有多样性,除 NADH 外,还有 H_2、S、Fe^{2+} 和甲酸等,并且细胞质膜上的许多脱氢酶(如甲酸脱氢酶、氢酶等)可以直接将来自电子供体的电子传递到呼吸链上;③电子传递链的组成及电子(氢)载体的含量可因细菌种类和培养条件等环境条件的改变而不同,并且许多载体是原核微生物独有的,如革兰氏阳性细菌使用甲基萘醌或脱甲基萘醌作为非蛋白电子(氢)载体;④真核微生物的末端氧化酶(细胞色素氧化酶)为细胞色素 a,而细菌中为细胞色素 o、细胞色素 d、细胞色素 a 等;⑤细菌的电子传递链有分支现象,即不仅仅有一个末端氧化酶;⑥最终的电子受体可以是 O_2,也可以是其他无机或有机氧化物,如 Fe^{3+}、CO_2、SO_4^{2-}、延胡索酸等。

(3)光合磷酸化　光合磷酸化(photophosphorylation)是指光能转变为化学能的过程。在光合作用细胞中,位于光合膜中的叶绿素或菌绿素吸收光量子被激活,导致叶绿素释放 1 个电子而被氧化,电子在沿着电子传递系统传递过程中,质子由膜内侧转移到膜外侧,产生质子动势,ATP 酶在将质子从膜外侧重新输回到膜的内侧,合成 ATP。

光合磷酸化反应只发生在能进行光合作用的细胞中,分为循环式和非循环式两种。具体内容将在"光能营养微生物的产能"中详细介绍。

6.1.2　微生物的产能代谢

6.1.2.1　化能异养微生物的生物氧化

大多数的微生物都是化能异养营养类型(chemoorganotrophs),它们从有机化合物的生物氧化反应中获取能量。需要注意的是,作为化能异养营养型微生物能源的有机化合物,同时往往也是细胞碳架物质的来源,因此细胞内有机物的生物氧化途径不仅具有产能功能,还提供细胞所需要的各种重要的中间代谢产物。

许多有机化合物都可被微生物作为能源物质,包括各种糖、蛋白质、脂肪、醇、醛、有机酸、氨基酸、烃类、芳香族化合物等。其中葡萄糖是化能异养营养型微生物的主要能源,其他常见单糖,如果糖、甘露糖、半乳糖等通过一定的代谢途径转化为糖酵解的中间产物进一步降解,也可作为微生物的碳源和能源。戊糖经过转化后可中途进入葡萄糖降解途径,而多糖经过转化或降解成葡萄糖或果糖后再被降解,糖以外的其他有机化合物的能量代谢也都是经转化后进入葡萄糖降解途径的。因而,有机化合物代谢的基本途径就是葡萄糖降解途径或称单糖降解途径。

生物氧化的过程可分为脱氢(或电子)、递氢(或电子)和受氢(或电子)3 个阶段,下面按照这 3 个阶段来分别阐述葡萄糖的能量代谢。

1. 底物脱氢

在各种微生物中,葡萄糖主要经过糖酵解途径(EMP)、戊糖磷酸途径(HMP)、2-酮-3-脱氧-6-磷酸葡糖酸途径(ED)和三羧酸(TCA)循环途径等完成底物的脱氢,并伴随还原力[H]和能量的产生,同时在其他代谢途径的协助下产生各种中间代谢产物。葡萄糖氧化脱氢的 4 条主要途径及脱氢、递氢、受氢 3 个阶段间的联系见图 6-3。

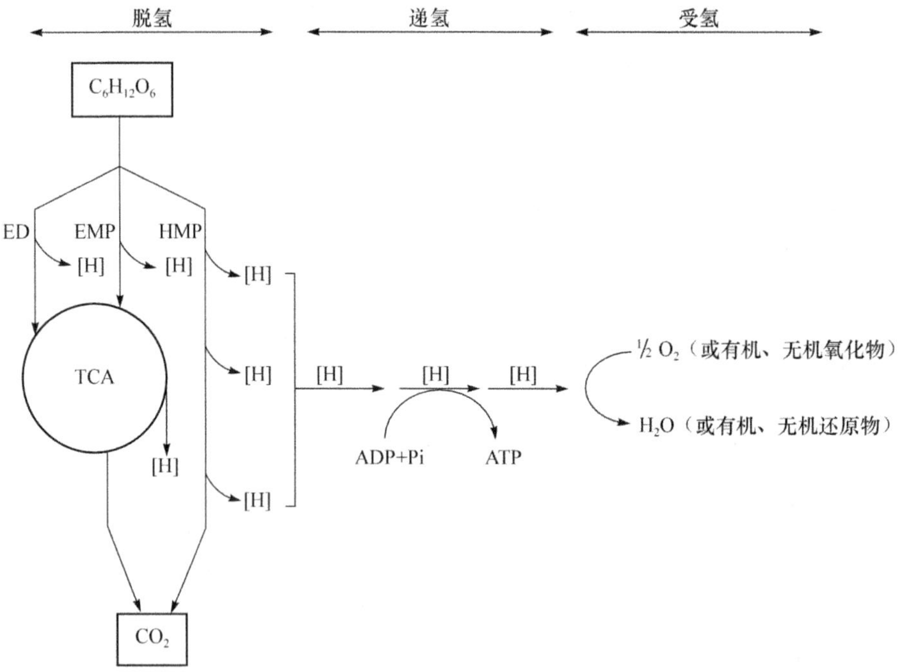

图 6-3　底物脱氢的 4 条途径及其与递氢、受氢的联系

(仿自周德庆,2020)

(1)EMP 途径(Embden Meyerhof-Parnas pathway)　EMP 途径是绝大多数生物所共有的基本代谢途径,又称糖酵解途径或已糖二磷酸途径,如图 6-4 所示。它以 1 分子葡萄糖为底物,经 10 步反应产生 2 分子丙酮酸、2 分子 NADH + H^+ 和 2 分子 ATP。整个途径大致分为两个阶段:第一阶段为不涉及氧化还原反应和能量释放的准备阶段,在这一阶段有两步反应需要能量,共消耗 2 分子 ATP,即:

①葡萄糖磷酸化转化成6-磷酸葡萄糖时消耗1分子ATP,②6-磷酸果糖磷酸化成1,6-二磷酸果糖时消耗1分子ATP;第二阶段为氧化还原反应阶段,产生2分子NADH+H^+和2分子丙酮酸,并通过底物水平磷酸化作用形成4分子ATP(图6-4)。其中,在2分子3-磷酸甘油醛氧化成2分子1,3-二磷酸甘油酸时,产生2分子NADH+H^+;2分子1,3-二磷酸甘油酸发生底物水平磷酸化,生成3-磷酸甘油酸时,偶联2分子ATP的合成;2分子磷酸烯醇丙酮酸脱磷酸转变成丙酮酸时,也发生底物水平磷酸化,形成2分子ATP。EMP途径的总反应式为:

$$C_6H_{12}O_6 + 2NAD^+ + 2ADP + 2Pi \longrightarrow$$
$$2CH_3COCOOH + 2NADH + 2H^+ + 2ATP + 2H_2O$$

值得注意的是,不同的微生物实现葡萄糖磷酸化的方式不同。酵母菌、真菌、假单胞菌等好氧细菌,可通过细胞内的己糖激酶完成这一不可逆反应;而在大肠杆菌和链球菌等兼性厌氧菌中,则借助于PEP-PTS(磷酸烯醇丙酮酸-磷酸转移酶系统)在葡萄糖进入细胞内时即完成磷酸化。

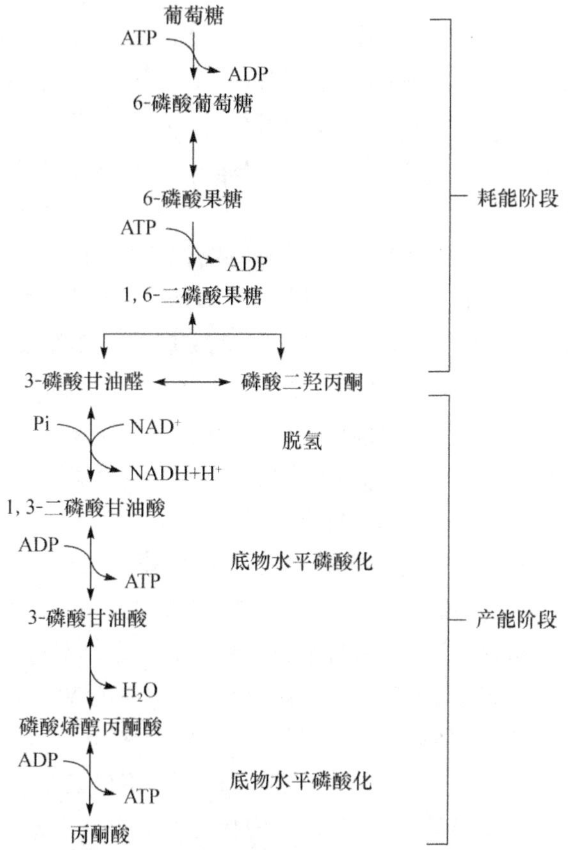

图6-4 EMP途径

(仿自Madigan等,2021)

EMP途径不需要氧的参与,能够在无氧或有氧的条件下发生。在有氧条件下,该途径与TCA循环相连,丙酮酸进一步脱氢彻底氧化成CO_2和H_2O,而NADH+H^+经电子传递链传递给分子氧,释放能量形成ATP;而在无氧条件下,丙酮酸及其代谢产物受氢还原形成各种还原产物。

EMP途径的生理功能及其重要意义:①是众多微生物都具有的基础代谢途径,是连接其他几个代谢途径的桥梁,包括TCA循环、HMP途径和ED途径等;②提供ATP形式的能量和$NADH_2$形式的还原力;③为生物合成提供多种中间代谢产物,如丙酮酸等;④可通过逆向反应进行多糖合成。

(2) HMP途径(hexose monophosphate pathway) 又称己糖一磷酸途径、己糖一磷酸支路、戊糖磷酸途径和磷酸葡萄糖酸途径。HMP的总反应式为:

$$6\times 6\text{-磷酸葡萄糖} + 12NADP^+ + 6H_2O \longrightarrow 5\times$$
$$6\text{-磷酸葡萄糖} + 12NADPH + 12H^+ + 6CO_2 + Pi$$

具体步骤见图6-5,其要点为:①葡萄糖磷酸化生成6-磷酸葡萄糖,脱氢生成6-磷酸葡萄糖酸。②6-磷酸葡萄糖酸在脱氢酶作用下,氧化脱羧生成5-磷酸核酮糖,并进一步转化为5-磷酸核糖。由5-磷酸核酮糖也可生成5-磷酸木酮糖。③5-磷酸木酮糖经转酮酶和转醛酶等作用,生成一系列7碳、4碳和3碳化合物。

在整个HMP过程中,由6分子的6-磷酸葡萄糖一起参加反应,最后除1分子6-磷酸葡萄糖被氧化生成CO_2和H_2O外,又重新生成5分子的6-磷酸葡萄糖。其特点是葡萄糖不经过EMP途径和TCA循环而得到彻底氧化,并能产生大量的NADPH+H^+形式的还原力以及多种中间代谢产物。虽然NADPH+H^+能转化形成NADH+H^+,并经呼吸链传递,产生大量的ATP,但是一般认为HMP途径不是产能途径,而是为生物合成提供大量的还原力和中间代谢产物。

HMP途径在微生物生命活动中意义重大,主要有:①为生物合成提供不同长度的碳骨架,例如,5-磷酸核糖可以合成核酸,还可以合成NAD、FAD和CoA等辅酶,而且4-磷酸赤藓糖是合成芳香族氨基酸的重要前体;②产生较多的$NADPH_2$,为生物合成提供还原力,并且$NADPH_2$还可进入呼吸链产生能量;③途径中产生的5-磷酸核酮糖可以转化为

1,5-二磷酸核酮糖，在羧化酶的催化下固定二氧化碳，这对于光能自养菌和化能自养菌具有重要意义；④扩大了碳源利用范围，为微生物利用 C_3～C_7 多种碳源提供了必要的代谢途径。

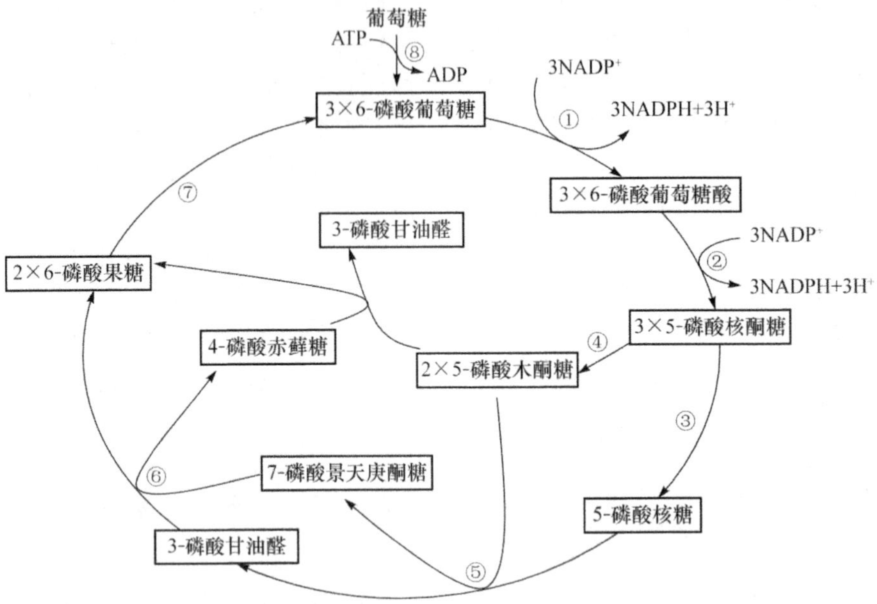

①6-磷酸葡萄糖脱氢酶　②6-磷酸葡萄糖酸脱氢酶　③5-磷酸核糖异构酶　④5-磷酸木酮糖表异构酶　⑤转酮醇酶　⑥转醛醇酶　⑦磷酸葡萄糖异构酶　⑧葡萄糖磷酸激酶

图 6-5　HMP 途径

（仿自杨苏声和周俊初，2004）

大多数好氧和兼性好氧微生物中都具有 HMP 途径，而且在同一微生物中往往同时存在 HMP 和 EMP 途径，二者在不同菌种中所占比例不同。例如酵母菌对葡萄糖的利用，其中 87% 为 EMP 途径，剩余 13% 为 HMP 途径；在青霉中，77% 为 HMP 途径，剩余 23% 为 EMP 途径；只有很少的微生物以 HMP 途径作为唯一的碳代谢途径，如弱氧化醋杆菌（*Acetobacter suboxydans*）和氧化葡萄杆菌（*Gluconobacter oxydans*）。

（3）ED 途径（Entner Doudoroff pathway）　又称 2-酮-3-脱氧-6-磷酸葡萄酸（KDPG）途径（图 6-6），是在细菌中发现的一条分解葡萄糖生成丙酮酸和 3-磷酸甘油醛的新途径，是存在于某些缺乏完整 EMP 途径的细菌中的一种替代途径。目前只在某些革兰氏阴性细菌中发现，如嗜糖假单胞菌（*Pseudomonas saccharophila*）、铜绿假单胞菌（*P. aeruginosa*）和荧光假单胞菌（*P. fluorescens*）等。这条途径可以独立存在，也可以与 HMP 途径并存。

在分解葡萄糖的过程中，首先是将葡萄糖转变成 6-磷酸葡萄糖，再脱氢氧化为 6-磷酸葡萄糖酸，进一步转变为 2-酮-3-脱氧-6-磷酸葡萄糖酸。接着在醛缩酶的作用下，产生 1 分子 3-磷酸甘油醛和 1 分子丙酮酸。3-磷酸甘油醛可进入 EMP 途径转变成丙酮酸（图 6-6）。因此，在 1 分子葡萄糖分解为 2 分子丙酮酸时，只净得 1 分子 ATP 和 1 分子 NADPH＋NADH。

ED 途径的特点：①具有特征性反应，即 2-酮-3-脱氧-6-磷酸葡萄糖酸裂解为 3-磷酸甘油醛和丙酮酸；②存在特征性酶，即 2-酮-3-脱氧-6-磷酸葡萄糖酸醛缩酶；③2 分子丙酮酸的来历不同，其一由 2-酮-3-脱氧-6-磷酸葡萄糖酸直接裂解形成，另一则由 3-磷酸甘油醛经 EMP 途径转化而来；④产能效率低（1 mol ATP/1 mol 葡萄糖）。

具有 ED 途径的微生物可降解葡萄糖醛酸、果糖酮酸、甘露糖醛酸等化合物。在极端嗜热古菌和极端嗜盐古菌中，葡萄糖的分解是靠经过修饰的 ED 途径进行的，而且其初期的中间产物不经过磷酸化。

ED 途径可使 EMP 途径、HMP 途径和 TCA 循环等各种代谢途径相连，通过相互协调以满足微生物对能量、还原力和不同中间代谢物的需要。ED 途径也可不依赖于 EMP 和 HMP 途径而单独存在，但对于靠底物水平磷酸化获得 ATP 的厌氧菌而言，

ED途径不如EMP途径经济。

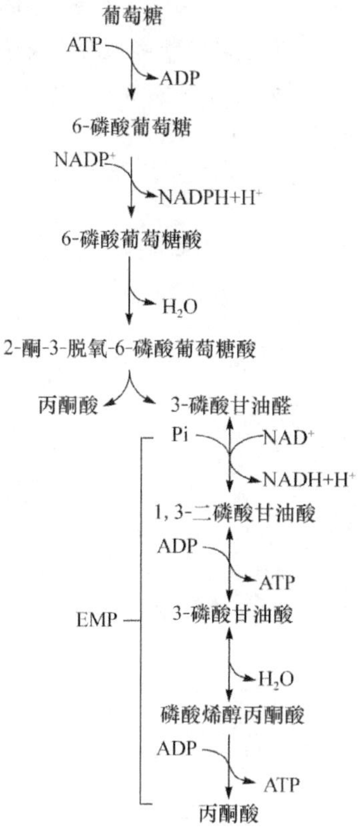

图 6-6　ED 途径

（仿自杨苏声和周俊初，2004）

（4）磷酸解酮酶途径（phosphoketolase pathway）　在厌氧条件下，除了常见的EMP途径、HMP途径和ED途径外，有一些微生物由于缺少醛缩酶而以磷酸解酮酶途径作为降解葡萄糖的主要途径，该途径的特征性酶是磷酸解酮酶。根据解酮酶的不同，把具有磷酸戊糖解酮酶的途径称为PK途径，如图6-7所示；把具有磷酸己糖解酮酶的途径称为HK途径，如图6-8所示。

在肠膜明串珠菌（*Leuconostoc mesenteroides*）中葡萄糖经过磷酸戊糖解酮酶途径（pentose phosphoketolase pathway）降解，1分子葡萄糖生成丙酮酸、乙酰磷酸（Ac-P）和ATP各1分子。借助磷酸戊糖解酮酶途径，微生物在厌氧条件下不但可以利用葡萄糖，而且可以利用*D*-核糖、*D*-木糖、*L*-阿拉伯糖。这3种糖首先转成5-磷酸木酮糖，然后降解成丙酮酸和乙酰磷酸。在另外的一些微生物中存在磷酸己糖解酮酶途径（hexose phosphoketolase pathway），如双歧杆菌（*Bifidobacterium*）和木醋杆菌（*Acetobacter xylinus*）。

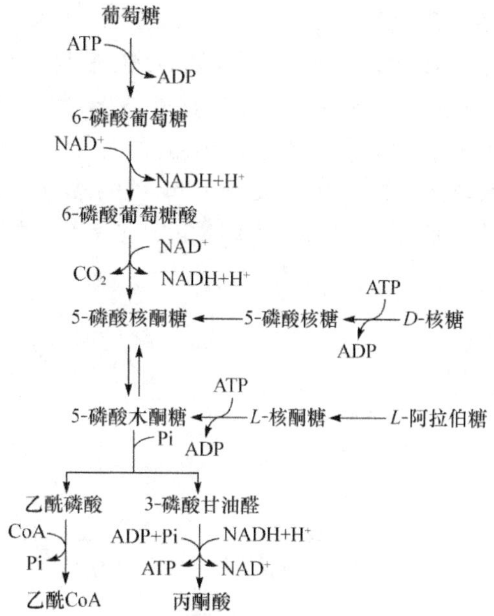

图 6-7　磷酸戊糖解酮酶(PK)途径

（仿自沈萍和陈向东，2016）

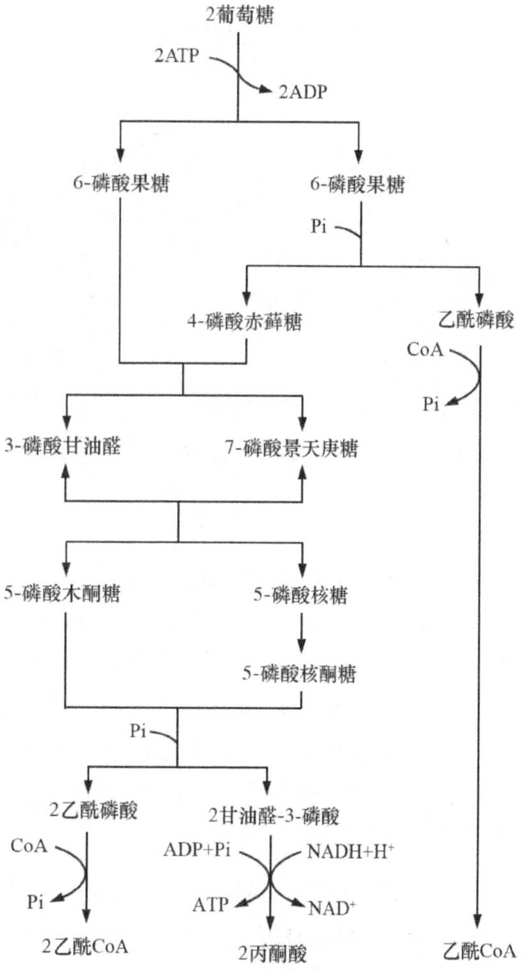

图 6-8　磷酸己糖解酮酶(HK)途径

（仿自沈萍和陈向东，2016）

(5)TCA 循环(tricarboxylic acid cycle)。在上述的各种葡萄糖降解途径中,除 HMP 途径外,葡萄糖仅被降解成丙酮酸和乙酰磷酸等,并未彻底分解。在接下来的代谢中由于条件的差异,造成了丙酮酸的命运截然不同。在厌氧条件下,丙酮酸或其分解产物被还原,生成各种不同的发酵产物(详见发酵部分内容)。而在有氧条件下,丙酮酸进一步脱氢氧化,最终产生 CO_2、ATP(或 GTP)和还原力(NADH 和 $FADH_2$)。能使丙酮酸彻底氧化分解的途径被称为三羧酸循环,又称为柠檬酸循环,此循环反应的实质仍然是脱氢(图 6-9)。

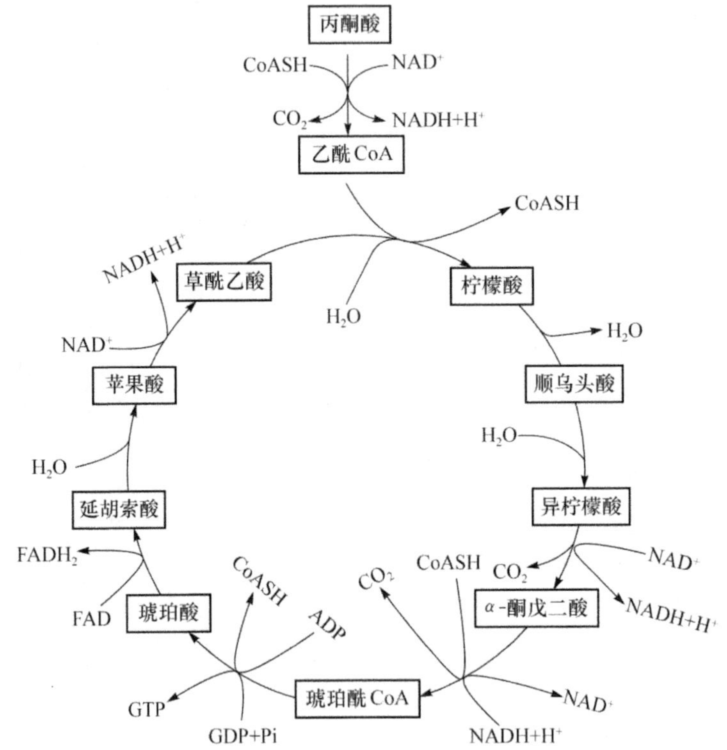

图 6-9 TCA 循环

(仿自 Madigan 等,2021)

TCA 循环分 3 步:首先丙酮酸氧化脱羧、脱氢,形成 NADH+H^+ 和乙酰 CoA;接着乙酰 CoA 与 4 碳化合物草酰乙酸缩合形成 6 碳的柠檬酸;通过一系列的氧化和转化,6 碳化合物经过 5 碳化合物阶段又重新回到 4 碳化合物草酰乙酸,再由它接受下一个循环的乙酰 CoA。在三羧酸循环过程中,丙酮酸完全氧化为 3 分子的 CO_2,1 分子是在乙酰辅酶 A 形成过程中产生,1 分子是在异柠檬酸脱羧时产生的,另 1 分子是在 α-酮戊二酸脱羧过程中产生的;同时生成 4 分子的 NADH 和 1 分子的 $FADH_2$。整个 TCA 循环的反应式为:

$$\text{丙酮酸} + 4NAD^+ + FAD + GDP + Pi + 3H_2O \longrightarrow 3CO_2 + 4NADH + 3H^+ + FADH_2 + GTP$$

TCA 循环的反应步骤见图 6-9。TCA 途径的主要特点为:①在循环中生成一系列二羧酸和三羧酸化合物,最后又再生成草酰乙酸。其结果是乙酰辅酶 A 被分解成 CO_2、NADH 和 $FADH_2$。②乙酰辅酶 A 是脂肪酸合成的原料,而 TCA 循环中的二羧酸和三羧酸中间化合物也为生物合成提供原料,它们与氨基酸、嘌呤和嘧啶等的合成有密切关系,因此,三羧酸循环是糖、蛋白质和脂肪酸等代谢的桥梁,位于分解代谢和合成代谢的枢纽地位。③在反应过程中,由底物水平磷酸化生成 1 分子 GTP。此外,生成的 NADH 和 $FADH_2$ 都可进入呼吸链进行有氧呼吸,产生大量能量。④尽管分子氧不直接参与 TCA 循环,但 TCA 循环必须在有氧条件下才能进行。

2. 递氢和受氢

储存在生物体内葡萄糖等有机物中的化学能,经上述几种代谢途径脱氢后,形成还原型 NADH 和

$FADH_2$必须重新被氧化后，才能继续行使载氢体的作用。也就是说，NADH 和 $FADH_2$必须通过适当的方式传递，最终与氧、无机或有机化合物等氢受体结合后，方能释放出其中的能量。NADH 的传递方式因微生物类型及其环境条件的差异而不同，根据递氢特点尤其是氢受体性质的不同，可把生物氧化区分为发酵、无氧呼吸、有氧呼吸。

（1）发酵（fermentation） 发酵是指微生物细胞在无氧气等外源氢受体的条件下，有机物氧化脱氢所产生的还原力[H]未经呼吸链传递，而直接交给某一内源性中间代谢物质，以实现底物水平磷酸化产能的一类生物氧化反应。发酵是专性厌氧菌或兼性厌氧菌在无氧条件下的一种生物氧化方式，其产能机制是底物水平磷酸化，因而产能效率极低。例如，1 分子葡萄糖进行乙醇发酵时产生 2 分子乙醇和 54 kcal 的能量。发酵过程的有机物氧化与有机物的还原相偶联，被还原的有机物来自细胞内源的分解代谢产物，因此，有机物只是部分被氧化。另外发酵过程中，氢和电子不经过呼吸链传递，也不需要外界提供电子受体，如图 6-10 所示。

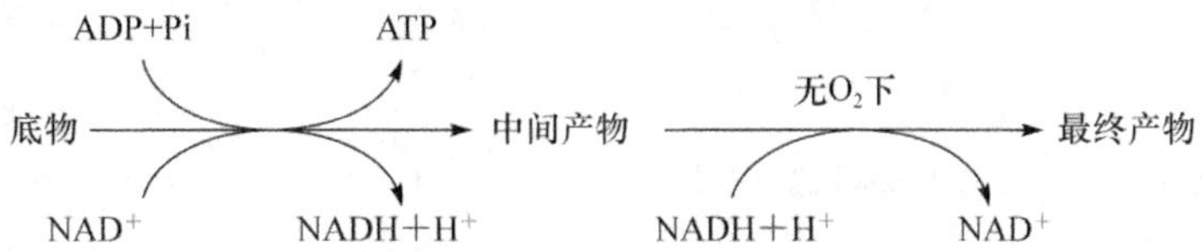

图 6-10 发酵反应实质

微生物发酵的类型很多，多数情况是发生在葡萄糖降解成丙酮酸之后，是丙酮酸的进一步分解反应，常常以它们的终产物命名。以下分别介绍一些重要的发酵类型。

①生醇发酵（alcoholic fermentation）：生醇发酵是葡萄糖在无氧条件下生成乙醇等醇类的过程。典型的生醇发酵是指酵母菌，尤其是酿酒酵母（*S. cerevisiae*）发酵产生乙醇的过程。其生成途径是：在厌氧条件下，葡萄糖经 EMP 途径降解为 2 分子丙酮酸，然后在丙酮酸脱羧酶的作用下生成乙醛和 CO_2，乙醛接受葡萄糖 EMP 途径中产生的 $NADH+H^+$，在乙醇脱氢酶的作用下还原成乙醇（图 6-11）。乙醇发酵的总反应式为：

$$C_6H_{12}O_6+2ADP+2Pi \longrightarrow 2CH_3CH_2OH+2CO_2+2ATP$$

也就是说在厌氧条件 1 分子葡萄糖经酵母菌乙醇发酵后产生 2 分子乙醇、2 分子 CO_2 和 2 分子 ATP。

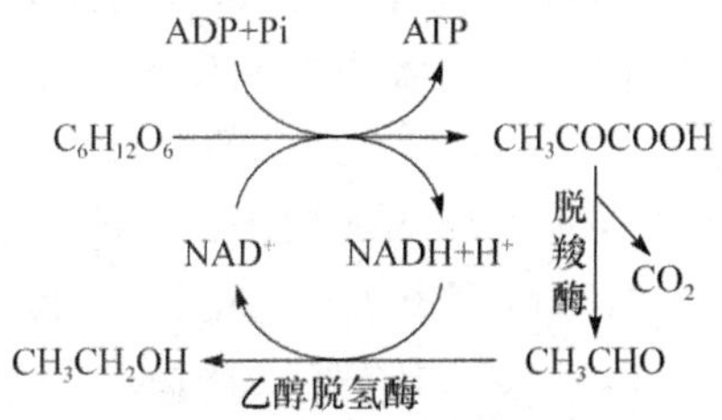

图 6-11 酵母菌乙醇发酵

某些细菌也能进行乙醇发酵，其产物也是乙醇和 CO_2，但它们的丙酮酸的来源不同于酵母菌，是通过 ED 途径形成的，因此，细菌的乙醇发酵与酵母菌的生醇发酵的产能水平不相同，前者较后者少一半：

$$C_6H_{12}O_6+ADP+Pi \longrightarrow 2CH_3CH_2OH+2CO_2+ATP$$

目前只在某些革兰氏阴性细菌中发现细菌乙醇发酵，如假单胞菌属（*Pseudomonas*）、根瘤菌属（*Rhizobium*）、土壤杆菌属（*Agrobacterium*）和发酵单胞菌属（*Zymomonas*）的一些细菌。

②乳酸发酵（lactic acid fermentation）：许多细菌能利用葡萄糖产生乳酸，这类细菌通常称为乳酸细菌。根据产物不同乳酸发酵有 3 种类型：同型乳酸发酵（homolactic fermentation）、异型乳酸发酵（heterolactic fermentation）和双歧发酵（*Bifidobacterium* fermentation）。它们在菌种、发酵途径、产物和产能水平上均不相同。乳杆菌属（*Lactobacillus*）、链球菌属（*Streptococcus*）的多数细菌通过同型乳酸发酵途径产生乳酸，如德氏乳杆菌（*L. delbrueckii*）、保加利亚乳杆菌（*L. delbrueckii* subsp. *bulgaricus*）。同型乳酸发酵的过程是：葡萄糖经 EMP 途径降解为丙酮酸，丙酮酸在乳酸脱氢酶的催化下被 $NADH+H^+$ 还原为乳酸。终产物只有乳酸一种，故称为同型乳酸发酵（图 6-12）。其反应式是：

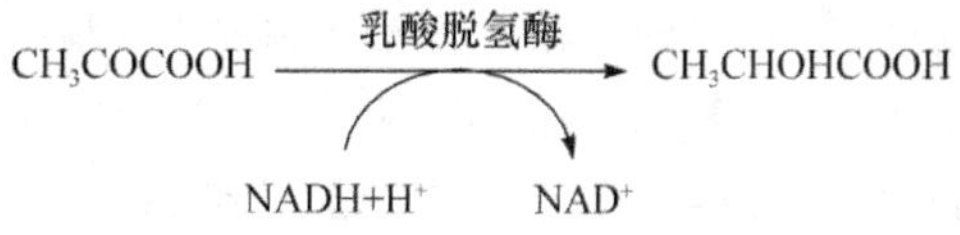

图 6-12 同型乳酸发酵

同型乳酸发酵的结果是 1 分子葡萄糖产生 2 分子乳酸和 2 分子 ATP，即：

$C_6H_{12}O_6+2ADP+2Pi \longrightarrow 2CH_3CHOHCOOH+2ATP$

在异型乳酸发酵中，葡萄糖首先经 PK 途径分解，发酵终产物除乳酸以外还有一部分乙醇或乙酸。如肠膜明串珠菌(*Leuconostoc mesenteroides*)，利用 PK 途径分解葡萄糖，产生 3-磷酸甘油醛和乙酰磷酸，其中 3-磷酸甘油醛进一步转化为丙酮酸，丙酮酸还原为乳酸，乙醛磷酸经两次还原变为乙醇或与 ADP 的磷酸化偶联形成乙酸(图 6-13)。当发酵戊糖时，磷酸戊糖解酮酶催化 5-磷酸木酮糖裂解生成乙醛磷酸和 3-磷酸甘油醛，最终也产生乳酸、乙醇或乙酸。异型乳酸发酵的总反应式如下：

$C_6H_{12}O_6+ADP+Pi \longrightarrow CH_3CHOHCOOH+CH_3CH_2OH+CO_2+ATP$

双歧发酵是两歧双歧杆菌(*Bifidoacterium bifidum*)发酵葡萄糖产生乳酸的一条途径，该细菌利用磷酸己糖解酮酶途径(图 6-14)，分解葡萄糖。此反应中有两种磷酸解酮酶参加反应，即 6-磷酸果糖磷酸解酮酶和 5-磷酸木酮糖磷酸解酮酶，通过转化将葡萄糖分解为 3-磷酸甘油醛和乙酰磷酸，最终产生乳酸和乙酸。

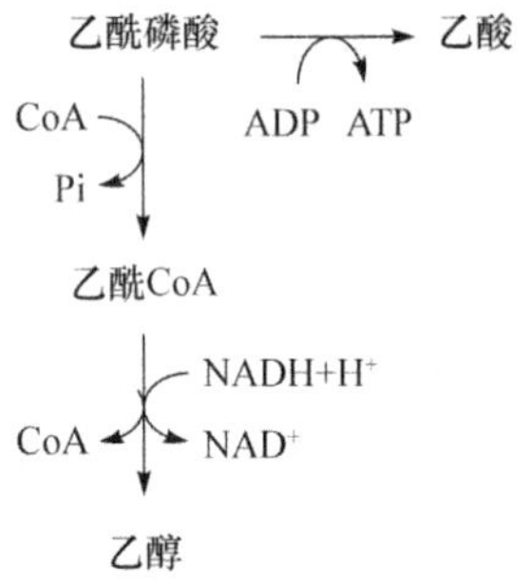

图 6-13 异型乳酸发酵

(仿自赵斌等，2011)

③由丙酮酸出发其他类型的发酵：在微生物中，许多发酵类型都与丙酮酸代谢有关，由丙酮酸出发，在不同的微生物中可进入不同的发酵途径，产生不同的发酵产物，如埃希菌属(*Escherichia*)、沙门菌属(*Salmonella*)和志贺菌属(*Shigella*)等肠细菌中的一些细菌，能利用葡萄糖进行混合酸发酵；肠杆菌属(*Enterobacter*)和沙雷菌属(*Serratia*)中的一些细菌，能利用葡萄糖进行 2,3-丁二醇发酵；以及由多种厌氧梭菌如丁酸梭菌(*Clostridium butyricum*)和丙酮丁醇梭菌(*Clostridium acetobutylicum*)等所进行的丁酸与丙酮-丁醇型发酵等。通过这些发酵，微生物可获得其生命活动所需的能量和各种代谢产物，而对人类实践来说，就可通过工业发酵大规模生产这些代谢物。此外，有些发酵能产生独特的代谢物质，是鉴定相应菌种的重要生化指标，如 Voges-Proskauer(V-P)试验。若细菌含有丙酮酸脱羧酶，可以将细菌分解葡萄糖产生的丙酮酸脱羧，生成中性的乙酰甲基甲醇，后者在碱性环境下可被氧化生成二乙酰，二乙酰再与含有胍基的化合物反应，生成红色的化合物，即为 V-P 实验阳性。产气肠杆菌含有丙酮酸脱羧酶，故 V-P 实验为阳性，大肠埃希菌不含丙酮酸脱羧酶，故 V-P 实验为阴性。

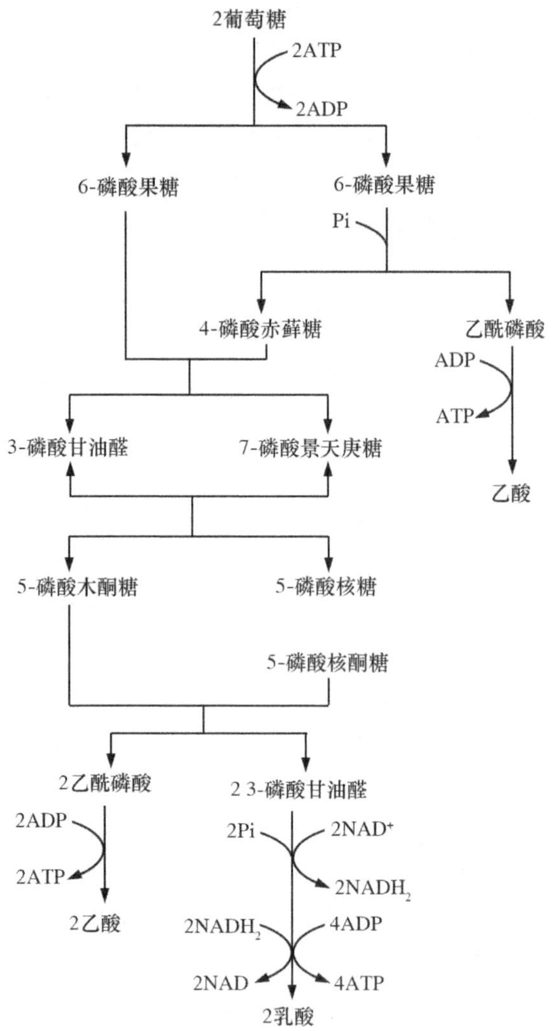

图 6-14 HPK 途径

(仿自赵斌等，2011)

现将由丙酮酸出发的 6 条发酵途径的概貌及相互联系总结在图 6-15 中。另外，表 6-3 归纳了以产物划分的发酵的主要类型。

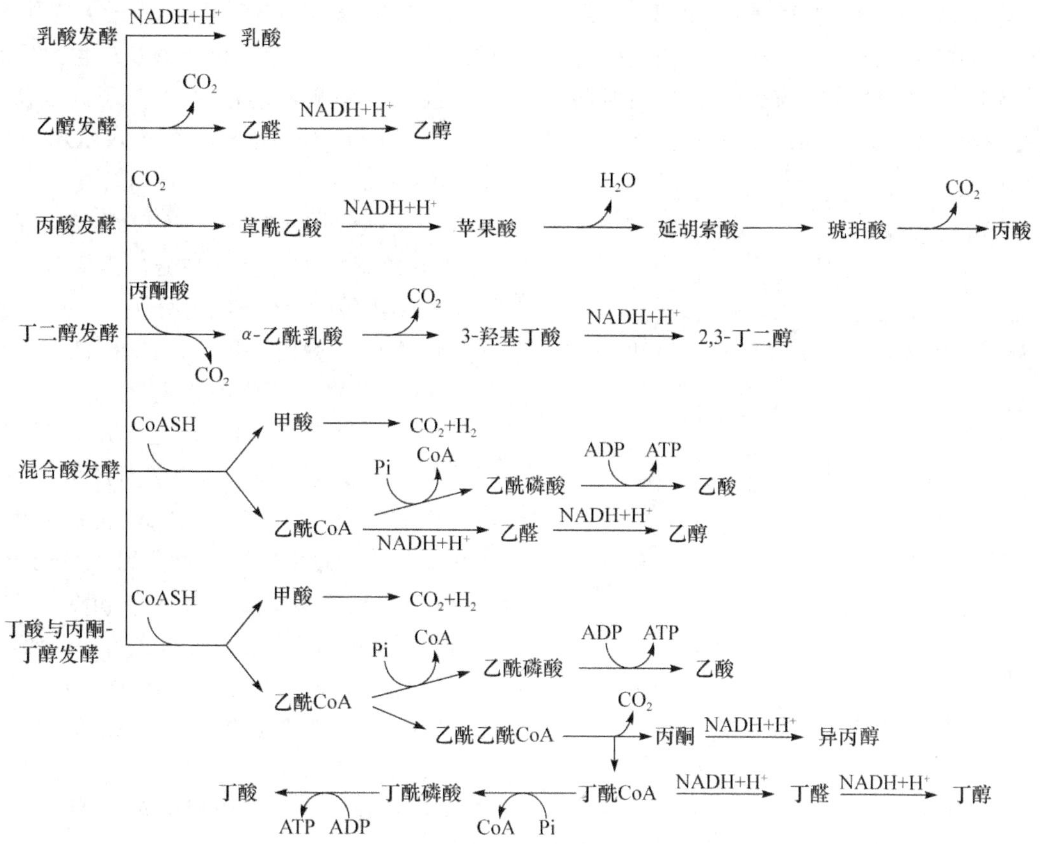

图 6-15 常见的微生物发酵

（仿自 Willey 等，2020）

表 6-3 发酵的主要类型

（引自诸葛健和李华钟，2010）

发酵类型	总反应	微生物	脱氢(电子)途径
乙醇发酵	己糖：2 乙醇＋2CO_2	酵母 发酵单胞菌	EMP ED
同型乳酸发酵	己糖：2 乳酸	链球菌、乳酸杆菌	EMP
异型乳酸发酵	己糖：乳酸＋乙醇＋CO_2	明串珠菌、某些乳酸杆菌	HMP
丙酸发酵	己糖：丙酸＋乙酸＋CO_2	丙酸杆菌、丙酸梭菌	EMP
混合酸发酵	己糖：乙醇＋琥珀酸＋乳酸＋乙酸＋甲酸＋H_2＋CO_2	肠杆菌、埃希菌、沙门菌、变形杆菌	EMP
丁二醇发酵	己糖：2,3-丁二醇＋乳酸＋乙酸＋H_2＋CO_2	肠杆菌、沙雷菌	EMP
丁酸发酵	己糖：丁酸＋乙酸＋H_2＋CO_2	丁酸梭菌	EMP
丁醇发酵	己糖：丁醇＋乙酸＋丙醇＋乙醇＋H_2＋CO_2	乙酸丁酸梭菌	EMP

④Stickland 反应（Stickland reaction）：由氨基酸发酵产能。少数厌氧梭菌如生孢梭菌（*Clostridium sporogenes*）能利用一些氨基酸兼作碳源、氮源和能源。研究发现其产能机制是通过部分氨基酸（如丙氨酸等）的氧化与一些氨基酸（如甘氨酸等）的还原相偶联的独特发酵方式。这种以一种氨基酸作为底物（即氢供体），而以另一种氨基酸作为氢受体，而实现生物氧化产能的发酵类型，称为 Stickland 反应。此反应产能效率很低，1 分子氨基酸仅产生 1 分子 ATP。研究发现作为氢供体的氨基酸有丙氨酸、

亮氨酸、异亮氨酸、缬氨酸、苯丙氨酸、丝氨酸、组氨酸和色氨酸等，作为氢受体的氨基酸主要有甘氨酸、脯氨酸、羟脯氨酸、精氨酸和色氨酸等。以丙氨酸和甘氨酸间的发酵为例，Stickland 反应的生化机制见图 6-16。

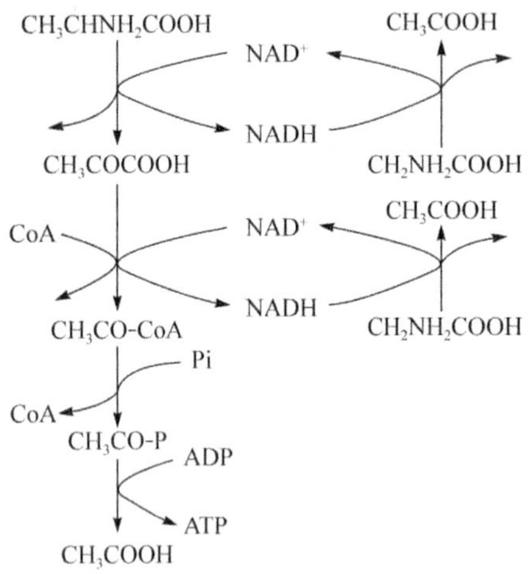

图 6-16　Stickland 反应

（仿自周德庆，2020）

（2）有氧呼吸（aerobic respiration）　有氧呼吸是指微生物细胞在有氧条件下，能源性底物如葡萄糖氧化脱氢后产生的还原力[H]，经过一系列氧化还原电势不同的传递体（电子传递链传递），将氢传递给环境中的分子氧产生水的产能方式。这是生物界最普遍也是最重要的生物氧化产能方式。

能够进行有氧呼吸的微生物都是需氧菌和兼性厌氧菌。它们有些为化能异养菌，氧化有机物进行呼吸作用；而另一些为化能自养菌，氧化无机物进行呼吸作用。大多数细菌、全部真菌和原生动物都是化能异养微生物。某些细菌属化能自养微生物，如氢细菌、硫细菌、铁细菌和硝化细菌分别利用氢、含硫无机物、Fe^{2+}、氨或亚硝酸等无机物进行呼吸作用（详细内容见 6.1.2.2 节）。

现仍以葡萄糖为例，介绍异养微生物的有氧呼吸。我们已经讨论了葡萄糖分子在没有外源电子受体时的代谢过程（发酵）。在这些过程中，葡萄糖中所具有的能量只有一小部分被释放出来，并合成少量 ATP。造成这种现象的原因有两个：一是葡萄糖碳原子只被部分氧化；二是初始电子供体和最终电子受体的氧化还原电位相差不大。

如果在有氧条件下，葡萄糖经 EMP 途径产生的丙酮酸进入 TCA 循环被彻底氧化分解生成 CO_2，同时产生的 $NADH+H^+$ 和 $FADH_2$，它们所携带的氢经电子传递链（呼吸链）的传递，最终交给分子氧，生成 H_2O，并与化学渗透机制偶联产生大量的 ATP。

在三羧酸循环过程中，1 分子丙酮酸完全氧化为 3 分子 CO_2，同时生成 4 分子 $NADH+H^+$ 和 1 分子 $FADH_2$。NADH 和 $FADH_2$ 经电子传递系统重新被氧化，分别生成 3 分子 ATP 和 2 分子 ATP。另外，琥珀酰辅酶 A 在氧化成延胡索酸时，偶联底物水平磷酸化作用，由此产生 1 分子 GTP，随后 GTP 可转化成 ATP。因此，每一次三羧酸循环可生成 15 分子 ATP。此外，在糖酵解过程中产生的 2 分子 NADH 经电子传递系统，产生 6 分子 ATP。在 1 分子葡萄糖转变为 2 分子丙酮酸时还可借底物水平磷酸化生成 2 分子的 ATP。因此，需氧微生物在完全氧化葡萄糖的过程中总共可得到 38 分子的 ATP。

（3）无氧呼吸（anaerobic respiration）　无氧呼吸也称厌氧呼吸，是指在无氧条件下，能源性底物氧化脱氢后产生的还原力[H]经过部分电子传递链传递，最终交给外源氧化物将其还原的一类产能方式，是无氧条件下，厌氧菌或兼性厌氧菌的特殊呼吸作用，它们具有与好氧呼吸同样的代谢途径（如 EMP、HMP、TCA 循环和呼吸链）。在无氧呼吸中，终电子受体通常是外源性的无机氧化物，如 NO_3^-、SO_4^{2-}、CO_3^{2-} 等，个别为有机氧化物，如延胡索酸等，这是一类产能效率较低的特殊呼吸。根据呼吸链末端的氢受体不同，无氧呼吸可分为多种类型（图 6-17）。

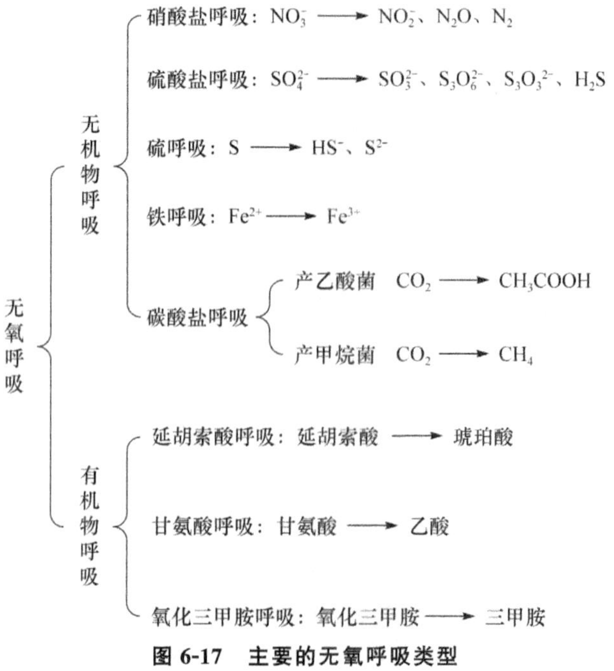

图 6-17　主要的无氧呼吸类型

（仿自周德庆，2020）

①硝酸盐呼吸(nitrate respiration):又称反硝化作用(denitrification)。在无氧条件下,某些兼性厌氧微生物利用硝酸盐作为呼吸链的最终氢受体,把它还原成亚硝酸、NO、N_2O 直至 N_2 的过程,称硝酸盐呼吸或反硝化作用。能进行硝酸盐呼吸的都是一些兼性厌氧微生物(反硝化细菌),例如地衣芽孢杆菌(*Bacillus licheniformis*)、脱氮副球菌(*Paracoccus denitrificans*)、铜绿假单胞菌(*Pseudomonas aeruginosa*)和脱氮硫杆菌(*Thiobacillus denitrificans*)等。在通气不良的田间土壤中,反硝化作用会造成氮肥的损失,其中间产物 NO 和 N_2O 还会污染环境。

硝酸盐呼吸又称异化性硝酸盐还原作用(dissimilative nitrate reduction)。它与微生物生命活动中利用硝酸盐作为氮源营养物的同化性硝酸盐还原作用(assimilative nitrate reduction)不同。

②硫酸盐呼吸(sulfate respiration):严格厌氧的硫酸盐还原细菌在无氧条件下获取能量的方式,其特点是底物脱氢后,经呼吸链递氢,最终由末端氢受体硫酸盐受氢,在递氢过程中与氧化磷酸化作用相偶联获得 ATP。硫酸盐呼吸的最终还原产物是 H_2S。能进行硫酸盐呼吸的严格厌氧菌有脱硫弧菌(*Desulfovibrio desulfuricans*)、巨大脱硫弧菌(*D. gigas*)和致黑脱硫肠状菌(*Desulfotomaculum nigrificans*)等。在浸水或通气不良的土壤中,厌氧微生物的硫酸盐呼吸及其有害产物对植物根系生长十分不利。

③碳酸盐呼吸(carbonate respiration):是一类以 CO_2 或重碳酸盐作为呼吸链末端氢受体的无氧呼吸。根据其还原产物不同而分两类:产甲烷菌,产生甲烷的碳酸盐呼吸($CO_2+4H_2 \longrightarrow CH_4+2H_2O$);产乙酸菌,产生乙酸的碳酸盐呼吸。

④延胡索酸呼吸(fumarate respiration):在延胡索酸呼吸中,一些细菌以延胡索酸为电子受体,将延胡索酸还原与 NADH 氧化偶联,产生的能量用于合成 ATP,而延胡索酸被还原为琥珀酸。能进行延胡索酸呼吸的微生物都是一些兼性厌氧菌,如埃希菌属(*Escherichia*)、变形杆菌属(*Proteus*)、沙门菌属(*Salmonella*)和克雷伯氏杆菌属(*Klebsiella*)等肠杆菌。

6.1.2.2 化能自养微生物的生物氧化

一些微生物能以无机物作为能源,通过无机电子供体的氧化,从无机底物上脱下的氢(电子)直接进入呼吸链而到达最终电子受体 O_2,并通过氧化磷酸化产生 ATP,这种生物氧化与产能方式被称为化能自养(chemolithoautotrophs)。能进行化能自养的微生物一般都是好氧菌。在化能自养中无机底物脱下的氢(电子)从相应位置直接进入呼吸链,即由脱氢酶或氧化还原酶催化的无机底物脱氢或失电子后,可直接进入呼吸链传递,这与异养微生物对葡萄糖等有机底物的氧化要经过多条途径逐级脱氢明显不同。在这些微生物中电子传递系统的组分表现出更大的多样性,氢或电子可以从任一组分直接进入呼吸链。化能自养菌固定 CO_2,进而合成复杂的有机物,在此过程中不仅消耗 ATP,而且需要大量的还原力[H]。研究发现还原力[H]的产生是在消耗 ATP 的条件下,以逆呼吸链传递的方式形成的,因此,一般说来化能自养菌生长缓慢,产细胞率低(图 6-18 和图 6-19)。

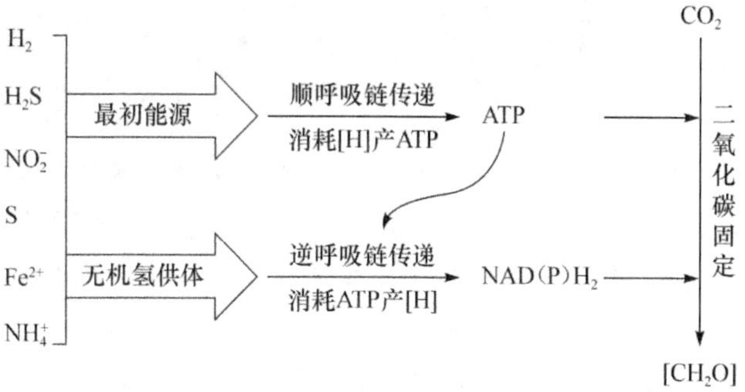

图 6-18 化能自养微生物的能量代谢

(仿自周德庆,2020)

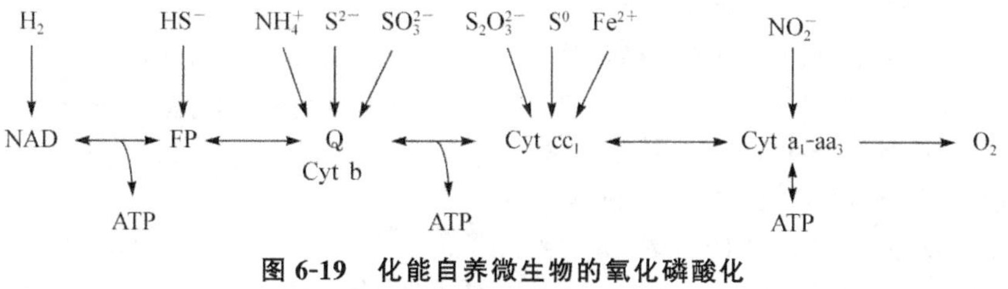

图 6-19 化能自养微生物的氧化磷酸化

(仿自周德庆,2020)

化能自养微生物的种类很多，现举例如下。

（1）氨的氧化　氨（NH_3）和亚硝酸（NO_2^-）是可以用作能源的最普通的无机氮化合物，能被硝化菌群细菌所氧化。硝化菌群可分为两个亚群：亚硝化细菌和硝化细菌。亚硝化细菌可把 NH_3 氧化成 NO_2^-，包括亚硝化单胞菌属（*Nitrosomonas*）、亚硝化螺菌属（*Nitrosospira*）和亚硝化球菌属（*Nitrosococcus*）等。硝化细菌可把 NO_2^- 氧化为 NO_3^-，包括硝化杆菌属（*Nitrobacter*）和硝化球菌属（*Nitrococcus*）等。由亚硝化细菌引起的反应为：

$$NH_3+O_2+2H^++2e^- \xrightarrow[\text{(细胞膜)}]{\text{氨单加氧酶}} NH_2OH+H_2O$$

$$NH_2OH+H_2O \xrightarrow[\text{(细胞质)}]{\text{羟氨氧化还原酶}} HNO_2+4H^++4e^-$$

由硝化细菌引起的反应为：

$$NO_2^-+H_2O \xrightarrow[\text{(细胞膜)}]{\text{亚硝酸氧化酶}} NO_3^-+2H^++2e^-$$

（2）硫的氧化　硫杆菌能够利用一种或多种还原态或部分还原态的硫化合物（包括硫化物、元素硫、硫代硫酸盐、多硫酸盐和亚硫酸盐）作能源。H_2S 首先被氧化成元素硫，随之被硫氧化酶和细胞色素系统氧化成亚硫酸盐，放出的电子在传递过程中可以偶联产生 4 分子 ATP。亚硫酸盐的氧化可分为两条途径：一是直接氧化成 SO_4^{2-} 的途径，由亚硫酸盐-细胞色素 c 还原酶和末端细胞色素系统催化，产生 1 分子 ATP；二是经磷酸腺苷硫酸的氧化途径，每氧化 1 分子 SO_4^{2-} 产生 2.5 分子 ATP。具体机制如图 6-20 所示。

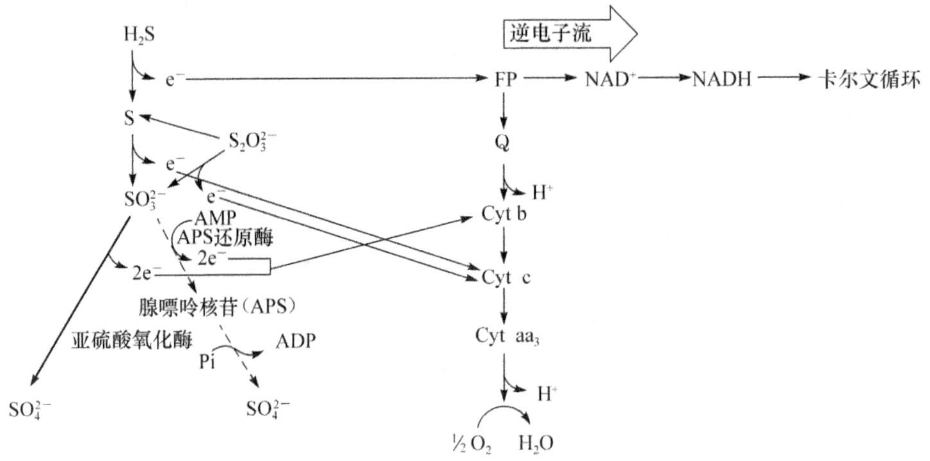

图 6-20　硫杆菌对还原性硫化物的氧化及电子传递

（仿自赵斌等，2011）

（3）铁的氧化　能氧化 Fe^{2+} 成 Fe^{3+} 并产能的细菌被称为铁细菌，这些细菌多数是专性化能自养，少数为兼性化能自养，这些细菌产能效率较低。亚铁的氧化仅在嗜酸性的氧化亚铁硫杆菌（*Thiobacillus ferrooxidans*）中进行了较为详细的研究。在低 pH 环境中这种菌能氧化亚铁放出能量生长。在该菌的呼吸链中发现了一种含铜蛋白质（铜蓝蛋白），它与几种细胞色素 c 和一种细胞色素 a 氧化酶构成电子传递链（图 6-21）。

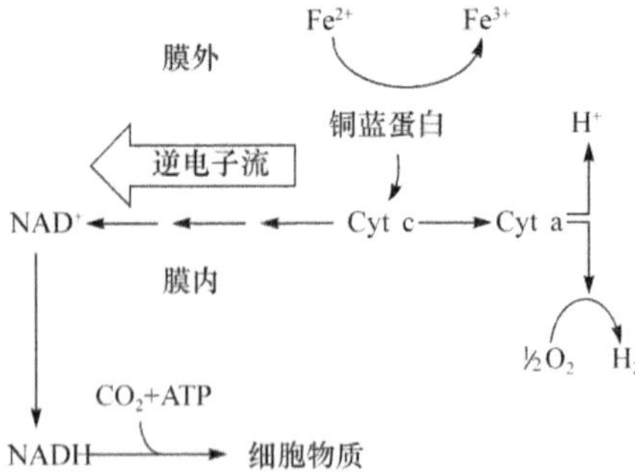

图 6-21　嗜酸氧化亚铁硫杆菌对 Fe^{2+} 的氧化及电子传递

（仿自赵斌等，2011）

（4）氢的氧化　氢细菌是一类能利用氢为能源的细菌，如假单胞菌属、产碱杆菌属（*Alcaligenes*）、芽孢杆菌属（*Bacillus*）等，属于兼性化能自养菌。它们可以利用分子氢氧化产生的能量同化 CO_2，也能利用其他有机物。氢细菌的细胞膜上有泛醌、细胞色素等呼吸链组分。在多数氢细菌中有两种与氢的氧化有关的酶：一种是位于壁膜间隙或结合在细胞膜上的不需 NAD^+ 的氧化酶，它能够催化以下反应：

$$2H_2 + O_2 \longrightarrow 2H_2O$$

该酶在氧化氢并通过电子传递系统传递电子的过程中，可驱动质子的跨膜运输，形成跨膜质子梯度为ATP的合成提供动力；另一种是需NAD^+的可溶性氢化酶，它能催化氢的氧化，而使NAD^+还原的反应，生成的NADH主要用于CO_2的还原(图6-22)。

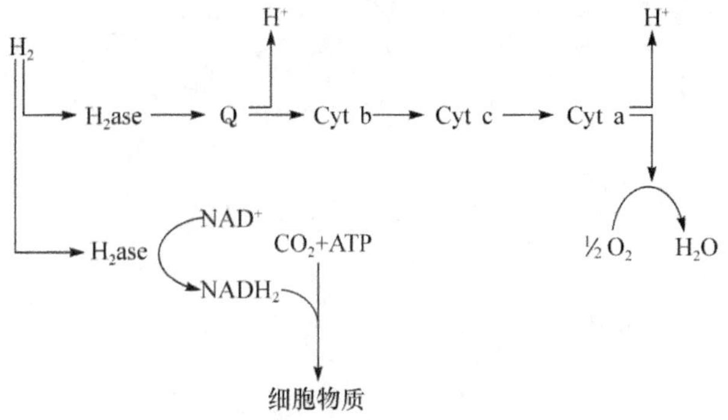

图6-22　氢细菌对H_2的氧化

(仿自赵斌等，2011)

6.1.2.3　光能营养微生物的产能

光能营养生物(phototrophs)能通过光合磷酸化将光能转化为细胞能利用的ATP，并固定CO_2，合成细胞物质。能进行光合作用的生物包括真核的绿色植物、藻类和原核的光合微生物，它们的特点如下。

光能营养生物
- 产氧
  - 真核生物：藻类、绿色植物
  - 原核生物：蓝细菌
- 不产氧
  - 真细菌：光合细菌(厌氧)
  - 古生物：嗜盐古菌

在微生物中，蓝细菌、光合细菌及极端嗜盐古菌的光合色素和光合磷酸化特点均有所不同，一般有环式磷酸化、非环式磷酸化和紫膜光合磷酸化3种。

(1)环式光合磷酸化　环式光合磷酸化(cyclic photophosphorylation)是存在于光合细菌中的一种原始产能机制。在这类光合细菌中，叶绿素P_{870}吸收光能被激发，放出的高能电子提供给细菌叶绿素(Bchl)，然后电子依次通过辅酶Q、细胞色素b和细胞色素c_1、铁硫蛋白和细胞色素c_2的传递，再返回到带正电荷的P_{870}，其间建立了质子动势，同时驱动ATP的合成，详细过程见图6-23。此循环的另一功能是在供应ATP条件下，像化能无机营养型细菌一样，可利用外源氢供体(H_2S、H_2或琥珀酸等)提供电子或氢质子，使电子在电子传递链中逆向流动，最后递交给NAD^+生成NADH，并且由此使光合磷酸化与固定CO_2的相连接。

环式光合磷酸化只存在于原核生物的光合细菌中，都是厌氧菌。主要包括着色菌属(*Chromatium*)、红假单胞菌属(*Rhodopseudomonas*)、红螺菌属(*Rpodospirillum*)、绿菌属(*Chlorobium*)和绿弯菌属(*Chloroflexus*)，它们在进行光合磷酸化时不产生分子氧，即不能利用H_2O作为还原CO_2的氢供体，而是利用还原态的无机物(H_2S、H_2)，故又称该过程为非产氧型光合磷酸化。由于这类细菌细胞内所含有的菌绿素和类胡萝卜素的量和比例不同，使菌体呈现出红、橙、蓝、绿等不同颜色。这类光合细菌广泛分布于深层淡水或海水中，能够分解污水中的H_2S和有机物，因此可用于水质的净化，所产生的菌体还可作为饵料和饲料添加剂等。

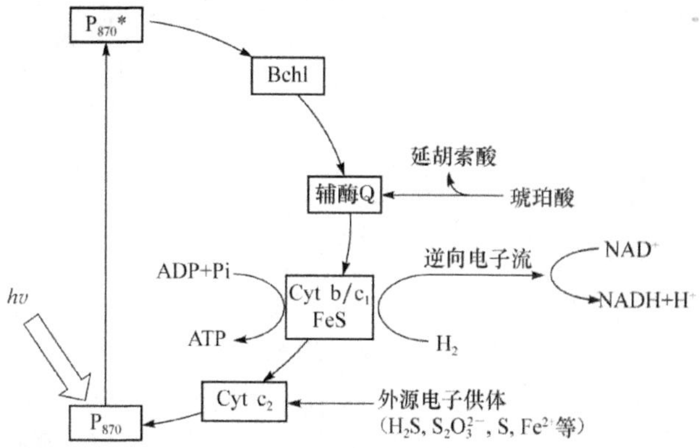

图6-23　光合细菌的不产氧光合作用

(仿自沈萍和陈向东，2016)

(2)非环式光合磷酸化　非环式光合磷酸化(non-cyclic photophosphorylation)是各种绿色植物、藻类和蓝细菌共有的利用光能产生ATP的磷酸化反应，其特点是：①电子的传递途径属于非循环式。②在有氧条件下进行。③有两个光合系统。光合系统Ⅰ(P_{700})含有叶绿素a，利于吸收红光。光合系统Ⅱ(P_{680})含有叶绿素b，利于吸收蓝光。④光合磷酸化同时产生ATP(光合系统Ⅱ)、还原力[H](光合系统Ⅰ)和氧气(光合系统Ⅱ)。⑤$NADPH_2$中的氢来自水的光解。具体途径如图6-24所示。

在光合系统Ⅰ中，叶绿素分子P_{700}吸收光子后被激活，释放出1个高能电子。这个高能电子传递给铁氧还蛋白(Fd)，并使之被还原。还原的铁氧还蛋白在Fd：$NADP^+$还原酶的作用下，将$NADP^+$还原为$NADPH_2$。用以还原P_{700}的电子来源于光合系统Ⅱ。在光合系统Ⅱ中，叶绿素分子P_{680}吸收光子后，释放出一个高能电子。后者先传递给辅酶Q，再传给光合系统Ⅰ，使 P_{700} 还原。失去单电子的 P_{680}，靠水的光解产生的电子来补充。高能电子从辅酶 Q 到光合系统Ⅰ的过程中，可推动 ATP 的合成。

如绿硫细菌和绿色细菌虽然只有一个光合系统，但也以非环式光合磷酸化的方式合成 ATP。从光反应中心释放出的高能电子经铁硫蛋白、铁氧还蛋白、黄素蛋白，最后用于还原 NAD^+ 生成 NADH。反应中心的还原依靠外源电子供体，如 S^{2-}、$S_2O_3^{2-}$ 等(图 6-25)。外源电子供体在氧化过程中放出电子，经电子传递系统传给失去了电子的光合色素，使其还原，同时偶联 ATP 的生成。反应式为：

$$NAD(P)^+ + H_2S + ADP + Pi \longrightarrow NAD(P)H + H^+ + ATP + S$$

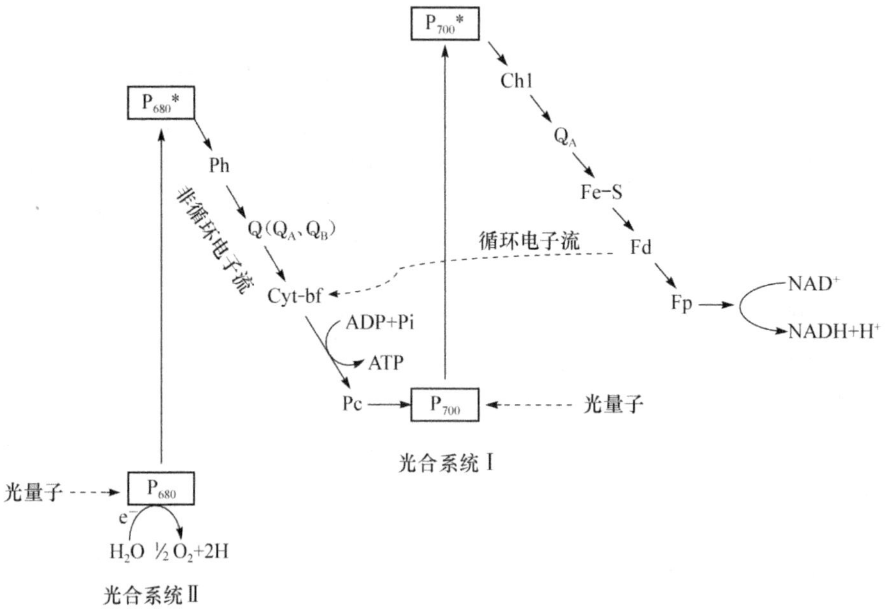

图 6-24　非环式光合磷酸化

(仿自周德庆，2020)

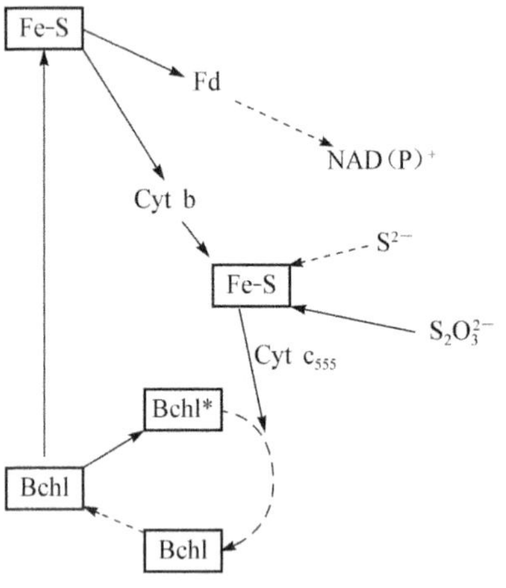

图 6-25　绿色细菌的光合磷酸化

(仿自沈萍和陈向东，2016)

(3)嗜盐菌紫膜的光合作用　极端嗜盐古菌的光合系统较一般光合细菌更为简单，它不含细菌叶绿素，也不存在电子传递链。盐生盐杆菌的细胞膜可分成两部分：红膜和紫膜。红膜主要含有类胡萝卜素、细胞色素和黄素蛋白等呼吸链载体，用于氧化磷酸化产生能量；紫膜总面积约占细胞膜的 50%，由细菌视紫红质(bacteriorhodopsin)蛋白(75%)和类脂(25%)组成。细菌紫膜质，是由视黄醛以烯醇式碱基与蛋白质的赖氨酸残基通过共价键相连而构成的。当光照时，视黄醛放出 H^+ 到细胞质膜外，失去 H^+ 的视黄醛又从细胞质内获得 H^+，在光照下又被排出。如此反复进行，形成膜内外质子梯度，当膜外的 H^+ 通过膜中的 ATP 合成酶返回时，合成 ATP。所以，细菌紫膜质具有光驱动质子泵的作用，再加上 ATP 合成酶，构成了最简单的紫膜光合磷酸化(photophosphorylation by purple membrane)。

6.1.3　微生物能量的利用

生物合成是能量利用的主要方面。合成代谢是一个耗能过程，所需能量来自有机物的分解、无机物氧化或光能。不论通过什么途径产生的能量，都主要以 ATP 的形式参与细胞的生物合成。估计细胞中 1/3 的 ATP 用于合成各种细胞物质，使微生物得以生长和繁殖。关于合成过程中对 ATP 的利用将在 6.3 节中叙述。

微生物细胞具有很大的表面积，可以很快地、大量地从外界吸收营养物质，满足自身代谢的需要。目前认为营养物质跨膜运输有 4 种机制：扩散、促进扩散、主动运输和基团转位。其中主动运输和基团转位需要消耗能量。

很多微生物是运动的，而且这种运动一般是由于其具有特殊的运动结构，如鞭毛、纤毛等。在真核微生物中，鞭毛和纤毛均具有 ATP 酶，水解 ATP 产生自由能，成为运动所需的动力。大多数可运动的原核生物是利用鞭毛运动的。目前尚未在细菌鞭毛中发现有 ATP 酶。细菌鞭毛转动的能量可能来自细胞内的质子动力，也有人认为细菌鞭毛转动的能量来自细胞内的 ATP 的水解。鞭毛的基部起着能量转换器的作用，可将能量从细胞质或细胞膜传送到鞭毛，推动鞭毛运动。

许多活的生物体，包括某些细菌、真菌和藻类都能够发光。尽管它们的发光机制不同，但在所有例子中，发光都包含着能量的转移。目前已知微生物发光与 4 种成分有关，即 $FMNH_2$、O_2、荧光素酶和含有长链脂肪族醛（通常是棕榈醛）组分的荧光素。

生物热的产生是在微生物活动中，能量以热的形式散失。在需要 ATP 的合成反应中，ATP 水解时，释放出的能量并非全部被利用。例如，水解 1 mol ATP 可释放 30.5 kJ 能量，而合成 1 个酰胺键或酯键仅需 12.6 kJ 能量，其余以热的形式散失。研究发现大肠杆菌每克干细胞每小时有 4.2 kJ 的能量是以热的形式释放出来，而果蝇为 0.42 kJ，人为 0.042 kJ，可见微生物产生的热量较多。

6.2 微生物的分解代谢

微生物的分解代谢指对各种生物大分子（如多糖、蛋白质、脂类等）及其单体和其他有机化合物的分解作用，在这些分解过程中都有酶参与，微生物的主要酶类和作用与其他生物的酶类相同。但生物大分子化合物往往不能透过细胞质膜，需要微生物产生的胞外酶水解成小分子化合物，才能被微生物利用。同时微生物可利用的有机物种类很多，如烃类、芳香族化合物等，但分解途径各不相同。

6.2.1 多糖的分解代谢

6.2.1.1 淀粉的分解

淀粉广泛存在于植物的种子、块茎及块根中，是葡萄糖分子通过糖苷键连接而成的大分子物质。淀粉分为直链淀粉和支链淀粉两种。直链淀粉由葡萄糖分子通过 α-1,4-糖苷键结合而成，在天然淀粉中约占 20%；而支链淀粉在直链淀粉基础上通过 α-1,6-糖苷键形成侧链，在天然淀粉中约占 80%。

淀粉酶是水解淀粉及其衍生物中 α-糖苷键的一类酶的总称。绝大多数微生物能分泌淀粉酶水解淀粉。淀粉酶种类较多，作用的方式和产物也各异，主要有 4 种。

（1）α-淀粉酶　又称为液化酶，它能使淀粉溶液黏度下降，表现为液化。α-淀粉酶作用于 α-1,4-糖苷键，但不作用于 α-1,6-糖苷键和邻近 α-1,6-糖苷键的 α-1,4-糖苷键，产物是麦芽糖及寡糖。曲霉（*Aspergillus*）和枯草芽孢杆菌（*Bacillus subtilis*）就是工业发酵中常用的 α-淀粉酶生产菌株。

（2）β-淀粉酶　从直链淀粉分子的外端（非还原端）开始分解，按双糖单位每次分解出一个麦芽糖分子，可将直链淀粉彻底分解为麦芽糖。但 β-淀粉酶不能作用于 α-1,6-糖苷键，也不能越过 α-1,6-糖苷键去作用 α-1,4-糖苷键，所以它分解淀粉后留下分子为较大的糊精。根霉（*Rhizopus*）、黑曲霉（*Aspergillus niger*）、米曲霉（*Aspergillus oryzae*）等可产生大量的 β-淀粉酶。

（3）葡萄糖生成酶　又称淀粉 1,4-葡萄糖苷酶。它也从淀粉分子的非还原端开始以葡萄糖为单位切割 α-1,4-糖苷键，但不能作用于 α-1,6-糖苷键，能越过 α-1,6-糖苷键去继续作用于 α-1,4-糖苷键，水解直链淀粉的产物几乎全是葡萄糖，作用于支链淀粉的产物为葡萄糖和寡糖。根霉（*Rhizopus*）和曲霉（*Aspergillus*）中普遍存在这种酶。

（4）异淀粉酶　又称淀粉 α-1,6-葡萄糖苷酶，专门水解 α-1,6-糖苷键，生成葡萄糖，它能水解 α-淀粉酶和 β-淀粉酶作用淀粉后的产物（糊精）。黑曲霉（*Aspergillus niger*）、米曲霉（*Aspergillus oryzae*）可产生此酶。

以上 4 种淀粉酶的作用方式如图 6-26 所示，β-淀粉酶、葡萄糖生成酶和异淀粉酶 3 种淀粉酶的共同特点是可将淀粉水解为麦芽糖或葡萄糖，所以称为糖化型淀粉酶。目前,工业中已将微生物的淀粉酶制剂用于棉织物淀粉脱浆、葡萄糖的生产和制曲酿酒等。

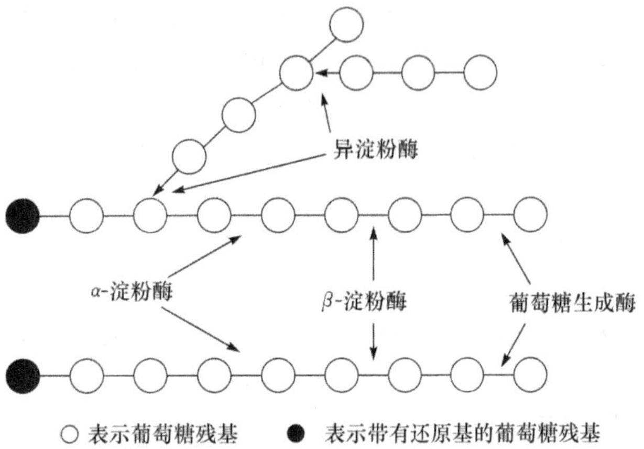

图 6-26　淀粉酶作用示意图

(仿自李季伦,1993)

6.2.1.2　纤维素的分解

纤维素是植物细胞壁的主要成分,在自然界中非常丰富,植物的枯枝、落叶、秸秆、杂草、树皮、糠壳等有机物质都含有大量的纤维素。纤维素是葡萄糖分子通过 β-1,4-糖苷键连接起来的大分子聚合物,不溶于水,人和动物严格意义上是不能消化纤维素的,但瘤胃动物可通过瘤胃消化纤维素。在细菌和真菌中,都有一些能分解纤维素的菌种,如青霉(*Penicillium*)、木霉(*Trichoderma*)、曲霉(*Aspergillus*)等真菌,纤维黏菌属(*Cytophaga*)、纤维单胞菌属(*Cellulomonas*)等细菌和多种放线菌。这些能分解纤维素的微生物都能分泌纤维素酶。

纤维素酶是一类作用于纤维素的酶的总称,能将纤维素分解成纤维二糖,再经过纤维二糖酶(β-糖苷酶)分解成葡萄糖。细菌的纤维素酶位于细胞膜上,纤维素只有接触菌体才能被分解。真菌和放线菌的纤维素酶是胞外酶,分解纤维素的能力较强,培养简单,可用作纤维素酶生产菌。

纤维素酶对纤维素的分解,一方面会引起木材、纸张和棉织品的腐烂,造成严重损失;另一方面可使土壤微生物能分解植物秸秆等有机物,提高土壤肥力。同时,利用纤维素酶可以使纤维素转变为人、动物可以利用的发酵食品、发酵饲料等,变废为宝,造福人类。

6.2.1.3　果胶质的分解

果胶质是植物细胞壁间质的主要成分,广泛存在于植物细胞间质、浆果、块茎、块根内。果胶质是 *D*-半乳糖醛酸通过 α-1,4-糖苷键连接起来的高分子聚合物,其中 75% 的羧基形成甲酯。天然的果胶质常称原果胶(不可溶果胶),不含甲基酯的果胶质称为果胶酸。

果胶质可被微生物分解利用,至少有 3 种酶参与作用:①原果胶酶,它能使不溶性的原果胶变为可溶性果胶;②果胶甲酯水解酶,它使可溶性的果胶甲酯水解为果胶酸;③果胶聚半乳糖醛酸酶,它将果胶酸水解成半乳糖醛酸。

细菌、放线菌、真菌中都有分解果胶质的种群。细菌中,好氧性细菌以芽孢杆菌居多,如枯草芽孢杆菌(*B. subtilis*)、多黏芽孢杆菌(*Bacillus polymyxa*)、浸软芽孢杆菌(*Bacilus carotovora*)。厌氧性细菌主要有蚀果胶梭菌(*Clostridium pectinovorum*)和费氏梭菌(*Clostridium felsinneum*)。分解果胶质的真菌有青霉、曲霉、木霉、枝孢霉(*Cladosprium*)、根霉、毛霉等属的一些种。在草堆和林地落叶层中,常活跃着一些放线菌,分解其中的果胶质。在生产中可利用微生物产生的果胶酶进行纤维植物(如亚麻、黄麻等)脱胶。现在已通过工业发酵法生产果胶酶,在食品工业和棉织品加工等轻工业中应用。

6.2.2　蛋白质的分解代谢

蛋白质是由氨基酸组成的含氮化合物,广泛存在于动物的肉、蛋、毛、角、蹄等和豆类植物中,是微生物常用的有机氮源。但蛋白质分子质量较大、结构复杂,不能直接进入细胞,因而微生物利用蛋白质时先分泌蛋白酶至细胞外,将蛋白质分解为短肽后进入细胞,细胞内的肽酶将肽水解为氨基酸后被利用。

微生物分解蛋白质的能力取决于菌种是否有蛋白酶。真菌中的毛霉、曲霉具有分解力强的蛋白酶,而细菌中只有芽孢杆菌、假单胞菌中少数菌种才有分解力强的蛋白酶。大多数细菌不产生蛋白酶,因此在培养细菌的培养基中多以蛋白胨作为氮源。

蛋白酶具有专一性,不同的蛋白质需要特殊的蛋白酶分解。例如细菌鉴定中明胶液化和酪蛋白水解检测,这两种蛋白质分别需要明胶酶和酪蛋白酶分解。蛋白质分解为多肽后,进一步受肽酶作用水解为氨基酸。肽酶的作用是从多肽的一端逐步水解出一个氨基酸。肽酶也有专一性,通常根据它们的作用部位不同分为氨肽酶和羧肽酶,其中氨肽酶作用于游离氨基端的肽键,羧肽酶作用于游离羧基端的肽键。

6.2.3 氨基酸的分解代谢

大多数微生物都能利用氨基酸为氮源，其分解主要有脱氨基和脱羧基两种方式，分别由脱氨酶和脱羧酶所催化。

6.2.3.1 脱氨作用

氨基酸脱氨基分解时产生酮酸，酮酸进入产能的呼吸途径，进一步氧化产能，而脱下的氨则可参与合成反应。脱氨的方式主要有氧化脱氨基（如大肠杆菌）、还原脱氨基（如梭状芽孢杆菌）、水解脱氨基（如酵母菌）、氧化-还原脱氨基（如某些梭菌）4 种。

（1）氧化脱氨　这种方式在需氧微生物中存在。在有氧条件下，氨基酸在氨基酸氧化酶的参与下，脱氨生成氨和 α-酮酸。

$$\underset{\text{丙氨酸}}{CH_3CHNH_2COOH}+1/2\ O_2 \xrightarrow{\text{氨基酸氧化酶}} \underset{\text{丙酮酸}}{CH_3COCOOH}+NH_3$$

（2）还原脱氨　在厌氧微生物中存在。在无氧条件下，氨基酸在氢化酶的催化下以还原方式脱氨生成有机酸和氨。

$$\underset{\text{天冬氨酸}}{HOOCCH_2CHNH_2COOH} \xrightarrow{\text{氢化酶}} \underset{\text{丁烯二酸}}{HOOCCH{=}CHCOOH}+NH_3$$

（3）水解脱氨　在无氧条件下，氨基酸在水解酶的参与下被水解生成羟酸和氨。

$$\underset{\text{丙氨酸}}{CH_3CHNH_2COOH}+H_2O \xrightarrow{\text{水解酶}} \underset{\text{乳酸}}{CH_3CHOHCOOH}+NH_3$$

这种脱氨方式在一些细菌和真菌中都存在，不同的氨基酸水解后生成不同的产物。例如大肠杆菌和变形杆菌等水解色氨酸生成吲哚、丙酮酸和氨，吲哚与对二甲基氨基苯甲醛试剂（寇氏试剂）反应生成红色的玫瑰吲哚。

大肠杆菌、枯草芽孢杆菌、酵母菌等能水解胱氨酸或半胱氨酸生成硫化氢，在培养基中添加硫酸亚铁或醋酸铅等重金属盐，接种培养后则出现黑色的硫化铁或硫化铅，显示硫化氢阳性反应。这两个反应常用于细菌的鉴定。

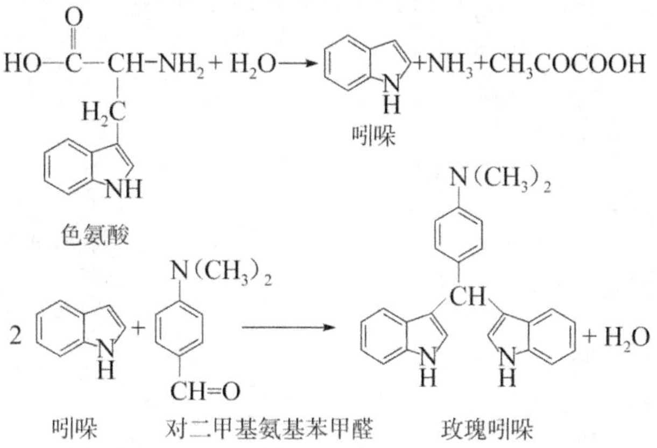

（4）氧化-还原脱氨　这种脱氨的反应主要存在于某些梭菌中，两个氨基酸互相发生氧化还原反应，生成有机酸、酮酸、氨。

6.2.3.2 脱羧作用

某些细菌和真菌以脱羧作用分解氨基酸。不同氨基酸在相应的氨基酸脱羧酶的作用下，生有机胺和 CO_2，反应通式：

$$R—CHNH_2COOH \xrightarrow{\text{氨基酸脱羧酶}} R—CH_2NH_2+CO_2$$

氨基酸的脱羧酶为诱导酶，具有高度专一性，几乎是一种脱羧酶只分解一种氨基酸。氨基酸脱羧后形成的胺有许多具有重要的生理作用，如组氨酸脱羧形成的组胺（histamine）有降低血压的作用，也是胃液分泌的刺激剂；酪氨酸脱羧形成的酪胺（tyramine）具有升血压的作用。但胺常有难闻的气味，尤其是蛋白质类食品受微生物污染后发出腐臭气味，常与产生的二元胺有关。二元胺对人有毒，是食物中毒的原因之一。

6.2.4 脂肪的分解代谢

脂肪和脂肪酸可作为很多微生物生长的碳源和能源，而微生物分解脂肪主要靠脂酶催化。脂肪是甘油和高级脂肪酸组成的甘油三酯，它在脂酶作用下水解成甘油和脂肪酸，催化的水解反应为：

$$\begin{array}{l} CH_2OCOR' \\ | \\ CHOCOR'' \\ | \\ CH_2OCOR''' \end{array} + 3H_2O \xrightarrow{\text{脂酶}} \begin{array}{l} CH_2OH \\ | \\ CHOH \\ | \\ CH_2OH \end{array} + \begin{array}{l} R'COOH \\ \\ R''COOH \\ \\ R'''COOH \end{array}$$

(1)甘油的分解　脂肪水解生成的甘油，可通过甘油激酶催化生成 α-磷酸甘油，再经过磷酸甘油脱氢酶催化生成磷酸二羟丙酮，进入 EMP 或 HMP 途径，进行分解。甘油的分解如图 6-27 所示。

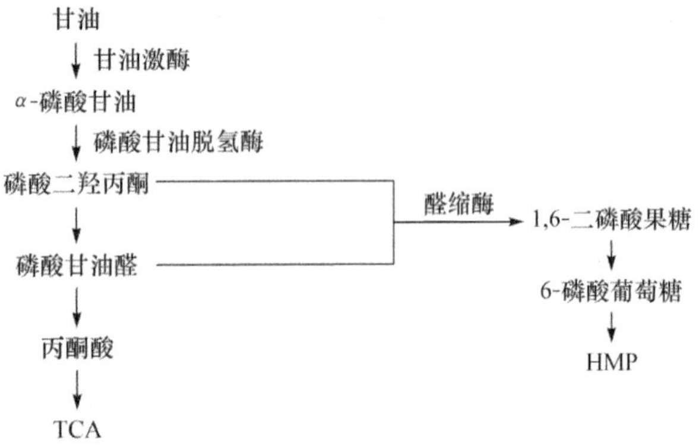

图 6-27　甘油的分解

(仿自李季伦,1993)

(2)脂肪酸的降解　组成脂肪的高级脂肪酸主要是十六碳饱和脂肪酸(软脂酸或称棕榈酸)、十八碳饱和脂肪酸(硬脂酸)、十八不饱和烯酸(油酸)、十八碳不饱和二烯酸(亚油酸)和不饱和三烯酸(亚麻酸)。

脂肪酸分解前需进行活化，即脂肪酸与辅酶 A 生成脂酰 CoA，此步由脂酰 CoA 合酶催化完成。而在真菌中长链脂肪酸(10 个碳原子以上)则需要与肉碱分子结合后被转运到线粒体中。

脂酰 CoA 进入线粒体后逐步被氧化降解，由于此氧化发生在脂酰基的 β-碳原子上，故称为 β-氧化，也是脂肪酸分解的主要途径，共分为氧化(oxidation)、水合(hydration)、氧化(oxidation)和断裂(cleavage)4 个步骤，一个循环生成乙酰 CoA 和少 2 个碳原子的脂酰 CoA，直至脂肪酸全部降解为乙酰 CoA。降解产生的乙酰 CoA 可进入三羧酸循环被彻底氧化生成 CO_2 和 H_2O，或经乙醛酸循环合成糖类。

而对于奇数碳的脂肪酸经过 β-氧化后产生乙酰 CoA 和一个丙酰 CoA，后者被激酶催化后生成甲基丙二酰 CoA，重排后转变成琥珀酰 CoA 可进入三羧酸循环而被彻底氧化。而不饱和脂肪在彻底氧化中还需要烯脂酰异构酶催化完成。

6.2.5　其他有机化合物的分解

微生物种类繁多，可以分解利用的有机化合物种类很多。在较复杂和难分解的有机材料上，都可以生长各种不同类型的微生物，如烃类物质、芳香族化合物、有机农药等。

6.2.5.1　烃类物质的分解

烃类化合物是一类高度还原性的物质，由碳、氢两种元素组成。对烃类物质的分解以细菌中的假单胞杆菌为主，其次是分枝杆菌、棒状杆菌和假丝酵母等。它们可以对正烷烃通过加氧酶催化进行氧化，使分子氧加入被氧化的烃，形成氢过氧化物，再被进一步氧化成醇、醛、脂肪酸，而脂肪酸可被微生物通过 β-氧化途径进一步分解，生成 CO_2 和 H_2O，并放出能量。

能氧化烃类物质的微生物越来越受到重视。它们可以作为勘探石油的指示菌；也可以通过氧化降低石油的凝固点；还可以利用廉价的烃类物质代替粮食大量培养微生物以获得微生物产生的蛋白质或次级代谢产物等。

6.2.5.2　芳香族物质的分解

芳香族化合物是指具有苯环的化合物，可被假单胞杆菌等细菌和青霉菌、曲霉等真菌分解。芳香族化合物的氧化一般为开环裂解，被加氧酶催化，氧化产物可以进入三羧酸循环，产生能量。如苯酚可以在假单胞菌、诺卡氏菌等的作用下，分解为乙酸和琥珀酸，二者均进入三羧酸循环。

微生物对芳香族化合物的分解也受到重视。芳香族化合物可以为微生物提供碳源和能源，为菌体利用或合成代谢产物，同时微生物可以分解进入土壤的芳香族化合物及含酚的废水，对开发生物资源、保护环境、消除污染等有重大意义。

6.2.5.3　有机农药的分解

当前世界上所使用的农药绝大多数是有机农药，大量使用严重污染环境。已发现许多微生物如土壤杆菌属、节杆菌属、诺卡氏菌属、假单胞菌属、曲霉属、青霉属等都能分解多类农药。不同种类的农药在土壤中的降解速度相差很大，如六氯环己烷(hexachlorocyclohexane，六六粉)在土壤中的半衰期为 3～4 年，双对氯苯基三氯乙烷(dichlorodiphenyltrichloroethane，DDT)的平均半衰期为 3～10 年，而氨基苯甲酸脂类杀虫剂半衰期则为 1 个月以内。农药的降解速度取决于其化学结构，破坏相应的结构就能解除其毒性。而微生物降解农药主要通过脱卤、脱烃、氧化、还原、环裂解、缩合等作用。

6.3 微生物的合成代谢

微生物的合成代谢是指从简单的小分子物质合成复杂的大分子物质，如蛋白质、核酸、多糖和脂类等化合物。合成作用必须具备3个要素，即小分子前体物质、能量和还原力，它们主要是从分解代谢中获得的。细胞中分解代谢与合成代谢是密切相关的，如图6-28所示。

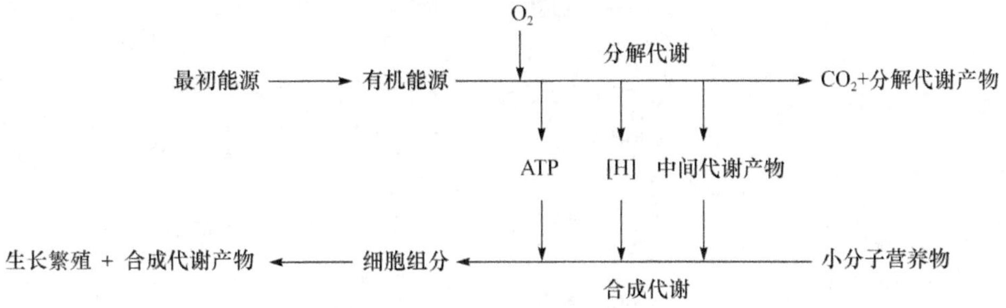

图6-28 分解代谢与合成代谢关系

(仿自周德庆，2020)

尽管分解反应和合成反应有着密切的相互联系或有着共同的中间代谢产物，但合成代谢绝不是分解代谢的简单逆转。它们的区别主要表现在：①酶系不同，在合成代谢中作用的酶和分解代谢中作用的酶不相同；②分解代谢是产能反应，而合成代谢是耗能反应；③在真核生物中，合成代谢和分解代谢发生在不同的细胞区域内，而原核生物在细胞结构上没有分区，分解代谢和合成代谢主要是由不同的酶来催化完成。

6.3.1 中间代谢产物的回补与无机养料的同化

连接分解代谢与合成代谢的中间代谢物有12种，如图6-29所示。不论是异养生物，还是自养生物，这些关键中间代谢物是能量代谢中的中间产物。当细胞进行合成代谢时，必然会因为抽走大量的中间代谢物，而影响到能量代谢的正常运转。例如，三羧酸循环中，通常情况下约有一半的中间代谢物被用作合成氨基酸和嘧啶的原料，而三羧酸循环途径要求每次循环后受体分子草酸乙酸必须得到再生才能正常进行。

为解决这类矛盾，生物体在长期的进化过程中形成了独特的代谢途径来弥补这些物质的消耗。自养生物通过吸收和固定CO_2来解决这一问题，异养生物通过回补途径来补充所消耗的中间代谢产物。回补途径是指能补充兼用代谢途径(如三羧酸循环)中因合成代谢而消耗的中间代谢产物的反应途径。

6.3.1.1 CO_2的同化与中间代谢产物的回补

(1)CO_2的同化　CO_2是自养微生物的唯一碳源，异养微生物也能利用CO_2作为辅助的碳源。将空气中的CO_2同化成为细胞有机物的过程称为CO_2的同化，也叫作CO_2的固定。微生物有两种同化CO_2的方式，一类是自养式，另一类是异养式。在自养式中，CO_2加在一个特殊的受体上，经过循环反应，使之合成糖并重新生成该受体。在异养式中，CO_2被固定在某种有机酸上。因此，异养微生物即使能同化CO_2，最终却必须依靠吸收有机碳化合物而生存。

①自养微生物对CO_2的固定：CO_2固定作用的总反应如下所示。

$$6CO_2 + 18ATP + 12NADPH + 12H_2O \longrightarrow C_6H_{12}O_6 + 18ADP + 18Pi + 12NADP^+ + 12H^+$$

这个途径存在于所有化能自养微生物和大部分光合细菌中，称为卡尔文循环(Calvin cycle)或核酮糖二磷酸途径。核酮糖二磷酸羧化酶和磷酸核酮糖激酶是本途径的两种关键酶。卡尔文循环分3个阶段：CO_2固定，即3个1,5-二磷酸核酮糖与3个CO_2在核酮糖二磷酸羧化酶催化下转化成6个3-磷酸甘油酸；3-磷酸甘油酸还原，即在还原酶作用下，3-磷酸甘油酸还原成3-磷酸甘油醛；1,5-二磷酸核酮糖再生，即5-磷酸核酮糖磷酸化再生出1,5-二磷酸核酮糖。具体如图6-30所示。

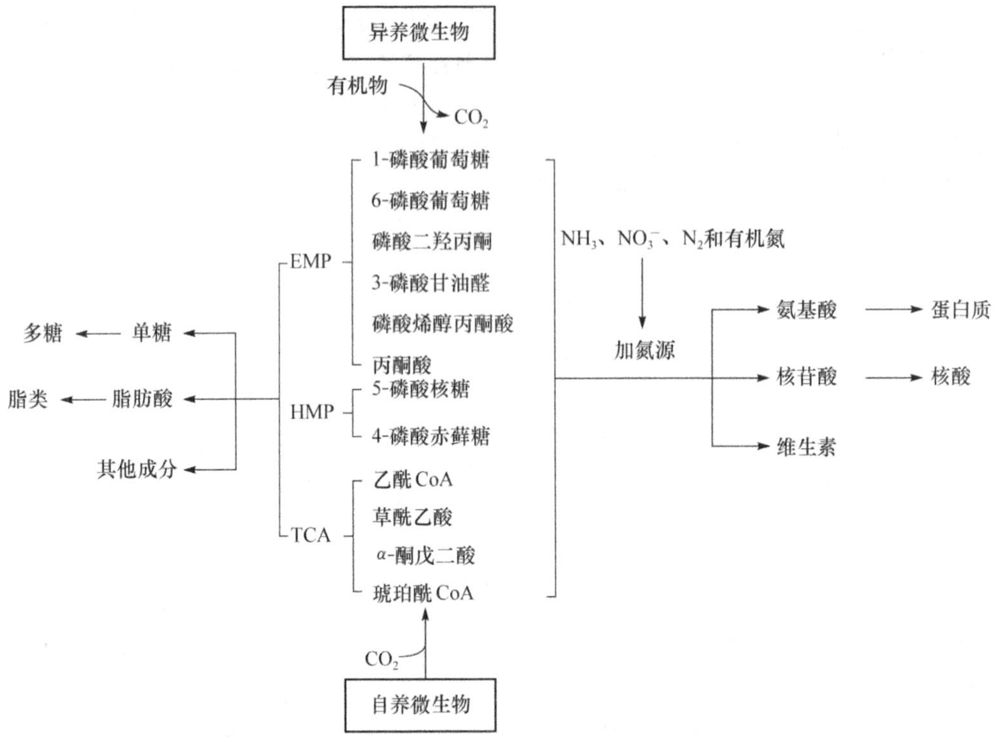

图 6-29　联系分解代谢与合成代谢的重要中间产物

（仿自周德庆，2020）

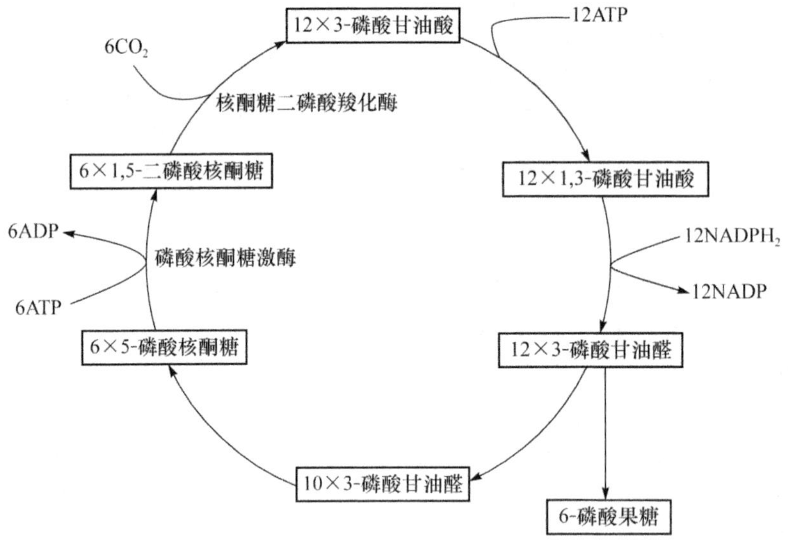

图 6-30　卡尔文循环

（仿自沈萍和陈向东，2016）

通过上述反应，由 6 分子 CO_2 实际产生了 2 分子 3-磷酸甘油醛，这一产物根据需要进一步生成细胞的各种成分，如图 6-31 所示。

除卡尔文循环外，在绿硫细菌等某些厌氧的光合细菌及热变形菌中，还发现了还原性三羧酸循环固定 CO_2 的方式，在途径上与 TCA 循环的逆反应极为相似，它要求厌氧条件。另外，在一些硫酸盐还原菌和产甲烷菌等化能自养细菌中，还有一种非环式的活性乙酸 CO_2 固定途径。

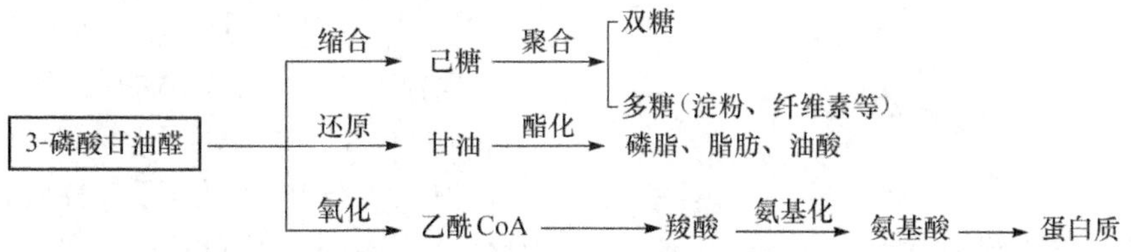

图 6-31　自养生物中 3-磷酸甘油醛的去向

（仿自周德庆，2020）

②异养微生物对 CO_2 的固定：尽管化能异养微生物的碳源只有很少量来自 CO_2，但它是必要的。从理论上来讲，利用 1 分子草酰乙酸就可以不断地推动三羧酸循环的运行，但由于三羧酸循环中的中间产物被用作生物合成的原料，如在 TCA 循环中，α-酮戊二酸和草酰乙酸可以不断排出，用于合成一些有机物。因此就必须对三羧酸循环中间产物加入补充，才能使三羧酸循环正常运行。异养型 CO_2 固定主要是合成三羧酸循环中的中间产物，即主要依靠固定 CO_2 生成四碳二羧酸化合物，来补充 TCA 循环的中间产物。下面是 3 个异养型 CO_2 固定的反应：

$$磷酸烯醇丙酮酸+CO_2 \xrightarrow{①} 草酰乙酸+Pi$$

$$丙酮酸+ATP+CO_2 \xrightarrow{②} 草酰乙酸+ADP+Pi$$

$$丙酮酸+NADH+H^+ +CO_2 \xrightarrow{③} 苹果酸+NAD^+$$

催化第 1 个反应的酶是磷酸烯醇丙酮酸（PEP）羧化酶，反应中所需能量来自磷酸烯醇丙酮酸中的高能磷酸键；催化第 2 个反应的酶是丙酮酸羧化酶，需消耗 1 分子 ATP；催化第 3 个反应的酶是苹果酸酶，需消耗 1 分子 $NADH+H^+$。

（2）中间代谢产物的回补　异养微生物除了少量固定 CO_2 来补充中间代谢产物外，研究发现异养微生物还可通过乙醛酸循环和甘油酸循环补充因合成代谢所消耗的中间代谢产物。

①乙醛酸循环（glyoxylate cycle）：当乙酸被作为底物时，草酰乙酸将会通过乙醛酸途径再生。这条途径由三羧酸循环中的反应和另外的两种酶组成，即异柠檬酸裂解酶（isocitrate lyase，TCL）（催化异柠檬酸裂解成琥珀酸和乙醛酸）和苹果酸合成酶（MS）（将乙醛酸和乙酰辅酶 A 转化为苹果酸）。乙醛酸循环见图 6-32。循环每运转一次，把 2 个二碳化合物（乙酸）合成 1 个四碳化合物（草酰乙酸）。

乙醛酸循环比较普遍存在于好氧微生物中，如细菌中的醋酸杆菌、固氮菌、大肠杆菌，真菌中的酵母、黑曲霉、青霉等，它们都可以利用以二碳化合物（乙酸、乙醇或短链脂肪酸）为碳源生长。

②甘油酸循环（glyceric acid cycle）：当微生物以甘氨酸、乙醇酸和草酸作为底物时，则通过甘油酸途径补充三羧酸循环中的中间产物，如图 6-33 所示。以甘氨酸、乙醇酸和草酸作为底物，二碳化合物先转化为乙醛酸，再经过两分子缩合、还原形成甘油酸，可进一步代谢进入 EMP 途径和 TCA 循环，补充关键中间代谢产物。许多微生物都有这条途径，可以利用乙醇酸、草酸和甘氨酸等二碳化合物作为唯一碳源生长。

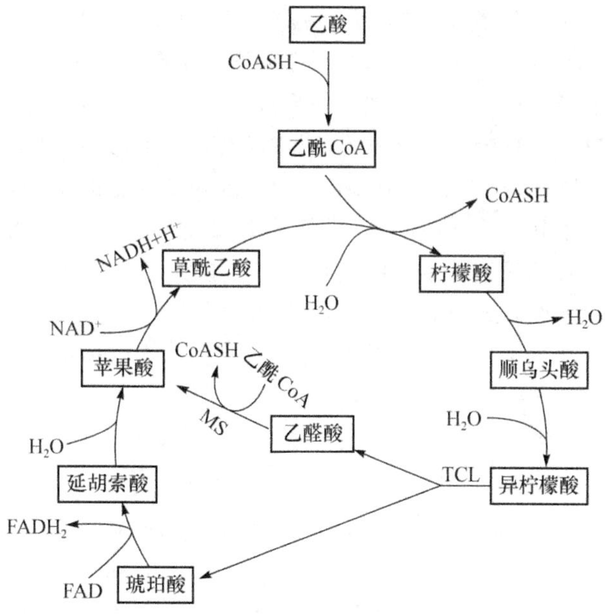

图 6-32　乙醛酸循环

（仿自周德庆，2020）

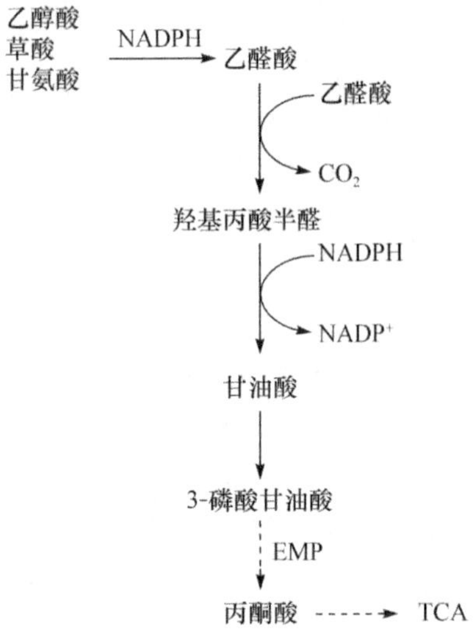

图 6-33　甘油酸循环

（仿自诸葛健和李华钟，2010）

6.3.1.2　其他无机养料的同化

任何营养型的微生物都需要无机盐离子（如硝酸根离子和硫酸根离子），有的微生物也能同化元素分子（如 N_2）。这些元素或离子只有经过同化后，方能被微生物利用。

（1）硝酸盐的同化　硝酸盐是一种高度氧化状态的无机氮源，它首先要被还原成氨才能同化为有机氮化物。这一还原作用完全不同于以硝酸根作为电子最终受体的硝酸盐呼吸作用。硝酸盐呼吸是通过厌氧呼吸的产能方式，形成的终产物是 N_2 和其他气态氮，产物被释放到细胞外，会造成氮肥的损失，其中间产物 NO 和 N_2O 还会污染环境。而微生物吸收硝酸盐逐步还原成氨用于细胞物质合成的硝酸盐还原方式，称为硝酸盐的同化还原。大多数细菌、丝状真菌和少数酵母菌都能够进行硝酸盐的同化还原。同化型硝酸还原需经过两个阶段。

第一个阶段是硝酸盐还原成亚硝酸盐：

$$NO_3^- + NADPH + H^+ \longrightarrow NO_2^- + H_2O + NADP^+$$

此反应由同化型硝酸还原酶催化，供氢体是 $NADPH+H^+$ 或 $NADH+H^+$。同化型硝酸还原酶是一种位于细胞质中的可溶性酶，当微生物以氨作为氮源时，它的合成可被氨阻遏。

第二阶段是由亚硝酸还原成氨：

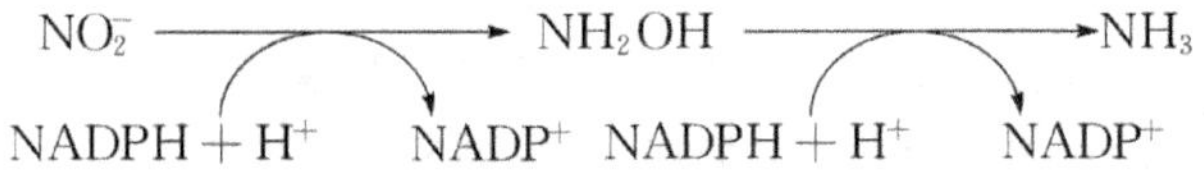

其中，NO_2^- 被还原成羟胺（NH_2OH）的反应是由亚硝酸还原酶催化的，该酶是一种含有金属的蛋白。粗糙脉孢霉（*Neurospora crassa*）的亚硝酸还原酶中含有 Cu 和 Fe。供氢体可以是 $NADPH+H^+$，也可以是 $NADH+H^+$。催化羟胺形成氨的羟胺还原酶也是含有金属的蛋白。棕色固氮菌（*Azotobacter vinelandii*）的羟胺还原酶就含有 Mn，供氢体是 $NADPH+H^+$ 或 $NADH+H^+$。

（2）硫酸盐的同化　硫元素是含硫氨基酸、B 族维生素的重要成分。大多数微生物能够从环境中吸收无机硫酸盐，在细胞内还原合成有机硫，来补充对硫元素的需要。微生物吸收无机硫酸盐，并还原合成有机硫的过程称为同化型硫酸盐还原，这一过程不同于硫酸盐的异化还原。在异化还原时，硫酸盐作为厌氧呼吸中电子最终受体。

硫酸盐的同化还原过程（图 6-34）首先是 ATP 对硫酸根的活化，包括两步反应：第一步合成腺苷磷酸硫酸（APS），第二步合成磷酸腺苷磷酰硫酸（PAPS）。被活化了的硫酸以 NADPH 作为电子供体，随后依次还原为亚硫酸（SO_3^{2-}）和硫化氢（H_2S）。最后 H_2S 加到丝氨酸上，产生半胱氨酸而成为有机硫。

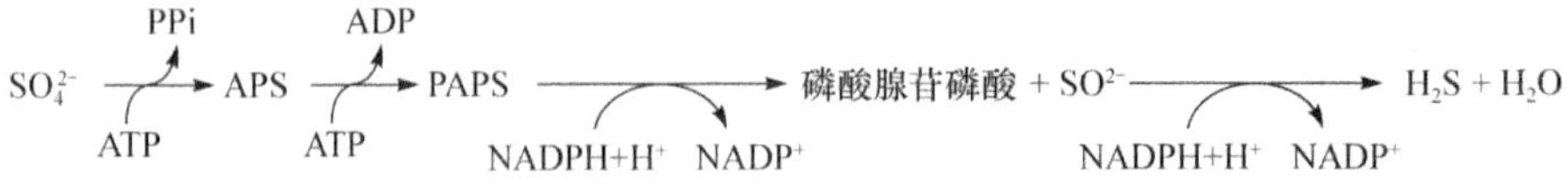

图 6-34　微生物同化硫酸盐

（仿自杨苏声和周俊初，2004）

（3）分子态氮的同化（生物固氮作用）　所有的生命都需要氮，氮的最终来源是无机氮。尽管大气中氮气的比例占了 78%，但所有的动植物以及大多数微生物都不能利用分子态氮作为氮源。目前仅发现一些特殊类群的原核生物能够将分子态氮还原为氨，然后再由氨转化为各种细胞物质。微生物将分子态氮气通过固氮酶的催化而还原为氨的过程称为生物固氮。总反应式如下。

$$N_2 + 8e^- + 8H^+ + nATP \longrightarrow 2NH_3 + H_2 + nADP + nPi$$

①固氮生物：具有固氮作用的微生物近50个属，包括细菌、放线菌和蓝细菌。目前尚未发现真核微生物具有固氮作用。根据固氮微生物与高等植物以及其他生物的关系，可以把它们分为4大类：自生固氮菌、共生固氮菌、联合固氮菌和内生固氮菌。

自生固氮菌(free-living nitrogen-fixer)指一类不依赖其他种生物而能独立进行固氮的微生物，如下所示：

- 自生固氮菌
  - 好氧
    - 化能异养：固氮菌属、拜叶林克氏菌属
    - 化能自养：氧化亚铁硫杆菌、产碱菌属
    - 光能自养：多种蓝细菌、如念珠蓝细菌属、鱼腥蓝细菌属
  - 兼性厌氧
    - 化能异养：克雷伯菌属、多黏芽孢杆菌
    - 光能异养：红螺菌属、红假单胞菌属
  - 厌氧
    - 化能异养：巴氏梭菌、甲烷八叠球菌属
    - 光能自养：着色菌属、绿假单胞菌属

共生固氮菌(symbiotic nitrogen-fixer)指必须与其他种生物共生在一起时才能进行固氮的微生物，如下所示：

- 共生固氮菌
  - 根瘤
    - 豆科植物：根瘤菌属、固氮根瘤菌属、慢性根瘤菌属、中华根瘤菌属
    - 非豆科植物：弗兰克氏菌属
  - 植物
    - 地衣：念珠蓝细菌属、鱼腥蓝细菌属
    - 满江红：满江鱼腥蓝细菌

联合固氮菌(associative nitrogen-fixer)指必须生活在植物根际、叶面或动物肠道等处才能进行固氮的微生物。营联合固氮的固氮菌主要有雀稗固氮菌(*Azotobacter paspali*)、产脂固氮螺菌(*Azospirllum lipoferum*)等，它们在某些作物的根系黏质鞘内生长发育，并把所固定的氮供给植物，但并不形成类似根瘤的共生结构。

内生固氮菌(endophytic nitrogen-fixer)指那些定殖在植物内部进行生物固氮的微生物。它们在土壤中不能生存或生存能力很差，而以相当高的数量存在于植物组织内，不引起宿主任何不良反应。近年来，在甘蔗、玉米、棕榈树、咖啡树等经济作物中发现了多种内生固氮菌。内生固氮菌的发现和研究将为生物固氮在农业生产中的利用开拓新的途径。

②生物固氮机制：生物固氮是一个十分复杂的生物化学反应，虽然已经有几十年的研究历史，但是具体的机制仍然不十分清楚。现就目前掌握的知识做一简单的介绍。

固氮反应需要大量ATP、还原力NAD(P)H、固氮酶、N_2、Mg^{2+}及严格的厌氧微环境(二维码6-1)。据测定，固定1 mol N_2需要消耗10～15 mol ATP。这些ATP由呼吸、发酵或光合磷酸化过程提供。

二维码6-1 固氮反应的要素

微生物之所以能够在常温常压条件下固氮，关键是靠固氮酶的催化作用。整个固氮过程主要经历以下5个环节：由Fd或Fld向氧化型铁氧还蛋白的铁原子提供电子，使其还原；还原型的铁氧还蛋白与ATP-Mg结合，并使构象改变；钼铁蛋白中的"FeMoCo"与分子氮结合，并与还原型的铁氧还蛋白-Mg-ATP复合物反应，形成一个1∶1复合物，即形成完整的固氮酶；在固氮酶分子中，电子从还原型铁氧还蛋白-Mg-ATP复合物转移到钼铁蛋白的铁原子上，同时ATP水解成ADP＋Pi；通过上述过程连续6次的运转，钼铁蛋白释放出2个NH_3分子。固氮反应的催化机制见图6-35。

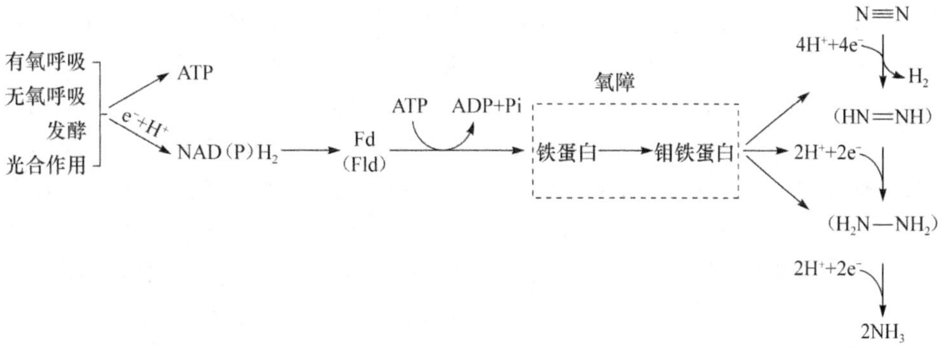

图6-35 固氮酶的催化机制

(仿自周德庆，2020)

氮气经固氮酶催化而还原成氨后，通过图 6-36 中的生化反应途径与相应的酮酸结合，形成各种氨基酸，进而用于合成蛋白质。

固氮酶避氧害机制。前已述及，固氮酶的两个蛋白组分对氧是极其敏感的，它们一旦遇氧就很快导致不可逆的失活。例如，铁氧还蛋白一般在空气中暴露 45 s 后即丧失一半活性；钼铁蛋白的活性半衰期也只有 10 min。

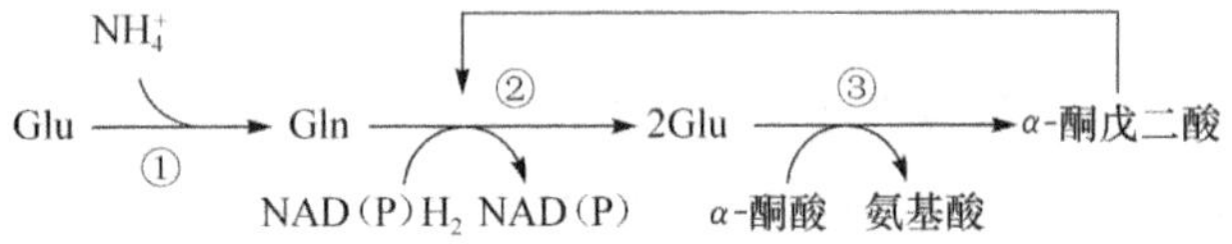

Glu：谷氨酸　Gln：谷氨酰胺

①为谷氨酰胺合成酶　②为谷氨酸合成酶　③为转氨酶

图 6-36　氨的转化

（仿自周德庆，2020）

已知的大多数固氮微生物都是好氧菌，其生命活动（包括生物固氮）所需大量能量都是来自好氧呼吸和非循环光合磷酸化。如何解决好氧生化反应（呼吸）和厌氧生化反应（固氮）这两种相互矛盾的过程呢？研究发现好氧性固氮菌在长期进化过程中，已经进化出适合在不同条件下保护固氮酶免受氧害的机制了。

好氧性自生固氮菌的抗氧保护机制主要包括呼吸保护和构象保护。前者是指一些固氮菌科的细菌具有极强的呼吸作用，能迅速将周围环境中的氧消耗掉，使细胞周围微环境处于低氧状态，借此保护固氮酶。后者指一些固氮菌如褐球固氮菌等的固氮酶能与一种耐氧蛋白即铁硫蛋白结合，形成一个无固氮活性但能防止氧害的特殊构象。

在具有异形胞分化的蓝细菌，固氮作用只局限在异形胞中进行。异形胞的体积较一般营养细胞大，细胞外有一层由糖脂组成的片层式的较厚外膜，能阻止氧气进入细胞；异形胞内缺乏产氧光合系统Ⅱ，且脱氢酶和氢化酶的活性高，使异形胞能维持很强的还原态；异形胞还有比邻近营养细胞高出 2 倍的呼吸强度，借此也可消耗过多的氧并产生对固氮必需的 ATP。非异形胞蓝细菌通过将固氮作用与光合作用进行时间上的分隔（白天光照下进行光合作用，夜晚黑暗下进行固氮作用）来达到保护固氮酶的效果。

豆科植物根瘤菌在根瘤中分化成形态各异的类菌体，其周围包被着一层类菌体周膜，使类菌体处在一个有良好氧、氮和营养的环境中。最重要的是此层膜的内外都存在着一种独特的豆血红蛋白。豆血红蛋白通过氧化态（Fe^{3+}）和还原态（Fe^{2+}）间的变化发挥“缓冲剂”作用，借此使游离 O_2 维持在低而恒定的水平上，以保证固氮作用的正常进行。

6.3.2　微生物生物大分子的合成代谢

构成细胞的重要成分是生物大分子，包括糖类、蛋白质、核酸、脂类等。微生物和其他生物一样，可采用类似的方式合成上述大分子物质。这些物质的合成代谢是生物化学课程的重点内容，这里不做更多重复介绍。以下仅以糖类和蛋白质的合成为例做一简单介绍。

6.3.2.1　糖类合成

微生物在生长过程中，除了有分解糖类的能量代谢外，还能不断地从简单化合物合成糖类，以构成细胞生长所需要的单糖、多糖等。单糖和多糖的合成对自养微生物和异养微生物的生命活动十分重要。

（1）单糖的合成　微生物合成反应中所需的单糖可从外界环境直接获得或用非糖前体物来合成。无论自养微生物还是异养微生物其合成己糖的途径一般都是通过 EMP 途径逆行首先合成 6-磷酸葡萄糖（此过程称为糖异生，此部分属于生物化学内容，在此不做详细介绍），然后再转化为其他的糖。糖异生途径是由非糖前体物合成新的葡萄糖分子的过程。糖异生作用的起始物质是磷酸烯醇丙酮酸（PEP），PEP 可在不同于糖酵解途径中的酶作用下，逆向合成 6-磷酸葡萄糖。因此，单糖合成的中心环节是葡萄糖的合成。但自养微生物和异养微生物合成葡萄糖的前体来源不同。自养微生物通过卡尔文循环可产生 3-磷酸甘油醛。异养微生物可通过各种途径合成葡萄糖的前体代谢中间物，如丙酮酸、草酰乙酸、磷酸烯醇丙酮酸、3-磷酸甘油醛，再经糖异生途径合成葡萄糖（图 6-37）。

己糖生物合成中的关键中间物是尿苷二磷酸葡萄糖（UDP-葡萄糖，UDPG）。UDPG 含有尿嘧啶核苷，故称为核苷糖。UDPG 是葡萄糖的活化形式，它既可作为其他核苷糖合成时的起始物质，也可作为细胞多糖的葡萄糖前体。其他种类的己糖均可通过一定的生化反应，由 UDPG 转化获得（详细内容，请查阅生物化学的相关内容）。

在大多数情况下，戊糖是将己糖脱去一个碳原子而得到的。这个反应可由多种途径实现，其中最普遍的是经由6-磷酸葡萄糖的氧化脱羧途径，产生的5-磷酸核酮糖。5-磷酸核酮糖可转化为另外两种戊糖，其中一种即是5-磷酸核糖，可直接用于RNA的合成。5-磷酸核糖可经酶还原反应生成脱氧核糖用于DNA合成(图6-37)。

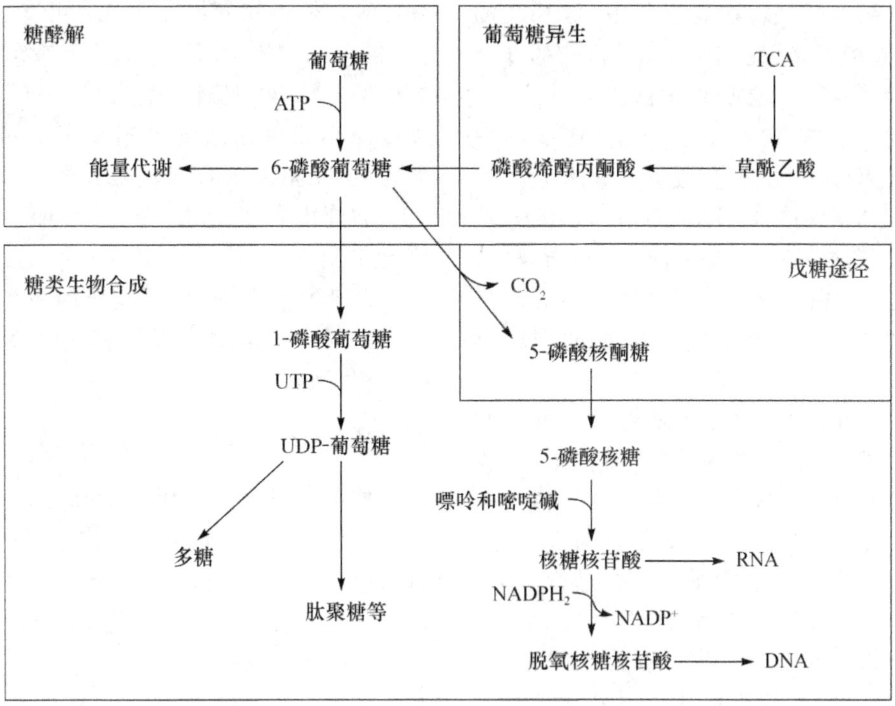

图6-37 己糖代谢中的主要反应途径

(仿自沈萍和陈向东，2016)

(2)多糖的合成——肽聚糖的合成　微生物细胞内所含的多糖是一种多聚物，包括同多糖和杂多糖。同多糖是由相同单糖分子聚合而成的糖类，如糖原、纤维素等。杂多糖是由不同单糖分子聚合而成的糖类，如肽聚糖、脂多糖和透明质酸等。多糖的合成不是分解反应的逆转，而是以一种核苷糖为起始物，接着糖单位逐个地添加在多糖链的末端。这里仅以既有代表性又有重要意义的肽聚糖为例，进行比较详细的介绍。

肽聚糖是细菌细胞壁里的一种独特的杂多糖，在真细菌的生命活动中有着重要的功能，尤其是许多重要抗生素(如青霉素、头孢霉素、万古霉素、环丝氨酸和杆菌肽等)呈现其选择毒力的物质基础。肽聚糖的基本单位是*N*-乙酰葡萄糖胺(NAG)和*N*-乙酰胞壁酸(NAMA)与一条短肽链以β-1,4-糖苷键交替连接起来的多聚体。研究发现，肽聚糖的单体是在细胞内合成的，然后通过细胞质膜的组装与运载，在膜外交联作用形成肽聚糖。在合成过程中需要两个主要的载体：一个是尿嘧啶二磷酸(UDP)，它可以作为许多种多聚糖合成的载体；另一个是类脂载体，是一种由55个碳原子组成的聚戊二烯磷酸酯，又称细菌萜醇(bactoprenol)。其合成步骤如下。

①UDP-NAG和UDP-NAMA的合成：这两种物质的合成发生在细胞质中，过程如图6-38所示。

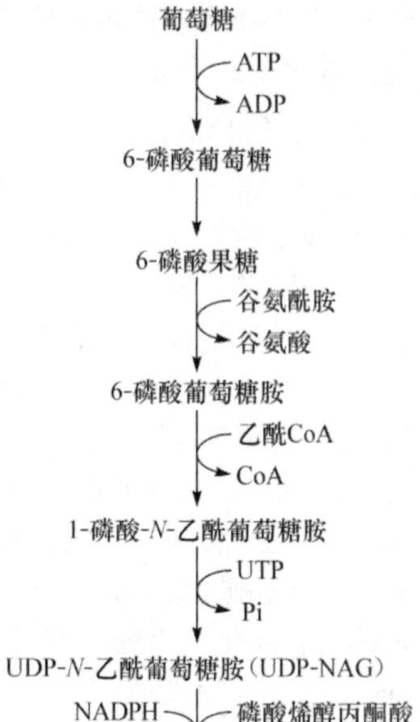

图6-38 *N*-乙酰葡萄糖胺和*N*-乙酰胞壁酸的合成

(仿自杨苏声和周俊初，2004)

②UDP-NAMA-5 肽的合成：首先，*L*-丙氨酸与 UDP-NAMA 上的羧基通过肽键连接，然后 *D*-谷氨酸、*L*-赖氨酸、*D*-丙氨酸和 *D*-丙氨酸依次以肽键连接，形成 UDP-NAMA-5 肽，在这五肽中，氨基酸的顺序不是由 DNA 模板基因决定的，而是由酶的专一性决定的，是一种非核糖体依赖的多肽合成。

③组装与运载：UDP-NAMA-5 肽转移至细胞质膜，与膜上的类脂载体结合，生成类脂载体-P-NAMA-5 肽，放出 UMP。UDP-NAG 以 β-1，4-糖苷键与 NAMA 结合，形成 NAG-NAMA-5 肽-类脂载体，放出 UDP，合成肽聚糖单体——双糖肽亚单位。它可以插入正在增长的细胞壁生长点上，同时释放出类脂载体焦磷酸。

④肽聚糖的交联：肽聚糖交联是指肽聚糖中肽链之间的连接。革兰氏阴性细菌（如大肠杆菌）一般是一条肽链的第 4 个氨基酸与另一条肽链的第 3 个氨基酸之间以肽键直接交联；革兰氏阳性细菌（如金黄色葡萄球菌）是通过 5 个甘氨酸的肽桥进行交联。交联反应受转肽酶的催化，在转肽的同时，NAMA-5 肽链上的第 5 个氨基酸（*D*-丙氨酸）释放出来，然后倒数第二个 *D*-丙氨酸的游离羧基与相邻甘氨酸五肽的游离氨基间形成肽键而实现交联。所以，经过转肽作用，五肽尾变成了四肽尾。青霉素、头孢霉素等抗生素能通过抑制转肽酶活性来抑制肽聚糖的合成，从而起到抑菌作用。

此外，环丝氨酸、万古霉素和杆菌肽等其他一些抗生素可以分别在肽聚糖合成的不同阶段起抑制作用，从而影响细菌细胞壁的生成。

6.3.2.2 蛋白质的合成代谢

氨基酸是合成蛋白质的基本单位。因此，在介绍蛋白质合成之前首先重点介绍氨基酸的合成。

（1）氨基酸的合成　构成蛋白质的氨基酸有 21 种之多，许多微生物都可以自己合成生长所需全部氨基酸，也有一些微生物没有合成某些氨基酸的能力，需要外界供给才能生长。在氨基酸合成中，主要包含着两个方面的问题：氨基酸碳骨架的合成；氨基的结合。合成氨基酸的碳骨架来自糖代谢产生的中间产物，而氨有以下 4 种来源：一是直接从外界环境获得；二是通过体内含氮化合物的分解得到；三是通过固氮作用合成；四是由硝酸还原作用合成。另外，对于含硫氨基酸，还需要硫的供给。大多数微生物可从环境中吸收硫酸盐作为硫的供体，经过一系列的还原反应后才能用于含硫氨基酸的合成。

氨基酸的合成主要有 3 种方式：一是氨基化作用；二是转氨基作用；三是中间产物转化。

①氨基化作用：指 α-酮酸与氨反应直接形成相应氨基酸的过程。氨基化作用是微生物同化氨的重要途径。微生物经同化型硝酸还原生成的氨，经生物固氮作用生成的氨，或直接自外界吸收来的氨，都可以使 α-酮酸氨基化，生成相应的氨基酸。能直接吸收氨合成氨基酸的 α-酮酸有 α-酮戊二酸和丙酮酸，其中谷氨酸的合成就是 α-酮戊二酸在谷氨酸脱氢酶的催化下，以 $NAD(P)^+$ 为辅酶，通过氨基化反应合成。

②转氨基作用：转氨基作用是指在转氨酶作用下，将一种氨基酸的氨基转移给酮酸，形成新氨基酸的过程，例如：

$$谷氨酸 + 丙酮酸 \longrightarrow \alpha\text{-}酮戊二酸 + 丙氨酸$$

转氨作用普遍存在于各种微生物体内，是氨基酸合成代谢和分解代谢中极为重要的反应。通过转氨基作用，微生物可以消耗一些含量过剩的氨基酸，以得到某些含量较少的氨基酸。

③中间产物转化：除了上述直接合成方式外，氨基酸还可以通过糖代谢的中间产物如 3-磷酸甘油、4-磷酸赤藓糖、草酰乙酸、3-磷酸核糖焦磷酸等，经一系列的生化反应而合成。此方面的内容属于生物化学，鉴于篇幅限制，在此不做详细介绍。

（2）蛋白质的合成　微生物和其他细胞生物一样，能够在基因的指导下，依赖核糖体合成各种功能蛋白。此部分内容作为基因表达的重点，在生物化学和分子生物学中有较为详尽的讲解，在此不再赘述。除此之外，在微生物，特别是一些原核微生物中还存在不依赖核糖体的多肽合成机制，如肽聚糖中 UDP-NAMA-5 肽的合成。在这种多肽合成中，氨基酸的顺序不是由基因的核苷酸序列决定的，而是由相关合成酶的专一性决定的。

6.4 微生物代谢的调节

微生物细胞内各种代谢反应错综复杂，各个反应过程之间相互制约，彼此协调，且随环境条件的变化而迅速改变代谢反应的速度。微生物细胞代谢的调节主要是通过控制酶的作用来实现的，主要有两种类型：一类是酶活性调节，调节的是已有酶分子的活性，是在酶化学水平上进行的；另一类是酶合成的调节，调节的是酶分子的合成量，是在遗传学水平上发生的。本节着重介绍酶活性的调节，有关酶合成的调节属于分子生物学内容，在此不做更多的阐述。

6.4.1 酶活性调节机制

酶活性的调节是指对细胞已有的酶，进行分子构象或分子结构的改变，以达到提高或降低其催化反应速率的作用。这种调节方式可以使微生物细胞对环境变化做出迅速的反应。酶活性调节的机制主要有两种：别构调节和共价修饰调节。

6.4.1.1 别构调节

在某些重要的生化反应中，催化反应的酶在空间至少有两个不同的部位：一个为催化部位；一个为调节部位。某些效应物可以与这种酶的调节部位相互作用而使酶分子构象发生改变，进而使催化部位受到影响，导致酶的催化活性改变，这种现象称为酶的别构调节（allosteric regulation）。别构酶通常是一些在代谢途径中起关键作用的酶，往往是催化某一代谢途径的第一个酶。

6.4.1.2 共价修饰调节

共价修饰调节（covalent modification regulation）是酶活性调节的另一种重要机制，是指调节酶的肽链上的某些基团在不同催化单向反应的酶的催化下发生可逆的共价修饰，使之处于活性和非活性的互变状态，从而导致调节酶的激活或抑制，以控制代谢的速度和方向。这种调节称为酶的化学修饰调节又称共价修饰调节。在微生物中已经发现了多种类型的可逆共价修饰方式，如一些酶的磷酸化/去磷酸化、乙酰化/去乙酰化、腺苷酰化/去腺苷酰化、尿苷酰化/去尿苷酰化、甲基化/去甲基化等。

6.4.2 代谢途径中的调节方式

微生物生长繁殖的代谢途径是复杂的，要正常生长就需要依靠调节系统，一方面严格地控制代谢活动，使之有条不紊、协调有效地进行；另一方面能灵活地适应外界环境的变化。微生物在代谢水平上的调节，主要通过酶的激活和抑制来完成的。

6.4.2.1 酶的激活

酶活性的激活是指代谢途径中后面的反应被前面反应的中间产物所促进的现象。酶的激活作用普遍存在于微生物的代谢中，对代谢的调节起重要作用。例如，在糖分解的 EMP 途径中，1，6-二磷酸果糖积累可以激活丙酮酸激酶和磷酸烯醇丙酮酸羧化酶，促进葡萄糖的分解。

6.4.2.2 反馈抑制

在代谢途径中酶活性的抑制主要通过反馈抑制实现的。反馈抑制（feedback inhibition）是指生物代谢途径的终产物过量可直接抑制该途径中第一个酶的活性，使整个过程减缓或停止，避免终产物过多积累。反馈抑制具有作用直接、效果快速及终产物浓度低时又可消除抑制等优点。接受反馈抑制的酶往往是别构酶。当酶与效应物结合可引起酶结构的变化，从而改变酶活性中心对底物的亲和力，调节酶的活性。

（1）直线式代谢途径的反馈抑制　这是最简单的反馈抑制。例如，*E. coli* 在合成异亮氨酸时的第一个酶是苏氨酸脱氨酶，这个酶被其末端产物异亮氨酸反馈抑制，减少中间代谢产物 α-酮丁酸，避免末端产物过多积累。另外，谷氨酸棒杆菌（*Corynebacterium glutamicum*）利用谷氨酸合成精氨酸也是直线式反馈抑制的典型例子。

（2）分支代谢途径的反馈抑制　在有两种或两种以上的末端产物的分支代谢途径中，调节方式较为复杂。其共同特点是每个分支途径的末端产物控制分支点后的第一个酶，同时每个末端产物又对整个途径的第一个酶有部分的抑制作用，分支代谢的反馈调节方式有多种。据目前所知，其调节方式主要有：同工酶调节、协同反馈抑制、累加反馈抑制等。

①同工酶调节（isozyme regulation）：同工酶是一类作用于同一底物，催化同一反应，但酶的分子构型不同，并能分别受不同末端产物反馈抑制的酶。同工酶调节比较普遍地存在于微生物代谢途径中。同工酶对分支途径的反馈调节模式见图 6-39a。其特点是：在分支途径中的第一个酶有几种结构不同的一组同工酶，每一种代谢终产物只对一种同工酶具有反馈抑制作用，只有当几种终产物同时过量时，才能完全阻止反应的进行。这种调节方式的著名例子是大肠杆菌天冬氨酸族氨基酸的合成。有 3 个天冬氨酸激酶催化途径的第一个反应，分别受赖氨酸、苏氨酸及甲硫氨酸的调节。

②协同反馈抑制（cooperative feedback inhibition）：许多微生物的分支代谢途径中，催化第一步反应的酶往往有多个与末端产物结合的位点，可以分别与相应的末端产物结合；只有当酶上的每个结合位点都与各自过量的末端产物结合以后，才能抑制该酶的活性；任何一种末端产物过量，其他的末端产物不过量都不会引起对酶活性的反馈抑制（图 6-39b）。这种需要各个末端产物同时过量才能引起

反馈抑制的方式称为协同反馈抑制。例如，在多黏芽孢杆菌的天冬氨酸族氨基酸合成途径中存在协同反馈抑制，只有苏氨酸与赖氨酸在细胞内同时积累，才能抑制天冬氨酸激酶的活性。

③累积反馈抑制(cumulative feedback inhibition)：在分支代谢途径中，各种末端产物单独过量时，它们各自能对途径中的第一个反应的酶仅产生较小的抑制作用。一种末端产物单独过量并不影响其他末端产物的形成，只有当几种末端产物同时过量时，才对途径中的第一个酶产生较大的抑制(图6-39c)。当各种末端产物同时过量时，它们的抑制作用是累加的。如果末端产物Y单独过量时，抑制AB酶活性的40%，剩余酶活性为60%，如果末端产物Z单独过量时抑制AB酶活性的30%，当Y和Z同时过量时，其抑制活性为：40%+(1−40%)×30%=58%。累积反馈抑制最早是在大肠杆菌的谷氨酰胺合成酶的调节过程中发现的，该酶受8个最终产物的累积反馈抑制。8个最终产物同时存在时，酶活力完全被抑制。

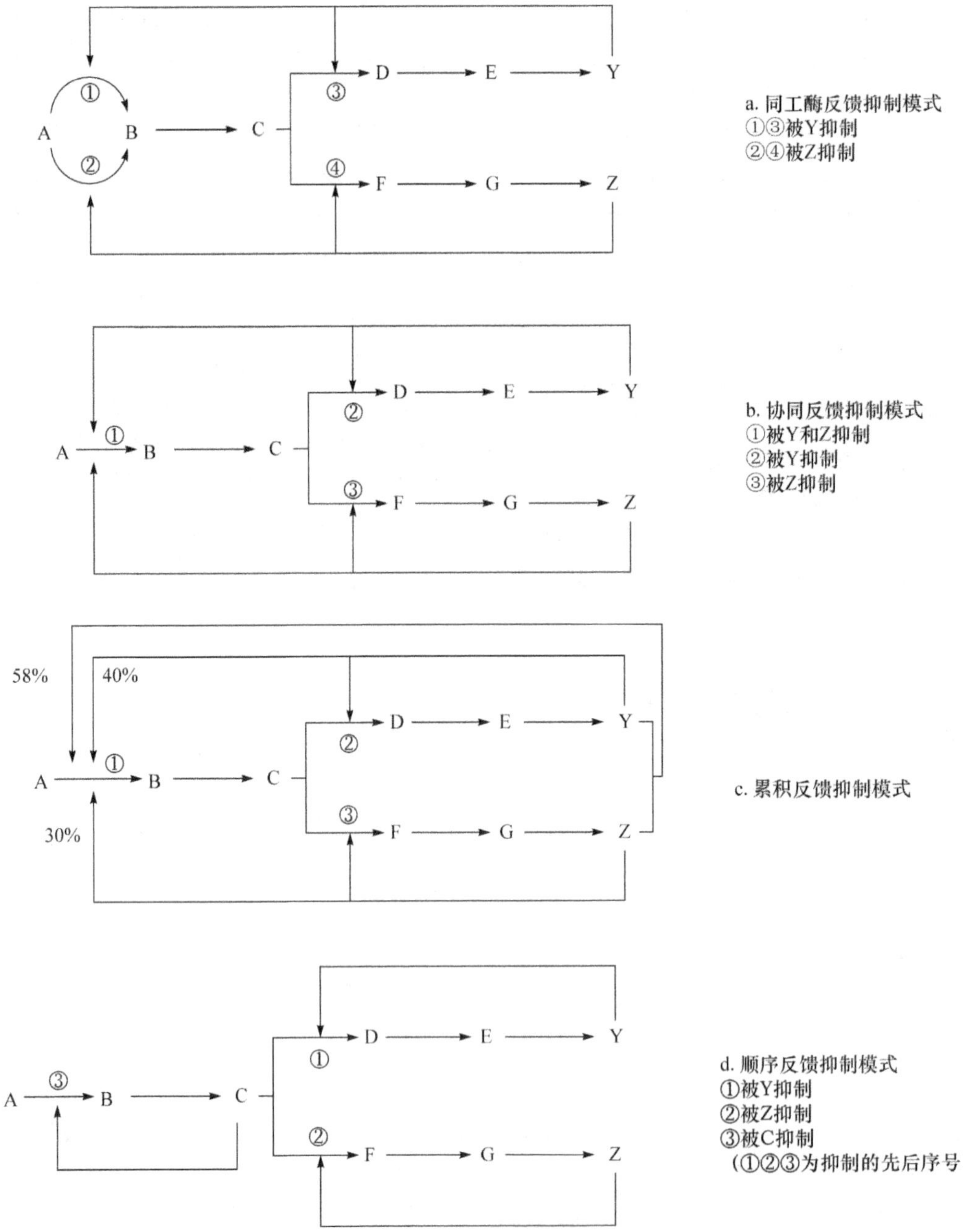

图6-39 酶的反馈调节模式

(引自沈萍和陈向东，2016)

④顺序反馈抑制(sequential feedback inhibition):分支代谢途径中的两个末端产物,不能直接抑制代谢途径中的第一个酶,而是分别抑制分支点后的反应步骤,造成分支点上中间产物的积累,这种高浓度的中间产物再反馈抑制第一个酶的活性(图6-39d)。因此,只有当两个末端产物都过量时,才能对途径中的第一个酶起到抑制作用。枯草芽孢杆菌合成芳香族氨基酸的代谢途径就采取这种方式进行调节。

6.5 微生物次级代谢与次级代谢产物

6.5.1 次级代谢与次级代谢产物

生物从外界吸收的各种营养物质,通过分解代谢和合成代谢,生成维持生命活动的物质和能量的过程,称为初级代谢(primary metabolism)。初级代谢是一类普遍存在于一切生物中的代谢,它与生物的生存有关。次级代谢是相对于初级代谢而提出的一个概念。一般认为,次级代谢(secondary metabolism)是指微生物在一定的生长时期,以初级代谢产物为前体,合成一些对微生物的生命活动无明确功能的物质,这一过程的产物,即为次级代谢产物。

次级代谢不像初级代谢那样有明确的生理功能,它们既不参与细胞的组成,又不是酶的活性基,也不是细胞的贮藏物质,大多分泌于胞外,因此次级代谢途径即使被阻断,也不会影响菌体生长繁殖。

次级代谢与初级代谢关系密切,初级代谢的关键性中间产物往往是次级代谢的前体,如糖降解过程中的乙酰辅酶A是合成四环素、红霉素的前体。次级代谢一般在菌体指数生长后期或稳定期进行,但会受到环境条件的影响。某些催化次级代谢的酶的专一性不高。次级代谢产物的合成,因菌株不同而异,但与分类地位无关,质粒与次级代谢的关系密切,控制着多种抗生素的合成。次级代谢过程的产物,即为次级代谢产物。有人把超出生理需求的过量初级代谢产物也看作是次级代谢产物。次级代谢产物大多是分子结构比较复杂的化合物,根据所起作用,可分为维生素、抗生素、生长刺激素、生物碱、毒素、色素等。

6.5.2 次级代谢的调节

6.5.2.1 初级代谢对次级代谢的调节

与初级代谢类似,次级代谢的调节过程也有酶活性的激活和抑制以及酶合成的诱导和阻遏。次级代谢一般以初级代谢产物为前体,因此次级代谢必然会受到初级代谢的调节。例如在产黄青霉的青霉素合成中,赖氨酸过量能够抑制青霉素合成,而赖氨酸合成的前体 α-氨基己二酸可以缓解赖氨酸的抑制作用,并能刺激青霉素的合成。因为,从乙酰CoA和 α-酮戊二酸合成 α-氨基己二酸是合成赖氨酸和青霉素的同途径,赖氨酸过量就会抑制这个共同反应途径中的第一个酶,进而同时抑制了赖氨酸和青霉素的合成。

6.5.2.2 碳、氮代谢物的调节作用

次级代谢产物一般在菌体指数生长后期或稳定期合成,这是因为在菌体生长阶段,能快速利用碳源产生降解阻遏物,抑制次级代谢酶系的合成。当进入指数后期或稳定期,这类碳源被消耗完后,抑制作用被解除,次级代谢产物得以合成。

高浓度的 NH_4^+ 可以降低谷氨酰胺合成酶的活性,而后者的比活力与抗生素的合成呈正相关性,因此高浓度的 NH_4^+ 对抗生素的生产有不利影响。而硝酸盐却可以大幅度地促进抗生素的合成,这是因为硝酸盐可以促进糖代谢和三羧酸循环酶系的活力,使微生物产生更多的前体,用于抗生素的合成。

6.5.2.3 诱导作用及产物的反馈抑制

在次级代谢中也存在着诱导作用,例如巴比妥虽不是利福霉素的前体,也不参与利福霉素的合成,但能促进将利福霉素SV转化为利福霉素B的能力。同时,次级代谢产物的过量积累也能像初级代谢那样,反馈抑制其合成酶系。

此外,培养基中的磷酸盐、溶解氧、金属离子及细胞膜透性也会对次级代谢产生或多或少的影响。

本章小结

微生物通过机体内完整统一的体系进行新陈代谢,获得能量、还原力和简单小分子用于合成细胞物质,实现自身的生长和繁殖。其中能量代谢是微生物新陈代谢的核心。微生物的能量代谢具有极其丰

富的多样性。绝大多数的微生物是异养生物，它们利用有机物作为能源，通过生物氧化以及与此相连的氧化磷酸化或底物水平磷酸化反应形成ATP。生物氧化可分为脱氢、递氢和受氢3个阶段，并按其最终氢受体的性质而分为有氧呼吸、无氧呼吸或发酵3种。有氧呼吸的产能效率最高，无氧呼吸次之，发酵则最低。化能自养微生物通过氧化无机物获得ATP。无机物的生物氧化在本质上与有机物的氧化一致，但没有复杂的脱氢途径，在酶的催化下完成脱氢，氢或电子直接进入电子传递链，进行有氧呼吸或无氧呼吸获取能量。另外，化能自养微生物氧化无机物不但产生的能量少，而且还必须通过能耗大的逆呼吸链反应产生固定CO_2所必需的还原力[H]，因此它们的生长缓慢，生长得率极低。光能自养微生物可以通过循环光合磷酸化（如厌氧的光合细菌）、非循环光合磷酸化（如产氧的蓝细菌）或紫膜光合磷酸化（如嗜盐菌类古生菌）获得ATP。

分解代谢与合成代谢紧密相连，连接两者的中间代谢物有12种，其中最重要的是EMP途径中的磷酸烯醇丙酮酸和TCA循环中的草酰乙酸。异养微生物在有机物的分解代谢中形成中间代谢物，并且由乙醛酸、甘油酸等重要回补途径补充使产能和合成代谢正常运转。自养微生物的关键中间代谢物来源则不同，主要通过固定CO_2获得。

微生物的合成代谢途径种类繁多，也同样表现出多样性。本章就一些最重要且有代表性的合成代谢如CO_2的自养固定、生物固氮、细胞壁肽聚糖和微生物次生代谢物的生物合成进行了介绍。

微生物能够适应内外复杂变化的环境，调节自身的代谢。微生物的代谢调节具有可塑性强、灵敏度高和反应精确等特点，主要有调节酶合成量的酶诱导、阻遏机制以及调节现成酶催化活力的激活和抑制尤其是反馈抑制机制两类。

拓展阅读

二维码6-2　我国对黄原胶的研究开发

复习思考题

1. 何谓代谢？请说明分解代谢和合成代谢之间的区别与联系。
2. 什么叫生物氧化？试分析非生物性的氧化（燃烧）与生物氧化间的异同。
3. 比较产生ATP的三种机制。
4. 在化能异养微生物的生物氧化中，其基质脱氢主要有哪几条？试比较各途径的主要特点。
5. 试述EMP途径在微生物生命活动中的重要性。
6. 试述HMP途径在微生物生命活动中的重要性。
7. 什么叫呼吸？什么是呼吸链（电子传递链）？呼吸链有哪些组分？
8. 细菌的呼吸链与真核生物的呼吸链有何不同？
9. 请列表比较呼吸作用、无氧呼吸和发酵的异同点。
10. 论述不同微生物在不同条件下丙酮酸的去向。
11. 试列表比较同型和异型乳酸发酵。
12. 试比较“经典”异型乳酸发酵与双歧杆菌异型乳酸发酵途径的异同。
13. 细菌的生醇发酵途径如何？它与酵母菌的生醇发酵有何不同？
14. 什么叫Stickland反应？试图示其反应机制。
15. 在化能自养细菌中，亚硝化细菌和硝化细菌是如何获得其生命活动所需的ATP和还原力[H]的？
16. 什么叫循环光合磷酸化？什么叫非循环光合磷酸化？
17. 能进行循环光合磷酸化的微生物有哪几个属？各属的分类地位如何？
18. 试述嗜盐菌紫膜光合作用的基本原理。
19. 试图示并简单说明自养微生物固定CO_2的卡尔文循环。
20. 什么是生物固氮作用？它对生物圈的繁荣发展有何重要作用？能固氮的微生物有哪几类？
21. 固氮过程需要满足哪些条件？目前所认识的固氮生化机制是怎样的？
22. 什么是固氮酶？它含有哪两种化学组分？

各组分的功能如何？试列表加以比较。

23. 试写出固氮过程中从分子态氮还原至氨并进一步转变为各种氨基酸的反应过程。

24. 既然固氮酶在有氧条件下会丧失其催化活性，为何多数固氮菌（包括蓝细菌）却都是好氧菌？试简述不同类型好氧固氮菌的抗氧机制。

25. 什么叫异形胞？什么是类菌体？什么是豆血红蛋白？其各自的功能是什么？

26. 试用简图（不必写分子式）表示细菌细胞壁上肽聚糖的合成途径。哪些化学因子可抑制其合成？其抑制部位如何？

27. 什么叫次生代谢产物？次生代谢途径与初生代谢途径之间有何联系？

28. 微生物代谢调节有何特点？它们调节代谢流的主要方式有哪两类？

第7章 微生物的生长

内容提示

本章介绍微生物生长的研究和测定方法；微生物生长繁殖的基本规律；影响微生物生长的主要因素温度、pH和氧气；好氧、厌氧及未培养微生物的培养方法概论；有害微生物生长控制的相关概念，控制有害微生物的物理方法和化学方法及原理等内容。

教学目标

掌握微生物生长的研究和测定方法；掌握微生物生长繁殖的特点及规律，重点掌握单细胞微生物的典型生长曲线，以及各个时期的特点；掌握影响微生物生长的主要因素温度、pH和氧气；了解微生物的培养方法，包括好氧菌、厌氧菌，以及未培养微生物的培养，分批培养，连续培养以及高密度培养等内容；掌握有害微生物生长控制的相关概念，了解对控制有害微生物的物理方法和化学方法及原理。

不管是在自然条件下，还是人工条件下，微生物的存在都是以“数”和“量”来计量的，而生长和繁殖就是保证微生物获得巨大“数”和“量”的重要前提。可以说，微生物没有一定的数量就等于没有存在。

单个微生物细胞在适宜的外界环境条件下，不断地从周围环境中吸收营养物质，并按照其特有的代谢方式进行新陈代谢。而当其同化作用的速度超过异化作用时，其原生质总量（质量、体积、大小）就不断增加，最终促使微生物个体细胞的生长(growth)。如果这种生长是一种平衡生长，即各细胞组分是按照恰当的比例进行增长时，则该生长达到一定程度后就会发生繁殖，引起个体数目的增加，此时，原有的个体就不仅仅是单个个体细胞的生长，而已经发展成为一个群体，也就是繁殖(reproduction)。一般群体的生长可以用质量、体积、个体浓度或密度等指标来测定。个体和群体的关系如下：

个体生长→个体繁殖→群体生长

群体生长＝个体生长＋个体繁殖

与研究大型生物时有所不同，一般情况下，在微生物研究和应用中，除了特定的目的以外，凡提到“生长”时，主要是指群体生长。

通常我们所讲的微生物生长繁殖，主要是指微生物在内外各种环境因素相互作用下，其生理和代谢等状态的综合反映。因此，各种有关生长繁殖的数据都可以作为研究多种生理、生化和遗传等问题的重要指标；同时，微生物在生产实践中的各种应用或是对致病、霉腐微生物的防治，也都与它们的生长繁殖和抑制紧密相关。所以有必要对微生物的生长繁殖及其控制的规律进行较详细的介绍。

7.1 微生物生长的研究方法

既然微生物的生长主要是指原生质含量的增加，所以我们测定其生长的方法就直接或间接地以此为依据，而测定微生物的繁殖则必须要建立在计算其个体数目的基础上来进行。

7.1.1 测生长量

测定微生物生长量的方法有许多，几乎适用于一切微生物。

7.1.1.1 直接法

直接测生长量的常见方法有直接测体积和称干重。测体积是一种较粗放的方法，用于初步比较时。例如，把待测培养液放在刻度离心管中进行自然沉降或进行一定时间的离心后，观察其沉降量。称干重常使用离心法或过滤法测定，一般情况下干重为湿重的10%～20%。在离心法中，将待测培养液放入离心管中，用清水离心洗涤 1～5 次后，进行干燥称重。干燥温度常采用 105 ℃、100 ℃或红外线烘干，也可在较低的温度(80 ℃或 40 ℃)下进行真空干燥。以细菌为例，一个细胞一般重 10^{-13}～10^{-12} g。在使用过滤法中，丝状真菌可用滤纸过滤，细菌则用醋酸纤维膜等滤膜进行过滤。过滤后，细胞可用少量水洗涤，然后在 40 ℃下真空干燥，称干重。以大肠杆菌为例，在液体培养物中，细胞的浓度可达 2×10^9 个/mL。100 mL 培养物可得 10～90 mg 干重的细胞。

7.1.1.2　间接法

(1)比浊法　可用分光光度计进行测定。一般选用可见光的 450～650 nm 波段为宜。如果要对某一培能养物内的菌体生长进行定时跟踪，可采用不必取样的侧臂三角瓶来进行原位测定。测定时，只要把瓶内的培养液倒入侧臂管中，然后将此管插入特制的光电比色计比色座孔中，即可随时测出生长情况，而不必取菌液(图 7-1)。

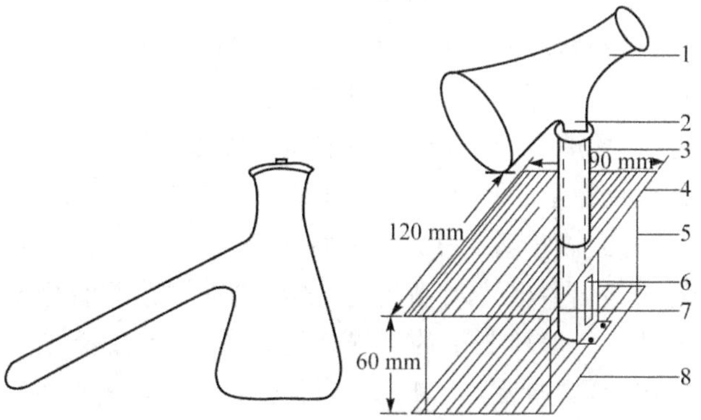

1. 侧臂试管三角瓶　2. 侧臂试管　3. 侧臂试管插座　4. 比色架面板
5. 连接螺线　6. 比浊测定透光窗　7. 光路开光孔　8. 比色架底板

图 7-1　测定生长用的侧臂三角瓶(左)和比色管架(右)

(2)生理指标法　在实际情况下，与微生物生长量相平行的生理指标有很多，它们都可用作生长测定中的相对值。例如较常用的测含氮量法，大多数细菌的含氮量为其干重的 12.5%，酵母菌为 7.5%，霉菌为 6.0%。根据其含氮量再乘以系数 6.25，即可得到粗蛋白质含量(其中包括了杂环氮和氧化型氮)；测定含氮量的方法很多，如用硫酸、过氯酸、碘酸或磷酸等消化法和 Dumas 测氮气法。另外还有测含碳量法及测其他物质，如磷、DNA、RNA、ATP、二氨基庚二酸(DAP)和 *N*-乙酰胞壁酸等的含量，以及产酸、产气、耗氧、黏度和产热等指标，都可用于生长量的测定。

7.1.2　计繁殖数

与测定微生物生长量存在差异，对测定繁殖来说，一定要计算出微生物所有个体的数目。因此，计繁殖数只适于单细胞状态的微生物，而对放线菌和霉菌等丝状生长的微生物而言，则只能计算其产生的孢子数。

7.1.2.1　直接法

此法指用计数板(如血球计数板)在光学显微镜下直接观察细胞并进行计数的方法。但是所计数的结果往往是包含了死细胞在内的总菌数。为克服这一困难，可以先用特殊染料进行活菌染色后，再使用光学显微镜进行计数，即可得到准确结果。例如，亚甲蓝液对酵母菌染色后，其活细胞为无色，而死细胞则为蓝色，从而可以直接进行光学显微镜计数，得到活细胞的菌数。又如，细菌经吖啶橙染色后，在紫外光显微镜下可观察到活细胞发出橙色荧光，而死细胞则发出绿色荧光，也可以作为活菌和总菌计数。

7.1.2.2　间接法

此法指的是活菌计数法，其主要依据是活菌在液体培养基中会使培养基变混浊或在固体培养基上易形成菌落，然后根据此原理设计计算微生物数量的方法。常见的有液体稀释法和平板菌落计数法。

(1)液体稀释法　指对未知菌样进行连续的 10 倍系列稀释。然后根据预估数，从最适宜的 3 个连续 10 倍稀释液中各取 5 mL 试样，接种到 3 组共 15 支装有培养液的试管中(每管接入 1 mL)。经进一步培养后，记录每个稀释度出现生长的试管数，然后查最大可能数量(most probable number，MPN)表，再根据样品的稀释倍数就可计算出其中的活菌含量。

(2)平板菌落计数法　可用浇注平板、涂布平板或滚管法等方法进行。适用于各种好氧菌或厌氧菌。其主要操作是将稀释后一定量的菌样通过浇注琼脂平板上涂布的方法，让其内的微生物单细胞逐一分散在琼脂平板上，待培养一段时间后，每一活细胞就形成了一个单菌落，即“菌落形成单位”(colony forming unit，CFU)；然后将每个培养皿上形成的 CFU 数乘以稀释度就可推算出菌样的含菌数。此法是一种最为常用的活菌计数法，但其操作较为烦琐且要求操作者技术娴熟。目前，为克服此法的缺点，国外已出现多种微型、快速、商品化的用于菌落计数的小型纸片或密封琼脂板。其主要原理是利用了加在培养基中的活菌指示剂 TTC(2,3,5-氯化三苯基四氮唑),它可使菌落在很微小时就被染色成易于辨认的玫瑰红色,以便于计数。

综上所述,我们知道了多种测定微生物生长量或计算繁殖数的方法。必须指出的是,不管采用什么方法,都有其自身的优缺点和适用范围。所以,在使用这些方法之前,一定要根据自己的研究对象和研究目的,选用较为适宜的方法。

7.2 微生物生长的规律

7.2.1 单细胞微生物的典型生长曲线

定量描述液体培养基中微生物群体生长规律的实验曲线,称为生长曲线(growth curve)。当我们把少量纯种单细胞微生物接种到恒容积的液体培养基中进行分批式培养(batch culture)时,在适宜的温度、通气(厌氧菌则不能通气)等条件下,该群体就会由小到大,呈现规律性生长。如果以细胞数目的对数值为纵坐标,以培养时间为横坐标,进行数据分析作图,就可得到一条有规律的曲线图,即微生物的典型生长曲线(growth curve)。

同时,我们可根据微生物的生长速率常数(growth rate constant),即每小时的分裂次数(R)的不同,将该典型生长曲线分为延滞期、指数期、稳定期和衰亡期 4 个时期(图 7-2)。

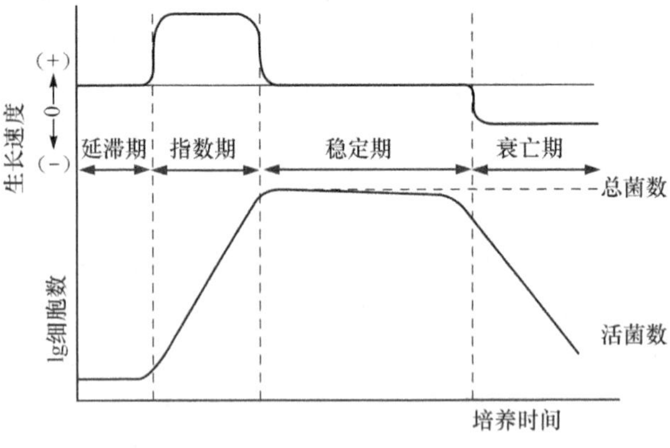

图 7-2 微生物的典型生长曲线

7.2.1.1 延滞期

延滞期(lag phase),又称为停滞期、调整期或适应期。主要是指将少量单细胞微生物接种到新培养液中后,在开始培养的一段时间内,因微生物代谢系统需要对新环境进行适应,其细胞数目不增加。该时期有 5 个特点:①生长速率常数为零。②细胞形态变大或增长,许多杆菌可长成长丝状,例如 *Bacillus megaterium*(巨大芽孢杆菌)在接种时,细胞长为 3.4 μm;培养至 3.5 h,其长为 9.1 μm;培养至 5.5 h 时,竟可达到 19.8 μm。③细胞内 RNA 尤其是 rRNA 含量增高,原生质呈嗜碱性。④合成代谢极其活跃,核糖体、酶类和 ATP 的合成速度加快,易产生各种诱导酶。⑤对外界不良条件如 NaCl 溶液浓度、温度和抗生素等化学药物反应敏感。

对延滞期持续长短的影响因素有很多,除菌种外,主要有以下 3 个。

(1)接种龄　指接种物或"种子"(inoculum,复数 inocula)的生长年龄,即它处在生长曲线上的哪一个阶段,这是指某一群体的生理年龄。实验表明,如果用处于对数期的"种子"接种,则子代培养物的延滞期就短;反之,如果以延滞期或衰亡期的"种子"接种,则子代培养物的延滞期就长;如果以稳定期的"种子"接种,则延滞期居中。

(2)接种量　接种量的大小明显影响延滞期的长短。一般其接种量大,则延滞期短,反之则长。因此,在发酵工业应用中,为缩短延滞期,一般采用较大的接种量(种子∶发酵培养基=1∶10,体积比)。

(3)培养基成分　一般情况下,接种到营养丰富的天然培养基中的微生物,要比接种到营养组分单调的组合培养基中的延滞期短。所以,在发酵工业生产中,配制发酵培养基时,尽量接近天然培养基的成分组成,且保证营养丰富,使发酵培养基的成分与"种子"培养基的成分尽量接近。

出现延滞期的主要原因是当将"种子"细胞接种到新鲜培养液中时,细胞中还缺乏分解或催化有关底物的酶,或缺乏充足的中间代谢物。而为产生诱导酶或合成有关的中间代谢物,就需要有一段适应期,于是就出现了生长的延滞期。

7.2.1.2 指数期

指数期(exponential phase),又称对数期(logarithmic phase),是指在生长曲线中,紧接延滞期之后的一段细胞以几何级数速度分裂的时期。指数期有以下几个特点:①生长速率常数 R 最大,因而细胞每分裂一次所需的代时(G,generation time,增代时间或世代时间)或原生质增加一倍所需的倍增时间(doubling time)最短;②细胞进行平衡生长

(balanced growth),菌体内各种成分最为均匀;③酶系活跃,代谢旺盛。

1. 指数期各参数及相互关系计算方法

在指数生长期中,有 3 个参数最为重要,其相互关系即计算方法为:

(1)繁殖代数(n) 从图 7-3 可以得出:$x_2 = x_1 - 2^n$

以对数表示:$\lg x_2 = \lg x_1 + n\lg 2$

由此得出:

$$n = \frac{\lg x_2 - \lg x_1}{\lg 2} = 3.322(\lg x_2 - \lg x_1)$$

(2)生长速率常数(R) 按前述生长速率常数的定义可知:

$$R = \frac{n}{t_2 - t_1} = \frac{3.322(\lg x_2 - \lg x_1)}{t_2 - t_1}$$

(3)代时(G) 按前述平均代时的定义可知:

$$G = \frac{1}{R} = \frac{t_2 - t_1}{3.322(\lg x_2 - \lg x_1)}$$

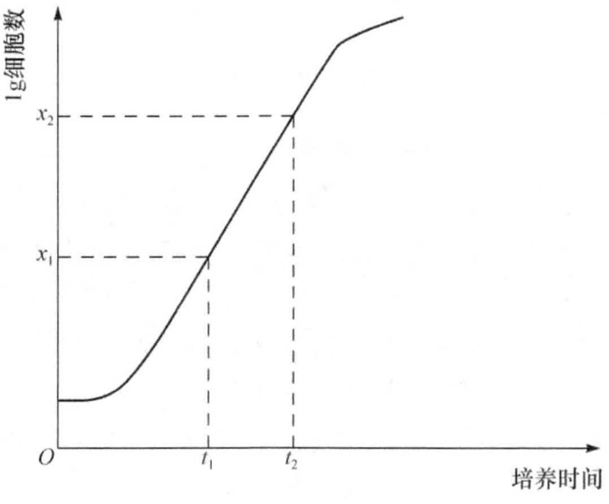

图 7-3 指数期

2. 微生物代时的影响因素

影响指数期微生物代时长短的因素很多,主要有以下 4 个方面。

(1)菌种 不同微生物种之间代时差异很大,见表 7-1。

(2)营养成分 同一种微生物,在营养物质丰富的培养基中生长,其代时较短,反之则长。例如,同在 37 ℃下,*E. coli* 在牛奶中代时为 12.5 min,而在肉汤培养基中为 17 min。

(3)营养物浓度 营养物的浓度,不但影响微生物的生长速率,而且影响其总的生长量。如图 7-4 所示,只有在营养物浓度较低(<1.0 mg/mL)时,才会影响其生长速率。随着营养物浓度的逐步提高,生长速率逐渐不受影响,而仅影响最终的菌体产量。如果进一步提高营养物浓度,则生长速率和菌体产量两者均不受影响。凡是处于较低浓度范围内,可影响生长速率和菌体产量的营养物,我们就称其为生长限制因子(growth limited factor)。

表 7-1 某些微生物的代时

(引自沈萍和陈向东,2016)

微生物名称	代时(G)/min
大肠埃希菌(*Escherichia coli*)	12.5~17
枯草芽孢杆菌(*Bacillus subtilis*)	26~32
嗜酸乳杆菌(*Lactobacillus acidophilus*)	66~87
乳酸链球菌(*Streptococcus lactis*)	26~48
金黄色葡萄球菌(*Staphylococcus aureus*)	27~30
结核分枝杆菌(*Mycobacterium tuberculosis*)	792~932
活跃硝化杆菌(*Nitrobacter agilis*)	1 200
褐球固氮菌(*Azotobacter chroococcum*)	240
大豆根瘤菌(*Rhizobium japonicum*)	344~461
柱孢鱼腥蓝细菌(*Anabaena cylindrica*)	636
梅毒密螺旋体(*Treponema pallidum*)	1 980
尾状核草履虫	624
蛋白核小球藻	465

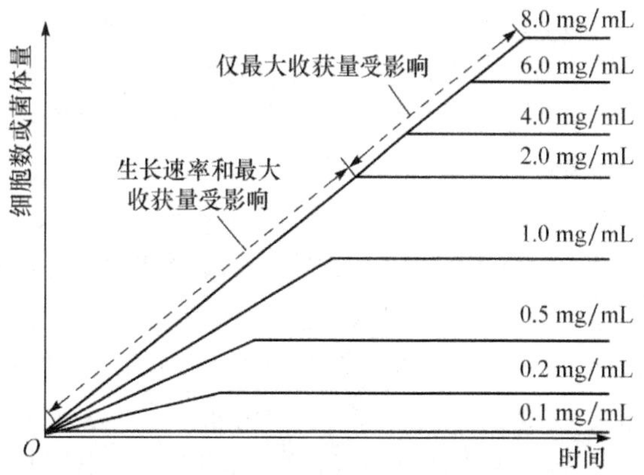

图 7-4 营养物浓度对生长速度和菌体产量的影响

(引自周德庆,2020)

(4)培养温度 温度对微生物生长速率有着极其明显的影响(表 7-2)。温度对微生物的影响规律,在发酵实践、食品保藏、食物中毒等实际生活生产中具有重要的参考价值。

表 7-2 *E. coli* 在不同温度下的代时

温度/℃	代时/min	温度/℃	代时/min
10	860	35	22
15	120	40	17.5
20	90	45	20
25	40	47.5	77
30	29		

处于指数期的微生物，因其具有整个群体生理特性的一致性、细胞成分平衡发展和生长速率恒定等优点，故可作为代谢、生理和酶学等研究的良好材料，是增殖噬菌体的最适宿主菌龄，也是发酵生产中用作“种子”的最佳种龄材料。

7.2.1.3 稳定期

稳定期(stationary phase)，又称恒定期或最高生长期。该期中微生物的生长速率常数 R 为零，即新繁殖的细胞数与衰亡的细胞数相等，或正生长与负生长相等，是一种动态平衡。这一时期不但菌体产量达到最高点，而且菌体产量与营养物质消耗之间呈一定比例关系，即生长产量常数 Y(或称生长得率，growth yield)：

$$Y=\frac{x-x_0}{C_0-C}=\frac{x-x_0}{C_0}$$

公式中，x 代表稳定期的细胞干重，g/mL 培养液；x_0代表刚接种时的细胞干重；C_0代表限制性营养物的最初浓度，g/mL；C 代表稳定期时限制性营养物的浓度(由于计算 Y 时必须用限制性营养物，所以 C 应等于 0)。例如，据实验和计算，产黄青霉(*Penicillium chrysogenum*)在以葡萄糖为限制性营养物的组合培养基上生长时，其产黄青霉 Y 值为 1∶2.56，则表明每 2.56 g 葡萄糖可合成 1 g 菌丝体(干重)。

一般处于稳定期时，细胞开始贮存糖原、异染颗粒和脂肪等内含物；多数芽孢杆菌开始形成芽孢；有的微生物还开始以初生代谢物作为前体，经过次生代谢途径合成抗生素等次生代谢产物(secondary metabolite)，所以我们也称次生代谢物为稳定期产物(idiolite)。

稳定期到来的原因主要有：①营养物的耗尽，尤其是生长限制因子；②营养物比例失调，如 C/N 值不合适等；③酸、醇、毒素或 H_2O_2等有害代谢产物累积；④pH、氧化还原势等物理化学条件发生变化，不适宜微生物的继续生长等。

微生物在稳定期中的生长规律对生产和实践具有重要的指导意义。例如，在某些发酵工程生产过程中，稳定期是以生产菌体或与菌体生长相平行的代谢产物为主要目的的最佳收获期；也是对某些生长因子(如维生素和氨基酸)等进行生物测定的最佳测定时期。此外，通过研究稳定期到来的原因，促进了连续培养技术工艺、技术的发展和提高。

7.2.1.4 衰亡期

在衰亡期(decline phase 或 death phase)中，微生物的个体死亡速度超过新生速度，整个群体呈负生长(即 R 为负值)。这一时期，细胞形态发生变化呈多形化，诸如细胞体积发生膨大、不规则退化等现象；也有微生物因蛋白水解酶活力增强发生自溶(autolysis)；还有微生物产生或释放对人类有用的抗生素等次生代谢产物；而在芽孢杆菌中，芽孢释放往往也发生在这一时期。

产生衰亡期的原因主要是外界环境对继续生长越来越不利，从而引起细胞内的分解代谢大大超过合成代谢，继而导致菌体大量死亡。

7.2.2 丝状真菌的群体生长

7.2.2.1 丝状真菌的群体生长特征

在液体培养基中，丝状真菌的生长方式主要分为：丝状生长和沉淀生长。丝状生长是指丝状真菌以分布均匀的丝状菌丝悬浮于液体培养基中生长；沉淀生长是指丝状真菌以分散的沉淀物出现在发酵液中的生长。沉淀物形态从松散的絮状到堆积紧密的菌丝球不等，若切开菌丝球里面可散发出酒精味，说明氧气不能进入中心，发酵过程已在其内部发生。当菌丝球表面活跃生长时其内部可能已开始自溶。丝状真菌是以丝状生长还是沉淀生长方式生长，其决定因素包括：接种体积的大小、接种物是否凝聚以及菌丝体是否易于断裂等。丝状真菌在液体培养基中的生长方式在工业生产中很重要，因为它影响发酵中通气性、生长速率、搅拌能耗及菌丝体与发酵液的分离难易。丝状真菌生长通常以单位时间内微生物细胞的物质量(主要是干重)的变化表示。

在固体培养基中，丝状真菌的生长主要以顶端延长的方式进行。该过程大致是：孢子肿胀萌发并产生一短的芽管，然后沿该中心点向各方向均等生长发育形成菌丝(hypha)，生长中的菌丝交织成菌丝体(mycelium)并最终形成球形菌落。

7.2.2.2 丝状真菌群体生长曲线

丝状真菌群体生长曲线和单细胞微生物的典型生长曲线不同，没有明显的对数期，尤其在发酵工业过程中一般经历 3 个阶段：①生长停滞期。这一阶段真菌孢子萌发，菌丝长出芽体。②迅速生长期。菌丝长出枝，形成菌丝体，菌丝质量迅速增加，无对数生长期。③衰亡期。菌丝体质量下降，出现空泡及自溶现象。

7.3 影响微生物生长的主要环境因素

影响微生物生长的外界因素很多，除第 5 章已讲过的营养条件外，还有许多物理因素。在这里，仅讨论其中最为主要的温度、氧气和 pH 3 个因素。

7.3.1 温度

微生物的生命活动是一系列生物化学反应的集成，温度对其产生了极其明显的影响作用。温度不仅影响它的生长速率和生物产量，还会影响生物大分子的物理状态，如低温可导致细胞膜凝固，引起物质运送困难，而高温则可使蛋白质变性等。因此，温度是影响微生物生长的最重要因素之一。这里所讨论的温度是指在微生物生长范围内的各种温度。

与其他生物一样，任何微生物的生长温度范围都有宽有窄，这与它们长期进化过程中所处的生存环境有关。例如：一些生活在土壤中的芽孢杆菌，它就属于宽温微生物（15～65 ℃）；*E. coli* 既可在人或动物体的肠道中生活，也可在体外环境中生活，故也属于宽温微生物（10～47.5 ℃）；而专性寄生于人体泌尿生殖道中的致病菌淋病奈瑟氏球菌（*Neisseria gonorrhoeae*）是窄温微生物（36～40 ℃）。微生物的生长也具有最低温度、最适温度和最高温度 3 个温度基点。但如果将微生物作为一个整体来看，它的温度三基点是极其宽的。

生长温度三基点
- 最低生长温度（一般为－10～－5 ℃，极端为－30 ℃）
- 最适生长温度
  - 嗜冷菌（＜20 ℃）
  - 中温菌（20～45 ℃）
    - 室温菌（约 25 ℃）
    - 体温菌（约 37 ℃）
  - 嗜热菌（＞45 ℃）
- 最高生长温度（一般为 80～95 ℃，极端为 105～150 ℃）

其中最适生长温度是指该菌分裂代时最短或生长速率最高时的培养温度。但对同一微生物来说，其不同的生理生化过程有着不同的最适温度，也就是说，最适生长物量最高时的培养温度，不等于累积某一代谢产物量最高时的培养温度。例如，黏质赛氏杆菌（*Serratia marcescens*）的生长最适温度为 37 ℃，而其合成灵杆菌素的最适温度为 20～25 ℃；黑曲霉（*A. niger*）的生长最适温度为 28 ℃，而合成糖化酶的最适温度则为 32～34 ℃。从表 7-3 中，还可看出同一微生物的不同生理过程有着不同的最适温度。因此，对不同生理、代谢过程相应最适温度的研究，有着重要的实践意义。例如，国外曾报道在产黄青霉（*P. chrysogenum*）165 h 的青霉素发酵过程中，运用了有关规律，即根据不同生理代谢过程有不同最适温度的特点，分 4 段控制其培养温度，即：

$$0\ \text{h} \xrightarrow{30\ ℃} 5\ \text{h} \xrightarrow{25\ ℃} 40\ \text{h} \xrightarrow{20\ ℃} 125\ \text{h} \xrightarrow{25\ ℃} 165\ \text{h}$$

结果，其青霉素产量比自始至终进行 30 ℃恒温培养的对照提高了 14.7%。

表 7-3 微生物各生理过程的不同最适温度

（引自周德庆，2020） ℃

菌名	生长温度	发酵温度	累积产物温度
嗜热链球菌（*Streptococcus thermophilus*）	37	47	37
乳酸链球菌（*Streptococcus lactis*）	34	40	产细胞：25～30；产乳酸：30
灰色链霉菌（*Streptococcus griseus*）	37	28	—
北京棒杆菌（*Corynebacterium pekinense*）	32	33～35	—
丙酮丁醇梭菌（*Clostridium acetobutylicum*）	37	33	—
产黄青霉（*Penicillium chrysogenum*）	30	25	20

7.3.2 氧气

地球上的整个生物圈都被大气层包围着。氧约占空气总体积的1/5。因此,氧对微生物的生命活动显得极其重要。同时,地球上又有许多缺氧的环境,诸如水底污泥、沼泽地、水田、堆肥、污水处理池和动物肠道等,在这些地方存在着种类繁多、数量庞大且与人类关系密切的厌氧微生物,它们中绝大多数是细菌、放线菌等原核生物,也有极少数真菌和原生动物等真核生物。按照微生物与氧的关系,可把它们分成好氧菌(aerobe)和厌氧菌(anaerobe)两个大类,并继续细分为以下5类。

7.3.2.1 专性好氧菌

专性好氧菌必须在有分子氧的条件下才能正常生长,有完整的呼吸链,以分子氧作为最终氢受体,细胞含超氧化物歧化酶(superoxide dismutase,SOD)和过氧化氢酶。绝大多数真菌和许多细菌都是专性好氧菌,如铜绿假单胞菌(*P. aeruginosa*)和白喉棒杆菌(*Corynebacterium diphtheriae*)等。

7.3.2.2 兼性厌氧菌

兼性厌氧菌在有氧或无氧条件下均能生长,但有氧情况下生长得更好(图7-5);在有氧时靠呼吸产能,无氧时借发酵或无氧呼吸产能;细胞含SOD和过氧化氢酶。许多酵母菌和许多细菌都是兼性厌氧菌。例如酿酒酵母(*S. cerevisiae*)、肠杆菌科的各种细菌包括大肠杆菌(*E. coli*)、产气肠杆菌(*Enterobacteraer ogenes*)和普通变形杆菌(*Proteus vulgaris*)等都是常见的兼性厌氧微生物。

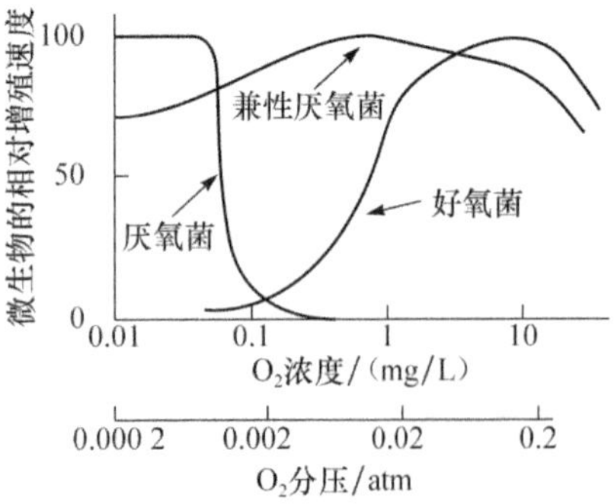

图7-5 分子氧浓度和分压对不同微生物生长的影响

7.3.2.3 微好氧菌

微好氧菌只能在较低的氧分压(1.33～3.99 Pa,即0.01 bar～0.03 bar,而正常大气中的氧分压为0.2 bar)下才能正常生长的微生物,可通过呼吸链并以氧为最终氢受体而产生能量。例如霍乱弧菌(*Vibrio cholerae*)、氢单胞菌属(*Hydrogenomonas*)、发酵单胞菌属(*Zymomonas*)以及少数拟杆菌属(*Bacteroides*)的种等。

7.3.2.4 耐氧菌

这是一类可在分子氧存在下进行厌氧生活的厌氧菌,即它们的生长不需要氧,分子氧对它们也无毒害。它们不具有呼吸链,仅依靠专性发酵获得能量。细胞内存在SOD和过氧化物酶,但缺乏过氧化氢酶。一般的乳酸菌多数是耐氧菌,如乳链球菌(*Streptococcus lactis*)、粪链球菌(*S. faecalis*)、乳酸乳杆菌(*Lactobacillus lactis*)以及肠膜明串珠菌(*Leuconostoc mesenteroides*)等;乳酸菌以外的耐氧菌有雷氏丁酸杆菌(*Butyribacterium rettgeri*)等。

7.3.2.5 厌氧菌

厌氧菌有几个主要特点:分子氧对它们有毒,即使短时间地接触空气,也会抑制其生长甚至致死;在空气或含10% CO_2的空气中,它们在固体或半固体培养基的表面上不能生长,只有在其深层的无氧或低氧化还原势的环境下才能生长;其生命活动所需能量通过发酵、无氧呼吸、循环光合磷酸化或甲烷发酵等提供;细胞内缺乏SOD和细胞色素氧化酶,大多数还缺乏过氧化氢酶。常见的厌氧菌有梭菌属(*Clostridium*)、拟杆菌属(*Bacteroides*)、梭杆菌属(*Fusobacterium*)、双歧杆菌属(*Bifidobacterium*)、优杆菌属(*Eubacterium*)、消化球菌属(*Peptococcus*)、丁酸弧菌属(*Butyrivibrio*)、脱硫弧菌属(*Desulfovibrio*)、韦荣氏球菌属(*Veillonella*)以及各种光合细菌和产甲烷菌等。其中产甲烷菌的绝大多数种都是极端厌氧菌。以上5种微生物在深层固体培养基中的生长情况模式见图7-6。

在微生物世界中,已发现的绝大多数种类都是好氧菌或兼性厌氧菌。厌氧菌的种类相对较少,但近年来见报道的厌氧菌种越来越多。

关于厌氧菌的氧毒害机制,从20世纪初起就有诸多学者提出相关假说理论,但直到1971年在McCord和Fridovich提出了关于专性厌氧生活的超氧化物歧化酶(SOD)学说后,才有了重要的发展。他们在广泛调查了不同微生物中SOD和过氧化氢酶的分布状况后发现:凡严格厌氧菌都没有 SOD 活力,也无过氧化氢酶活力;而所有具细胞色素系统的好氧菌都有 SOD 活力和过氧化氢酶活力;耐氧性厌氧菌不含细胞色素系统,但具有 SOD 活力而没有过氧化氢酶活力。最终他们认为,SOD 的功能主要是保护好氧菌免受超氧化物阴离子自由基毒害,进而提出了微生物中只要缺乏 SOD,则其只能进行专性厌氧生活的学说。

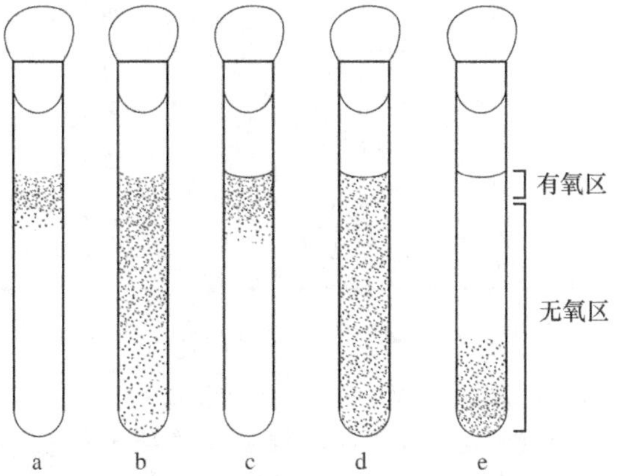

a. 专性好氧菌,O_2只能进入试管很短的距离,只能在附近生长到培养基表面 b. 兼性厌氧菌,在有氧或无氧条件下均能生长,但有氧情况下生长得更好 c. 微好氧菌,在较低氧分压下才能正常生长,远离氧气最充足的区域 d. 耐氧菌,在整个试管中生长,生长状况不是靠近培养基表面更好,因为这些菌可以进行发酵 e. 严格厌氧菌:分子氧对这类菌有毒,只能生长在远离氧气的培养基底部。

图 7-6 五类与氧关系不同的微生物在半固体琼脂柱中的生长状态模式图

(引自 Madigan, 2022)

超氧化物阴离子自由基属于活性氧一种形式,因其携带奇数电子,故带负电荷;它既有分子性质,又有离子性质;其反应力极强,性质极不稳定,在细胞内可破坏各种重要的生物高分子和膜,也可形成其他活性氧化物,故对生物体十分有害。在体内,超氧阴离子自由基可由酶促(如黄嘌呤氧化酶、醛氧化酶、二氢乳清酸脱氢酶或黄素蛋白脱氢酶等)或非酶促方式形成,即 O_2和电子作用形成 O_2^-。

生物在长期进化过程中,已经形成一种能去除超氧阴离子自由基等各种有害活性氧的机制。一切好氧生物体内都存在 SOD 就是最好的证据。因为 SOD 的作用,剧毒的 O_2^- 就被歧化成毒性稍低的 H_2O_2,然后在过氧化氢酶作用下,再将 H_2O_2变成无毒的 H_2O。而厌氧菌因为不能合成 SOD,所以根本无法使 O_2^- 歧化成 H_2O_2,当有氧存在时,它们体内形成的 O_2^- 就使自身受到毒害。绝大多数的耐氧菌都能合成 SOD,且有过氧化物酶,因此,剧毒的 O_2^- 可先歧化成有毒的 H_2O_2,然后还原成无毒的 H_2O。

近年来,科学研究发现 SOD 在清除生物体内超氧阴离子自由基的同时,还具有防治人体衰老、抗癌、防白内障、治疗放射病和肺气肿以及解除苯中毒等一系列疗效。因此,当前关于从动物血液或微生物中提取 SOD,或使用遗传工程等手段将控制 SOD 基因导入受体菌种进行遗传表达,从而得到大量 SOD 新型医疗用酶已经成为医疗科学研究的主要方向之一。也有诸多研究侧重于使用化学修饰的方法,延长 SOD 在体内的半衰期(未修饰的 SOD 在体内的半衰期仅 6 min),增强 SOD 新型医疗酶的疗效。

7.3.3 pH

pH 这一符号表示某溶液中氢离子浓度的负对数值。纯水的氢离子浓度是 10^{-7} mol/L,因此其 pH 为 7。凡 pH 小于 7 者呈酸性,大于 7 者呈碱性。

微生物作为一个整体来说,其生长的 pH 范围极广(pH 2～10),有少数种类还可超出这一范围,事实上,绝大多数种类都生长在 pH 5～9。与温度的三基点相类似,对于不同微生物而言,它对生长条件 pH 的要求也存在着最高、最适与最低三个数值(表 7-4)。

凡其最适生长 pH 偏于碱性范围内的微生物,有些呈嗜碱性,称为嗜碱微生物(basophile),如硝化细菌、尿素分解菌、根瘤菌和放线菌等;有些是不一定要在碱性条件下生活,但能耐较碱性条件,称耐碱微生物(basotolerant microorganism),如若干链霉菌等。生长 pH 偏于酸性范围内的微生物也有两类,一类是嗜酸微生物(acidophile),如硫杆菌属(*Thiobacillus*)等;另一类是耐酸微生物(acidotolerant microorganism),如乳酸杆菌、醋酸杆菌、许多肠杆菌和假单胞菌等。

表 7-4 不同微生物的生长 pH 范围

微生物名称	pH		
	最低	最适	最高
氧化硫硫杆菌(*Thiobacillus thiooxidans*)	0.5	2.0～3.5	6.0
嗜酸乳杆菌(*Lactobacillus acidophilus*)	4.0～4.6	5.8～6.6	6.8
醋化醋杆菌(*Acetobacter aceti*)	4.0～4.5	5.4～6.3	7.0～8.0
大豆根瘤菌(*Rhizobium japonicum*)	4.2	6.8～7.0	9.4
褐球固氮菌(*Azotobacter chroococcum*)	4.5	6.0～7.5	8.5
一种亚硝化单胞菌(*Nitrosomonas* sp.)	7.0	7.8～8.6	9.4
金黄色葡萄球菌(*Staphylococcus aureus*)	4.2	7.0～7.5	9.3
黑曲霉(*Aspergillus niger*)	1.5	5.0～6.0	9.0
一般放线菌	5.0	7.0～8.0	10.0
一般酵母菌	2.5	3.8～6.0	8.0
一般霉菌	1.5	4.0～5.8	7.0～11.0

除了不同种类的微生物有其最适生长 pH 外，同一微生物在其不同生长阶段和不同生理、生化过程中，也有不同的最适 pH 要求。而研究这一规律，对发酵生产中 pH 的控制尤为重要。例如，黑曲霉(*A. niger*)在 pH 2～2.5 范围有利于合成柠檬酸，在 pH 2.5～6.5 范围内以菌体生长为主，而在 pH 7 左右时，则以合成草酸为主。又如，丙酮丁醇梭菌(*Clostridium acetobutylicum*)在 pH 5.5～7.0 范围内以菌体生长繁殖为主，而在 pH 4.3～5.3 范围内才进行丙酮、丁醇发酵。此外，许多抗生素产生菌也有同样的情况(表 7-5)。

虽然微生物外环境中的 pH 变化很大，但其内环境中的 pH 却相对稳定，一般都接近中性。这样就免除了 DNA、ATP 和叶绿素等重要成分被酸破坏，或 RNA、磷脂类等被碱破坏的可能性。一般胞内酶的最适 pH 都接近中性，而周质空间中的酶和胞外酶的最适 pH 则较接近环境的 pH。pH 除了对细胞发生直接影响之外，还可产生不同效应的间接影响。例如，pH 通过影响培养基中营养物质的离子化程度，从而影响微生物对营养物质的吸收，影响环境中有害物质对微生物的毒性，以及影响代谢反应中各种酶的活性等。

表 7-5 几种抗生素产生菌的生长与发酵的最适 pH

抗生素产生菌	生长最适 pH	合成抗生素最适 pH
灰色链霉菌(*Streptomyces griseus*)	6.3～6.9	6.7～7.3
红霉素链霉菌(*S. erythreus*)	6.6～7.0	6.8～7.3
产黄青霉(*Penicillium chrysogenum*)	6.5～7.2	6.2～6.8
金霉素链霉菌(*S. aureofaciens*)	6.1～6.6	5.9～6.3
龟裂链霉菌(*S. rimosus*)	6.0～6.6	5.8～6.1
灰黄青霉(*P. griseofulvum*)	6.4～7.0	6.2～6.5

微生物在其生命活动过程中，会改变外界环境的 pH，这就是通常遇到的培养基的原始 pH 在培养微生物过程中会时时发生改变的原因。例如微生物可发酵、氧化培养基中有机物糖类，可水解脂肪形成有机酸，从而导致培养基 pH 变低；另外可使蛋白质脱羧基形成胺类物质，从而导致培养基 pH 变高；微生物生长过程中还可对无机物离子进行选择吸收，从而导致培养基 pH 改变。

既然在微生物培养过程中培养基的 pH 会发生变化，而对发酵生产来说，这种变化往往对生产是不利的。因此，在微生物培养过程中，如何及时调节合适的 pH 就成了发酵生产中的一项重要技术。总结生产中的经验，可把这类调节措施区分成“治标”和“治本”两大类。“治标”指的是当培养基过酸时，直接加入加 NaOH、Na_2CO_3 等碱液中和，过碱时则直接加入加 H_2SO_4、HCl 等酸液中和，此类方法直接、快速但不能持久。而“治本”则指的是当培养基过酸时，可适当加入加适当氮源，如可加尿素、$NaCO_3$、NH_4OH 或蛋白质等，也可通过提高通气量来实现，过碱时则加适当碳源，如加糖、乳酸、醋酸、柠檬酸或油脂等，也可通过降低通气量来实现，此类方法间接、缓效但持久有效。

7.4 微生物的培养方法

在本章一开始，就提出微生物的生长是以“数”或“量”来定义的。我们在充分掌握了微生物生长规律后，就需要更进一步地知道，在实验室或生产实践应用中，究竟可采取何种科学方法来保证所需微生物的大量繁殖，并进而产生大量有益代谢产物。为此，这里将从历史和现状的角度把较有代表性的微生物培养方法及装置进行简要介绍，以期能获得一个较系统和较全面的认识。

一个良好的微生物培养装置，不仅要做到为微生物生长提供丰富而均匀的营养物质，还要做到保证为微生物生长提供适宜的温度和良好的通气条件（只有少数厌氧菌例外），同时，还要为微生物提供一个适宜的物理化学条件和严防杂菌的污染等。

从历史发展的角度（纵向）来看，微生物培养技术的发展轨迹主要呈现以下 10 个特点：①从实验室少量培养发展到生产性大规模培养；②从浅层培养发展到厚层（固体）或深层（液体）培养；③从以固体培养技术为主发展到以液体培养技术为主；④从静止式液体培养发展到通气搅拌式液体培养；⑤从单批培养发展到连续培养以至多级连续培养；⑥从利用游离的微生物细胞发展到利用固定化的细胞集团；⑦从单纯利用微生物细胞到利用高等动、植物细胞进行大规模培养；⑧从单菌发酵发展到混菌发酵；⑨从利用野生菌种发展到利用变异株以及遗传工程菌株；⑩从低密度培养发展到高密度培养。

以下就实验室和生产实践中一些较有代表性的微生物培养法进行简要介绍。

7.4.1 好氧菌的培养

7.4.1.1 固体培养法

好氧菌固体培养法主要有试管斜面（test-tube slant，slope）、培养皿琼脂平板（agar plate）及较大型的克氏扁瓶（Kolle flask）、茄子瓶等平板固体培养方法。

7.4.1.2 液体培养法

自然界中大多数微生物都属于好氧菌，它们一般只能利用溶于水中的氧。故如何保证在微生物培养液中含有较高浓度的溶解氧就成为微生物培养的关键技术。通常在常压平衡条件下（20 ℃），氧在水中的溶解度仅为 6.2 mL/L（0.28 mmol）。该浓度的溶解氧只能氧化 8.3 mg（即 0.046 mmol）葡萄糖，这仅相当于培养基中常用葡萄糖浓度的 1‰。而除葡萄糖之外，培养基中其他无机或有机养料却可保证微生物使用几小时甚至几天。因此，氧的供应就显而易见成为好氧菌生长、繁殖的重要限制因子。为解决这一矛盾，必须设法增大培养液与氧的接触面积或提高氧的分压来提高溶氧速率，从而使得培养基中的溶解氧浓度提高，达到微生物生长和繁殖的标准。主要可行的具体措施有：①浅层液体培养；②利用往复式或旋转式摇床（shaker）对三角瓶培养物进行振荡培养；③在深层液体培养器的底部通入加压空气，并用气体分布器使其以小气泡形式均匀喷出；④对培养液进行机械搅拌，并在培养器的壁上设置阻挡装置。实验室中常见的方法有以下 4 种。

（1）试管式液体培养　试管内的装液量可根据实际需要加减，此法使用时通气效果不甚理想，仅适合于培养兼性厌氧菌。

（2）三角瓶浅层液体培养　一般在静止状态时，瓶内通气状况与装液量和棉塞通气程度对微生物生长速率和生长量呈显著相关性。

（3）摇瓶培养　又称振荡培养。即将装有培养液的三角瓶口用 8 层纱布封口，以利通气和防止杂菌污染，并注意瓶内培养液的装液量，以防止振荡时溢出，最后将其放置于往复式或旋转式摇床上做有节奏的振荡，以达到提高溶氧量的目的。此法是荷兰的 A. J. Kluyver 等于 1933 年发明的，但目前仍广泛地用于菌种的筛选以及进行生理、生化和发酵等试验中。

(4)台式发酵罐(benchtop fermentor)　这是一种集现代各种高科技技术为一体的发酵罐，具有良好的通气和搅拌装置，配备有多种传感器(sensor)和自控装置，并能与计算机连接进行数字化、自动化调控。目前市场上种类繁多，应用也较为方便快捷。

7.4.2　厌氧菌的培养

7.4.2.1　固体培养法

在实验室中进行厌氧菌培养，除需要特殊的培养装置或器皿以外，最重要的是配制特殊培养基，之所以特殊就是因为在这种培养基里，除要满足6种营养要素外，还要加入适当的还原剂，以及氧化还原势的指示剂如刃天青(resazurin)。常用的方法有以下5种。

(1)高层琼脂柱　将加有还原剂的固体或半固体培养基装入试管中，灭菌后用于培养相应的厌氧菌。在这种培养基中，除表层尚有一些溶解氧外，越是深层，其氧化还原势越低，因而极有利于厌氧菌的生长。例如，韦荣氏管(Veillon tube)就是由一根长25 cm、内径1 cm，两端可用橡皮塞封闭的玻璃管，可用于稀释、分离厌氧菌并对其进行菌落计数。

(2)Hungate滚管技术　1950年，美国著名微生物学家R. E. Hungate在实验室进行分离瘤胃微生物和产甲烷菌等严格厌氧菌试验，设计出这种具有划时代意义的严格厌氧技术——Hungate滚管技术。该技术是一种集制备高纯氮、以氮驱氧和全过程实现无氧操作、无氧培养、无氧检测于一体，用于研究严格厌氧菌的技术和装置。其主要操作原理是：利用除氧铜柱(玻璃柱内装有密集铜丝，加温至350 ℃时，可使通过柱体的不纯氮中的氧气与铜反应而被除去)来制备高纯氮，并用高纯氮驱除小环境中的空气，使培养基的配制、分装、灭菌和储存以及菌种的接种、培养、观察、分离、移种和保藏等过程始终处于高度无氧条件下，从而保证了各类严格厌氧菌的存活。用这种方法制备成的培养基称为预还原无氧灭菌培养基(即PRAS培养基，pre-reduced anaerobically sterilized medium)。在进行产甲烷菌等严格厌氧菌分离时，可用Hungate的“无氧操作”把菌液稀释，并接种到融化后的PRAS琼脂培养基中，然后将此试管(图7-7)用丁基橡胶塞严密塞住后平放，置冰浴中均匀滚动，使含菌培养基布满在试管的内表面上，犹如好氧菌在培养皿平板表面一样，最后长出许多单菌落。滚管技术的优点是：①试管口与空气接触面积小；②经滚动后，试管的内表面上有大面积的固体培养基可供长出单菌落。

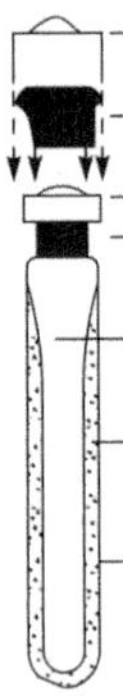

图7-7　用于Hungate滚管技术中的厌氧试管(剖面)

(3)厌氧培养皿　常见的用于厌氧培养的培养皿有几种设计：利用皿盖创造出一个狭窄空间，再加上还原性培养基的使用，从而达到无氧培养的目的(如Brewer皿，图7-8)；利用皿底的两个相互隔开的空间，其中一个放焦性没食子酸，另一个则放NaOH溶液，待在皿盖平板上接入待培养的厌氧菌后，立即密闭之。经摇动，使焦性没食子酸与NaOH溶液接触，发生吸氧反应，从而造成无氧环境(如Spray皿或Bray皿，图7-8)。

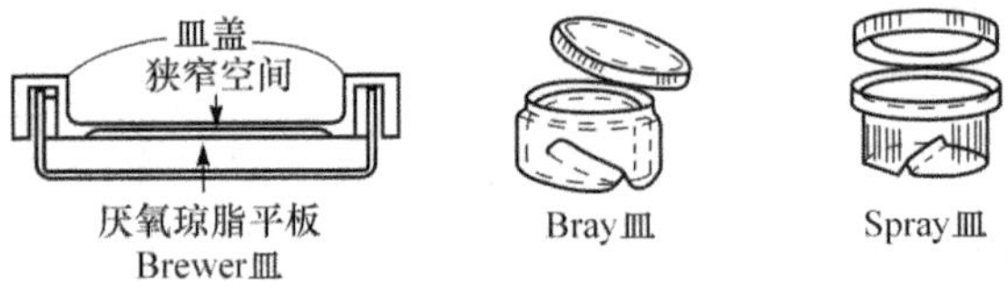

图7-8　几种厌氧培养皿

(4)厌氧罐技术　这是一种常规但不是很严格的厌氧技术。主要是因为它只能保证厌氧菌在培养过程中处于良好无氧环境下，而无法使培养基的配制、接种、观察、分离、保藏等操作也处于无氧环境下。此法可用于培养多数厌氧菌。其装置如图7-9所示：厌氧罐类型很多，但都必须有一个用聚碳酸酯制成的透明罐体，在罐内一般可放10个常用的培养皿(直径9 cm)或任何液体培养的试管。其上有一可用螺旋夹紧密夹牢的罐盖，盖内中央有一不锈钢丝织成的网袋，即催化剂室，内放钯催化剂；罐内还放一含亚甲蓝的氧化还原指示剂。使用时，先装入待培养的对象，然后密闭罐盖，接着可采用抽真空→灌氮→抽真空→灌氮→抽真空→灌混合气($V_{N_2}:V_{CO_2}:V_{H_2}=80:10:10$)。这样，罐内少量剩余氧在钯催化剂作用下，可被灌入的混合气中的 H_2 还原成水，从而造成很高的无氧状态。这时指示剂亚甲蓝被还原成无色。

目前，国际上盛行用方便的“GasPak”内源性产气袋商品来取代上述烦琐的抽气换气法，把袋口剪开一角并加适量水后投入发酵罐，即会自动放出足够的 CO_2 和 H_2。其原理是：

①产 H_2 反应：

$$NaBH_4+2H_2O\xrightarrow{Ni^{2+}\text{或}Co^{2+}}NaBO_2+4H_2$$

一般用 0.6 g 硼氢化钠与 40 mL 的水发生作用即可产生 1 250 mL H_2。

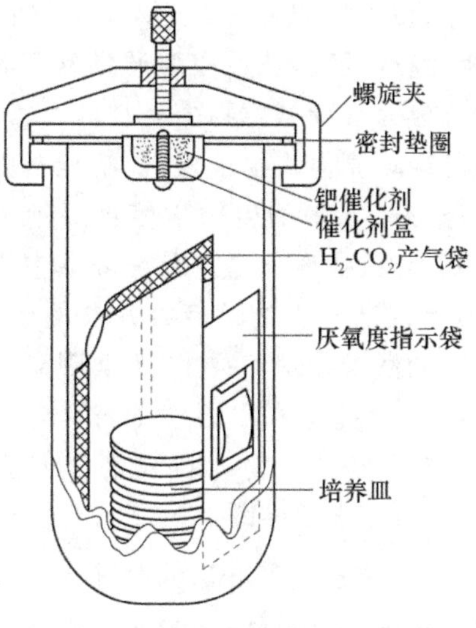

图 7-9 厌氧罐的一般构造剖面图

②产 CO_2 反应：

$$\underset{\text{柠檬酸}}{\begin{array}{c} CH_2—COOH \\ | \\ HO—C—COOH \\ | \\ CH_2—COOH \end{array}}+3NaHCO_3\longrightarrow \underset{\text{柠檬酸钠}}{\begin{array}{c} CH_2—COONa \\ | \\ HO—C—COONa \\ | \\ CH_2—COONa \end{array}}+3CO_2+3H_2O$$

(5)厌氧手套箱　这是 20 世纪 50 年代末问世的用于研究严格厌氧菌的重要箱型装置。该装置是一种能用于无氧操作和培养严格厌氧菌的箱型密闭装置。其箱体结构严密、不透气，箱内一般充以 85%N_2、5%CO_2 和 10%H_2 的惰性气体，同时以钯催化剂催化去除 O_2，使箱内始终维持严格无氧状态。箱内既可通过塑料手套进行接种操作，又可进行恒温培养。物件可通过有密闭和抽气换气装置的交换室进出箱体。

上述的厌氧手套箱技术、Hungate 滚管技术和厌氧罐技术已成为现代研究厌氧菌最有效的三项基本技术。因此，每一位微生物学工作者都应熟悉它们。

7.4.2.2 厌氧菌的液体培养

在实验室中对厌氧菌进行液体培养时，一般采用加入有机还原剂(如巯基乙酸、半胱氨酸、维生素 C 或庖肉等)或无机还原剂(如铁丝等)的深层液体培养基培养，并在液面上封以凡士林-石蜡层，以保证它们的氧化还原电位(E_h)降至 −420～−150 mV 的范围。如果能将其放入前述的厌氧罐或厌氧手套箱中培养，则效果将会更好。

7.4.3 未培养微生物的培养

传统微生物培养技术至今已有 100 多年，但由于各种因素的制约，目前成功分离培养的微生物仅占总微生物数的 0.1%～1.0%，自然界中仍有十分丰富的微生物资源有待挖掘和开发利用。自然环境中有 99%以上的微生物处于活的非可培养，即未培养(viable but non-culturable, VBNC)状态。未培养微生物的概念起初由 Colwell 等于 1982 年提出。1997 年 Felske 将能够通过分子生物学方法检测到，但未能在人工条件下获得纯培养的微生物定义为“至今未培养微生物”，包括已获纯培养，但在常规实验环境条件下难以生长、处于休眠状态下的微生物。

限制未培养微生物可培养的因素有很多，如微生物的低丰度和竞争力、底物(如各种生长因子)和生长条件的限制、共生菌群的相互依赖关系被忽视、原自然生态条件的不可复现等。

随着分子生物学的蓬勃发展，如基于聚合酶链式反应(polymerase chain reaction, PCR)发展起来的克隆文库、变性梯度凝胶电泳、荧光原位杂交技术、限制性片段长度多态性和高通量测序等分子生物学技术已成为解释微生物多样性的巨大推动力，越来越多的未培养微生物被发现，功能基因被挖掘并利用。但分子水平的生物学信息限制了种群水平上微生物形态、代谢途径及其在环境中作用的深入研究，因此在分子生物学持续发展的同时，仍需不断开发新的微生物培养技术，为实现微生物资源的利用与扩大化奠定扎实的理论与科学基础。近年来，针对未培养微生物的新兴培养方法陆续出现，为高效分离筛选更多微生物带来了曙光。

7.4.3.1 常规培养方法的改进

对微生物进行培养，除了需要提供适宜的生长条件和常规的碳源、氮源等物质外，还需要信号分子、关键酶及蛋白、电子供体/受体等关键营养物质。未培养微生物的培养，则可能更需要依靠这些关键物质来维持其必需的生命代谢活动。

我们可对其常规的培养方法进行改进。

例如可通过向培养基中添加以下某些营养物质，对其进行优化与调整：①添加某种抑制剂、样品抽提液或菌液。抑制剂（如抗生素）可抑制非目的菌的生长，样品抽提液或菌液中含有多种低分子量有机基质，可以作为未培养微生物的潜在营养物质。②添加信号分子、电子供受体等物质。研究表明，信号分子环磷酸腺苷（cyclic adenosine monophosphate，cAMP）和酰基高丝氨酸内酯（acyl-homoserine lactones，AHL）可显著提高海洋细菌的培养效率。③添加微生物、生物酶或蛋白因子。如添加 H_2O_2酶、超氧化物歧化酶（SOD）等。

又如可对其培养条件进行优化：①可延长培养时间。②使用绝迹稀释法，即将样品中微生物群体总数稀释至痕量后再进行培养的方法，该法能有效降低优势微生物的占比，提高寡营养微生物的培养率。

7.4.3.2 基于膜扩散的培养方法

该方法指在培养过程中尽可能模拟自然条件，将稀释的环境样品置于区室独立小孔中，用半渗透膜（0.03 μm/0.2 μm）上下封闭小孔，让营养物质和代谢物扩散到自然环境或模拟生境中进行培养。常见的有分离芯片 iChip（isolation chip，iChip）、中空纤维膜腔（hollow-fiber membrance chambers，HFMC）、扩散的生物反应器（diffusion bioreactor）或土壤基质膜系统（soil substrate membrance system，SSMS）（图 7-10）。以 iChip 为例来介绍，该装置是 Nichols 等在开发应用扩散室法培养微生物的基础上开发的高通量分离装置，可用于大量分离培养环境中的未培养微生物。使用时，将有上百个通孔的分离板放在已稀释的含样品微生物细胞的培养基悬液中，使每个孔捕捉到含有适量微生物细胞的培养基，最后将分离板夹在聚碳酸酯膜（孔径为 0.03 μm）与上下两层板构成的半透性屏障中间，将装置置于目标微生物所栖息的环境中进行原位培养。

基于膜扩散的培养法可以尽可能保留自然生境的必需生长因子，且膜孔径小到足以使生长因子而非细胞扩散，细胞可从环境或共生微生物中获得基本生长因子，同时可独立复制，形成理想的培养物或菌落。此外，微生物产生的潜在生长抑制代谢产物可以自由地扩散开，而不是局部地累积。以这种方式模仿环境原位生长条件，减少了培养基成分配制的烦琐步骤，特别是避免了传统培养基提供的过多养分。

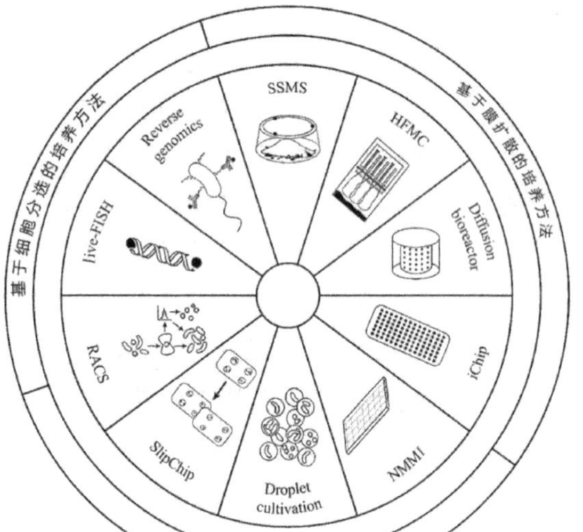

图 7-10 未培养微生物的分离培养技术创新

（引自 Lewis 等，2020）

7.4.3.3 基于微流控的培养方法

微流控培养技术是在微观尺寸下对复杂流体进行控制、操作和检测的技术，其能短时间同时检测多种未培养微生物的存在，还能获得目标微生物的纯培养物。例如 SlipChip 或纳米多孔微生物孵化器（nanoporous microscale microbial incubators，

NMMI),能够操纵于小体积和大量复制的细胞中,并且可以与各种液滴培养方法组合(图 7-10)。

以 SlipChip 培养为例介绍,此法可通过在数千个微隔室分别培养单个细胞来工作,这些微室可包含各种培养基和底物。其微隔室由两个相邻的一起形成芯片的连接板组成,接种后,芯片会被孵育,让细胞有时间繁殖并形成微型培养物,当单细胞在其中分裂为两个细胞后,芯片板被“滑”开,将每个微隔室一分为二,其中一个微腔室的复制微生物可以进行生长及生物分类鉴定(通常具有破坏性),另一个则保留活细胞继续培养。此系统的好处包括通过实验装置最小化来提高可扩展性并实现高通量,还可以扩展到厌氧微生物的培养,也可以使用多个 SlipChips 并行筛选一系列不同的生长条件,表明该物种在特定条件下的生长。

此外,由于许多微生物需要依靠其他微生物的产物生长,而基于单个密闭腔室的微流控芯片在此情况下不适用,所以结合了基于微流控和膜扩散技术的纳米多孔微生物孵化器系统也已被开发出来,可渗透的腔室壁能够促进生长因子和信号传导化合物在所有细胞之间的转移。

7.4.3.4 基于细胞分选的培养方法

细胞分选技术通常用来从复杂的微生物群落中分离单个细胞并进行培养。目前有多种方法:包括高通量的技术,如荧光激活细胞分选(flurescence acitivated sorting,FACS),此法基于液滴的分拣器和基于微流控的分选技术,目前已有成熟的市场化产品;也有高精度低通量的技术如基于显微镜的光镊子,该方法对细胞的损伤较小,且易于分离到稀有物种;还包括分选定位具有特定功能或类别的细胞子集的方法,如拉曼激活细胞分选(Raman-activated cell sorting,RACS)、基于活细胞的荧光原位杂交(fluorescence *in situ* hybridization of live cells,live-FISH)或逆向基因组学(reverse genomics)(图 7-10)。

荧光激活细胞分选(FACS)是基于荧光信号分选细胞的常用方法。尽管一些生物体具有固有的荧光特性(自发荧光),一些低毒或无毒的荧光染料也可用于染色不同的细胞靶标,例如 DNA 和磷脂膜,可以更容易区分细胞与背景荧光。此外,如果只有一部分物种在特定波长的光下激发时自发荧光,或与其他物种相比能被特定染料更好地染色,则 FACS 可基于这些特性而分离细胞,并丰富群落的一部分。

荧光原位杂交(FISH)是一种广泛使用的荧光标记法,可用于识别和量化给定样品中属于特定分类群的细胞。FISH 标记的细胞样本也可使用 FACS 进行分类,以丰富属于选定分类群的细胞,用于基于测序的研究。大多 FISH 标记的细胞样品无法维持细胞活力,因为这些细胞样品是化学固定的,并且将膜透化才能使分子探针进入细胞内靶目标。尽管最新的 live-FISH 技术能够避免细胞化学固定和透化,能尽可能保持细胞活力,但实际研究中细胞存活率仍然相对较低,基于现有技术,FISH 很可能不适合分离低丰度微生物。

逆向基因组学技术能够在保持细胞活力的同时进行特异性的细胞标记,首先从环境样品中重建未培养微生物的近乎完整的基因组序列,然后在计算机上预测仅在靶标微生物中具有保守且暴露于胞外的膜蛋白,并将其用作抗体生产的抗原决定簇,然后对其进行荧光标记。如果选择的抗原决定簇与其他微生物的序列保守性较低,则标记应为分类单元特异性,最后通过荧光激活细胞分选(FACS)与剩余样品分离,使用这种方法标记的单细胞可成功地用作接种物来建立新的培养物。

尽管以上讨论的技术都具有提高微生物分离培养的潜力,从理论上讲,这些方法可以应用于多种分类单元,但在实际应用中可能更具以下挑战性和局限性:①形成生物膜的微生物可能更难以进行细胞分选和培养。②样本中含有的非生物颗粒(如泥沙等)会干扰实验分析的准确度,而排除实验干扰所要的步骤通常较为烦琐。③新技术所使用的设备很难在典型的厌氧腔室中安装和操作。④高通量培养方法的另一个困难是气态底物(如 H_2、CO_2、CO 及 CH_4)的供应。⑤必须找到合适的培养基和理化条件,以使分离得到的单细胞持续健康地生长。目前已有公开的策略和工具通过宏基因组的表型特征(并由蛋白质组和转录组数据进行补充)用于估算微生物的生理和生态特性,但仍缺乏足够的全面的准确的数据信息。⑥方法理论可行但是实验操作失败,可能归因于目前仍难以理解的生物学过程(如微生物休眠等),也可能是由于技术本身发展的不成熟。

7.4.4 培养过程控制

7.4.4.1 微生物的单批培养

单批培养又称分批培养(batch culture)，指在一个密闭系统内投入有限数量的营养物质后，接入少量微生物菌种进行培养，使微生物生长繁殖，在特定条件下只完成一个生长周期的微生物培养方法。这种单批培养法可以作为绘制微生物典型生长曲线重要的参考数据。通过对微生物典型生长曲线分析后可知，在单批培养中，培养基一次加入，不予补充，不再更换，随着微生物活跃生长，培养基中营养物质被逐渐消耗殆尽，而代谢废物逐渐积累并产生毒害作用，最终促使生长速率下降至停止生长，进入衰亡期。

7.4.4.2 微生物的连续培养

连续培养(continuous culture)又称为开放培养，概念的提出是相对于上述单批培养(batch culture)或密闭培养(closed culture)而言的。

连续培养是在充分认知微生物典型生长曲线的基础上，通过分析得知稳定期的主要特征及产生原因，从而采取相应的有效措施实现微生物的稳定和连续培养。具体地说，就是当微生物以单批培养方式培养到指数期的后期时，一方面以一定速度连续流进新鲜培养基，并立即搅拌均匀；另一方面利用溢流的方式，以同样的流速不断流出培养物。这样，培养物就达到了一种动态的平衡，其中的微生物可长期保持在指数期的平衡生长状态和稳定的生长速率上(图 7-11)。

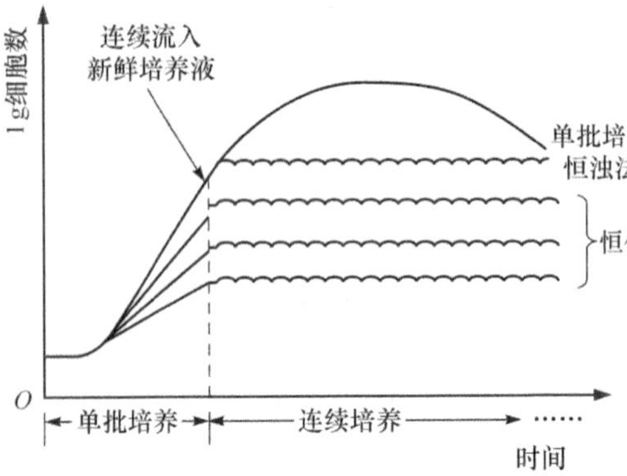

图 7-11 单批培养与连续培养的关系

连续培养器的类型很多，下面仅对控制方式和培养级数不同的连续培养器原理进行简单介绍。

(1)按控制方式分　可分为控制菌体密度的恒浊器和控制培养液流速的恒化器。

①恒浊器(turbidostat)：是一种借助光电控制系统来控制培养液流速，以保证培养液中菌体的浓度和生长速率恒定，从而使微生物高密度地以恒定速度生长的连续培养装置。在该系统中，当培养基的流速低于微生物生长速度时，菌体密度增高，这时通过光电控制系统的调节，可促使培养液流速加快，反之亦然，并以此来达到恒密度的目的。因此，这类培养器的工作精度是由光电控制系统的灵敏度来决定的。在恒浊器中的微生物，始终能以最高生长速率进行生长，并可在允许范围内控制不同的菌体密度。在生产实践中，为了获得大量菌体或与菌体生长相平行的某些代谢产物(如乳酸、乙醇)时，都可以利用恒浊器。恒浊反映的是细胞密度的恒定。

②恒化器(chemostat)：是一种以恒定的速度流出培养液，使容器中的微生物生长繁殖始终低于最快生长速度，从而保持培养液化学环境恒定不变的连续培养装置。在恒化器中，一方面菌体密度会随时间的增长而增高，另一方面限制生长因子的浓度又会随时间的增长而降低，两者互相作用的结果是出现微生物的生长速率正好与恒速流入的新鲜培养基流速相平衡。这样，既可获得一定生长速率的均一菌体，又可获得虽低于最高菌体产量，却能保持稳定菌体密度的菌体。

恒化器(图 7-12)主要用于实验室科学研究中，尤其用于与生长速率相关的各种理论研究中。它与恒浊器明显不同，其比较见表 7-6。

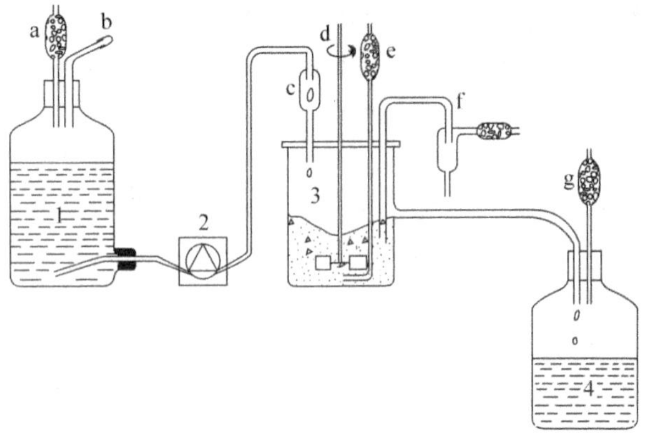

1. 培养液储备瓶，上有过滤器(a)和培养基进口(b)　2. 蠕动泵　3. 恒化器，上有培养基入口(c)、搅拌器(d)、空气过滤装置(e)和取样口(f)　4. 收集瓶，上有过滤器(g)

图 7-12 恒化器结构示意图

(引自周德庆，2020)

表 7-6　恒浊器与恒化器的比较

装置	控制对象	培养基	培养基流速	生长速率	产物	应用范围
恒浊器	菌体密度(内控制)	无限制生长因子	不恒定	最高速率	大量菌体或与菌体相平行的代谢产物	生产为主
恒化器	培养基流速(外控制)	有限制生长因子	恒定	低于最高速率	不同生长速率的菌体	实验室为主

(2)按培养器的级数分　可将连续培养器分成单级连续培养器与多级连续培养器两种。

一般情况下,如果某微生物其代谢产物的产生速率与菌体生长速率相平行,就可以采用单级恒浊器来进行研究或生产。相反,如果要获得的代谢产物产生速率恰恰与菌体生长速率不平行,如丙酮、丁醇等某些次生代谢物时,就应根据两者产生积累的规律,设计与其相适应的多级连续培养装置。

现以丙酮、丁醇的发酵生产为例,来说明采用两级连续培养的必要性和优点。丙酮、丁醇生产菌丙酮丁醇梭菌(*C. acetobutylicum*)的生长可分两个阶段:前期是菌体生长期(trophophase),较短,生长温度以 37 ℃为宜;后期为产物合成期(idiophase),较长,以产溶剂(丙醇、丁醇)为主,温度以 33 ℃为宜。根据这个特点,有学者专门设计了一个两级连续发酵装置。第一级罐保持 37 ℃,pH 为 4.3,培养液的稀释率为 0.125/h(即流速控制成 8 h 更换一次容器内的培养液),第二级为 33 ℃,pH 为 4.3,稀释率为 0.04/h(即 25 h 更换培养液一次),同时将第一、第二级罐串联起来进行连续培养。利用这样的装置可在一年多的时间内连续运转,与单级连续培养相比,可取得良好的生产效益。我国早在 20 世纪 60 年代,就已采用高效率的多级连续发酵法大规模地生产丙酮、丁醇等溶剂。

将连续培养技术及装置应用于发酵生产实践中,称为连续发酵。与单批发酵相比,其有诸多优点:①高效,简化了装料、灭菌、出料、清洗发酵罐等许多单元操作,减少了发酵过程中的非生产时间,并提高了设备的利用率;②自控,便于利用各种仪表进行自动控制;③产品质量较稳定;④节约了大量动力、人力、水和蒸汽等,且使水、汽、电的运载负荷均匀合理。但连续发酵也有缺点:①菌种易退化,处于如此长期高速繁殖情况下的微生物,即使其自发突变概率极低,也无法避免变异的发生,尤其发生比原生产菌株生长速率高、营养要求低和代谢产物少的负变类型;②易遭杂菌污染,在长期运转中,要保持各种设备无渗漏,尤其是通气系统不出任何故障,是极其困难的,因此,在长期运转过程中,极易发生杂菌污染;③营养物利用率低于单批培养,因此,所谓“连续”是有时间限制的,一般以数月至一到两年为期限。

在生产实践中,连续培养技术已被广泛应用于酵母菌单细胞蛋白(SCP)生产,乙醇、乳酸和丙酮、丁醇等的发酵生产,并涉及用假丝酵母(*Candida* spp.)进行石油脱蜡,以及用自然菌种或混合菌种进行污水处理等领域。国外报道中还涉及将微生物连续培养的原理扩大运用于提高浮游生物的产量,并获得了良好的效果(在 25 ℃下,日产量可比原有方法提高 1 倍)。

7.4.4.3　高密度培养

高密度培养(high cell-density culture,HCDC)也称为高密度发酵,一般指微生物在液体培养条件下,细胞群体密度超过常规培养 10 倍以上的生长状态。较典型的如在用基因工程菌(尤其是 *E. coli*)生产多肽类药物的实践中逐步发展起来的现代高密度培养技术。可利用 *E. coli* 生产各种多肽类药物(如人生长激素、胰岛素、白细胞介素类和人干扰素)等高附加值的贵重药品。提高菌体培养密度及产物的比生产值(单位体积单位时间内产物的产量),不仅可减少培养容器的体积、培养基的消耗和提高“下游工程”中分离、提取的效率,而且还可缩短生产周期、减少设备投入和降低生产成本,因而具有重要的实践意义。

不同菌种和同菌种不同菌株间,在高密度水平上差异很大。有人曾计算过,在理想条件下,*E. coli* 的理论高密度值可达 200 g(湿重)/L 或更高。此情况下,培养装置中几乎 1/4 发酵液中都占满着 *E. coli* 细胞,会引起培养液的黏度增大,其流动性几乎完全丧失,无法充分实现连续培养。至今已报道过的高密度生长的实际最高纪录为 *E. coli* W3110 的 174 g(湿重)/L 和 *E. coli* 用于生产 PHB

的"工程菌"的 175.4 g(湿重)/L。当然,由于微生物高密度生长的研究时间尚短,理论研究也不够全面和深入,所以被研究报道过的微生物种类还很有限,主要局限于 *E. coli* 和 *S. cerevisiae*(酿酒酵母)等少数兼性厌氧菌。

进行高密度培养时,我们要全面考虑影响高密度培养的各种因素,充分运用高密度培养的主要规律和方法,最终获得最佳的培养效果。下面将表述一些重要的促进培养的方法。

(1)选取最佳培养基成分和各组分含量　以 *E. coli* 为例,其产菌体 1 g/L 所需无机盐量为 $MgSO_4 \cdot 7H_2O$ 17.5 mg/L,NH_4Cl 0.77 g/L,$CaCl_2$ 0.4 mg/L,K_2SO_4 7.5 mg/L,KH_2PO_4 0.125 g/L,$FeSO_4 \cdot 7H_2O$ 0.64 mg/L。而此培养基中一些主要营养物的抑制浓度则为:葡萄糖 50 g/L,Zn^{2+} 0.038 g/L,氨 3 g/L,Mg^{2+} 8.7 g/L,Fe^{2+} 1.15 g/L,PO_4^{3-} 10 g/L。此外,合适的 C/N 值也是 *E. coli* 高密度培养的基础。

(2)适时补料　适时补料是 *E. coli* 工程菌高密度培养的重要手段之一。若供氧不足时,过量的葡萄糖会引起"葡萄糖效应",并导致有机酸过量积累,从而使生长受到抑制。因此,补料一般应采用逐量流加的方式进行。

(3)提高溶解氧浓度　在实验中发现,提高好氧菌和兼性厌氧菌培养时的溶氧量也是进行高密度培养的重要手段。提高氧浓度甚至用纯氧或加压氧去培养微生物,就可大大提高高密度培养的水平,如有人用纯氧培养酵母菌,就可使菌体湿重达到 100 g/L。

(4)防止有害代谢产物生成和积累　乙酸是 *E. coli* 产生的对自身生长代谢有抑制作用的产物。为防止它的生成,可采用诸如天然培养基,降低培养基的 pH,以甘油代替葡萄糖作为碳源,加入甘氨酸、甲硫氨酸,降低培养温度(从 37 ℃下降到 26～30 ℃),以及采用透析培养法(dialysis culture)去除乙酸。

(5)保持合适 pH　主要通过使培养液保持良好的缓冲性能来维持合适的 pH。例如,在植物乳杆菌(*Lactobaillus plantarum*)培养液中,使乙酸钠与 $CaCO_3$ 的比例保持 0.5∶1.5 时,就可达到高密度生长(2.72×10^{10} CFU/mL)。

7.5　有害微生物生长的控制

在我们生活的周围环境中,到处充斥着各种各样的微生物。其中有一部分是对人类有害的。它们可以通过气流、相互接触或人工接种等方式,传播到适宜的基质或生物对象上而生长繁殖,最后造成种种危害。例如,食品和工农业产品的霉腐变质;实验室中微生物或动植物组织、细胞纯培养物的污染;培养基或生化试剂的染菌;微生物工业发酵中的杂菌污染;以及人体和动植物受病原微生物的感染而患各种传染病,等等。我们必须采取一系列有效的措施,对这些有害微生物进行防治、抑制和消灭。

7.5.1　控制有害微生物的几个措施

我们先了解几个与控制有害微生物生长相关的定义和概念。

7.5.1.1　灭菌

采用强烈的理化作用,使任何物体内外部的一切微生物永远丧失其生长繁殖能力的措施,称为灭菌。例如,各种高温灭菌、辐射灭菌措施等。灭菌还可分为杀菌(sterilization)和溶菌(bacteriolysis)两种,前者结果是菌体虽死,但形骸尚存,后者结果则是菌体被杀死后,其细胞发生溶解、消失的现象(图 7-13)。

图 7-13　制菌、杀菌与溶菌作用的比较(当处于指数生长期时,在箭头处加入可抑制生长的某因素)

7.5.1.2　消毒

消毒即消除毒害,而"毒害"仅指传染源或致病菌等,英文中的 disinfection 也是"消除传染"的意思。所以,消毒是一种采用较为温和的理化作用,仅杀死物体表面或内部一部分对人体有害的病原菌,而对被消毒的物体基本无害的措施。例如,一些常用的对皮肤、水果、饮用水进行药剂消毒的方法;对啤酒、牛奶、果汁和酱油等进行消毒处理的巴氏消毒法等。

7.5.1.3 防腐

防腐就是利用某种理化作用完全抑制霉腐微生物的生长和繁殖，从而达到防止食品、生物制品等发生霉腐的措施。防腐措施有很多，主要包括：①低温。利用 4 ℃以下的各种低温(0 ℃、−20 ℃、−70 ℃、−196 ℃ 等)，以保藏食物、药品或菌种等。②缺氧。采用抽真空、充氮、二氧化碳或在密闭容器中加入除氧剂(deoxidizer)等方法，有效防止食品和粮食等的霉腐、变质，并达到保鲜的目的。除氧剂种类很多，主要原料是铁粉，再加上一定量的辅料和填充剂制成，它主要用于新鲜食品的保鲜。③干燥。采用晒干、烘干或红外线干燥等方法，对粮食、食品等进行干燥保藏的方法。另外，也指在密封条件下，用石灰、无水氯化钙、五氧化二磷、浓硫酸、氢氧化钾或硅胶等作为吸湿剂，对食品、药品和器材等进行长期防霉腐的处理。④高渗。通过盐腌和糖渍等高渗措施来保存各种食物，属于民间经常使用的方法，如腌制咸菜等。⑤高酸度。凭借高酸度来达到一定的防腐目的。例如泡菜的制作工艺，就是利用乳酸菌的厌氧发酵使新鲜蔬菜产生大量乳酸，借以达到抑制杂菌和长期保藏的目的。⑥防腐剂。在某些食品、调味品、饮料或器材中，可以加入适量的防腐剂或防霉剂，以达到防霉腐的目的。例如，酱油中常以苯甲酸来防腐；墨汁中可加入尼泊金(nipagin，即对羟基苯甲酸甲酯)作为防腐剂；化妆品可加入山梨酸、脱氢醋酸等来防腐；食品和饲料可加入二甲基延胡索酸(DMF)来防腐等。

7.5.1.4 抑菌

抑菌是指抑制微生物的生长和繁殖，即通过抑制待处理体系中微生物的活性，使之繁殖能力降低或停止繁殖的过程。常用的抑菌剂(bacteriostat)是一些抗生素，能可逆性抑制细菌的繁殖，但不直接杀死细菌，如磺胺类、四环素、氯霉素、红霉素、林可霉素(包括它们的一些具体分类的药物)。在益生菌(probiotic)的发现发展过程中，有研究表明，可以利用益生菌菌体抑制有害菌，平衡宿主的微生态，维持宿主的健康，起到抑菌的效果。动物体内的有益细菌或真菌主要有：酪酸梭菌、乳酸菌、双歧杆菌、放线菌、酵母菌等。迄今为止，已发现的益生菌大体上可分成 3 大类，其中包括：①乳杆菌类(如嗜酸乳杆菌、干酪乳杆菌、詹氏乳杆菌、拉曼乳杆菌等)；②双歧杆菌类(如长双歧杆菌、金双歧、短双歧杆菌、卵形双歧杆菌、嗜热双歧杆菌等)；③革兰氏阳性球菌(如粪链球菌、乳球菌、中介链球菌等)。此外，还有一些酵母菌与酶也可归入益生菌的范畴。

7.5.2 物理控制

控制微生物生长的物理方法很多，如高温灭菌、低温抑菌、过滤除菌、辐射处理、超声波处理等。

7.5.2.1 高温灭菌

高温灭菌的原理是当温度超过微生物的最高生长温度时就会引起死亡。高温致死微生物主要是引起蛋白质、核酸和脂质等重要生物高分子发生不可逆变性，例如，它可使核酸发生脱氨、脱嘌呤或降解；还可破坏细胞的组成，高温可热溶解细胞膜上类脂质成分形成极小的孔，使细胞的内容物泄漏。一定时间内(一般为 10 min)杀死微生物所需要的最低温度称为致死温度。高温灭菌法可分为：干热灭菌法和湿热灭菌法两大类。

在实践上行之有效的高温灭菌或消毒的方法主要有以下几种。

1. 干热灭菌法

将金属制品或清洁玻璃器皿放入电热烘箱内，在 150～170 ℃下维持 1～2 h，即可达到彻底灭菌的目的。在这种条件下，可使细胞膜破坏、蛋白质变性、原生质干燥，以及各种细胞成分发生氧化。灼烧(incineration 或 combustion)是一种最彻底的干热灭菌方法，由于其破坏力极强，应用范围仅限于接种环、接种针等少数对象的灭菌或带病原体的材料、动物尸体的烧毁等。

2. 湿热灭菌法

湿热灭菌法是一类利用高温水或水蒸气进行灭菌的方法，通常指用 100 ℃以上的加压蒸汽进行灭菌。一般在同样温度和相同作用时间下，湿热灭菌比干热灭菌法更有效。原因是湿热蒸汽不但透射力强，而且还能破坏维持蛋白质空间结构和稳定性的氢键，从而加速这一重要生命大分子物质的变性。在湿热温度下，多数细菌和真菌的营养细胞在 60 ℃左右处理 5～10 min 后即可杀死，酵母菌和真菌的孢子稍耐热些，但在 80 ℃以上温度处理也能杀死，而细菌芽孢最为耐热，一般需要 120 ℃下处理 15 min 才能杀死。

湿热灭菌法的种类很多，主要有以下几类。

(1)常压法

①巴氏消毒法：最初是由法国微生物学家巴斯德提出，现主要用于对牛奶、啤酒、果酒和酱油等不能进行高温灭菌的液体进行消毒，其主要目的是杀死液体中无芽孢的病原菌(如牛奶中的结核杆菌或沙门菌)，而又不影响它们的风味。巴氏消毒法是一种低温消毒法，其具体处理温度和时间各有不同，一般选择在 60～85 ℃下处理 15 s 至 30 min 即可。具体的方法也可分两类：一类是经典的低温维持法，如在 63 ℃下保持 30 min 可进行牛奶消毒；另一类是较现代的高温瞬时法，用于牛奶消毒时只要在 72 ℃下保持 15 s 即可。

②煮沸消毒法：一般用于饮用水的消毒(可在 100 ℃下煮沸数分钟进行消毒)。

③间歇灭菌法：又称丁达尔灭菌法或分段灭菌法，适用于不耐热培养基的灭菌。方法是：将待灭菌的培养基在 80～100 ℃下蒸煮 15～60 min，以杀死其中所有微生物的营养细胞，然后置于室温或 37 ℃下保温过夜，诱导残留的芽孢发芽，第二天再以同法蒸煮和保温过夜，如此连续重复 3 d，即可在较低温度下达到彻底灭菌的效果。例如，培养硫细菌的含硫培养基就可采用此法灭菌，因为其中的元素硫经常规的加压灭菌(121 ℃)后会发生熔化，而在 99～100 ℃的温度下则呈结晶形。

(2)加压法

①常规加压蒸汽灭菌法：一般也称作“高压蒸汽灭菌法”。这是一种应用最为广泛的利用高温(而非压力)进行湿热灭菌的方法。其原理十分简单：将待灭菌的物件放置在盛有适量水的加压蒸汽灭菌锅(或家用压力锅)内。把锅内的水加热煮沸，并把其中原有的空气彻底驱尽后将锅密闭。再继续加热就会使锅内的蒸气压逐渐上升，从而温度也上升到 100 ℃以上。为达到良好的灭菌效果，一般要求温度应达到 121 ℃(压力为 1 kg/cm^2)，时间维持 15～20 min，也可采用在较低的温度(115 ℃，即 0.7 kg/cm^2)下维持 30 min 的方法。此法适合于一切微生物学实验室、医疗保健机构或发酵工厂中对培养基及多种器材、物料的灭菌。

②连续加压灭菌法：在发酵行业里也称“连消法”。此法适用于大型发酵厂的大批培养基灭菌。主要操作是将培养基在发酵罐外连续不断地进行加热、维持和冷却，然后才放入发酵罐。培养基一般在 135～140 ℃下处理 5～15 s。这种灭菌方法有很多优点：采用高温瞬时灭菌，既可杀灭微生物，又可最大限度减少营养成分的破坏，从而提高了原料的利用率和发酵产品的质量和产量，如在抗生素发酵中，它比以往的“实罐灭菌”(120 ℃，30 min)产量提高 5%～10%；总的灭菌时间较分批灭菌法明显减少，缩短了发酵罐的占用周期，从而提高了发酵罐的利用率；由于蒸汽负荷均匀，从而提高了锅炉利用率；适宜自动化操作；降低了操作人员的劳动强度。

7.5.2.2 低温抑菌

低温能抑制微生物生长。当处于 0 ℃以下时，菌体内水分冻结，各种生化反应无法进行，导致微生物生长停滞。0 ℃以上时，中温型和高温型微生物因细胞膜内饱和脂肪酸含量较高而被“冻结”，致使营养物质无法进入细胞而停止生长。此外，细菌细胞内有许多高分子复合物(如核糖体、异构酶等)在低温下呈松散状态而失活，细胞则停止生长。有的微生物在冰点以下会死亡或部分死亡，主要原因是细胞内水变成了冰晶，导致细胞脱水；冰晶还可导致细胞膜内物理损伤。快速冷冻和加入保护剂(如甘油、血清、葡聚糖等)可防止冰晶过大，降低细胞脱水。

低温的作用主要是抑菌，使其代谢活力降低，生长繁殖停滞，但仍保持活性。低温保藏食品和菌种就是低温抑菌的典型例子。

冷藏法：将新鲜食物放于 5 ℃保存(通常冰箱冷藏室的温度)，防止腐败。然而储藏只能维持几天，因为低温下，耐冷微生物仍能生长，造成食品腐败。利用低温下微生物生长缓慢的特点，可将微生物斜面菌种放置冷藏箱中保存数周至数月。

冷冻法：家庭或食品工业中采用－20 ℃左右的冷冻温度，使食品冷冻成固态加以保存，在此条件下，微生物基本上不生长，保存时间比冷藏法更长。冷冻法也用于菌种保藏，所用温度更低，如－20 ℃低温冰箱、－70 ℃超低温冰箱、－196 ℃液氮。

7.5.2.3 过滤除菌

过滤除菌是指将液体通过某种多孔材料，利用物理学原理将微生物与液体分离的现象。目前经常使用的是膜滤器除菌。膜滤器一般是由硝酸纤维素制成，孔径可根据需要进行选择(0.025～25 μm)，当含微生物的液体通过微孔滤膜时，大于滤膜孔径的微生物被阻拦在膜上，小于滤膜孔径的滤液流走，进而使得微生物与液体发生分离。微孔滤膜具有孔径小、价格低、滤速快、不易阻塞、可高压灭菌及可处理大容量的液体等优点。但又存在使用0.22 μm孔径滤膜操作时，易发生阻塞的缺点。

过滤除菌可用于对热敏液体的灭菌，如含有酶或维生素的溶液、血清等，还可用于啤酒生产代替巴斯德消毒。

7.5.2.4　辐射灭菌

辐射灭菌主要是指利用紫外光、电离辐射和强可见光等进行灭菌的方法。它可用于控制微生物的生长和食品保存。

(1)紫外光　主要是指波长为100～400 nm的太阳光，而200～300 nm范围的紫外光杀菌作用最强。紫外光杀菌作用的机理是蛋白质(约280 nm)和核酸(约260 nm)等可以吸收不同波段的紫外光，使其变性失活，达到灭菌的目的。其中核酸中的胸腺嘧啶吸收紫外光后易形成二聚体，导致DNA复制和转录中遗传密码阅读错误，引起致死突变。紫外线还可使空气中分子氧变为臭氧，分解释放出氧化能力极强的新生态[O]，破坏细胞的结构，使菌体死亡。紫外光穿透能力很差，只能用于物体表面或室内空气的灭菌。紫外光灭活病毒特别有效，对其他微生物细胞的灭活作用效果不佳，主要是由于DNA修复机制的存在。紫外光的灭菌效果也与菌种生理状态有关，干细胞抗紫外辐射能力比活细胞强，孢子抗性比营养细胞强，带色细胞中的色素由于可吸收紫外光，能起到一定保护作用。

(2)电离辐射　主要是X射线和γ射线。电离辐射的主要作用就是将H_2O分子分解为相关离子和游离基。在有氧情况下，生成一些具有强氧化性的基团，如O_2^-和O_2^{2-}，上述离子常与液体内的氧发生作用，产生一些具强氧化性的过氧化物，将细胞蛋白质和酶的—SH氧化，使细胞损伤或死亡。电离辐射波长短，比紫外光短6～7倍，但其穿透力强，能量高，效应无专一性，可作用于一切细胞成分。实践中主要用于一些其他方法不能解决的塑料制品、医疗设备、药品和食品的灭菌。例如其中由某些放射性同位素如^{65}Co发射的高能辐射的γ射线，能致死所有微生物。已有专门用于不耐热的大体积物品消毒的γ射线装置被广泛应用于实际生产中。

(3)强可见光　在太阳光中，除紫外光可以杀菌之外，其中400～700 nm波长范围的强可见光也具有直接杀菌作用。它们能够氧化细菌细胞内的光敏感分子，如核黄素和卟啉环(构成氧化酶的成分)，使得细菌失活。实验室应注意避免将细菌培养物暴露于强光下。此外，曙红和次甲基蓝能吸收强可见光使蛋白质和核酸氧化。因此，一般可将两者结合使用来灭活病毒和细菌。

7.5.2.5　超声波灭菌

超声波(频率在20 000 Hz以上)具有强烈的生物学作用，它致死微生物的机理是：通过探头高频振动引起周围水溶液的高频振动，当探头和水溶液的高频振动不同步时会在溶液内产生空穴(真空区)，只要菌体接近或进入空穴中，由于细胞内外压力差，就直接导致细胞破裂，内含物外溢，细胞死亡。此外，由于超声波振动，机械能转变为热能，使溶液温度升高，细胞热变性，即可抑制或杀死微生物。在科学研究中常用此法破碎细胞，进而对其组成、结构等进行分析和研究。超声波几乎对所有微生物都有破坏作用，效果因作用时间、频率及微生物的种类、数量、形状而异。一般地，高频率比低频率杀菌效果好，球菌较杆菌抗性强，细菌芽孢具有更强的抗性。

7.5.3　化学控制

具有抑制或杀灭微生物的化学因素种类繁多，其化学性质和主要用途也存在很大差异，常见的几种如下。

7.5.3.1　抗生素

抗生素(antibiotic)是一类由微生物或其他生物在其生命活动中合成的次生代谢产物或人工衍生物。它们在很低浓度时就能抑制或干扰他种生物(包括病原菌、病毒、癌细胞等)的生命活动，可作为化学治疗剂来使用。自从A. Fleming于1929年发现青霉素以来，人类已找到10 000种以上新抗生素(1984年)并合成了70 000多种的半合成抗生素，但真正在临床广泛应用的抗生素仅有五六十种。

抗生素及其产生菌的种类很多，其制菌谱和作用机制各异，应用范围也较为广泛。多种具有代表性的抗生素及其作用机制见表7-7。

表 7-7 若干重要抗生素及其作用机制

名称及类型	作用机制	作用后果
抑制细胞壁合成		
D-环丝氨酸	抑制 *L*-Ala 变为 *D*-Ala 的消旋酶	阻止胞壁酸上肽尾的合成
万古霉素、瑞斯托菌素、杆菌肽	抑制糖肽聚合物的伸长	阻止肽聚糖的合成
青霉素、氨苄青霉、头孢菌素	抑制肽尾与肽桥间的转肽作用	阻止糖肽链之间的交联
引起细胞壁降解		
溶葡球菌素	水解肽尾和分解胞壁酸-葡糖胺链	溶解葡萄球菌
干扰细胞膜功能		
短杆菌酪肽	损害细胞膜，降低呼吸作用	细胞内物质外漏
短杆菌肽	使氧化磷酸化解偶联，与膜结合	细胞内物质外漏
多黏菌素	使细胞膜上的蛋白质释放	细胞内物质外漏
抑制蛋白质合成		
链霉素、新霉素、卡那霉素	与 30S 核糖体结合	促进错译，抑制肽链延伸
四环素、伊短菌素	与 30S 核糖体结合	抑制氨基酰 tRNA 与核糖体结合
嘌呤霉素	与 50S 核糖体结合	引起不完整肽链的提前释放
氯霉素	与 50S 核糖体结合	抑制氨基酰 tRNA 附着核糖体
红霉素	与 50S 核糖体结合	引起构象改变
林可霉素	与 50S 核糖体结合	阻止肽键形成
抑制 DNA 合成		
狭霉素 C	抑制黄苷酸氨基酶	因阻止 GMP 合成而抑制
萘啶酸	作用于复制基因	切断 DNA 合成
灰黄霉素	不清楚	抑制有丝分裂中的纺锤体功能
抑制 DNA 复制		
丝裂霉素	使 DNA 的互补链相结合	抑制复制后的分离
抑制 RNA 转录		
放线菌素 D	与 DNA 中的鸟嘌呤结合	阻止依赖于 DNA 的 RNA 合成
抑制 RNA 合成		
利福平、利福霉素	与 RNA 聚合酶结合	阻止 RNA 合成

随着抗生素的广泛应用，微生物对其产生的耐药性及其本身产生的毒副作用等问题逐渐突显出来，为解决这些问题，人类除了更加广泛筛选具有新效应的抗生素外，主要就是对各种天然抗生素的结构进行化学改造形成半合成抗生素，如半合成青霉素、半合成头孢菌素、半合成四环素类、半合成利福霉素和半合成卡那霉素等。

7.5.3.2 表面消毒剂

表面消毒剂（surface disinfactant）是指对一切活细胞都有毒性，但不能用作活细胞或机体内治疗的化学药剂。常用的表面消毒剂种类很多，其杀菌强度各不相同。但都有一个共同的规律：即当浓度极低时，常常会刺激微生物的生活和生长，但随着浓度逐渐增高，就相继出现抑菌和杀菌的现象，进而形成一个连续的作用谱。

表面消毒剂主要适用于消除传播媒介物上的病原体，故在传染病预防中，可有效切断疾病传播途径，以控制传染病流行，起到预防传染病暴发的作用。为比较各种表面消毒剂的相对杀菌强度，学术界常采用在临床上最早使用的消毒剂——石炭酸作为比较标准，并提出了石炭酸系数（phenol coefficient，p. c.）这一参考指标。所谓石炭酸系数，是指在一定时间内被试药剂能杀死全部供试菌（test organism）的最高稀释度与达到同效的石炭酸的最高稀释度的比率。一般规定处理时间为 10 min，而供试菌定为伤寒沙门菌（*Salmonella typhi*）。例如，某甲药剂以 1∶300 的稀释度在 10 min 内杀死所有供试菌，而达到同效的石炭酸的最高稀释度为 1∶100，则该药剂的石炭酸系数等于 3，即：

$$\text{p. c.}=\frac{300}{100}=3$$

由于化学消毒剂的种类繁多(表 7-8),杀菌机制也各不相同,所以石炭酸系数仅具有一定的参考价值。

表 7-8 若干重要表面消毒剂及其应用

类型	名称及使用浓度	作用机制	应用范围
重金属盐类	0.05%~0.1%升汞	与蛋白质的巯基结合使失活	非金属物品,器皿
	2%红汞	与蛋白质的巯基结合使失活	皮肤,黏膜,小伤口
	0.01%~0.1%硫柳汞	与蛋白质的巯基结合使失活	皮肤,手术部位,生物制品防腐
	0.1%~1% $AgNO_3$	沉淀蛋白质,使其变性	皮肤,滴新生儿眼睛
	0.1%~0.5% $CuSO_4$	与蛋白质的巯基结合使失活	杀灭真菌与藻类
酚类	3%~5%石炭酸	蛋白质变性,损伤细胞膜	地面,家具,器皿
	2%煤酚皂(来苏儿)	蛋白质变性,损伤细胞膜	皮肤
醇类	70%~75%乙醇 60%~80%异丙醇	蛋白质变性,损伤细胞膜,脱水,溶解类脂	皮肤,器械
酸类	5~10 mL/m^3 醋酸(熏蒸)	破坏细胞膜和蛋白质	房间消毒(防呼吸道传染)
醛类	0.5%~10%甲醛 2%戊二醛	破坏蛋白质氢键或氨基	物品消毒,接种箱、接种室的熏蒸精密仪器等的消毒
气体	600 mg/L 环氧乙烷	有机物烷化,酶失活	手术器械,毛皮,食品,药物
氧化剂	0.1% $KMnO_4$	氧化蛋白质活性基团	皮肤,尿道,水果,蔬菜
	3% H_2O_2	氧化蛋白质活性基团	污染物件的表面
	0.2%~0.5%过氧乙酸	氧化蛋白质活性基团	皮肤,塑料,玻璃,人造纤维
	约 1 mg/L 臭氧	氧化蛋白质活性基团	食品
卤素及化合物	0.2~0.5 mg/L 氯气	破坏细胞膜、酶、蛋白质	饮水,游泳池水
	10%~20%漂白粉	破坏细胞膜、酶、蛋白质	地面,厕所
	0.5%~1%漂白粉	破坏细胞膜、酶、蛋白质	饮水,空气(喷雾),体表
	0.2%~0.5%氯胺	破坏细胞膜、酶、蛋白质	室内空气(喷雾),表面消毒
	4 mg/L 二氯异氰尿酸钠	破坏细胞膜、酶、蛋白质	饮水
	3%二氯异氰尿酸钠	破坏细胞膜、酶、蛋白质	空气(喷雾),排泄物,分泌物
	2.5%碘酒	酪氨酸卤化,酶失活	皮肤
表面活性剂	0.05%~0.1%新洁尔灭	蛋白质变性,破坏膜	皮肤,黏膜,手术器械
	0.05%~0.1%度米芬	蛋白质变性,破坏膜	皮肤,金属,棉织品,塑料
染料	2%~4%龙胆紫	与蛋白质的羧基结合	皮肤,伤口

7.5.3.3 抗代谢药物——磺胺类药物

抗代谢药物(antimetabolite)又称代谢拮抗物或代谢类似物,是指某些在化学结构上与微生物细胞内必要代谢物结构相似,能阻碍酶的作用,并可干扰正常代谢活动的化学物质。抗代谢药物的种类很多,都是有机合成药物,如磺胺类、氨基叶酸、异烟肼、6-巯基腺嘌呤和 5-氟尿嘧啶等。

磺胺药(sulphonamides)是人类第一个成功地用于特异性抑制某种微生物生长以防治疾病的化学治疗剂。1934 年,德国科学家 G. Domagk 发现,一种红色染料——“百浪多息”(prontosil,4-磺酰胺-2′,4′-二氨基偶氮苯)可治疗白鼠因链球菌属(*Streptococcus*)和葡萄球菌属(*Staphylococcus*)所引起的感染,但在体外却无任何作用。1935 年,又发现“百浪多息”可治疗人的链球菌病及儿童的丹毒症。随后法国的 Trefouel 和英国的 Fuller 等认为“百浪多息”在体内可转化为具有制菌活性的磺胺（*p*-氨基苯磺酰胺）。“百浪多息”的结构如下：

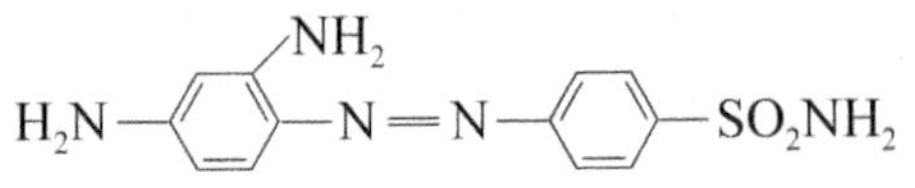

此后，磺胺就成了在青霉素应用前治疗许多细菌性传染病的最有效化学治疗剂，尤其在治疗溶血链球菌（*Streptococcus hemolyticus*）、肺炎链球菌（*S. pneumoniae*），痢疾志贺菌（*Shigellady senteriae*）、布鲁氏菌属（*Brucella*）、奈瑟氏球菌属（*Neisseria*）以及金黄色葡萄球菌（*S. aureus*）等引起的各种传染病中，效果更为显著。磺胺药的种类很多，至今仍常用的有磺胺、磺胺胍、磺胺嘧啶、磺胺甲噁唑和磺胺二甲嘧啶等。

1940 年，Wood 和 Fildes 研究了磺胺的作用机制，并阐明了其结构与细菌生长因子——对氨基苯甲酸（para-amino benzoic acid，PABA）高度相似（图 7-14），故认为是它的代谢类似物，两者会发生竞争性拮抗作用。

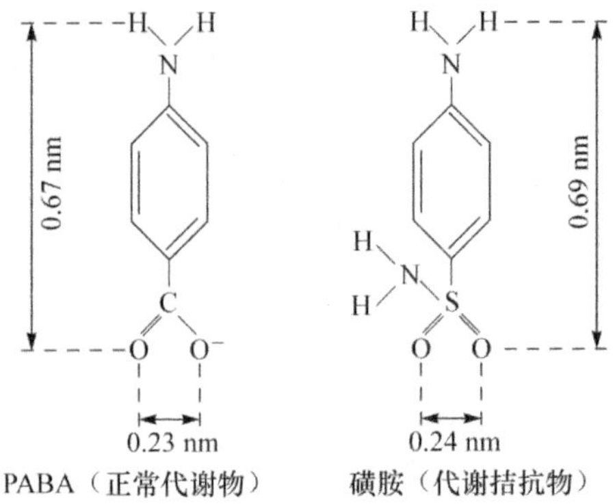

图 7-14　PABA 与磺胺结构的比较

在自然界中，很多细菌都要求外界环境提供 PABA，作为其生长因子以合成其代谢途径中必要的辅酶——转移一碳基的四氢叶酸（THFA 或 CoF），而 PABA 就是它结构的一个组分。在 THFA 的合成过程中，代谢拮抗物磺胺和磺胺增效剂三甲基苄二氨嘧啶（trimethoprim，TMP，1959 年发现）的作用部位简示如图 7-15 所示。

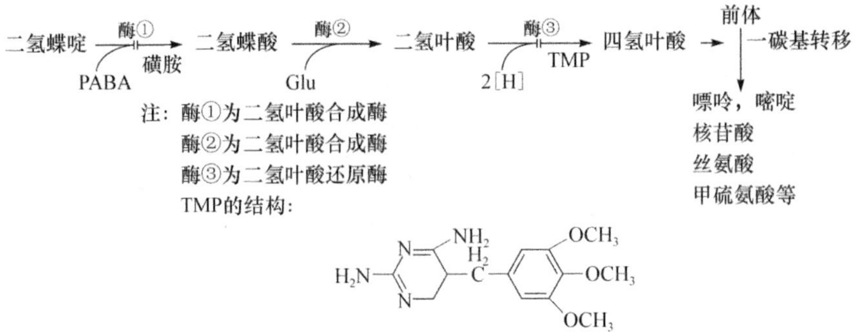

图 7-15　磺胺及增效剂 TMP 在细菌四氢叶酸合成过程中的作用部位及 TMP 的结构

从上述反应中可以看出，磺胺会抑制二氢蝶啶与 PABA 的缩合反应。这是由于磺胺是 PABA 的结构类似物，可与它发生竞争性拮抗作用，即二氢蝶酸合成酶也可利用磺胺作为底物，使某些磺胺分子与二氢蝶啶，形成一个二氢蝶酸的类似物（即“假二氢叶酸”）。这样，就使那些能利用二氢蝶啶和 PABA 合成叶酸的细菌无法合成叶酸，于是生长受到抑制。另外，TMP 也能抑制二氢叶酸还原酶，使二氢叶酸无法还原成四氢叶酸，增强了磺胺抑菌的效果。在细菌合成四氢叶酸过程中，磺胺与 TMP 的双重阻断在防治有关细菌性传染病中，起了一个“双保险”的作用。

本章小结

生长、繁殖和死亡是微生物最本质的属性之一，其中的规律对科学研究和指导生产实践具有重要的意义。对微生物细胞进行计数或计量（测生长量）是量度微生物生长繁殖状态的最佳指标。计繁殖数最常用的方法是显微镜下用计数板直接计数法和用培养皿进行间接计数的平板菌落计数法，而测生长量最常用的则是称干重、菌液的比浊或测菌体含氮量等。

对微生物个体生长规律一般很少研究，而其群体的生长规律则因与科研和生产实践的关系密切而备受重视。单细胞微生物在一定容积液体培养基中的生长规律可用典型生长曲线来表达。分4期，即延滞期、指数期、稳定期和衰亡期。在深入研究生长曲线的基础上，人们创造了连续培养理论和技术。20世纪后期，由于利用基因工程菌生产人源或动物源多肽类药物的需要，推动了以大肠杆菌为代表的高密度培养技术的发展。

影响微生物生长繁殖的外界环境因素很多，除营养外，主要有温度、pH和氧气3项。按微生物生长最适温度的不同，可把它们分为嗜热菌、中温菌和嗜冷菌3类。同一微生物的不同生理活动有着不同的最适温度，这对指导具体生产过程有重要意义。氧对绝大多数微生物生命活动不可或缺，按微生物与氧的关系可把它们分为好氧菌、兼性厌氧菌、微好氧菌、耐氧菌和厌氧菌5类。厌氧菌特别是其中的严格厌氧菌对氧高度敏感，其原因是它们不能合成过氧化物歧化酶(SOD)，因此在有氧的环境中，无法去除细胞内产生的有毒超氧化物歧化酶阴离子自由基，最终只能被毒害致死。微生物作为一个整体来看，其pH适应性是生物界中最广的(pH 2～10或更广)，但对某一微生物而言，则其pH适应范围也是较窄的，且大多数都适合于中性附近。微生物生长的最适pH也是随不同生理阶段或代谢反应的不同而有所差异，因此通过控制pH有可能提高微生物发酵产物的产量和质量。在科学研究和发酵生产中，可采用流加酸、碱或其他措施，以保证微生物始终在合适的pH条件下进行生长或产生代谢产物。

为保证微生物在实验室或工厂大规模生产条件下快速生长，就应提供一套科学性强、技术先进经济高效的微生物培养装置来实现。例如提供营养丰富、质地均匀的营养物，适宜的温度，良好的通气条件(严格厌氧菌除外)，以及严防杂菌污染等条件。微生物的培养装置种类很多，原理也大同小异，可根据不同对象、不同目的和条件自行设计。总体发展趋势是从固态培养向液态培养，从小规模培养向大规模培养，从液体静置培养箱深层通气搅拌培养，从常规菌种到使用变异菌株，从只培养微生物到能培养高等动植物细胞株，以及采用连续培养、高密度培养和各种新型生物反应器等。

控制和灭杀各种有害微生物，是微生物学的一个重要研究和应用领域。控制的措施主要有灭菌、消毒、防腐、抑菌4类。控制微生物生长的物理方法主要有高温灭菌、低温抑菌、过滤除菌、辐射灭菌、超声波灭菌等方法。其中高温是最常用和最简便有效的灭菌和消毒手段，种类很多，如加压蒸汽灭菌法、干热灭菌法、间歇灭菌法和巴氏消毒法等。抑制或杀灭微生物的化学方法包括抗生素类、表面消毒剂类及抗代谢药物如磺胺类药物等，与人们的医疗、保健和日常生活密切相关。

复习思考题

1. 测定微生物的生长量常用哪几种方法？试比较它们的优缺点。

2. 有哪些生理指标可用来表示微生物的生长量？其原理如何？

3. 计算微生物的繁殖数时，常用哪些方法？试简述其操作，并比较各种方法的优劣。

4. 什么叫生长曲线？单细胞微生物的典型生长曲线可分几期？其划分的依据是什么？各时期的特点是什么？

5. 什么叫生长速率常数(R)？什么叫代时(G)？什么叫倍增时间？如何计算这些参数？

6. 丝状真菌有哪些群体生长特征？其群体生长有何规律？

7. 微生物界作为整体来说，它们生长的温度范围有多广？嗜冷菌、中温菌和嗜热菌的最适温度范围如何？

8. 什么叫最适生长温度？温度对同一微生物的生长速度、生长量、代谢速度、各代谢产物累积量的影响是否相同？研究这一问题有何实践意义？

9. 从对分子氧的要求来看，微生物可分哪几种类型？它们各有何特点？举例说明。

10. 目前一般认为氧对厌氧菌毒害的机制是什么？

11. 在微生物培养过程中，引起pH改变的原因有哪些？在实践中如何保证微生物能处于较稳定和合适的pH环境中？

12. 在实验室中，培养厌氧微生物的主要方法有哪些？其原理如何？哪两类属于培养严格厌氧菌的技术？

13. 什么是未培养微生物？简述未培养微生物的新兴培养技术及原理。

14. 什么叫单批培养？什么叫连续培养？它们之间有何差别？

15. 试列表比较两类连续培养器——恒浊器和恒化器的特点和应用范围。

16. 什么是高密度培养？如何保证好氧菌或兼性厌氧菌获得高密度生长？

17. 试比较杀菌（灭菌）、消毒、防腐和抑菌的异同，并举例说明。

18. 控制有害微生物的物理方法有哪几类？其原理是什么？

19. 什么是抗生素？列举几种常见抗生素及其制菌的作用机制。

20. 试以磺胺及其增效剂 TMP 为例，说明这类化学治疗剂的作用机制。

第8章 微生物遗传与育种

内容提示

本章从核酸是遗传的物质基础入手，通过历史上多个生动的实例，深入浅出地讲解遗传变异与育种的基本概念，描述几种典型菌株的筛选方法，介绍菌种退化的原因及常规的菌种保藏方法，简要介绍CRISPR及基因编辑技术。

教学目标

掌握遗传变异与育种的基本概念，了解相关育种试验的设计思路及操作步骤，了解菌种退化的原因，掌握菌种保藏方法，了解CRISPR原理及基因编辑技术。

8.1 微生物遗传

8.1.1 微生物遗传的物质基础

遗传变异有无物质基础以及何种物质可承担遗传变异功能的问题，是生物学中一个重大的理论问题。围绕这一问题，曾有过种种推测和争论。直到1944年后，利用微生物这一有利的实验对象进行了3个著名的实验，最终证明了核酸才是遗传变异的真正物质基础。

8.1.1.1 肺炎链球菌转化实验

肺炎链球菌(*Streptococcus pneumoniae*)的转化现象最早是由英国的细菌学家F. Griffith于1928年发现的。*S. pneumoniae*是一种球状细菌，常成双或成链排列，主要有野生型和突变型两种不同类型菌株。野生型菌株具有荚膜，菌落表面光滑(smooth)，简称为S型，可使人患肺炎，也可使小鼠患败血症而死亡。而突变型菌株则不产生荚膜，菌落外观粗糙(rough)，简称为R型，是非致病菌株。在S型和R型内还可以按血清免疫反应的不同，分成许多抗原型，常用SⅠ、SⅡ、SⅢ和RⅠ、RⅡ、RⅢ(分别由SⅠ、SⅡ、SⅢ型突变而来)等加以区别，S型和R型的各种抗原型都比较稳定，在一般情况下不发生互变。F. Griffith做了以下3组实验(图8-1)。

结果：已被杀死的SⅢ型菌株体内可能存在一种物质能通过某种方式进入活的、非致病性的RⅡ型菌株体内，使其获得了SⅢ型菌株的致病特性。F. Griffith将这种现象称为转化(transformation)，并将引起转化的物质称为转化因子(transforming factor)。

1944年，Avery与他的合作者C. M. MacLeod和M. J. McCarty通过对致病性SⅢ型菌株的无细胞抽提物中的DNA、RNA和蛋白质分别进行选择性酶解破坏，然后分别与无毒的RⅡ型菌株混合，观察转化现象的发生。结果发现，只有DNA被酶解破坏的抽提物无转化作用，说明DNA是转化所必需的转化因子，并在《实验医学杂志》上发表了这一研究成果。为了进一步消除"蛋白质论"者的怀疑，R. D. Hotchkiss将DNA抽提出来后进行不断的纯化(仅含0.02%蛋白质)，此时的转化效率不但没有减小，反而增大，并随DNA浓度的增加而增加，DNA作为遗传信息的载体已经被充分证实。

8.1.1.2 噬菌体感染实验

1952年，A. D. Hershey和M. Chase发表了证明DNA是噬菌体的遗传物质基础的著名实验——噬菌体感染实验(图8-2)。通过该实验有力地证明了在T_2噬菌体DNA中，含有包括合成蛋白质外壳在内的整套遗传信息。

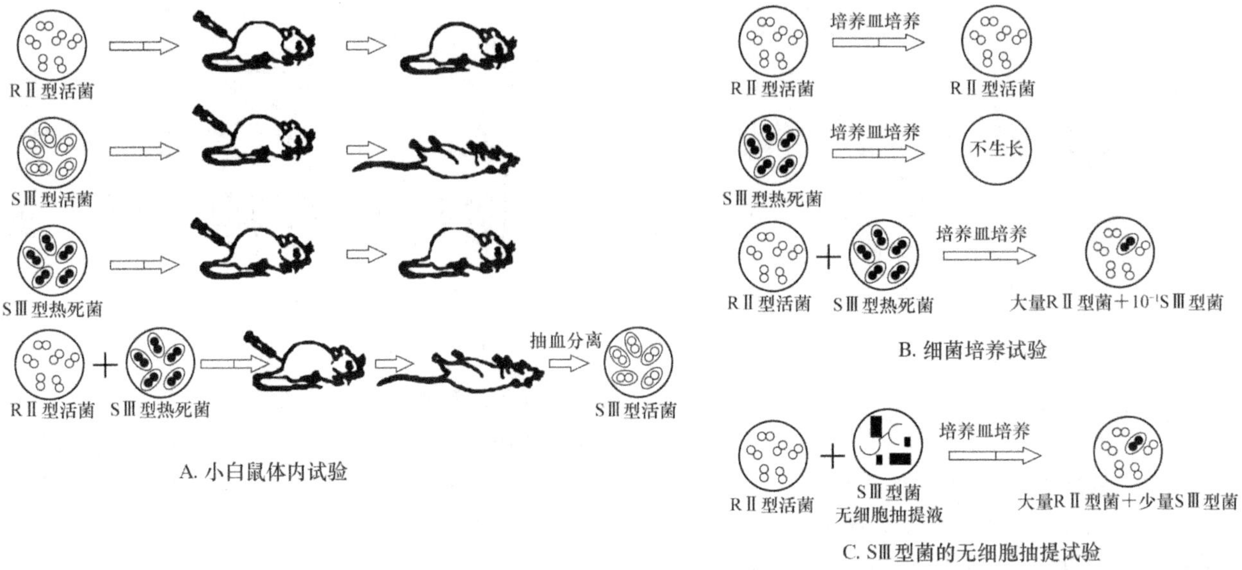

图 8-1 肺炎链球菌转化实验

(引自韦革宏和王卫卫,2008)

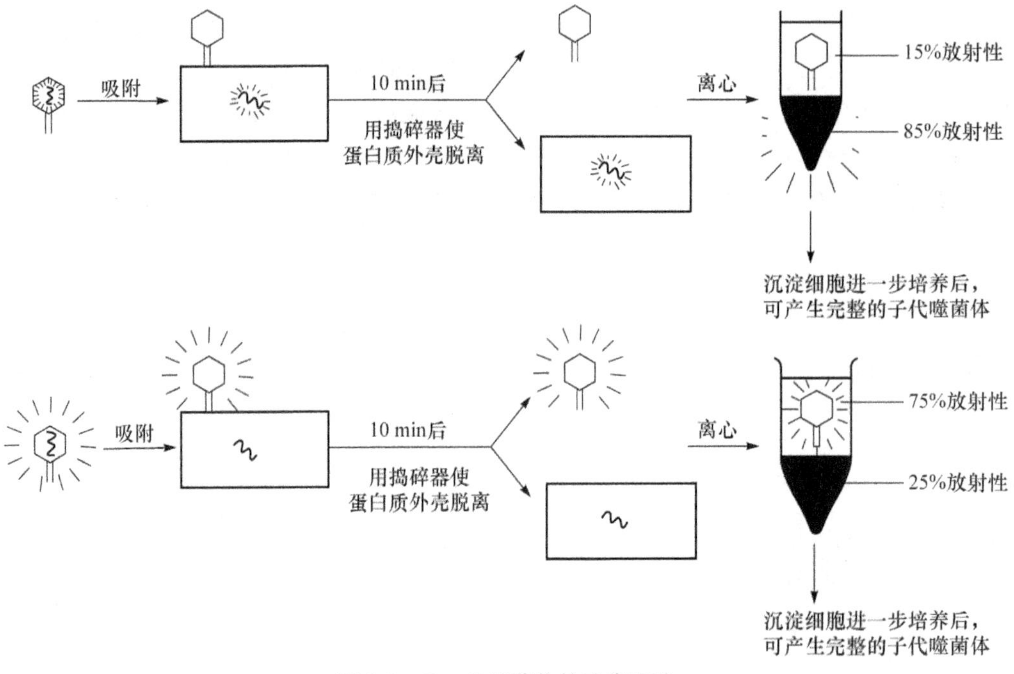

图 8-2 *E. coli* 噬菌体的感染实验

(仿自周德庆,2002)

8.1.1.3 植物病毒的重建实验

有些动物病毒和植物病毒以及某些噬菌体只由RNA和蛋白质组成。为了证明RNA也是遗传物质,1956年,H. Fraenkel Conrat用含RNA的烟草花叶病毒(*Tobacco mosaic virus*,TMV)进行了著名的病毒拆分与重建实验(图 8-3)。充分证明了在RNA病毒中遗传的物质基础是核酸(RNA)。

至此,通过以上3个具有历史意义的经典实验,一个共同的结论已确信无疑了:只有核酸(DNA或RNA)才是负荷遗传信息的真正物质基础。

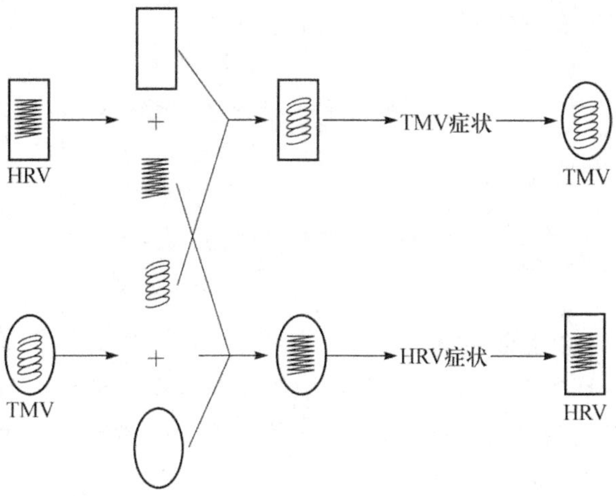

图 8-3　TMV 和 HRV 拆分重建实验

（仿自韦革宏和王卫卫，2008）

8.1.2　原核生物的质粒

质粒是指存在于细菌、真菌等微生物细胞中，独立于染色体外，能进行自主复制的遗传因子。质粒具有超螺旋状的结构，分子质量一般在 10^6～10^8 u，大小约为 1%核基因组。质粒携带着某些染色体上所没有的基因，使细菌等原核生物被赋予了某些对其生存并非必不可少的特殊功能，如接合、产毒、抗药、固氮、产特殊酶或降解毒物等。质粒是一种复制子(replicon)，如果其复制与核染色体的复制同步，称为严紧型复制控制(stringent replication control)，在这类细胞中，一般只含 1～2 个质粒；而如果不同步，则称为松弛型复制控制(relaxed replication control)，在这类细胞中，一般含 10～15 个或更多质粒。少数质粒可以在不同菌株间发生转移，如 F 因子。含质粒的细胞在正常的培养基上遇吖啶类染料、丝裂霉素 C、紫外光、利福平、重金属离子或高温等因素处理时，由于质粒的复制受到抑制而核染色体的复制仍继续进行，所以可使子代细胞中的质粒消除(curing 或 elimination)。消除的质粒不会自发回复，质粒消除后只影响质粒赋予宿主细胞的功能，而不影响宿主细胞的繁殖。某些质粒具有与核染色体整合(integration)和脱离的功能，如 F 因子，这类质粒就称为附加体(episome)。此外，质粒还具有重组的功能，可在质粒与质粒间、质粒与核染色体间发生重组。

E. coli 的 pBR322 质粒就是一个常用的克隆载体(图 8-4)，其具体优点主要有：①相对分子质量小，仅 4 361 bp，便于 DNA 的分离和操作；②在宿主 *E. coli* 中稳定地维持高拷贝数(20～30 个/细胞)；③若用氯霉素抑制其宿主的蛋白质合成，则每个细胞可扩增到含 1 000～3 000 个质粒(约占核基因组的 40%)；④分离极其容易；⑤可插入较多的外源 DNA(不超过 10 kb)；⑥结构完全清楚，各种核酸内切酶可酶解的位点可任意选用；⑦有两个选择性抗药标记(氨苄青霉素和四环素)；⑧可方便地通过转化作用导入宿主细胞。

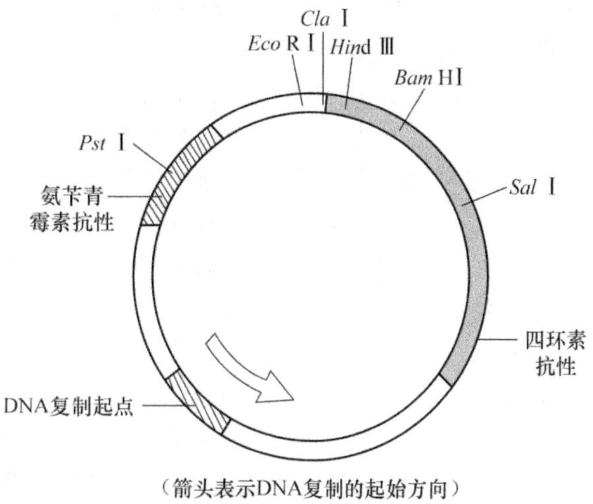

图 8-4　典型克隆载体——*E. coli* 的 pBR322 质粒的构造

（引自周德庆，2011）

8.1.3　微生物的基因突变

基因突变(gene mutation)简称突变，是变异的一种，指生物体内遗传物质的分子结构或数量突然发生的可遗传的变化，可自发或诱导产生。狭义的突变专指点突变(point mutation)，而广义的突变则包括点突变和染色体畸变(chromosomal aberration)。基因突变是重要的生物学现象，它是一切生物变化的根源，与基因转移、重组一起提供了推动生物进化的遗传多变性。这也是我们用来获得优良菌株的重要途径之一。

8.1.3.1　基因突变的类型

从自然界分离到的菌株一般称为野生型菌株(wild type strain)，简称野生型。野生型经突变后形成的带有新性状的菌株，称突变株(mutant，或突变体、突变型)。突变的类型很多，凡能用选择性培养快速选择出来的突变型，称选择性突变株(selective mutant)，反之则称非选择性突变株(non-selective mutant)。

(1)营养缺陷型(auxotrophic mutant)　某一野生型菌株由于发生基因突变而丧失合成一种或几种生长因子的能力，因而无法在基本培养基(minimun medium，MM)上正常生长繁殖的变异类型，称为营养缺陷型。它们可在补加相应营养物质的基本培养基平板上选出。

(2)抗性突变型(resistant mutant)　由于基因突变而使原始菌株产生了对某种化学药物或致死物理因子抗性的变异类型。它们可在加有相应药物或用相应物理因子处理的培养基平板上选出。

(3)条件致死突变型(conditional lethal mutant)　某菌株或病毒经基因突变后，在某种条件下可正常地生长、繁殖并实现其表型，而在另一种条件下却无法生长、繁殖的突变类型，称为条件致死突变型。

(4)形态突变型(morphological mutant)　形态突变型指由突变而产生的个体或菌落形态所发生的变异。该突变型一般为非选择性，形态突变和野生型均同样生长在平板上，只能靠看得见的形态变化进行筛选。

(5)抗原突变型(antigenic mutant)　抗原突变型指由基因突变而引起的抗原结构发生突变的变异类型。具体类型很多，包括细胞壁缺陷变异(L 型细菌等)、荚膜变异或鞭毛变异等，一般也属非选择性突变。

(6)产量突变型(metabolite quantitative mutant)　通过基因突变而获得的在有用代谢产物产量上高于原始菌株的突变株，称为产量突变型，也称高产突变株(high producing mutant)。

突变株的表型
- 选择性突变株
  - 营养缺陷型(株)
  - 抗性突变型(株)
  - 条件致死突变型(株)
- 非选择性突变株
  - 形态突变型(株)
  - 抗原突变型(株)
  - 产量突变型(株)

以上分类只是为了讨论方便而已，各类型之间并无严格界限，某些营养缺陷型具有明显的形态改变，如粗糙脉孢菌和酵母菌的某些腺嘌呤缺陷型可分泌红色色素。

8.1.3.2　突变率

某一细胞(或病毒粒子)在每一世代中发生某一性状突变的概率，称突变率(mutation rate)。例如，突变率为 10^{-8} 的，即指该细胞在 1 亿次细胞分裂中，会发生一次突变。突变率也可以用每一单位群体在每一世代中产生突变株的数目来表示。例如，一个含 10^8 个细胞的群体，当其分裂为 2×10^8 个细胞时，即可平均发生一次突变的突变率也是 10^{-8}。

8.1.3.3　基因突变的特点

1. 不对应性

不对应性指突变的性状与引起该突变的原因间无直接的对应关系。下面介绍 3 个著名经典实验，巧妙地证明了上述的结论是确凿的。

(1)变量试验(fluctuation test)　又称波动试验或彷徨试验。1943 年，S. E. Luria 和 M. Delbrück 在 *Genetics* 上发表了一篇论文。他们根据统计学的原理，设计了如下实验(图 8-5)：

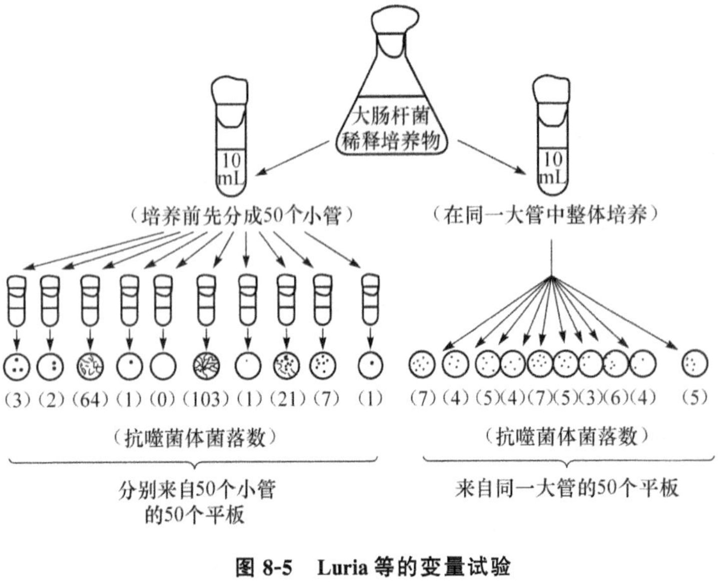

图 8-5　Luria 等的变量试验

(引自周德庆，2011)

结果发现，来自甲管的 50 皿中，各皿间抗性菌落数相差极大(图 8-5 左)，而来自乙管的则各皿数目基本相同(图 8-5 右)。这说明 *E. coli* 抗噬菌体性状的突变，不是由所抗的环境因素——噬菌体 T_1 诱导出来的，而是在它接触到噬菌体 T_1 前，在某一次细胞分裂过程中随机地自发产生的。这一自发突变发生得越早，则抗性菌落出现得越多，反之则越少。噬菌体 T_1 在这里仅起着淘汰野生型和甄别抗噬菌体突变型的作用，而绝非“驯养者”的作用。

(2)涂布试验(Newcombe experiment) 1949年,H. B. Newcombe在*Nature*上发表了一篇与上述变量试验属同一观点但实验方法更为简便的涂布试验结果(图8-6)。

结果发现,在涂布过的一组中,共长出抗性菌落353个,要比未经涂布过的(仅28个菌落)高得多。这也意味着该抗性突变发生在未接触噬菌体之前。噬菌体的加入只起甄别这类自发突变是否发生的作用,而根本不是诱导突变的因素。

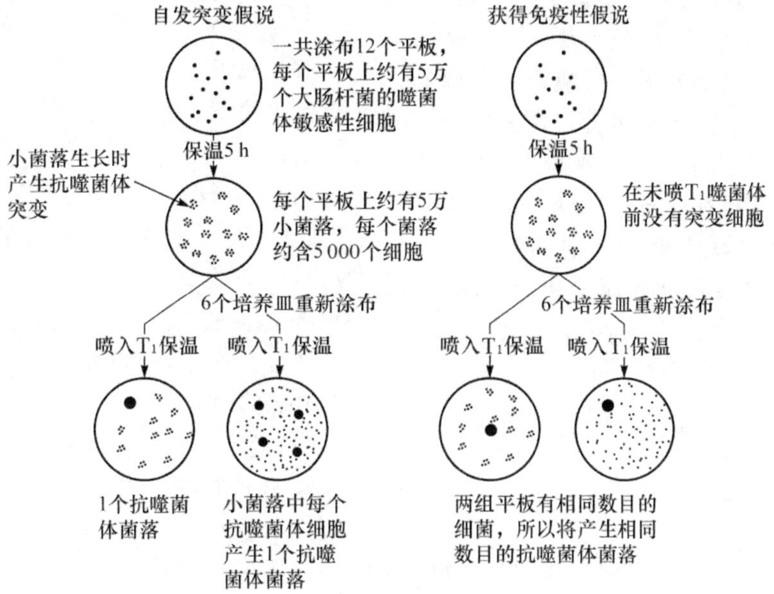

图8-6 Newcombe的涂布试验

(仿自周德庆,2011)

(3)平板影印培养试验(replica plating) 1952年,J. Lederberg夫妇发表了著名的论文《平板影印培养法和细菌突变株的直接选择》,进一步证明了微生物的抗药性突变是在未接触药物前自发地产生的,且这一突变与相应的药物环境毫不相干(图8-7)。

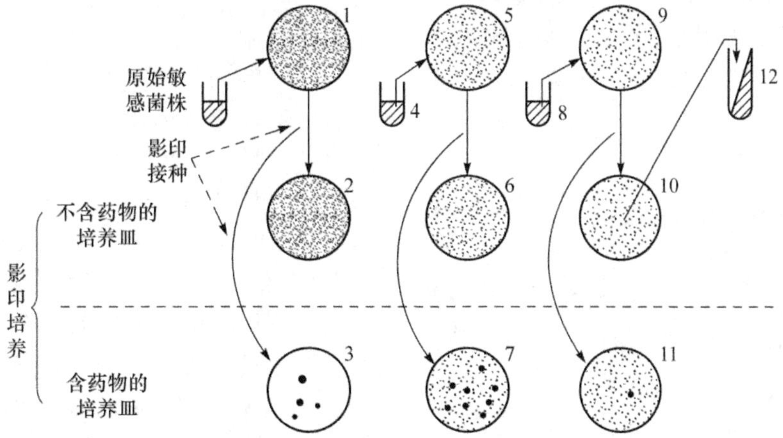

图8-7 Lederberg的影印平板培养法

(仿自周德庆,2011)

平板影印培养法,实质上是一种通过在固体培养基表面"盖印章"的接种方式,达到在一系列培养皿的相同位置上出现相同遗传型菌落的接种和培养方法。通过影印培养法,就可以从在非选择性条件下生长的微生物群体中,分离出过去只有在选择性条件下才能分离到的相应突变株。具体实验方法是:首先把大量对链霉素敏感的*E. coli* K12细胞涂布在不含链霉素的1号平板表面,待其长出密集的小菌落后，用影印法接种到不含链霉素的 2 号培养基平板上，随即再影印到含有链霉素的 3 号选择性培养基平板上。影印的作用是保证这 3 个平板上所长出的菌落的亲缘和相对位置保持严格的对应性。经培养后，在 3 号平板上出现了个别抗链霉素菌落。对 2 号培养皿和 3 号培养皿进行比较后，就可在 2 号平板的相应位置上找到 3 号平板上那几个抗性菌落的"孪生兄弟"。然后把 2 号平板中最相近部位上的菌落(实际上是许多菌落)挑至不含链霉素的 4 号培养液中，经培养后，再涂布在 5 号平板上，并重复以上各步骤。最后可获得纯的抗性菌株。通过这一巧妙、简便而又严格的科学实验，终于使自发突变论者彻底摆脱了"驯养论"者长期的纠缠和责难，赢得了令人信服的成功。

2. 自发性

各种性状的突变，可以在没有人为的诱变因素处理下自发地产生。

3. 稀有性

自发突变虽可随时发生，但其突变率却是极低，而且稳定，一般在 10^{-9}～10^{-6}。

4. 独立性

某一基因的突变率不受其他基因突变率的影响。突变的发生一般是独立的，即某一基因的突变，既不提高也不降低其他任何基因的突变率。例如，巨大芽孢杆菌(*Bacillus megaterium*)抗异烟肼的突变率是 5×10^{-5}，而抗氨基硫酸的突变率是 1×10^{-6}，对两者具有双重抗性的突变率是 8×10^{-10}，这正好近乎两者的乘积。

5. 可诱变性

通过理化因子等诱变剂(mutagen)的诱变作用，可以提高上述自发突变的概率，一般可提高 10～10^5 倍。但不论是通过自发突变或诱发突变(诱变)所获得的突变株，它们之间并无本质上的差别，诱变剂仅起着提高诱变率的作用。

6. 稳定性

由于突变的根源是遗传物质结构上发生了稳定的变化，所以产生的新的变异性状也是稳定的、可遗传的。

7. 可逆性

由野生型基因变异为突变型基因的过程，称为正向突变(forward mutation)，相反的过程则称为回复突变或回变(back mutation 或 reverse mutation)。实验证明，任何性状都可发生正向突变，也都可发生回复突变，两者发生的频率基本相同。

8.1.3.4 基因突变的机制

基因突变的类型是多种多样的，可概括如下。

1. 自发突变(spontaneous mutation)

自发突变指在没有人工参与下生物体自然发生的低频率突变。自发突变的原因很多，一般有如下 6 个方面。

(1)背景辐射和环境因素的诱变。不少"自发突变"实质上是一些原因不详的低剂量诱变因素的长期综合诱变效应。例如，充满宇宙空间的各种短波辐射或高温诱变效应，以及自然界中普遍存在的一些低浓度的诱变物质(在微环境中有时也可能是高浓度)的作用等。

(2)微生物自身有害代谢产物的诱变效应。过氧化氢是普遍存在于微生物体内的一种代谢产物。实验证明它对 *Neurospora* 有诱变作用。在许多微生物的陈旧培养物中易出现自发突变株，可能也是由于过氧化氢的存在。

(3)由 DNA 复制过程中碱基配对错误引起。据统计，碱基对发生错误配对的概率为 10^{-11}～10^{-7}，而一个基因平均约含 1 000 bp，故自发突变频率约为 10^{-6}。因此，对细菌进行一般液体培养时，因其细胞浓度常可达到 10^8 个/mL，故经常会在其中产生自发突变株。

(4)在 DNA 复制时碱基偶尔会从核苷酸移出而留下一个称为脱嘌呤(apurinic)或脱嘧啶(apyrimidinic)的缺口，该缺口在下一轮复制时不能进行正常的碱基配对；如胞嘧啶的自然脱氨基(deamination)形成了尿嘧啶，因为尿嘧啶不是 DNA 的正常碱基将被 DNA 修复系统识别而被除去，结果留下一个脱嘧啶位点；而胞嘧啶甲基化后发生脱氨产生胸腺嘧啶，在后续复制中，造成 GC→AT 的突变。

(5)由转座子引起的插入或缺失(indel)可诱导自发突变，这就是我国学者提出的"indel 诱变假说"。

(6)RNA 基因组的突变。一些具有 RNA 基因组的病毒不仅也能突变，并且其突变频率比 DNA 基因组还高出 1 000 倍以上。部分原因是 RNA 复制酶虽然具备 DNA 聚合酶那样的校正阅读功能，但 RNA 病毒却没有类似于 DNA 修复系统对 RNA 损伤的修复机制。

2. 诱发突变(induced mutation)

诱发突变简称诱变,是指通过人为的方法,利用物理、化学或生物诱变剂显著提高基因自发突变频率的手段。

(1)碱基置换(base substitution) 碱基的置换属于一种染色体的微小损伤(microlesion),一般也称点突变(point mutation)。它只涉及一对碱基被另一对碱基所置换。置换又可分为两个亚类:一类叫转换(transition),即链中的一个嘌呤被另一个嘌呤或是一个嘧啶被另一个嘧啶所置换;另一类叫颠换(transversion),即一个嘌呤被另一个嘧啶或是一个嘧啶被另一个嘌呤所置换。

(2)移码突变(frame-shift mutation 或 phase-shift mutation) 指诱变剂会导致 DNA 分子中的一个或少数几个核苷酸的增添(插入)或缺失,从而使该部位后面的全部遗传密码发生转录和转译错误的一类突变。由移码突变所产生的突变株,称为移码突变株(frame-shift mutant)。与下面将要提到的染色体畸变相比,移码突变也只能算是 DNA 分子的微小损伤,也是一种点突变,其结果只涉及有关基因中突变点后面的遗传密码阅读框发生错误,因此除涉及这一基因外,并不影响突变点后其他基因的正常读码。

吖啶类染料,包括原黄素、吖啶黄、吖啶橙和 α-氨基吖啶等,以及一系列称为 ICR 类的化合物(由烷化剂与吖啶类化合物相结合形成的化合物),都是移码突变的有效诱变剂,又称为嵌入诱变剂。其诱变机制可能是由于它们是一种平面型三环分子,结构与一个嘌呤-嘧啶对十分相似,能嵌入两个相邻 DNA 碱基对之间,造成双螺旋的部分解开,从而在 DNA 复制过程中,会使链上增添或缺失一个碱基,结果就引起了移码突变。

在链上增添或缺失 1、2 个或 4、5 个碱基时,均可引起移码突变,而增添或缺失 3 个或 6 个时,则不影响读码,只引起短的缺失或增添(插入)。

(3)染色体畸变(chromosomal aberration) 某些理化因子,如电离辐射(X 射线等)的辐射及烷化剂、亚硝酸等,除了能引起点突变外,还会引起 DNA 分子的大损伤(macrolesion)——染色体畸变,它既包括染色体结构上的缺失(deletion)、重复(duplication)、插入(insertion)、易位(translocation)和倒位(inversion),也包括染色体数目的变化。

染色体结构上的变化,又可分为染色体内畸变和染色体间畸变两类。染色体内畸变只涉及一条染色体上的变化,例如发生染色体的部分缺失或重复时,其结果可造成基因的减少或增加;又如发生倒位或易位时,则可造成基因排列顺序的改变,但数目却不改变。其中的倒位是指断裂下来的一段染色体旋转 180°后,重新插入原来染色体的位置上,从而使其基因顺序与其他的基因顺序方向相反;易位则是指断裂下来的一小段染色体再顺向或逆向地插入同一条染色体的其他部位上。至于染色体间畸变,则指非同源染色体间的易位。

目前,把 DNA 序列通过非同源重组的方式从染色体某一部位转移到同一染色体上另一部位或其他染色体上某一部位的现象称为转座(transposition)。凡具有转座作用的一段 DNA 序列,称作转座因子(transposable element, TE),也称作跳跃基因(jumping gene)、可移动遗传因子(mobile genetic element)或可移动基因(moveable gene)。当一个转座因子插入某一基因中时,就会使该基因发生插入突变(insertion mutation)。转座因子主要有 3 类,即插入序列(inserting sequence,IS)、转座子(transposon,Tn)和 *E. coli* 的 Mu 噬菌体等转座噬菌体(transposable phage)。转座因子的转座可引发多种遗传学效应。这些效应不仅在生物进化上有重要的意义,而且已成为遗传研究中的一种重要的工具。

8.1.3.5 紫外线对 DNA 的损伤及其修复

紫外线引起的主要损伤是相邻碱基形成二聚体(dimer),阻碍碱基的正常配对,导致碱基置换突变。碱基中嘧啶对紫外线的敏感性要比嘌呤强得多。嘧啶的光化产物主要是二聚体(TT、TC、CC)和水合物。相邻嘧啶形成二聚体后,造成局部 DNA 分子无法配对,从而引起微生物的死亡或突变。

微生物具有多种修复受损 DNA 的作用。现简要介绍其中的几种主要修复作用。

1. 光复活作用(photoreactivation, photorestoration)

把经紫外线照射后的微生物立即暴露于可见光下时,可明显降低其死亡率的现象,称为光复活作用。这一现象最早是 A. Kelner(1949)在灰色链霉菌(*Streptomyces griseus*)中发现的。后来,在许多微生物中都得到了证实。最明显的是在 *E. coli* 实验中:

对照组:8×10⁶个/mL *E. coli* $\xrightarrow{\text{UV}}$ 100 个/mL *E. coli*

试验组:8×10⁶个/mL *E. coli* $\xrightarrow[\text{可见光, 30 min}]{\text{UV 360～490 nm}}$ 2×10⁶个/mL *E. coli*

现已了解,经紫外线照射后所形成的带有嘧啶二聚体的 DNA 分子,在黑暗下会被一种光激活酶——光解酶(photolyase,光裂合酶)结合,当形成的复合物暴露在 300～500 nm 可见光下时,此酶会因获得光能而激活,从而使二聚体(dimer)重新分解成单体(monomer)。与此同时,光解酶也从复合物中释放出来,以便重新执行功能。每一个 *E. coli* 细胞中约含有 25 个光解酶分子。

由于在一般的微生物中都存在着光复活作用,所以在进行紫外线诱变育种时,只能在红光下进行照射及处理照射后的菌液,并放置在黑暗条件下培养。由于在高剂量紫外线诱变处理后,细胞的光复活主要是致死效应的回复,突变效应不回复,所以,有时也可以采用紫外线和可见光交替处理,以增加菌体的突变率。光复活的程度与可见光照射时间、强度和温度(45～50 ℃下光复活作用最强)等因素有关。

2. 暗修复作用(dark repair)

又称切除修复(excision repair),是活细胞内一种用于修复被紫外线等诱变剂损伤后的 DNA 的机制。与光复活作用不同,这种修复作用与光全然无关。该修复系统除了碱基错误配对和单核苷插入不能修复外,几乎其他 DNA 损伤(包括嘧啶二聚体在内)均可修复,是细胞内的主要修复系统(图 8-8)。

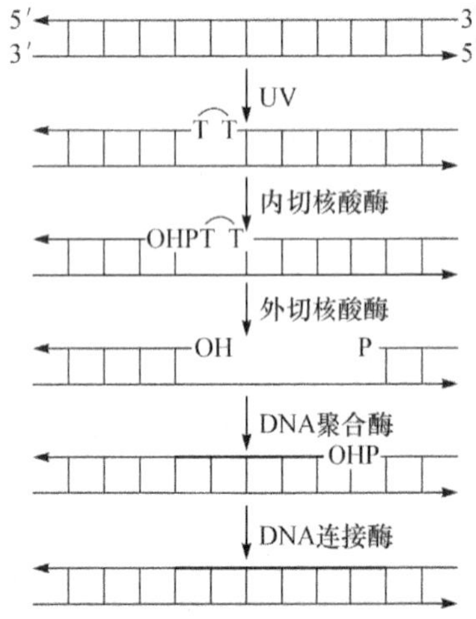

图 8-8 含胸腺嘧啶二聚体的损伤 DNA 的暗修复

(仿自周德庆,2011)

3. 重组修复(recombination repair)

重组修复是一种越过损伤而进行的修复。这种修复不是将损伤碱基除去,而是通过复制后,经染色体交换,使子链上的空隙部位不再面对着嘧啶二聚体,而是面对着正常的单链。在这种情况下,DNA 聚合酶和连接酶便能起作用,把空隙部分进行修复。留在亲链上的二聚体仍然要依靠再一次的切除修复加以除去,或经细胞分裂而稀释掉。在切割和修补过程中,特别是新补上的核苷酸片段,有时会造成差错,差错的核苷酸会引起突变。实际上由 UV 照射引起的这类突变,并不是胸腺嘧啶二聚体本身引起的,常常是上述修补过程中的差错形成的。

4. SOS 修复

这是在 DNA 分子受到较大范围的重大损伤时诱导产生的一种应急反应,广泛存在于原核生物和真核生物中。涉及一批修复基因:*recA*、*lexA* 以及 *uvrA*、*uvrB*、*uvrC*。这些基因在 DNA 未受重大损伤时受 LexA 阻遏蛋白的抑制,LexA 阻遏蛋白与 *recA*、*lexA*、*uvrA*、*uvrB* 的操纵区相结合,使 mRNA 和蛋白质的合成保持未诱导细胞的低水平状态,合成少量的 Uvr 蛋白(修复蛋白),足以对那些自发突变产生的零星损伤进行切除修复。当细胞受到 UV 照射时,产生大量的二聚体,少量的修复酶处理不了这些二聚体,因而复制后留下空隙和单链,这时细胞中,在未诱导状态下产生的少量 RecA 蛋白立即与单链结合,一旦结合就被单链激活其修复活性,被激活的 RecA 蛋白切开 LexA 阻遏蛋白,从而解脱受抑制的 *recA* 和其他修复基因,对形成的二聚体进行切除修复。

8.1.3.6 诱变与致癌物质的 Ames 试验

埃姆斯试验(Ames test)是一种利用微生物营养缺陷型的回复突变来检测环境或食品中是否存在化学致癌剂的简便有效方法。该法由美国加利福尼亚大学的 Ames 教授于 20 世纪 70 年代中期发明。其基本原理是:*Salmonella typhimurium*(鼠伤寒沙门菌即图 8-9 中的“S. t.”)的组氨酸缺陷型(his^-)菌株在基本培养基[－]的平板上不能生长,如发生回复突变则能生长。含可疑“三致”物如黄曲霉毒素、二甲氨基偶氮苯(奶油黄)、“反应停”(早期一种用于降低妇女妊娠反应的药物,因有很强的“三致”性,故早已淘汰)或二噁英(由垃圾等有机物焚烧时产生,使人致癌)的试样,加入鼠肝匀浆,保温一段时间后,吸入滤纸片中，然后将滤纸片放置于上述平板中央。经培养后，出现 3 种情况：如在平板上无大量菌落产生，说明试样中不含诱变剂；如在纸片周围有一抑制圈，其外才是大量菌落，说明试样中某诱变剂的浓度很高；如在纸片周围即长大量菌落，说明诱变剂的浓度合适（图 8-9）。

本试验需注意两点：一是某些物质本身并非诱变剂，可是这种“前诱变剂”往往进入动物体后经过生物化学修饰才变成诱变剂。为弥补这一缺陷，在测试系统中加入了含有能使这类“前诱变剂”变为诱变剂的酶类（如羟化酶等）的鼠肝提取物。二是所用的试验菌株除需要用营养缺陷型外，还应是 DNA 修复酶的缺陷型。另外，除可用 S. t. 菌外，也可用 *E. coli* 的色氨酸缺陷型（try^-）或利用对 λ 噬菌体的诱导作用来进行。

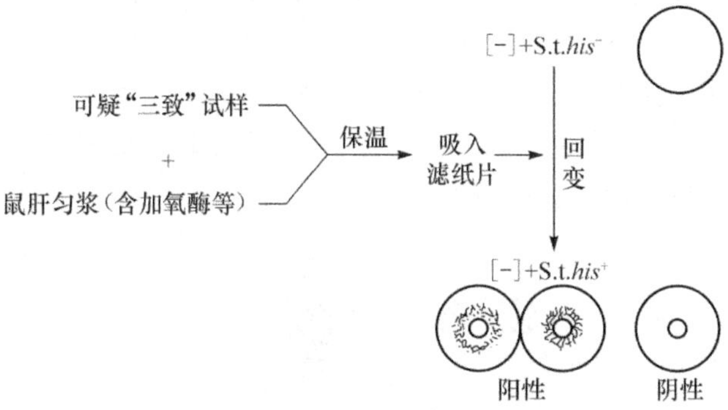

图 8-9　用埃姆斯试验法检测致癌物示意图

（引自周德庆，1993）

目前，埃姆斯试验法已广泛用于检测食品、饮料、药物和饮水等试样中的致癌物。它具有快速（仅 3 d 左右）、准确（检测致癌物的符合率＞85%）和费用低等优点。

8.1.4　微生物的基因重组

自然界的微生物可通过多种途径进行水平方向的基因转移，通常称为水平基因转移（horizontal gene transfer，HGT）。凡把两个不同性状个体内的遗传基因转移到一起，经过遗传分子间的重新组合，形成新遗传型个体的方式，称为基因重组（gene recombination）或遗传重组（genetic recombination），简称重组。重组可使生物体在未发生突变的情况下，也能产生新遗传型的个体。

8.1.4.1　原核微生物的基因重组

原核微生物的基因重组形式很多，机制较原始，具有片段性、单向性、转移机制独特而多样等特点，现分别加以介绍。

1. 转化（transformation）

受体菌直接接受供体菌的游离 DNA 片段而获得供体菌部分遗传性状的现象，称为转化或转化作用。通过转化方式形成的杂种后代称为转化子（transformant），有转化活性的供体菌游离 DNA 片段称为转化因子。

在原核生物中，转化是一个较普遍的现象，在 *S. pneumoniae*、嗜血杆菌属（*Haemophilus*）、*Bacillus*、奈瑟氏球菌属（*Neisseria*）、根瘤菌属（*Rhizobium*）、*Staphylococcus*、*Pseudomonas* 和黄单胞菌属（*Xanthomonas*）尤为多见。在若干放线菌和蓝细菌以及少数真核微生物如 *S. cerevisiae*、*N. crassa* 和 *A. niger* 中，也有转化的报道。两个菌种或菌株间能否发生转化，与它们在进化过程中的亲缘关系有着密切的联系。但即使在转化率极高的微生物中，其不同菌株间也不一定都可发生转化。研究发现，能进行转化的受体细胞必须处于感受态（competence），即受体细胞最易接受外源 DNA 片段并能实现转化的一种生理状态。

根据感受态建立方式，可以分为自然遗传转化（natural genetic transformation）和人工转化（artificial transformation），前者感受态的出现是细胞一定生长阶段的生理特性；后者则是通过人为诱导的方法，使细胞具有摄取游离 DNA 的能力，或人为地将 DNA 导入细胞内。

转化因子的本质是核酸（包括高度提纯的或存在于微生物自溶物中的）。一般原核生物的核基因组是一条环状 DNA 长链，不管在自然条件或人为条件下都极易断裂成碎片，故转化因子通常都只有 15 kb 左右或更小的片段。在不同的微生物中，转化因子的形式不同，例如，在 G^- 的嗜血杆菌中，细胞只吸收 dsDNA 形式的转化因子，但进入细胞后必须经酶解为 ssDNA 才能与受体菌的基因组整合；而在 G^+ 的链球菌或芽孢杆菌中，dsDNA 的互补链必须在细胞外降解，只有 ssDNA 形式的转化因子才能进入细胞。但不管何种情况，最易与细胞表面结合的仍是 dsDNA。由于每个细胞表面能与转化因子相结合的位点有限，所以从外界加入无关的 dsDNA 就可竞争并干扰转化作用。除 dsDNA 和 ssDNA 外，质粒 DNA 也是良好的转化因子，但它们通常并不能与核基因组发生重组。

转化的具体过程以革兰氏阳性菌 *S. pneumoniae* 研究得最多，主要过程见图 8-10。

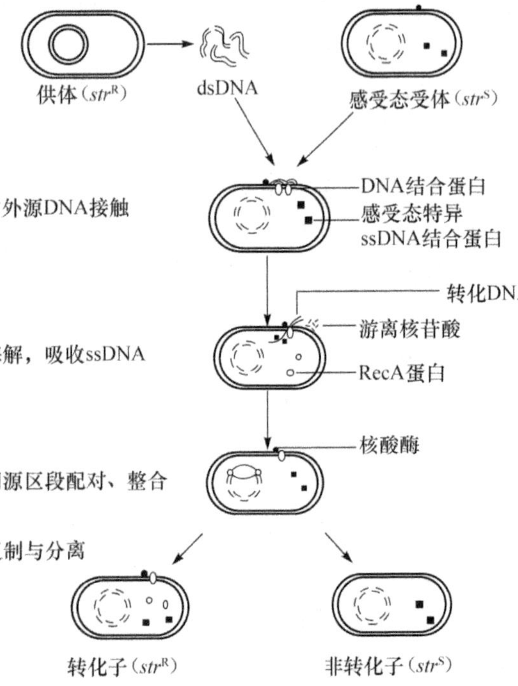

图 8-10　转化过程示意图

（仿自周德庆，2011）

需要注意的是，如果把噬菌体或其他病毒的DNA（或 RNA）抽提出来，让它去感染感受态的宿主细胞，并进而产生正常的噬菌体或病毒后代，这种现象称为转染（transfection）。它与转化不同之处是病毒或噬菌体并非遗传基因的供体菌，中间也不发生任何遗传因子的交换或整合，最后也不产生具有杂种性质的转化子。

2. 接合（conjugation，mating）

供体菌（“雄”）通过其性菌毛与受体菌（“雌”）直接接触，前者把 F 因子或其携带的不同长度的核基因组片段传递给后者，并使后者获得供体菌的若干新遗传性状的现象，称为接合。通过接合而获得新性状的受体细胞，就是接合子（conjugant）。

J. Lederberg 和 E. L. Tatum（1946）以两株多重营养缺陷型大肠杆菌为实验对象，结果两株菌只有在混合培养后才能在基本培养基上以 10^{-6}～10^{-5} 频率长出原养型菌落，说明长出的原养型菌落是两菌株之间发生了基因重组所致（图 8-11）。

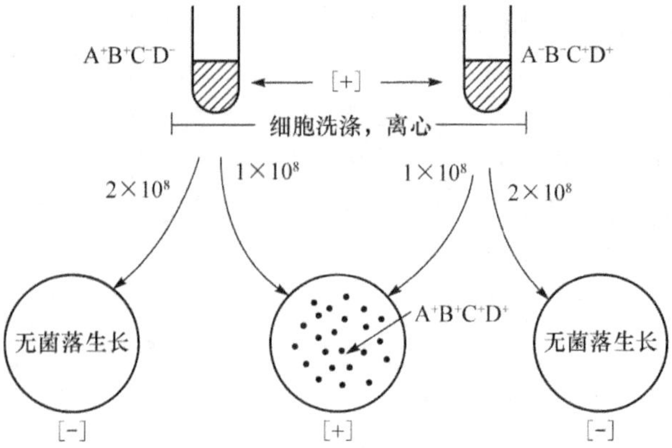

图 8-11　研究细菌结合的营养缺陷型法原理

（引自韦革宏和王卫卫，2008）

随后 Davis 的“U”形管实验则证实了这一过程需要细胞间的直接接触（图 8-12）。U 形管中间隔有滤板，只允许培养基通过而细菌被截留在一侧。其两臂盛有完全培养基，当将两株多重营养缺陷型分别接种到 U 形管两臂进行“混合”培养后，没有发现基因交换和重组（基本培养基上无原养型菌落生长），从而证明了 Lederberg 等观察到的重组现象是需要细胞直接接触的。

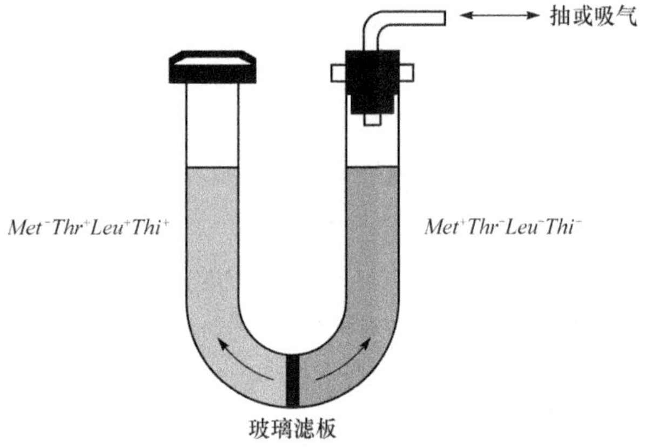

图 8-12　U 形管实验

（引自沈萍和陈向东，2016）

在细菌和放线菌中都存在着接合现象。在细菌中，接合现象研究得最清楚的是 *E. coli*。*E. coli* 是有性别分化的，决定其性别的是一种质粒，即 F 因子。F 因子是一种属于附加体的质粒，它既可脱离核染色体组而在细胞质内游离存在，也可插入整合在染色体组上；它既可经过接合作用而获得，也可通过吖啶类化合物、溴化乙锭或丝裂霉素 C 等的处理，使其 DNA 的复制受抑制后而从细胞中消除；它既是合成性菌毛基因的载体，也是决定细菌性别的物质基础。

根据细胞中是否存在F因子以及其存在方式的不同,可把*E. coli*分成4种相互有联系的接合型的菌株,分别是F^+、F^-、Hfr以及F'。

(1)$F^+ \times F^-$杂交　在F^+菌株(即"雄性"菌株)的细胞中,存在着游离的F因子(一至几个),在细胞表面还有与F因子数目相当的性菌毛。而F^-菌株(即"雌性"菌株)中不含F因子,细胞表面也没有性菌毛。据统计,从自然界分离到的2 000个*E. coli*菌株中,约有30%的菌株是F^-。

在$F^+ \times F^-$的接合作用中,是F因子由F^+向F^-单向转移,而含F因子的宿主细胞的染色体DNA一般不被转移。杂交的结果是供体菌和受体菌均成为F^+菌株。接合过程如图8-13所示。

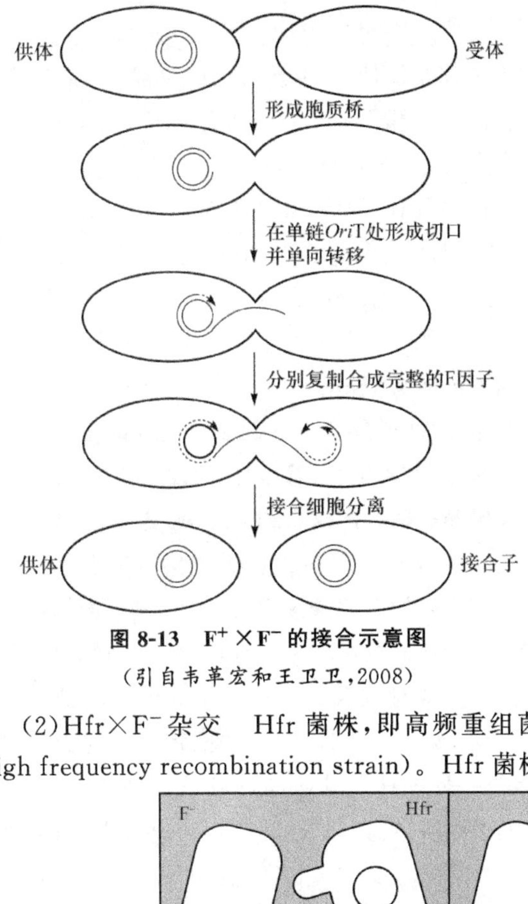

图8-13　$F^+ \times F^-$的接合示意图

(引自韦革宏和王卫卫,2008)

(2)$Hfr \times F^-$杂交　Hfr菌株,即高频重组菌株(high frequency recombination strain)。Hfr菌株仍然保持着F^+细胞的特征,具有性菌毛,并能与F^-细胞进行接合。因为Hfr菌株与F^-菌株接合后发生重组的频率要比F^+与F^-接合后的重组频率高出数百倍,故名。在Hfr细胞中,其F因子已从游离状态转变成在核染色体组特定位点上的整合状态(产生频率约10^{-5})。当Hfr与F^-菌株发生接合时,Hfr的染色体双链中的一条单链在F因子处发生断裂,由环状变为线状,F因子中与性别有关的基因则位于线状单链染色体的末端。整段线状染色体(单链)也以5′末端引导,等速地转移至F^-细胞。在没有外界干扰的情况下,这一转移过程全部完成约需要100 min。实际上在转移过程中,使接合中断的因子很多。因此,这么长的线状单链DNA常常在转移过程中发生断裂。所以,越是处于Hfr染色体前端的基因,进入F^-的概率就越高,这类性状出现在接合子中的时间就越早,反之亦然。由于F因子中性别有关的基因位于线状DNA的末端,进入F^-细胞的机会最小,所以引起F^-变成F^+(性别转变)的可能性也最小,而其他遗传性状的重组频率却很高(图8-14)。

由于上述DNA转移过程存在着严格的顺序性,所以,在实验室中可以每隔一定时间利用强烈搅拌(如用组织捣碎器或杂交中断器)等措施,使接合中断,以获得呈现不同数量Hfr性状的F^-接合子。根据这一原理,就可选用几种有特定整合位点的Hfr菌株,使其与F^-菌株进行接合,并在不同时间使接合中断,最后根据F^-中出现Hfr菌株中各种性状的时间早晚,画出一幅比较完整的环状染色体图(chromosome map)。这就是由Wollman和Jacob(1955)首创的接合中断法(interrupted mating experiment)的基本原理。同时,原核微生物染色体的环状特性也是从这里开始认识的(图8-15)。此法对早期*E. coli*染色体上的基因定位曾发挥了很大的作用。

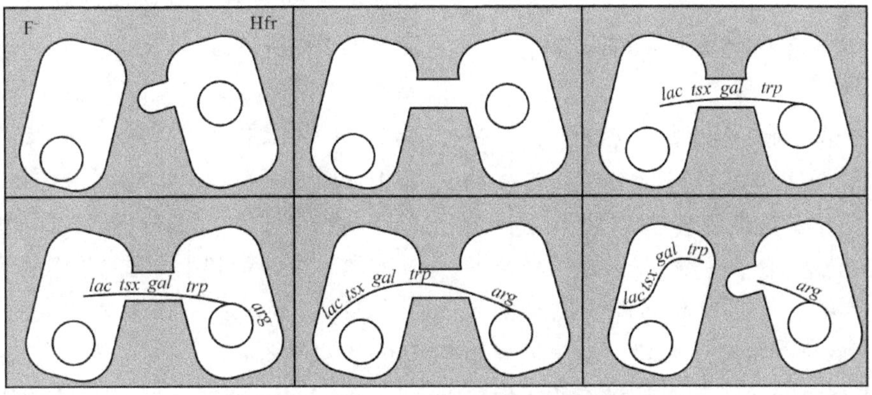

图8-14　Hfr与F^-菌株间的接合中断试验

(引自沈萍和陈向东,2016)

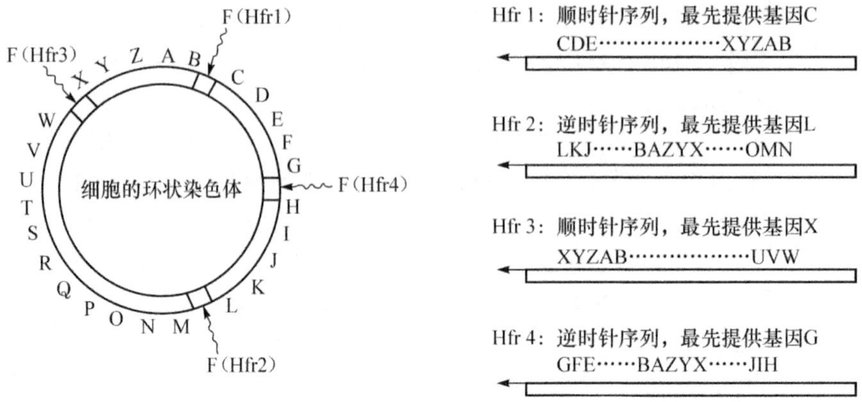

左：环状染色体上可供F因子正、反向插入的部位；右：不同Hfr菌株所呈现的先后基因序列

图 8-15 接合中断试验中不同 Hfr 菌株来源示意图

（引自周德庆，2002）

(3)F′×F⁻杂交　当 Hfr 菌株内的 F 因子因不正常切离而脱离核染色体组时，可重新形成游离的但携带整合位点临近的一小段染色体基因的特殊 F 因子，称 F′因子。携带了 F′因子的菌株，其遗传性状介于 F^+ 与 Hfr 菌株之间，这就是初生 F′菌株(primary F′-strain)。通过 F′菌株与 F^- 菌株间的接合，就可以使后者也转变成 F′菌株，这就是次生 F′菌株(secondary F′-strain)，它既获得了 F 因子，同时又获得了来自初生 F′菌株的若干原属 Hfr 菌株的遗传性状(图 8-16)，故它是一个部分双倍体。以这种接合来传递供体基因的方式，称为 F 因子转导(F-duction)、性导(sexduction)或因子媒介的转导(F-mediated transduction)。与上述构建不同 Hfr 菌株相似的是，因为 F 因子可整合在 *E. coli* 核染色体组的不同位置上，故可分离到一系列不同的 F′质粒，从而也可用于绘制细菌的染色体图。

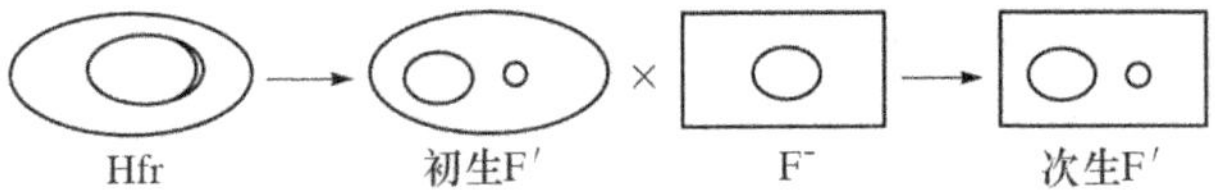

图 8-16 初生 F′菌株和次生 F′菌株的由来

（仿自周德庆，2011）

与其他基因传递机制一样，接合也是有助于遗传的多样性。因为它比其他传递形式能转移的 DNA 量大，所以接合在提高遗传多样性上尤为重要。事实上，接合可能代表了一种介于转导、转化的物性过程与真核生物有性生殖期间两个完整细胞(配子)真正融合过程之间的进化阶段。对于微生物遗传学家而言，接合的特殊意义在于精确的线性传递基因有助于绘制染色体图谱。

3. 转导(transduction)

通过完全缺陷或部分缺陷噬菌体的媒介，把供体细胞的小片段 DNA 携带到受体细胞中，通过交换与整合，使后者获得前者部分遗传性状的现象，称为转导。由转导作用而获得部分新遗传性状的重组细胞，称为转导子(transductant)。转导现象是由诺贝尔奖获得者 J. Lederberg 等(1952)在 *S. typhimurium* 中发现的。这里还有一个有趣的故事：当时他们为了证实大肠杆菌以外的其他菌种是否也存在接合作用，用两株具有不同的多重营养缺陷型的鼠伤寒沙门菌进行类似的实验。他们发现两株营养缺陷型混合培养后确实产生了约 10^{-5} 的重组子，又一次成功地证实了该菌中存在的重组现象。但当他们沿着发现接合作用的思路继续用“U”形管进行同样的实验时，惊奇地发现，在供体和受体细胞不接触的情况下，同样出现原养型细菌。幸运的是在他们的混合实验中，所用的沙门氏菌 LT22A 是携带 P22 噬菌体的溶源性细菌，另一株是非溶源性细菌，因此结果的解释必然集中到可透过“U”形管滤板的 P22 噬菌体，推测是它们进行着基因的传递。经过后来进一步对可过滤因子的研究和比较，这一猜测被得到证实，从而发现了普遍性转导(generalized transduction)这一重要的基因转移途径。这是一个表面看起来常规的研究却导致一个惊奇和十分重要发现的重要例证之一。

自此之后，在许多原核生物中，如在 *E. coli*、*Bacillus*、*Proteus*、*Pseudomonas*、*Shigella*、*Staphylococcus*、*Vibrio* 和 *Rhizobium* 等中也陆续发现有转导现象。转导现象在自然界中比较普遍，它在低等

生物的进化过程中，很可能是一种产生新基因组合的重要方式。

目前所知道的转导已有多种，现分别介绍如下。

(1)普遍转导　通过极少数完全缺陷噬菌体对供体菌基因组上任何小片段 DNA 的“误包”，而实现其遗传性状传递至受体菌的转导现象，称为普遍转导。普遍转导又可分为以下 2 种。

①完全普遍转导：简称完全转导(complete transduction)。以 *S. typhimurium* 为例，若以其野生型菌株作为供体菌，营养缺陷型突变株作为受体菌，P22 噬菌体作为转导媒介。当 P22 噬菌体在供体菌内增殖时，宿主的核染色体组断裂，待噬菌体成熟与包装之际，极少数($10^{-8}\sim10^{-6}$)噬菌体的衣壳将与噬菌体头部 DNA 核心大小相仿的一小段供体菌 DNA 片段(P22 噬菌体约可包装供体菌核基因组的 1%)误包入其中，因此，形成了一个完全不含噬菌体自身 DNA 的假噬菌体——完全缺陷噬菌体，此即转导颗粒(transducing particle)。当供体菌裂解时，如把少量裂解物与大量的受体菌群体相混，使其感染复数(m. o. i.)小于 1。此时，这一完全缺陷噬菌体就可将这一外源 DNA 片段导入受体细胞内。在这种情况下，由于一个受体细胞至多感染了一个完全缺陷噬菌体，受体细胞不会发生往常的溶源化，也不显示其对噬菌体的免疫性，更不会发生裂解和产生正常的噬菌体后代；还由于导入的外源 DNA 片段可与受体细胞核染色体组上的同源区段配对，再通过双交换而整合到受体菌基因组上，所以使后者成为一个遗传性状稳定的重组体，称为普遍转导子(图 8-17)。于是就实现了完全普遍转导。

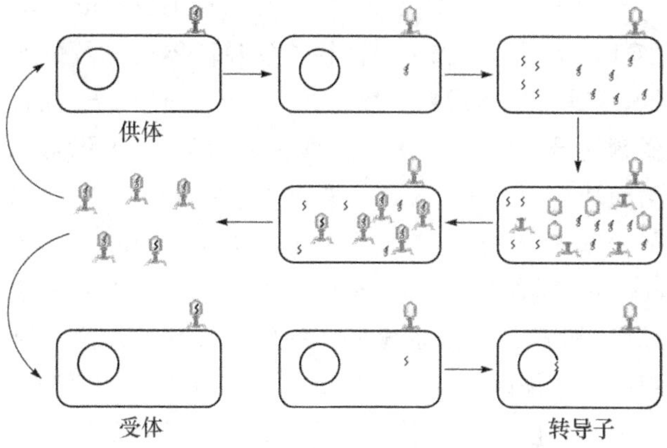

图 8-17　由 P22 噬菌体引起的完全普遍转导

(仿自周德庆，2011)

②流产普遍转导：简称流产转导(abortive transduction)。经转导而获得了供体菌 DNA 片段的受体菌，如果外源 DNA 在其内既不进行交换、整合和复制，也不迅速消失，而仅进行转录、转译和性状表达，这种现象就称流产转导(图 8-18)。

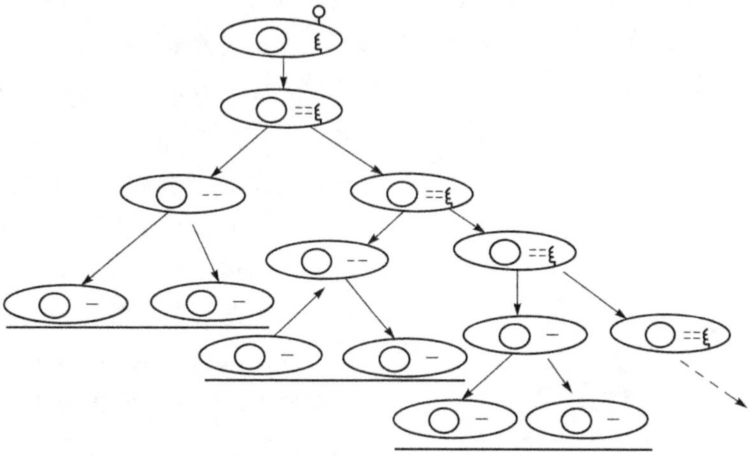

图 8-18　流产转导示意图

(引自周德庆，2011)

(2)局限转导(restricted 或 specialized transduction)　指通过部分缺陷的温和噬菌体(templete phage)把供体菌的少数特定基因携带到受体菌中，并与后者的基因组整合、重组，形成局限转导子(specialized transductant)的现象。局限转导最初于 1954 年在 *E. coli* K12 中发现。它有这样几个特点：只能转导供体菌的个别特定基因(一般为噬菌体整合位点两侧的基因)；该特定基因由部分缺陷的噬菌体携带；缺陷噬菌体是由于其在形成过程中所发生的低频率(可形成 10^{-5} 左右)“误切”(abnormal excesion)，或由于双重溶原菌的裂解而形成，在后一情况下可形成 50%缺陷噬菌体；局限转导噬菌体的产生要通过紫外线等因素对溶原菌的诱导并引起裂解后才产生。*E. coli* K12 的 λ 噬菌体和 Φ80 噬菌体可进行局限转导。根据转导频率的高低可把局限转导分成以下 2 类。

① 低频转导（low frequency transduction, LFT）：指通过一般溶原菌释放的噬菌体所进行的转导，因其只能形成极少数（10^{-6}～10^{-4}）转导子，故称低频转导。以 *E. coli* 的 λ 噬菌体为例，如果该溶原菌因诱导而发生裂解时，就有极其少数（约 10^{-5}）的前噬菌体（prophage）发生不正常切离（abnormal excesion），其结果会将插入位点两侧之一的少数宿主基因（如 *E. coli* λ 前噬菌体的两侧分别为发酵半乳糖的 *gal* 基因或合成生物素的 *bio* 基因）连接到噬菌体 DNA 上（而噬菌体也将相应的一段 DNA 遗留在宿主的染色体组上），通过衣壳的"误包"，就形成了一种特殊的噬菌体——缺陷噬菌体（defective phage）（图 8-19）。在 *E. coli* K12 中，可形成 $\lambda_{d\,gal}$（带有供体菌 *gal* 基因的 λ 缺陷噬菌体，其中的"d"表示缺陷）或 $\lambda_{d\,bio}$（带有供体菌 *bio* 基因的 λ 缺陷噬菌体），它们没有正常 λ 噬菌体所具有的使宿主发生溶源化的能力。当它感染宿主细胞并整合在宿主的核基因组上时，可使宿主细胞成为一个局限转导子（即获得了供体菌的 *gal* 或 *bio* 基因），而不是一个溶原菌，因而对 λ 噬菌体不具有免疫性。

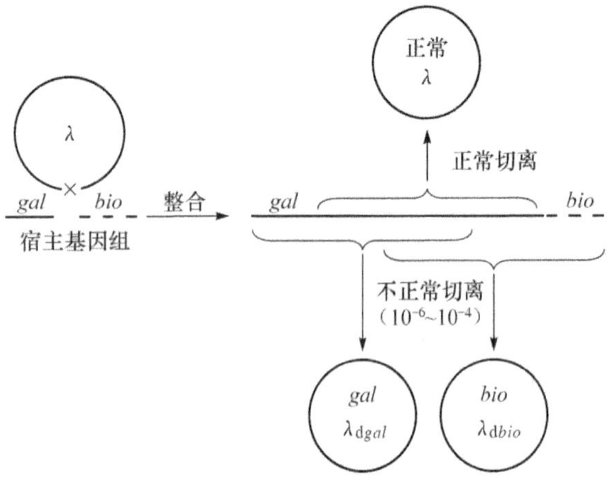

图 8-19　低频转导(LFT)裂解物的形成

（仿自周德庆，2011）

② 高频转导（high frequency transduction, HFT）：当 *E. coli gal*⁻（不发酵半乳糖的营养缺陷型）这种受体菌用高 m. o. i. 的 LFT 裂解物进行感染时，则凡感染有 $\lambda_{d\,gal}$ 噬菌体的任一细胞，几乎同时都感染有正常的 λ 噬菌体。这时，λ 与 $\lambda_{d\,gal}$ 两者同时整合在一个受体菌的核染色体组上，从而使它成为一个双重溶原菌（double lysogen）。当双重溶原菌被紫外线等诱导时，其中的正常 λ 噬菌体的基因可补偿 $\lambda_{d\,gal}$ 所缺失的部分基因功能，因而两种噬菌体就同时获得复制的机会。所以，在双重溶原菌中的正常 λ 噬菌体被称为助体（或辅助）噬菌体（helper phage）。根据以上的特点可以知道，由双重溶原菌所产生的裂解物中，含有等量的 λ 和 $\lambda_{d\,gal}$ 粒子，这就称 HFT（高频转导）裂解物。如果用低 m. o. i. 的 HFT 裂解物去感染另一个 *E. coli gal*⁻ 受体菌的话，则可高频率地把它转化为能发酵半乳糖的 *E. cole gal*⁺ 转导子。这种方式的转导，就称高频转导。

(3) 转导与溶源转变　溶源转变与转导有着本质的不同。首先，溶源转变的温和噬菌体并不携带任何来自供体菌的外源基因，使宿主带来新性状的正是噬菌体本身的基因；其次，这种温和噬菌体是完整的，而不是缺陷的；再次，获得新性状的是溶源化的宿主细胞，而不是转导子；最后，获得的性状可随噬菌体的消失而同时消失。

4. 原生质体融合（protoplast fusion）

通过人为的方法，使遗传性状不同的两细胞的原生质体融合为一个新细胞，并进而发生遗传重组以产生同时带有双亲遗传性状的、稳定的融合子（fusant）的过程，称为原生质体融合（图 8-20）。能进行原生质体融合的细胞是极其广泛的，不仅包括原核生物中的细菌和放线菌，而且还包括各种真核生物的细胞，如酵母菌、霉菌和蕈菌以及高等动植物和人体的不同细胞。原核生物的原生质体融合研究是在 20 世纪 70 年代后期才发展起来的一种育种新技术，是继转化、接合和转导之后发现的一种更有效的转移遗传物质的手段。

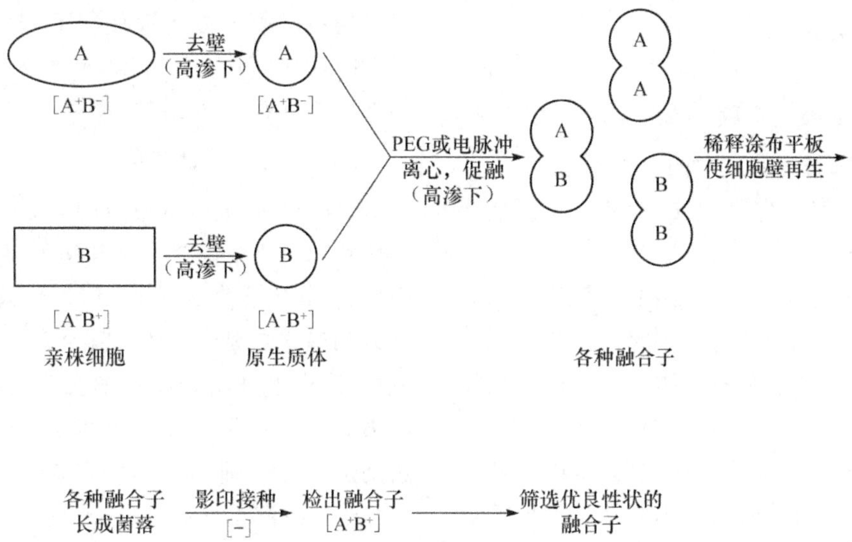

图 8-20　原生质体融合的操作示意图

（仿自周德庆，2011）

8.1.4.2　真核微生物的基因重组

在真核微生物中，基因重组的方式很多，以有性杂交、准性杂交、原生质体融合和转化等形式为主，现以有性杂交和准性杂交为例加以介绍。

1. 有性杂交（sexual hybridization）

杂交是在细胞水平上发生的一种遗传重组方式。有性杂交一般指不同遗传型的两性细胞间发生接合和随之进行的染色体重组，并产生新遗传型后代的一种育种技术。凡能产生有性孢子的酵母菌或霉菌，原则上都可应用与高等动、植物杂交育种相似的有性杂交方法进行育种。生产实践中利用有性杂交培育优良品种的例子很多。例如，用于乙醇发酵的酵母和用于面包发酵的酵母虽属同一个 *S. cerevisiae* 种，但两者是不同的菌株，具体表现在：前者产乙醇率高而对麦芽糖和葡萄糖的发酵力弱，后者则与其相反。通过两者间的杂交，就得到了既能生产乙醇，又对麦芽糖和葡萄糖有很强发酵能力的新菌株，因此其残余菌还可综合利用作为面包厂和家用发面酵母的优良菌种。

2. 准性杂交（parasexual hybridization）

准性生殖（parasexual reproduction 或 parasexuality）是一种类似于有性生殖，但比有性生殖更为原始的一种生殖方式，它可使同种生物两个不同菌株的体细胞间发生融合，且不经过减数分裂的方式而导致低频率的基因重组并产生重组子（图 8-21）。因此，可以认为准性生殖是在自然条件下，真核微生物体细胞间的一种自发性的原生质体融合现象。在该过程中染色体的交换和染色体的减少不像有性生殖那样有规律，而且也是不协调的。准性生殖常见于某些真菌，尤其是半知菌类，如 *A. nidulans*。

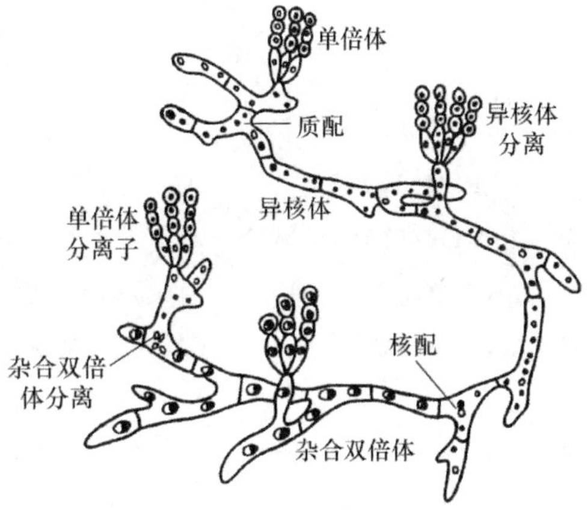

图 8-21　半知菌的准性生殖示意图

（引自周德庆，2011）

8.2　微生物的育种

随着现代生物技术的迅猛发展，越来越多的工业用品、医药用品可以通过生物技术的手段实现生产。对于工业发酵而言，菌种就是其“灵魂”。从自然界筛选得到的菌种虽具有一定的产品生产能力，但要进行大规模工业化生产，实现高产、优质和低耗的高效转化，则必须对菌种进行改良和改造。此外，微生物菌种的选育往往还能获得新代谢产物的突变株，对于找寻新药有一定帮助。

8.2.1 基因突变育种

8.2.1.1 自发突变育种

(1)从生产中选育 在日常的大生产过程中,微生物也会以一定频率发生自发突变,其中有可能出现一定概率的正突变株。

(2)定向培育优良品种 定向培育(directive breeding)一般指利用微生物的自发突变,并采用特定的选择条件,通过对微生物群体(culture population)不断移植以选育出较优良菌株的古老方法。由于自发突变的频率较低,变异程度较轻,所以用此法培育新种的过程一般十分缓慢。1881 年,巴斯德曾用 42 ℃温度去培养炭疽杆菌(*Bacillus anthracis*),经过 20 d 后,该菌丧失了产芽孢的能力,2~3 个月后,还失去了致病力,因而可作为活菌苗使用。法国的 A. Calmette 和 C. Guerin 两人曾把牛型结核分枝杆菌接种在牛胆汁、甘油、马铃薯培养基上,他们以坚韧不拔的毅力连续移种了 230 多代,前后共用了 13 年的时间,直至 1923 年才终于获得显著减毒的卡介苗(BCG vaccine)。

8.2.1.2 诱变育种

诱变育种(breeding by induced mutation)是指利用物理或化学诱变剂处理均匀而分散的微生物细胞群,使其突变率显著提高,然后采用简便、快速和高效的筛选方法,从中挑选少数符合育种目的的突变株,以供生产实践或科学实验之用。在上述诱变与筛选两个主要的环节中,由于诱变是随机的,而筛选则是定向的,所以后者的重要性更为突出。

当前发酵工业和其他微生物生产部门所使用的高产菌株,几乎毫无例外地都是通过诱变育种而明显提高其生产性能的,如青霉素生产菌株的选育(表 8-1)。

表 8-1 通过育种等措施提高了 *P. chrysogenum* 的青霉素产量

(引自周德庆,2011)

时间	菌株	来源	发酵单位/(U/mL)	其他
1943 年	NRRL-1951	自霉甜瓜中筛到	120	培养基中必须加玉米浆
1943 年	NRRL-1951-B25	1951 的自发突变分离株	250	必须加玉米浆和乳糖
1943 年	NRRL-1951-B25-X1612	B258 的 X 射线诱变株	500	正式用于工业生产,但产黄色素
1945 年	NRRL-Q176	X1612 的 UV 诱变株	900	1945 年起用于生产
1947 年	WIS-47-1564	Q176 的 UV 诱变株	1 357	不产生黄色水溶性色素
1948 年	48-1372	47-1564 的 UV 诱变株	1 343	
1949 年	49-133	47-1564 的氮芥诱变株	2 230	
1951 年	51-20	49-133 的氮芥诱变株	2 521	
1953 年	53-844	48-1372 的 UV 诱变株	1 846	
1953 年	53-414	51-20 的自发突变分离株	2 580	
1955 年	进一步变异株		约 8 000	
1971 年	进一步变异株		约 2 万	
1977 年	进一步变异株		约 5 万	
目前	进一步变异株		5 万~10 万	

诱变育种除能提高代谢产物的产量外,还可达到改进产品质量、扩大品种和简化生产工艺等目的。从方法上来说,它具有简便易行、工作进度快和收效显著等优点,故仍是目前广泛使用的一种育种手段。

1.诱变育种的基本环节

出发菌株的选择→制备单孢子(细胞)菌悬液→诱变处理→分离筛选→菌种保藏。以高产突变株选育为例,概括如下。

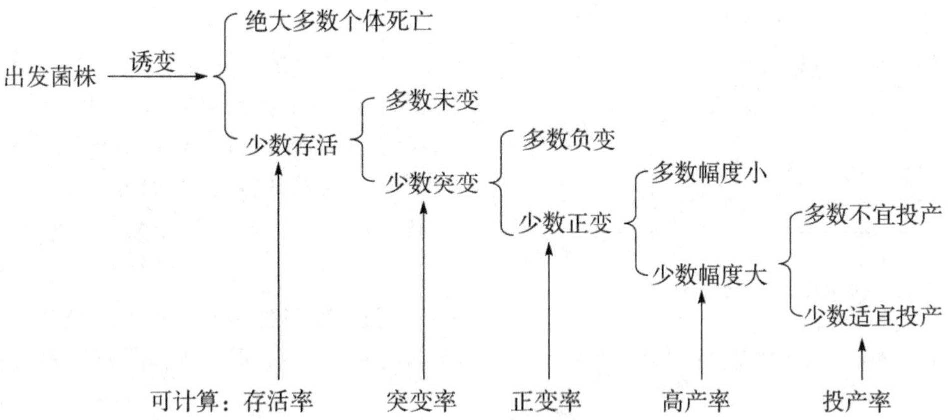

2.诱变育种工作中应考虑的原则

(1)挑选优良的出发菌株(original strain)　出发菌株就是用于育种的原始菌株。选用合适的出发菌株，就有可能提高育种的效率。

①选择纯种出发菌株。选择单倍体或单核细胞作为出发菌株，可排除异核体和异质体产生分离现象的影响。

②选择具有一定生产能力、遗传性状稳定的菌株。

③选择具有优良性状的菌株，如生长速度快、营养要求低以及产孢子早而多的菌株。

④选择对诱变剂敏感性较高的变异菌株。

⑤连续诱变育种过程中应选择每次处理后均有表型改变的出发菌株。

⑥采用多出发菌株。在无法确定选择哪一个菌株作为出发菌株时，可选择几株遗传背景不同的菌株作为出发菌株，经过诱变处理、筛选与比较后，将产量高、性能好的菌株留作继续诱变的出发菌株。

(2)处理单孢子或单细胞悬液　在诱变育种中，所处理的细胞必须是单细胞、均匀的悬液状态。这是因为，一方面分散状态的细胞可以均匀地接触诱变剂，另一方面又可避免变异菌株与非变异菌株同时存在而长出不纯的菌落。

由于某些微生物细胞是多核的，即使处理其单细胞，也会出现不纯菌落；又由于诱变剂一般只作用于DNA双链中的某一条单链，所以某一突变还是无法反映在当代的表型上，而要经过DNA的复制和细胞分裂后，这一变异才会在表型上表达出来，于是出现了不纯菌落，这就叫表型延迟(phenotypic lag)。这两类不纯菌落的存在，也是诱变育种工作中初分离的菌株经传代后很快出现生产性状“衰退”的主要原因之一。故在对霉菌或放线菌进行诱变时，应处理它们的孢子；对芽孢杆菌则应处理其芽孢(因芽孢只有一个核质体，而营养体一般有两个核质体)。至于诱变后出现的不纯菌落，则可用适当的分离纯化方法加以纯化。

(3)选择简便有效的诱变剂　诱变剂的种类很多。在物理因素中，有非电离辐射类的紫外线、激光、离子束等以及能引起电离辐射的X射线、γ射线和快中子等。化学诱变剂的种类极多，主要有烷化剂、碱基类似物和吖啶类化合物。其中的烷化剂因可与巯基、氨基和羧基等直接发生反应，所以更易引起基因突变。最常用的烷化剂有*N*-甲基-*N*′-硝基-*N*-亚硝基胍(NTG)、甲基磺酸乙酯(EMS)、甲基亚硝基脲(NMU)、硫酸二乙酯(DES)、氮芥、乙烯亚胺和环氧乙烷等。

在选用理化因子作为诱变剂时，在同样效果下，应选用最方便的因素；而在同样方便的情况下，则应选择最高效的因素。实践证明，在物理诱变剂中，尤以紫外线最为方便；而在化学诱变剂中一般可选用有超诱变剂之称的NTG。例如，用NTG处理产氨短杆菌(*Brevibacterium ammoniagenes*)、*E. coli*、某些节杆菌属(*Arthrobacter*)的菌种以及某些放线菌时，即使未经淘汰野生型菌株，也可直接得到12%～80%的营养缺陷型菌株，而用一般诱变剂进行处理时，最多不超过百分之几。

(4)选用最适剂量　各种诱变剂有不同的剂量表示方式。在育种实践中，常以杀菌率来作为诱变剂的相对剂量。凡在提高诱变率的基础上，既能扩大变异幅度，又能促使变异移向正变范围的剂量，就是合适的剂量(图8-22c)。例如，在用紫外线作为诱变剂时，过去常采用杀菌率为90%、99%或99.9%的相对剂量，而目前倾向于采用杀菌率为70%～75%甚至更低(30%～70%)的相对剂量。特别是对

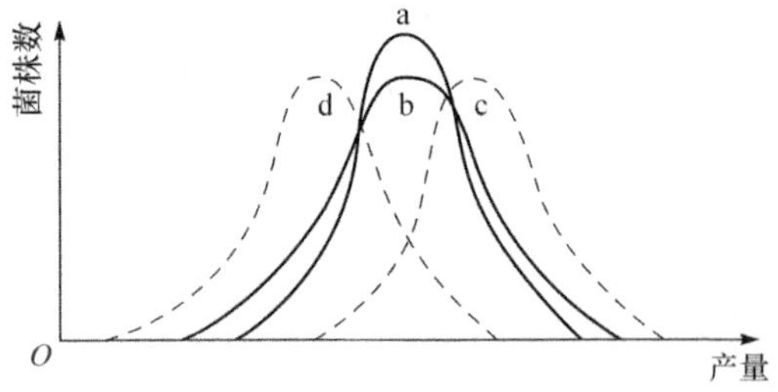

a. 未经诱变剂处理　b. 变异幅度扩大

c. 正变占优势　d. 负变占优势

图 8-22　诱变剂的剂量对产量变异的可能影响

（引自韦革宏，2008）

于多次诱变后的高产菌株的育种更是如此。又如，当把 *E. coli* 的抗性突变作为测定 NTG 诱变效率的指标时，发现以杀菌率为 47%的相对剂量最为合适。

（5）充分利用复合处理的协同效应（synergism）　诱变剂的复合处理常常呈现一定的协同效应（表 8-2），这对育种工作很有参考价值。复合处理有 3 类：①两种或多种诱变剂的先后使用；②同一种诱变剂的重复使用；③两种或多种诱变剂的同时使用。

表 8-2　诱变因子的复合处理及其协同效应

（仿自周德庆，1993）

菌种	单独处理		复合处理	
	诱变剂	突变率/%	诱变剂	突变率/%
土曲霉	紫外线	21.3	X 射线＋紫外线	12.8
	X 射线	19.7		
土曲霉	氮芥（0.1%）	不明显	氮芥＋紫外线	11.0
	紫外线	4.7		
金色链霉菌（2U-84）	二乙烯三胺	6.06	二乙烯三胺＋紫外线	26.6
	硫酸二乙酯	1.78		
	紫外线	12.5	硫酸二乙酯＋紫外线	35.86

（6）利用和创造形态、生理与产量间的相关指标　为了确切地了解某一突变株产量性状的提高程度，必须进行大量的培养、分析、测定和统计工作，工作量十分浩大。利用鉴别性培养基的原理或其他方法可有效地把原来肉眼所观察不到的生理性状或产量性状转化为可见的"形态"性状，从而使育种时初筛的效率大大提高。例如，在琼脂平板上，通过蛋白酶水解圈的大小、淀粉酶变色圈（用碘液使淀粉显色）的大小、氨基酸显色圈（将菌落用打孔机取下，转移到滤纸上，再用茚三酮试剂显色）的大小、柠檬酸变色圈（可在厚滤纸上培养，用溴甲酚绿作为指示剂）的大小、抗生素抑制圈的大小、生长因子周围某菌生长圈的大小，以及外毒素的沉淀反应圈的大小等，都可用于初筛工作中估计某菌产生相应代谢产物能力的"形态"指标。

（7）设计或采用高效筛选方案或方法　通过诱变处理，在微生物群体中会出现各种突变型个体，但其中绝大部分是负变株。要在其中把极个别的产量提高较显著的正变株筛选出来就要求努力设计或采用效率较高的科学筛选方案和具体的筛选方法。

在实际工作中，一般认为应采用把筛选过程分为初筛与复筛两个阶段的筛选方案为好。前者以量（选留菌株的数量）为主，后者以质（测定数据的精确度）为主。例如，在工作量限度为 200 只摇瓶的具体条件下，为了取得更大的工作效率，有人提出了以下的筛选方案：

第一轮：

一个出发菌株 —诱变剂处理→ 选出 200 个单孢子菌株 —初筛（每株 1 瓶）→ 选出 50 株 —复筛（每株 4 瓶）→ 选出 5 株

第二轮：

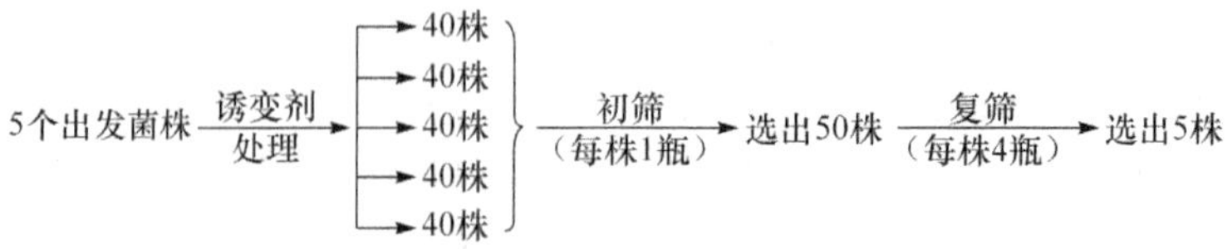

第三轮、第四轮……（都同第二轮）

以上简单介绍了一些可提高筛选效率的工作步骤和具体方法。从长远的角度来看,除设计效率更高的筛选方法外,还应努力推广筛选操作的自动化和智能化。

3. 几种常见突变株的筛选方法

(1)产量突变株的筛选　1971 年,国外学者报道了筛选春日霉素(kasugamycin,又称春雷霉素)生产菌时所采用的一种琼脂块培养法,一年内提高产量 10 倍左右(图 8-23)。此法的关键是用打孔器取出含有一个小菌落的琼脂块并对它们分别培养。在这种情况下,各琼脂块所含养料和接触空气面积基本相同,且产生的抗生素等代谢产物不致扩散出琼脂块外,因此测得的数据与摇瓶条件下十分相似,而工作效率却大为提高。

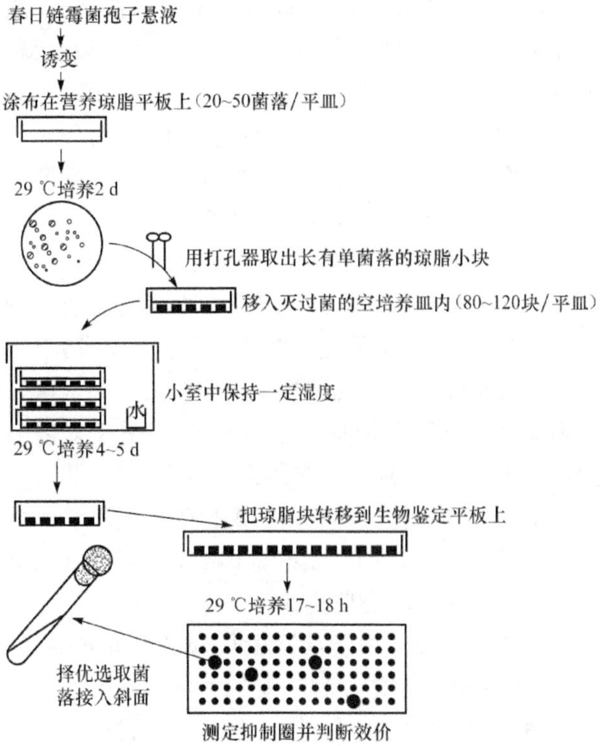

图 8-23　琼脂块培养法的操作程序示意图

(引自韦革宏和王卫卫,2008)

(2)抗药性突变株(drug resistant mutant)的筛选　抗药性基因在科学研究和育种实践中是一种十分重要的选择性遗传标记(selective genetic marker)。有些抗药菌株还是重要的生产菌种,如解烃棒杆菌(*C. hydrocarbaclastus*)可以产生棒状杆菌素(corynecin),它是氯霉素的类似物。抗氯霉素的解烃棒杆菌突变株能产生 4 倍于亲株的棒状杆菌素。

梯度平板(gradient plate)是由含药物的上层固体培养基和不含药物的下层固体培养基分两次浇和而成。采用梯度平板法筛选抗代谢拮抗物的突变株,以提高相应代谢产物产量方面的工作,可认为是微生物定向培育技术的一大进展。例如,在酵母菌中,通过梯度平板法曾获得吡哆醇产量比原菌株提高 7 倍的突变株。异烟肼(isoniazid,商品名为"雷米封")是吡哆醇的代谢拮抗物(antimetabolite)或结构类似物(analog),两者的分子结构类似。在上层含有适当浓度异烟肼的梯度平板表面涂以大量的经诱变后的酵母菌细胞,经培养后,即可出现如图 8-24(右)所示的结果。右边低浓度的异烟肼区域长满了原始的敏感菌,而左边高浓度区域,该微生物的生长受到了抑制。只有在浓度适中的部位才出现少数由抗异烟肼的细胞所形成的菌落。根据微生物产生抗药性的原理,它们有可能产生了可分解异烟肼的酶类,也可能是通过合成更高浓度的代谢产物——吡哆醇来克服异烟肼的竞争性抑制作用。实验结果表明,多数突变株是因发生了后一类的突变才获得抗性的。

(3)营养缺陷型突变株的筛选　在科学实验中,营养缺陷型突变株(auxotrophic mutant)既可作为研究代谢途径和杂交、转化、转导、转座等遗传规律所不可缺少的遗传标记菌种,也可作为氨基酸、维生素和碱基等物质生物测定(bioassay)中的实验菌种。在生产实践中,营养缺陷型突变株既可直接用作发酵生产氨基酸、核苷酸等有益代谢产物的菌种,又可作为对生产菌种进行杂交育种、重组育种和利用基因工程育种时所不可缺少的亲本遗传标记和杂交种的选择性标记。

具体的筛选流程如下:

①与筛选营养缺陷型突变株有关的 3 类培养基。

基本培养基(minimal medium,MM,符号为[－]):仅能满足某微生物的野生型菌株正常生长需要的最低成分的合成培养基,称基本培养基。

完全培养基(complete medium,CM,符号为[＋]):凡可满足一切营养缺陷型菌株营养需要的天然或半合成培养基,可称为完全培养基。一般可在基本培养基中加入一些富含氨基酸、维生素、核苷酸和碱基之类的天然物质(如蛋白胨或酵母膏等)配制而成。

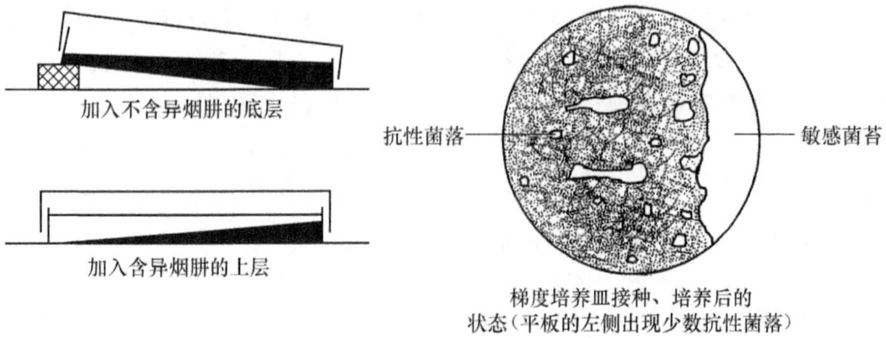

图 8-24　用梯度培养皿技术定向筛选抗性突变株

（引自周德庆，2011）

补充培养基（supplemental medium，SM，符号为[A]或[B]等）：凡只能满足相应的营养缺陷型生长需要的合成或半合成培养基，称为补充培养基。它是由基本培养基再添加对某一微生物营养缺陷型所不能合成的代谢物所构成的。

②与营养缺陷突变有关的 3 类遗传型个体。

野生型（wild type，wild strain）：从自然界分离到的任何微生物在其发生人为营养缺陷突变前的原始菌株，均称该微生物的野生型。野生型菌株应能在其相应的基本培养基上生长。如果以 A 和 B 两个基因来表示其对这两种营养物的合成能力的话，则野生型菌株的遗传型应是[A^+B^+]。

营养缺陷型（auxotroph）：野生型菌株经诱变剂处理后，发生了丧失某酶合成能力的突变，因而只能在加有该酶合成产物的培养基中才能生长，这类突变菌株，称为营养缺陷型突变株（简称营养缺陷型）。它不能在基本培养基上生长，而只能生长在完全培养基或相应的补充培养基上。B 营养缺陷型的遗传型用[A^+B^-]来表示，而 A 营养缺陷型则可用[A^-B^+]来表示。

原养型（prototroph）：一般指营养缺陷型突变株经回复突变或重组后产生的菌株，其营养要求在表型上与野生型相同，遗传型均为[A^+B^+]。

③营养缺陷型的筛选方法。筛选营养缺陷型突变株一般要经过诱变、中间培养、淘汰野生型、检出和鉴定营养缺陷型 5 个环节。现分述如下。

第一步，诱变剂处理，方法同前。

第二步，中间培养。在诱变剂处理的细胞中，如果正处于细胞分裂对数生长期，在一个细胞中常常有两个基因组，若变异发生在其中一个基因组上，必须经一代增殖才能把一个变异细胞和一个没有变异的细胞分开；如果是一个多核细胞，必须繁殖几代才能把各种类型的细胞分开。因此，为了降低以后筛选中再产生分离子的概率，在缺陷型首次分离前先进行中间培养是必要的，中间培养在完全培养基或补充培养基上进行。

第三步，淘汰野生型（即浓缩营养缺陷型）。在诱变后的存活个体中营养缺陷型的比例一般较低，通常只有千分之几至百分之几。经中间培养后，细胞中营养缺陷型突变株的含量仍然不高，为便于筛选，必须将野生型细胞大量淘汰以浓缩营养缺陷型细胞。常用的方法有抗生素法或菌丝过滤法。

在抗生素法中，青霉素法主要适用于细菌。其原理是青霉素（penicillin）能抑制细菌细胞壁的生物合成，因而能杀死正常生长繁殖的野生型细菌，但不能杀死处于休止状态的营养缺陷型细菌。制霉菌素法则适合于真菌。制霉菌素（nystatin）属于大环内酯类抗生素，可与真菌细胞膜上的甾醇作用，从而引起细胞膜的损伤。因为它只能杀死生长繁殖着的酵母或霉菌等真菌，所以也可用于淘汰相应的野生型菌株和浓缩营养缺陷型菌株。

菌丝过滤法适用于丝状生长的真菌或放线菌。其原理是：在基本培养基中，野生型菌株的孢子能发芽成菌丝，而营养缺陷型的孢子则不能萌发，或虽能萌发却不能长成菌丝。因此，将诱变剂处理后的孢子悬浮在基本培养基中培养一段时间后，再用擦镜纸等合适滤纸过滤。如此重复数次后，就可去除大部分野生型个体，同样也就达到了浓缩营养缺陷型的目的。

第四步，检出缺陷型。在同一培养皿平板上即可检出的，有夹层培养法和限量补充培养法；要在不同培养皿上分别进行对照和检出的，有逐个检出法和影印接种法。现分别介绍如下。

夹层培养法（layer plating method）：先在培养皿

上倒一薄层不含菌的基本培养基,待冷凝后加上一层混有经过诱变剂处理的菌液的基本培养基,冷凝后在其上再浇一薄层不含菌的基本培养基,最终使之成为“三明治”状。经培养后,对首次出现的菌落用记号笔标在皿底上。然后,在皿内倒上一薄层第 4 层培养基——完全培养基。再经培养后所出现的形态较小的新菌落,多数是营养缺陷型突变株(图 8-25)。这种方法一般适用于细菌,在霉菌营养缺陷型检出中,为防止菌落蔓延扩张,可在培养基中加入 0.5%左右的脱氧胆酸钠,或在合成培养基中,用山梨糖作为主要碳源,添加少量蔗糖以限制菌落大小。

限量补充培养法(limited supplemental plating):把诱变处理后的细胞接种在含有微量(<0.01%)蛋白胨的基本培养基上,野生型细胞就迅速长成较大的菌落,而营养缺陷型则生长缓慢,并只能形成微小的菌落。同样,如果想得到某一特定缺陷型菌株,也可直接在基本培养基上加入微量的相应物质。

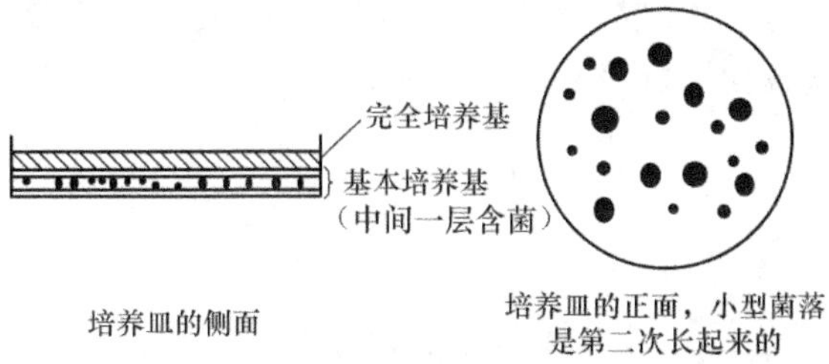

图 8-25 夹层培养法及其结果

(引自周德庆,2011)

逐个检出法(colony detection one by one):把经诱变处理后的细胞悬液涂布在完全培养基平板上,待长成单个菌落后,用接种针或灭过菌的牙签把这些单个菌落逐个依次地分别接种到基本培养基和另一完全培养基上,使两个平板上的菌落位置严格对应。经培养后,如果在完全培养基的某一部位上长出菌落,而在基本培养基的相应位置上却不长菌落说明这是一个营养缺陷型突变株。

影印接种法(replica plating):将诱变处理后的细胞悬液涂布在一完全培养基的表面上,经培养后使其长出许多菌落。然后用影印接种工具,把此皿上的全部菌落转印到另一基本培养基平板上。经培养后,比较这两个平板上长出的菌落。如果发现在前一培养皿平板上的某一部位长有菌落,而在后一平板的相应部位上却不长菌落,说明这就是一个营养缺陷型菌株(图 8-26)。

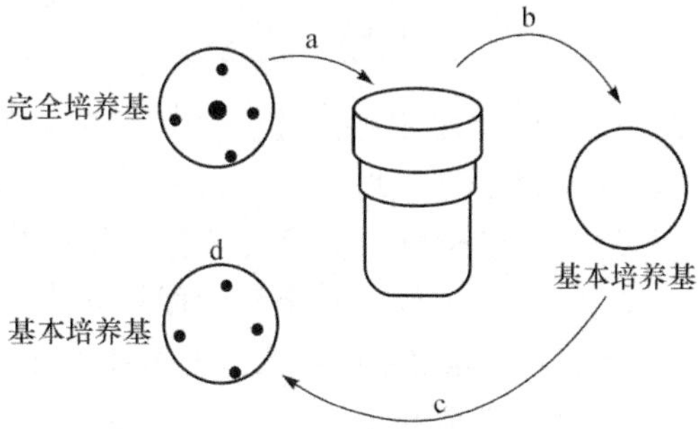

a. 将完全培养基平板上的菌落转移到影印用丝绒布上
b. 将丝绒布上的菌落转印到基本培养基平板上 c. 适温培养 d. 长有菌落的基本培养基平板

图 8-26 用影印平板法检出营养缺陷型突变株

(引自周德庆,2011)

第五步,鉴定缺陷型。营养缺陷型的种类很多,可用生长谱法(auxanography)来进行鉴定。方法是把生长在完全培养液里的营养缺陷型细胞或从完全培养基斜面上洗下的孢子,经用无菌水离心清洗后,配成浓度为 10^7～10^8个/mL 的悬液,随后取 0.1 mL 与基本培养基均匀混合,再倒在培养皿上。待平板表面稍干燥后,在皿背划上若干区域,然后在平板正面加上微量的氨基酸、维生素、嘌呤或嘧啶等营养物的粉末或结晶(滤纸片法也可)。经培养后,如果发现在某一营养物的周围有微生物的生长圈,说明它就是该营养物的营养缺陷型(图 8-27)。

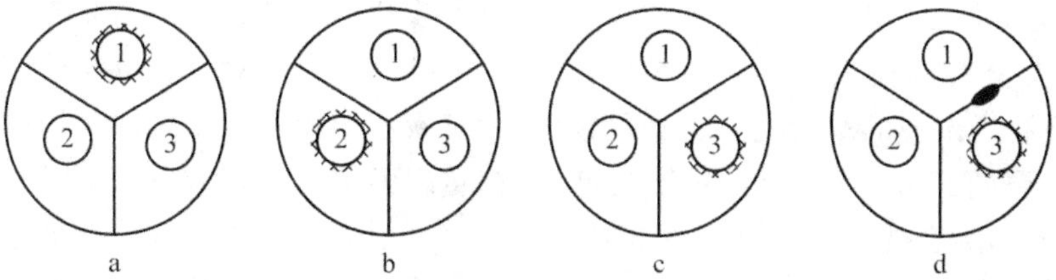

滤纸片上浸蘸的溶液:①氨基酸混合液;②核酸碱基混合液;③维生素混合液

平板上生长圈或生长区的菌:a. ①氨基酸缺陷型;b. ②嘌呤嘧啶缺陷型;c. ③维生素缺陷型;d. ①③间生长的菌苔为氨基酸-维生素缺陷型

图 8-27 营养缺陷型生长谱测定

(引自林稚兰和罗大珍,2011)

根据图 8-27 缺陷型确定营养类别后，接着需确定具体的缺陷型，如果已确定是氨基酸缺陷型，有效的方法可以采用组合补充营养法进行测定。如取氨基酸，按表 8-3 组合 9 组氨基酸混合液。

表 8-3　氨基酸不同组合表

(引自林稚兰和罗大珍，2011)

组别	1	2	3	4	5
6	丙氨酸	精氨酸	天冬酰胺	天冬酰胺	半胱氨酸
7	谷氨酸	谷氨酰胺	甘氨酸	组氨酸	异亮氨酸
8	亮氨酸	赖氨酸	甲硫氨酸	苯丙氨酸	脯氨酸
9	丝氨酸	苏氨酸	色氨酸	酪氨酸	缬氨酸

以滤纸分别蘸取该 9 个组合的氨基酸混合物，放在涂布受检菌的基本培养基平板上，培养后根据生长谱与培养物组合可分析确定菌株的缺陷型（图 8-28）。根据组合营养物生长谱示意图可知，第 2 组氨基酸平板和第 8 组氨基酸平板 4 号滤纸片处生长的细菌为赖氨酸营养缺陷型；第 3 组氨基酸平板和第 8 组氨基酸平板 5 号滤纸片处生长的细菌为甲硫氨酸营养缺陷型。若是嘌呤、嘧啶或维生素缺陷型，可依上法分别放置浸蘸一种营养成分的滤纸片于混菌基本培养基平板上，从平板上的生长谱鉴定营养缺陷型的类型。

用生长谱法鉴定营养缺陷型有很多优点：方法简便，在同一皿上可同时测定多种营养物；不怕污染杂菌（如是污染，则仅长一菌落，而缺陷型则长一混浊区域）；回复突变的细胞只长出一个菌落，不影响结果；如果加在平板上的是固体营养物则通过其自然扩散，可形成一浓度梯度，其中必然存在适合缺陷型菌株生长的该营养物浓度。

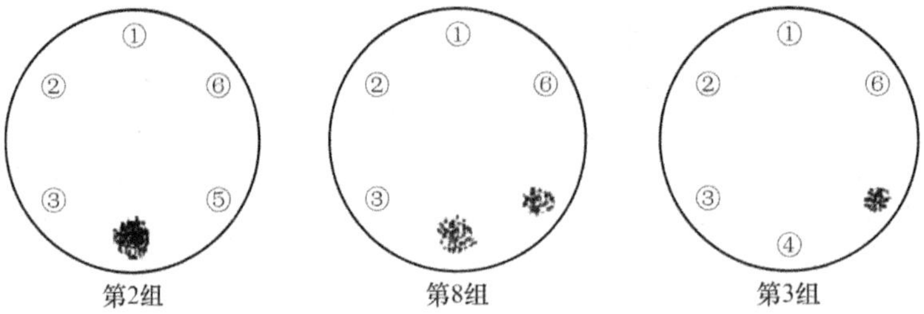

①～⑥为组合氨基酸编号；④号滤纸片生长菌为赖氨酸缺陷型；⑤号滤纸片生长菌为甲硫氨酸缺陷型

图 8-28　组合营养氨基酸缺陷型生长谱测定

(仿自林稚兰和罗大珍，2011)

8.2.2　基因重组育种

8.2.2.1　杂交育种

基因重组是杂交育种的理论基础。由于杂交育种选用了已知性状的供体菌和受体菌作为亲本，不论在方向性还是自觉性方面，均比诱变育种前进了一大步。此外，利用杂交育种往往还可消除某一菌株在经长期诱变处理后所出现的产量上升缓慢的现象，因此，它是一种重要的育种手段。20 世纪 70 年代后期，伴随着原生质体融合技术获得巨大的成功，重组育种技术获得了飞速的发展。

原生质体融合技术的一般操作步骤已在前文中进行了较为详细的描述。这里讨论其优点：①去除了细胞壁的障碍，亲株基因组直接融合、交换，实现重组，不需要有已知的遗传系统。即使是相同接合型的真菌细胞也能发生原生质体的相互融合，并可对原生质体进行转化和转染。②原生质体融合后两亲株的基因组之间有机会发生多次交换，产生各种各样的基因组合而得到多种类型的重组子。参与融合的亲株数并不限于 1 个，可以多至 3～4 个，这是一般常规杂交所达不到的。③重组频率特别高，因为有聚乙二醇作为助溶剂。例如天蓝色链霉菌的种内重组频率可达到 20%。④可以和其他育种方法相结合，把由其他方法得到的优良性状通过原生质体融合再组合到一个单株中。⑤可以用温度、药物、紫外线等处理、钝化亲株的一方或双方，然后使之融合，之后在再生菌落中筛选重组子。这样往往可以提高筛选效率。

需要指出的是，微生物原生质体融合技术用于菌种选育仍属于一种半理性化筛选，因为尽管所采用的两亲株的特性是已知的，但它们基因组的交换、重组是非定向的。

8.2.2.2 基因工程育种

基因工程育种是继自然选育、诱变育种、杂交育种之后发展起来的一种新的育种途径。利用基因工程技术、原理和设备，通过增加目标基因的拷贝数、导入强启动子、激活沉默基因、插入异源基因或体外重组基因、控制代谢过程等方式，从分子水平上改良菌种。具体操作过程中则需要注意克服工程菌的不稳定性，即质粒的不稳定性及其表达产物的不稳定性。

1. 基因工程的概述

基因工程是在基因水平上的遗传工程(genetic engineering)，是指人们利用分子生物学的理论和技术，自觉设计、操纵、改造和重建细胞的遗传核心——基因组，从而使生物体的遗传性状发生定向变异，以最大限度地满足人类活动的需要。基因工程的主要原理与操作流程见图8-29。

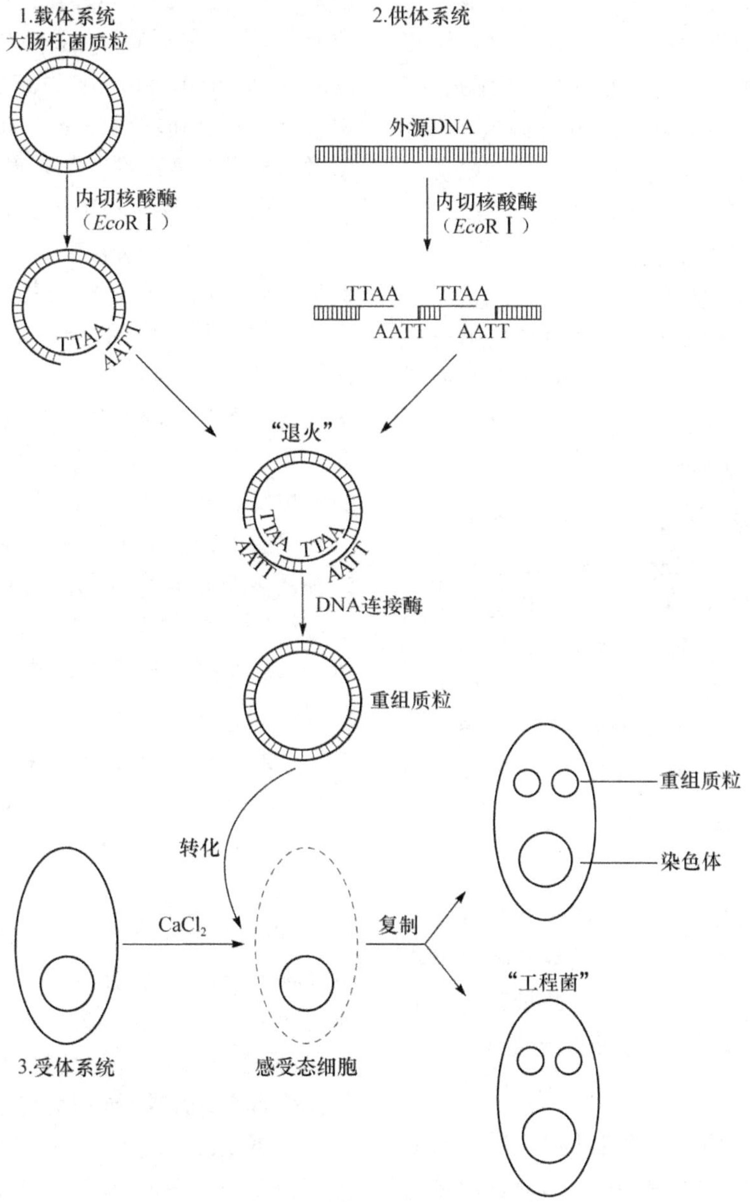

(1)目的基因的获得 (2)构建重组DNA分子
(3)将重组DNA分子引入宿主细胞 (4)分离与鉴定目标重组子

图8-29 基因工程的主要原理与操作流程

(仿自周德庆，2011)

2. 基因工程的应用

(1)在生产多肽类药物、疫苗中的应用　基因工程药物的生产是当前基因工程最重要的应用领域,发展迅速。例如有抗肿瘤、抗病毒功能的干扰素(interferon)、白细胞介素(interleukin)等;用于治疗心血管系统疾病的如尿激酶原、组织型溶纤蛋白酶原激活因子、链激酶、葡激酶以及抗凝血因子等;用于预防传染病的如乙型肝炎疫苗、腹泻疫苗和口蹄疫疫苗等;用于人体生理调节的如胰岛素、人生长激素(hGH)和其他生长激素等。

(2)改造传统工业发酵菌种　由传统工业发酵菌种生产的发酵产品数量大、应用广,对全球经济影响十分巨大,如抗生素、氨基酸、有机酸、酶制剂、醇类和维生素(如维生素 C)等。这类菌种基本上都经过长期的诱变和重组育种,生产性能很难大幅度提高。要打破这一局面,使用基因工程定向改造工业用菌或许是一个非常有效的方法。

(3)在环境保护中的应用　在环境保护方面,利用基因工程既可培育能分解多种有毒物质的遗传工程菌,改善环境质量,又可培育多种生物农药产生菌,以代替毒性大、对环境污染严重的化学农药。

8.2.2.3　代谢工程育种

随着基因工程技术的应用和发展,一种称为代谢工程(metabolic engineering)的育种新技术应运而生。这是一种利用基因工程技术对微生物代谢网络中特定代谢途径进行有精确目标的基因操作,改变微生物原有的调节系统,使目的代谢产物的活性或产量得到大幅度提高的一种育种技术。根据微生物不同代谢特征,一般采用改变代谢途径、扩展代谢途径以及构建新的代谢途径等方法来达到目的。

1. 改变代谢途径

若以解除了反馈抑制的赖氨酸产生菌棒状杆菌为宿主,转入高丝氨酸脱氨酶基因,结果其赖氨酸产量由 65 g/L 下降至 4 g/L,而苏氨酸产量则增加到 52 g/L,赖氨酸产生菌转变成了苏氨酸产生菌。

2. 扩展代谢途径

扩展代谢途径指在引入外源基因后,使原来的代谢途径向后延伸,产生新的末端产物,或使原来的代谢途径向前延伸,可以利用新的原料合成代谢产物。例如,α-酮基-古龙酸(α-KLG)是合成维生素 C 的前体物质,已知 *Erwinca herbicola*(草生欧文氏菌)可将葡萄糖转化为 2,5-二酮基葡萄糖酸(2,5-DKG),但由于缺少 2,5-DKG 还原酶,而不能继续将 2,5-DKG 转化为所需要的前体物质 2-KLG。因此只好通过加入另一种菌(棒杆菌,能产生 2,5-DKG 还原酶)进行串联发酵,操作烦琐,能源消耗较大,而利用基因工程技术将棒状杆菌的 2,5-DKG 还原酶基因导入 *E. herbicola* 中,只需一种菌就能从葡萄糖直接转化为 2-KLG,再经催化生成维生素 C。

3. 构建新的代谢途径

通过基因克隆技术,使细胞中原来无关的两条代谢途径连接起来,形成新的代谢途径,产生新的代谢产物,这一方法最初起源于偶然的发现,即将放线紫红素(actinorhodin)的生物合成基因转入麦迪霉素(midecamycin)产生菌时,意外获得了一种杂合抗生素——麦迪紫红素。此后美国学者将碳霉素产生菌的异戊酰基转移酶基因克隆至螺旋霉素产生菌中,可以产生杂合抗生素 4″-异戊酰螺旋霉素;日本学者将该基因克隆至泰乐菌素产生菌,结果获得了 4″-异戊酰泰乐菌素;我国学者将麦迪霉素丙酰基转移酶基因转入螺旋霉素产生菌中,获得了 4″-丙酰螺旋霉素。所获得的这些杂合抗生素不仅扩大了抗菌谱,而且开拓了人们利用新途径有效地获得新的目的产物及其合成机制的研究。

代谢工程是以基因工程技术为基础的,是基因工程的一个重要分支,是一门全新的微生物育种技术,虽然大多数还处于实验室研究的阶段,但已在医药、环境、发酵工程等方面取得了重要进展,具有广阔的应用前景。

8.2.2.4　基因组混编技术

DNA 混编(shuffling)是由美国的 Stemmer 于 20 世纪 90 年代提出的一种全新的人工分子进化技术,又称有性 PCR(sexual PCR)。DNA 混编是一个反复突变和重组的循环过程,从一组相关基因的随机片段(来自不同种类生物,具有相同功能的基因),通过无引物 PCR 的方式重新组合,装配新功能重组基因,生产有用或有潜力的新基因产品。这些基因,再次被酶切成片段,再一次重组成新的组合基因,此过程一再重复,一直到具有高性能的蛋白质出现为止(图 8-30)。例如,1998 年 Andreas 等用 4 个不同来源的头孢菌素基因混合进行 DNA 混编,仅单一循环获得的该抗生素,最低抑制活性(MIC)就提高了 270～540 倍。

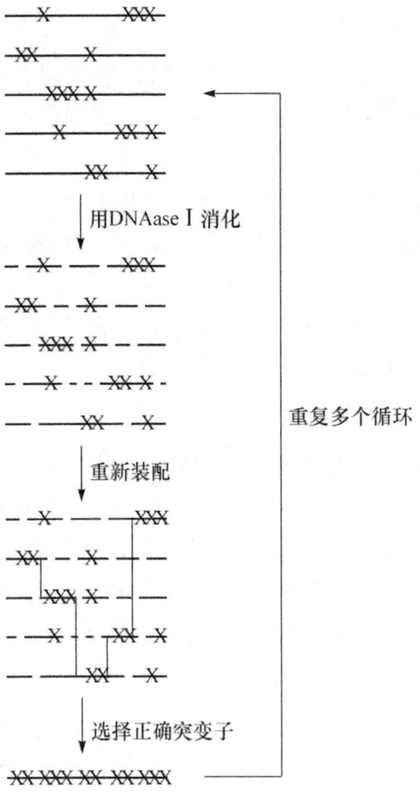

图 8-30 DNA 混编技术

(仿自沈萍和陈向东,2016)

基因组混编与 DNA 混编类似,操作对象为单染色体组成的基因组。原生质体融合时,基因组发生重组形成候选突变库,经过筛选得到生产途径和表型改进的菌株,基本过程如下:

第一步,随机突变获得单个性状优良的菌株。从亲本菌种出发,通过各种诱变技术处理,微孔发酵,高通量筛选获得优良突变株。

第二步,第一轮基因组混编。多个优良菌株的原生质体融合、再生,形成第一代融合库(F1)。发酵筛选,获得优良融合菌种。

第三步,第二轮基因组混编。再次重复循环融合、再生,得到融合库 F2。发酵筛选,鉴定出优良菌种。

第四步,多轮融合、筛选鉴定。依次进行 F3、F4 融合库的建立和筛选,达到不同菌种优良性状的互补,实现个体水平的集成育种。

以前的随机突变和选择(至少 10～20 轮)为工业微生物筛选了许多优良的菌株,但对表型改进仍然困难,因为表型是由分布在基因组中的一批基因决定的。基因组混编可改变以前的突变育种的时间长、改良速度慢等缺点,能在短时间内获得理想的结果。基因组混编的关键是起始突变体的选择、遗传重组的效率,选择方法的灵敏性。2002 年 Zhang 等在 *Nature* 发表论文,通过原生质体融合对弗氏链霉菌进行两轮基因组混编,在一年内筛选了 2 万多个菌株,获得 2 株高产泰乐菌素生产菌,与过去 20 年的诱变育种效果相当。

8.3 微生物菌种的衰退、复壮与保藏

8.3.1 微生物菌种的衰退与复壮

随着菌种保藏时间的延长或菌种多次转接传代,群体中某些生理特征和形态特征逐渐减退或完全丧失,称为菌种的退化或衰退(degeneration)。菌种的衰退是发生在细胞群体中的一个由量变到质变的逐步演变过程。开始时,在一个大群体中仅个别细胞发生负变,这时如不及时发现并采取有效措施,而继续移种传代,则群体中这种负变个体的比例逐步增大,形成了优势,从而使整个群体表现出严重的衰退。所以,在开始时所谓"纯"的菌株,实际上其中已包含着一定程度的不纯因素;同样,到了后来,整个菌种虽已"衰退"了,但也是不纯的,即其中还有少数尚未衰退的个体存在着。在实践中,有关菌种衰退和复壮的工作已累积了很多经验,总结下来主要有以下几个方面。

1. 菌种衰退的防止方式

(1)控制传代次数,以减少由自发突变引起的性状改变。

(2)创造良好的培养条件。

(3)利用不易衰退的细胞传代。在放线菌和霉菌中,由于其菌丝细胞常含有几个细胞核,甚至是由异核体组成的,所以若用菌丝接种就易出现离异或衰退,而孢子一般是单核的,用于接种就不会发生这类现象。

(4)采用有效的菌种保藏方法。

2. 菌种的复壮

生产实践中若发生了菌种衰退,必须做好菌种的复壮(rejuvenation)工作,以持久延续菌种的优良性状。常见的复壮方式主要有如下 3 种。

(1)纯种分离法　由于在出现衰退现象的细胞群中,一般还存在着仍保持原有典型性状的个体,通

过纯种分离法，把这种细胞挑选出来即可达到复壮的效果。

(2)宿主体内复壮　对于因长期在人工培养基上移种传代而衰退的病原菌，可接种到相应的昆虫或动、植物宿主体内选择性培养，然后从典型的病灶部位分离得到恢复原始毒力的复壮菌株。

(3)淘汰已衰退的个体　有人曾对细黄链霉菌(*Streptomyces microflavus*，"5406"抗生菌)的分生孢子，采用−30～−10 ℃的低温处理5～7 d，使其死亡率达到80%。结果发现，在抗低温的存活个体中留下了未退化的健壮个体，从而达到了复壮的目的。

另外需要注意的是，当性状发生改变后，首先应仔细分析菌株是否真的发生衰退，还是属于一般性的饰变或污染。

8.3.2　微生物菌种保藏

一般微生物的世代时期比较短，在传代过程中易发生变异或死亡，表现为菌种退化。为了使优良菌种长期存活、不退化，适宜的保藏方法很重要。

菌种保藏(culture preservation，conservation，maintenance)是通过适当方法使微生物能长期存活，并保持原种的生物学性状稳定不变的一类措施。而菌种保藏机构的任务是在广泛收集实验室和生产用菌种、菌株、病毒毒株(有时还包括动、植物的细胞株和微生物质粒等)的基础上，将它们长期保藏，使之不死、不衰、不乱，以达到便于研究、交换和使用等目的。在国际上一些较发达的国家都设有若干国家级的菌种保藏机构，例如美国典型菌种保藏中心(American Type Culture Collection，ATCC)、美国北部地区研究实验室(NRRL)、荷兰的霉菌中心保藏所(CBS)、英国的国家典型菌种保藏所(NCTC)、俄罗斯科学院微生物生化与生理研究所菌种保藏中心(VKM)以及日本的大阪发酵研究所(IFO)。我国的国家级菌种保藏机构主要有中国普通微生物菌种保藏管理中心(CGMCC)、中国典型培养物保藏中心(CCTCC)等。

菌种保藏的一般原理主要是根据菌种的生理生化特点，人为创造低温、干燥、缺氧、避光和营养缺乏等环境，使菌体或孢子的生长代谢活动降低，以减少其变异。

1. 斜面低温保藏法

斜面低温保存也称为定期移植保存，利用4 ℃的低温环境降低试管斜面中菌体的新陈代谢，使菌种的特性在短时间内保持不变。细菌1个月移植一次，放线菌3个月移植一次，酵母4～6个月移植一次，丝状菌种4个月移植一次。总的移植次数不宜超过4代，以免引起菌种退化甚至死亡。斜面低温保藏法是一种短期、过渡的保藏方法，特别适合不能采用低温干燥方法保藏的菌种。

2. 液体石蜡密封保藏法

液体石蜡密封保藏法是斜面保藏法中的一种，通过向菌种斜面中加入灭过菌的液体石蜡(用量要高出斜面1 cm)，以隔绝空气，防止低温保藏过程中水分的流失。此法可适用于不能利用液体石蜡作为碳源的微生物的保存。一般保存期为1年。

3. 砂土管保藏法

砂土管保藏法适合产孢子或芽孢的微生物。将孢子或芽孢与经过处理的无菌砂土混合，使其吸附在砂土上，真空抽气干燥后，低温保藏。一般保存期为1～10年。

4. 甘油悬液保存法

对于不产孢子或芽孢的微生物可采用甘油悬液保存法。以甘油作为保护剂，将50%的甘油灭菌后与菌悬液等体积混合，置于−20 ℃保藏，长期保藏可置于−70 ℃。一般保存期约10年。该法常用于保藏基因工程菌，以防质粒丢失、非同源重组或退化。

5. 冷冻干燥保藏法

将用脱脂乳或血清作为保护剂制备的菌悬液，在低温乙醇或干冰中迅速降温使细胞快速冻结，然后低温真空干燥。封瓶后，低温避光保存。该法保藏的菌种不易发生变异，保藏时间一般可达5～15年。除了一些不产孢子的丝状真菌不宜采用冷冻干燥法外，大多数微生物都可以采用此法。

6. 液氮保藏法

微生物菌种以甘油、二甲基亚砜等作为保护剂，在−196 ℃的液氮超低温环境中保藏的方法。一般微生物在−130 ℃以下新陈代谢活动即完全停止，化学作用也随之消失。因此，该法被公认为防止菌种退化最有效的方法。适用于各种微生物菌种的保藏，一般保藏时间超过15年。

在国际著名的美国 ATCC(American Type Culture Collection)中,目前已改为仅采用两种最有效的方法,即保藏期一般达 5～15 年的冷冻干燥保藏法和保藏期一般达 20 年以上的液氮保藏法,以达到最大限度地减少传代次数和避免菌种衰退的目的(表 8-4)。

表 8-4　ATCC 采用的两种保藏方法

(引自周德庆,2011)

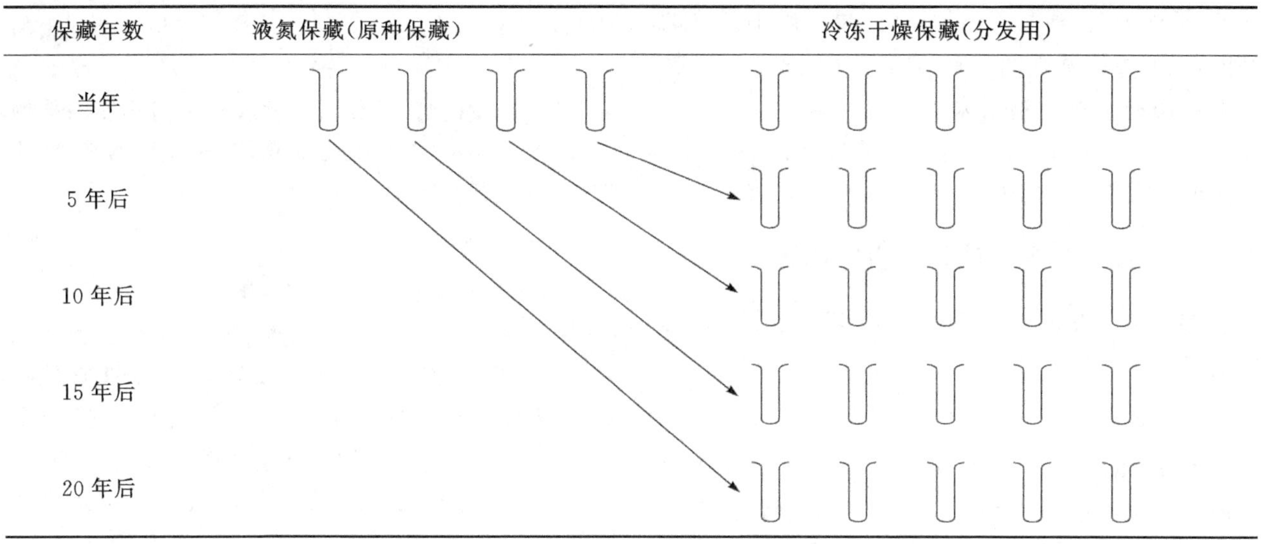

8.4　CRISPR 与基因编辑

8.4.1　CRISPR 简介

成簇有规律间隔的短回文重复序列(clustered regularly interspaced short palindromic repeat, CRISPR)是广泛存在于原核生物染色体上的一种串联重复 DNA 序列,具有清除外来有害核酸(病毒、质粒等)功能的特殊免疫系统。

1987 年,日本学者石野良纯(Yoshizumi Ishino)等在 *E. coli* K12 的碱性磷酸酯酶基因附近发现一种串联间隔的重复序列。之后,许多学者发现它广泛存在于原核生物中,称其为 SRSR(short regularly spaced repeat)。2002 年,荷兰学者 R. Jansen 重新把它称为 CRISPR。2011 年,E. Charpentier、J. A. Doudna 开始合作研究 CRISPR 系统,证实了 CRISPR/Cas9 系统的工作方式:CRISPR 系统能产生携带病毒遗传信息的 RNA 序列,该 RNA 序列可以引导 Cas9 核酸酶在细菌 DNA 分子上找到入侵的病毒 DNA 序列,并对其进行精准切割。该研究成果于 2012 年发表在《科学》杂志上。2020 年,法国科学家 E. Charpentier 和美国科学家 J. A. Doudna 获得了诺贝尔化学奖,以表彰她们"开发出一种基因组编辑方法",这也是该奖项首次被两位女性科学家所共享。

CRISPR 免疫系统由以下 3 部分组成。

(1) CRISPR 相关基因　CRISPR 相关基因(CRISPR associated gene)位于细菌基因组上,由一些相对保守的同向重复序列(repeat,21～48 bp)和高度可变的间隔序列(spacer,26～72 bp),组成 R-S-R-S……重复结构。有不同亚型,由重复序列、前导序列和 *cas* 基因共同决定。

当首次遭受噬菌体侵染时,细菌会从该噬菌体基因组 DNA 中截取一段特殊序列(protospacer,原间隔序列),作为新的间隔序列整合到自身 CRISPR 相关基因中。原间隔序列的旁侧序列一般十分保守,被称为原间隔序列临近基序(protospacer adjacent motif,PAM),在 tracrRNA 引导 Cas 蛋白正确识别靶序列中发挥重要作用。在基因编辑技术中,间隔序列可作为外源基因的定点剪切和插入位点。

(2)crRNA　crRNA(CRISPR RNA)是上述间隔序列的转录产物。crRNA 通过碱基配对与 tracrRNA(trans-activating CRISPR RNA)相结合,形成的 tracrRNA:crRNA 复合物可引导 Cas9 到与 crRNA 配对的双链 DNA 的靶点上,以完成特异性识别和剪切功能。在基因编辑技术中,tracrRNA 和

crRNA 可进行人工设计和合成。

(3) Cas 蛋白　Cas 蛋白(CRISPR associated protein)是一类双链核酸酶,具有多种亚型。由位于 CRISPR 相关基因附近的 *cas* 基因编码,经转录翻译后形成 Cas 蛋白。它具有剪切靶标 DNA 的功能,俗称"分子剪刀"。通过 Cas 剪切,既可敲除不需要的基因,也可将新基因插入新间隔中。在基因编辑技术中常用的 Cas9 蛋白,来自酿脓链球菌(*Streptococcus pyogenes*)的 *cas*9 基因,尤其适合哺乳动物和人体细胞的基因编辑工作。

8.4.2 CRISPR 免疫功能的三个阶段

CRISPR/Cas9 免疫反应原理如图 8-31 所示,具体如下。

1. 适应阶段

通过 CRISPR 相关基因把外源 DNA 的同源片段插入至前导序列与第一段重复序列之间,经复制后,形成一新的 R-S 单元,以作记忆留存。

2. 表达阶段

首先,细菌染色体上的 CRISPR 基因区经转录和翻译,形成一条大型 crRNA 前体链(pre-crRNA)、Cas9 蛋白和 tracrRNA 分子;其次,激活的 tracrRNA 与 pre-crRNA 同源区域互补配对;再次,RNase Ⅲ 加工 pre-crRNA,得到多个成熟的 tracrRNA:crRNA 复合物;最后,tracrRNA:crRNA 复合物与 Cas9 蛋白相结合,形成有导向功能的核糖核蛋白复合物 Cas9-tracrRNA:crRNA,执行寻找 DNA 链上靶标的功能。

3. 干扰阶段

首先,核糖核蛋白复合物识别 PAM;其次,crRNA 与外源 DNA 的原间隔序列发生碱基互补配对;最后,Cas9 蛋白构象发生变化,其 HNH 核酸酶结构域和 RuvC 核酸酶结构域分别切割基因组 DNA 的靶标链和非靶标链,形成双链断链缺口(double-strand break,DSB),从而阻止了噬菌体基因组 DNA 的整合。

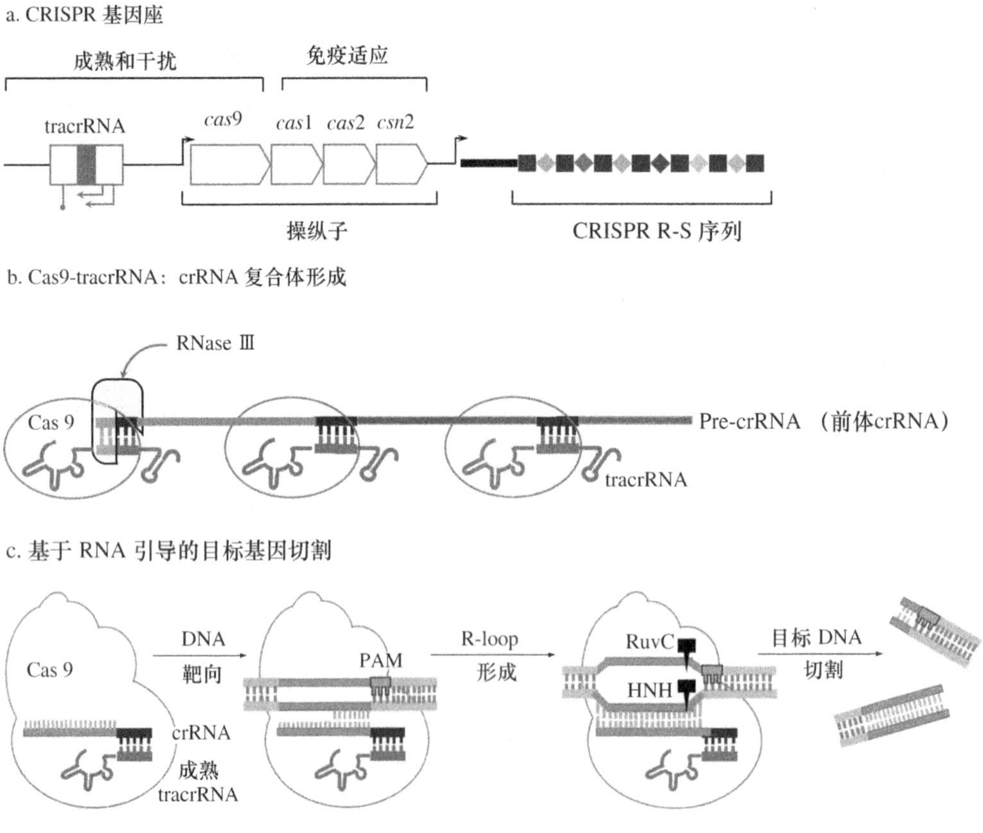

图 8-31　CRISPR/Cas9 免疫反应原理

(仿自 Doudna 和 Charpentier, 2014)

8.4.3 基因编辑

基因编辑(gene editing)是一类人为定点改造生物基因组的新技术,如锌指内切核酸酶法(zinc-finger nuclease,ZFN)、类转录激活因子效应物核酸酶法(transcription activator-like effector nuclease,TALAN)以及 CRISPR/Cas9 等。CRISPR/Cas9 是一种建立在上述细菌和古菌的 CRISPR 免疫机制基础上的第三代基因编辑技术。

CRISPR/Cas9 介导的基因组工程的机制如下:通过自主定义的 20-nt guide RNA 序列,tracrRNA:crRNA 复合体可将 Cas9 核酸内切酶引导至基因组中几乎任意的 DNA 序列,并在靶位点进行切割,产生 DSB。随后,细胞通过宿主介导的 DNA 修复机制对 DSB 进行修复。在没有修复模板的情况下,普遍存在的易错的非同源末端连接(non-homologous end joining,NHEJ)通路被激活,造成 DSB 位点的随机插入和缺失(插入缺失)甚至替换,往往导致该基因功能的丧失。当含有同源臂的目的序列的供体模板存在时,可以启动无错同源定向修复(homology directed repair,HDR)途径,获得由同源重组产生的所需的突变,这为进行精确的基因修饰(如基因敲入、缺失、修正或诱变)提供了基础。

自 2012 年出现至今,CRISPR/Cas9 已受到学术界的广泛重视,取得了不少成绩。这项技术允许人们精确操纵由一小段引导 RNA 指定的几乎任何基因组序列,从而可以阐明与疾病发展和进展有关的基因功能,纠正引起疾病的突变。在新药筛选方面,使用单向导 RNA(small guide RNA,sgRNA)文库,利用基于 CRISPR 的全基因组筛选来识别药物靶标或抗病基因,并快速评估药物靶标。此外,这种可编程的核酸内切酶技术使研究人员能够通过在单个实验中同时靶向多个基因组位点来一次检查多个基因的功能,这显著加速了我们对涉及大量基因或突变的病理过程的理解,如肿瘤发展。因此,CRISPR/Cas9 介导的基因组工程在治疗甚至治愈遗传疾病方面具有巨大的希望,包括多种形式的癌症和神经退行性疾病,以及镰状细胞贫血、囊性纤维化、杜氏肌营养不良、病毒感染、免疫紊乱和心血管疾病。但是,脱靶与伦理学等问题也引起了学术界充分重视与广泛讨论。

本章小结

遗传和变异是生物体最本质的属性。根据微生物所特有的一系列非常独特的生物学特性,历史上进行了 3 个著名的实验,以确凿的事实证明了核酸(DNA 或 RNA)才是遗传变异的真正物质基础。

游离于原核生物染色体外,具有独立复制能力的质粒因其在理论和实践中的重要性而备受关注。

基因突变是重要的生物学现象,它是一切生物变化的根源,连同基因转移、重组一起提供了推动生物进化的遗传多变性。突变的特点主要有 7 个,其中不对应性是通过 3 个著名实验而得以证明。基因突变可分为自发突变和诱发突变两类,掌握其机制有利于育种工作的顺利进行。微生物具有多种修复受损 DNA 的作用,如光复活作用、暗修复作用、重组修复以及 SOS 修复等。DNA 损伤的修复和基因突变有着密切的关系。Ames 试验是利用微生物营养缺陷型的回复突变来检出化学致癌剂的重要实验。

基因重组可使生物体在未发生突变的情况下,也能产生新遗传型的个体。在原核微生物中,基因重组的方式主要有转化、转导、接合和原生质体融合等。在真核微生物中,基因重组的方式很多,以有性杂交、准性杂交、原生质体融合和转化等形式为主。

诱变育种是微生物育种中一类经典和基础技术,通过几个经典的菌株筛选案例的介绍可很好地领会诱变育种的实质和方法。

菌种的退化是时刻存在的,通过控制传代次数、创造良好的培养条件、利用不易衰退的细胞传代、采用有效的菌种保藏方法配合适时的复壮工作等可减少这一负面影响。

CRISPR/Cas9 利用 crRNA 作为向导,借助 Cas9 蛋白对目的基因进行精准的基因编辑,实现了对活细胞基因组简便、快捷、高效的改造。

拓展阅读

二维码 8-1 中国抗生素事业奠基人——张为申

二维码 8-2　工业微生物学的开拓者——方心芳

二维码 8-3　维生素 C 二步发酵法技术
——我国微生物史上最精彩的一页

二维码 8-4　中国近代分子遗传学奠基人之一
——沈善炯院士

复习思考题

1. 历史上证明核酸是遗传物质基础的著名实验有几个？实验者是谁？工作发表于何时？请举出其中之一来加以说明。

2. 什么叫质粒？它有哪些特点？

3. 何谓基因突变？它有哪几个共同特点？基因突变可分哪几类？什么是突变率？

4. 什么是影印培养？如何用影印培养实验来说明基因突变的自发性和随机性？

5. 什么叫变量试验？试图示并说明。

6. 什么叫涂布试验？试图示并解释。

7. 试解释以下名词：点突变，转换，颠换，移码突变，染色体畸变，转座因子。

8. 如何从突变的分子机制的角度来解释突变的自发性和随机性？

9. 紫外线引起的胸腺嘧啶二聚体对微生物有何影响？什么是光复活作用？它的作用机制怎样？

10. 什么是暗修复（切补修复）作用？其机制如何？

11. 什么叫重组？什么叫杂交？原核微生物与真核微生物各有哪些基因重组形式？

12. 什么叫转化？什么是感受态？什么是转化因子？

13. 试述转化的一般过程。

14. 什么是细菌的接合？什么是 F 因子（致育因子）？

15. 试比较大肠杆菌的 F^+、F^-、Hfr 和 F' 菌株的异同，并图示这四者间的相互关系。

16. 大肠杆菌的 Hfr 与 F^- 菌株接合的全过程是怎样的？试图示并说明。

17. 什么叫接合中断法？试述用此法证明染色体呈环状和绘制染色体图的基本原理。

18. 什么叫转导？试比较普遍转导和局限转导的异同。

19. 什么叫流产转导？

20. 什么叫缺陷噬菌体？什么叫双重溶原菌？它们各是如何形成的？

21. 试述低频转导（LFT）和高频转导（HFT）的原理。

22. 什么叫溶源转变？什么叫转染？试分别与转导和转化进行比较。

23. 为什么说定向培育不等于定向变异？试以梯度培养皿法来说明定向培育工作的原理。

24. 诱变育种的基本环节有哪些？整个工作的关键是什么？举例说明微生物学理论知识在育种工作中的重要性。

25. 试述用埃姆斯（Ames）法检测致癌剂的理论依据、一般方法及其优点。

26. 为什么在进行诱变处理时，要把成团的微生物细胞或孢子制成充分分散的单细胞或单孢子悬液？对放线菌进行诱变育种时，宜处理其分生孢子或是菌丝细胞？为什么？

27. 在产量变异工作中，怎样的诱变剂可算是理想的诱变剂？怎样的剂量可算是合适的剂量？

28. 举例说明在微生物的诱变育种工作中，采用高效的筛选方案和方法的重要性。

29. 试述琼脂块培养法的原理、方法及其在育种工作中的应用。

30. 试述影印培养法在育种工作中的应用及其优点。

31. 试解释营养缺陷型、野生型和原养型 3 类菌株的含义。

32. 什么叫基本培养基、完全培养基、补充培养基和限量补充培养基？

33. 试用表解法概括一下筛选营养缺陷型菌株

的主要步骤和方法。

34. 试阐述抗生素法和菌丝过滤法在浓缩营养缺陷型菌株中的基本原理。

35. 从野生型和营养缺陷型混合菌液中，如何检出营养缺陷型菌株？试介绍4种方法，并说明其共同原理。

36. 什么叫原生质体融合？它的基本操作是怎样的？此法在育种工作中有何重要性？

37. 什么叫准性生殖？

38. 什么叫基因工程？它的基本原理和操作是怎样的？

39. 什么叫菌种衰退？如何区别衰退、饰变与杂菌污染？

40. 何谓菌种复壮？如何达到复壮？

41. 就方法的简便与否、保藏效果的好坏、保藏对象的范围、保藏的基本原理以及保藏期的长短等方面，列表比较几种最常用的菌种保藏法。

42. 简述CRISPR免疫反应原理。

第9章

微生物的生态

内容提示

微生物生态学是研究微生物与生物和非生物环境之间关系的一门科学。本章主要阐述微生物在自然界中的分布、生态环境中不同微生物之间的相互关系及微生物在自然界碳素循环、氮素循环、硫磷铁等元素循环中的作用等相关内容,并简要介绍微生物生态学的研究方法。微生物生态学是微生物学重要的组成部分,通过研究生态环境中微生物及微生物与其他生物及环境之间的关系,掌握微生物生命活动规律,对于开发和利用微生物资源,发挥微生物在工农业和医药卫生领域中的作用,有着十分重要的意义。

教学目标

了解微生物生态学的相关概念,熟悉微生物在自然界的分布情况;掌握微生物与生物及环境之间的相互关系;理解微生物在自然界物质循环中的作用;熟悉微生物生态学的研究方法。

9.1 微生物在自然界中的分布

微生物在自然界中分布广泛,在动植物体内外、土壤、大气或水体等特定的生态单元中,均存在无数种类的微生物群落(microbiota),在动植物不能生存的极端环境(如严寒、高盐碱、高温、高酸、高压及贫营养的自然环境)中也有许多微生物的存在。微生物种类繁多、数目庞大,是地球上的第一大类群。但至今,为人们所认识的微生物种类仅占自然界中微生物总数的1%~5%,尚存在大量未培养微生物(uncultured microorganism)不为人们所认识。未培养微生物在生理生化反应、新陈代谢途径及代谢产物产生等方面具有不同程度的新颖性和特殊性,蕴含着丰富的生物资源。

9.1.1 微生物在土壤中的分布

9.1.1.1 土壤是微生物生活的良好环境

土壤是微生物生活最适宜的环境之一,它具备微生物生长繁殖和生命活动所需要的营养、水分、空气、酸碱度、渗透压和温度等条件,是微生物的“大本营”,也是人类最丰富的菌种资源库。土壤中有动植物残体、动植物代谢产生的分泌物及其他有机养分,为微生物提供碳源、氮源和能量。在土壤矿质成分中,有微生物生长必需的硫、磷、钾、铁、镁、钙等大量矿质元素和硼、钼、锌、锰、铜等微量矿质元素。土壤结构疏松,具有团粒结构,团粒间充满着水分和空气,同时团粒内也有厌氧微生物所需要的厌氧环境。土壤的渗透压一般在3.03~6.06 Pa,pH范围多数在5.5~8.5,适合微生物需求或能为微生物适应。土壤具有较好的保温性,温度变动幅度较小,一般为10~25 ℃,适宜多种微生物生长。同时,土壤还具有屏障作用,在表层土几毫米以下便可保护微生物免受阳光直射而致死。所有这些都为微生物生长繁殖提供了有利的条件。

9.1.1.2 土壤中微生物的类型及分布

土壤微生物类群丰富,包括细菌、放线菌、真菌、藻类及原生动物等。其中尤以细菌最多,数量占土壤微生物的70%~90%,表层土壤由于受日光的照射、雨水的冲刷和干燥的影响,微生物数量较少;在离地面10~20 cm深的土层中微生物的数量最多,每克肥沃的土壤中微生物数以亿计,总数可达10^6~10^9 CFU/g土(表9-1),土壤中的细菌大多为异养型细菌,少数为自养型细菌。土壤细菌有许多不同的生理类群,如固氮细菌、氨化细菌、纤维分解细菌、硝化细菌、反硝化细菌、硫酸盐还原细菌、产甲烷细菌等在土壤中都有存在，还有一些病原微生物常以土壤为媒介进行疫病的传播，如炭疽杆菌、破伤风梭菌（*Clostridium tetani*）、腐败梭菌（*C. putrificum*）、魏氏梭菌（*C. perfringens*）等的芽孢能在土壤中生存数年甚至数十年以上，通过感染人和家畜导致传染性疾病的发生。

土壤放线菌的数量仅次于土壤细菌，土壤中的放线菌孢子量为 10^5～10^7 CFU/g 土，其生物量可达 160 g/m^3，土壤中的放线菌多为链霉菌属、诺卡氏菌属、小单孢菌，其次是微单孢菌和其他放线菌，均为异养型。此类微生物能够分解多种复杂物质，改善土壤肥力，土壤所特有的泥腥味就是由放线菌产生的。放线菌主要分布于耕作层中，随土壤深度增加，其数量、种类会有所减少。

真菌在土壤中的数量比细菌和放线菌少，数量可达约 10^5 CFU/g 土，生物量较大，每立方米农田土壤中，生物量可达 200 g 左右。土壤真菌多为好氧性真菌。主要分布于土壤耕作层 10～15 cm 深处，在 pH 为 5 的酸性土壤中生长旺盛，其主要种类有青霉菌（*Penicillium*）、曲霉菌（*Aspergillus*）、枝孢菌（*Cladosporium*）、镰刀菌（*Fusarium*）等。

藻类在土壤中的含量很少，约占 1%，常生长在潮湿的土壤表层，多为单细胞绿藻和硅藻。藻类是光能自养型微生物，其分布受光照影响较大，土壤下层数量较少。原生动物的数量在土壤中因土质的不同变化较大。每克土壤中的含量从几百到几十万个，主要分布在富含有机质和潮湿的土壤中，种类有纤毛虫、鞭毛虫和肉足虫等，它们数量不多，但对土壤有机质的分解起着重要的作用。

表 9-1 农业耕作层 15 cm 深处土壤中微生物的数量和生物量

（引自池振明，2010）

类群	菌数/（CFU/g）	生物量/（g/m^3）
细菌	10^6～10^9	160
放线菌	10^5～10^7	160
真菌	10^5	200
藻类	10^4～10^5	32
原生动物	10^4	38

9.1.1.3 影响土壤中微生物分布的因素

土壤微生物的数量和分布受土壤有机质含量、结构、纵向深度及水分、氧、温度及 pH 等因素的影响，并随土壤类型的不同而有很大变化。表层土壤由于阳光照射、水分易散失，微生物数量较少；在 5～25 cm 深处，因含有丰富的有机质及适宜的环境条件，微生物数量最多，分布最广；25 cm 以下微生物随土壤深度的增加而减少。100 cm 以下，由于养料、氧气的减少，微生物的数量也较少。土壤中微生物的数量和分布还受季节变化的影响，因在不同的季节里，土壤温度、含水量、有机质等存在差异。在同一生态环境中，一般春、秋两季微生物数量多，冬、夏两季微生物数量少。土壤微生物对于多种有机物的生物降解和物质循环起着非常重要的作用，对改善土壤结构、提高土壤肥力的意义重大。

9.1.2 微生物在水体中的分布

水是生命活动的基础物质。自然水体中含有不同种类的有机或无机物质，具备微生物生长和繁殖的基本条件，是许多微生物生长和繁殖的良好场所。水体中的微生物包括水体“土著”微生物和来自土壤、空气、动植物残体，分泌排泄物、工业废物、废水及生活污水中的微生物。由于各水体中所含的有机物和无机物种类、数量以及酸碱度、渗透压、温度等存在明显差异，微生物的种类和数量各不相同。水体中的微生物分为淡水微生物和海水微生物两大类型。

9.1.2.1 淡水型水体微生物

淡水主要是指存在于江河、湖泊、水库、池塘、小溪中的水及地下水，它们的理化特性不同，微生物的组成和数量也各异。

在洁净的湖泊、水库及小溪水中，因有机物含量低，故微生物数量很少（10～10^3 CFU/mL），以化能自养微生物和光能自养微生物为主，如硫细菌、铁细菌和衣细菌以及含有光合色素的蓝细菌、绿硫细菌和紫细菌等。异养菌较少，都是能在低浓度有机质（含 C 1～15 mg/L）的培养基上就可以生长的贫营养细菌。在较深的湖泊或淡水等生境中，因光线、溶解氧和温度等的差异，微生物呈明显的垂直分布，在光线和氧气充足的浅水层分布着大量光合藻类、蓝细菌和好氧微生物，深水区主要分布着一些厌氧光合细菌和兼性厌氧菌，而湖底沉积物中，分布着大量厌氧微生物，主要有脱硫弧菌、产甲烷菌、芽孢杆菌和梭菌等。

流经城市的河水和人口稠密地区的湖泊及池塘水，常被工业污水及生活污水污染，其微生物的数量较大，水样中含菌量可达 10^7～10^8 CFU/mL，其大多为腐生细菌、真菌及原生动物，主要为肠道杆菌、芽孢杆菌、弧菌、螺菌等。

大气水（雨、雪等）中一般含微生物较少。其中的微生物主要来自空气尘埃，多为球菌、杆菌、放线菌和霉菌的孢子。初降的雨水中含菌量较大，一段时间后随尘埃的减少，雨水中微生物数量也会降低，甚至达到无菌状态。地下水大体是无菌的，这是由于在水渗入地下时土层过滤掉大多数微生物和营养物质。

9.1.2.2 海水型水体微生物

海水最大的特点是含盐量大（3%左右）、渗透压高、有机质少，深水处静压力大。因此，一般不适合放线菌和真菌生长，海水中的微生物绝大多数是能耐受高渗透压的嗜盐性细菌、藻类和古菌。其中，具有代表性的是一些有活动能力的杆菌和弧菌，如黄色杆菌、无色杆菌和无芽孢杆菌、假单胞菌、弧菌及噬菌体等。海洋微生物分布广泛，自海洋表面至深海及水底沉积物中均存在微生物活体。

海洋水体的养分状况和有机质含量直接影响着微生物的分布水平。在沿海一带，由于城市人口密集度高，工厂多，来自陆地上的各种污染物、工农业废水进入海洋，使海洋中含有大量的有机物和无机盐，微生物含量高，特别是在港口，海水中含菌量约 1×10^5 CFU/mL。同时，无机营养盐能引起单细胞藻类大量繁殖，在夏秋季很容易发生赤潮。在外海，受人类活动影响小，有机质的含量少，含菌数也随之下降，海水含菌量为10～250 CFU/mL。

在浅海和深海，微生物分布也存在较大的差异。在海水表层及浅层水中，因紫外线辐射，细菌数量较少，藻类和原生动物占较大比例；在海水垂直分布中，10～50 m 为光合作用带，光线充足、溶解氧多、水温高，适合多种海洋微生物生长，之后随深度的增加而减少。在深海，由于黑暗、寒冷和超高压，只有少数耐压菌才可以生长，少数微生物甚至可在 600 个标准大气压（6.08×10^7 Pa）下生长，如水活微球菌（*Micrococcus aquivivus*）和浮游植物弧菌（*Vibrio phytoplanktis*）等。在水底沉积物表层，微生物又呈增多趋势，其主要种类为一些厌氧菌，如诺卡氏菌和严格厌氧的脱硫弧菌和产甲烷古菌等。产甲烷古菌在低温、高压条件下可将乙酸和其他化合物转化为甲烷，形成了巨大的海底水合甲烷库。

海水中微生物的数量分布还受气候、雨量和潮汐等因素的影响。

9.1.3 微生物在空气中的分布

由于空气中缺乏可利用的营养物质和足够的水分，加之紫外线辐射等，使空气并不是微生物生长繁殖的良好场所。空气中没有"土著"的微生物种类，其来源主要是土壤飞扬起来的尘埃、风吹水面产生的小水滴以及人和动物的体表脱落物、呼吸道的飞沫等中携带的微生物。空气中的微生物没有固定的类群和数量，主要是抗干燥能力强的菌群及其孢子，包括真菌、细菌、病毒等多类微生物。真菌有曲霉、青霉、木霉、根霉、毛霉、白地霉及圆球酵母等，主要以孢子形式存在于空气中；细菌主要有枯草杆菌、产碱杆菌、八叠球菌及金黄色葡萄球菌、绿脓杆菌、结核分枝杆菌、白喉棒杆菌等病原微生物；病毒主要以流感病毒、麻疹病毒为主。

空气是微生物传播的良好介质，空气中的微生物多以气溶胶（aerosol）的形式存在，是动植物病菌传播、环境污染、人类某些传染病的传染的重要根源。空气中微生物数量和种类取决于空气流经地的环境条件，含尘埃多的空气，其中所含的微生物种类和数量也就越多。一般在畜舍、公共场所、医院、宿舍、城市街道的空气中，特别是人多、空气污浊的地方，微生物的含量就高，病原菌的种类也多；而在深海、高山、高空、森林地带、终年积雪的山脉或极地上空的空气中，微生物的含量就极少（表 9-2）。

表 9-2 不同地点空气中的含菌量

（引自周德庆，2011）

地点	数量/(CFU/m^3)	地点	数量/(CFU/m^3)
畜舍	$(1\sim2)\times10^6$	市区公园	200
宿舍	20 000	海洋上空	1～2
城市街道	5 000	北极（北纬 80°）	0～1

9.1.4 微生物在极端环境中的分布

不利于一般生物生长的特殊环境称为极端环境（extreme condition）。在自然界中，存在着一些可在高温、低温、高酸、高碱、高盐、高压、高酸热或其他特定环境如油田、矿山、火山地、沙漠的干旱地带、地下的厌气、原子炉等高放射能环境极端环境下生活的微生物。如嗜热微生物（thermophile）、嗜冷微生物（psychrophile）、嗜酸微生物（acidophile）、嗜碱微生物（alkalinophile）、嗜盐微生物（halophile）、嗜压微生物(barophile)或抗辐射微生物等，它们被称为极端环境微生物，简称极端微生物(extreme microorganism)或嗜极微生物(extremophile)。极端微生物具有不同于一般微生物的遗传机制、特殊的细胞结构和生理生化功能，在理论上和实践中都有重要的意义。研究极端环境微生物不但可以发现和利用新的微生物资源，为微生物生理、遗传、分类和应用研究开拓新的领域，而且可以为生命起源、生物进化的研究提供新的生物材料。

9.1.4.1 嗜热微生物

一般将最适生长温度在 45～55 ℃及以上的微生物视为嗜热微生物(thermophile)。嗜热微生物广泛分布在火山地热区土壤、温泉、煤堆、堆肥、海底火山口附近等高热环境中。按其生长耐热温度可细分为 5 类，即：

(1)耐热菌(thermotolerant bacteria)　最高生长温度为 45～55 ℃，低于 30 ℃也可生存。

(2)兼性嗜热菌(facultative thermophile)　最高生长温度为 55～65 ℃，低于 30 ℃也可生存。

(3)专性嗜热菌(obligately thermophile)　最适生长温度为 65～70 ℃，最低生长温度为 42 ℃。

(4)极端嗜热菌(extremothermophile)　最高生长温度大于 70 ℃，最适生长温度大于 65 ℃，最低生长温度大于 40 ℃。

(5)超嗜热菌(hyperthermophile)　最高生长温度为 113 ℃，最适生长温度为 80～110 ℃，最低生长温度为 55 ℃。

前 4 类主要是真菌和细菌，超嗜热菌多数为古菌。

已分离到的嗜热菌有几十个属的微生物，常见的类群有地芽孢杆菌(*Geobacillus*)、硫细菌(*Thiobacillus*)、硫化叶菌(*Sulfolobus*)、栖热菌(*Thermus*)、火球菌(*Pyrococcus*)等。嗜热菌对高温的适应机制主要表现在细胞膜上的脂肪酸成分、耐高温酶及蛋白质、核酸、类脂等生物大分子的热稳定上。嗜热菌在科学研究和生产实践中有着广阔的研究价值及应用前景。嗜热菌具有生长速率快、代谢活动强、产物/细胞的质量比高、培养时不怕杂菌污染等优点，特别是其产生的嗜极酶(extreme enzyme)作用温度高、热稳定性好，在高温下具有更高的催化效率。如从美国黄石国家地质公园的热泉中分离到的水生栖热菌(*T. aquaticus*，简称“Taq”)和在深海火山口分离到的激烈火球菌(*P. furiosus*，简称“Pfu”)中分离提取的 DNA 聚合酶早已商业化，在 PCR 等科研和应用领域中发挥着非常重要的作用。

9.1.4.2 嗜冷微生物

嗜冷微生物又称嗜冷菌(psychrophile)，是一类最适生长温度低于 15 ℃、最高生长温度低于 20 ℃和最低生长温度在 0 ℃以下的细菌、真菌和藻类等微生物的总称。主要分布在深海、高山、极地、冷冻土壤、冰窖及冷藏库等低温环境中，代表微生物有嗜冷芽孢杆菌、链霉菌、假单胞菌、极地雪衣藻(*Chlamydomonas nivalis*)及斯氏假丝酵母(*Candida scotii*)等。嗜冷菌可分为专性和兼性两种：专性嗜冷菌指最适生长温度为 15 ℃左右，最低生长温度为 0 ℃或 0 ℃以下，最高生长温度不超过 20 ℃的微生物；兼性嗜冷菌生长的温度范围较宽，能在 0～5 ℃生长繁殖，最高生长温度可达 25 ℃以上，易从不稳定的低温环境中分离到。

嗜冷菌适应低温的机制主要是细胞膜含有大量不饱和、低熔点的脂肪酸，使其在低温下能够保持良好的流动性，此外，其体内的酶、转运系统和蛋白质合成均能在低温下具有较高活性，还有些低温微生物通过产生冷激蛋白适应低温环境。

嗜冷菌可以使低温保藏的食品腐败，因其酶在低温下具有较高活性。低温酶在工业和生活中都有较好应用价值，如将低温蛋白酶用于洗涤剂的添加剂，不仅节省能源，而且可减轻对衣物的损伤；在食品工业中，低温淀粉酶、蛋白酶等的应用可以降低面团的发酵时间、改进面团结构等。

9.1.4.3 嗜酸微生物

一般将生活在 pH<4 条件下，中性条件不能生长的微生物称为嗜酸微生物(acidophile)。其主要分布于酸性矿泉、酸性热泉和酸性土壤等处。嗜酸微生物以原核微生物为多，主要包括真细菌和古菌，如硫杆菌、硫化叶菌和热原体(*Thermoplasma*)等。还有一些微生物必须在 pH≤3 的环境中才能生长，被称为专性嗜酸微生物。如氧化硫硫杆菌(*T. thiooxidans*)的生长 pH 为 0.9～4.5，最适 pH 为 2.5。它可以氧化元素硫形成硫酸(浓度可达 5%～10%)。氧化亚铁硫杆菌(*T. ferroxidans*)能氧化还原态的硫化物和金属硫化物生成硫酸，还能把亚铁氧化成高铁，并从中获得能量。这类细菌已被广泛用于微生物冶金、生物脱硫等。

嗜酸微生物在酸性条件下生长繁殖,但其细胞内物质及酶大多数接近中性。现一般认为它们的细胞壁、细胞膜具有排斥 H^+ 的能力或把 H^+ 从细胞内排出的机制。嗜酸菌不能在中性环境生长,其原因可能是嗜酸微生物的细胞壁和细胞膜要高 H^+ 浓度来维持其结构,在中性 pH 时,H^+ 大量减少,造成细胞溶解。

9.1.4.4 嗜碱微生物

嗜碱微生物(alkaliphile)是一类能专性生活在 pH 8～11 的碱性环境而不能在中性环境中生活,其最适生长 pH 在 9 以上的微生物。它们一般存在于碱性盐湖和碳酸盐含量高的地方,如我国的青海湖等。该类微生物大多属于古菌,代表性种属有:外硫红螺菌(*Ectothiorhodospira*)和嗜盐碱杆菌(*Natronobacterium*)。一些芽孢杆菌属细菌也具有嗜盐碱的特性,但因其在中性条件也能生存,所以只能称为耐碱微生物。

与嗜酸微生物相同,嗜碱微生物的细胞膜具有维持细胞内外 pH 梯度的机制,在外环境的 pH 达 11～12 时,其体内仍能保持中性。嗜碱微生物能产生大量的碱性酶,包括蛋白酶(pH 10.5～12)、淀粉酶(pH 4.5～11)、果胶酶(pH 10)、支链淀粉酶(pH 9)、纤维素酶(pH 6～11)和木聚糖酶(pH 5.5～10),这些酶可用于洗涤剂等工业产品中。

9.1.4.5 嗜盐微生物

存在于盐场、盐湖、死海及盐腌制食品等含盐浓度高的环境中的微生物,称为嗜盐微生物(halophile)。根据其对盐浓度需要的不同,可分为耐盐微生物、中度嗜盐微生物和极端嗜盐微生物。极端嗜盐微生物生长的最适盐浓度为 15%～20%,有些甚至能在 32%的饱和盐水中生长。我国是一个多盐湖的国家,有 100 多个盐湖,总面积 4.1 万 km^2,常见的嗜盐菌有杜氏藻(*Dunaliella*)、外硫红螺菌、盐杆菌(*Halobacterium*)和盐球菌(*Halococcus*)。

嗜盐微生物具有适应高盐环境的细胞结构和离子浓度,具有浓缩 K^+ 和排出 Na^+ 的能力,K^+ 作为一种相容性溶质,可以调节渗透压达到细胞内外平衡。嗜盐微生物质膜上有占面积 50%的紫膜区,能起到质子泵和排盐的作用。

嗜盐微生物产生的耐盐酶可用于高盐废水的生物处理,如化工废水、农药废水和海水的生物处理,目前人们设法利用紫膜的机制来制造生物能电池和海水淡化装置。

9.1.4.6 嗜压微生物

嗜压微生物(barophile)仅分布在深海底部和深油井等少数地方。与耐压微生物不同,其特征是必须在高压环境下才能生长。例如一种嗜热性硫酸盐还原菌是在 3 500 m 深、压强 400 个大气压(4.05×10^7 Pa)、温度为 60～105 ℃的油井中分离到的。

因嗜压微生物的采样、分离、研究等过程均必须在特制的高压容器中进行,使得对嗜压微生物的研究工作受到一定限制,目前关于嗜压微生物和耐压微生物的耐压机制还不十分清楚。耐高温、厌氧生长的嗜压微生物有可能被用于油井下产气增压和降低原油黏度,提高采油率。

9.1.4.7 抗辐射微生物

抗辐射微生物(radioresistant microorganism)是指对辐射有抗性或耐受性的微生物。微生物的抗辐射能力一般明显高于高等动植物。例如,耐辐射球菌(*Deinococcus radiodurums*, DR)是 Anderson 等在 1956 年从灭菌处理的肉类中发现的一种非病原性红色球菌,该球菌对电离辐射有极高的抗性,其存活最高剂量约 15 kGy,是普通真核生物的 1 000 倍左右。微生物因种类的不同,对辐射的耐受性也存在差异。

微生物抗辐射机制多样,包括:①产生大量能吸收辐射能量的色素物质,保护 DNA 和其他物质免受辐射的损伤;②通过 DNA 修复系统使损伤的 DNA 复原;③利用酶的作用修复由电离辐射引起的 DNA 损伤。

9.2 微生物之间的相互关系

在自然界的各种生境中,存在着多种多样的微生物。同其他生物一样,微生物种群的个体及相同生境内的不同种群之间互相影响,存在着复杂多样的相互作用关系,保持着种群的平衡。不同微生物之间通过不同方式产生特定的相互作用,这些相互作用主要包括共栖(commensalism)、共生(symbiosis)、竞争(competition)、拮抗(antagonism)、寄生(parasitism)以及捕食(predation)等。

9.2.1 共栖关系

共栖关系指两种生物生活在一起,对一方有利或双方有利，两者彼此分开后均能独立生活。共栖关系可分为偏利共栖关系和互利共栖关系。

偏利共栖关系指的是两种可单独生活的生物群体生活在一起后，其中一方的生命活动对另一方产生有利影响，而它本身不受害也不得利。例如兼性厌氧微生物在微氧环境中优先消耗了环境中的氧，从而为厌氧微生物提供了合适的生存条件，而其自身也能在无氧环境中继续生存；脱硫弧菌（*Desulfovibrio*）在厌氧条件下能将乳酸盐和硫酸盐转化为氢气和乙酸盐，可为产甲烷菌利用，而产生的甲烷又可满足大量甲基营养菌（*Methylotrophs*）的生长所需。土壤中的氨化细菌与亚硝酸细菌、硝酸细菌之间等都属于偏利共栖关系。

互利共栖关系指两种生物群体生活在一起时，对双方均有利。固氮菌和纤维素分解菌之间就属于典型的双方互利关系。当纤维素分解菌与好氧的自生固氮菌生活在一起时，纤维素分解菌可将产生的有机酸作为后者的碳源和能量物质。后者也可将固定的有机氮化合物供给前者。通过这种互利共栖关系，不但可促进各自的增殖，而且可使环境的酸性不致过强而影响纤维素分解菌的生长。

9.2.2 共生关系

共生关系是指共同生活在一起的两种生物，在生理代谢上形成一定的分工，在组织上会形成新的形态结构的相互关系。参与双方相互依存、彼此得益，甚至不能分开独立生活。共生关系在自然界相当普遍，其中有许多种类不仅对参与者，而且对生态系统中的其他生物都有重要的生态学意义。

微生物间共生最典型的例子是藻类或蓝细菌与真菌共生所形成的地衣（lichen），其中的真菌是子囊菌门或担子菌门的某些种类，与其共生的藻类最常见的是共球藻（*Tyebouxia*），蓝细菌是念珠藻（*Nostoc*）。在地衣中，藻类和蓝细菌通过光合作用合成有机物为真菌的生长发育提供碳源，而真菌以其产生的有机酸分解岩石中的某些成分，为藻类提供必需的矿质养料和生长因子，同时对光合微生物起到良好的保护作用。这一互惠共生关系使地衣具有极强的环境适应力和生命力。根瘤菌与豆科植物共生形成根瘤共生体。根瘤菌固定大气中的氮气，为植物提供氮素养料，而豆科植物根的分泌物能刺激根瘤菌的生长，同时，还为根瘤菌提供稳定的生长条件。

9.2.3 竞争关系

竞争是指生物个体间在生活空间和营养物质的绝对量不足时，两种或多种生物群体对同一资源同时需求发生的争夺现象，主要包括对营养物质和空间位点的竞争。微生物之间的竞争作用是生防微生物防治植物病害的重要机制之一。对于一些生防微生物，它们抗病的主要机制不是产生抗菌物质，而是通过与病原菌竞争营养和生长空间，达到控制病菌生长的目的。例如利用木霉菌进行生物防治时，由于木霉菌生长速度快，能够快速占据其他病原菌的生长空间，使病原菌菌丝生长受到抑制甚至死亡。利用非致病尖孢镰刀菌防治黄瓜枯萎病时，其防病机制不仅在于非致病菌的诱发抗性作用，非致病菌对黄瓜根围以及病菌侵染位点的竞争也是其重要的防病机制之一。

9.2.4 拮抗关系

拮抗是一种微生物在生命活动中产生抗菌物质、有毒代谢物或改变渗透压、氧气、pH 等环境条件抑制其他微生物的生长发育甚至杀死其他微生物的现象。一般情况下是一种“损人利己的化学战术”，通常分为非特异性拮抗和特异性拮抗两类。

非特异性拮抗没有专一性，不针对某一特定的微生物。某些微生物群体可以通过产生酸性物质，消耗 O_2，产生高浓度的 CO_2、NH_3、醇类化合物等来抑制或杀死其他微生物群体。例如在酸菜、泡菜和青贮饲料的制作过程中，乳酸菌的旺盛繁殖产生大量乳酸，使环境中的 pH 下降，从而抑制了腐败性细菌的生长。再如在无氧条件下，酵母菌发酵产生乙醇和 CO_2，同样对其他微生物有一定的抑制作用。

特异性拮抗指一种微生物在其生命活动过程中，能够产生某种或某类特殊的代谢产物，从而抑制或杀死一定种类微生物的现象。微生物能够分泌产生抗生素、细菌素、抗菌蛋白及挥发性抗菌物质等多种拮抗物质。尤其是抗生素在低浓度下即可对其他微生物的生长产生抑制或杀灭作用，它既不参与细胞结构，又不是细胞的贮存物质，对产生菌本身无害，但对敏感微生物有专性拮抗作用。例如青霉菌产生的青霉素能抑制一些革兰氏阳性细菌，链霉菌产生的制霉菌素能够抑制酵母菌和霉菌等。现有资料表明,70%～80%以上的抗生素都是由微生物产生的,目前抗生素被广泛应用于动植物病虫害防治、饲料添加剂等方面。

9.2.5 寄生关系

寄生关系是一种生物生活在另一种生物的表面或体内,并从中吸取营养物质来维持其生活的一种种间关系。营寄生生活的生物称为寄生物,被寄居并受害的一方称为寄主,也叫宿主。按寄生物是否具有腐生能力,可分为专性寄生物和兼性寄生物,前者离开寄主后就不能生长繁殖,后者脱离寄主后仍可营腐生生活。

寄生在自然界普遍存在,微生物间的寄生关系可以是病毒特别是噬菌体寄生于细菌;细菌寄生于细菌;真菌寄生于真菌、藻类;细菌寄生于线虫;原生动物被细菌、真菌和其他原生动物寄生等。例如蛭弧菌可以在其他细菌寄主细胞表面定殖,然后穿过寄主细胞壁,在周质中生长、分裂,最终导致寄主细胞溶解。

寄生物与其寄主之间的关系具有种属特异性,有的甚至具有菌株特异性。在某些情况下,这种特异性还取决于寄主细胞表面的物理化学特性。

9.2.6 捕食关系

捕食是指一种生物以另一种生物为食的现象。捕食者从被食者中获得营养,并降低被捕食者的群体密度。一般情况下,捕食者和被捕食者之间相互作用的时间延续很短,且捕食者个体大于被捕食者,但在微生物世界中,这种大小的区别并不十分明显。

微生物间的捕食关系主要是指原生动物捕食水体或土壤中的细菌、放线菌、真菌孢子及单细胞藻类的现象,这种捕食关系在污水净化和生态系统的食物链中具有重要意义。还有一类是真菌捕食线虫和原生动物的现象。例如捕食线虫性真菌(nematode-trapping fungi)可以捕食病原线虫,黏细菌和黏菌也可直接吞食细菌,藻类可捕食细菌,原生动物捕食其他原生动物等。

自然界中,微生物间的相互作用关系十分复杂。在一个特定的生态环境中,多种微生物间通常存在既相互促进又相互制约的复杂关系,从而促进着生态平衡和微生物的进化发展。

9.3 微生物与植物的关系

微生物与植物之间的关系密切,在植物的根系、根际、体表甚至组织内部都存在着大量的微生物,这些微生物可与植物发生共栖、共生、寄生等多种关系,对植物的生长发育产生多方面的影响。其中某些相互关系对植物和微生物群体都有利,一些相互关系对植物不利或对微生物群体不利。

9.3.1 根际微生物

根际指与植物根接近的一圈土壤,一般包括根系表面至1～2 mm的土壤区域。根际是根系分泌作用最旺盛的部位,在根际内,植物根分泌的氨基酸、维生素等多种有机物质可作为微生物的生长因子,脱落的根表皮和皮层细胞内容物也是微生物良好的营养源;此外,根际土壤中的水分、氧气含量等也为微生物的生存提供了条件。因此,根际是一个对微生物生长十分有利的特殊生态环境。

植物根对根际土壤微生物群落的组成和密度有直接的影响,这种影响叫作根际效应(rhizosphere effect)。在根际中,微生物群落的密度明显比一般土壤中高,根际土壤中微生物数量与非根际土壤的微生物数量的比值称为根土比(R/S),是反映根际效应的重要指标,根土比一般在5～20,甚至更高。根际微生物类群丰富,包括细菌、放线菌、真菌及原生动物等。其中细菌多数为G^-,如假单胞菌、产碱杆菌、黄杆菌、色杆菌和无色杆菌等。根际放线菌主要是链霉菌、小单孢菌和诺卡氏菌,常见的根际真菌有毛霉菌、镰刀菌、黏帚霉菌、青霉菌、柱孢霉菌、被孢霉菌、曲霉菌、腐霉菌、木霉菌、丝核菌等。根际土壤中还有食细菌的原生动物,如波多虫、肾形虫和小变形虫等。

植物直接影响着根际微生物的数量、类型与活性,根际微生物对植物也产生多方面的影响。例如根系微生物种群可为植物提供多种利益,其主要表现在:①提高土壤矿质养料的有效性。根际微生物在代谢过程中产生的有机酸能促进土壤中难溶性磷、铁、锰等元素转变为植物可利用的可溶性养料。②为植物提供有机养料和生长素类物质。根际微生物在代谢活动中能迅速分解土壤中复杂的有机物质以供给植物养料。有些类群如假单胞菌还能产生吲哚乙酸、赤霉素等生长素类化合物以促进植物的生长。③消除 H_2S 等对植物的毒害作用。如贝氏硫细菌(*Beggiatoa*)能把 H_2S 氧化成无毒的 S 或硫酸盐,减轻 H_2S 对植物的毒害作用。④产生拮抗类物质抑制病原菌生长。根际微生物可产生抗生素、细菌素等物质,抑制或杀死土壤中的植物病原菌。

植物根际促生菌(plant growth promoting rhizobacteria,PGPR)是土壤微生物中促进植物生长、增强矿质营养吸收和利用,并能抑制有害生物的一类典型有益菌。但根际微生物的过快生长势必会与植物产生营养竞争,某些根际微生物还会产生氰化物等有毒物质对植物产生毒害作用。同时,土壤根际也是植物病原菌特别是一些土传植物病菌聚集、体外生长的良好场所。根系分泌物为病原微生物的生长提供了营养,促进了病原微生物的繁殖和传播,加重了植物病害的发生。

9.3.2 附生微生物

在植物的茎、叶、花、果实等器官表面生活的微生物称为附生微生物。这些微生物群体直接暴露在多变的气候条件下,必须抵抗直接的阳光辐射、干旱及多变的温度。大多数真正的附生微生物能合成色素并有特化的具有保护功能的细胞壁,以抵抗不良的环境条件。

叶面微生物是主要的植物附生微生物。能在叶面和叶际生长的细菌类群主要有假单胞菌、乳酸菌、黄单胞菌(*Xanthomonas*)和葡萄球菌(*Staphylococcus*)等。真菌中最常见的有酵母中的掷孢酵母(*Sporobolomyces*)、红酵母(*Rhodotorula*)和球拟酵母(*Torulopsis*)等,成熟的浆果表面有大量的糖质分泌物,主要的微生物类群也是酵母菌。在木本植物的树干表面,常见的有地衣、多孔菌(*Polyporus*)和层孔菌(*Fomes*)等。

植物为微生物种群提供栖息场所、水分、营养和保护。同时,微生物也在多方面影响着植物的生长发育,如固氮的附生菌可以为植物提供氮素营养,酵母菌分泌的不饱和脂肪酸能抑制革兰氏阳性细菌的生长。果菜表面的酵母菌还可作为制作泡菜、酿酒等天然的接种剂。但是附生微生物对植物也存在着不利影响,如叶面上有些真菌会引起病害;果实上一些附生菌,条件合适时会转化为腐生,造成水果腐烂;谷物种子上的各种霉菌,在湿度增大、通风不良时,往往导致粮食霉烂变质。

9.3.3 内生微生物

植物内生微生物又称植物内生菌,是指定殖在健康植物组织内,并与植物建立和谐联合关系的一类微生物,包括真菌、细菌和放线菌等。植物内生菌普遍存在于多种陆生及水生植物中,现已发现的内生真菌主要是子囊菌类和半知菌类真菌。植物内生细菌是植物内生菌的一大类群,主要有芽孢杆菌、黄单胞菌、假单胞菌、欧文氏菌(*Erwinia*)及短小杆菌(*Curtobacterium*)等。内生放线菌大多属于链霉菌,少数为诺卡氏菌、小双孢菌(*Microbispora*)。

植物内生菌长期生活在植物体内的特殊环境中,与宿主协同进化,一方面植物为其提供生长所需的能量和营养;另一方面植物内生菌又可通过分泌代谢产物或借助信号传导作用对植物产生影响。植物内生菌对宿主植物的有益作用主要包括生物固氮、分泌抗生物质以及增强植物对不良环境条件的适应能力等。

9.3.4 与植物共生的微生物

与植物共生是微生物为适应环境而产生的一种生存方式,细菌、放线菌、蓝细菌和真菌都能与植物建立共生关系。

9.3.4.1 根瘤菌

根瘤菌(*Rhizobia*)是一类存在于土壤中的革兰氏阴性杆状细菌,正常细胞以鞭毛运动,无芽孢,可利用多种碳水化合物,并产生相当量的胞外黏液。它能够侵染豆科植物的根部或茎部,与植物形成共生体——根瘤或茎瘤,并在其中将空气中游离态的氮转化为植物可利用的化合态氮,为宿主植物提供氮素营养。据估计,结瘤豆科植物的生长每年可为每公顷土壤固定 300 kg 氮素,因此在首次引种豆科植物的地区,应施用根瘤菌剂,以增强其固氮作用。

根瘤菌能在土壤中营腐生生活,也能与豆科植物共生形成根瘤,但只有在与豆科植物共生形成的根瘤中才能进行旺盛的固氮作用。根瘤菌通过豆科植物的根毛或其他部位侵入,刺激宿主皮层细胞分裂,形成根瘤。其中根瘤菌分化为只能生长不能分裂的类菌体,由植物形成的周膜将类菌体包裹形成共生体。也有些根瘤菌能在膜套内继续繁殖,大量增加根瘤内的根瘤菌数,以后停止增殖,成为成熟的类菌体。在这层膜的内外都存在着一种独特的豆血红蛋白，为共生作用产物。只有同时含有类菌体和豆血红蛋白的根瘤才有固氮能力。豆血红蛋白调节着根瘤中膜内的氧浓度，氧浓度高时与氧结合，氧浓度低时又可释放出氧，保证了类菌体生长所需的氧。类菌体执行固氮功能，将分子氮还原成 NH_3，分泌至根瘤细胞内，并合成酰胺类或酰脲类化合物，输出根瘤，由根的传导组织运输至宿主地上部分以供利用。

根瘤菌与豆科植物的共生关系表现出明显的专一性。特定的根瘤菌只能侵染一种或少数几种特定的豆科植物。因此，对豆科植物进行根瘤菌接种时，一定要符合专性关系，筛选感染性强的有效菌株，才能多结瘤、多固氮。

根瘤菌与豆科植物形成的固氮体系具有高效、不消耗矿物质能源和不污染环境的特点，研究和开发利用这一固氮体系具有巨大的生态、经济和社会价值。

9.3.4.2 菌根菌

某些真菌可以与植物的根建立比较亲密的互惠共生关系，这样建立的共生体叫菌根(mycorrhiza)。在自然界中，陆地上 97%以上的绿色植物都长有菌根，包括被子植物、裸子植物和蕨类植物中的许多物种，其中的真菌叫菌根菌，主要是担子菌和子囊菌。菌根的作用主要是扩大根系吸收面积，增加对原根毛吸收范围外的矿物质特别是磷的吸收能力。

菌根是植物在长期的生存过程中，与菌根真菌协同进化的结果。菌根的存在，既有利于提高植物抗御不良环境的能力，促进植物的生长发育，也有利于菌根真菌自身的生存。根据菌根真菌是否形成菌丝鞘以及能否进入宿主皮层细胞，可将菌根分为内生菌根(endomycorrhiza)和外生菌根(ectomycorrhiza)，其中外生菌根常见于森林树木中，内生菌根主要存在于草、林木和各种作物中。

外生菌根的特征是真菌菌丝体紧密包围植物的吸收根，并在根外形成致密的鞘套状结构菌套，同时在根的皮层细胞间隙形成哈氏网(Hartig net)，少量菌丝虽然侵入根内，但仅限于外皮层细胞的间隙，而不进入细胞内部。内生菌根的特征是真菌的菌丝体进入根组织，在皮层的间隙和细胞内发育，但不进入中柱部分，与其共生的植物仍保留有根毛。根据结构不同，内生菌根又可分为泡囊-丛枝菌根(vesicular-arbuscular mycorrhizae，简称 VA 菌根或 VAM)、杜鹃花科植物菌根和兰科植物菌根。其中 VA 菌根是内生菌根的主要类型，它可以与多种植物的根共生，其菌丝能够伸出根部很远，促进宿主对土壤中矿质养分的吸收，其中对磷的吸收最为明显，对锌、铜、钙等也有增强吸收的作用。VA 菌根能调节宿主体内的代谢活动，减少水分胁迫，提高植物抗逆性，促进植物生长，增加作物产量，改善作物品质。

9.3.4.3 与植物共生的放线菌

放线菌目中的弗兰克氏菌(*Frankia*)可与 200 种以上的非豆科植物共生，形成放线菌根瘤(actinorhizae)，共生固氮。与弗兰克氏菌共生的植物都是多年生双子叶木本植物，如桤木、杨梅、木麻黄、马桑、沙棘和胡颓子等，目前已知包括 7 个目，8 个科和 25 个属中的 279 个种都能与放线菌共生形成根瘤，这些植物统称为放线菌结瘤植物。

与根瘤菌相比，弗兰克氏菌更易生长，固氮酶活性高，固氮持续时间长。该菌能利用简单的有机酸而非糖类作为碳源，绝大部分都可利用氮气作为唯一氮源，其固氮酶较根瘤菌有较高的耐氧性。放线菌结瘤植物分布广泛，其中有些植物对贫瘠、干旱环境有很强的适应能力。因此，此类植物在培肥土壤、防沙造林、绿化荒山和改善生态环境等方面均有重要作用。

9.3.4.4 与植物共生的蓝细菌

蓝细菌又名蓝绿藻或蓝藻，能进行光合作用，也能在低氧分压或异形胞内进行固氮，如鱼腥藻属(*Anabaena*)、念珠藻属(*Nostoc*)中的一些蓝细菌能与苔藓、蕨类、裸子植物和被子植物共生。我国南方水稻田或池塘中常见的红萍，就是红萍鱼腥藻(*A. azollae*)和水生蕨类植物——满江红属(*Azolla*)中一些种形成的共生体。红萍鱼腥藻生活在满江红小叶鳞片腹面的小腔中，并在其中固氮，为宿主植物提供氮素，而植物为其提供良好的栖息场所和必要的营养物质。红萍在热带和亚热带地区生长十分迅速，其干物质中含氮量可达 3%～6%，是一种很好的绿肥。

9.4 微生物与人和动物的关系

在人和动物体上都存在着许多微生物，这些微生物与人和动物存在着共栖、共生、寄生及捕食等多种关系。在这些相互关系中，有些对微生物和动物一方有利，有些对两方均有利，而另外一些对其中一方有害。

9.4.1 与人和动物共栖的微生物

在人和动物的体表、口腔、呼吸系统、消化系统、泌尿系统等五大微生态系统(microecosystem)中生存有大量的微生物,约为总细胞数的10倍。有研究显示,仅在人体表面27个部位就分布着4 200多种微生物,在胃、肠中的微生物数量更是占了人体总携带量的78.7%。它们以动物皮肤或腺体的分泌物、黏液、脱落的细胞及食物消化物等作为养料,帮助人和动物消化食物,提供人和动物不能合成的某些氨基酸和维生素,同时人或动物为微生物提供适宜的温度、水分、O_2和pH等良好的生活条件,并给微生物提供适当的保护作用。通常将这些微生物称为人或动物的正常微生物区系或正常菌群(normal flora)。处于不同部位的正常菌群的种类和数量各不相同,皮肤上正常的微生物区系由土著性群落和流动性群落组成,其中土著性微生物主要包括金黄色葡萄球菌、表皮葡萄球菌、八叠球菌和棒杆菌等,人体腋窝分布的优势菌主要是球菌与类白喉棒杆菌两类。人和动物的口腔内温度稳定、水分充分、营养丰富、好氧性的大环境与厌氧性的微环境并存,是微生物栖息的良好场所,主要分布着表皮葡萄球菌、链球菌(*Streptococcus*)、肠球菌(*Enterococcus*)、乳杆菌、类白喉棒杆菌(*Corynebacterium diphtheroides bacilli*)、白色念珠菌(*Candida albicans*)等。肠道中经常生活着上百种不同的微生物,总数可达数百万亿个,粪便干重的1/3左右即为细菌。在胃肠道中生长的微生物主要位于小肠和大肠中,主要以乳杆菌、链球菌、梭状芽孢杆菌、韦荣氏球菌和大肠菌群等为主。在泌尿生殖道中生活的微生物种类不多,常见的有乳杆菌、棒杆菌、葡萄球菌及链球菌等。

一般情况下,正常菌群与人体保持着和谐的平衡状态,它们与人体之间保持着相对稳定的共栖关系,菌群内部各微生物间也相互制约,维持稳定、有序的相互关系。但某些原因导致或造成正常菌群种类的变化或数量的减少,将会引起疾病。例如长期服用磺胺类药物使肠道内对药物敏感的细菌被抑制,不敏感的白色假丝酵母或耐药性葡萄球菌就从劣势菌变为优势菌,引起人体疾病,叫作正常菌群失调症。反之,在动物的饲料中添加某些正常生理菌群、人服用双歧杆菌(*Bifidobacterium*)等,常可起到制止腹泻和促进生长的良好效果。

9.4.2 与人和动物共生的微生物

9.4.2.1 瘤胃微生物

牛、羊、鹿、骆驼等反刍动物的胃结构复杂,多由瘤胃、网胃(蜂巢胃)、瓣胃和皱胃4个胃室组成。反刍动物以草、叶或嫩枝等为食,但它们本身缺乏消化纤维素和木质素的酶,只有通过与瘤胃微生物的共生,才可消化植物的纤维素、木质素和果胶等成分。反刍动物的瘤胃相当于一个厌氧发酵器,温度为38.5~42 ℃,pH为5.0~7.5,是一些特定微生物生长繁殖的良好生态环境。在瘤胃中生活着大量专性厌氧细菌和以纤毛虫和鞭毛虫为主的原生动物。细菌的主要类群有拟杆菌、瘤胃球菌(*Ruminococcus*)、琥珀酸单胞菌(*Succinimonas*)、产甲烷菌、丁酸弧菌(*Butyrivibrio*)、月形单胞菌(*Selenomonas*)、琥珀酸弧菌(*Succinivibrio*)、链球菌和乳杆菌等。部分原生动物类群也有分解淀粉和纤维素的能力,但它们主要以细菌为食,并将其所含的蛋白质等营养物质转化贮存起来以进一步被动物利用。

反刍动物在进食过程中,不断为瘤胃微生物提供纤维素、无机盐、水分,并伴以良好的搅拌作用,瘤胃微生物通过它们各自的代谢活动将纤维素、半纤维素、淀粉等大分子化合物迅速分解,反刍动物的唾液中含有许多酶和营养物质也有助于微生物的分解作用。其中纤维素、半纤维素和淀粉类化合物被转化为乙酸、丙酸、丁酸等有机酸,并产生CO_2、CH_4、H_2和H_2O。有机酸被吸收到动物的血液而成为动物养料。同时,由此产生的大量菌体蛋白通过皱胃的消化而向反刍动物提供充足的蛋白质养分(占蛋白质需要量的40%~90%)。此外,瘤胃中的微生物还可以大量合成动物不能合成的某些必需氨基酸及维生素,为动物提供必需的营养物质。

9.4.2.2 与昆虫共生的微生物

微生物与昆虫间的共生关系表现有多种形式并具有较高的特异性,可分为外共生(ectosymbiosis)和内共生(endosymbiosis)两种主要方式。前者指微生物生活在昆虫的细胞体外,后者则是微生物生活在昆虫细胞体内。热带雨林中的蚁类可与微生物建立互惠共生关系。它们将地面的树叶切碎带回,并混以唾液和粪便等含氮物质,把真菌接种到这些植物组织碎片上,为真菌创造一个良好的生长环境,保持在植物组织上生长的真菌以纯培养的状态出现。

一定时间后，这些动物便收集真菌菌丝和经真菌分解过的部分副产物作为食物。这些动物不仅通过这种方式获得营养，而且还可以获得纤维素酶，这些纤维素酶到了动物肠道后能继续消化纤维素。白蚁、蟑螂等昆虫可与肠道内的某些细菌和原生动物共生。例如生活在白蚁消化道中多鞭毛类原生动物——披发虫(*Trichonympha*)可与白蚁共生，白蚁以木质纤维为食，但是纤维素的消化是靠披发虫的作用。披发虫能分泌一种消化纤维素的酶，通过分解纤维素为白蚁提供营养，而微生物则可获得稳定的营养和其他生活条件等。现发现大约 1/10 的昆虫体内都有细胞内微生物，如蟑螂、蝉、叶蝉、蚧、蚜虫、象虫和臭虫等，在这些昆虫细胞内存在的微生物可产生 B 族维生素等成分，有益于昆虫的生长或促进它们的繁殖。

9.4.2.3 与海洋生物共生的微生物

海洋尤其是深海中的某些鱼类和无脊椎动物体内存在着共生微生物。例如发光细菌生长在动物的眼、腹腔、直肠或颚等特殊的囊状器官中，鱼类给发光细菌提供足够的营养物质和一个良好的生活环境，而发光细菌能帮助鱼类在黑暗的深海环境中寻找食物、识别鱼类以及威慑天敌捕食等。

9.4.3 寄生于人体和动物的微生物

许多微生物能够寄生于人体和动物体内，引起人与动物的疾病甚至死亡，这些微生物称为病原微生物(pathogen)。其种类包括真菌、放线菌、细菌、螺旋体、立克次氏体、衣原体、病毒和支原体等。病原微生物对人和动物的寄生可分为专性寄生和兼性寄生两大类。病毒、衣原体、立克次氏体和大多数的其他病原微生物是专性寄生的，它们只能在适宜的寄主动物或人体生物细胞内生活。兼性寄生病原微生物一般情况下生活在土壤、水体等自然生境中，遇到特定的条件和时机才侵入寄主体内引起疾病。例如引起破伤风的破伤风梭菌(*Clostridium tetani*)和引起气性坏疽的产气荚膜梭菌(*Clostridium perfringens*)，通常就生活在土壤中。

人体肠道正常菌群与宿主间的关系，主要是共栖关系，但在某些特殊条件下，也会转化为寄生关系，主要有以下 3 个方面：①当机体防御机能减弱时，一部分正常菌群会成为病原微生物。例如皮肤大面积烧伤、黏膜受损、机体着凉、过度疲劳或受病毒感染等，一部分正常菌群会成为致病微生物。②正常菌群在非正常部位时也可引起疾病。例如因外伤或手术消毒不严等使大肠中的大肠杆菌进入腹腔或泌尿生殖系统后，可引起腹膜炎、肾盂肾炎或膀胱炎等炎症；革兰氏阴性无芽孢厌氧杆菌进入内脏会引起各种脓肿。③受外界因素的影响，破坏了各种微生物之间的相互制约关系，正常菌群也会成为致病菌，可称为条件致病菌。

微生物在人体和动物体内寄生引起人与动物的疾病，对人和动物的健康带来很大的威胁。人体微生物对人类健康至关重要，并参与人体的许多过程，如新陈代谢过程和免疫系统激活。新出现的证据表明，微生物组的特定变化参与了各种疾病的发展，包括糖尿病、肝病、肿瘤和病原体感染。因此，对微生物组的干预正在成为治疗此类疾病的一种新的有效方法。又如微生物寄生于有害动物体内，致使有害动物生长受抑制甚至死亡，对人类是有益的。例如球孢白僵菌(*Beauveria bassiana*)可以侵入 200 多种昆虫、螨类的虫体内大量繁殖，并产生毒素，杀灭害虫；苏云金芽孢杆菌可寄生某些昆虫体内，其形成的蛋白晶体毒素能够对鳞翅目、膜翅目、双翅目、鞘翅目、食毛目、直翅目等 9 个目 500 多种害虫具有毒杀作用，目前多类真菌、细菌及各种多角体病毒等微生物已被开发为微生物杀虫剂用于害虫的防治。

再如冬虫夏草是麦角菌科真菌——冬虫夏草(*Cordyceps sinensis*)寄生在蝙蝠蛾科昆虫幼虫上的子座和幼虫尸体的复合体，具有调节免疫系统功能、抗肿瘤、抗疲劳等多种功效，是一种传统的名贵滋补中药材。

9.5 微生物与自然界物质循环

自然界的物质循环可主要归纳为两个方面：一方面是无机物的有机质化，即氮、磷、硫等元素合成生物体内的各种有机物，同时，将光能贮存在有机物中，在这方面以高等绿色植物为主，但自养微生物也起着非常重要的作用；另一方面是有机物的无机质化，即矿化作用或分解作用，主要是通过微生物的分解作用实现的。据估计，世界上 95%以上的有机物是通过微生物矿化的。这两个过程相辅相成，构成了自然界的物质循环。微生物是生物圈的三大成员之一，它们种类繁多，代谢途径多样，酶活性高，繁殖迅速，适应环境能力强，广泛分布于自然界中。在生态系统中，微生物不仅是重要的生产者和消费者，还是主要的分解者。如果没有微生物的作用，自然界各类元素及物质就不可能周而复始地循环利用，自然界的生态平衡就会破坏，整个生命世界就会灭绝，人类社会也将不可能生存发展。

9.5.1 碳循环

9.5.1.1 自然界中的碳素循环

碳素是构成各种生物体最基本的元素之一，约占生物体干物质的 50%，是构成有机物和细胞结构骨架的基础物质。碳素的循环主要包括 CO_2 的固定和再生。绿色植物、藻类以及光合微生物通过光合作用固定 CO_2 合成有机碳化物，进而转化为各种有机物。植物和微生物进行呼吸作用获得能量，同时释放出 CO_2；动物以植物和微生物为食物，经过生物氧化释放出 CO_2；当动物、植物和微生物尸体等有机碳化物被微生物分解时，又产生大量的 CO_2；另有一小部分有机物受地质学的影响保留下来，形成了石油、天然气、煤炭等宝贵的矿石燃料，储藏在地层中。经过人类的开发利用，如作为燃料，燃烧后又复形成 CO_2 回归到大气中。此外，当火山爆发时也可使地层中一部分碳释放到大气中。通过这些生物和非生物过程产生的 CO_2，随后又被植物和光合微生物利用，开始新的碳素循环。

9.5.1.2 微生物在碳素循环中的作用

微生物在碳素循环中具有非常重要的作用，它们既参与 CO_2 的固定，又参与 CO_2 的再生（图 9-1）。地球上合成有机碳的主要方式是绿色植物的光合作用。但光合微生物也能参与 CO_2 的固定，如蓝细菌、光合细菌、藻类等能通过光合作用将大气中和水体中的 CO_2 合成有机碳化物。特别是在大多数水生环境中，如在深湖和远海区域，其主要的光合生物是微生物，在有氧区域以蓝细菌和藻类占优势；而在无氧区域则以光合细菌占优势。另外，产甲烷细菌对 CO_2 的固定也起一定的作用。而在自然界有机碳化物的分解作用中，则以微生物为主。据推测，地球上有 90% 的 CO_2 是靠微生物的分解作用而产生的。在自然界各种生态系统中，好氧微生物可直接将有机质分解、氧化为 CO_2；厌氧微生物可通过发酵等将有机质不完全氧化为有机酸、CH_4、H_2 和 CO_2。能够分解有机碳化物的微生物很多，包括多种细菌、真菌和放线菌。

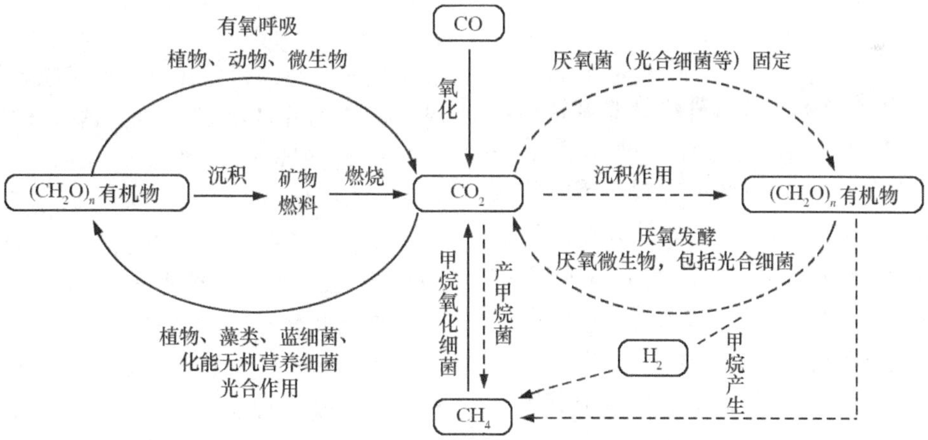

图 9-1 微生物在碳素循环中的作用

9.5.2 氮循环

氮是蛋白质、核酸、叶绿素等重要有机物的成分之一。在自然界中，氮素主要以铵盐、硝酸盐、亚硝酸盐、有机氮化物和分子态氮 5 种形式存在，其中只有铵盐、硝酸盐、亚硝酸盐等无机氮化物可被植物直接吸收利用，但由于其数量有限，常成为地球表面生物量增长的限制因素。有机氮化合物以核酸、蛋白质或其他有机氮化物的形式存在于生物体中，虽然这种形式的氮数量较大，但绝大多数生物无法直接利用。大气中游离的分子态氮是最大的氮素储藏库。大气体积中约有 78% 是分子态氮，只有将大气中的 N_2 进行转化和循环，才能满足植物体对氮素营养的需求。

9.5.2.1 微生物在氮素循环中的作用

自然界中氮循环可概括为以下 5 个过程：固氮

作用、同化作用、氨化作用、硝化作用和硝酸盐还原作用。

微生物在每个环节都起着关键作用，而且在许多过程中具有独特作用(图 9-2)。

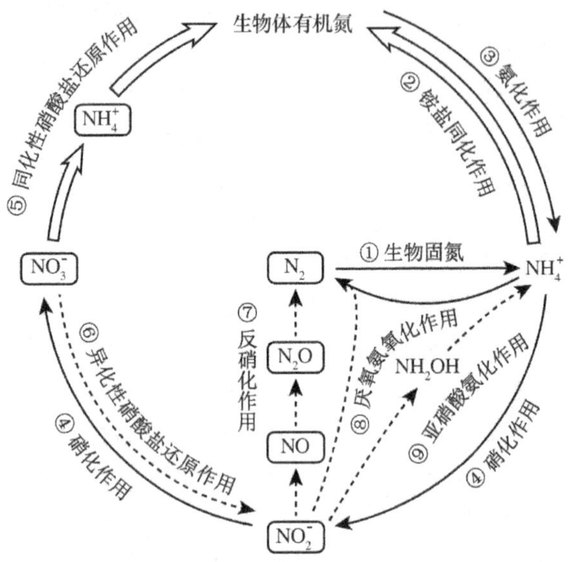

注：双线箭头为微生物与植物共同参与，单线表示仅微生物参与的反应。虚线为无氧条件下发生的反应，实线为有氧条件下发生的反应

图 9-2　微生物在氮素循环中的作用

(仿自袁红莉和杨金水，2021)

1. 固氮作用

分子态氮被还原成氨和其他氮化物的过程称为固氮作用。分子态氮的固定有两种方式：一是非生物固氮，即通过雷电、火山爆发和电离辐射等方式实现固氮或采用高温、高压和化学催化的方法进行的工业固氮；二是生物固氮，即通过微生物的作用固氮，地球上约有 85% 的固氮作用是生物固氮，据估算，全球每年由生物固定的分子态氮达 1.97×10^8 t。生物固氮不仅具有提高农作物产量和增强土壤肥力的作用，而且在维持生态平衡、保护环境等方面具有重要意义。在生物固氮中，60% 由陆生固氮生物完成，各种豆科植物尤为重要，现已报道的固氮微生物都是原核生物，主要包括细菌、蓝细菌、古菌和一些放线菌等。

2. 铵盐同化作用

铵盐同化作用是指所有绿色植物和微生物以硝酸盐和铵盐为氮素营养，合成氨基酸、蛋白质、核酸等各种有机氮化物的过程。动物直接或间接以植物为食，将植物体内的有机氮同化成动物体内的有机氮。

3. 氨化作用

微生物分解含氮有机物产生氨的过程称为氨化作用，又称为有机氮的矿化作用。来自动物、植物及微生物体内的蛋白质、尿素、几丁质、尿酸以及核酸中的嘌呤和嘧啶等含氮有机物，均可通过氨化作用释放氨，供植物和微生物利用。能够进行氨化作用的微生物很多，如芽孢杆菌、变形杆菌(*Proteus*)、假单胞菌、放线菌及根霉菌、毛霉菌、曲霉菌、青霉菌等。

氨化作用是氮循环中重要的一个环节，在农业生产中具有十分重要的意义，施入土壤的各种有机肥，包括绿肥、堆肥、厩肥等都必须通过氨化作用才能成为被植物吸收和利用的氮素养料。

4. 硝化作用

硝化作用是指好氧条件下，土壤或水体中的氨态氮被氧化成亚硝酸和硝酸的生物过程。硝化作用分为两个阶段：第一阶段为氨氧化成亚硝酸，由亚硝化细菌完成，主要有亚硝化单胞菌(*Nitrosomonas*)、亚硝化螺菌(*Nitrosospira*)和亚硝化球菌(*Nitrosococcus*)等；第二阶段为亚硝酸氧化成硝酸，由硝化细菌完成，主要有硝化刺菌(*Nitrospina*)、硝化球菌(*Nitrococcus*)等。

虽然典型的硝化细菌在以还原态氮为底物生长时是严格的好氧菌，然而在无氧条件下氨也能被一些微生物如布罗卡德氏菌(*Brocadia anammoxidans*)等氧化，该反应被称为厌氧氨氧化(anammox)，它是指在厌氧或缺氧条件下，微生物直接以 NO_3^- 或 NO_2^- 为电子受体，以 NH_4^+ 为电子供体，将两种氮素同时转化为氮气的生物反应过程，是微生物参与氮循环的一个重要过程。厌氧氨氧化在无氧废水处理中是一种非常有益的反应，氨和相关胺类的去除有助于降低水中固定氮的污染，从而保持高质量的水质。

5. 硝酸盐还原作用

硝酸盐还原作用包括同化硝酸盐还原和异化硝酸盐还原。同化硝酸盐还原指硝酸盐被还原成亚硝酸盐和氨，氨被同化为氨基酸，并结合到细胞物质中的过程；异化硝酸盐还原是某些微生物在无氧或微氧的条件下，将 NO_3^- 或 NO_2^- 作为最终电子受体，产生气态的 N_2O、N_2，这一过程也称为反硝化作用。

反硝化作用是造成土壤中氮素损失的主要原因

之一。在农业中常采用中耕松土的办法，以抑制反硝化作用。但反硝化作用是自然界氮素循环中不可缺少的一环，没有反硝化作用，硝酸盐会在水体中大量积累，自然界氮素循环将会中断。

9.5.2.2 氮素循环的意义

氮素循环对维持自然界中氮素的平衡具有非常重要的意义。在农业生产中，为充分利用固氮菌的固氮作用，常采用谷类与豆类作物轮作或间作，在田间施用固氮菌肥、根瘤菌肥等，以提高土壤肥力，减少化学氮肥的使用。大量施用铵盐或硝酸盐肥料，所产生的硝酸除了被植物吸收和微生物固定外，一部分还会渗入地下水，当人畜饮用这些水后，常引起高铁血红蛋白血症。过量硝酸盐进入江、河、湖泊后，促使某些藻类过量繁殖，导致水体富营养化，造成天然水体污染。因此，必须适当施用化肥，并根据氮素循环规律调节和控制微生物的活动。

9.5.3 磷循环

磷不但是核苷酸、核酸、磷脂类等化合物的组成成分，而且是能量储存物质如 ADP、ATP 的组成元素。自然界中除一少部分磷以溶解状态的形式存在外，大部分以不溶态的磷酸盐或含磷有机物（核酸、植酸及卵磷脂等）等形式存在，不能被植物直接利用，必须经微生物分解转化为可溶性的磷酸盐方可被吸收利用。

9.5.3.1 自然界中的磷素循环

磷素在生态系统中的循环属于典型的沉积型循环，其主要来源是磷酸盐岩石、沉积物、鸟粪层和动物化石。由于风化侵蚀或人工开采，磷被释放出来，以可溶性磷酸盐的形式在生物之间流动，待生物死亡后被分解，又回到环境中。可溶性磷酸盐也可随流水进入江河湖海，其中一部分长期留在海里，绝大部分流失在深海沉积层中，只有在发生海陆变迁，才有可能因风化而再次被释放出来。因此，磷的循环为不完全循环，生物圈中的磷会不断损失，特别是随着工农业的发展而大量开采磷矿更加加速了这种损失。

9.5.3.2 微生物在磷素循环中的作用

微生物在磷的循环过程中发挥着重要的作用，既参与了不溶性磷酸盐的溶解作用和磷的同化过程，也参与了有机磷的矿化（图 9-3）。

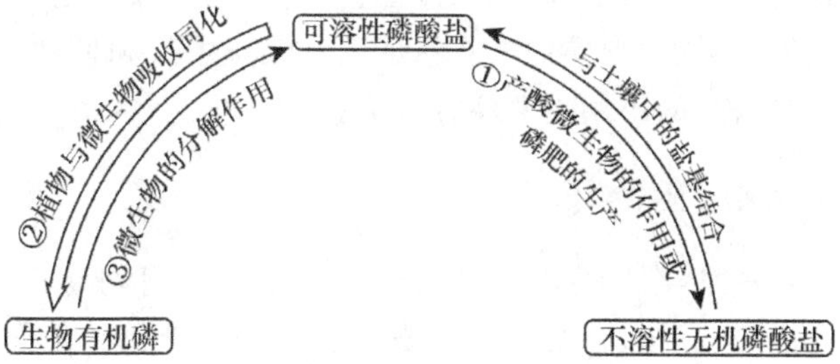

图 9-3 微生物在磷素循环中的作用

1. 磷酸盐的溶解作用

在许多环境中，磷酸盐与 Ca^{2+} 结合，形成不溶性化合物，使植物和许多微生物无法利用。某些异养微生物能把不溶性的磷酸盐转化为可溶性的磷酸盐。能分解土壤中磷酸钙或磷灰石的微生物较多，已报道具有解磷作用的细菌有芽孢杆菌、类芽孢杆菌（*Paenibacillus*）、假单胞菌、欧文氏菌、沙雷菌、黄杆菌、硫杆菌等。这类微生物可产生有机酸和无机酸，将难溶性的磷酸盐变为有效磷。

2. 磷的同化

无机磷化物被绿色植物和微生物吸收利用转变为有机磷，成为细胞的组成成分，称为磷的同化作用或磷的固定作用。被固定的磷素在动植物等有机体分解后，又回到土壤中。其中一部分被植物和微生物同化；一部分被土壤胶体吸附，或转为磷酸三钙，或为高价铁、铝所固定。

3. 有机磷的矿化

微生物分解有机体，将有机磷转化为可溶性无机磷的过程称为有机磷的矿化。能分解含磷有机物的微生物种类很多，包含细菌、放线菌和真菌中的有关类群，其中芽孢杆菌的分解能力较强，如蜡状芽孢杆菌、蜡状芽孢杆菌蕈状变种（*B. cereus* var. *mycoides*）、多黏芽孢杆菌（*B. polymyxa*）、解磷巨大芽孢杆菌（*B. megaterium* var. *phosphaticum*）等。它们能释放磷酸酶、核苷酸酶、植酸酶、卵磷脂酶等将生物体中的有机磷化物转化分解。有些细菌和真菌能产生肌醇六磷酸酶，从肌醇六磷酸上释放磷酸，如曲霉、青霉、根霉、节杆菌（*Arthrobacter*）、链霉菌等。

磷素对农业生产十分重要，但土壤中往往不足。必须施入磷肥来满足作物生长和微生物发育的需要。但与氮素一样，水体中的可溶性磷过多会造成水体的污染。例如人类将大量的含磷物质排放到水环境中，可溶性的磷酸盐浓度过高会导致蓝细菌及其他藻类大量繁殖，即水体富营养化，从而破坏生态平衡。目前，含磷的洗衣粉现已被禁止生产和使用，同时磷肥的施用也要注意适量。

9.5.4 硫循环

硫是一些必需氨基酸、维生素、辅酶及生物素的组成成分。自然界中硫以硫单质、无机硫化物和有机硫的形式存在。植物仅能以硫酸盐为养料。自然界各种形态的硫在化学和生物的作用下相互转化，构成了硫循环。

9.5.4.1 自然界中的硫素循环

自然界中的硫和 H_2S 经微生物氧化生成 SO_4^{2-}，SO_4^{2-} 被植物和微生物所利用，组成其自身成分；动物食用植物、微生物后，转变成动物的有机硫化物。有机体腐败或死亡后，其中的有机硫化物通过微生物的分解作用，以 H_2S 和 SO_4^{2-} 的形式返回自然界。另外，SO_4^{2-} 在缺氧环境中还可被微生物还原成 H_2S。自然界中硫素循环可分为分解作用、同化作用、同化性硫酸盐还原作用和异化性硫酸盐还原作用。

9.5.4.2 微生物在硫素循环中的作用

微生物参与了硫素形态转化的各个过程，并在其中发挥重要作用（图 9-4）。

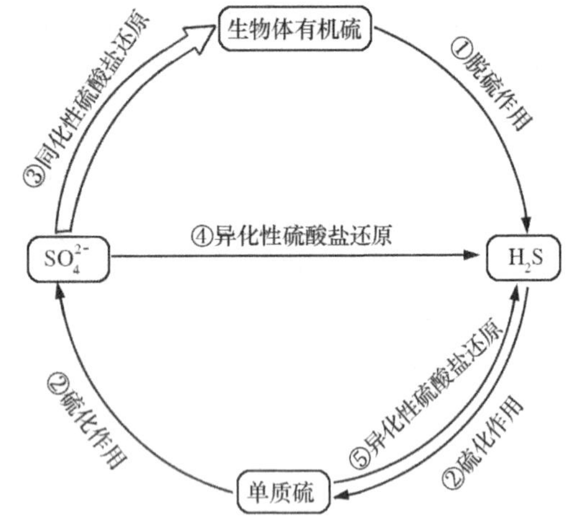

注：双线箭头为微生物与植物共同参与，单线表示仅微生物参与的反应

图 9-4 微生物在硫素循环中的作用

（仿自周德庆，2021）

（1）分解作用　微生物将动物、植物和微生物尸体中的蛋白质等含硫有机物降解成硫酸盐或 H_2S 的过程，又称为脱硫作用。能分解有机硫化物的微生物主要有梭状芽孢杆菌、假单胞菌等。含硫有机物大都含有氮素，在微生物的分解作用中，既产生 H_2S，也产生 NH_3。因此，生成 H_2S 的脱巯基过程和生成 NH_3 的脱氨基过程往往同时进行。

（2）硫化作用　H_2S、S 或 FeS_2 等在微生物的作用下被氧化生成 H_2SO_4 的过程被称为硫化作用。自然界能氧化无机硫化物的微生物主要有 3 个类群：硫化细菌（如氧化硫杆菌、氧化亚铁硫杆菌、脱氮硫杆菌）、丝状硫细菌（如贝氏硫细菌）和光合硫细菌。在农业生产中，微生物硫化作用形成的 H_2SO_4，不仅可为植物提供硫素营养，而且有助于土壤中一些难溶矿质的溶解，对农业生产起着积极的作用。

（3）同化性硫酸盐还原作用　植物和微生物可将硫酸盐转变成还原态的硫化物，再以巯基等形式固定到生物体蛋白质等成分中。仅少数微生物能同化 H_2S。

（4）异化性硫酸盐还原作用　硫酸盐在厌氧条件下被微生物还原成亚硫酸或 H_2S 的过程称为异化性硫酸盐还原作用。参与异化性硫酸盐还原作用的微生物称为硫酸盐还原菌，主要是脱硫弧菌属（*Desulfovibrio*）和脱硫肠状菌属（*Desulfotomaculum*）中的一些种。异化性硫酸盐还原作用会对植物及其他微生物带来不利的影响，在通气不良的土壤中所进行的反应会使土壤中 H_2S 的积累过多，对植物的根部产生毒害。

（5）异化性硫还原作用　异化性硫还原作用指 S 还原成 H_2S 的作用，一般由脱硫单胞菌属（*Desulfomonas*）和一些超嗜热古菌等引起。

9.5.5 微生物与其他元素循环

微生物在其他元素循环中同样起重要作用。

土壤中的钾素以离子态、化合态和矿物态 3 种形态存在。矿物态钾是土壤含钾的主体，但不能被植物直接利用。硅酸盐细菌能够将土壤中含钾的云母、长石、磷矿粉、磷灰石等矿物中难溶的钾及磷溶解，为植物和微生物自身所利用，如胶质芽孢杆菌（*B. mucilaginosus*）和土壤芽孢杆菌（*B. edaphicus*）等。利用微生物的分解作用将秸秆等有机物所含的钾释放出来，可提高土壤中 K^+ 的含量。3 种形态的钾在微生物作用下相互转化，保证土壤中有足够的可交换性钾。

铁循环主要是土壤或有机物中存在的 Fe^{3+} 与 Fe^{2+} 间进行的氧化还原反应。铁的氧化还原变化，一方面，受环境中氧化还原电位的影响，电位值高时

Fe^{2+}被氧化为Fe^{3+}，电位值很低时Fe^{3+}被还原为Fe^{2+}；另一方面，在有氧情况下，有些微生物也可以氧化Fe^{2+}为Fe^{3+}，称为铁细菌，铁细菌能把水中溶解的Fe^{2+}氧化成Fe^{3+}，沉积于菌体鞘内或菌体周围，并从中获得能量。其种类主要是铁细菌属(*Crenothrix*)和纤发菌属(*Leptothrix*)中的一些类群。某些紫色光合细菌能在厌氧光合作用中，以Fe^{2+}为电子供体，将其氧化为Fe^{3+}。

钙循环主要是钙盐的溶解和沉淀，$Ca(HCO_3)_2$易溶于水，$CaCO_3$溶解性较差。微生物产生的有机酸和无机酸可以从钙盐和含钙的岩石中溶解出Ca^{2+}。

硅是硅藻、原生动物——放射虫(*Radiolarian*)和硅鞭毛虫(*Silicoflagellate*)的必需成分，许多微生物具有从岩石中溶解出硅酸盐的能力，而且能在硅酸盐稀溶液中沉淀出SiO_2。

除上述元素外，汞、砷、碲、锡、铅、镉、铂、锑、铬等元素也可被微生物转化，对降低土壤中重金属的污染，减轻对动植物的毒害作用，起到了良好的效果。

9.6 微生物生态学的研究方法

微生物生态学是研究微生物与其周围的生物及非生物环境相互作用关系的科学，但由于自然界中可培养微生物数量不到微生物总数的1%，传统方法显然不能正确认识特定生态系统中微生物群落多样性的程度和起重要作用的特异种属。与传统方法相比，微生物分子生态学可不经过分离培养而对环境中的微生物进行直接的分析，这为微生物生态学的研究提供了极大便利。

9.6.1 生态环境中微生物丰度及多样性的研究方法

9.6.1.1 微生物富集与分离

微生物富集培养就是把样本或环境中所含的特殊微生物的数量提高，以便于进一步研究。对于可培养微生物，可以通过特定的培养基进行选择性培养，达到富集效果。对于不可培养微生物常采用一些特殊的方法，如物理法和亲和分离法等进行富集。

1. *物理法*

常用的物理方法有过滤、密度梯度离心或借助流式细胞仪、显微操作仪、光学镊子等达到样品富集的目的。过滤富集是选择适当孔径的滤膜，借助滤膜的作用将微生物滞留在膜表面，使微生物与样品溶液分开，达到微生物富集的目的。密度梯度离心是根据不同微生物浮力大小的差异从原始样品中富集目的微生物的方法。借助流式细胞仪可从混合样品中快速获得目标微生物，它适合用来分离以单个细胞形式存在的微生物。借助显微操作仪和光学镊子，可从生态环境中分离那些个体较大、形态明显的微生物，如丝状真菌等。

2. *亲和分离法*

亲和分离法是利用生物分子间能够特异性结合的原理分离目标物的方法。磁性凝集分离法就是其中一种。趋磁细菌(magnetotactic bacterium)是一类在外磁场的作用下能做定向运动的革兰氏阴性菌。趋磁细菌体内有大小均匀、数目不等的磁珠(磁小体)，从趋磁细菌体内提取纳米磁珠，并在纳米磁珠表面联上大肠杆菌抗体制成磁性大肠杆菌抗体，可对细菌混合液中的大肠杆菌进行凝集和分离。利用此项技术可以快速凝集和分离细菌混合液中特定的微生物。

9.6.1.2 生物化学方法

群落水平生理特征分析(CLPP)和脂肪酸甲酯(FAME)/磷脂脂肪酸(PLFA)谱图分析法是基于细胞代谢物或组成物的多样性来研究微生物组成多样性的分析方法，在微生物生态学研究方面应用广泛。

1. *群落水平生理特征分析*

微生物所含的酶与其丰度或活性密切相关。如果某一微生物群落中含有特定的酶可催化利用某特定的基质，则这种酶-底物可作为此群落的生物标记分子之一。CLPP就是一种通过检测微生物样品对底物利用模式来反映种群组成的酶活性分析方法。具体而言，CLPP是通过检测微生物样品对多种不同单一碳源的利用能力，来确定哪些基质可以作为能源，从而产生对基质利用的生理代谢指纹。

2. *脂肪酸甲酯/磷脂脂肪酸谱图分析法*

脂肪酸是生物活体细胞中相对稳定的组成成分，不同微生物的脂肪酸在组成和含量上有较大差异，每种微生物都有一种可以识别的脂质模式，是类群结构的信号。PLFA的步骤是首先将生物体的磷脂脂肪酸部分提取出来，再通过气相色谱分析，得出

PLFA 谱图。群落的微生物结构发生变化，即可以通过谱图的变化得到快速有效的检测。

9.6.1.3 微生物分子生态学方法

微生物分子生态学方法弥补了传统的微生物生态学方法的不足，使人们可以避开传统的分离培养过程而直接探讨自然界中微生物的种群结构及其与环境的关系。微生物生态学研究中常采用的分子生物学方法有核酸探针杂交技术、PCR 特异性扩增技术、rRNA 基因同源性分析法、DNA 指纹图谱法和宏基因组学等。这些技术方法的推广及应用，极大地推动了微生物生态学的研究，使人们对不可培养微生物群体有了全新的认识，并在分子水平上阐明了一些生态问题的机制。

1. 核酸探针杂交技术

核酸探针杂交可分为 DNA-DNA、DNA-RNA 和 RNA-RNA 杂交。由于它的高度特异性和灵敏性，近年来被广泛应用于微生物生态学的研究中。标记核苷酸探针可直接用来探测溶液中、固定在膜上、细胞或组织内的同源核酸序列。杂交方式可以是菌落杂交、狭缝杂交或原位杂交。

在核酸原位杂交技术中，荧光原位杂交（fluorescence *in situ* hybridization，FISH）技术是应用较为广泛的技术之一。FISH 技术利用带有荧光标记的探针与固定在玻片或纤维膜上的组织或细胞中特定的核苷酸序列进行杂交，无须单独分离出 DNA 或 RNA，可以直接探测其中所具有的同源核酸序列，杂交分子可在荧光显微镜下观察到。探测的灵敏度可达到 10～20 个 mRNA 拷贝/细胞。FISH 技术具有快速、准确、原位、能够定量等诸多优点，在土壤、水体、活性污泥微生物多样性和内共生微生物多样性等方面得到了广泛的应用。

2. PCR 特异性扩增技术

PCR 技术是一种在体外快速扩增特定基因或 DNA 序列的方法，它可将靶序列放大几个数量级，能够灵敏地探测复杂群体中的特定微生物或某个特异基因。常用的技术有 RT-qPCR、竞争 PCR、巢式 PCR 等。RT-qPCR 技术是近年来在微生物生态学领域应用较为广泛的一项技术。其基本原理是在 PCR 反应体系中加入荧光基团，利用荧光信号累积实时监测整个 PCR 进程，最后通过标准曲线对未知模板进行定量分析。在理想的条件下，反应体系和反应条件完全一样，因此，样本含量应与扩增产物的对数成正比，荧光强度和样本含量成正比，通过对检测设备的实时跟踪并与标准曲线对比，就可以有效地对未知样品中微生物的群落组成进行评估。

3. rRNA 基因同源性分析

rRNA 基因同源性分析技术是综合应用多项分子生物学技术对微生物中的 rRNA 基因进行分析，从而揭示微生物多样性的一种方法。rRNA 是一类中等重复的 RNA 序列，每个重复单位都由非转录间隔区、转录间隔区和 3 种 RNA 基因编码组成。由于小亚基核糖体 RNA（多数原核生物为 16S，真核生物为 18S）不但长度适中，而且含有保守序列及高可变序列，能够提供足够的信息用于微生物多样性的研究。

4. DNA 指纹图谱法

DNA 指纹图谱是指能够鉴别生物个体之间差异的 DNA 电泳图谱，这种电泳图谱多态性丰富，具有高度的个体特异性和环境稳定性，如变性/温度梯度凝胶电泳（DGGE/TGGE）、随机扩增多态性 DNA（RAPD）、基于高重复序列的 PCR 分析（rep-PCR）、限制片段长度多态性（RFLP）、末端限制性片段长度多态性（T-RFLP）、单链构象多态性（SSCP）等。迄今为止，已有很多 DNA 指纹图谱分析方法应用于微生物群落结构和组成的研究中，如应用 DGGE/TGGE、T-RFLP 研究土壤中微生物的多样性，应用 SSCP 检测根围微生物区系的组成及动态变化等。

DGGE 技术可用于微生物群落结构、微生物种群动态及 rRNA 基因同源性分析等，其基本原理是根据 PCR 扩增产物片段中核苷酸序列组成的不同进行的分离，即以同一套 PCR 引物从混合微生物中扩增的 DNA 片段，只要存在碱基的差异，解链特性就会有差异。PCR 扩增产物在添加尿素和甲酰胺等化学变性剂的凝胶中电泳，由于 PCR 扩增产物的不同，其部分解链程度也不同，而产物解链程度又直接影响其电泳迁移率，结果是不同的产物在凝胶上形成不同的带型。

T-RFLP 与 RFLP 原理基本相同，只是在 T-RFLP 分析中，一条 PCR 引物的一端用荧光物质标记。这样所扩增的 PCR 产物一端就带有荧光标记。将 PCR 扩增产物用合适的四碱基限制性内切酶消化，酶切后就产生了许多不同长度的限制性片段，消化产物经 DNA 自动测序仪进行检测，只有末端带荧光标记的片段能被检测到。这些末端标记的片段可以反映微生物群落组成情况，对于从不同种细菌扩增出来的片段，由于核苷酸序列的不同，酶切位点就可能不同，这样就能得到不同长度的末端限制性片段。反过来，不同长度的末端限制性片段必然代表不同种的生物，也就是说一种末端限制性片段至少代表一个物种。

5. 宏基因组技术

宏基因组(metagenome)指任何特定环境样品中全部微生物遗传物质的总和，也称微生物环境基因组或元基因组。它以环境样品中微生物群体基因组为研究对象，以功能基因筛选和测序分析为研究手段，以微生物多样性、种群结构、进化关系、功能活性、相互协作关系及与环境之间的关系为研究目的。宏基因组学技术的应用，使人类得以研究占环境中99%的不可培养的微生物种群。宏基因组学研究的技术路线主要包括：①从环境样品(如土壤)中直接提取宏基因组 DNA；②将 DNA 克隆到合适的载体中；③将载体转化到宿主细菌建立环境基因组文库；④对得到的环境基因组文库进行分析，并筛选目的基因或 DNA。宏基因组文库包含了可培养和未培养的微生物基因组，避开了微生物的实验室分离培养，因而能更有效地研究和挖掘环境微生物的多样性。改进和完善宏基因组方法，并结合更新换代的高通量测序技术，构建特定环境样品的微生物基因文库，可以极大地丰富我们对微生物的认识，促进未培养微生物资源的开发和利用。

另外，在微生物生态学的研究中，如何将微生物类群与其功能联系起来是一个备受关注的科学问题。将稳定性同位素标记技术与分子生物学方法结合起来的稳定性同位素探测技术(stable isotope probing，SIP)为人们提供了解决这一问题的重要途径。该技术的基本原理是将载有稳定同位素(通常是^{13}C)的外源化合物改造为“样本”。稳定性同位素被能够利用标记物的微生物吸收、同化，并参与某些特定物质如核酸(DNA 和 RNA)及磷脂脂肪酸(PLFA)等的合成，通过分析这些微生物体内稳定性同位素标记的生物标志物，将微生物的组成与其特定的功能联系起来。目前，SIP 技术在微生物生态学和生物技术领域都得到广泛关注和应用，是耦合微生物遗传多样性与代谢多样性最有力的工具之一。

9.6.2 生态环境中微生物活性的检测

1. 酶活性测定

自然界中微生物产生的水解酶种类很多，可以水解多种有机物。通过研究水解酶的活性，分析微生物分解不同有机物的能力，能间接反映微生物在自然界物质循环中的重要作用。主要涉及的水解酶有蛋白酶、纤维素酶、淀粉酶和脂肪酶 4 大类型。如纤维素是土壤中植物残体的主要组分之一，它主要依靠微生物进行分解。因此，可通过测定微生物纤维素酶对纤维素的分解强度来评价特定环境中微生物的活动能力。

2. 微生物呼吸速率的测定

微生物在分解有机物的同时，必定伴随着 CO_2 的产生和 O_2 的消耗(好氧微生物)。因此，可通过测定特定环境中一定时间内 O_2 的消耗量或 CO_2 的生成量来了解微生物分解有机物质的能力。O_2 的消耗可以采用溶氧电极进行测定，CO_2 的生成量可以采用瓦勃氏呼吸仪进行测定。

3. 放射性同位素测定

放射性同位素法具有高度的灵敏性，常用于特定微生物的代谢测定。例如测定水体中化能有机营养菌的代谢强度，可将^{14}C 标记的葡萄糖或氨基酸加入水体中共培养一段时间，过滤富集微生物细胞，测定微生物细胞的放射性强度，以获得微生物对有机碳、氮源的转化速率。测定自然环境中产甲烷细菌的活性，可通过测定在适当的还原剂如 H_2 的存在下，对$^{14}CO_2$ 和$^{14}CH_4$ 的转化率进行评价。

4. 宏转录组学

宏转录组学(metatranscriptomics)是研究特定时期、特定环境样品中全部微生物群落的转录组，包括可培养和未培养的微生物转录组信息。宏转录组高通量测序过程包括：提取环境样品微生物总 RNA，总 RNA 反转录成 cDNA 后进行高通量测序，最后进行序列拼接和生物信息学分析。宏转录组测序的结果从 RNA 水平研究微生物基因表达的情况，研究整个微生物群落在某一功能状态下基因组产生的全部转录物的种类、结构和功能。对于生态环境中微生物活性酶产量的评价，也可以通过研究 mRNA 转录组来分析。

本章小结

微生物在自然界中分布广泛，在土壤、水体、空气等自然界的一般环境和极端环境中都有微生物的分布。土壤具备微生物生存所需要的各种基本条件，是微生物的“大本营”；水体也是微生物生存适宜的生态环境，水体微生物的种类、数量和分布受水体类型及水体中有机质的含量、水体温度和深度等多种因素的影响；空气不是微生物生长繁殖的良好场所，但空气是微生物传播的良好介质，空气中微生物数量和种类取决于空气流经地的环境条件。

生态环境中的微生物之间存在着共栖、共生、竞争、寄生、拮抗、捕食等不同的关系，这些关系影响着不同微生物种群在自然环境中的消长，对于维持生态平衡起着非常重要的作用。在植物根际、动植物体表、体内等存在着大量的微生物，它们对人和动植物的作用既有有利的一面，也有有害的一面。有些微生物可以为动植物创造更好的营养和生存条件，抑制动植物病原菌的生长及繁殖；有些微生物却是动植物的病原菌。

自然界中物质循环是合成和分解两个对立又统一的过程。微生物不仅参与有机物的合成，而且还是主要的分解者。微生物在碳素循环中的作用主要体现在 CO_2 的同化和再生上。微生物在自然界氮素循环中的作用形式主要有固氮作用、同化作用、氨化作用、硝化作用和硝酸盐还原作用。微生物的固氮作用可为其他生物提供有效氮，同时，氮素之间的相互转化也需要微生物的参与。微生物在磷的循环过程中既参与了磷酸盐的溶解和有机磷化合物的矿化过程，也参与了无机磷的同化。微生物利用和转化硫素的方式主要有分解作用、同化作用、同化性硫酸盐还原作用和异化性硫酸盐还原作用。

现已有多种生物化学方法和分子生物学方法应用到微生物生态学的研究中，特别是核酸探针杂交技术、PCR 特异性扩增技术及宏基因组技术的应用，使人们对未培养微生物群体有了全新的认识。研究生态环境中微生物，掌握微生物在其中的生命活动规律，对于开发和利用微生物资源，发挥微生物在工农业生产中的作用，有着十分重要的意义。

复习思考题

1. 名词解释：微生物生态学，极端微生物，嗜冷微生物，共栖，共生，拮抗，根际微生物，根际效应，菌根，植物内生菌，氨化作用，同化作用，富集培养，宏基因组。
2. 为什么说土壤是微生物栖息的良好场所？
3. 淡水和海水中的微生物有何不同？影响微生物在水体中分布的因素有哪些？
4. 试述研究极端环境微生物的意义。
5. 极端嗜热微生物是如何适应高温生长环境的？应用前景如何？
6. 举例说明微生物之间 6 种类型的相互关系。
7. 根际微生物对植物的影响有哪些？
8. 植物内生菌对植物有哪些生理性的影响？
9. 什么是正常菌群？试分析肠道正常菌群与人体的关系。
10. 试以瘤胃微生物为例，说明它们与反刍动物间的共生关系。
11. 微生物是如何参与自然界氮素循环的？
12. 比较微生物参与氮素循环和磷素循环的异同。
13. 微生物分子生态学的研究方法有哪些？

第10章 感染与免疫

内容提示

本章内容介绍感染及其过程，影响感染的因素，感染的结果；免疫的类型、非特异性免疫及特异性免疫的组成及特点、特异性免疫应答的基本过程、免疫系统、免疫分子；变态反应及其类型；免疫学方法及其应用，主要包括免疫学检测的原理、基本方法、免疫细胞分离及检测技术、免疫学的应用。

教学目标

了解感染的基本过程，掌握影响感染的因素及影响微生物致病性的因素，了解免疫系统的组成，掌握特异性、非特异性免疫及免疫调节机制，了解变态反应，掌握免疫检测的基本原理与方法。

10.1 感染

感染(infection)是指在一定条件下，微生物侵入宿主体内并与机体相互作用，引起的一系列病理变化的过程。能够感染宿主并导致疾病产生的微生物称为病原微生物(pathogenic microorganism)或病原体(pathogen)，不造成宿主感染的称为非病原微生物(nonpathogenic microorganism)。引起感染的微生物可以来自宿主体外，称为外源性感染(exogenous infection)，也可以来自宿主体内，称为内源性感染(endogenous infection)。病原体从一个宿主传播到另一个宿主体内并引起感染的过程称为传染。病原微生物能通过一定的方式、不同途径传染，引起宿主不同程度的病理过程。

感染是病原微生物同宿主相互作用的一种生命现象，是病原微生物同宿主免疫防御机制相互斗争的生命过程。感染和抗感染免疫是同时发生的，感染的发生、发展与结局，主要取决于宿主的免疫防御能力和病原微生物的致病性，同时与环境因素也有关系。对病原微生物感染与致病机制的认识和研究，有助于有效地控制病原微生物感染，防治感染性疾病，从而保障人类及生态系统的健康。

10.1.1 感染及微生物侵入寄主的过程

感染是指外源或内源性病原体在突破其宿主的三道防线(机械屏障、非特异性免疫和特异性免疫)，在宿主的特定部位定居、生长、繁殖，产生特殊酶和毒素，进而引起一系列生理、病理性反应的过程。

病原体的一个最基本的特性是入侵宿主，并在宿主体内找到适合自己生存的小环境。病原菌入侵宿主的第一步是黏附，不同的病原菌可以表达不同的黏附分子。一部分病原菌黏附于宿主黏膜上皮细胞表面并停留在局部繁殖，进一步分泌毒素或其他毒力因子，作用于被感染的宿主细胞使其发生病变；一些病原体在黏附于宿主细胞表面后还要进一步内在化，即侵入宿主细胞内部，这种特性被称作侵袭(invasion)。病原菌通过与宿主上皮细胞内的一系列复杂的相互作用侵入宿主上皮细胞内，使自己适应并利用宿主细胞内的环境，逃避宿主的防御和清除作用，进而繁殖生长，引发疾病。

10.1.2 感染的影响因素

病原体的感染能力受病原体本身特点、宿主免疫力及环境因子的影响。

1. 病原体

病原体的数量、致病特性和侵入方式是决定传染的最主要因素。细菌、病毒、真菌和原生动物等不同病原体的致病性差别很大。

2. 宿主的免疫力

同种生物的不同个体，当它们与同样的病原体接触后，有的患病，而有的却安然无恙，其原因在于不同个体间的免疫力不同。所谓免疫或称免疫性、免疫力(immunity)，经典的概念是指机体免除感染性疾病的能力。现代免疫概念认为，免疫是机体识别和排除抗原性异物的一种保护性功能，在正常条件下，它对机体有利；在异常条件下，也可损害机体。

3. 环境因素

感染的发生与发展除取决于上述病原体的毒力、数量、侵入途径和宿主免疫力外，还取决于对以上因素都有影响的环境因素。

环境因素包括宿主环境和外界环境。宿主环境因素有先天的遗传因素和年龄因素，还包括后天的因素如精神、营养、内分泌状态、药物、针灸、电离辐射等的影响。外界环境因素包括气候、季节、温度、湿度、地理环境等自然环境和社会制度、居住环境、医疗环境等社会环境。良好的环境因素有助于提高机体的免疫力，也有助于限制、消灭自然疫源和控制病原体的传播，因而可以防止感染性疾病的发生或流行。

10.1.3 微生物的致病性

致病性(pathogenicity)是病原体感染或引起宿主疾病的能力，按其对机体致病的特性，将病原菌分为致病菌和条件致病菌或机会致病菌(opportunistic pathogen)。致病菌的致病性主要由其毒力、侵入机体的数量、侵入途径及机体的免疫力等方面的因素决定(本部分主要以细菌为例讲解)。

10.1.3.1 毒力

毒力(virulence)又称致病力(pathogenicity)，表示致病菌致病能力的强弱。毒力就是菌体对宿主体表的吸附，向体内侵入，在体内定居、生长和繁殖，向周围组织的扩散蔓延，对宿主防御功能的抵抗，以及产生损害宿主的毒素等一系列能力的总和，主要包括侵袭力和毒素两方面。毒力的指标常用半数致死量或半数感染量表示。半数致死量(median lethal dose, LD_{50})是在单位时间内，通过一定途径使一定体重的某种实验动物50%死亡所需病原体的最少剂量。半数感染量(median infective dose, ID_{50})是单位时间内，通过一定途径使一定体重的某种实验动物50%感染所需的病原体的最少剂量。微生物毒力越强，LD_{50}或ID_{50}数值越小。此外，环境等因素也对病原体的毒力有影响。

1. 侵袭力

侵袭力(invasiveness)指病原体所具有的突破宿主防御功能，并在其中进行生长繁殖和实现蔓延扩散的能力，包括以下3个方面。

(1)吸附和侵入能力　病原菌突破宿主的皮肤黏膜生理屏障以后，首先黏附并定殖在宿主黏膜上皮表面，然后侵入宿主体内生长繁殖并扩散。细菌的黏附作用与其致病性密切相关，黏附是细菌感染的关键步骤。具有黏附作用的细菌结构和物质称为黏附素(adhesin)。

(2)繁殖与扩散能力　不同的病原体有不同的繁殖、扩散能力，但主要都是通过一些特殊酶完成的，包括侵袭素和侵袭性酶类。它们的共性是使机体组织结构疏松、通透性增强，从而有助于病原菌及其毒素在组织内的迅速播散。

(3)抵抗宿主防御的能力　病原体抵抗宿主防御的能力种类很多，如痢疾志贺菌(*Shigella dysenteriae*)可通过抑制宿主肠道上皮抗菌肽基因的转录而有利于自身的大量繁殖。细菌荚膜及荚膜类物质能保护细菌，使细菌在机体内能抵抗吞噬细胞的吞噬和体液中的杀菌物质，从而得以大量繁殖及扩散，最终侵入机体致病。细菌生物膜是细菌为适应自然环境而形成的微菌落聚集物，其主要成分为胞外蛋白复合物，将细菌自身包裹其中，使细菌相互粘连成膜状特定结构的细菌复合体。有利于细菌附着于某些支持物表面，阻挡抗生素的渗入和机体免疫系统的杀伤。细菌的脂多糖在鼠疫杆菌(全称鼠疫耶尔森氏菌 *Yersinia pestis*)等细菌中通过降低宿主表面受体的识别抵抗宿主的防御。

2. 毒素

细菌毒素(toxin)可分为外毒素和内毒素两大类。

(1)外毒素(exotoxin)　外毒素指在病原菌生长过程中不断向外界环境分泌的一类毒性蛋白质，有的属于酶，有的属于酶原，有的属于毒蛋白。

(2)内毒素(endotoxin)　内毒素是G^-细菌细胞壁外层的组分之一，其主要化学成分是脂多糖。因它在活细胞中不分泌到体外，仅在细菌死亡后自溶或人工裂解时才释放，故称内毒素。内毒素具有生物毒性，又有极强的化学稳定性(250 ℃下干热灭菌24 h才灭活)，因此在注射用药中，都严格限制其存在。

10.1.3.2 侵入数量

因不同致病菌的毒力和生长、繁殖条件的差别，故引起其宿主感染所需的个体数量也不同。病原菌的致病性除与其毒力有关外，还与其侵入机体的数量有关。一方面，致病能力与侵入的数量成正比，即感染的病原菌数量越多，发病概率越高；另一方面，病原体的毒力越强，引起机体感染、发病所需的菌量越少，相反则需要的菌量越大。

10.1.3.3 侵入途径

病原体要侵入宿主体内实现其寄生生活，除了上述的毒力和数量外，还必须有一合适的侵入易感宿主的途径，如消化道、呼吸道、皮肤创口等。不同感染途径对宿主的致病性可能有差异，如鼠疫杆菌通过跳蚤感染只需要10个菌体，而通过气溶胶感染可能需要100～1 000倍，然而跳蚤叮咬引起的腺鼠疫死亡率可能超过50%，但气溶胶感染引起的肺鼠疫死亡率高达90%。

10.1.4 感染的结果

感染的发生、发展与结局，是病原菌与宿主在一定条件下相互作用的复杂过程。依据病原菌和宿主力量的对比和临床表现，可把感染分为不同类型：不感染、隐性感染（inapparent infection）、潜伏感染（latent infection）、显性感染（apparent infection）和带菌状态（carrier state）5种类型。

1. 不感染

当侵入的病原体数量不足，毒力很弱，入侵部位不适当或宿主具有高度免疫力时，病原体迅速被机体免疫系统消灭，不发生感染。

2. 隐性感染

如果宿主的免疫力很强，而病原菌的毒力相对较弱，数量又较少，感染后只引起宿主的轻微损害，且很快就将病原体彻底消灭，因而基本上不出现临床症状者，称为隐性感染。

3. 潜伏感染

病原体与机体相互作用过程中暂时处于平衡状态时，病原体长期潜伏在病灶内或某些特殊组织中，一般不出现在血液、分泌物或排泄物中。一旦机体免疫力下降，潜伏的病原体就会大量增殖而引起疾病，如结核分枝杆菌和新冠病毒的潜伏感染。

4. 显性感染

如果宿主的免疫力较低，或入侵病原体的毒力较强，数量较多，病原体很快在体内繁殖并产生大量有毒产物，使宿主的细胞和组织蒙受严重损害，生理功能异常，于是就出现了一系列临床症状，这就是显性感染或传染病。

按发病时间的长短可把显性感染分为急性感染（acute infection）和慢性感染（chronic infection）两种，前者的病程仅数日至数周，如流行性脑膜炎和霍乱等；后者的病程可长达数月、数年至数十年，如结核病、麻风病、艾滋病和克-雅病等。

按发病部位的不同，显性感染又可分为局部感染（local infection）和全身感染（systemic infection）两种。

按性质和严重程度的不同，可把它们分为以下4类。

（1）毒血症（toxemia） 病原体被限制在宿主的局部病症，其所产毒素进入血液而引起全身性症状者，称为毒血症，如白喉、破伤风等症。

（2）菌血症（bacteremia） 病原体由宿主局部的原发病灶侵入血液后传播至远处组织，但未在血液中大量繁殖的传染病，称为菌血症，如伤寒症的早期。

（3）败血症（septicemia） 病原体侵入宿主的血液并在其中繁殖，造成宿主严重损伤和全身性中毒症状者，称为败血症，如绿脓杆菌常可引起败血症。

（4）脓毒血症（pyemia） 一些化脓性细菌在引起宿主败血症的同时，又在其许多脏器中引起化脓性病灶者，称为脓毒血症，如金黄色葡萄球菌就可引起脓毒血症。

5. 带菌状态

如果病原菌与宿主双方都有一定的优势，但病原体仅被限制于某一局部且无法大量繁殖，两者长期处于相持的状态，就称带菌者。在隐性感染或感染痊愈后，宿主可能会表现为带菌者，如不注意，就成为该感染性疾病的传染源，十分危险。

10.2 免疫

宿主抵御和清除入侵病原微生物的防御功能称为免疫（immunity），又称抗感染免疫（anti-infection immunity）。机体的免疫可分为固有免疫（非特异性免疫）和适应性免疫（特异性免疫）两类。

10.2.1 非特异性免疫

固有免疫（innate immunity），又称天然免疫或非特异性免疫（nonspecific immunity），是种群长期进化过程中逐渐形成的，是机体抵御病原体侵袭的第一道防线。其特点是个体出生时即具备，作用范围广，并非针对特定抗原。

固有免疫包括生理屏障、固有免疫分子和固有免疫细胞等因素。固有免疫主要由宿主的屏障结构、吞噬细胞的吞噬功能、正常组织和体液中的抗菌物质以及有保护性的炎症反应等方面组成。固有免疫也具有识别功能，其识别的主要是病原微生物及其产物共有的保守结构，统称为病原相关分子模式(pathogen associated molecular pattern，PAMP)。主要包括革兰氏阴性细菌的脂多糖、革兰氏阳性细菌的磷壁酸和肽聚糖、某些病毒和真菌成分及细菌DNA、双链RNA等。因宿主细胞不产生PAMP，故PAMP成为固有免疫系统分为“自己”与“非己”的结构标志之一。

10.2.1.1 表皮和屏障结构

(1)皮肤与黏膜　这是宿主对病原体的“第一道防线”或“机械防线”，其作用有3种：机械性阻挡和排除作用；化学物质的抗菌作用；正常菌群的拮抗作用。

(2)屏障作用　由软脑膜、脉络丛、脑血管及星状胶质细胞组成的血脑屏障；由母体子宫内膜的底托膜和胎儿的绒毛膜共同组成的血胎屏障。

10.2.1.2 吞噬细胞及其吞噬作用

人体的血细胞通常由红细胞、白细胞和血小板3部分组成。其中尤以白细胞的种类为最多，它们担负着各种非特异和特异的免疫功能。吞噬细胞(phagocyte)主要有3类：一为多形核白细胞中的嗜中性粒细胞；二为以巨噬细胞为代表的各种单核巨噬细胞；三为分布于淋巴液和脾脏的树突细胞。

1. 多形核白细胞

多形核白细胞(polymorphonuclear leukocyte，PMN)又称粒细胞(granulocyte)，是一类有分节状细胞核、细胞质内含大量溶酶体颗粒的白细胞，形状较小，运动力强，在骨髓中形成，寿命短，存在于血液和骨髓中。PMN可从血液和骨髓部位大量转移到急性感染部位，它们可以穿越血管壁，并发挥其对外来异物的吞噬功能。多形核白细胞有3类：嗜中性粒细胞(neutrophil)、嗜碱性粒细胞(basophil)和嗜酸性粒细胞(即嗜伊红粒细胞，eosinophil)。

2. 巨噬细胞

巨噬细胞(macrophage，Mφ)是一类存在于血液、淋巴、淋巴结、腹水和多种组织中的大型单核细胞，寿命长，可做变形虫状运动，对异物有吞噬、胞饮、抗原加工和提呈功能(图10-1)。巨噬细胞起源于骨髓干细胞。其主要功能如下。

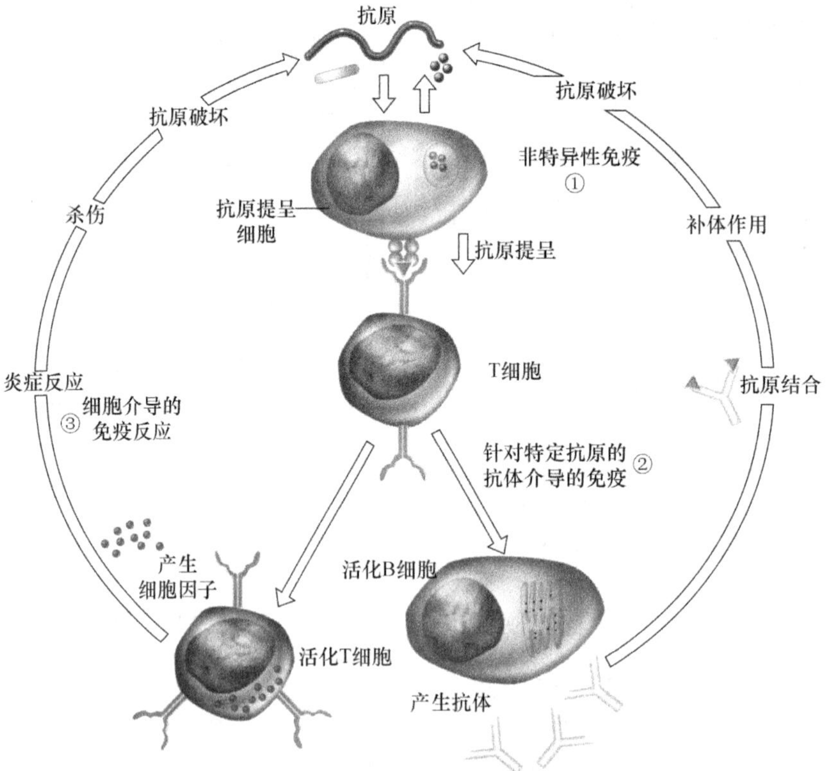

图10-1　免疫反应概况及抗原提呈细胞的作用

(引自Madigan等，2021)

(1)吞噬和杀菌作用　通过多种胞内酶和胞外酶，杀灭、消化被吞入的病原体和异物，包括清除体内衰老、损伤或死亡的细胞。

(2)抗原提呈作用　巨噬细胞是一种抗原提呈细胞(antigen presentation cell，APC)，通过吞噬、处理及传递3个步骤，对外来抗原物质进行加工，以适应激活淋巴细胞的需要。

(3)免疫调节作用　巨噬细胞在外来抗原刺激下，分泌多种可溶性生物活性物质，借此来调节免疫功能，包括激活淋巴细胞、杀伤癌细胞、促进炎症反应或加强吞噬细胞的吞噬、消化作用等。

(4)抗癌作用　激活后的巨噬细胞可通过非吞噬性的细胞毒作用，非特异性地抑制或杀伤癌细胞，也可协同特异性抗体或致敏T细胞产生特异性细胞因子抑制或杀伤癌细胞。

3. 树突细胞

树突细胞(dendric cell)是一类固定在淋巴结和脾中的具有吞噬能力和抗原提呈作用的白细胞，由单核细胞分化后形成，它与巨噬细胞共同组成最重要的促进获得性免疫应答的免疫细胞。

10.2.1.3　炎症反应

炎症(inflammation)是机体对病原体的侵入或其他损伤的一种保护性反应，在相应部位出现红、肿、热、痛或功能障碍，是炎症的5大病理性特征。炎症既是一种病理过程，又是一种防御病原体入侵的积极的免疫反应。

10.2.1.4　正常体液或组织中的抗菌物质

在正常体液和组织中含有多种抗菌物质，如补体、溶菌酶、乙型溶素等，它们一般不能直接杀灭病原体，而是配合免疫细胞、抗体或其他防御因子，使之发挥较强的免疫功能。

1. 补体

补体(complement)实为一补体系统，是指存在于正常人体或高等动物血清中的一组非特异性血清蛋白(主要成分是β-球蛋白)。在免疫反应中，它具有能扩大和增强抗体的“补助”功能，故称补体。补体的本质是一类酶原，能被任何抗原-抗体的复合物激活，激活后的补体就能参与破坏或清除已被抗体结合的抗原或细胞，发挥其溶胞作用、病毒灭活、促进吞噬细胞的吞噬和释放组胺等免疫功能。

2. 干扰素

干扰素(interferon，IFN)是高等动物细胞在病毒或dsRNA等干扰素诱生剂的刺激下，所产生的一种具有高活性、广谱抗病毒等功能的特异性糖蛋白，分子质量很小(约20 kDa)。它除了能抑制病毒在细胞中的增殖外，还具有免疫调节作用(增强巨噬细胞的吞噬作用、增强NK细胞和T细胞的活力)和对癌细胞的杀伤作用等功能，因此可用于病毒病和癌症的治疗。

目前已知的干扰素有4类，即IFN-α、IFN-β、IFN-γ和IFN-ω。当动物细胞受病毒或其RNA传染时，会产生以抗病毒活性为主的IFN-α和IFN-β，而当受其他干扰素诱生剂刺激时，则产生以免疫调节作用为主的IFN-γ。IFN虽有广谱抗病毒的特性，但受宿主种属特异性的限制。

10.2.2　特异性免疫

特异性免疫(specific immunity)，也称获得性免疫(acquired immunity)或适应性免疫(adaptive immunity)，是个体接触特定抗原而产生的仅针对该特定抗原的免疫应答，是个体后天获得，具有特异性、多样性、记忆性和耐受性。此类免疫反应主要由可特异性识别抗原的淋巴细胞所承担，其在机体免疫效应机制中发挥主导作用。特点为：生物个体在其后天活动中接触了相应的抗原而获得的；其产物与相应的刺激物(抗原)之间是特异的；包括体液免疫系统和细胞免疫系统；特异性免疫在同种生物的不同个体间或同一个体在不同条件下有着明显的差别。

10.2.2.1　特异性免疫应答的基本过程

免疫应答(immune response)是指一类发生在活生物体内的特异性的系列反应过程。从抗原的刺激开始，经过抗原特异性淋巴细胞对抗原的识别，使淋巴细胞发生活化、增殖、分化等一系列变化，最终表现出相应的细胞免疫或(和)体液免疫效应。能识别异己、具有特异性和记忆性是免疫应答的3个突出特点。

细胞免疫是指机体在抗原刺激下，一类小淋巴细胞(依赖胸腺的T细胞，thymus-dependent lymphocyte)发生增殖、分化，进而直接攻击靶细胞或间接地释放一些淋巴因子的免疫作用。

体液免疫是指机体受抗原刺激后，来源于骨髓的淋巴细胞(B细胞)进行增殖并分化为浆细胞，合成抗体并释放到体液中以发挥其免疫作用(图10-2)。

免疫应答可分为感应阶段、增殖和分化阶段以及效应阶段。

(1)感应阶段　感应阶段是指抗原提呈细胞(antigen presenting cell，APC)摄取、加工、处理、提呈抗原；T、B 细胞的抗原识别受体特异性识别抗原，此阶段也称抗原识别阶段。

(2)增殖和分化阶段　增殖和分化阶段是指 T、B 细胞特异性识别抗原后，在多种细胞间黏附分子和细胞因子协调下，活化、增殖、分化为 T 效应细胞或浆细胞，并分泌免疫效应分子(各种细胞因子和抗体)。在此阶段，部分接受抗原刺激而活化的 T、B 细胞可终止分化，转变为长寿记忆细胞。记忆细胞再次接触同一抗原后，可迅速增殖分化为效应淋巴细胞和浆细胞，产生免疫效应。

(3)效应阶段　效应阶段是指免疫效应细胞和效应分子共同发挥作用，产生体液免疫和细胞免疫效应的阶段，其结果是清除非己抗原物质或诱导免疫耐受，从而维持机体正常生理状态，病理情况下也可能引发免疫相关疾病。

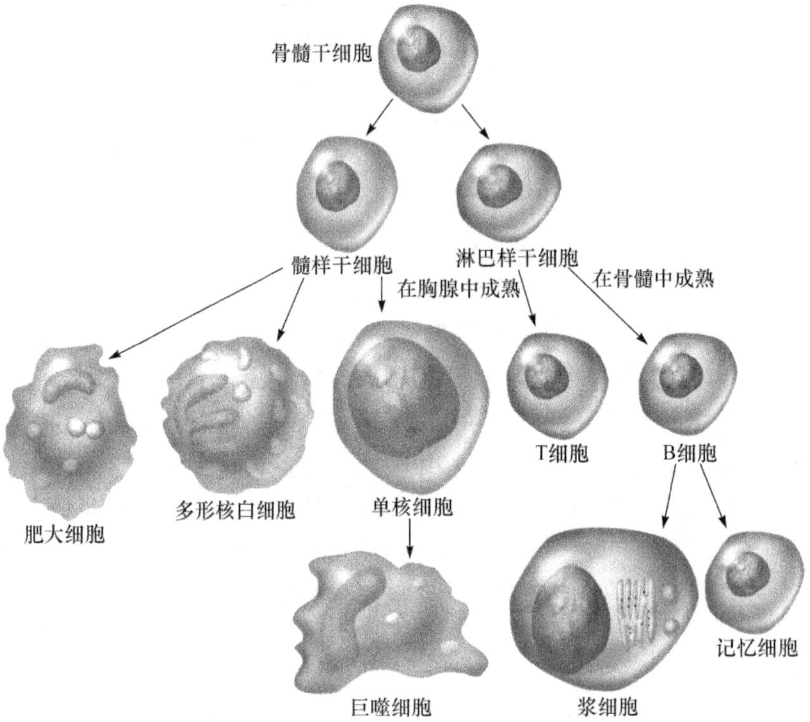

图 10-2　几种主要免疫应答细胞的起源

(引自 Madigan 等，2021)

10.2.2.2　免疫系统的组成

特异性免疫是由免疫系统来执行其功能的，包括免疫器官、免疫细胞和免疫因子 3 个层次。

1. 免疫器官

免疫器官按功能不同，可分为中枢免疫器官(骨髓、胸腺)和外周免疫器官(脾脏、淋巴结和黏膜免疫系统)。

(1)中枢免疫器官　免疫细胞发生、分化和成熟的部位。骨髓是形成各类淋巴细胞、巨噬细胞和血细胞的部位。骨髓中的多能干细胞具有很强的分化能力，可分化为：髓样干细胞即髓样前体细胞，发育成红细胞系、粒细胞系、单核细胞系和巨噬细胞系等；淋巴样干细胞即淋巴样前体细胞，可发育成淋巴细胞，再通过胸腺或法氏囊(或类囊器官)衍化成 T 细胞或 B 细胞，最后定位于外周免疫器官(图 10-3)。

胸腺是 T 细胞分化和成熟的场所。T 细胞的成熟主要通过胸腺中的网状上皮细胞所分泌的胸腺素和胸腺生成素等多种胸腺因子和胸腺微环境的共同作用而完成。

(2)外周免疫器官　由中枢免疫器官产生的 T、B 淋巴细胞到外周免疫器官定居，在遇到抗原刺激后，它们开始增殖，并进一步分化为致敏淋巴细胞或产生抗体的浆细胞，以分别执行其细胞免疫和淋巴免疫。

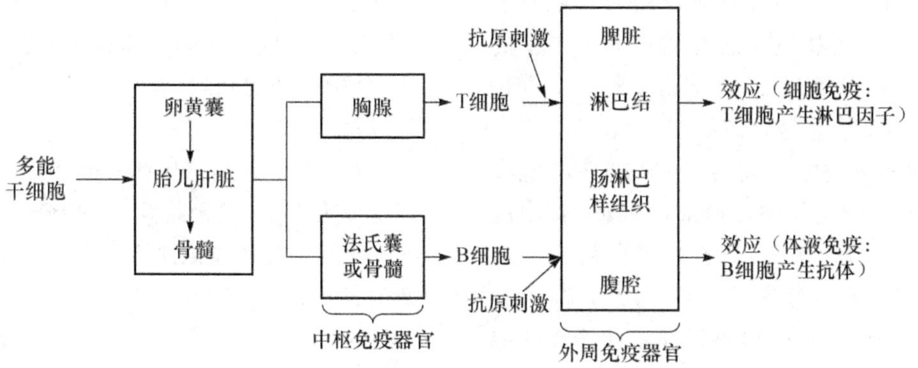

图 10-3 T和B淋巴细胞的来源及功能

（引自周德庆，2011）

2.免疫细胞及其在免疫中的作用

免疫细胞（immunocyte）泛指所有参与免疫应答或免疫应答有关的细胞及其前体，主要包括造血干细胞、淋巴细胞（T细胞、B细胞、自然杀伤细胞和K细胞等）、抗原提呈细胞、粒细胞、肥大细胞和红细胞等。

（1）造血干细胞　造血干细胞（hemopoietic stemcell，HSC）是存在于造血组织及血液中的原始造血细胞，它们不是固定的组织细胞，是机体各种血细胞的共同来源。造血干细胞具有多种分化潜能，因此又称多能造血干细胞。造血干细胞在人胚胎2周时出现于卵黄囊，4周时开始转移至胚肝，5个月时骨髓开始造血，出生后骨髓成为造血干细胞的主要来源，成年人造血干细胞主要分布在红骨髓、脾脏及淋巴结。

（2）淋巴细胞　淋巴细胞主要分布于淋巴器官、淋巴组织及外周血中，血液循环中的淋巴细胞约占外周血白细胞总数的30%。根据其表型和功能特征可分为不同类型，如T细胞、B细胞和自然杀伤细胞等，这些细胞还可进一步分为若干亚群。

①T淋巴细胞：自卵黄囊、胚肝和骨髓产生T细胞的干细胞，经过胸腺保育并分化成熟T细胞，介导细胞免疫应答，也参与抗体的形成和炎症反应。当受到抗原刺激后，T细胞会进一步分化、增殖，以发挥其特异性的细胞免疫功能。

T细胞表面有独特的表面标志，包括表面受体和表面抗原两类。表面受体如绵羊红细胞受体（E受体）和有丝分裂原受体等。T细胞的表面抗原是T细胞的抗原受体，或简称T细胞受体（T-cell receptor，TCR），是T细胞表面的抗原特异受体蛋白，为跨膜蛋白，是T细胞识别抗原性异物的物质基础之一。特点是不能直接识别天然抗原，只能识别经APC加工后提呈的抗原。

根据T细胞的发育阶段、表面标志和T细胞免疫功能的不同，可把它分为若干亚群。根据T细胞表面抗原受体蛋白的分群或分化簇的不同，可把分化成熟的T细胞分为$CD4^+$和$CD8^+$两大类；根据T细胞功能的不同又可分为辅助性T细胞（T helper，T_H）、抑制性T细胞（T suppressor，T_S）、迟发型超敏T细胞、细胞毒性T细胞（T_C）、反抑制性T细胞和诱导性T细胞6类。T_H属于$CD4^+$细胞亚群，根据其产生的细胞因子种类和功能的差异，可分为T_H1能分泌IL-2、IFN-α和IFN-γ等细胞因子，能活化巨噬细胞和激活细胞免疫反应；T_H2能分泌IL-4、IL-5、IL-10等细胞因子，并能激活B细胞引起体液免疫；T_S属于$CD8^+$细胞亚群，可抑制T_H、T_C和B细胞的功能，由它控制淋巴细胞的增殖。T_E分为迟发型超敏T细胞和细胞毒性T细胞。

②B淋巴细胞：B淋巴细胞是一种细胞表面带有自身合成的免疫球蛋白表面受体、产生免疫球蛋白和向T细胞提呈抗原的淋巴细胞。骨髓中的多能干细胞通过淋巴干细胞再分化为前B细胞，前B细胞在哺乳动物的骨髓中或在鸟类的腔上囊中进一步分化、成熟为B细胞，因此B细胞又称骨髓（囊）依赖性淋巴细胞。成熟的B细胞当遇到外来病原菌或病毒等有害抗原物质侵袭时，进一步发生克隆分化，形成能分泌抗体的浆细胞和具有记忆功能的B细胞。这种由B细胞分泌抗体而介导的免疫应答，就称为体液免疫（humoral immunity）。

B细胞与T细胞的外形虽相同，但两者膜与表面即表面标志却有差异，包括有丝分裂原受体、抗原受体、补体受体和Fc（抗体的可结晶片段）受体等都有所不同。已知作为识别抗原性异物的 B 细胞膜表面的抗原受体，是一类镶嵌于膜脂质双分子层中的膜表面免疫球蛋白(surface membrane immunoglobulin, SmIg)，其主要成分是单体的 IgM 和 IgD。

B 细胞亚群的分类方法较多，一般把 B 细胞产生抗体时是否需 T 细胞的辅助分成两亚群，其中的 B-1 为 T 细胞不依赖性亚群，只有初级免疫应答反应(产 IgM)，而无次级免疫应答反应；B-2 则为 T 细胞依赖性亚群，必须在 T 细胞的辅助下才产生 IgG 和 IgM 等抗体，有次级免疫应答反应。

③自然杀伤细胞：自然杀伤(natural killer, NK)细胞是不同于 T、B 细胞的第 3 类淋巴细胞，它们表达特异性抗原识别受体，在其胞浆内有许多嗜苯胺颗粒，故又称为大颗粒淋巴细胞。NK 细胞是天然免疫系统中的关键组成部分，是与 T、B 淋巴细胞相互并列的第 3 类免疫细胞，是机体抗肿瘤的第一道防线(属非特异性)。NK 细胞起源于骨髓干细胞，然后分布于脾脏和外周血中，数量可占淋巴细胞总数的 5%～10%。

(3)抗原提呈细胞　抗原提呈细胞是指能够加工、处理抗原、并将抗原肽提呈给抗原特异性 T 淋巴细胞的一类免疫细胞。APC 与 T 淋巴细胞之间膜蛋白的结合是 T 淋巴细胞活化、增殖、发挥效益的始动因素。APC 可分为两类：专职 APC，包括巨噬细胞、树突状细胞和 B 细胞，它们均表达 MCHⅡ类分子和 T 细胞活化所需的共刺激分子及黏附分子，具有显著的抗原摄取、加工、处理与递呈功能；非专职 APC，包括内皮细胞、上皮细胞和成纤维细胞等，在某些因素刺激下可表达 MHCⅡ类分子，并具有一定的抗原提呈功能。另外所有表达 MHCⅠ类分子、具有提呈内源性抗原功能的细胞广义上均为 APC，如肿瘤细胞和病毒感染细胞等。

3. 免疫细胞因子

细胞因子种类繁多。细胞因子必须与相应受体结合，才能活化细胞信号转导途径，通过核内相关基因转录，发挥各类细胞因子的生物学活性。目前已发现 200 多种人细胞因子，其分类方法尚不统一，主要按产生细胞因子的细胞类型、细胞因子作用的靶细胞类型和细胞因子的主要功能进行分类。目前常根据其结构与功能分类。

(1)白细胞介素(interleukin, IL)　IL 最初是由白细胞产生并介导白细胞间相互作用的细胞因子。后来发现，其他细胞也可产生白细胞介素，如基质细胞、内皮细胞、成纤维细胞和神经细胞等。目前已发现 30 余种白细胞介素，参与免疫调节、造血、炎症反应等过程。

(2)干扰素家族(interferon, IFN)　IFN 是最早发现的细胞因子，因干扰病毒的感染和复制而得名。根据干扰素来源和理化性质不同分为两型：Ⅰ型干扰素包括 IFN-α、IFN-β、IFN-ε、IFN-ω、IFN-κ；Ⅱ型干扰素即为 IFN-γ。IFN-α 主要由浆细胞样树突状细胞、淋巴细胞和单核/巨噬细胞产生，IFN-β 主要由成纤维细胞产生。Ⅰ型干扰素主要的生物学活性是抑制病毒复制、抑制多种细胞增殖、参与免疫调节及抗肿瘤等。IFN-γ主要由活化的 T 细胞和 NK 细胞产生，可抑制病毒复制、激活巨噬细胞、诱导 MHC 分子表达、抑制细胞增殖、促进 Th1 细胞分化。

(3)肿瘤坏死因子家族(tumor necrosis factor, TNF)　TNF 能使肿瘤细胞发生出血坏死而得名。根据其来源和理化性质不同可分为 TNF-α、TNF-β 两类，前者由巨噬细胞、肥大细胞产生，后者由淋巴细胞产生。TNF 的主要作用是活化巨噬细胞、粒细胞、细胞毒性 T 淋巴细胞，促进白细胞和内皮细胞黏附分子的表达、诱导急性期反应。

(4)集落刺激因子(colony stimulating factor, CSF)　CSF 是指能够刺激多能造血干细胞和不同发育分化阶段的造血祖细胞增殖、分化的细胞因子。最初发现此类细胞因子在半固体培养基中刺激造血细胞形成不同集落而得名。根据刺激血细胞的种类不同分为粒细胞集落刺激因子、巨噬细胞集落刺激因子、粒细胞-巨噬细胞集落刺激因子、干细胞因子和红细胞生成素。

(5)趋化因子(chemokine)　也称趋化性细胞因子，是一类对不同靶细胞具有趋化作用的细胞因子。趋化因子可由白细胞和某些组织细胞分泌。

(6)生长因子(growth factor, GF)　GF 是一类可促进相应细胞生长和分化的细胞因子，包括转化生长因子-β、表皮生长因子、血管内皮细胞生长因子、成纤维细胞生长因子、神经生长因子、血小板源生长因子等。

10.2.2.3　免疫分子及其调节

免疫分子(immune molecule)主要指抗原及抗体，是现代分子免疫学的主要研究对象。免疫分子的种类很多，其中有些具有结构和进化上的同源性，主要包括膜表面抗原受体、主要组织相容性复合物抗原、白细胞分化抗原、黏附分子、抗体、补体、细胞因子和抗原等。

1. 抗原

(1)基本概念　抗原(antigen, Ag)是一类能诱导机体发生应答并能与相应抗体或T淋巴细胞受体发生特异性免疫反应的大分子物质，又称免疫原。抗原一般同时具备两个特性：免疫原性(immunogenicity)又称抗原性，指能刺激机体产生免疫应答能力的特性；免疫反应性(immunoreactivity)又称反应原性，指能与免疫应答的产物发生特异反应的特性。凡同时具有免疫原性和免疫反应性的抗原就是完全抗原(complete antigen)；凡缺乏免疫原性而有免疫反应性的抗原物质称为半抗原(hapten)或不完全抗原(incomplete antigen)，因其无免疫原性，故不能刺激机体产生免疫应答，但当它们与适当的蛋白载体如甲基化牛血清白蛋白相结合后，就兼有了免疫原性，由此刺激机体产生的抗体，就可与该半抗原发生特异结合，可以认为，半抗原实为一抗原决定簇(antigenic determinant)。

(2)免疫原性的物质基础　如下所示。

①相对分子质量大：大分子是抗原的首要条件，其分子质量一般都大于1.0×10^4 Da。

②分子结构复杂：在构成生物体的各类大分子中，蛋白质的免疫原性最强，其次是若干复杂多糖，再次是核酸(一般仅作半抗原)，而类脂类物质则最差。

③异物性：异物性指某抗原的理化性质与其所刺激的机体自身物质理化性质间的差异程度。在正常情况下，机体的自身物质或细胞是不能刺激自体的免疫系统发生免疫应答的。因此，一般的抗原都是异种或至少是异体的物质。种属关系越远，其组织结构间的差异越大，则免疫原性越强。

(3)抗原决定簇　又称抗原表位(epitope)，指位于抗原表面可决定抗原特异性的特定化学基团，也指构成抗原的免疫原性所必需的最少亚单位数。抗原决定簇的存在，就使抗原能与相应淋巴细胞上的抗原受体发生特异结合，从而可激活淋巴细胞并引起免疫应答。一个抗原的表面可存在一至多种不同的抗原决定簇，由此产生了一至多种相应的特异性。凡能与抗体相结合的抗原决定簇的总数，称为抗原结合价。

(4)两类半抗原　包括如下。

①复合半抗原：无免疫原性但具免疫反应性，能与相应抗体发生特异性结合并产生可见反应，如细菌的荚膜多糖。

②简单半抗原：或称阻抑半抗原，它既无免疫原性也无免疫反应性，但能与抗体发生不可见的结合，其结果可阻止抗体再与相应的完全抗原或复合半抗原相结合的可见反应，如肺炎链球菌荚膜多糖水解后形成的简单半抗原等。

(5)细菌的抗原　细菌是一类重要的病原体，其化学成分极其复杂，故每个细菌的细胞都是一个包含多种抗原成分的复合体。主要包括表面抗原(surface antigen)、菌体抗原(somatic antigen)、鞭毛抗原、菌毛抗原、外毒素和类毒素等。

(6)共同抗原与交叉反应　在一个同时存在有多种抗原的复杂抗原系统，如细菌细胞中，只有该系统自身特有的抗原，称特异性抗原，而为多种复杂抗原系统所共有的抗原则称共同抗原(又称类属抗原或交叉反应抗原)。一种细菌的细胞通常同时含有上述两类抗原，故能刺激机体同时产生两类相应的抗体。

例如甲菌含有A、B两种抗原，故可刺激机体产生含有a、b两种抗体的抗血清。当甲菌与其自身抗血清接触时，可发生很强的反应，又如乙菌含A、C两抗原，故可刺激机体产生含a、c两种抗体的抗血清。当乙菌与自身抗血清相遇时，也会发生很强的血清学反应，反之亦然。这类由甲、乙两菌存在共同抗原而引起甲菌抗原与乙菌抗体间发生较弱的免疫反应的现象称为交叉反应(cross reaction)。利用交叉反应的原理把某一多价特异抗血清与其共同抗原反应，再把次抗原、抗体复合物去除，就可去除其中的共同抗体，这就称吸收反应；如果所用的共同抗原是颗粒状的，则称凝集吸收反应。

2. 抗体

(1)基本概念　抗体(antibody, Ab)是动物体在抗原的刺激下，由浆细胞产生的一类能与相应抗原在体内外发生特异结合的免疫球蛋白。抗体的特点是：仅由鱼类以上脊椎动物的浆细胞所产生；必须有相应抗原物质刺激免疫细胞后才能产生；能与相应的抗原发生特异性、非共价和可逆的结合；其化学本质是一类具有体液免疫功能的可溶性球蛋白；既具抗体功能也可作为抗原去刺激异种生物产生相应的抗体即抗抗体。世界卫生组织统称具有抗体活性以及与抗体有关的各类球蛋白为免疫球蛋白(immunoglobulin, Ig)。目前，纯化后的Ig分为5类，其统一名称为IgG、IgA、IgM、IgD和IgE。

(2)Ig的结构　在正常的人体和高等动物的血清中，存在着大量的免疫球蛋白，但从化学结构上来看，它们都是极其不均一或呈高度异质性的。

典型的 Ig 分子是由一长一短的两对链对称排列而成的一个 Y 形分子。近对称轴的一对较长的肽链,称为重链或 H 链(heavy chain),外侧一对较短的肽链,称为轻链或 L 链(light chain)。占重链 1/4 或轻链 1/2 长度的一段区域称可变区或 V 区(variable region),因为这一区域的氨基酸序列是可变的;占重链 3/4 或轻链 1/2 长度的一段区域则称恒定区或 C 区(constant region),因为这一区域内氨基酸序列是恒定的。轻、重链间和重、重链间分别由二硫键(—S—S—)相连接。在重链的居中处约有 30 个氨基酸残基组成一个能使 Ig 分子自由曲折的区段,称作铰链区(hinge region)。该处因含有较多的脯氨酸,故富有弹性。另外,在 Ig 的 V 区端是肽链的氨基末端,称 N 端,而相反的一端即为肽链的羧基端,称 C 端。此外,重链上还有结合糖(CHO)部位,所以,Ig 是一类糖蛋白(图 10-4)。

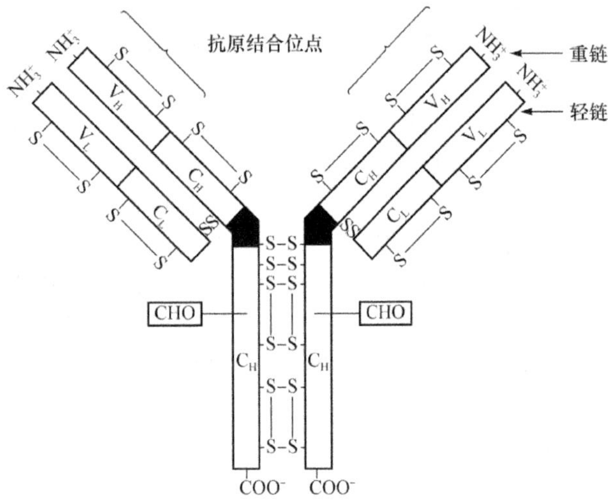

图 10-4　免疫球蛋白 IgG1 结构的模式图

(引自周德庆,2011)

(3)5 类免疫球蛋白的结构和功能　5 类免疫球蛋白虽然都具有结合相应抗原的功能,但其在体内分布、分子结构、血清水平及生物学活性等方面又各具特点。

①IgG:IgG 是血清和细胞外液中主要的抗体成分,约占血清 Ig 总量的 80%。IgG 自出生后 3 个月开始合成,3~5 岁接近成人水平。

IgG 是再次体液免疫应答产生的主要抗体,亲和力高,在体内分布广泛,具有重要的免疫效应。IgG1、IgG3、IgG4 能穿过胎盘屏障,在新生儿抗感染免疫中起重要作用;IgG1、IgG2、IgG4 可以通过其 Fc 段与葡萄球菌蛋白 A(SPA)结合,用于纯化抗体及免疫诊断;IgG1、IgG3 可高效激活补体,并可与巨噬细胞、NK 细胞等细胞表面的 Fc 受体结合,发挥免疫调理作用、抗体信赖的细胞介导的细胞毒作用等。

②IgM:IgM 占血清 Ig 总量的 5%~10%,血清浓度约为 1 mg/mL。单体 IgM 以膜结合型(mIgM)表达于 B 细胞表面,是 B 细胞受体(BCR)的主要构成成分;分泌型 IgM 为五聚体,不能通过血管壁,主要存在于血清中。五聚体 IgM 含有 10 个 Fab 段,对具有大量重复表位的病毒颗粒、红细胞等抗原有很强的结合能力;含 5 个 Fc 段,比 IgM 更易激活补体。天然血型抗体为 IgM,血型不符的输血可发生严重的溶血反应。IgM 是个体发育中最早合成的抗体,在胚胎发育晚期的胎儿即可产生 IgM。例如脐带血中 IgM 的升高,提示胎儿宫内感染;IgM 也是初次体液免疫应答中最早出现的抗体,血清 IgM 的检出表明新近感染的发生,可用于感染的早期诊断(未成熟 B 细胞仅表达 mIgM,记忆 B 细胞表面的 mIgM 逐渐消失)。

③IgA:IgA 分两型,即血清型和分泌型(sIgA)。血清型 IgA 为单体,主要存在于血清中,占血清总量的 10%~15%;sIgA 为二聚体,由 J 链连接,并含黏膜上皮细胞合成的 SP,主要存在于乳汁、唾液、泪液和呼吸道、消化道、生殖道黏膜表面,参与局部黏膜免疫。婴儿可从母乳中获得 sIgA,是一种重要的天然被动免疫。

④IgD:IgD 仅占血清 Ig 总量的 0.2%,分两型:血清型 IgD 的生物学功能不清楚;膜结合型 IgD(mIgD)是 BCR 的重要组成部分,为 B 细胞分化发育成熟的标志。未成熟 B 细胞仅表达 mIgM,成熟 B 细胞同时表达 mIgM 和 mIgD,被称为初始 B 细胞,活化的 B 细胞或记忆 B 细胞的 mIgD 逐渐消失。

⑤IgE:正常血清中含量最少的免疫球蛋白,主要由黏膜淋巴组织中的浆细胞分泌。IgE 具有很强的亲细胞性,其 CH2 和 CH3 可与肥大细胞、嗜碱性粒细胞表面的高亲和力 FcεRI 结合,促使这些细胞脱颗粒,释放生物活性介质,引起Ⅰ型超敏反应。此外,IgE 可能与机体抗寄生虫免疫有关。

(4)产抗体细胞的激活和抗体的形成　胸腺依赖型抗体(TD antibody)的产生一般必须同时有抗原提呈细胞、T 细胞、B 细胞 3 种细胞的参与。

①巨噬细胞的抗原提呈作用:Mφ 对抗原无特异性识别作用,但它是一个黏性细胞,可有效粘牢、吞噬和吞饮外来的抗原。Mφ 中的溶酶体在其中一些水解酶的作用下,把细胞内吞噬泡中的外来大颗粒抗原降解,再经浓缩等加工步骤后,提高了该抗原的免疫原性,经进一步与细胞内的 MHC 抗原相结合

后，转移到细胞表面，供 T 细胞识别。这时 Mφ 已成为被抗原激活的 Mφ，可通过直接表面接触或通过释放淋巴因子的方式激活淋巴细胞。

②T 细胞对 B 细胞的激活：T 细胞通过 TCR 接受由 Mφ 提呈的抗原-MHC 复合物，在 Mφ 上的 MHC-Ⅱ分子可与 T_H 细胞表面的 CD4 分子发生特异作用，从而把抗原提呈给 T_H 细胞。通过抗原介导的接触，使 T_H 细胞释放 IL，由它再激活相应克隆 B 细胞的分裂，从而形成 B 细胞克隆。

③浆细胞产生抗体：被 T_H 激活的 B 细胞克隆通过进一步的分化（图 10-5），会产生两种细胞——浆细胞和记忆细胞。浆细胞（plasma cell）的形态较大、寿命较短，是分泌抗体的细胞；记忆细胞（memory cell）则是一种形态较小、寿命较长的细胞，它遇到原初抗原的再次刺激时，会迅速转变成浆细胞并分泌抗体。

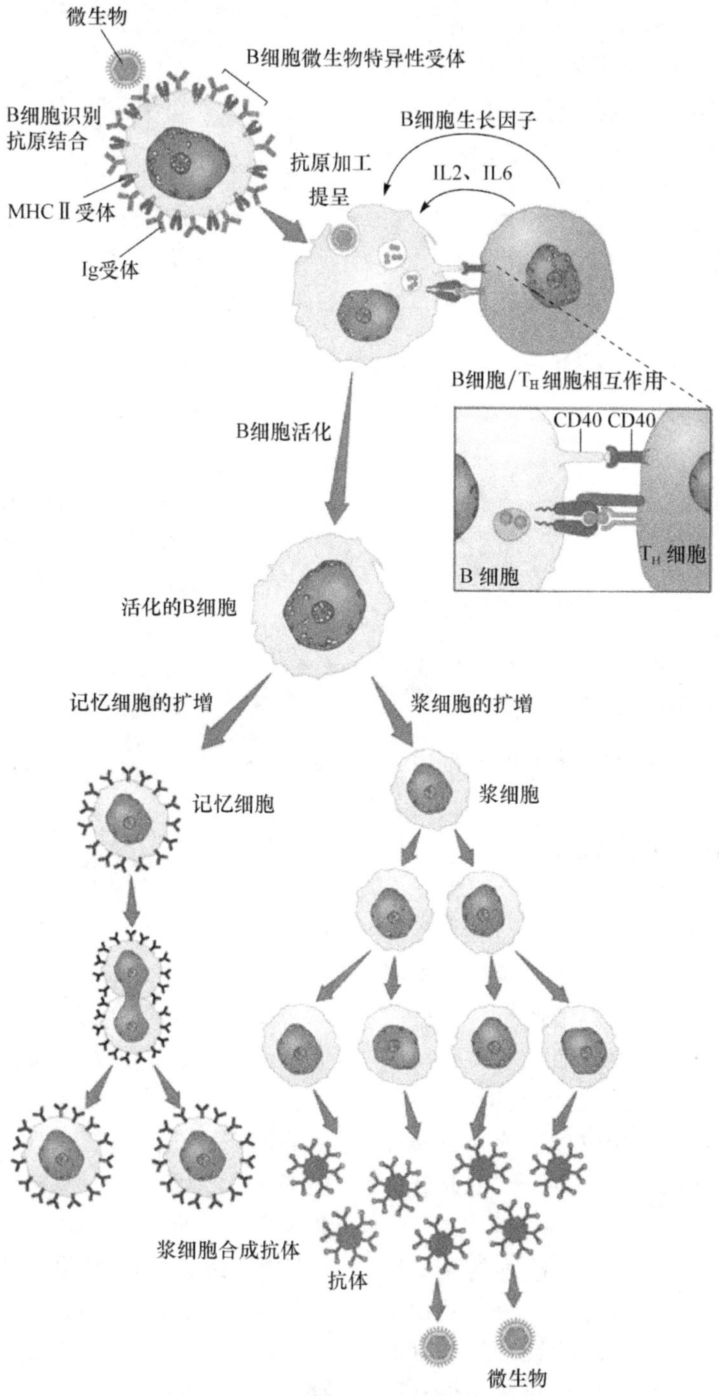

图 10-5　B 细胞分化为浆细胞的过程

（引自 Madigan 等，2021）

(5)机体产生抗体的两次应答规律　凡能产生抗体的高等动物，当注入抗原物质进行免疫时，都有着共同的产生抗体的规律，即存在初次免疫应答(primary immune response)和再次免疫应答(secondary immune response)或称强化免疫应答两个阶段(图 10-6)。初次免疫应答是指首次用适量抗原注射动物后，必须经一段较长的潜伏期即待免疫活性细胞进行增殖、分化后，才能在血液中检出抗体，这种抗体多为 IgM，滴度(titre，即效价)低，维持时间短，且很快会下降。再次应答则指在初次应答后的抗体下降期再次注射同种抗原进行免疫时，会出现一个潜伏期明显缩短、抗体以 IgG 为主、滴度高、维持时间长的阶段。

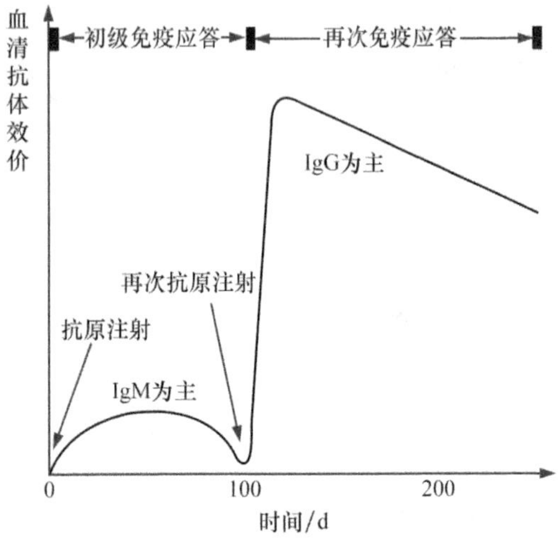

图 10-6　初次免疫应答和再次免疫应答的特征

(引自 Madigan 等，2021)

(6)抗体形成的机制　如下所示。

①抗体形成的克隆选择学说：1957 年澳大利亚学者弗兰克(Frank Macfarlane Burnet)提出，在能产生抗体的高等动物体内，天生存在着大量具有不同抗原受体的免疫细胞克隆，每个克隆产生特异抗体的能力并不取决于外来抗原物质，而是取决于其固有的、在接触该抗原前就已存在的遗传基因；某一特定抗原一旦进入机体，就可与相应淋巴细胞表面唯一的一个与相应的特异性受体发生结合，由此就从无数克隆中选择出一个与之相对应的克隆，这一结合促使这一克隆发生活化、增殖和分化，最终变成能分泌大量相应抗体的浆细胞和少量暂停分化的记忆 B 细胞，记忆 B 细胞再次与相应抗原接触时，也可称为成熟浆细胞；当生物体处于胚胎期时，其免疫系统发育还不完善，这时，某一淋巴细胞克隆若接触相应抗原，则它就被消除或受抑制，如属后者，就形成了一个禁忌克隆，它们对机体自身抗原物质不发生免疫应答，即处于自然耐受状态，称免疫耐受(immunological tolerance)；禁忌克隆可复活或发生突变，从而又可成为能与自身抗原成分起免疫应答的克隆(图 10-7)。

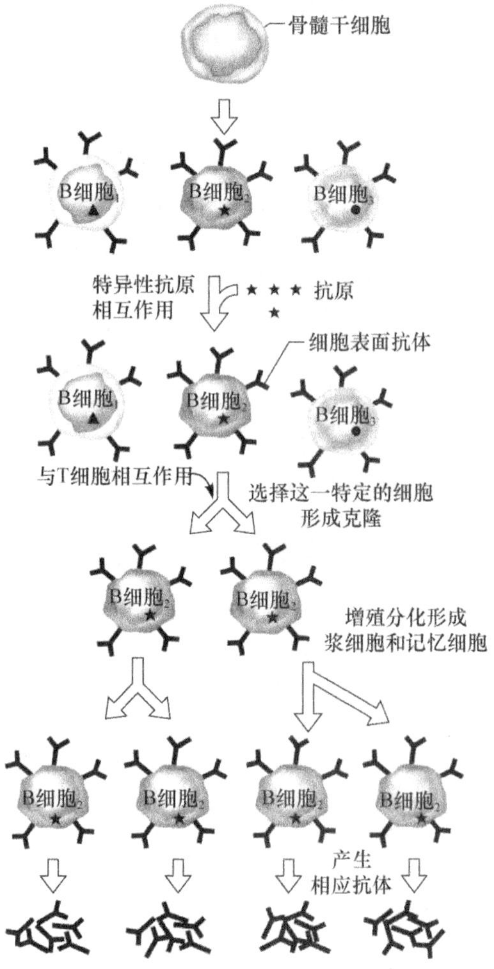

图 10-7　抗体形成的克隆选择学说

(引自 Madigan 等，2021)

②抗体多样性的分子机制：抗体分子呈现多样性的原因是免疫学上一直关注的重大基础理论问题。1976 年，利根川进(Susumu Togegawa)等用实验证明编码抗体可变区和恒定区的基因呈现分离状态，并在 B 细胞分化和成熟过程中不断进行重排，才使体细胞突变学说(somatic mutation theory)获得了有力支持。因此，利根川进获得了 1987 年诺贝尔生理学或医学奖的殊荣。

该学说认为：编码 L 链 V 区的基因是由 V_L 序列和 J 序列组成，编码 L 链 C 区的基因称 C 基因；编码 H 链 V 区的基因除 V_H 和 J 序列外，在它们之间还存在一个D区(diversity region),H链的C区则由C_H序列所编码;在胚胎期的细胞中,编码L链V区的V和J基因间离得很远,而在成体的B细胞中V和J可连在一起,但它们与C_L序列间仍被内含子隔开,只有当整个DNA链被转录成mRNA后,内含子才被切除,H链基因的组装方式与L链相似;V序列有数百种不同类型,J、D和C基因也有多种,因此L链V-J基因间的组合或V链V-D-J基因间的组合是极其多样的,再加上任何L链的基因又可与任何H链的基因发生组合,因此可为抗体分子结构的多样性提供了充分的可能性;V除与J发生连接外,偶尔也可与另一种V发生误接,从而又增加了抗体蛋白的多样性(图10-8)。如果再加上上述各个序列中所发生的基因突变,就为抗体分子结构多样性又增加了新的源泉。

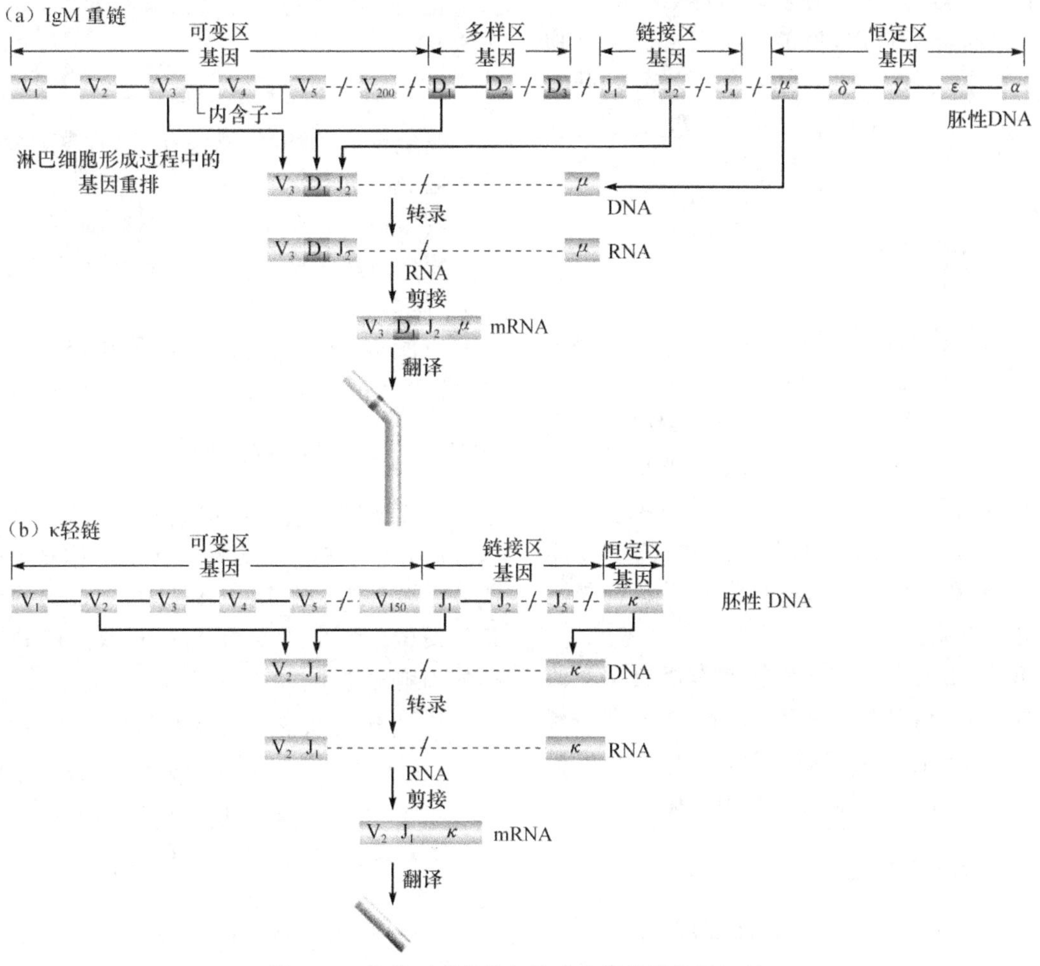

图10-8 抗体形成的体细胞突变假说的分子机制

(引自Madigan等,2021)

(7)单克隆抗体与淋巴细胞杂交瘤技术 简介如下。

①单克隆抗体(monoclonal antibody, McAb):McAb是指一纯系B淋巴细胞克隆经分化、增殖后的浆细胞所产生的单一成分、单一特异性的免疫球蛋白分子。在正常体内,由于B细胞遗传型多样性的存在,以及它们接触环境中多种抗原的可能性,所以,用常规技术免疫动物制备的"特异性抗血清",实际上只是特异性交叉、滴度较低、产量有限、不能精确重复和难以进行严格质量控制的多克隆抗体(polyclonal antibody)。只有通过淋巴细胞杂交瘤技术,才能获得真正的单克隆抗体。

②淋巴细胞杂交瘤技术(lymphocyte hybridoma technique):淋巴细胞杂交瘤技术是利用淋巴细胞杂交瘤产生单克隆抗体的技术,该技术创建于1975年,这是生命科学和基础医学研究领域的一次具有重大革命意义的创举。杂交瘤技术是建立在克隆选择学说这一重大基本理论的基础上,并集细胞融合

方法、骨髓瘤细胞株的制备、微生物营养缺陷型的获得和选择性培养原理在动物细胞培养中的应用等多种实验技术于一体的一项高技术。

淋巴细胞杂交瘤简称杂交瘤，是由B淋巴细胞和骨髓瘤细胞两者融合而成的一种既能在体内外大量增殖，又能分泌大量McAb的杂种细胞。其制备方法为：选择亲本细胞株(缺陷型骨髓瘤细胞株和B淋巴细胞)；混合双亲细胞；促进两者融合；淘汰未融合的亲本；杂交瘤扩大培养；单克隆抗体的改造。

③单克隆抗体的应用：目前已有大量的化合物和病原体被制备成McAb，包括一些多肽激素、肿瘤标记、细胞因子和多种病原体的McAb等，它们有着广泛的用途。

10.3 变态反应

变态反应(allergy)又称超敏反应(hypersensitivity)或过敏反应(anaphylactic reaction)，是指机体在受到刺激的时候，发生的一类特殊的免疫应答，这类应答引起组织损伤和免疫功能紊乱。变态反应具有个体的特征，而且是机体在第二次接触刺激物时才能发生。引起变态反应的抗原物质，称为变应原(allergen)。花粉、动物皮屑、昆虫毒液以及各类食物是常见的变应原。

1963年，Gell和Coombs根据变态反应发生的机理和临床特点，将其分为4型：Ⅰ型，即速发型超敏反应；Ⅱ型，即细胞毒型超敏反应；Ⅲ型，即免疫复合物型超敏反应；Ⅳ型，即迟发型超敏反应。

10.3.1 Ⅰ型超敏反应

Ⅰ型超敏反应也称速发型超敏反应，是已免疫的机体再次接触同样变应原刺激时所发生的免疫反应。其特点是：反应迅速、强烈、消退也快，通常不遗留组织损伤，其发病有明显的个体差异。人类青霉素过敏性休克和大多数支气管哮喘均属这一类型。

1. Ⅰ型超敏反应的机制

机体在接受变应原刺激后，有些个体在体内产生相当量的IgE类抗体。IgE具有亲细胞的特性，能与肥大细胞和嗜碱性粒细胞上的IgE的Fc受体结合。当相同变应原在此入侵时，变应原与上述细胞表面的IgE特异地结合，所形成的变应原-IgE复合物能激活肥大细胞和嗜碱性粒细胞使之脱颗粒。从被排出的颗粒中和细胞内释放出一系列生物活性介质，如组胺、白三烯、激肽等，引起毛细血管扩张、血管壁通透性增加，平滑肌收缩和腺性体分泌增多，在临床上表现为荨麻疹、休克、哮喘、腹痛和腹泻等多种症状。

2. Ⅰ型超敏反应的变应原

能引起Ⅰ型超敏反应的变应原很多，包括吸入性物质(如粉尘、动物皮毛、真菌孢子等)、食物(如鸡蛋等蛋白质类食物)、药物及某些化学物质(如青霉素等)等。

3. 常见的Ⅰ型超敏反应疾病

过敏反应，如青霉素过敏症、皮肤红疹、荨麻疹及呕吐、腹泻等。

呼吸道超敏反应，如支气管哮喘、变态性鼻炎。

胃肠道超敏反应，一般由食物或药物引起呕吐、恶心、腹泻。

皮肤超敏反应，血管性水肿，湿疹样病变如干草热、特应性皮炎等，可以由尘埃、食物、药物等引起。

10.3.2 Ⅱ型超敏反应

Ⅱ型超敏反应又称细胞毒型超敏反应，由抗细胞表面和组织表面抗原的抗体与补体途径中的一些成分及各种效应细胞相互作用，造成这些细胞和组织的损伤。因此，实际上这类超敏反应是依赖于抗体的细胞毒作用。

1. Ⅱ型超敏反应的损伤机制

(1)抗体依赖的细胞介导的细胞毒作用(ADCC)　表面覆盖有抗体的靶细胞可以通过效应细胞上抗体的Fc受体将效应细胞与靶细胞连接起来，发挥效应细胞的杀伤作用。

(2)补体介导的细胞溶解　IgG和IgM类抗体与靶细胞表面的抗原结合后激活补体，形成攻膜复合体，直接导致靶细胞的溶解。

(3)吞噬作用　补体活化的产物C3a、C5a，一方面具有趋化作用，吸引巨噬细胞、中性粒细胞到达反应局部；另一方面还刺激肥大细胞、嗜碱性粒细胞分泌趋化性细胞因子，进一步促进吞噬细胞在局部聚集。结合于靶细胞表面的补体C3b片段和抗体IgG的Fc段发挥调理作用，促进吞噬细胞的吞噬作用，使靶细胞被吞噬溶解。

2. Ⅱ型超敏反应的抗原

能引起Ⅱ型超敏反应的抗原主要包括ABO、Rh

等血型抗原和 HLA 抗原；药物、微生物等外源性抗原吸附于靶细胞表面；由微生物感染、药物等因素导致自身抗原的改变；外源性抗原与正常组织细胞之间具有的共同抗原。

3. Ⅱ型超敏反应与疾病

常见的Ⅱ型超敏反应引发的疾病有：由异型输血引起的输血反应；母胎间 Rh 血型不符引起的新生儿溶血症；由药物、感染或自身免疫病引发的自身免疫性溶血性贫血；药物性溶血性贫血、粒细胞减少症和血小板减小性紫癜；肺-肾综合征等。

10.3.3 Ⅲ型超敏反应

Ⅲ型超敏反应又称免疫复合物型（immune complex type），是由可溶性免疫复合物沉积于局部或全身多处毛细血管基底膜，通过激活补体以及在血小板、肥大细胞、嗜碱性粒细胞的参与下，引起以充血水肿、局部坏死和中性粒细胞浸润为特征的炎症反应和组织损伤，所以又称血管炎性超敏反应（vasculitis）。

1. Ⅲ型超敏反应的机制

免疫复合物能诱发许多炎症过程，它们与补体系统作用，产生 C3a 和 C5a 等补体片段，这些是过敏性毒素，有趋化作用，能引起肥大细胞和嗜碱性粒细胞释放血管活性胺，于是增加了血管通透性以及聚集多形核细胞的作用。免疫复合物还能通过血小板的 Fc 受体与血小板作用，产生活性胺，释放的胺诱导产生胆胺和 5-羟基色胺，增加血管的透性。聚集的嗜中性粒细胞试图吞噬免疫复合物，但由于组织吸附了免疫复合物以后增加了吞噬的困难，所以吞噬细胞更容易将溶酶体的酶释放到外部，引起组织损伤。

2. 引发Ⅲ型超敏反应的原因

Ⅲ型超敏反应的抗原类型和来源：微生物造成的持续性感染引起的；自身免疫病的并发症；外源性的抗原物质形成免疫复合物导致炎症反应。

3. 常见的免疫复合物病

（1）血清病　循环的免疫复合物沉淀在组织上，增加血管的透性，从而引发炎症，如肾小球肾炎和关节炎。

（2）自身免疫复合物病　由于自身抗原的变异而引发的自身抗体，自身抗体与自身抗原形成的复合物引起超敏反应性疾病即属于此类。

（3）局部性过敏坏死反应　又称 Arthus 反应，这是一种局部的急性炎症反应，发生在小血管内及壁管周围，最常见于皮肤。

10.3.4 Ⅳ型超敏反应

Ⅳ型超敏反应又称迟发型超敏反应（delayed type hypersensitivity，DTH），又称细胞介导的超敏反应，是由效应 T 细胞再次接触相同抗原后引起以单核细胞、巨噬细胞和淋巴细胞浸润为主的炎症性病理损伤。机体受刺激后 12 h 以上才发生的超敏反应归属这一类型。

1. Ⅳ型超敏反应的机制

Ⅳ型超敏反应与细胞免疫的发生机制基本一致，是同一过程的两个方面，后者表现为保护性免疫，而前者出现免疫病理损伤。诱发Ⅳ型超敏反应的抗原主要有细胞内寄生的细菌、真菌、病毒、寄生虫、细胞抗原（如肿瘤抗原、移植抗原）和某些化学物质。

2. 常见的疾病

接触性超敏反应指接触化学品、药物等半抗原后，发生以湿疹为表现的接触性皮炎。结核菌素型超敏反应指结核菌素做皮肤试验，感染结核分枝杆菌者的注射局部出现红肿、硬结，是局部炎症反应的表现。肉芽型超敏反应，如分枝杆菌、原虫、真菌感染以及某些自身免疫病。

10.4 免疫学方法及其应用

20 世纪 60 年代以来，免疫学研究迅速发展，免疫学已经渗透到生物医药及现代生物学各个领域，并逐渐形成了诸多免疫学分支学科和交叉学科，从而极大地促进了现代生物学和现代医药学的发展。

传统的免疫学方法仅局限于用体液免疫产生的抗体与各种抗原在体外进行反应，因所用抗体来自免疫动物（或感染动物）的血清，故称作血清学反应。现代免疫学方法是在血清学检测基础上发展的既包括体液免疫又包括细胞免疫检测的各种方法，形成了免疫诊断学和免疫学检验等分支学科，它们在临床诊断与鉴定、免疫学基础理论研究和应用以及相关学科的应用都有重要的作用。

10.4.1 免疫学检测的基本原理

免疫学检测技术是根据抗原与抗体的血清学反应(serological reaction)原理发展起来的检测技术。由于抗体主要来源于血清,所以含有某种抗体的血清又称抗血清(antiserum),而体外抗原抗体反应称为血清学反应。免疫学检测具有特异性和可见性。

1. 特异性

抗原抗体反应的特异性是指抗原与相应抗体之间所发生的特异性结合反应。即一种抗原一般只能与由其刺激所产生的相应抗体结合,也称专一性。

2. 可见性

抗原抗体反应有明显的反应物形成,并肉眼可见,称为可见性。

10.4.2 免疫学检测的基本方法

根据抗原的性质、结果出现的形式、参与反应的成分不同,可将抗原抗体反应分为凝集反应、沉淀反应、补体参与的反应、免疫标记技术。

10.4.2.1 凝集反应

颗粒性抗原与相应抗体结合后,在一定条件下形成凝胶颗粒称为凝集反应(agglutination)。习惯上将参与凝集反应的抗原称为凝集原,而抗体称凝集素。

1. 直接凝集

将细菌或红细胞与相应抗体直接反应,出现细菌凝集或红细胞凝集现象。分为玻片法和试管法。玻片法是一种定性试验方法,如ABO血型鉴定、未知细菌的鉴定等。试管法是一种定量试验的经典方法,可用已知抗原来检测待检血清中有无某种抗体及抗体的含量,用来协助临床诊断或供流行病学调查研究,如诊断布鲁氏菌病的虎红平板凝集反应。

2. 间接凝集

将可溶性抗原(或抗体)先吸附于一种与免疫无关的、一定大小的颗粒状载体的表面,然后与相应抗体(或抗原)反应,在电解质存在的适宜条件下,即可发生凝集,称为间接凝集反应。

10.4.2.2 沉淀反应

可溶性抗原(细菌培养滤液、细胞或组织的浸出液、血清蛋白等)与相应抗体在一定条件下出现沉淀物的现象,称为沉淀反应(precipitation)。由于抗原的分子小,单位体积内含有的抗原量比抗体多,做定量试验时,为了不使抗原过剩需要稀释抗原,并以抗原的稀释度作为沉淀反应的效价。习惯上将参与沉淀反应的抗原称为沉淀原,而抗体称为沉淀素。用于沉淀反应的具体方法有很多,简介如下。

1. 经典方法

(1)环状沉淀反应(ring precipitation) 简称环状试验(ring test),是一种试管法。先在小口径试管内加入已知抗血清(抗体),然后将已稀释好的待检抗原加在抗血清层之上,务必使两层界限分明。数分钟后,若在界面上出现白色沉淀环者,为阳性。此法可用于抗原的定性,如法医学上鉴定血迹,食品卫生上鉴定肉的种类,以及做病畜炭疽病检验的环状沉淀试验(Ascoli试验)或媒介昆虫的嗜血种类的检验。

(2)絮状沉淀反应(flocculation precipitation) 简称絮状反应。把抗原与相应抗体在试管内或凹玻片上混匀,经一段时间后,凡出现肉眼可见的絮状沉淀颗粒者,即为阳性反应。例如诊断梅毒的康氏试验(Kahn test)和测定抗毒素的絮状沉淀单位等都用本法。

2. 现代方法

沉淀反应的用途很广,因此各种新方法不断涌现,其共同原理是让抗原与抗体在半固体凝胶介质中进行相对方向的自由扩散或在电场中电泳,由于反应物的分子大小、形状和电荷的不同,导致两者的扩散或泳动速度的差异,于是会在合适的比例处形成特异的沉淀带。这类方法具有灵敏度高、分辨力强等优点。

(1)单项琼脂扩散法(simple agar diffusion) 又称单项免疫扩散法(radial immuno-diffusion)。将抗原溶液滴加在混有抗体的琼脂介质小孔中,抗原经扩散后,可在小孔周围适当位置形成一沉淀环,根据环的面积可进行抗原的定量测定。

(2)双向琼脂扩散法(double agar diffusion) 又称Ouchterlogy法或双向免疫扩散法(double immuno-diffusion)。将抗原、抗体分别滴加在琼脂介质的不同小孔中,使它们相对扩散,结果在两孔间合适的部位会形成不同特征的沉淀线。此法灵敏度较差,工作时间较长(18~24 h),但对进行抗原分析有益。

(3)对流免疫电泳法(counter immuno-electrophoresis, CIE) 是一种将双向琼脂扩散法与电泳技术相结合的免疫学方法。其原理是:抗原与抗体分别置于凝胶板电场负、正极附近的小孔中,通电后，抗原向正极移动，结果在两孔间合适的抗原、抗体浓度处会形成一条沉淀线。此法具有速度快、灵敏度较高等优点，可用于乙型肝炎表面抗原（HBsAg）和甲种胎儿蛋白（简称甲胎蛋白 α-foetoprotein，AFP 或 αFP）等的检测。

（4）火箭电泳法（rocket electrophoresis） 是一种把单项琼脂扩散法与电泳技术相结合的免疫学方法。在已混有抗体的琼脂凝胶板上挖一小孔，向孔内滴加抗原并进行电泳，结果会沿着电泳方向形成火箭样沉淀线。沉淀线的高度与抗原量成正比，可用于 AFP 等定量测定。

（5）双向免疫电泳法（two dimentional immunoelectrophoresis） 是一种将火箭电泳与血清免疫电泳相结合的方法。先将血清用电泳分离出各成分，然后切下凝胶并转移至另一加有抗血清的凝胶上，进入垂直方向的第二次电泳，形成呈连续火箭样的沉淀线。

10.4.2.3 补体参与的反应

补体结合试验是一种有补体参与，并以绵羊红细胞和溶血素（红细胞的特异抗体）是否发生溶血反应作为指示的高灵敏度地测定抗原与抗体间特异性反应的免疫学方法。其中共有 2 个系统和 5 种成分参与反应：待检系统包括已知抗原或抗体和待检抗原或抗体；指示系统包括免疫红细胞、溶血素（即绵羊红细胞的特异抗体）和补体（取自豚鼠的新鲜血清）。

基本原理：补体可与任何抗原和抗体的复合物相结合；指示系统如遇未被抗原和抗体复合物所结合的游离补体，就会出现肉眼易见的溶血反应（hemolytic reaction）。

如图 10-9 所示，若在试验系统（试管）中先加入抗原，再加入含有抗体的试样，就会立即形成抗原与抗体结合后的复合物。这时如加入补体（新鲜的豚鼠血清），则因补体可与任何抗原、抗体复合物相结合，故形成抗原、抗体与补体三者的复合物。这时，如再加入含有绵羊红细胞和溶血素的指示系统，因其中的红细胞（抗原）已与溶血素（抗体）发生特异结合，而这一新复合物由于得不到游离补体，因而红细胞不发生溶血反应。因此，凡指示系统未发生溶血现象者，而这一新复合物由于得不到游离的补体，红细胞不会发生溶血反应；凡指示系统未发生溶血现象者，即为补体结合试验的阳性，亦即说明试样中存在着待验证的抗体（也可试验有否抗原）。反之，若在该试验系统中缺乏抗体，则补体就会以游离状态存在。这时如加入指示系统，则此补体就可与免疫红细胞和溶血素的复合物结合成三者的复合物，从而使红细胞破裂，于是就出现可见的溶血现象。若见到这种结果，就说明补体结合试验为阴性。

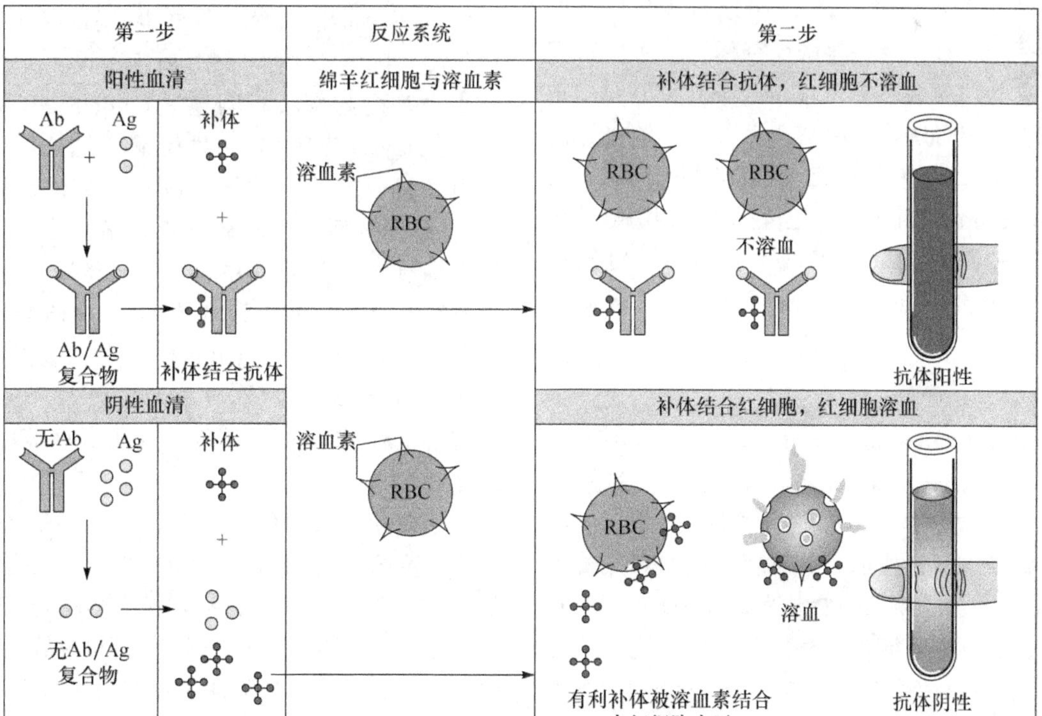

图 10-9 补体结合试验示意图

（引自 Madigan 等，2021）

本试验的优点是：既可测未知抗体，也可测未知抗原；既适合做沉淀反应，也适合做凝集反应；尤其适宜检出微量抗原与抗体间出现的肉眼看不见的反应，因此可提高一般血清学反应的灵敏度。其缺点是操作复杂、影响因素较多。

10.4.2.4 免疫标记技术

现代免疫学技术又称免疫测定法（immunoassay, IA）发展极快，其内容已扩大到许多方面，包括免疫标记技术（immunolabelling technique）、免疫定位分析（immunolocalization）、免疫亲和层析（immunoaffinity chromatography）和免疫生物传感器技术（immunobiosensor technique）等，其中尤其以免疫标记技术的发展最快、应用最广。免疫标记技术就是将抗原或抗体用小分子的标记剂如荧光素、酶、放射性同位素或电子致密物质等加以标记，借以提高其灵敏度和便于检出的一类新技术。其优点是特异性强、灵敏度高、应用范围广、反应速度快、容易观察；既可用于定性、定量分析，又可用于分子定位等工作，目前正在向着简便化和自动化方向发展。

1. 免疫荧光技术

免疫荧光技术又称荧光抗体法（fluorescent antibody technique, FAT），一种把结合有荧光素的荧光抗体与相应的抗原进行反应，借以提高免疫反应灵敏度和适合于显微镜观察的免疫标记技术。常用的荧光素有异硫氰酸荧光素（fluorescein isothiocyanate, FITC）、罗丹明等。后来又发展了一种更好的荧光素即二氯二嗪基氨基荧光素（dichlorotriazinyl aminofluorescein, DTAF）。近年来更有用镧系稀土元素包括铕离子（Eu^{3+}）和铽离子（Tb^{3+}）等取代荧光素去标记抗体，进一步明显提高了本法灵敏度和特异性。

2. 免疫酶技术

免疫酶技术（immunoenzymatic technique）又称酶免疫测定法（enzyme immunoassay）。一种利用酶作为标记的抗体或抗抗体以进行抗原、抗体反应的高灵敏度的免疫标记技术。其原理与免疫荧光技术相似，所不同的只是用酶代替荧光素作为标品，以及用酶的特殊底物处理标本来显示酶标记的抗体。由于酶的催化作用，使原来无色的底物通过水解、氧化或还原反应而显示出颜色。此法优点是：由于是产色反应，可用普通显微镜观察结果；标本经酶标记的抗体染色后，还可用其他染料复染，以显示细胞的形态构造；标本可长久保存、随时查看；特异性强；灵敏度高。用于此法中的标记酶应具备：纯度高、特异性强、稳定性和溶解度好；测定方法简单、敏感、快速；与底物作用后呈现颜色；与抗体交联后仍保持酶活性。最常用的是辣根过氧化物酶（horseradish peroxidase, HRP），此外，还可用碱基磷酸酶（alkaline phosphatase, AP）脲酶（urease）和 *β-D*-半乳糖苷酶（*β-D*-galactosidase）等。此法可用于组织切片、细胞培养标本等组织或细胞抗原的定性、定位，也可用于可溶性抗原或抗体的测定。

（1）酶联免疫吸附法（enzyme linked immunosorbant assay, ELISA）　酶联免疫吸附法简称酶标法。一种把抗原、抗体反应的特异性与酶和底物反应的特异性以及灵敏性相结合起来的免疫酶技术。其中酶与已知的抗原和抗体交联，可形成酶标抗原或抗体。此法被广泛用于检测各种抗原或抗体。

①双抗体夹心法（double antibody sandwich method, sandwich ELISA）：这是一种测定待测标本中是否含抗原的方法。步骤为：将含已知抗体的抗血清吸附在微量滴定板（microtiter plate）上的小孔内，洗涤；加待测抗原，如两者是特异的，则发生结合，然后把多余抗体洗除；加入与待测抗原呈特异的酶联抗体（或称二抗），使形成“夹心”；加入该酶的底物后，若见到有色酶解产物产生，则说明在孔壁上存在相应的抗原。如图 10-10 所示。

②间接免疫吸附测定法（indirect immunosorbant assay, iELISA）：一种用酶联抗抗体来检测血清中是否含有特定抗体的酶联免疫吸附法。步骤为：将已知抗原吸附在微量滴定板的小孔内，洗涤；加入待检抗血清，如其中含特异抗体，则与抗原发生特异结合，洗涤；加入酶联抗抗体，使之与已吸附的抗原抗体复合物相结合，洗涤，去除未吸附的酶联抗体；加入该酶的底物，使底物分解并产生颜色，待反应终止后，依据底物颜色的深浅，即可知样品中的抗体含量。

③斑点酶免疫吸附法（dot-ELISA）：以上的 ELISA 都是在液相中进行酶底物的显色反应，其产物均为可溶性有色化合物，故也可用分光光度计测其含量。Dot-ELISA 是一种在固相薄膜上进行、酶解后产生斑点状非水溶性色素的高灵敏度的酶联免疫吸附法。通常使用的薄膜为醋酸纤维，酶为碱性磷酸酶，酶解底物为氮蓝四唑。此法优点是灵敏度高，与放射免疫测定法相当。

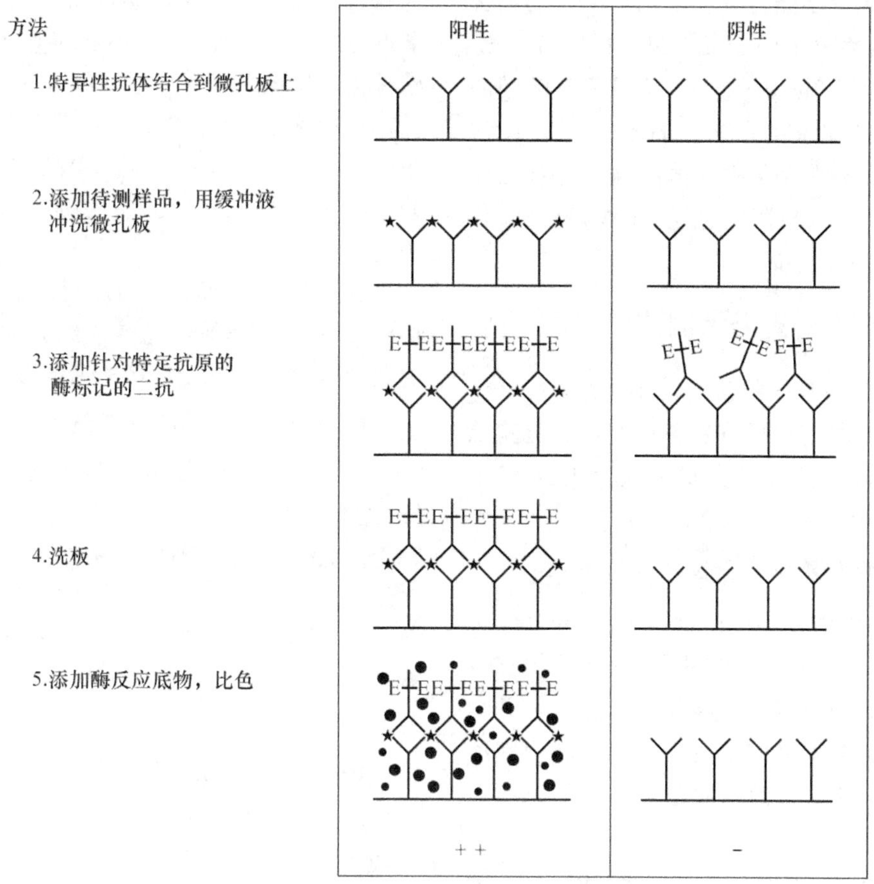

图 10-10 双抗夹心 ELISA 的示意图

（引自 Madigan 等，2021）

(2)酶标记免疫定位(enzyme-labelling immuno-localization)

①免疫组织化学(immuno-histochemistry)：又称酶标免疫组织化学，其原理与上述 dot-ELISA 相同，不同之处仅用组织切片或样品代替固相抗原。

②免疫印迹(immunoblot 或 Western bloting)：又称蛋白质印迹。几种相对分子质量不同的蛋白质(抗原)先经 SDS-PAGE 凝胶电泳分离出不同的条带，再转印至硝酸纤维膜上，然后用酶或同位素标记的抗体对条带进行显色(或放射自显影)和鉴定。此法兼有 SDS-PAGE 的高分辨率和免疫反应的高特异性等优点，常用于检测不同基因所表达的各种微量蛋白质抗原。

3. 放射免疫测定法

放射免疫测定法(radioimmuno-assay，RIA)是一类利用放射性同位素标记的抗原或抗体来检测相应抗体或抗原的高灵敏度免疫分析方法。此法兼有高灵敏度(达 10^{-9} g 或 10^{-12} g)和高特异性等优点。常用的同位素有 ^{125}I、^{131}I、^{3}H、^{35}S 等。放射性强度可用液体闪烁仪(用于溶液)或 X 线胶片自显影(用于固相)计出，灵敏度极高。

4. 免疫电镜技术

免疫电镜技术(immuno-electron microscopy，IEM)是一种采用电子致密物质标记的抗体与其相应抗原发生特异性结合后，借电镜检出这一标记复合物的免疫学技术。例如，辣根过氧化物酶和铁蛋白等可作为标记抗体的电子致密物质。近年来，又进一步发展出用胶体金(colloidal gold)或金、银的微粒来对抗体进行标记，以进行细胞表面标志定位、免疫细胞亚群计数或白血病分型等。免疫电镜技术大大提高了电镜观察的特异性、高分辨率和对生物大分子的定位能力。

5. 发光免疫测定法

发光免疫测定法(luminescent immuno-assay，LIA)是一种把化学发光(chemiluminescence)或生物发光(bioluminescence)反应与免疫测定相结合而

获得的高灵敏度免疫学分析方法。化学发光剂如荧光醇(luminol)、异荧光醇(isoluminol)、吖啶酯(acridine ester)或光泽精(lucigenin,双-*N*-甲基吖啶硝酸盐)等,生物发光剂如虫荧光素(luciferin)等。此法的优点是:可定量检测抗原或抗体;灵敏度高(约比酶免疫技术高 1 000 倍);试剂稳定,无毒;检测操作简便、快速(0.5 h 至数小时)。

10.4.3 免疫细胞分离及检测技术

检测各种淋巴细胞的数量与功能,是观察机体免疫状态的重要手段。外周血是患者主要的检测标本,实验动物还可取胸腺、脾脏、淋巴结等作为标本进行检测。

10.4.3.1 免疫细胞的分离与分析技术

(1)外周血单核细胞(peripheral blood mononuclear cell, PBMC)的分离　采用密度梯度离心法,根据白细胞本身比重的差别分离各种细胞。

(2)淋巴细胞群、亚群的分离　由于淋巴细胞的异质性,可借助于其表面标志的差异将其分为不同的细胞器和亚群。

①磁珠分离法:利用免疫磁珠(immunomagnetic beads, IMB)进行分离细胞的方法。

②流式细胞术(flow cytometer, FCM):是借助荧光激活细胞分离器(fluorescence activated cell sortor, FACS)对免疫细胞及其他细胞进行快速准确确定和分离与分选的技术。常用直接或间接免疫荧光法检测淋巴细胞的表面标志,鉴定细胞的群、亚群。如 $CD4^+$ 和 $CD8^+$ T 细胞亚群,以及表达 mIgD、mIgM 的 B 细胞等。此外流式细胞术还可用于细胞增殖与细胞毒效应测定。

③抗原肽-MHCⅠ四聚体技术:用生物素化的 MHCⅠ-抗原肽复合物与荧光标记的亲和素结合,由于 1 个亲和素可结合 4 个生物素分子,能使 4 个 MHCⅠ-抗原肽复合物形成一个复合体,将该复合体标记荧光素后,即成抗原特异性四聚体。

10.4.3.2 T 细胞功能测定

(1)T 细胞增殖试验　又称 T 淋巴细胞转化试验。T 细胞在体外经某种物质刺激,如 PHA、ConA 等丝裂原以及抗原等,细胞代谢和形态相继变化,在 24～48 h 细胞内蛋白质和核酸合成增加,产生一系列增殖的变化,如细胞变化、细胞基质扩大、出现空泡、核仁明显、核染色质疏松等,由淋巴细胞转变为淋巴母细胞。因此,这种淋巴细胞增殖又叫淋巴细胞转化。据此可判断出淋巴细胞对有关刺激的反应性与功能状态,常用方法如:3H-TdR 掺入法、MTT 法[3-(4,5-二甲基-2-噻唑)-2,5-二苯基四氮唑溴盐]、CCK-8 法(或 WST-8 法是一种改良的 MTT 法)。

(2)细胞毒试验　CTL、NK 细胞对靶细胞有直接杀伤作用,可根据待检效应细胞的性质,选用相应的靶细胞,如肿瘤细胞、移植供体细胞等。

10.4.3.3 B 细胞功能测定

(1)免疫球蛋白测定　通过测定 B 细胞分泌的 Ig 含量了解功能变化,可采用单向琼脂扩散法、ELISA、速率比浊法等测定标本中 IgG、IgM、IgA 等含量。

(2)溶血空斑试验　用于抗体形成 B 细胞测定,即测定针对绵羊红细胞抗原所产生的抗体形成细胞数目。

10.4.3.4 免疫分子的检测

免疫球蛋白可用免疫比浊法、ELISA、RIA 等方法,血清中补体活性测定常采用 50%补体溶血法;细胞因子检测方法可分为 ELISPOT、ELISA 法、生物活性测定法、PCR 法等;CD 分子、表面受体和黏附分子的检测常用间接免疫荧光法、流式细胞术等。

10.4.4 免疫学的应用

10.4.4.1 免疫学检测与诊断

(1)感染性疾病　检测病原体及其组分。

(2)肿瘤　如癌胚抗原的检出和肺癌有关;甲胎蛋白的检出与原发性肝癌有关;前列腺特异抗原的检出与前列腺癌有关;细胞 CD 分子的检测帮助淋巴瘤、白血病的诊断与分型;在肿瘤的影像学诊断中,采用放射性核素标记的单克隆抗体可显示肿瘤及其转移病灶。

(3)免疫缺陷病　抗体、补体含量的测定有助于性联低丙种蛋白血症、抗体缺陷、补体缺陷的诊断;免疫细胞的鉴定、计数以及功能试验可帮助免疫细胞缺陷的诊断。

(4)超敏反应性疾病与自身免疫病　变应原抗体的检测有助于Ⅰ型超敏反应的诊断,抗球蛋白试验辅助诊断自身免疫性贫血;抗核抗体的检测有助于系统性红斑狼疮的诊断;类风湿分子的检测有助于类风湿关节炎的诊断等。

(5)其他 依托免疫学的检测技术除上述应用外,还被广泛应用到相关领域如农业、食品、环境等各领域的研究与应用中。

10.4.4.2 免疫预防

免疫预防(immunoprophylaxis)包括人工主动免疫和人工被动免疫,是采用人工方法将抗原(疫苗、类毒素)或抗体(免疫血清、丙种球蛋白等)制成各种制剂,接种于人体,使其获得特异性免疫功能,以达到预防某些疾病。

1.人工主动免疫(artifical active immunization)

使用的抗原制剂为疫苗,接种机体后使之产生特异性免疫应答过程,类似感染的发生,从而达到预防感染的目的。现代疫苗已从预防制剂扩展到治疗性疫苗制剂。从类型上可分为传统疫苗和新型疫苗。

(1)传统疫苗 是指传统用于预防微生物感染的疫苗。分为灭活疫苗(inactivated vaccine),又称死疫苗,选用免疫原性强的病原体,经人工大量培养后,用理化方法灭活制成;减毒活疫苗(live-attenuated vaccine),是用减毒或无毒力的活病原微生物制成;类毒素(toxoid),是用细菌的外毒素经0.3%~0.4%甲醛处理后失去毒性保留免疫原性而制成,接种后能诱导机体产生抗毒素。

(2)新型疫苗 是采用生物化学合成技术、人工变异技术、分子微生物学技术、基因工程技术等现代生物技术制造出的疫苗,是近年来新发展的疫苗。其有别于传统常规疫苗,分为亚单位疫苗、结合疫苗、合成肽疫苗、重组抗原疫苗、重组载体疫苗、DNA疫苗、转基因植物疫苗等。

2.人工被动免疫(artificial passive immunization)

给人体注射含特异性抗体的免疫血清制剂,用于治疗或紧急预防感染的措施。

(1)抗毒素(antitoxin) 抗毒素是用细菌外毒素或类毒素免疫动物制备的免疫血清,具有中和外毒素毒性的作用。

(2)正常人丙种球蛋白和胎盘丙种球蛋白 正常人丙种球蛋白是正常人血浆提取物,含IgG和IgM;而胎盘丙种球蛋白则是从妊娠妇女胎盘血液中提取物,主要含IgG。因此,这两种丙种球蛋白可用于上述疾病潜伏期治疗或紧急预防,以达到防治发病、减轻症状或缩短病程的目的。

(3)人特异性免疫球蛋白 来源于恢复期患者及含高效价特异性抗体供血者的血浆,以及接受类毒素和疫苗免疫者的血浆。

3.计划免疫

根据某种特定传染病的疫情监测和人群免疫状况分析,有计划地用疫苗对人群(尤其是儿童)进行预防接种,提高人群免疫水平,以达到控制乃至最终消灭相应传染病的目的而采取的重要措施。

10.4.4.3 免疫治疗

免疫治疗是应用免疫学理论和方法治疗相关疾病的一种生物治疗策略,包括免疫增强和免疫抑制治疗。免疫治疗的分类方法不一,传统的分类法按其对机体免疫的影响,将免疫治疗分为免疫增强疗法和免疫抑制疗法;根据治疗特异性,将免疫治疗分为特异性免疫治疗和非特异性免疫治疗;根据治疗剂所用制剂的特点,可将免疫治疗分为主动免疫治疗和被动免疫治疗。

本章小结

微生物在突破其宿主的三道防线后,在宿主的特定部位定居、生长、繁殖,产生特殊酶和毒素,进而引起一系列生理、病理性反应的过程叫感染。病原体本身特点、宿主免疫力及环境因子是影响感染过程的重要因素。感染过程中病原体的毒力、侵入机体的数量和侵入途径决定了病原体的致病性。病原体的致病性与宿主的免疫状态决定了感染的结果,产生了不同的临床症状,被感染者会处于隐性感染、带菌状态和显性感染等不同的感染状态。

机体的免疫可分为固有免疫(非特异性免疫)和适应性免疫(特异性免疫)两类。固有免疫是种群长期进化过程中逐渐形成的,是机体抵御病原体侵袭的第一道防线。固有免疫的主要效应机制为:皮肤、黏膜及其分泌的抑菌/杀菌物质具有屏障效应;体内多种非特异性效应细胞和效应分子发挥生物学作用。特异性免疫是相对于非特异性免疫而讲的,个体接触特定抗原而产生的仅针对该特定抗原的免疫应答,是个体后天获得,具有特异性、多样性、记忆性和耐受性。此类免疫反应主要由可特异性识别抗原的淋巴细胞所承担,其在机体免疫效应机制中发挥主导作用。免疫应答是指一类发生在活生物体内的特异性的系列反应过程。这是一个从抗原的刺激开始,经过抗原特异性淋巴细胞对抗原的识别,使淋巴细胞发生活化、增殖、分化等一系列变化，最终表现出相应的细胞免疫或(和)体液免疫效应。

机体在受到变应原刺激的时候发生的一类特殊的免疫应答，引起组织损伤和免疫功能紊乱。变态反应具有个体的特征，而且是机体在第二次接触变应原时才能发生。

现代免疫学方法是在血清学检测基础上发展的既包括体液免疫又包括细胞免疫检测的各种方法，形成了免疫诊断学和免疫学检验等分支学科，它们在临床诊断与鉴定、免疫学基础理论研究和应用以及相关学科的应用都有重要的作用。

复习思考题

1. 影响感染的因素有哪些？
2. 影响微生物致病的因素有哪些？
3. 简述免疫系统、免疫、免疫学、抗原、抗体的概念。
4. 简述非特异性免疫及其特点。
5. 简述特异性免疫及其特点。
6. 炎症反应过程主要体现在哪些方面？对病原微生物有什么影响？
7. 什么是细胞因子？细胞因子在免疫调节过程中是如何起作用的？
8. 干扰素是如何影响细胞抗病毒的？
9. 举例说明抗原的种类。
10. 什么是抗原决定簇和表位？
11. 简述抗原提呈过程，说明内源性抗原和外源性抗原在这一过程中的差异。
12. 比较T细胞和B细胞的结构及其在免疫应答中的作用。
13. 什么是疫苗？简述主动免疫和被动免疫的差异。
14. 简述弱毒疫苗和灭活疫苗的差异，并说明弱毒疫苗的优缺点。
15. 基因工程疫苗有哪些优缺点？
16. 简述超敏反应的基本特点。
17. 简述两种类型ELISA的基本方法，并说明其是如何工作的。
18. 说明流式细胞术与传统微生物技术检测微生物的优点。

第11章 微生物的系统发育和分类鉴定

内容提示

蛋白质、RNA 和 DNA 分子序列，特别是 rRNA 序列是目前研究各生物进化关系的主要指征，三界(域)生物理论就是通过对各类生物 rRNA 序列比较提出来的。

微生物分类学包括分类、鉴定和命名 3 部分。目前，原核微生物分类系统以《伯杰氏系统细菌学手册》(第 2 版，共 5 卷，2001—2012)最有影响力，真核生物中的真菌分类系统则以 Ainsworth 和 Bisby 的《安·贝氏菌物词典》(第 10 版，2008)为代表。

微生物鉴定方法有两类：一类是经典的分类学方法，包括描述微生物的细胞和菌落形态以及各种其他生物学特性；另一类是现代分子生物学方法，包括 rRNA 基因序列分析和系统发育树构建、看家基因分析、全基因组序列分析等。

教学目标

认识核糖体 RNA 在微生物分类鉴定中的重要地位，了解微生物分类、鉴定和命名的含义及意义，掌握微生物学名的命名原则以及种(尤其是模式种)的概念，熟悉微生物分类的形态学指标、生理生化指标、细胞组分指标和分子生物学指标，掌握微生物鉴定的基本流程以及各种鉴定方法的特点。

目前分类记录记载的生物种类大约为 180 万种，其中微生物约为 20 万种。随着研究的推进，特别是新方法和新技术的不断应用，这一数字还在持续扩大。微生物如此纷繁多样，只有在充分掌握微生物分类学的理论和方法的基础上对它们开展分类、鉴定和命名等一系列工作，才能更有效地认识、研究和利用微生物，控制有害微生物对人类的负面影响。

生物种类和类群的多样性是在生物进化的历史过程中演化而成的，因此，传统上按微生物表型特征进行分类往往是不完全可靠的，还要按照生物的亲缘关系和进化规律进行系统学分类，即进一步从分子水平上研究和探讨微生物的系统发育和分类鉴定。本章将重点介绍微生物的系统发育、微生物分类单元和命名、微生物分类系统纲要、微生物的分类鉴定指标、微生物的分类鉴定方法等内容。

11.1 微生物的系统发育

目前地球上繁衍生息的生物种类，是地球发展过程中由原始生命不断进化发展而来的。系统发育(phylogeny)研究生物演化的历史，从而获得生命演化的谱系。在 20 世纪 70 年代以前，生物类群间的亲缘关系主要根据形态结构、生理生化、行为习性等表型特征以及少量的化石资料来判断它们之间的亲缘关系。微生物尤其是微生物中的原核生物结构过于简单，无法像动植物那样建立基于形态学的分类体系，因此，传统上主要以生理生化特征作为鉴别的重要依据。随着现代分子生物学技术的快速发展，微生物的系统发育分析更多地从核酸、蛋白质等生物大分子中蕴含的信息研究生物进化，并为微生物分类和鉴定提供了全新的理论和方法。

11.1.1 16S rRNA 在系统发育分析中的标尺作用

在根据亲缘关系进行系统分类时，首先要选择合适的进化指征。近来随着对生物大分子的研究不断深入，人们普遍认为蛋白质、RNA 和 DNA 等反映生物基因组特征的分子序列可以作为进化谱系的主要特征。研究表明，这些分子的显著特点是进化速率相对恒定，即分子序列的变化量(核苷酸或氨基酸的替换率)与进化时间呈正相关性。由此,可通过比较不同种类生物大分子序列的变化量,来确定它们之间系统发育相关性或遗传距离。

作为进化指征需要满足以下 4 个条件:①普遍存在性,所选分子序列都存在于所有被研究的生物类群中;②功能同源性,所选分子序列都具有相同功能,功能不同的大分子不能比较;③序列线性,所选分子序列遵循严格的线性排列,便于进一步分析比较;④序列保守性,所选分子序列要求变化速率较低,保守性强。大量资料表明:功能重要的大分子或分子区域比功能不重要的分子或分子区域变化率要低。

在众多生物大分子中,核糖体上的 rRNA 是公认的最适于揭示各类生物系统发育关系、进行生物进化谱系分析的标尺分子。原核生物中用作标尺的 rRNA 分子有 5S rRNA、16S rRNA 和 23S rRNA,尤其是 16S rRNA 应用最广泛。原因是:① rRNA 参与蛋白质的合成,任何生物都必不可少且功能保持不变。②16S rRNA 基因既包含高度保守序列区,又包含中度保守和高度变化的序列区,序列变化与生物进化距离一致。③16S rRNA 相对分子质量大小适中,所携带的信息量可满足分析需要,并且在细胞中含量丰富(占总 RNA 的 90%),便于操作。与 16S rRNA 相比,5S rRNA 相对分子质量较小(约含 120 个核苷酸),携带信息量小,难以被广泛应用;而 23S rRNA 相对分子质量大(约含 2 900 个核苷酸),所含信息量丰富,但序列测定和分析工作量大,不易操作。④16S rRNA 广泛存在于原核生物中,在真核生物中存在其同源序列——18S rRNA。因此,16S rRNA(或 18S rRNA)可以作为测量各类生物进化的标尺,广泛用作生物进化的测量指征。在现实研究中,除了选择 16S rRNA 基因和 18S rRNA 基因作序列分析进行系统发育比较外,还可利用间隔序列(intergenic transcribed sequences,ITS)、某些发育较为古老而序列又较稳定的特异性酶的基因进行序列分析,进行系统发育分析。

Woese 和 Fox(1977)比较了大肠杆菌、产甲烷球菌和酿酒酵母的核糖体小亚基中的 rRNA 的二级结构(图 11-1),提出了将古菌从细菌中分离出来以作为一个与细菌和真核生物并列的独立的域,并进一步提出了影响深远的三域学说。

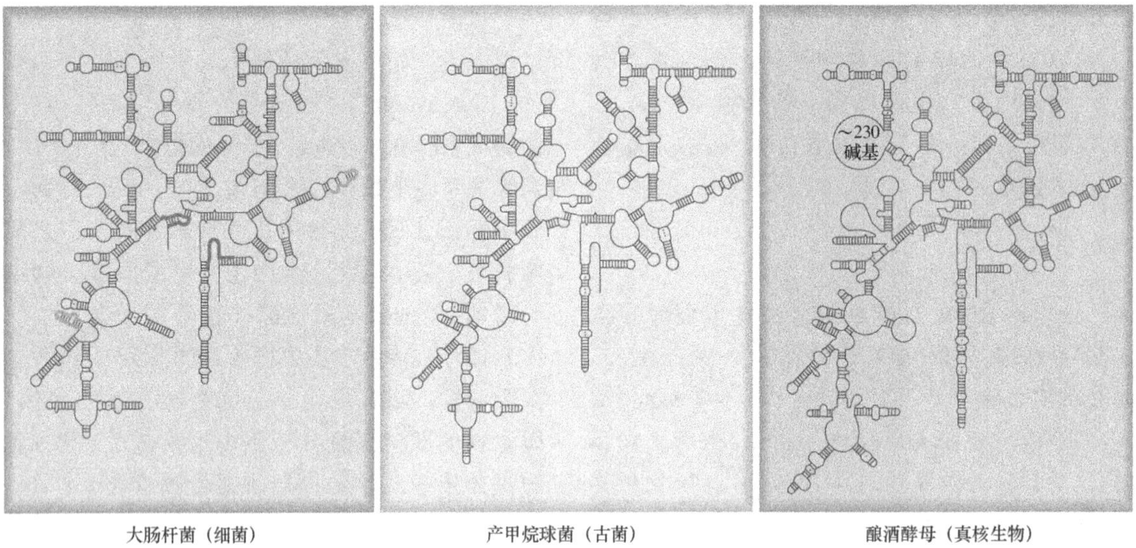

图 11-1　三域生物各自代表的 16S rRNA 二级结构比较

(引自 Willey 等,2020)

11.1.2　系统发育树

在研究生物进化和系统分类中,常用一种树状分枝的图形来概括各种(类)生物之间的亲缘关系,这种树状分枝的图形称为系统发育树(phylogenetic tree),简称系统树。通过比较生物大分子序列差异的数值构建的系统树称为分子系统树(molecular phylogenetic tree)。系统发育关系和分子进化是两个密切相关的过程。在利用现代分子生物学技术在分子和基因水平上获得大量的分类单元尤其是种的遗传信息后,来推断和重建微生物类群的演化历史和演化关系,即建立系统发育树。

美国学者 Woese 创立生命三域分类学说时，通过对某些代表性生物的 16S rRNA 或 18S rRNA 序列数据构建的 rRNA 分子系统发育树，首次提出了一个涵盖整个生命界的系统树，揭示了微生物的系统发育关系。图 11-2 为生命系统发育树示意图。这一系统树显示了 3 个生物类群：细菌、古菌和真核生物。由图 11-2 可知，地球上一切现存生命都有一个共同祖先，由共同祖先开始进化并分为两个方向，即细菌谱系和古菌-真核生物谱系。后来，古菌和真核生物分化产生三域学说中的另外两个谱系。由图 11-2 中可以看出，古菌与真核生物间的关系较与细菌间的关系更为密切。

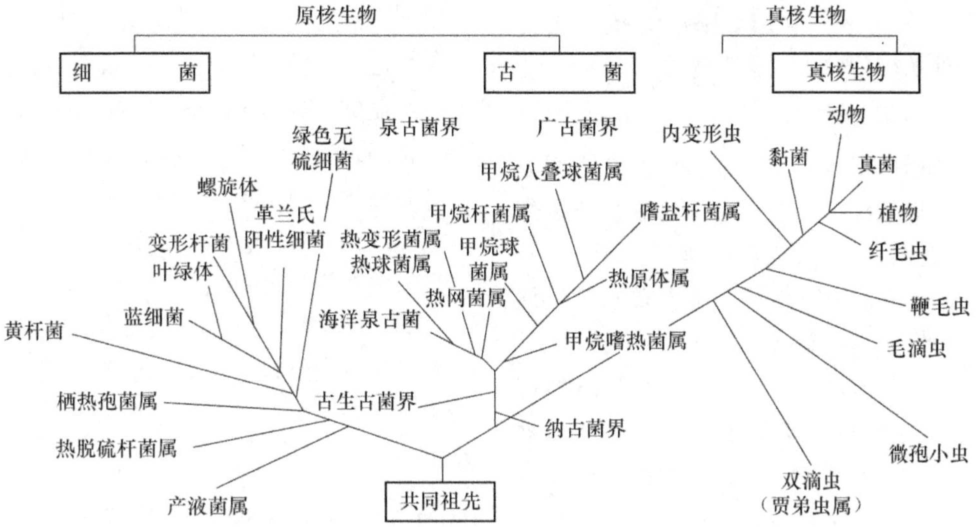

图 11-2　生命系统发育树（根据 16S rRNA 和 18S rRNA 序列绘制）

（引自 Madigan 等，2021）

11.1.3　生物界级分类学说

生物在发展历史中是一个由简至繁、由浅入深、由低等到高等、由宏观形态水平到微观分子水平的过程。在生物学发展初期，人们把一切生物都简单地分成两大类——动物界和植物界；随着人们对微生物认识的深入，从两界系统衍生出了三界系统、四界系统、五界系统、六界系统，最后又出现了三原界的生物分类系统（图 11-3）。

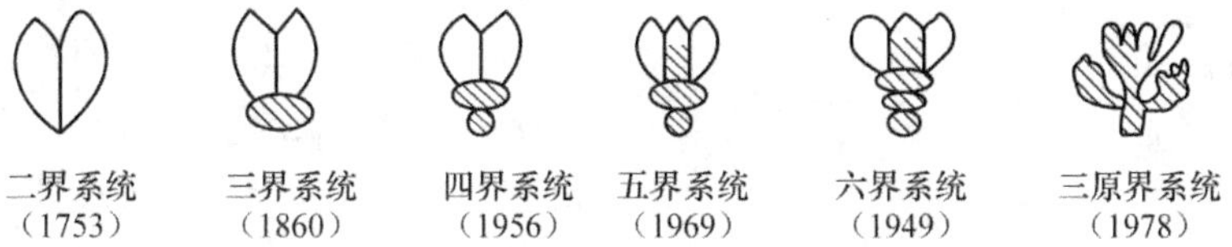

图 11-3　生物界级学说的发展（阴影部分表示微生物）

（引自韦革宏和王卫卫，2008）

11.1.3.1　二界系统

人类早就在生产实践活动中观察到动物和植物的区别。1753 年，瑞典博物学家林奈在其名著《植物种志》中，首次科学地依据形态和生理特征，将生物划分为植物界和动物界两界系统。

11.1.3.2　三界系统

1860 年，Hogg 曾提出在动物界和植物界之外，设立一个由单细胞生物、藻类、真菌和原生动物组成的低等生物界——原生生物界（Protista），与原植物界和动物界合称生物分类的三界系统。1866 年，Haeckel 发现了生物核有无的区别，并将细菌和蓝藻划入称为“无核类”（Monera）的一类，但仍归于原生生物界内。20 世纪初期，也有学者支持三界系统，但内容不尽相同，如 Conard（1939）提议第三界称为菌物界（Mycetalia，包括真菌和细菌），Dodson（1971）则建议称为菌界（Mychota，包括病毒、细菌和蓝细菌）等。

11.1.3.3 四界系统

1938 年,Copeland 提出了生物可分为四界的设想,并于 1956 年提出完善的"四界系统"——动物界、植物界、原生生物界(含原生动物、真菌和部分藻类)和菌界(含细菌和蓝细菌)。后来,Whittaker(1959)把除动物界和植物界以外的两界称为原生生物界和真菌界。而 Leedlale(1974)则把动物界、植物界和真菌界以外的生物归入原核生物界。

11.1.3.4 五界系统

1969 年,Whittaker 进一步将四界系统发展成了五界系统。五界系统是一个较完善的纵横统一的系统(图 11-4),包括动物界、植物界、原生生物界(原生动物、单细胞藻类和黏细菌)、真菌界和原核生物界(细菌和蓝细菌等),在传统分类学上得到了广泛的支持和认可。五界系统在纵向上显示生物从无核细胞到真核单细胞再到真核多细胞的三大进化阶段;而在横向上显示光合营养、吸收式营养和摄食式营养的三大营养类型进化方向。

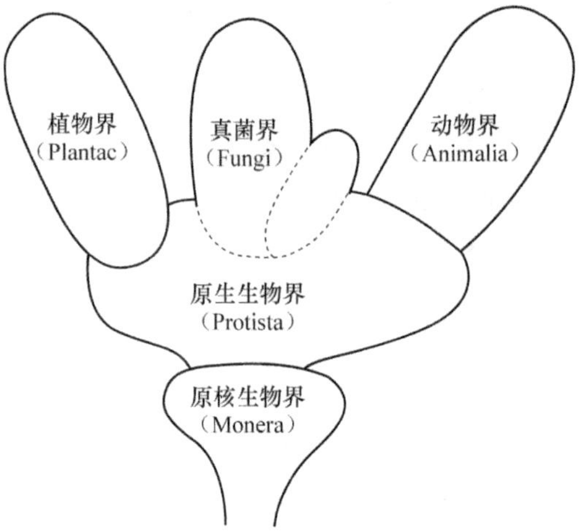

图 11-4 Whittaker 的五界分类系统示意图

(引自韦革宏和王卫卫,2008)

11.1.3.5 六界系统

1949 年,Jahn 等提出将生物分为后生动物界(Metazoa)、后生植物界(Metaphyta)、真菌界、原生生物界、原核生物界和病毒界(Archetista)。1977 年,我国学者王大耜等也提出过在上述 Whittaker 五界系统的基础上增加一个病毒界的六界系统。之后,Brusca 等(1990)提出的六界系统由原核生物界、古菌界(Archaebacteria)、原生生物界、真菌界、植物界和动物界组成。1996 年,Raven 则提出包括动物界、植物界、原生生物界、真菌界、真细菌界和古菌界的六界系统。

11.1.3.6 三总界五界系统

1979 年,我国学者陈世骧等曾提出应根据生命进化历程将生物分为三总界和五界。具体如下:

Ⅰ. 非细胞总界(Superkingdom Acytonia)

Ⅱ. 原核总界(Superkingdom Procaryota)

1. 细菌界(Kingdom Mycomonera)

2. 蓝细菌界(Kingdom Phycomonera)

Ⅲ. 真核总界(Superkingdom Eucaryota)

3. 植物界(Kingdom Plantae)

4. 真菌界(Kingdom Fungi)

5. 动物界(Kingdom Animalia)

此系统中把非细胞的病毒作为一个总界。至今各种界级分类学说中多数未明确病毒的地位,因此,关于病毒在生物分类系统中的位置依然是一个无法解决的难题。

11.1.4 三域学说及其发展

Woese 等在 1977 年提出了著名的三域学说,该学说是基于对大量微生物及其他生物进行 16S rRNA 和 18S rRNA 的寡核苷酸测序,并进行同源性比较,以此从系统发育和进化角度进行界级分类的新系统,称为三域学说(Three Domains Theory)。目前,生物界的三域系统观点已获得国际学术界的普遍肯定。该学说认为,生命是由古菌域(Archaea)、细菌域(Bacteria)和真核生物域(Eucarya)所构成。古菌域包括泉古菌界(Crenarchaeota)、广古菌界(Euryarchaeota)等;细菌域包括细菌、放线菌、蓝细菌和各种除古菌以外的其他原核生物;真核生物域包括真菌、原生生物、动物和植物。

采用 16S rRNA 序列构建的系统发育树,是出于其分析数据的广泛代表性,也为大多数微生物学家所认同。但随着现代基因组和蛋白质组研究的不断深入,有关数据资料的进一步积累,系统发育树在不断地被进一步修改和补充。古菌是一类很特殊的微生物,多生活在极端的生态环境中,如产甲烷菌(methanogen)、极端嗜盐菌(extremehalophile)、极端嗜热菌(themophile)、极端嗜酸菌(acidophile)、极端嗜碱菌(alkaliphile)等。三域学说提出之初,根据 rRNA 进化树,古菌分为泉古菌(Crenarchaeota)和广古菌(Euryarchaeota)两个门。2015 年,发现了洛基古菌门,2017 年又进一步发现了阿斯加德超门,其包含洛基(Lokiarchaeota)、奥丁(Odinarchaeota)、索尔(Thorarchaeota)、海姆达尔(Heimdallarchaeota)以及 2021 年中国深圳大学李猛团队在 *Nature* 上报道的悟空(Wukongarchaeota)等古菌门。在阿斯加德超门这些未可培养古菌中,大量真核生物特征蛋白——真核细胞标志性蛋白(eukaryote signature proteins,ESPs)被基因组分析所发现,提供了真核域生物可能起源于古菌的直接证据,同时也使得两域学说的支持者们倍感兴奋,生命之树三域和两域之争再起波澜,关于生物系统发育和进化的还远远没有结束(图 11-5)。

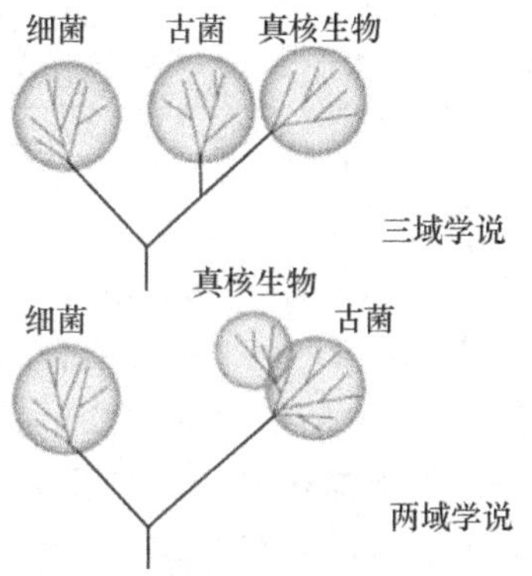

图 11-5 三域学说与两域学说之争

值得注意的是,三域学说是建立在细胞生物核糖体小亚基 RNA 的序列差异分析的基础之上的。如果把作为地球生命系统中最重要的成员之一病毒充分考虑进来的话,三域学说又该如何自圆其说?对古菌 RNA 聚合酶的功能和转录调控的相关研究,为将病毒纳入生命演化历史中提供了一个很好的观察窗口。巨型病毒科(megaviridae)病毒的 RNA 聚合酶的系统发育分支,位于真核和古菌之间,推测这些病毒可能是从原始的真核生物中独立出来,或者存在另一种可能——真核的 RNA 聚合酶可能来源于这些病毒。同样的,最近发现的潘多拉病毒(Pandora virus),它们的基因组甚至比一些寄生的真核生物的基因组还要大。这些病毒的大小和基因组的复杂程度,足以让人思考是否应该将这些古菌来源的巨大病毒归结为生命的第四域?

近年来的研究发现,基因的垂直传递并不是影响生物进化的唯一因素,不同物种之间广泛而频繁的基因水平转移或基因横向转移(horizontal gene transfer)可能使现在的系统发育树相互交叉——生物间存在的水平或横向基因交换也可能深刻地影响着生物的进化历程。因此,把微生物乃至整个生物进化看作是线性的观点可能过于简单化了,生物进化系统树或许更应该是一种网状结构的树。

11.2 微生物分类单元和命名

微生物分类学(microbial taxonomy)是按微生物的亲缘关系进行分群归类的科学,包括分类、鉴定和命名 3 部分。分类是根据相似性或亲缘关系,通过收集大量描述有关个体的文献资料,经过科学归纳和理性思考,整理成一个科学的分类系统。鉴定则是确定一个新的分离物是否归属于已经命名的分类单元的过程。命名是按照国际命名法规给某一未知或新发现的纯种微生物一个科学名称。概括地说,微生物分类学是对各个微生物进行鉴定,按分类学准则排列成分类系统,并对已确定的分类单元进行科学命名的科学。由此看来,分类是一项宏观的战略性工作,鉴定是一项微观的战术性工作,而命名则是一项创新的开拓性工作。

11.2.1 微生物分类单元

分类单位(taxon)是指具体的分类等级或分类单位,也称为分类阶元或分类群。微生物种以上的系统分类单位自上而下依次可分 7 级,即:

界 Kingdom(拉:Regnum)
门 Phylum(拉:Phylum)或 Division(拉:Divisio)
纲 Class(拉:Classis)
目 Order(拉:Ordo)
科 Family(拉:Familia)
属 Genus(拉:Genus)
种 Species(拉:Species)

在这 7 级中,当必要时每一级都可有若干辅助单元,包括加上“亚”“超”或添上“族”等,故可有 10 余级(表 11-1)。

表 11-1　各级分类单元及其词尾

（引自周德庆，2011）

分类单元	细菌	真菌	病毒	原生动物	藻类
门	—	-mycota	—	-a	-phyta
亚门	—	-mycotina	—	-a	-phytina
超纲①	—	—	—	-a	—
纲	—	-mycates	—	-ea	=phyceae
亚纲	—	-mycetidea	—	-ia	—
超目②	—	—	—	-idea	
目	-ales	-ales	—	-ida	-ales
亚目	-ineae	-ineae	—	-ina	-ineas
超科③	—	—	—	-oidea	—
科	-aceae	-aceae	-viridae	-idae	-aceae
亚科	-oideac	-oideae	-viridae	-inae	-oideae
族④	-eae	-eae	—	-ini	-eae
亚族	-inae	-inae	—	—	-inae
属	—	—	-virus	—	—

注：①Superclass　②Superorder　③Superfamily　④Tribe

在前面提到的7级分类单元中，最底层的为种，是最基本也是最重要的分类单位。关于微生物"种"的概念，各个分类学家的看法不一。1986年，Stanier给"种"下了较为确切的定义："一个种是由具有高度表型相似性的个体组成，并与其他具有相似特征的类群存在明显的差异。"具体地讲，微生物的种就是一群表型特征高度相似、亲缘关系极其密切、与同属内其他种有明显差异的菌株的总称。随着微生物分类学的发展，人们意识到种的定义应建立在遗传物质（DNA）鉴定和分析的基础上。1987年，国际细菌分类委员会颁布，DNA同源性≥70%，而且其$\Delta T_m \leqslant 5$ ℃的菌群为一个种。1994年Stackebrandt和Embley提出当16S rRNA的序列同源性≥97%时可认定为一个种。当然，这些量化标准也必须与该菌群的表型特征是相一致的。

在微生物中，一个种只能用该种内的一个典型菌株（type strain）当作它的具体代表，故此典型菌株就成了该种的模式种（type species）或模式活标本。例如，在两歧双歧杆菌（*Bifidobacterium bifidum*）的大量菌株中，只有"ATCC 29521"菌株才是模式种。因而在微生物学中，"种"还只是一个抽象的概念，具有该种的许多典型性状的模式菌株才是具体的"种"。

11.2.2　微生物的命名

按照国际命名法，微生物的命名采用林奈氏（Linnaeus）所创立的"双名法"。每一种微生物的学名包括两个拉丁字或希腊字或者拉丁化了的其他文字，均是依据属与种而命名。属名在前，词首字母大写，用拉丁名词表示，是由微生物的形状、构造或科学家姓名得来，用于描述微生物的主要特征。种名在后，词首字母小写，用拉丁形容词表示，为微生物的来源、病名、色素或科学家姓名等，用于描述微生物的次要特征。此外，在正式的拉丁名称后面一般附着命名者的姓和命名年份。其正确表示方式如下：

$$\text{学名} = \underset{\text{必须双名，斜体书写}}{\underline{\text{属名}+\text{种名的加词}}} + \underset{\text{可省略，正体书写}}{\underline{(\text{首次定名人})+\text{现名定名人}+\text{定名年限}}}$$

例如，金黄色葡萄球菌的学名为：

Staphylococcus	*aureus*
属名：葡萄球菌	种名：金黄色
Rosenbach	1884
命名人的姓	命名年份

又如：

Peptostreptococcus	*foetidus*
属名：消化链球菌	种名：恶臭
(Veillon)	Smith
原命名者	改名者

若某种微生物尚未定种名只有属名时，或只泛指某一属的微生物而不是指定某一具体的种，可在属名后用正体"sp."或"spp."（species的缩写，sp.表

示单数，spp. 表示复数）予以替代种名，如 *Pseudomonas* sp.（spp.）、*Bacillus* sp.（spp.）等；若发表新种时，还需要 sp. 后面加上 nov.（novel 的缩写），如 *Streptomyces* sp. nov.，表示链霉菌属内尚未定种名的一种链霉菌；若有亚种或变种时，则要在该菌种学名后面加亚种名的加词，并用正体书写形式在种名加词与亚种名加词之间加 subsp. 或 var.（subsp. 为 subspecies 的缩写形式，var. 为 variety 的缩写形式），如 *Bacillus thuringiensis* subsp.（var.）galleria 表示苏云金芽孢杆菌蜡螟亚种（或变种）。

此外，国际上对新定名称确定的合法性、发表的优先权及有效发表均有严格的规定。新名称必须发表在国际系统细菌学杂志，并且需要附上该分类单元的描述或过去对该单元有效发表的描述为参考。此外，还需要指定新分类单元的模式（模式种、模式菌株等），并送公认菌种保藏机构存放。新分类单元的确定日期要以该杂志上正式发表的日期为准。发表新名称时，应在新名称之后加上所属分类等级的缩写词，如新目“ord. nov.”、新属“gen. nov.”、新种“sp. nov.”等。

11.3　微生物分类系统纲要

11.3.1　《伯杰氏系统细菌学手册》分类系统纲要

原核微生物分类系统较多，20 世纪 60 年代以前，国际上不少细菌分类学家都曾对细菌进行全面的分类，提出过一些在当代有影响的分类系统。但当前世界上最有代表性、参考价值极高、比较全面系统的分类手册是由美国宾夕法尼亚大学细菌学教授伯杰 Bergey（1860—1937 年）等主编的《伯杰氏鉴定细菌学手册》（*Bergey's Manunl of Determinative Bacteriology*）。1923 年第 1 版问世后，其内容经过不断的扩充和修订，分别于 1925—1974 年出版了第 2 版至第 8 版，每个版本都反映了当时细菌学发展的新成就。由于内容增加、范围扩大，提高了手册的实用性，代表着细菌分类学的发展进入了新的阶段，1984 年组织撰写的《伯杰氏系统细菌学手册》（Bergey's Manual of Systematic Bacteriology），根据表型特征共分成 4 卷，于 1984—1989 年出版。2001—2012 年由 George Garrity 主编的《伯杰氏系统细菌学手册》（第 2 版），分 5 卷陆续出版：第 1 卷为古菌、光合细菌和深分支细菌；第 2 卷为变形杆菌；第 3 卷为低（G+C）摩尔分数含量的革兰氏阳性菌；第 4 卷为浮霉状菌、螺旋体、丝杆菌、拟杆菌和梭杆菌等；第 5 卷为高（G+C）摩尔分数含量的革兰氏阳性细菌（即放线菌门，分 A、B 两册）。多卷本第 2 版凝聚了近千名学者的贡献，提供了各个原核生物群体的分类学、系统学、生理学、生态学和栖息地的广泛描述性信息，反映了其进化历史的原核生物的自然分类。

20 世纪 70 年代以后，随着新方法和新技术的发展和应用，细胞学、遗传学，尤其是分子生物学方面有了飞速的发展和进步，极大地促进了微生物分类学的发展，使主要基于表型特征的传统分类逐渐过渡到了可以真正反映微生物系统发育和进化或亲缘关系的现代分类体系。《伯杰氏系统细菌学手册》（第 2 版）分成 5 卷出版，内容极其丰富，表 11-2 和表 11-3 把该手册中的原核生物分类系统依次列出。该手册把原核生物分为古菌界（Archaeota）和细菌界（Bacteria，过去曾称“真细菌界”Eubacteria）两界，它们相当于 Woese 三域学说中的两个域。古菌域共包括 2 门 9 纲 13 目 23 科和 79 属，共有 289 个种；而细菌界则包括 25 门 34 纲 78 目 230 科 1 227 属，共有 6 740个种。因此，至今所记载过的整个原核生物共有 7 029 种。应当说明的是，出于严谨性和保守性，迄今为止，《伯杰氏系统细菌学手册》尚未纳入未可培养微生物类群的信息。

表 11-2　古菌域（Archaeota）的主要分类单元举例

门	纲	目	代表科
AⅠ.泉古菌门（Crenarchaeota）	Ⅰ.热变形菌纲（Thermoprotei）	Ⅰ.热变形菌目（Thermoproteales）	Ⅰ.热变形菌科（Thermoproteaceae）
		Ⅱ.Caldiphaerales	Ⅰ.Caldiphaeraceae
		Ⅲ.硫还原球菌目（Desulfurococcales）	Ⅰ.硫还原球菌科（Desulfurococcaceae）
		Ⅳ.硫化叶菌目（Sulfolobales）	Ⅰ.硫化叶菌科（Sulfolobaceae）

续表 11-2

门	纲	目	代表科
AⅡ.广古菌门(Euryarchaeota)	Ⅰ.甲烷杆菌纲(Methanobacteria)	Ⅰ.甲烷杆菌目(Methanobacteriales)	Ⅰ.甲烷杆菌科(Methanobacteriaceae)
	Ⅱ.甲烷球菌纲(Methanococci)	Ⅰ.甲烷球菌目(Methanococcales)	Ⅰ.甲烷球菌科(Methanococcaceae)
	Ⅲ.甲烷微菌纲(Methanomicrobia)	Ⅰ.甲烷微菌目(Methanomicrobiales)	Ⅰ.甲烷微菌科(Methanomicrobiaceae)
		Ⅱ.甲烷八叠球菌目(Methanosarcinales)	Ⅱ.甲烷八叠球菌科(Methanosarcinaceae)
	Ⅳ.盐杆菌纲(Halobacteria)	Ⅰ.盐杆菌目(Halobacteriales)	Ⅰ.盐杆菌科(Halobacteriaceae)
	Ⅴ.热原体纲(Thermoplasmata)	Ⅰ.热原体目(Thermoplasmatales)	Ⅰ.热原体科(Thermoplasmataceae)
	Ⅵ.热球菌纲(Thermococci)	Ⅰ.热球菌目(Thermococcales)	Ⅰ.热球菌科(Thermococcaceae)
	Ⅶ.古球菌纲(Archaeoglobi)	Ⅰ.古球菌目(Archaeoglobales)	Ⅰ.古球菌科(Archaeoglobaceae)
	Ⅷ.甲烷火菌纲(Methanopyri)	Ⅰ.甲烷火菌目(Methanopyrales)	Ⅰ.甲烷火菌科(Methanopyraceae)

表 11-3 细菌域(Bacteria)的分类简表

门	纲	目	代表科
BⅠ.产液菌门(Aquificae)	Ⅰ.产液菌纲(Aquificae)	Ⅰ.产液菌目(Aquificales)	Ⅰ.产液菌科(Aquificaceae)
BⅡ.热袍菌门(Thermotogae)	Ⅰ.热袍菌纲(Thermotogae)	Ⅰ.热袍菌目(Thermotogales)	Ⅰ.热袍菌科(Thermotogaceae)
BⅢ.热脱硫杆菌门(Thermodesul fobacteria)	Ⅰ.热脱硫杆菌纲(Thermodesulfobacteria)	Ⅰ.热脱硫杆菌目(Thermodesul fobacteriales)	Ⅰ.热脱硫杆菌科(Thermodesul fobacteriaceae)
BⅣ.异常球菌-栖热菌门(Deinococcus-Thermus)	Ⅰ.异常球菌纲(Deinococcus)	Ⅰ.异常球菌目(Deinococcales)	Ⅰ.异常球菌科(Deinococcaceae)
		Ⅱ.栖热菌目(Thermales)	Ⅰ.栖热菌科(Thermaceae)
BⅤ.产金色菌门(Chrysiogenetes)	Ⅰ.产金色菌纲(Chrysiogenetes)	Ⅰ.产金色菌目(Chrysiogenales)	Ⅰ.产金色菌科(Chrysiogenaceae)
BⅥ.绿屈挠菌门(Chloroflexi)	Ⅰ.绿屈挠菌纲(Chloroflexi)	Ⅰ.绿屈挠菌目(Chloroflexales)	Ⅰ.绿屈挠菌科(Chloroflexaceae)
	Ⅱ.Anaerolienae	Ⅱ.Anaerolienales	Ⅰ.Anaerolienaceae
BⅦ.热微菌门(Thermomicrobia)	Ⅰ.热微菌纲(Thermomicrobia)	Ⅰ.热微菌目(Thermomicrobiales)	Ⅰ.热微菌科(Thermomicrobiaceae)
BⅧ.硝化刺菌门(Nitrospirae)	Ⅰ.硝化刺菌纲(Nitrospira)	Ⅰ.硝化刺菌目(Nitrospirales)	Ⅰ.硝化刺菌科(Nitrospiraceae)
BⅨ.脱铁杆菌门(Deferribacteres)	Ⅰ.脱铁杆菌纲(Deferribacteres)	Ⅰ.脱铁杆菌目(Deferribacterales)	Ⅰ.脱铁杆菌科(Deferribacteraceae)

续表 11-3

门	纲	目	代表科
BⅩ.蓝细菌门(Cyanobacteria)	Ⅰ.蓝细菌纲(Cyanobacteria)	亚组Ⅰ(无亚组名)	Ⅰ.(无科名)有 14 个形态属，如黏杆蓝细菌属(*Gloeobacter*)、聚球蓝细菌属(*Synechococcus*)等
		亚组Ⅱ(无亚组名)	Ⅰ.(无科名)有 4 个形态属 Ⅱ.(无科名)有 3 个形态属，如宽球蓝细菌属(*Pleurocapsa*)等
		亚组Ⅲ(无亚组名)	Ⅰ.(无科名)有 16 个形态属,如鞘丝蓝细菌属(*Lyngbya*)、颤蓝细菌属(*Oscillatoria*)、螺旋蓝细菌属(*Spirulina*)等
		亚组Ⅳ(无亚组名)	Ⅰ.(无科名)有 9 个形态属，如鱼腥蓝细菌属(*Anabaena*)、念珠蓝细菌属(*Nostoc*)等
		亚组Ⅴ(无亚组名)	Ⅰ.(无科名)有 6 个形态属，如飞氏蓝细菌属(*Fischerella*)等
BⅪ.绿菌门(Chlorobi)	Ⅰ.绿菌纲(Chlorobia)	Ⅰ.绿菌目(Chlorobiales)	Ⅰ.绿菌科(Chlorobiaceae)
BⅫ.变形菌门(Proteobacteria)	Ⅰ.α-变形菌纲(α-Proteobacteria)	Ⅰ.红螺菌目(Rhodospirillales)	Ⅰ.红螺菌科(Rhodospirillaceae) Ⅱ.醋酸菌科(Acetobacteraceae)
		Ⅱ.立克次氏体目(Rickettsiales)	Ⅰ.立克次氏体科(Rickettsiaceae)
		Ⅲ.红杆菌目(Rhodobacteriales)	Ⅰ.红杆菌科(Rhodobacteriaceae)
		Ⅳ.鞘氨醇单胞菌目(Sphingomonadales)	Ⅰ.鞘氨醇单胞菌科(Sphingomonadaceae)
		Ⅴ.柄杆菌目(Caulobacterales)	Ⅰ.柄杆菌科(Caulobacteraceae)
		Ⅵ.根瘤菌目(Rhizobiales)	Ⅰ.根瘤菌科(Rhizobiaceae) Ⅳ.布鲁氏菌科(Brucellaceae) Ⅶ.拜叶林克氏菌科(Beijerinckiaceae) Ⅷ.慢生根瘤菌科(Bradyrhizobiaceae)

续表 11-3

门	纲	目	代表科
			Ⅸ. 生丝微菌科 (Hyphomicrobiaceae)
	Ⅱ. β-变形菌纲 (β-Proteobacteria)	Ⅰ. 伯克霍尔德氏菌目 (Burkholderiales)	Ⅰ. 伯克霍尔德氏菌科 (Burkholderiaceae)
			Ⅱ. 产碱菌科 (Alcaligenaceae)
		Ⅱ. 嗜氢菌目 (Hydrogenophilales)	Ⅰ. 嗜氢菌科 (Hydrogenophilaceae)
		Ⅲ. 嗜甲基菌目 (Methylophilales)	Ⅰ. 嗜甲基菌科 (Methylophilaceae)
		Ⅳ. 奈瑟氏球菌目 (Neisseriales)	Ⅰ. 奈瑟氏球菌科 (Neisseriaceae)
		Ⅴ. 亚硝化单胞菌目 (Natrosomonadales)	Ⅰ. 亚硝化单胞菌科 (Natrosomonadaceae)
			Ⅱ. 螺菌科 (Spirillaceae)
		Ⅵ. 红环菌目 (Rhodocyclales)	Ⅰ. 红环菌科 (Rhodocyclaceae)
		Ⅶ. Procabacteriales	Ⅰ. Procabacteriaceae
	Ⅲ. γ-变形菌纲 (γ-Proteobacteria)	Ⅰ. 着色菌目 (Chromatiales)	Ⅰ. 着色菌科 (Chromatiaceae)
		Ⅱ. 酸硫杆菌目 (Acidithiobacillales)	Ⅰ. 酸硫杆菌科 (Acidithiobacillaceae)
		Ⅲ. 黄单胞菌目 (Xanthomonadales)	Ⅰ. 黄单胞菌科 (Xanthomonadaceae)
		Ⅳ. 心杆菌目 (Cardiobacteriales)	Ⅰ. 心杆菌科 (Cardiobacteriaceae)
		Ⅴ. 硫丝菌目 (Thiotrichales)	Ⅰ. 硫丝菌科 (Thiotrichaceae)
		Ⅵ. 军团菌目 (Legionellales)	Ⅰ. 军团菌科 (Legionellaceae)
		Ⅶ. 甲基球菌目 (Methylococcales)	Ⅰ. 甲基球菌科 (Methylococcaceae)
		Ⅷ. 海洋螺菌目 (Oceanospirillales)	Ⅰ. 海洋螺菌科 (Oceanospirillaceae)
			Ⅳ. 盐单胞菌科 (Halomonadaceae)
		Ⅸ. 假单胞菌目 (Pseudomonadales)	Ⅰ. 假单胞菌科 (Pseudomonadaceae)
		Ⅹ. 交替单胞菌目 (Alteromonadales)	Ⅰ. 交替单胞菌科 (Alteromonadaceae)

续表 11-3

门	纲	目	代表科
		Ⅺ.弧菌目（Vibrionales）	Ⅰ.弧菌科（Vibrionaceae）
		Ⅻ.气单胞菌目（Aeromonadales）	Ⅰ.气单胞菌科（Aeromonadaceae）
		XⅢ.肠杆菌目（Enterobacteriales）	Ⅰ.肠杆菌科（Enterobacteriaceae）
		XⅣ.巴斯德氏菌目（Pasteurellales）	Ⅰ.巴斯德氏菌科（Pasteurellaceae）
	Ⅳ.δ-变形菌纲（δ-Proteobacteria）	Ⅰ.硫还原菌目（Desulfurellales）	Ⅰ.硫还原菌科（Desulfurellaceae）
		Ⅱ.脱硫弧菌目（Desulfovibrionales）	Ⅰ.脱硫弧菌科（Desulfovibrionaceae）
		Ⅲ.脱硫杆菌目（Desulfobacteriales）	Ⅰ.脱硫杆菌科（Desulfobacteriaceae）
		Ⅳ.Desulfarcales	Ⅰ.Desulfarculaceae
		Ⅴ.脱硫单胞菌目（Desulfuromonales）	Ⅰ.脱硫单胞菌科（Desulfuromonaceae）
		Ⅵ.互营杆菌目（Syntrophobacterales）	Ⅰ.互营杆菌科（Syntrophobacteraceae）
		Ⅶ.蛭弧菌目（Bdellovibrionales）	Ⅰ.蛭弧菌科（Bdellovibrionaceae）
		Ⅷ.黏细菌目（Myxococcales）	Ⅰ.黏细菌科（Myxococcaceae）
	Ⅴ.ε-变形菌纲（ε-Proteobacteria）	Ⅰ.弯曲杆菌目（Campylobacterales）	Ⅰ.弯曲杆菌科（Campylobacteraceae）
BⅫ.厚壁菌门（Firmicutes）	Ⅰ.梭菌纲（Clostridia）	Ⅰ.梭菌目（Clostridiales）	Ⅰ.梭菌科（Clostridiaceae）
			Ⅲ.消化链球菌科（Peptostreptococcaceae）
			Ⅳ.真杆菌科（Eubacteriaceae）
			Ⅴ.消化球菌科（Peptococcaceae）
		Ⅱ.热厌氧杆菌目（Thermoanaerobacteriales）	Ⅰ.热厌氧杆菌科（Thermoanaerobacteriaceae）
		Ⅲ.盐厌氧菌目（Haloanaerobiales）	Ⅰ.盐厌氧菌科（Heloanaerobiaceae）
	Ⅱ.柔膜菌纲（Mollicutes）	Ⅰ.枝原体目（Mycoplasmatales）	Ⅰ.枝原体科（Mycoplasmataceae）
		Ⅱ.昆虫枝原体目（Entomoplasmatales）	Ⅰ.昆虫枝原体科（Entomoplasmataceae）

续表 11-3

门	纲	目	代表科
			Ⅱ.螺原体科 (Spiroplasmataceae)
		Ⅲ.无胆甾原体目 (Acholeplasmatales)	Ⅰ.无胆甾原体科 (Acholeplasmataceae)
		Ⅳ.厌氧枝原体目 (Anaeroplasmatales)	Ⅰ.厌氧枝原体科 (Anaeroplasmataceae)
	Ⅲ.芽孢杆菌纲 (Bacilli)	Ⅰ.芽孢杆菌目 (Bacillales)	Ⅰ.芽孢杆菌科 (Bacillaceae)
			Ⅷ.葡萄球菌科 (Staphylococcaceae)
			Ⅸ.高温放线菌科 (Thermoactinomycetaceae)
		Ⅱ.乳杆菌目 (Lactobacillales)	Ⅰ.乳杆菌科 (Lactobacillaceae)
			Ⅳ.肠球菌科 (Enterococcaceae)
			Ⅴ.明串珠菌科 (Leuconostoccaceae)
			Ⅵ.链球菌科 (Streptococcaceae)
BⅩⅣ.放线细菌门 (Actinobacteria)	Ⅰ.放线细菌纲 (Actinobacteria)		
	亚纲Ⅰ.酸微菌亚纲 (Acidimicrobidae)	Ⅰ.酸微菌目 (Acidimicrobiales)	Ⅰ.酸微菌科 (Acidimicrobiaceae)
	亚纲Ⅱ.红色杆菌亚纲 (Rubrobacteridae)	Ⅰ.红色杆菌目 (Rubrobacteriales)	Ⅰ.红色杆菌科 (Rubrobacteraceae)
	亚纲Ⅲ.科里氏杆菌亚纲 (Coriobacteridae)	Ⅰ.科里氏杆菌目 (Coriobacteriales)	Ⅰ.科里氏杆菌科 (Coriobacteriaceae)
	亚纲Ⅳ.球杆菌亚纲 (Sphaerobacteridae)	Ⅰ.球杆菌目 (Sphaerobacterales)	Ⅰ.球杆菌科 (Sphaerobacteraceae)
	亚纲Ⅴ.放线细菌亚纲 (Actinobacteria)	Ⅰ.放线菌目 (Actinomycetales)	O 放线菌科 (Actinomycetaceae)
			O 短杆菌科 (Brevibacteriaceae)
			O 纤维单胞菌科 (Cellulomonadaceae)
			O 棒杆菌科 (Corynebacteraceae)
			O 分枝杆菌科 (Mycobacteriaceae)
			O 诺卡氏菌科 (Nocardiaceae)

续表 11-3

门	纲	目	代表科
			O 小单孢菌科 (Micromonosporaceae)
			O 丙酸菌科 (Propionibacteriaceae)
			O 链霉菌科 (Streptomycetaceae)
			O 链孢囊菌科 (Streptosporangiaceae)
			O 高温单孢菌科 (Thermomonosporaceae)
			O 弗兰克氏菌科 (Frankiaceae)
		Ⅱ. 双歧杆菌目 (Bifidobacteriales)	Ⅰ. 双歧杆菌科 (Bifidobacteriaceae)
BⅩⅤ. 浮霉状菌门 (Planctomycetes)	Ⅰ. 浮霉状菌纲 (Planctomycetacia)	Ⅰ. 浮霉状菌目 (Planctomycetales)	Ⅰ. 浮霉状菌科 (Planctomycetaceae)
BⅩⅥ. 衣原体门 (Chlamydiae)	Ⅰ. 衣原体纲 (Chlamydiae)	Ⅰ. 衣原体目 (Chlamydiales)	Ⅰ. 衣原体科 (Chlamydiaceae)
BⅩⅦ. 螺旋体门 (Spirochaetes)	Ⅰ. 螺旋体纲 (Spirochaetes)	Ⅰ. 螺旋体目 (Spirochaetales)	Ⅰ. 螺旋体科 (Spirochaetaceae)
			Ⅲ. 钩端螺旋体科 (Leptospiraceae)
BⅩⅧ. 丝状杆菌门 (Fibrobacteres)	Ⅰ. 丝状杆菌纲 (Fibrobacteres)	Ⅰ. 丝状杆菌目 (Fibrobacterales)	Ⅰ. 丝状杆菌科 (Fibrobacteraceae)
BⅩⅨ. 酸杆菌门 (Acidobacteria)	Ⅰ. 酸杆菌纲 (Acidobacteria)	Ⅰ. 酸杆菌目 (Acidobacteriales)	Ⅰ. 酸杆菌科 (Acidobacteriaceae)
BⅩⅩ. 拟杆菌门 (Bacteroidetes)	Ⅰ. 拟杆菌纲 (Bacteroidates)	Ⅰ. 拟杆菌目 (Bacteroidales)	Ⅰ. 拟杆菌科 (Bacteroidaceae)
	Ⅱ. 黄杆菌纲 (Flavobacteria)	Ⅱ. 黄杆菌目 (Flavobacteriales)	Ⅱ. 黄杆菌科 (Flavobacteriaceae)

11.3.2 Ainsworth 等真菌分类系统纲要

真菌的分类系统较多，自 1729 年 Michei 对真菌进行首次分类以来，有代表性的真菌分类系统达 10 余个，其中影响最大、普通使用的是 1973 年的 Ainsworth 真菌分类系统。在这些分类系统中，仍然是以形态特征、生殖特性、细胞结构、生态环境为主要分类依据，结合系统发育的规律进行分类。而以分子生物学方法研究真菌各类群之间的亲缘关系，揭示不同类群之间系统发育的本质和进化关系，是分类学发展的一个方向。2008 年出版的《安·贝氏菌物词典》(第 10 版)分类系统，将真菌界划分为 7 门 36 纲 140 目 560 科 8 283 属 97 861 种。纲以上分类等级如下：

真菌界 Fungi

- 壶菌门 Chytridiomycota
  - 壶菌纲 Chytridiomycetes
  - 单毛壶菌纲 Monoblepharidomycetes(新)
- 芽枝霉门 Blastocladiomycota(新)
  - 芽枝霉纲 Blastocladiomycetes(新)
- 新美鞭菌门 Neocallimastigomycota(新)
  - 新美鞭菌纲 Neocallimastigomycetes(新)

球囊菌门 Glomeromycota(新)

球囊菌纲 Glomeromycetes(新)

接合菌门 Zygomycota

接合菌纲 Zygomycetes

虫霉菌亚门 Entomophthoromycotina

梳霉亚门 Kickxellomycotina

毛霉菌亚门 Mucoromycotina

捕虫霉菌亚门 Zoopagomycotina

子囊菌门 Ascomycota

盘菌亚门 Pezizomycotina(=子囊菌亚门 Ascomycotina)

星裂菌纲 Arthoniomycetes(新)

座囊菌纲 Dothideomycetes(新)

散囊菌纲 Eurotiomycetes(新)

虫囊菌纲 Laboulbeniomycetes(新)

茶渍菌纲 Lecanoromycetes(新)

锤舌菌纲 Leotiomycetes(新)

异极菌纲 Lichinomycetes(新)

圆盘菌纲 Orbiliomycetes(新)

盘菌纲 Pezizomycetes(新)

粪壳菌纲 Sordariomycetes(新)

酵母菌亚门 Saccharomycotina

酵母菌纲 Saccharomycetes

外囊菌亚门 Taphrinomycotina

新床菌纲 Neolectomycetes(又译无丝盘菌纲)

肺炎菌纲 Pneumocystidomycetes

裂殖酵母菌纲 Schizosaccharomycetes

外囊菌纲 Taphrinomycetes

担子菌门 Basidiomycota

伞菌亚门 Agaricomycotina

伞菌纲 Agaricomycetes(新)

花耳纲 Dacrymycetes(新)

银耳纲 Tremellomycetes(新)

柄锈菌亚门 Pucciniomycotina

伞型束梗孢菌纲 Agaricostilbomycetes(新)

小纺锤菌纲 Atractiellomycetes(新)

Classiculomycetes(新)

隐菌寄生菌纲 Cryptomycocolacomycetes(新)

囊担子菌纲 Cystobasidiomycetes(新)

小葡萄菌纲 Microbotryomycetes(新)

混合菌纲 Mixiomycetes(新)

柄锈菌纲 Pucciniomycetes(新)

黑粉菌亚门 Ustilaginomycotina(新)

黑粉菌纲 Ustilaginomycetes

节担菌纲 Wallemiomycetes(新)

《菌物进化系统学》(第2版)是由美国菌物学家D. J. 麦克劳克林(David Mc Laughlin)、J. W. 斯帕塔福拉(Joseph W. Spatafora)组织全世界71位一线菌物学家编著的菌物系统学专著,全书的系统分类学大纲完全按照当前基因和基因组分子系统学新研究成果来安排,重新建立了可反映高阶元进化关系的分类特征,弃除了一些传统形态分类的趋同进化特征,确保每个科以上分类单位都是系统进化上的单系类群。该系统分类把传统广义的菌物分为真菌和类真菌生物(类菌物)两大类,放在4个总界(变形虫、古虫、茸泡虫和后鞭生物)、3个界(有孔虫、茸鞭生物和真菌)和18个门(真菌界11门,类菌物7门)中来详细论述,同时对菌物系统学的命名知识及进化系统学研究的相关工具(如细胞和亚细胞结构、菌物化石和基因组学)都做了详细介绍,是真核微生物分子系统分类学最新研究成果的概括和总结。

11.4 微生物系统学的分类特征

微生物系统学的分类特征是分类的基础,人们根据微生物分类学中使用的技术和方法,把它们分成4个不同的水平:①形态学特征,如观察微生物的个体显微形态特征、菌落培养特征、运动性等;②生理生化特征,如营养要求、生长条件、代谢特性、酶反应、致病性和抗原性等;③细胞组分特征,包括细胞壁、脂类、醌类和蛋白质水平等成分的分析,除了运用常规技术外,还使用质谱分析、气相色谱、红外光谱和高效液相色谱(HPLC)等新技术;④分子特征,包括(G+C)摩尔分数含量的测定、核酸分子杂交、16S rRNA或18S rRNA序列分析、重要基因序列分析和全基因组测序分析等。

在微生物分类学发展的早期,主要的分类鉴定指标以细胞形态和生理生化习性特征为主,可称为经典的分类鉴定法。其他几种实验技术则主要是20世纪60年代以后采用的,称为化学分类鉴定法和分子遗传学分类鉴定法,这些方法再加上计算机基础上的数值分类鉴定法,可称为现代的分类鉴定方法。

11.4.1 微生物分类的形态学特征

经典分类法是以形态特征、生理生化特征和生态特性等传统分类指标为主要依据对微生物进行分类的方法，它是相对于现代分类法而言的。一般传统分类指标用于初步分类。所采用的分类方法总结如下：

①形态：个体形态包括细胞形态、大小、排列、染色反应、特殊构造和运动性。群体形态包括菌落形态、颜色，在固体、半固体或液体培养基中的生长状态。

②生理生化反应：碳源、氮源、能源、生长因子等营养要求；代谢产物的种类、产量、颜色和显色反应；产酶种类和反应特性；对抗生素、药物、染料等化学制剂的敏感性。

③生态特性：生长温度、对氧的需求、对 pH、渗透压、氧化还原电位的要求、宿主种类、与宿主的关系等。

④生活史。

⑤血清学反应。

⑥对噬菌体的敏感性。

⑦其他。

经典微生物分类鉴定中常用的形态学特征见表 11-4。

表 11-4 微生物分类鉴定中常用的形态学特征

特征	形态学分类鉴定指标
群体形态特征（培养特征）	微生物在平板、斜面、半固体或液体培养基上群体形态生长的状态 固体培养特征：菌落形状、大小、颜色、表面、边缘、质地、光泽、水溶性色素、接种针易挑取程度或黏稠度及斜面培养特征、穿刺培养特征等 液体培养特征：生长量、生长类型与分布、表面生长状态、混浊度、沉淀物、气味和颜色等
个体形态	细胞形态：球状、杆状、弧状、螺旋状、丝状、分枝及特殊形状 大小：细胞的宽度或直径 排列方式：单个、成对、成链或其他特殊排列方式
细胞结构	细胞特殊结构：鞭毛（有无鞭毛、着生位置及其数量）、菌毛、性菌毛、芽孢（有无芽孢、形状、着生位置、数量、排列方式及孢囊是否膨大）、孢子（形状、着生位置、数量及排列）、荚膜、菌鞘和细胞附属物（如柄、丝状物、鞘、蓝细菌的异形胞、静止细胞和连锁体等）
细胞内含物	超微结构：细胞壁、细胞内膜系统、放线菌孢子表面特征等 颗粒：异染颗粒、β-羟丁酸等类脂颗粒、硫粒等 气泡、伴孢晶体等
生殖情况	有性生殖情况
染色反应	革兰氏染色、抗酸性染色等
运动性	鞭毛泳动、滑行、螺旋体运动方式等

11.4.2 微生物分类的生理生化特征

微生物分类鉴定中常用的生理生化特征具体见表 11-5。

表 11-5 微生物分类鉴定中常用的生理生化特征

特征	生理生化分类鉴定指标
营养类型	光能自养、光能异养、化能自养、化能异养和兼性营养型
对碳源利用能力	各种单糖、双糖、多糖及醇类、有机酸、烃类利用，测定含糖类物质分解产酸、产气等情况
对氮源利用能力	蛋白质、蛋白胨、氨基酸、含氮无机盐和 N_2 等利用，测定细菌分解色氨酸产生吲哚反应等
对生长因子的需求	对特殊维生素、氨基酸、核苷酸碱基、X-因子、V-因子等的依赖性
需氧性	好氧菌、厌氧菌、兼性厌氧菌、微好氧菌、耐氧菌
对温度的适应性	最适、最低、最高生长温度及致死温度、嗜热性
对 pH 的适应性	生长的 pH 范围、最适生长 pH、嗜酸性或嗜碱性

续表 11-5

特征	生理生化分类鉴定指标
对渗透压的适应性	对盐浓度的耐受性、嗜盐性、嗜压性
与宿主的关系	共生、寄生、致病性等
产酶种类和反应特性	测定淀粉酶、蛋白酶、脂肪酶、纤维素酶水解能力等
代谢产物	特征性代谢产物种类、产量、颜色和显色反应等
对抗生素及抑菌剂的敏感性	抗生素、抑菌剂(如弧菌抑菌剂)染料、农药、有毒物质(如氰化钾或钠)的敏感性等
血清反应	根据细菌 H 抗原(鞭毛抗原)、O 抗原(菌体抗原)、Vi 抗原(表面抗原)等测定细菌间的相似性。采用已知菌种表现抗原物质制成抗血清,检测与待测细菌发生的特异性血清学反应
噬菌体敏感性	鉴定噬菌体对细菌的裂解反应(噬菌体对宿主的感染和裂解有高度特异性)

11.4.3 微生物分类的细胞组分特征

应用电泳、色谱和质谱等技术,以微生物细胞的特征性化学组分和代谢产物为指征进行分类的方法称化学分类法(chemotaxonomy)。化学分类法包括的内容十分丰富,分析涉及细胞组分水平(细胞壁的肽聚糖结构、脂肪酸、氨基酸、糖类的种类和数量、细胞色素等)和蛋白质水平(氨基酸序列、可溶性蛋白凝胶电泳及血清学等),从完整细胞到生物大分子甚至细胞组成,几乎无所不包。其分析技术涉及无机化学、有机化学、分析化学、生物化学、光谱学、色谱学及分子遗传学等多种分析技术。化学分类法得益于现代分析技术的发展,是在传统方法基础上的一大进步。在近 20 多年来,采用化学和物理技术研究细胞的化学组成,已获得很有价值的分类和鉴定资料,对细菌、古菌和放线菌中某些科、属、种的分类鉴定有很好的参考价值(表 11-6)。

表 11-6 细菌、放线菌的化学组分分析及其应用

细胞成分	分析内容	在分类上的应用
细胞壁	肽聚糖结构(肽聚糖中糖的种类和四肽中氨基酸顺序)	区分细菌和古菌的重要特征 细菌中细胞壁糖组分用于种、属鉴别
	多糖(阿拉伯糖、半乳糖、木糖、马杜拉糖等)	放线菌中细胞壁糖组分用于科、属、种的鉴别
	氨基酸(赖氨酸、鸟氨酸、天冬氨酸等多种氨基酸)	放线菌中氨基酸组分用于属的鉴别
	胞壁酸	细菌中细胞壁胞壁酸用于种、属鉴别
细胞质膜	极性类脂(细菌为碱脂、甘油酯,古菌为醚酯)	区分细菌和古菌的重要指征
	磷脂(磷脂酰乙醇胺、磷脂酰甲醇乙醇胺、磷脂酰胆碱、磷脂酸甘油、含葡萄糖胺的未知磷脂)	放线菌中链霉菌属和类诺卡氏菌属的鉴别
	脂肪酸(饱和与不饱和脂肪酸)指纹图谱(气相色谱分析)	蓝细菌中鱼腥蓝细菌属和念珠蓝细菌属的鉴别
	类异戊二烯苯醌(泛醌、甲基萘醌、脱甲基萘醌)	甲基萘醌用于放线菌和 G^+ 细菌种、属的鉴别 泛醌用于假单胞菌等 G^- 细菌种、属的鉴别
	分枝菌酸(霉菌酸)	放线菌中用于分枝杆菌、棒状杆菌、小多孢菌、诺卡氏菌种、属的鉴别
	多胺	黄单胞菌属和寄生假单胞菌或植物致病性假单偶然性菌的鉴别
蛋白质	氨基酸序列分析(细胞色素等电子传递蛋白、热休克蛋白、组蛋白、转录和翻译蛋白,各种代谢酶序列)	用于细菌属和属以上的分类单位鉴别
	血清学比较	用于支原体、嗜盐菌、放线菌等种和亚种的鉴别
酶谱分析	全细胞可溶性蛋白质电泳图谱分析	用于细菌属和属以上的分类单位鉴别
代谢产物	糖苷酶、酯酶、DNA 酶、蛋白酶和磷酸酶	用于细菌中种和属的鉴别
全细胞水	脂肪酸	用于细菌中属、种和亚种的鉴别
解液成分	热解-气液色谱分析	用于细菌中种和亚种的鉴别
分析	热解-质谱分析	用于放线菌属的鉴别
	红外光谱分析	用于细菌、放线菌中种和属的鉴别

11.4.4 微生物分类的DNA/RNA分子特征

随着分子生物学的发展，微生物的遗传分类法应运而生。遗传学分类法主要是以微生物的遗传型(基因型)特征为依据来分析微生物间的亲缘关系，对微生物进行分类鉴定的分子分类法。此法以遗传物质基础——核酸为指征，能较客观地反映微生物系统发育间的亲缘关系，近年来在微生物分类鉴定中广泛应用。目前较常使用的方法如下。

(1)DNA的(G+C)摩尔分数分析　一般采用$CaCl_2$密度梯度离心法检测DNA的碱基组成。每一物种的DNA(G+C)摩尔分数是恒定的，不会随着环境条件、培养条件等的变化而变化，且同一属间不同种的DNA(G+C)摩尔分数数值差异不大，可用于鉴别各种微生物种属间的亲缘关系和远近程度。一般认为任何两种微生物DNA(G+C)摩尔分数差别超过10%，则这两种微生物肯定不是同一个种。亲缘关系相近，其DNA(G+C)摩尔分数相同或相近。但DNA(G+C)摩尔分数相同或近似的菌株，并不一定亲缘关系相近，还需做核酸杂交试验，检测两菌DNA碱基对排列顺序。该分析主要用于细菌属和种的分类鉴定，细菌中DNA(G+C)摩尔分数变化范围一般为25%～75%，真核微生物DNA(G+C)摩尔分数为30%～60%。DNA(G+C)摩尔分数>10%～15%为不同属，种内差别(或不是同种)>3%～5%。而放线菌DNA(G+C)摩尔分数变化范围为37%～51%，因范围太窄小，因此放线菌的属不易区分。

(2)核酸杂交技术　核酸杂交技术根据碱基互补配对原则，将2条不同来源的单链核酸进行复性结合，再经显影或显色方法将结合的核苷酸序列的位置和大小显示出来，以鉴定菌株间的亲缘关系。

①DNA-DNA杂交：利用DNA解链的可逆性和碱基配对的专一性，将双链DNA加热(变性)互补链解链，退火后互补单链再重新配对结合(复性)成双链，然后根据生成双链的情况，检测杂合百分数。若两条DNA单链碱基序列完全相同，生成完整双链，杂合率为100%；不同微生物的DNA单链，仅生成异源DNA双链，其杂合率小于100%。杂合率越高，DNA间碱基序列相似性越高，表示它们之间的亲缘关系也就越近。通过DNA-DNA杂交，检查不同细菌间DNA碱基序列的相似性，测定细菌种间、种内或属间的亲缘关系。各菌株DNA同源性>70%可能为同一种，在20%～70%可能为一个属。DNA(G+C)摩尔分数的测定和DNA杂交为微生物种和属的分类研究开辟了新途径，解决了以表观特征为依据所无法解决的一些疑难问题，但仍不能解决许多属以上的分类单元间的亲缘关系及进化问题。

②DNA-rRNA杂交：rRNA的核苷酸序列比DNA序列更保守，测定一种微生物的rRNA与另一种微生物变性DNA混合时生成的异源双链RNA杂种分子。DNA与rRNA杂交结果用T_m(e)值(DNA与rRNA杂交解链一半时所需要的温度)和RNA结合数(100 μg DNA所结合的rRNA的毫克数)表示。再以此做出RNA相似图，依据菌株在RNA相似图位置判断其亲缘关系。关系较近的菌就集中到一起，关系较远的菌在图上占据不同的位置。在DNA相关度低的菌株间，rRNA同源性能可显示其间的亲缘关系，用于鉴别种以上或更高层次分类单元的微生物。

(3)16S rRNA序列分析　原核生物16S rRNA或真核生物18S rRNA序列具有一级结构保守、含可变区域、分子质量适中、信息量大、分离简便等特点成为探测生物进化和亲缘关系的指征。目前采用PCR技术基础上的16S rRNA基因直接测序法，然后在NCBI网站上进行序列相似性比对，选取下载参比序列，利用MEGA等相关软件进行序列多重比对并构建系统发育树。16S rRNA序列分析，用来比较原核微生物间亲缘关系，确定分离菌株的属和种，揭示原核微生物的系统发育关系。18S rRNA和ITS序列分析，用来比较真核微生物间的亲缘关系。近40多年来，16S rRNA基因序列被用作原核生物鉴定分类的标准，建立了多个16S rRNA基因序列分类数据库，并且由于操作简单快速、成本低廉、稳定而通用，16S rRNA测序技术被广泛地用于细菌的识别与鉴定。

(4)看家基因及多位点序列分析　尽管基于16S rRNA序列分析的系统发育树建树方法已经被广大生物学工作者普遍接受，在原核生物的系统发育分析方面获得了巨大成功，但是它在种以下的层面上缺乏足够的分辨能力。多位点序列分析(multilocus sequence analysis，MLSA)是使用多个基因(看家基因和非看家基因)序列进行分类学研究的一种方法。MLSA具有分辨率高、可重复性好及可比性强等优点，已经成功地应用在细菌鉴定技术中，甚至在很多时候可以替代DNA-DNA杂交定种的烦琐程序。表11-7显示的是部分看家基因及相应的生物学功能。

表 11-7　部分看家基因名称及相应的生物学功能

（引自沈萍和陈向东，2016）

基因名称	生物学功能	基因名称	生物学功能
carB	氨甲酰磷酸合成酶	*murE*	UDP-*N*-乙酰胞壁酰三肽合成酶
clpX	ATP 依赖的 Clp 蛋白酶亚基	*pepN*	赖酰胺氨肽酶
cpn60	分子伴侣 HSP60	*pepX*	X-脯氨酰二肽酰基氨肽酶
dnaA	染色体复制起始蛋白 A	*pyrG*	CTP 合成酶
glp	6-磷酸葡萄糖异构酶	*recA*	重组蛋白 A
glpF	甘油激酶 F	*rpoB*	RNA 聚合酶 β 亚基
groEL	6×10^4 的热休克蛋白	*rrs*	16S rRNA 491、513 和 516 位点
gyrB	DNA 促旋酶亚基 B 蛋白	*sodA*	超氧化物歧化酶 A
hsp65	6.5×10^4 的热休克蛋白	*trpB*	色氨酸合成酶 B
murC	UDP-*N*-乙酰胞壁酸丙氨酸连接酶	*tuf*	变形链球菌延伸因子，EF-Tu

（5）全基因组序列分析　微生物基因组包含了菌株全部的遗传信息，确定基因组序列成了理解其生物学特性与功能特征的基础和前提，全基因组序列目前也为微生物的分析提供了最高的分辨率。第一个完整的细菌基因组是 1995 年公开的流感嗜血杆菌（*Haemophilus influenza*）基因组，它由 Sanger 法测定，但是这种全基因组测序技术非常昂贵、复杂和耗时，严重制约了其应用和普及。21 世纪初，下一代测序技术（next-generation sequencing，NGS，也称第二代测序技术）使用大规模并行处理机制大幅度降低了测序成本，减少了测序时间。随后，第三代（单分子）测序技术在保持高通量的同时，可以产出长度超过 10 000 bp 的序列或绘制超过 100 000 bp 的分子图谱。下一代测序和第三代测序统称为高通量测序（high-throughput sequencing，HTS）。

伴随着测序技术的迅速发展，全面考察微生物全基因组进行系统发育学分析，逐渐成为最客观、最科学的微生物系统发育分析研究的手段。按照美国进化生物学家 J. Eisen 的观点，基因组系统发育学（phylogenomics）的主要任务是：①基因功能的预测；②进化关系的建立与阐述；③预测和追溯基因横向转移。

基于基因组数据对微生物进行基因组系统发育学分析的方法，已经得到了微生物学家们的广泛支持。由美国 DOE 联合基因组研究所联合德国微生物菌种和真核细胞保藏中心等多家机构，启动的“细菌和古菌基因组百科全书计划”（Genomic Encyclopedia of Bacteria and Archea，GEBA）依据分类学标准，选取具有特殊系统发育地位的原核生物菌株进行全基因组测序。依据这些全基因组序列信息，不仅可以精确统计 4 个碱基出现的频率和（G＋C）数据，还可以进一步依据生物信息学软件计算基因组核苷酸平均相似性指数（average nucleotide identity，ANI），同时可以进行基因组电子杂交（in silico DNA-DNA hybridization，isDDH）分析，对微生物进行准确、客观的分类鉴定。现在一般认为，分类鉴定中的 ANI 数值大于 95％～96％和 isDDH 值 70％以上可被用于种鉴定的界限。

11.5　微生物的鉴定

微生物鉴定工作，一般是在获得该微生物纯培养物的基础上，通过测定一系列必要的分类学指标，然后查找比对权威性的鉴定手册，依据一定的标准得出鉴定结论的过程。传统微生物鉴定手段，主要依赖微生物的形态学和生理生化指标，做出的鉴定结果往往带有一定主观性成分，甚至一些专业人员形成结论后仍然心存忐忑。后来，一些细胞化学组分指标，如脂肪酸指纹图谱分析、醌指纹图谱分析，为微生物鉴定提供了较多客观依据，但在不同程度上还是难以在种水平上做出严格区分。以 16S rRNA 为代表的分子生物学手段，尤其是伴随着技术跃进而有机会进入普通实验室的全基因组测序分析技术，为微生物的分类鉴定，尤其是种以及种以下的分类鉴定工作，带来了崭新的气象。

微生物鉴定指标具体测定多少够用，是以能够提供充足鉴定依据为标准来定的。一般鉴定流程包括特定培养基菌落形态图片、微生物个体形态显微镜照片（最好是扫描电镜或透射电镜照片），一些反应待鉴定物种重要特征的生理生化指标，以及

rRNA 分子指标，有时甚至还要进一步完成全基因组测序及相关鉴定分析。下面具体介绍一些微生物快速鉴定系统和鉴定方法，供广大科研工作者参考使用。

11.5.1 BIOLOG 自动微生物鉴定系统

BIOLOG 系统是美国 BIOLOG 公司从 1989 年开始推出的一套自动微生物鉴定系统（包括计算机、软件、培养，读板仪、浊度仪、菌落放大灯和不同种类的鉴定板）（图 11-6）。最早进入商品化应用的是革兰氏阴性好氧细菌鉴定数据库（GN 鉴定板），之后陆续推出革兰氏阳性好氧细菌（GP 鉴定板）、酵母菌（YT 鉴定板）、厌氧细菌（AN 鉴定板）、丝状真菌（FF 鉴定板）等系列鉴定产品。BIOLOG 系统 6.01 版数据库存储有细菌、酵母菌和丝状真菌近 2 000 种，其中革兰氏阴性菌 106 属 524 种；革兰氏阳性菌 55 属 351 种；厌氧菌 73 属 361 种；酵母菌 267种；丝状真菌 106 属 619 种。当前 BIOLOG 系统还可以提供 ECO 板（用于微生物特性和群落分析研究，31 种碳源）、MT2 板（用于微生物代谢研究，不含碳源，用户可自行设计不同的碳源或浓度系列）、SF-N2 板（用于革兰氏阴性产芽孢或分生孢子的微生物代谢研究）和 SF-P2 板（用于革兰氏阳性产芽孢或分生孢子的微生物代谢研究）。

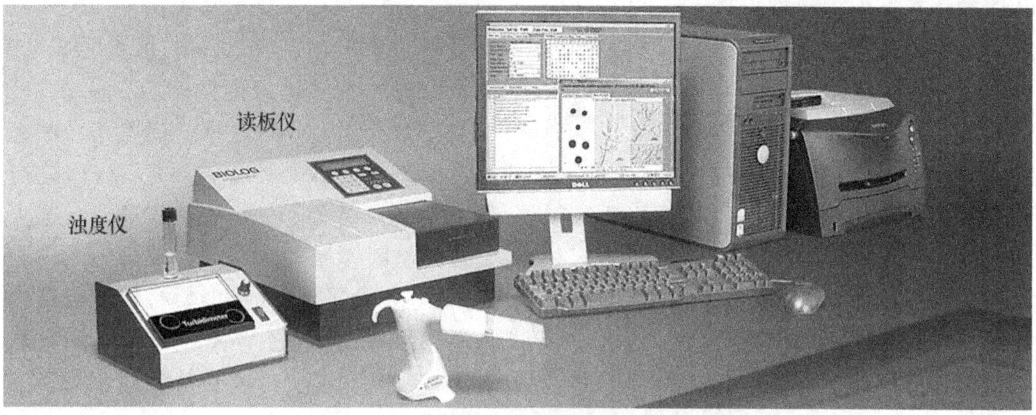

图 11-6 BIOLOG 自动微生物鉴定系统设备

BIOLOG 系统碳源鉴定板是根据微生物对糖、醇、酸、酯、胺和一些大分子聚合物等 95 种碳源的利用情况进行生理生化特性的测定。微生物利用碳源进行呼吸时，会将四唑类物质（TTC 或 TV）从无色还原成紫色，从而在鉴定微孔平板上表现出实验的特征性反应模式或“指纹图谱”，然后通过比较分析结果予以鉴定（图 11-7）。

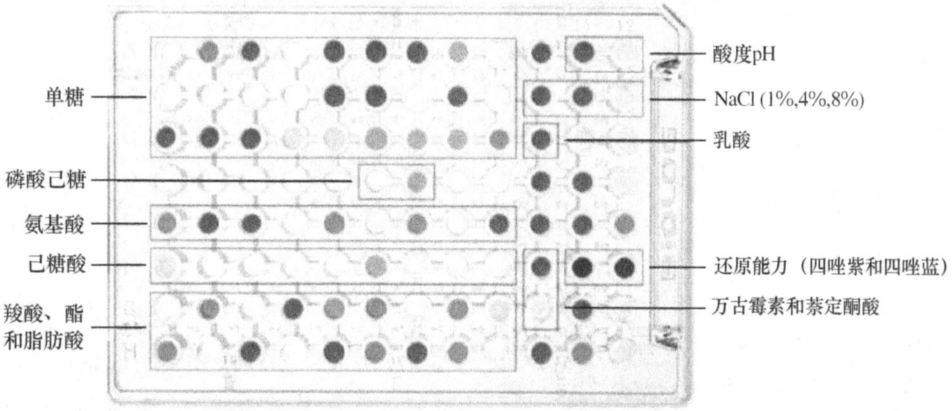

图 11-7 BIOLOG 鉴定系统鉴定板

所有必需的营养物质和生化试剂都预先加进 96 孔板中。在培养过程中，一些孔中的化学物质能被氧化并将显色物质变成紫色，对照孔（A-1）和阴性孔仍然为无色。系统软件自动和数据库对比，如果能找到合适的匹配，就可以得出鉴定结果（图 11-8）。

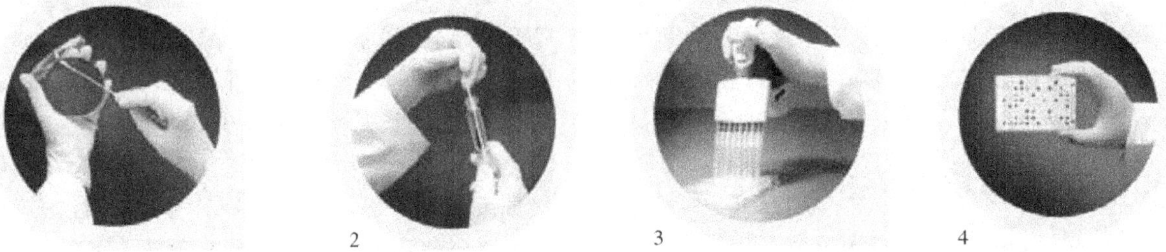

1 用 BIOLOG 专用培养基或客户自己的培养基将纯种扩大培养1～2代

2 按要求配制一定浊度（细胞浓度）的菌悬液

3 将菌悬液接种至微孔鉴定板，培养一定时间

4 将培养后的鉴定板放入读数仪中读数，软件自动给出鉴定结果

图 11-8　BIOLOG 鉴定系统操作步骤

11.5.2　API 微量多项实验鉴定系统

API 鉴定系统是法国生物梅里埃公司生产的用于细菌分类与鉴定的系统。目前 API 系列提供的产品有 16 种，约 1 000 种生化反应，鉴定范围涵盖几乎所有的细菌类群。其原理由早期的酶学反应到后来的碳源利用，有专用于检测肠道细菌的，也有广泛适用微生物的，应用对象不断扩大。该系统是基于微生物的多项生理生化特性设计培养基或反应底物及显色试剂，在多个分隔的微型检测室中预置无菌的不同反应体系。进行微生物鉴定试验时，在各个检测室中加入待测菌液培养一定时间(2～48 h)，观察鉴定卡上各种反应。将判定的结果编码后，查检索表得到鉴定结果；或将结果编码输入计算机用相应的数值分类软件进行鉴定(图 11-9)。

API 20E 为肠杆菌科细菌鉴定系统；API 20A 为厌氧菌鉴定系统；API STAPH 为葡萄球菌及微球菌鉴定系统；API LIS 为李斯特菌鉴定系统；API CAMPY 为弯曲杆菌鉴定系统；API 系统采用数值鉴定法，配有计算机 API-LAB Plus 软件，能够判断许多非典型鉴定模式，键入生化反应结果或输入数值编码，可立刻获得鉴定结果报告。

11.5.3　脂肪酸组分分析系统

细胞化学组分的分析，往往是微生物分类与鉴定不可缺少的指征。脂肪酸是细胞膜的主要组成成分，微生物细胞中脂肪酸含量高，而且相对稳定；另外，由于细菌要适应不同的生存环境，也会通过改变脂肪酸的组分来保持细胞膜的流动性。微生物细胞脂肪酸的种类与含量存在着种属差异性。此外，还可与其他模式菌株同时检测脂肪酸组分进行比较分析，构建树状谱，显示它们的亲缘关系。

脂肪酸组分通过气相色谱仪进行测定，现在的气相色谱仪带有自动分析系统和数据库，测定样品的结果直接进入数据库比对。一个样品从进样到获得分析结果只需 20～25 min 便可完成。美国 MIDI 公司创建的 Sherlock 脂肪酸分析系统，已得到国际微生物系统学同行的认可。细胞脂肪酸组分受培养温度和培养基成分等因素的影响，因此需在同样条件下同时制备样品进行比较实验，以减少样品间误差。脂肪酸样品的制备大体分 5 个步骤完成：①收集菌体，要求是新鲜的培养物，保证细胞内脂肪酸成分不被降解；②皂化，裂解细胞使脂肪酸从细胞中释放出来；③甲基化，形成脂肪酸甲基酯；④萃取，将脂肪酸甲基酯从水相萃取到有机相中；⑤碱洗涤，用碱性水溶液洗涤有机相，最后上样检测脂肪酸组分及其含量。

11.5.4　基于 rRNA 分析和全基因组测序的分子鉴定及其数据库

11.5.4.1　rRNA 基因序列分析和系统发育树构建

自从 Woese 选用 16S rRNA 和 18S rRNA 基因序列作为生物进化计时器以来，生物系统发育已经积累了大量的信息，成为微生物系统学研究的核心内容之一。

16S rRNA 和 18S rRNA 基因序列分析时应注意：①几乎完整的基因序列、高质量的 DNA 序列；②多种方式对新测定序列与数据库相关序列进行比对，特别是模式菌株的序列要纳入其中；③16S rRNA 和 18S rRNA 基因序列与已知序列最高者低于 97%，可能是新种或疑似新种，如果低于 90%，则可能是新属或疑似新属。

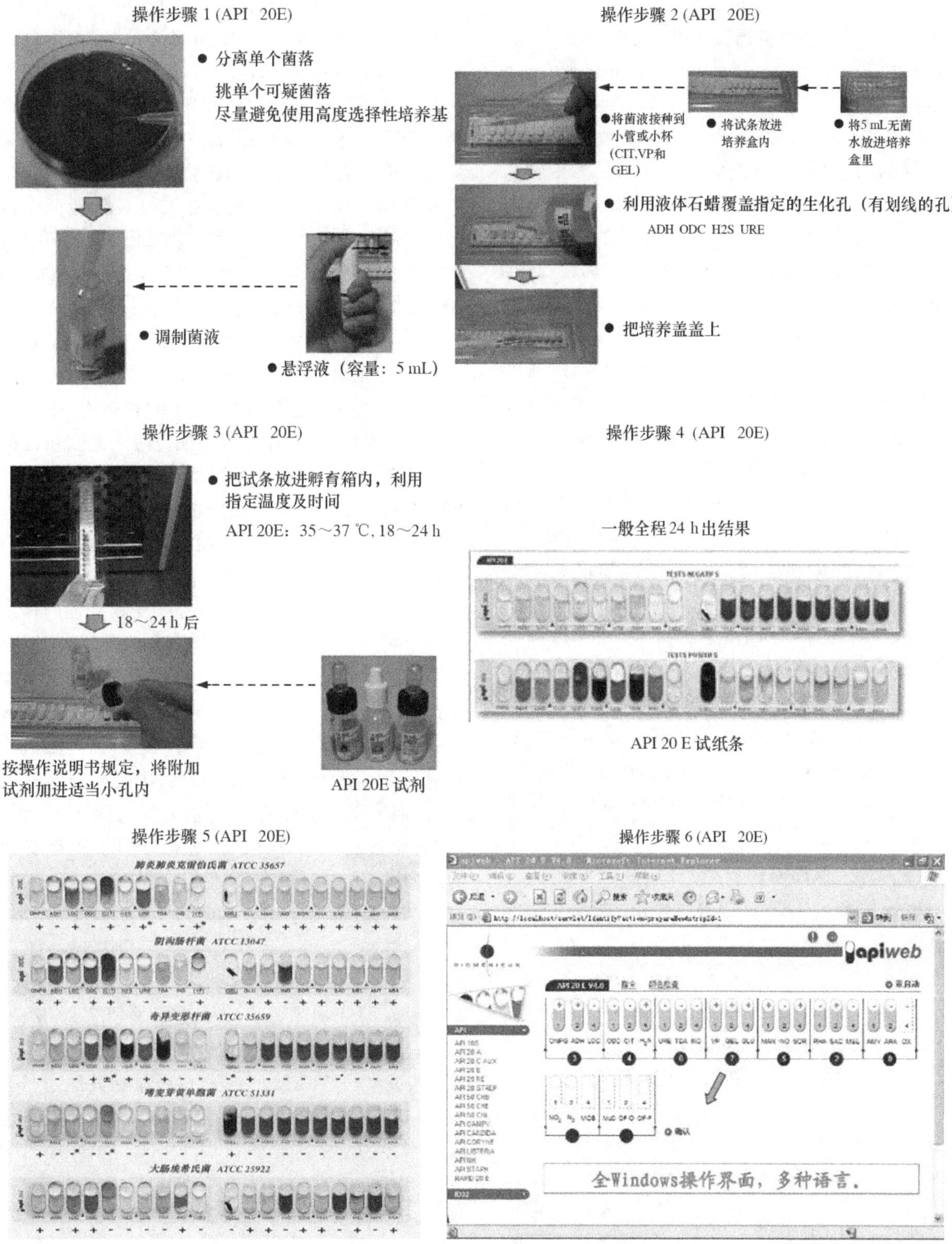

图 11-9　API 鉴定系统操作步骤

构建 16S rRNA 系统发育树的基本流程包括：菌株纯化和培养→细菌基因组 DNA 提取→DNA 纯度和浓度检测→16S rRNA 基因的 PCR 扩增→16S rRNA 基因 PCR 扩增片段回收和 T 克隆→16S rRNA 基因片段序列的测序→测序峰图分析和处理→基因序列的拼接→NCBI 网站 BLAST 搜索相似性高的序列→下载参比菌株序列→基因序列处理→参比序列多重比对→基于 16S rRNA 系统发育树

构建→遗传距离计算→输出。

于1988年建立的美国国家生物技术信息中心(National Center Biotechnology Information，NCBI)是目前公认最强大的综合数据库(网址为：http://www.ncbi.nlm.nih.gov/)。NCBI数据库包揽了微生物的菌种信息、分类地位在内的各类生物大分子与小分子、个体与群体、宏观与微观等各方面的计算生物学、信息工程和信息资源方面的信息。每天海量数据的涌入，无法审核其数据的准确性，近年来该数据库中无论是原核生物的16S rRNA基因序列还是18S rRNA基因和ITS系列，均发现许多错误，因此应用这种数据信息时要进行专业取舍，或者进入专业数据库如EzBioCloud(https://www.ezbiocloud.net/)或者LPSN(https://www.bacterio.net/)进行基于模式种的严格鉴定。

涉及与原核生物名称及其分类信息的权威数据库和网站，是1997年由法国微生物学家创建的“具有分类学地位的原核生物名称名录”(List of Prokaryotic Names with Standing in Nomenclature，LPSN)，这个数据库与网站的内容丰富，各级分类单元名称及其变化的来龙去脉梳理得很清晰，几天更新一次，可直接登录免费查询，信息准确可靠。涉及真核生物名称及其分类信息的权威数据库与网站，是由国际真菌学会(International Mycological Association，IMA)创建的“真菌库”(MycoBank)，由荷兰微生物保藏中心主持建立。

11.5.4.2 看家基因分析

看家基因普遍存在于待测菌株中，具有一定的保守性，而且不同菌株中有足够的变异度存在，所以选择分散在基因组内的多个位点进行分析，可大大增加分辨率。正因为看家基因的普遍性、功能性和保守性，所以看家基因被认为是理想的进化分子，已被广泛应用于微生物分类单元的界定及其进一步分型，尤其是通过16S rRNA(18S rRNA)基因难以界定或差异不明显时，看家基因的分析则起着决定性的作用。例如我国科学家将5个保守的看家基因*aptD*、*gyrB*、*recA*、*rpoB*和*trpB*用于灰色链霉菌类群、吸水链霉菌类群以及微黄白链霉菌类群的精细分类，获得了理想的结果。

一般选取5个或5个以上看家基因辅助rRNA基因完成微生物的分类鉴定。

11.5.4.3 全基因组序列分析

随着NCBI数据库中公开的基因组序列不断增加，充分利用现有生物信息学方法，分析数据库中的全基因组数据来计算菌株间的进化距离，以进一步明确菌株的系统分类学地位，并进一步研究微生物生态学和微生物进化中的重要问题。DNA-DNA杂交(DDH)被视作基因组水平上的原核物种界定的黄金标准。它作为唯一的提供数字化和相对稳定物种界定的分类学方法，在现在的分类学研究中占据着重要的地位。但是，基因组学时代，线上杂交isDDH已经取代了DDH，因为与DDH分析相比，isDDH数据具有更好的可重现性和直接利用性。

全基因组平均核苷酸一致性分析(ANI)是指两个基因组之间同源基因的相似性，对进化距离进行了很好的估算，通常属于同一物种的生物体之间ANI值≥95%。ANI代表了任何两个基因组之间共有的所有直系同源基因的平均核苷酸同一性，并且在相同或密切相关物种的菌株之间提供稳定的分辨率。ANI测定并不能严格代表核心基因组进化的相关性，这是因为直系同源基因在进化中会有广泛变化。然而，它较好地反映了DNA-DNA杂交相关性的传统微生物学概念。ANI分析还可以利用基因组草图等不完全基因组序列来计算，大大扩展了可利用的基因组序列数量。因此，ANI替代DNA-DNA杂交作为微生物分类鉴定标准，已经在国际学术界得到普遍认可。普遍认为亲缘关系较近的种群ANI值至少为70%~75%，而定义一个种的ANI值需要达到95%~96%以上；而且这些ANI值与“金标准”DDH有着紧密的对应关系，一般情况下，ANI值在95%和isDDH值在70%可被用于物种鉴定的界限。

需要指出的是，经严格鉴定后新发现的微生物的命名，必须在国际系统细菌学委员会发行的权威杂志，即《国际系统与进化微生物学期刊》(*International Journal of Systematic and Evolutionary Microbiology*，IJSEM)上发表，或者是在其他期刊上发表后，被IJSEM的合格化名单收录后，才能得到国际学术界的承认。

本章小结

至今已记载的微生物种数约为20万种，且此数字还在急剧增加。微生物分类学包括分类、鉴定和命名3个方面。目前，蛋白质、RNA和DNA分子序列，特别是rRNA序列是研究各生物进化关系的主要指征，这些以基因组测序和分子生物学为基础的微生物进化规律和亲缘关系越来越清楚，从而把传统上以形态、生理等表型特征为基础的经典分类学推进到现代微生物分类学的新水平。

微生物在生物界级分类中有着重要地位。从两界学说历经三界、四界、五界、六界学说的不同阶段，直至20世纪70年代末，学术界已倾向更科学的三域学说。今后，在更多微生物全基因组序列搞清楚后，生物界级分类学说一定还有新的重大发展。

随着基因组测序的扩大和普及，让微生物分类学建立在全新的基因组结构的基础上。与此相适应的各大类微生物分类、鉴定系统也在不断更新。目前，原核微生物分类系统以《伯杰氏系统细菌学手册》(第2版，共5卷，2001—2012)为最有影响，真核生物中的真菌分类系统则以Ainsworth和Bisby的《安•贝氏菌物词典》(第10版，2008)为代表。

微生物鉴定方法有两类：一类是传统的、实用的和以微生物表型特征为主要指标的方法，包括描述微生物的细胞和菌落形态以及各种其他生物学特性；另一类是现代的、定量的和以微生物基因和基因组为主要对象的分子生物学方法，包括rRNA基因序列分析和系统发育树构建、看家基因分析、全基因组序列分析等。随着计算机、分子生物学、微电子等技术的应用，微生物快速检测技术有了很大发展，许多灵敏、快速、准确、简易、自动化技术和方法的建立，推动了微生物分类学的发展。

拓展阅读

二维码11-1 守正创新，与时俱进
——微生物分类鉴定的发展

复习思考题

1. 作为生物大分子的核酸被用作微生物进化谱系分析，所依据的原理是什么？

2. 为什么16S(18S) rRNA目前被挑选作为研究微生物系统发育的“标尺”？

3. 微生物分类学有哪些内容？分类和鉴定的含义有什么不同？

4. 何谓三域学说？提出此学说的依据何在？它在目前还存在何种挑战？

5. 微生物分类最基本的分类单位是什么？什么是种？微生物种以上的分类单元有哪些？模式种在微生物分类鉴定中承担着什么样的角色？

6. 微生物的命名法则是什么？举例说明微生物学名的书写规则。

7. 原核微生物最有代表性的分类系统是什么？该系统是怎样对原核微生物进行分类的？

8. 真菌普遍采用的分类系统是什么？该系统是怎样对真菌进行分类的？

9. 微生物的主要分类指标有哪些？

10. 微生物哪些细胞组分可作为分类的依据？为什么？

11. 为什么说分子特征比形态学和生理生化特征更具客观性？

12. 设计一个未知微生物的系统鉴定方案，方案中应该完整涉及形态学、生理生化、细胞组分、rRNA分析和系统发育树构建以及看家基因验证。

第12章 农业微生物生物技术的应用

内容提示

微生物在提高与维持土壤肥力、防治农作物病虫害及发酵生产畜禽饲料方面具有重要的作用，可以作为肥料、农药及饲料添加剂等。微生物肥料主要通过微生物的生命活动，增加植物养分的供应量或促进植物生长，提高产量，改善农产品品质及农业生态环境。微生物肥料种类多样，具有固氮、解磷、解钾、促生等功效，使土壤中不能被植物直接吸收利用的氮、磷、钾等转换为可被利用的形式，提高土壤肥力。微生物农药具有杀虫、抗病、除草作用，具有对人畜安全、不污染环境、选择性强、杀虫效果好、不易产生抗性，目前井冈霉素、阿维菌素、苏云金芽孢杆菌、白僵菌等在防治作物病虫害方面已得到开发应用。微生物饲料添加剂发酵产生的代谢产物纤维素酶、蛋白酶、氨基酸、维生素等提高饲料的营养价值，并改善牲畜体内微生态环境，提高其抗病能力。

在农业微生物生物技术的应用中，我们要坚持守正创新的理念方法，紧跟时代潮流和科技前沿，勇于探索和突破，在微生物肥料、微生物农药、微生物饲料等方面取得更多原创性成果和创新性突破。

教学目标

熟悉微生物肥料、微生物农药以及微生物饲料等技术在农业领域的应用。主要包括生物肥料的种类与作用、微生物菌种应用及发展趋势；微生物农药的种类、特点及作用，农用抗生素、微生物杀虫剂、除草微生物、抗病微生物、杀线虫微生物种类及各自的作用机理；微生物饲料中的青贮饲料、单细胞蛋白、动物微生态制剂、发酵饲料的生产菌种、分类、作用机理及应用前景。

12.1 微生物肥料

微生物肥料（microbial fertilizer）即生物肥料（biofertilizer），是含有特定微生物活体的制品，应用于农业生产，通过其中所含微生物的生命活动，增加植物养分的供应量或促进植物生长，提高产量，改善农产品品质及农业生态环境。1895 年德国科学家 Noble 成功制备了第一款以根瘤菌为接种剂的微生物肥料，之后各国相继启动对微生物肥料的开发。而我国微生物肥料起步相对较晚，在 20 世纪 40 年代陈华癸对黄芪共生氮固定进行了研究；50 年代我国开始从苏联引进菌剂，称之为细菌肥料；70—80 年代我国开始研究土壤菌根真菌；90 年代我国将微生物肥料纳入肥料登记管理，其产品登记数迅速增加。

微生物肥料作为一种生物制剂，与化学肥料相比，具有生态友好、安全无害、不污染环境、不破坏土壤结构、效果持久、成本低廉、能够提高产量和品质等特点。

12.1.1 微生物肥料的种类

我国微生物肥料产品的特点是种类多、应用广，微生物肥料可以分为农用微生物菌剂、生物有机肥和复合微生物肥料 3 大类。截至 2022 年 5 月底，我国获得农业农村部登记的微生物肥料产品近 10 000 个，其中微生物菌剂类产品 4 700 余个，生物有机肥 2 900 余个，复合微生物肥料 1 700 余个，使用的功能菌种已达到 200 余种，年产量超过 3 000 万 t。

12.1.1.1 农用微生物菌剂

农用微生物菌剂（microbial inoculant）是指目标微生物（有效菌）经过工业化生产扩繁后加工制成的活菌制剂。它具有直接或间接改良土壤、恢复地力，维持根际微生物区系平衡，降解有毒、有害物质等作用；应用于农业生产，通过其中所含微生物的生命活动，增加植物养分的供应量或促进植物生长，改善农产品品质及农业生态环境。微生物菌剂类产品包括固氮菌剂、溶磷菌剂、有机物料腐熟剂、促生菌剂、土壤修复菌剂等。

近些年在微生物菌剂的新产品研发方面，美国盐湖城NPI公司已研究成功用温室法生产高质量的AM真菌接种剂；此外还有美国Agbio公司微生物总公司生产的内生菌根菌Agbio-Endos、外生菌根菌Agbio-Ectos、固氮菌Azo-Gree以及芽孢杆菌类肥料；加拿大生产的Jump-Start、GreenNitrogen、“根瘤菌＋PGPR”复合菌。优良菌种的选育是微生物菌剂研发的核心，如筛选超级固氮菌株、联合固氮菌株、泡囊丛枝状菌根等是以后的研发重点。

近些年来，土壤修复菌剂（表12-1）受到了极大的关注。土壤盐碱化和钠质化是威胁生态系统的主要土壤退化过程，被认为是全球范围内威胁干旱和半干旱地区农业生产、粮食安全和可持续性的最重要的问题之一。土壤修复菌剂可以改善土壤物理结构、容重、水稳性团粒结构等；改善土壤生物肥力结构，平衡有益有害菌种；降低土壤污染，通过生物积累和生物转化，降低重金属含量。我国在2018年启动了土壤修复菌剂的产品登记，在“十四五”期间，我国已经部署并启动了一批关于盐渍化防控、盐碱地开发利用的重点研发计划项目。

表12-1　土壤修复菌剂的技术指标

项目	剂型	
	液体	固体
有效活菌数(CFU)/[亿/g(mL)]	≥2.0	≥2.0
胞外多糖/(mg/g)	≥1.0	≥1.0
有机质含量/%	≥15	≥15

硝态氮转化率≥50.0%（适用于次生盐渍化土壤）
杂菌及杂菌率、无害化指标等执行《GB 20287—2006》

12.1.1.2　复合微生物肥料

严格意义上的复合微生物肥料（compound microbial fertilizer）是指特定微生物与营养物质复合而成，能提供、保持或改善植物营养，提高农产品产量或改善农产品品质的活体微生物制品。广义的复合微生物肥料有以下几种：微生物微量元素复合生物肥料；联合固氮菌复合生物肥料；固氮菌、根瘤菌、磷细菌和钾细菌复合生物肥料；有机-无机复合生物肥料；多菌株多营养生物复合肥。

12.1.1.3　生物有机肥

生物有机肥（microbial organic fertilizer）是指特定功能微生物与主要以动植物残体（如畜禽粪便、农作物秸秆等）为来源并经无害化处理、腐熟的有机物料复合而成的一类兼具微生物肥料和有机肥效应的肥料。

生物有机肥是以畜禽粪便、城市生活垃圾、农作物秸秆、农副产品和食品加工产生的有机废弃物为原料，配以多功能发酵菌种剂，经过快速除臭、腐熟、脱水，再添加功能性微生物菌剂，从而加工成的含有一定量功能性微生物的有机肥料。作为一种新型肥料，其与传统有机肥料最大的区别是含有多种功能微生物。

生物有机肥生产过程中涉及微生物使用的环节主要是腐熟过程中加入促进物料分解、腐熟兼具除臭功能的腐熟菌剂，其多由复合菌系组成，常见菌种有光合细菌、乳酸菌、酵母菌、放线菌、青霉等；腐熟后加入的功能菌，一般为固氮菌、溶磷菌、硅酸盐细菌、放线菌等。

12.1.2　微生物肥料的菌种

菌种是微生物肥料的核心，事关生物技术创新的未来，是科学研究和农业生产的宝贵资源。

在农业生产发展中，根瘤菌（图12-1）是一类普遍存在于土壤中的革兰氏阴性菌，可与豆科植物形成共固氮体系，在提高农产品产量的同时，不会给周围生态环境带来污染，用于生产根瘤菌肥料的菌种有根瘤菌属（*Rhizobium*）、慢生根瘤菌属（*Bradyrhizobium*）、固氮根瘤菌属（*Azorbizobium*）、中慢生根瘤菌属（*Mesorhizobium*）等，这些菌种必须是经过鉴定的菌株，或田间试验获得显著增产的菌株，必须在菌肥生产前一年内经无氮营养液盆栽接种试验鉴定，结瘤固氮性能优良。

根瘤菌剂还包括复合根瘤菌剂，是指以根瘤菌为主，加入少量能促进结瘤、固氮作用的芽孢杆菌、假单胞菌或其他有益的促生微生物的根瘤菌肥料，适于中性和微碱性土壤，多用于拌种。

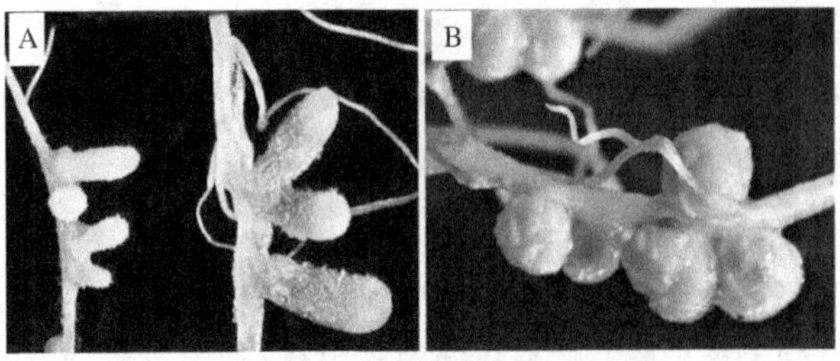

图 12-1　苜蓿根瘤，由草木樨属植物诱导(A)；由费氏中华根瘤菌(*Sinorhizobium fredii*)诱导产生的粉红色根瘤，可以积极固氮(B)

（引自 diCenzo 等，2019）

自生固氮菌包括固氮菌属(*Azotobacter*)、氮单胞菌属(*Azomonas*)的菌种，也可用茎瘤根瘤菌(*Azorhizobium caulinodans*)和固氮芽孢杆菌(*Paenibacillus azotofizans*)菌株。联合固氮菌可选用固氮螺旋菌(*Azospirillum*)、阴沟肠杆菌(*Enterobacter cloacae*)、粪产碱菌(*Alcaligenes faecalis*)等经鉴定为非致病菌的菌株。固氮菌剂适于中性或微碱性土壤，适用于各种作物，特别是禾本科作物和叶菜类蔬菜，常用作拌种，可作为基肥、追肥；不宜与过酸、过碱肥料或杀菌农药混施。

溶磷菌能利用微生物在繁殖和代谢过程中产生的乳酸、柠檬酸盐等物质，使固定在土壤中的无机磷酸盐溶解、有机磷酸盐矿化或将难溶性磷酸盐类变成可溶性磷，供植物吸收利用。例如芽孢杆菌属(*Bacillus*)、假单胞菌属(*Pseudomonas*)、AM 菌根菌、节杆菌属(*Arthrobacter*)。其中有机磷细菌的代表是巨大芽孢杆菌(*Bacillus megaterium*)，无机磷细菌的代表是假单胞菌(*Pseudomonas* sp.)。

硅酸盐菌剂主要是利用硅酸盐细菌，如胶质芽孢杆菌(*Bacillus mucilaginosus*)和土壤芽孢杆菌(*Bacillus edaphicus*)等有效菌制成的活体微生物制品。它是从土壤中分离出的一种细菌，能够分解伊利石、钾长石、磷灰石等不溶性的硅铝酸盐无机矿物质，促进难溶性的 K、P、Si 等元素转化成可溶性养分，增加土壤中速效养分的含量。

光合细菌菌剂主要是用光合细菌制成的活体微生物制品，能够利用小分子有机物合成作物所需的养分，并产生促生长因子，激活植物细胞的活性，提高植物光合作用的能力并增加产量。用于微生物肥料生产的光合细菌菌种主要有以沼泽红假单胞菌(*Rhodopseudanonas palustris*)为代表的紫色非硫细菌(purple nonsulfur bacteria)。

菌根菌(mycorrhiza)是一些真菌与植物的根形成的具有特定形态结构和功能的共生体。菌根菌剂主要是由菌根菌制成的活体微生物制品，主要作用是分泌植物促生物质、促进豆科植物结瘤、促进植物出芽、对土传病害进行生物调控；可使寄主植物更好地摄取移动性弱的养分元素，扩大根的吸收面积，保护根部免受病原菌的侵袭，产生阻抑其他微生物的物质等。

植物根际促生菌(plant growth promoting rhizobacteria，PGPR)是指生存在土壤或附于植物的根系中，可促进植物生长，促进植物对矿质营养的吸收和利用或对土壤中的病原菌具有拮抗作用的有益菌的统称。目前常见的 PGPR 制剂主要有 PGPR 活体制剂和 PGPR 代谢产物制剂，PGPR 活体制剂利用其中的活菌通过其作用机制进行植物病害的防治，PGPR 代谢产物制剂主要是利用菌在发酵过程中产生的代谢产物来抑制或灭杀病原菌，从而达到病害防治和促进作物生长的作用。植物根际促生细菌的种类很多，目前已报道的包括巨大芽孢杆菌(*Bacillus megaterium*)、自生固氮菌(*Azotobacter* spp.)、荧光假单胞菌(*Pseudomonas fluorescens*)、沙雷菌(*Serratia* spp.)等。PGPR 对植物生长具有显著的促进作用，功能主要包括：①促进生长，提高产量，表现出微生物肥料的功能；②防治病虫害，提高植物抗逆性；③改良土壤，改善环境，达成新的生态平衡；④促进豆科植物结瘤，提高共生固氮效率。

12.1.3　微生物肥料的应用

微生物肥料是靠微生物的活动发挥作用的，其有效性取决于菌种及使用方式。

《肥料合理使用准则　微生物肥料》(NY/T 1535—2007)中微生物肥料合理使用的要求如下。

(1)所使用的微生物肥料需是农业农村部登记许可的合格产品，有效活菌数应符合规定。

(2)根据作物种类、土壤条件、气候条件及耕作措施，选择适宜的微生物肥料产品。

(3)要创造适合有益微生物生长的环境条件。有利于微生物的生长繁殖及功能发挥；有利于微生物与植物及环境相适应。

(4)应避免在高温或雨天施用，避免与过酸、过碱的肥料混合施用，避免与杀菌类药物混用。

微生物肥料的使用方式如下。

(1)拌种　将菌种与菌剂混拌均匀，或喷湿种子，待种子阴干后播种。

(2)浸种　将种子浸入稀释后的菌液 4～12 h，捞出阴干，待种子露白后播种。

(3)喷施　将稀释后的菌液均匀地喷在叶片上。

(4)蘸根　幼苗移栽前将根部浸入稀释后的菌液中 10～20 min。

(5)灌根　将稀释后的菌液浇灌于农作物根部。

(6)混播　将菌剂与种子混合后播种。

(7)混施　将菌剂与有机肥或细土混匀后施用。

(8)基肥　播种前或定殖前单独或与其他肥料一起施入。

(9)种肥　将肥料施于种子附近，或与种子混播。

(10)追肥　在作物生长期间采用条施、蘸根、沟施、喷施等方式补充。

12.1.4 展望

微生物肥料的开发对我国农业可持续发展具有重要意义，微生物肥料将与化肥、有机肥一起构成植物营养之源。相信随着科学技术的进步，生产和研究的需要及监督制度的完善，微生物肥料产业一定能够健康有序地发展，为我国的可持续农业、生态农业的发展发挥其应有的生态效应和经济效应。微生物肥料市场前景好，从宏观层面上，"减肥减药""化肥零增长""绿色农业(农业可持续)"和"生态农业"等国家需求，离不开微生物肥料产业的发展；从中观层面上，这是国家进行肥料产业结构调整、发展包括微生物肥料在内的生物产业的支撑，需要研发应用微生物肥料产品；从微观层面上，这是微生物肥料所体现的不可替代的功能特性所决定的，需要推广微生物肥料的应用。

我国微生物肥料产业初具规模，已成为农业与生物产业的重要组成部分。微生物肥料产品种类不断增加，涉及的菌种范围不断扩大，应用的范围不断拓宽，效果也逐渐被使用者所认可，随着微生物肥料标准体系的基本建成，产品的生产应用及其质量监督变得有据可依，产品出口日趋活跃，步入世界经济全球化轨道。在未来的发展道路上，微生物肥料将向着节约化肥资源、向着绿色和有机农业需要的方向发展；向着土壤环境修复、荒漠化治理、连作障碍防治，提高土壤保水抗旱能力的需要发展。

我国微生物肥料产业仍有许多方向需要拓展。①向非豆科作物结瘤固氮研究领域拓展：非豆科作物结瘤固氮是举世瞩目的微生物肥料研究课题，许多非豆科的作物不能被根瘤菌和弗兰克氏菌感染、结瘤和进行固氮，近年来用植物激素、酶解等方法把固氮微生物导入非豆科作物有一定的进展，但离实际应用相差甚远。②固氮菌由无芽孢向有芽孢研究方向发展：用无芽孢菌种研制微生物肥料存在剂型局限，无芽孢菌抗逆性差，难以实现商品化，我国应用的固氮菌均是无芽孢菌类，迫切需要研发抗逆性强、耐储存的固氮芽孢杆菌。③由功能优势向广谱适应研究领域拓展：发掘广谱适应的菌种是稳固微生物肥料功能的关键，微生物肥料遇到过酸、过碱等不良土壤环境，难以形成优势菌群甚至会死亡，所以亟待开展功能菌广谱适应性研究。④由细菌向有益真菌研究领域拓展：有益真菌是增强微生物肥料功能的宝贵资源，如米曲霉可产生蛋白酶、淀粉酶、糖化酶、纤维素酶、植酸酶等降解酶类，加速有机物料的降解腐熟，应用前景良好。

12.2 微生物农药

12.2.1 微生物农药的种类及作用

微生物农药专指用于防治农、林、仓储和卫生等场所的病、虫、草、鼠害的微生物体及以这些微生物体为有效组分构成的制剂，可以兼有促进植物生长的作用。在 2017 年 11 月 1 日开始施行的《农药登记资料要求》中对微生物农药做了明确定义：以细菌、真菌、病毒和原生生物或基因修饰的微生物等活体为有效成分的农药。按照用途，微生物农药包括微生物杀虫剂、微生物杀菌剂、微生物除草剂及农用抗生素等。在微生物农药登记的产品中，主要以细菌为主，病毒为辅(表 12-2)。其中苏云金芽孢杆菌登记产品数量最多，达到 176 个；其次是枯草芽孢杆菌 73 个、球孢白僵菌 24 个、棉铃虫核型多角体病毒 21 个。

表 12-2 微生物农药母药产品登记情况

(引自王以燕,2021)

微生物类别及物种	微生物农药名称及母药产品登记数量/个	母药产品总数/个
细菌(16)	杀虫剂:苏云金芽孢杆菌(7)、苏云金芽孢杆菌以色列亚种(4)、球形芽孢杆菌(1)、短稳杆菌(1) 杀菌剂:枯草芽孢杆菌(9)、多黏类芽孢杆菌(2)、解淀粉芽孢杆菌(2)、蜡质芽孢杆菌(2)、甲基营养型芽孢杆菌(2)、坚强芽孢杆菌(1)、海洋芽孢杆菌(1)、侧孢短芽孢杆菌(1)、地衣芽孢杆菌(0)、荧光假单胞杆菌(1)、沼泽红假单胞菌(0)、嗜硫小红卵菌(0)	34
真菌(9)	杀虫剂:球孢白僵菌(6)、金龟子绿僵菌(4)、块耳霉①(0)、蝗虫微孢子②(0) 杀菌剂:淡紫拟青霉(现名淡紫紫孢霉)(3)、木霉(未标种名)(2)、厚孢轮枝菌(现名厚垣普可尼亚菌)(1)、寡雄腐霉③(0)、小盾壳霉①(0)	16
病毒(12)	杀虫剂:棉铃虫核型多角体病毒(3)、甜菜夜蛾核型多角体病毒(2)、茶尺蠖核型多角体病毒(1)、苜蓿银纹夜蛾核型多角体病毒(1)、甘蓝夜蛾核型多角体病毒(1)、斜纹夜蛾核型多角体病毒(1) 松毛虫质型多角体病毒(1);菜青虫颗粒体病毒(1)、小菜蛾颗粒体病毒(0)、稻纵卷叶螟颗粒体病毒(0)、黏虫颗粒体病毒(0);黑胸大蠊浓核病毒④(1)	12
合计(37)		62

注:①根据拉丁学名,已登记"耳霉菌"和"盾壳霉"的中文名称应为"块耳霉"和"小盾壳霉";②根据近期生物分类学,"蝗虫微孢子虫"已由原生动物归到真菌微孢子属;③"寡雄腐霉菌"不需加缀"菌";④根据"蟑螂病毒"的拉丁学名,中文名为"黑胸大蠊浓核病毒",但其拉丁名"*Periplaneta fuliginosa densovirus*(PfDNV)"已由国际病毒分类委员会(ICTV)于2013年更名为*Blattodea nambidensovirus* 1,中文暂译名为"蜚蠊双义浓核病毒"。

与传统农药相比,微生物农药具有以下优点:①对人畜安全,不污染环境,防治效果好;②对病虫害特异性强,避免有益微生物受到伤害;③生产原料及产品为自然成分,利于可持续发展;④微生物活体可用生物工程方法进行改造,提高产品性能和品质;⑤病虫草害不易产生抗药性。

由于微生物在生产时通常伴随发酵或扩增过程会产生难以完全分离的培养基组分或宿主残余物及少量化学杂质甚至杂菌,其产品有效成分(活菌)含量一般都比原药定义的含量低,故经发酵或扩繁增殖生产的微生物农药是母药,而不是原药。在现行《农药登记资料要求》中也已明确微生物农药为母药,与国际上通行做法和要求一致。截至2020年12月31日,我国已登记母药产品62个,占已登记微生物农药产品总数的11.3%;37个微生物品种(含亚种)中有27个母药(占73%),其余10个只有制剂登记(表12-2)。

12.2.2 农用抗生素

农用抗生素是我国施用量最多,使用面积最大的生物农药。主要是由微生物发酵产生、具有农药功能、用于农业中防治病、虫、草、鼠等有害生物的次生代谢物。

抗生素类农药由于防控效果好,性能稳定和使用方便,如阿维菌素、多杀霉素、嘧啶核苷类抗生素、宁南霉素等,一直是我国农药中的生力军,但在登记管理法规中并不享受与"生物农药"同等的待遇。

12.2.3 微生物杀虫剂

20世纪初,白僵菌和苏云金芽孢杆菌的分离、鉴定及第一个商品化的苏云金杆菌制剂Sporeine在法国上市,拉开了全球微生物杀虫剂研究开发及其产业化的序幕。

12.2.3.1 细菌杀虫剂

细菌杀虫剂(bacterial insecticide)是利用某些对昆虫有致病或致死作用的昆虫病原细菌,经发酵制成的含有杀虫活性成分或菌体本身,用于防治和杀死目标昆虫的生物杀虫制剂。自然界中能够引发昆虫疾病的病原细菌广泛存在,但并不是所有菌都可以作为微生物杀虫剂。能作为微生物杀虫剂的病原细菌,应具备下列基本属性:毒力高;稳定性强;残效期长,在害虫种群中有自然传播能力;作用迅速;有选择性,即对防治对象剧毒,而对植物、益虫及哺乳动物等无毒;可以大规模生产,经济安全。

我国自1986年第一个细菌杀虫剂产品100亿IU/g苏云金杆菌可湿性粉剂登记以来，已经有20多种细菌杀虫剂先后登记入市，效果最好且已得到广泛应用的是芽孢杆菌属中的苏云金芽孢杆菌（*Bacillus thuringiensis*，Bt）（表12-3）和日本甲虫芽孢杆菌，另有假单胞菌、变形杆菌、肠杆菌和黏质沙雷菌等。

苏云金芽孢杆菌是革兰氏阳性、鞭毛周生或无、能形成芽孢的杆状细菌，伴随芽孢的产生会有杀虫晶体蛋白（伴孢晶体）的形成，这是区别于其他菌株（蜡样芽孢杆菌、炭疽芽孢杆菌）的主要特征。在《伯杰氏细菌鉴定手册》（第9版）中属于细菌域（Bacteria）、硬壁菌门（Firmicutes）、芽孢杆菌纲（Bacilli）、芽孢杆菌目（Bacillales）、芽孢杆菌科（Bacillaceae）、芽孢杆菌属（*Bacillus*）。

表12-3 苏云金芽孢杆菌的生物杀虫主要活性物质

活性物质名称	英文名称	作用说明
几丁质酶	chitinase	几丁质酶单独作用时毒杀活力并不高，但具有增强杀虫晶体蛋白杀虫效果的作用
磷脂酶c	phospholipase c	包括磷脂酰胆碱特异的磷脂酶和磷脂酰肌醇特异的磷脂酶，两者对昆虫肠道均具有破坏作用，有助于细菌侵入血腔并繁殖
溶血素	hemolysin	由单一组分蛋白构成，主要通过附着细胞后表现出溶血作用
VIP杀虫蛋白	vegetative insecticidal protein	主要是通过与敏感昆虫中肠上皮细胞受体结合，使中肠溃烂而产生昆虫致死现象
双效菌素	ZWA	对昆虫毒性低，但对菌体内杀虫晶体蛋白具有显著的增效作用
苏云金素	thuringiensin	不仅杀虫谱较杀虫晶体蛋白广，而且对人和动物有一定的毒性
杀虫晶体蛋白	ICP	苏云金芽孢杆菌制剂的主要杀虫活性成分
免疫抑制因子A	immuno-suppressive factor A	一种中性含锌金属蛋白酶，能够分解寄主产生的抗菌蛋白
肠毒素	enterotoxin	肠毒素基因是以操纵子的形式存在，与多个基因共同作用产生致病结果
芽孢	endospore	在伴孢晶体对中肠上皮细胞造成膜穿孔后，芽孢进入血腔繁殖，营养细胞产生的多种外毒素及酶使幼虫患败血症死亡

苏云金芽孢杆菌制剂属低毒杀虫剂，杀虫效果好，对人畜安全，不污染环境，不破坏生态平衡，不影响农产品品质。苏云金芽孢杆菌毫无疑问是使用微生物进行生物防治最成功的案例之一，占据了全球生物农药市场的70%，并将继续成为最重要的微生物武器之一，保护我们的作物免受害虫的侵扰。

12.2.3.2 真菌杀虫剂

真菌杀虫剂是以分生孢子附着于昆虫表皮，在一定条件下萌发长出芽管或形成附着孢侵入昆虫体内，可直接穿透易感寄主的角质层侵入昆虫体内，因此不仅对咀嚼式口器害虫有效，对刺吸式口器害虫也有效。昆虫病原真菌是具有多种作用机制的微生物农药，分为6门12纲，主要有4类，即虫囊菌目、核菌纲、丝孢纲和接合菌纲。最常见的有球孢白僵菌、金龟子绿僵菌、莱氏野村菌、粉质拟青霉。

白僵菌是一类发现最早、寄主最多、研究最深、应用最广的昆虫病原真菌，是杀虫真菌的典型代表之一，在多种农林害虫的生物防治中都取得了明显成效。可用于防治蛴螬、蚧壳虫、白粉虱、蚜虫、马铃薯叶甲、蝗虫、蚱蜢、棉铃虫、棉桃盲蝽、玉米螟、天牛等害虫（图12-2）。

白僵菌对寄主的侵染同其他虫生真菌一样，一般要经历以下5个阶段。

①附着：白僵菌的分生孢子可随气流和水流而被动地与寄主相遇，附着在寄主的外表皮上；②萌发：昆虫的表皮成分不仅提供孢子萌发、生长所需的营养，而且对孢子形成芽管有刺激作用；③穿透：分生孢子萌发所形成的芽管可直接穿透表皮，在有些情况下也可先形成附着胞；④菌丝生长：芽管在穿透表皮之后就在血腔里产生酵母状的虫菌体或延长形成菌丝后再产生酵母状的虫菌体，在血腔中寄主与白僵菌之间产生新的防御与侵染的竞争；⑤毒素的产生：其中最重要的毒素是白僵菌素、白僵菌交酯、球孢交酯。

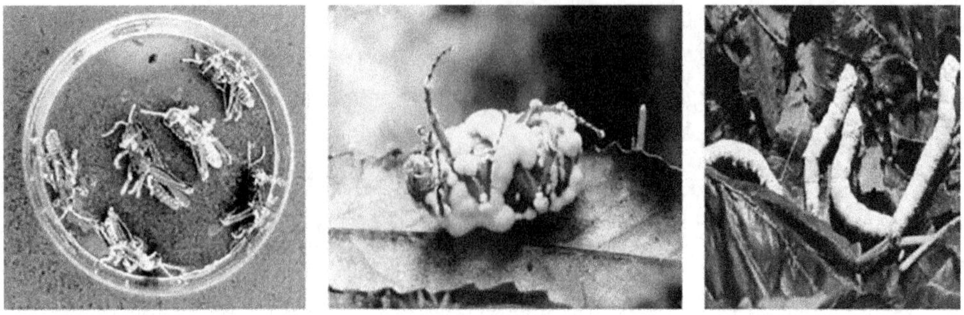

A. 蝗虫　　B. 金龟甲　　C. 家蚕

图 12-2　球孢白僵菌(*Beauveria bassiana*)寄生杀虫作用

(引自 Susan Mahr 和 http://www.hiddenforest.co.nz/fungi)

12.2.3.3　病毒杀虫剂

病毒杀虫剂是利用昆虫病毒的生命活动来控制对人类和环境造成危害的昆虫。目前,已成功开发为生物杀虫剂的昆虫病毒有 4 个科,分别是杆状病毒科、呼肠孤病毒科、痘病毒科和细小病毒科。杆状病毒科的核型多角体病毒(nuclear polyhedrosis virus,NPV)和颗粒体病毒(granulosis virus,GV)应用最为广泛,呼肠孤病毒科的质型多角体病毒(cytoplasmic polyhedrosis virus,CPV)、痘病毒科的昆虫痘病毒(entomopoxvirus,EPV)和浓核症病毒(densonucleosisvirus,DNV)也有一定范围的应用。核型多角体病毒是昆虫病毒中发现最早、研究得较为详细的一类病毒。

病毒防治害虫的原理是利用其天然存在的致病性。以棉铃虫核型多角体病毒为例,一条健康的棉铃虫吞食带有棉铃虫核型多角体病毒的棉叶后,病毒体在肠腔内快速溶解,释放出大量的病毒粒子,病毒粒子首先侵染中肠的上皮细胞,使上皮细胞膨大,核仁消失,染色质凝聚并向核四周集中,随后在细胞中很容易看到一种典型的物质——“病毒发生基质”,这就是“病毒生产工厂”。在基质中病毒粒子不断地增殖复制,而核内充满了大量成熟病毒体及病毒粒子,随后染色质凝块消失,核被病毒体胀大破裂,释放出大量病毒体及病毒粒子内容物,细胞也随之崩裂,大量病毒体及病毒粒子内容物进入细胞之间缝隙和血腔中去感染其他的敏感细胞,造成棉铃虫组织液化而死亡。

12.2.4　除草微生物

生物除草剂是指利用生物活体或其代谢产物对杂草进行防除的一类农药制剂,它具有两个显著特点:一是经过人工大批量生产而获得大量生物接种体;二是淹没式应用,以达到迅速感染并在较短时间内杀灭杂草的目的。与化学除草剂相比,微生物除草剂具有不造成环境污染、无残毒,对人畜毒性极低等优点。国内外对一些活体微生物除草剂已有研究,目前登记的微生物除草剂产品多以真菌制剂为主。而细菌类除草剂的研究多处于研发阶段。例如黏质沙雷菌 Ha1 菌株及其代谢产物最初被发现对马唐有除草活性,Ha1 颗粒剂对单子叶杂草马唐和稗草、双子叶杂草反枝苋和苘麻都有一定的除草活性。

真菌除草剂是一类防治杂草的真菌性植物病原生物制剂,其有效成分是活的真菌繁殖体(孢子或菌丝体),具有对目标杂草专一性强、选择性高、对环境安全、无农药残留等优点。已研究的杂草病原候选真菌共有 40 多个属,主要有刺盘孢属(*Colletotrichum*)、链格孢属(*Alternaria*)、镰刀菌属(*Fusarium*)、核盘菌属(*Sclerotinia*)、壳单孢菌属(*Ascochyta*)等。

利用植物病原真菌控制杂草的方法可分为经典方法和生物除草剂方法两种。

经典方法是指从某一危害性杂草的原产地采集病原微生物后引入本地,在没有天敌的条件下接种于该危害性杂草的方法。由于病原微生物具有对这种杂草的专一性强致病力,在进行人工接种后不会伤及栽培植物却可以让目标杂草感病死亡。例如澳大利亚利用粉苞苣柄锈菌控制麦田杂草粉苞苣取得了成功。生物除草剂的方法是目前较常用的手段,即采用工业发酵的方法把病原真菌培养并加工成一种制剂,经注册登记后作为商品出售,使用时像化学除草剂那样喷洒接种于目标杂草,使之感病致死的方法。

目前唯一的病毒除草剂 SolviNix 是由美国佛罗

里达大学研发、BioProdex公司注册的一种基于植物病毒的生物除草剂，其有效成分是烟草花叶病毒U2（TMGMV U2），用于热带刺茄（TSA，*Solanum viarum*）等茄科杂草的芽后防除，于2013年5月申请登记，经过一年的公众评议，于2015年获得美国环保署批准（www.bioprodex.com，2015；https://virtualfieldday.ifas.ufl.edu/）。

12.2.5 抗病微生物

抗病微生物是指能够通过寄生、抗生、竞争、溶菌等作用来抑制另一种微生物的生长，甚至杀灭另一种微生物的一类微生物。一些植物内生抗病细菌不但可以抑制病原物的生长，而且可以促进寄主的生长。可以利用这些植物内生抗病细菌作为生物防治剂或植物促生剂应用于生产。

12.2.5.1 抗病病毒——噬菌体

噬菌体与农业生产的关系非常密切。科研工作者发现在植物的叶表、根际土壤及水体中分布着大量的噬菌体。噬菌体对植物生长的影响主要是通过作用于跟植物相关的细菌来实现的。这些细菌有的与植物共生，帮助植物运输养分、抗病和固氮，有的能引起植物病害，所以噬菌体对植物生长的影响也应一分为二地来看待。利用噬菌体来防治植物病害的策略主要是指在特定的生态环境中应用特定的噬菌体来降低特定细菌的数量。用噬菌体来防病本身也属于生物防治的范畴，该法可减少化学农药及抗生素的使用，是一种非常有潜力的病害防治方法。

12.2.5.2 抗病细菌——芽孢杆菌

芽孢杆菌是土壤中常见一类细菌，具有很强的抗逆能力和抗菌防病作用，许多性状优良的天然分离株已成功地应用于植物病害的生物防治。主要的限制因素是芽孢杆菌必须定殖在根系上才能起作用。由于对病原体的定殖和侵染没有直接的抑制作用，所以在土壤中如果病原体种群数量过大或者感染能力极强，芽孢杆菌的防治效果可能不理想。几种不同功效的芽孢杆菌一起使用，将抗菌、诱导抗性和促生作用相结合，对萌发的种子或幼苗的保护效果最好。

芽孢杆菌生物防治作用的机制包括：①竞争作用，包括生物防治微生物在植物根际（或体表或体内）的定殖、繁殖与种群的建立以及与病原微生物的相互作用；②拮抗作用，芽孢杆菌产生的拮抗物质主要有抗生素、抗菌蛋白及挥发性抗菌物质；③诱导植物抗病性，是生物防治细菌发挥生防作用的一个重要方面。

12.2.5.3 抗病真菌——木霉菌

真菌杀菌剂的研究报道和应用中，木霉属（*Trichoderma*）真菌应用最多最广。已用于生物防治研究的木霉菌有8种，即哈茨木霉（*T. harzinum*）、钩状木霉（*T. hamatum*）、长枝木霉（*T. longibrachiatum*）、康氏木霉（*T. koningii*）、绿色木霉（*T. viride*）、黏绿木霉（*T. virens*）、多孢木霉（*T. polysporum*）、棘孢木霉（*T. asperellum*）。作为喜好有机质的土壤微生物，木霉菌的主要作用是防治土传病害、木材病害和灰霉病。在受感染的土壤中，木霉菌可以显著抑制一些土传病原体，减少相关病害的发生。在葡萄、草莓、番茄和其他作物上，木霉菌也可以在枯死的植物组织上繁殖，如叶渣、枯叶等，阻止灰葡萄孢菌在这些植物组织上生长，从而减少病害。

木霉拮抗机制包括：①竞争作用，主要是对生存空间和营养的竞争；②重寄生作用，指对病原菌的识别、接触、缠绕、穿透和寄生等一系列连续步骤的复杂过程；③产生抗菌类物质，这些物质包括抗生素和绿木霉菌素、抗菌肽、木霉菌素、绿胶霉素等；④诱导抗性，利用生物、物理或化学因子处理植株，改变植物对病害的反应，使植物产生局部或系统抗性；⑤协同拮抗作用。

12.2.6 杀线虫微生物

线虫（nematode）是地球上最早出现的生物之一，是一类两侧对称的线形原腔动物，种类繁多，隶属于线形动物门的线虫纲（Nematoda）。根据线虫的生活环境和生活周期的不同可将其分为3类：自由生活的线虫、植物寄生性线虫和动物寄生性线虫。植物寄生线虫是世界上多种农作物（如果树、树木、蔬菜、花卉及药材等）的重要病原物之一，是仅次于昆虫的第二大害虫类群。

12.2.6.1 杀线虫细菌、放线菌

研究较多的杀线虫细菌主要有巴斯德杆菌（*Pasteruria* spp.）、假单胞菌（*Pseudomonas* spp.）、苏云金芽孢杆菌（*B. thuringiensis*）等。这些细菌菌体繁殖快，拮抗性强，效果高且持久，防治周期长，易于应用，而且对环境、人畜及其他益虫安全，某些菌株还可以促进植物生长，抑制其他病原菌，顺应绿色

环保型农业发展的需要。放线菌主要为链霉菌属(*Streptomyces*)的某些菌株,如阿维链霉菌(*S. avermitilis*)。

12.2.6.2 杀线虫真菌

真菌杀线剂是以食线虫真菌(nematophagous fungi)为有效组分及加工而成的具有控制线虫病害作用的微生物农药。食线虫真菌是指能够寄生、捕捉、定殖和毒害线虫的一类真菌,是自然界中控制线虫种群的重要因子,具有特殊的生态意义,也具有植物线虫、动物线虫病害防控的应用潜力,是生物防治的重要研究材料。它们不是系统分类群,而是特殊的生态功能类群,涉及接合菌、担子菌和子囊菌以及极少数尚未确定有性型的半知菌。

全世界已报道食线虫真菌有 40 余属 700 余种,依据侵害线虫的习性,可分为捕食线虫真菌(trapping fungi)、内寄生真菌(endoparasitic fungi)、机会真菌(opportunistic fungi)和产毒真菌(toxic fungi)四大类群。其中捕食线虫真菌种类最多,有 380 余种,线虫内寄生真菌有 150 余种,产毒真菌 270 余种,有的种类兼有两种习性。

12.2.7 展望

随着当今社会的进步和发展,生活水平不断提高,人们对农产品的质量需求也越来越高,也越来越注重生态环境的安全。化学农药大量使用造成的问题也受到广泛关注,人们在不断向生物农药方向倾斜,主要因为与化学农药相比微生物农药有着极大的优势。

首先微生物农药作用的对象产生抗药性概率很低;其次微生物农药的针对性很强,只对一种或一类防治靶标有效,因此不会危害作物、动物及人类的健康;再次就是微生物资源丰富,筛选比较容易,成本比较低,且使用微生物农药利于生态环境的保护;最后就是微生物农药与化学农药交替使用可以降低单一化学防治的风险。但是微生物农药也存在一定的问题:微生物农药的制备技术比较困难,直接影响产品质量;推广与使用没有化学农药方便;合理评价有效性和安全性缺乏统一标准;有关知识产权保护比较困难。

随着我国农业方式的改变和对生态环境的保护,还有国家"双减"政策的推出,将有力推动微生物农药的发展,2020 年中央一号文件也指出,要深入推进农业农村绿色发展,绿色防控技术在绿色农业发展中扮演着重要的角色。相信未来微生物农药必将成为最有发展潜力的农药之一。

12.3 微生物饲料

微生物饲料是以一些特定功能的微生物或一些酶制剂对饲料原料进行发酵,产生微生物菌体蛋白、生物活性小肽类氨基酸以及一些对牲畜有益的微生物菌群为一体的生物发酵饲料。微生物能够充分挖掘现有饲料资源的潜力,开发利用微生物饲料是缓解饲料资源不足、降低畜禽饲养成本,提高经济效益的一条重要途径。微生物饲料主要包括青贮饲料、单细胞蛋白、动物微生态制剂以及发酵饲料。

12.3.1 青贮饲料

青贮饲料是将含水量为 65%～75%的新鲜青绿饲料,如玉米秸秆、作物根茎及收割牧草等原料经过粉碎,在密闭的环境下利用植物本身或微生物(主要是乳酸菌)添加剂进行厌氧发酵得到产物,该发酵过程称为青贮。青贮饲料可以解决四季畜牧养殖业饲料的供应问题,保证饲料的营养品质,发酵后的饲料能够抑制各种有害微生物的生长,同时还能够保证饲料具有营养丰富、消化率高、储存时间长的优点。

青贮饲料的历史可以追溯到几千年前,法国农民推出关于青贮饲料的生产工艺并被美国农民广泛应用,标志着现代青贮饲料研发与应用的开始。伴随着家畜数量的不断增加以及全球气候的变化,天然草地的不断退化、生产力下滑,青贮技术也在不断地发展,关于青贮饲料的评价体系也在不断更新,青贮品质评价的规范与发展有助于准确判断青贮饲料的好坏,是促进青贮饲料的品质提高与畜牧业发展的重要措施之一,现在常用的青贮饲料品质鉴定的方法有:德国农业协会 DLG 评分法、费氏 Flieg 评分法、V-Score 等。

12.3.1.1 青贮饲料的种类

按照原料的不同可以将青贮饲料划分为豆科饲草青贮、禾本科饲草青贮、菊科饲草青贮等;按照原料的处理方式可以划分为单一青贮、混合青贮以及配合青贮;根据储备容器的不同可以划分为塔贮、窖贮、壕贮、袋贮等;根据发酵产物的不同可以划分为乳酸型青贮饲料、乙酸型青贮饲料、丁酸型青贮饲料等；根据原料的鲜活程度可以划分为鲜贮、半干青贮等。青贮饲料中的微生物见表 12-4。

表 12-4 青贮饲料中的微生物

（引自冯骁骋，2014）

类别	名称	作用说明
有益微生物	乳酸菌	乳酸菌是促进青贮饲料发酵的主要有益微生物，能在厌氧环境下利用碳水化合物进行乳酸发酵
	酵母菌	主要包括掷孢酵母菌、隐球酵母菌、红酵母属、鸡球拟酵母属等，可使青贮饲料具有香味，酵母菌发酵虽然产酸能力弱，但是能够产生乙醇及其他醇类物质
有害微生物	丁酸细菌	丁酸细菌是一种不耐酸的厌氧细菌，会使饲料发臭，降低青贮饲料品质，丁酸发酵程度是鉴定青贮饲料品质的重要标准，丁酸含量越多，饲料品质越差
	大肠杆菌	一类兼性需氧菌，可进行异型乳酸发酵，引起青贮饲料蛋白质腐败性分解，破坏其营养成分，降低营养价值
	霉菌	包括毛霉、青霉、曲霉等，在发酵中如果装填不实将利于霉菌生长，通过利用糖分和乳酸，降低青贮饲料的酸度，利于腐败菌的生长发育，引起霉菌毒素的积累，造成青贮饲料腐败
	腐败菌	腐败菌滋生可破坏青贮饲料中的蛋白质和氨基酸，不但会使青贮饲料失去营养价值，还会产生臭味，严重降低饲料品质

12.3.1.2 青贮发酵过程及其影响因素

青贮发酵过程基本归纳为以下 3 个时期：①预备发酵期。当青贮原料粉碎装填密闭环境后，附着在原料上的微生物即开始活动进行发酵，前期需氧及兼性厌氧细菌发育旺盛，随着氧气消耗殆尽，有利于乳酸菌生长，产生醇类和有机酸。②酸化成熟期。在这一时期主要起作用的是乳酸杆菌，由于菌体大量繁殖，乳酸积累，pH 下降，使饲料进一步酸化，只有芽孢类细菌得以存活，此时进入下一时期。③完成保熟期。当乳酸积累到一定程度后对乳酸菌产生毒害作用，使其生长受到抑制甚至死亡，这一时期青贮饲料达到完成保熟期，可长时间被保存。

青贮发酵过程的影响因素主要包括水分含量、收割时间、微生物添加剂等。水分含量一般保持在 60%～70%，过多或过少都会影响青贮饲料的质量。含水量过多，不利于乳酸菌的发酵，还会引起营养的流失；而含水量过少，则会利于有害微生物的繁殖，从而影响青贮饲料的品质。不同的收割时间会影响青贮原料的营养物质，导致一些乳酸菌无法正常生长，从而无法更加充分地利用青贮饲料。由于青贮原料的不同，选择不同的微生物添加剂，如选择降纤维素酶与乳酸菌也将产生不同的效果。

12.3.2 单细胞蛋白

单细胞蛋白（single cell protein，SCP）是利用各种培养基培养细菌、酵母等各种微生物而获得的微生物蛋白，通常以工业废水、天然气、农副加工产品以及有机垃圾等作为培养基，其最早起源于第一次世界大战期间的德国，主要是通过微生物进行蛋白质的生产，用于生产单细胞蛋白的微生物主要包括细菌、酵母菌、霉菌和藻类 4 类。按利用原料不同可分为：①以纤维素为原料的生产菌种，如绿色木霉与产朊假丝酵母、分枝杆菌与产朊假丝酵母等；②以淀粉废弃物为原料的生产菌种，如利用白地霉发酵生产的废弃豆汁液生产白地霉蛋白饲料；③以糖质废液为原料的生产菌种；④以矿物和简单有机物为原料的生产菌种。

单细胞蛋白在生产过程中第一步是根据原料和产物的不同进行生产菌种的选择，其次进行菌种的扩大培养，进入发酵罐的培养阶段。根据发酵产物的不同，选取不同时间进行菌体的分离，将富集的菌体进行裂解，提取纯化所需的蛋白质产物，最后经过干燥过程获取单细胞蛋白。单细胞蛋白饲料具有成本较低、蛋白质含量高及对生态环境破坏小等特点，可以广泛应用于微生物饲料的生产。

12.3.3 动物微生态制剂

微生态制剂是指利用动物体内的正常微生物种群及其代谢产物，经特殊工艺加工制成的含有活菌或菌体及其代谢产物的制剂，它具有调整、补充或维持动物肠道内微生态平衡的功能，可以达到防病治病、促进生长或提高生产性能的目的。近 10 年来，世界各国都在减少抗生素在饲料方面的应用，动物微生态制剂作为一种能够替代抗生素且安全、高效的饲料添加剂进入了快速发展阶段。

我国农业部 1996 年公布的饲料级微生物菌种有 12 种，在 1989 年美国食品和药品监督管理局(FDA)和美国饲料控制协会公布可直接饲喂动物的 42 种微生物的基础上，我国在 2003 年增加了 15 种，分别是地衣芽孢杆菌(*Bacillus licheniformis*)、枯草芽孢杆菌(*Bacillus subtilis*)、双歧杆菌(*Bifidobacterium*)、粪肠球菌(*Enterococccus faecalis*)、屎肠球菌(*Entercoccus faecium*)、乳酸片球菌(*Pediococcus acidilactici*)、嗜酸乳杆菌(*Lactobacillus acidophilus*)、干酪乳杆菌(*Lactobacillus*)、乳酸乳杆菌(*Lactobacillus lactis*)、植物乳杆菌(*Lactobacillus planetarium*)、纳豆芽孢杆菌(*Bacillus natto*)、戊糖片球菌(*Pediococcus pentosaceus*)、产朊假丝酵母(*Candida utilis*)、酿酒酵母(*Saccharomyces cerevisiae*)、沼泽红假单胞菌(*Rhodopseudomonas palustris*)。

微生态制剂在动物体内发挥着许多作用，主要是发挥优势种群作用、生物屏障作用、生物夺氧作用，增强机体免疫力，产生有益代谢产物及抗菌物质，合成营养物质，防止有害物质产生。根据生产制剂的不同作用，选取对应菌种进行扩大培养，之后进行发酵罐培养阶段，选取不同的发酵形式进行发酵，之后分离干燥并包装制备成品。

12.3.4 发酵饲料

发酵饲料主要以豆粕及大豆产品生产过程中产生的工业废料为主，豆粕是大豆加工过程中产生的副产品，其蛋白质质量分数高达 45%，再加上豆粕的价格相对低廉，能够广泛应用于饲料产业。豆粕作为一种高蛋白饲料，广泛应用于畜牧业和养鱼业，研究发现即使不添加任何动物蛋白，豆粕本身的各种氨基酸也能满足家畜和鱼类的营养。但是豆粕中含有各种抗营养因子，因此提高豆粕的利用效率成为当代研究的热点问题。

豆粕在发酵过程中根据发酵原料的状态不同，可以划分为固体发酵和液体发酵。固体发酵法具有成本较低、节省动力、易于管理、后处理设备少、工艺简单等特点，是一种经济、环保、有效的生产方式，因此具有较大的应用潜力。液体发酵得到的发酵产品品质更加优良，也更加稳定，但其设备造价更高，而且会产生一些废液，对环境造成一定的污染。根据发酵菌种和原料的种类又可以划分为混合菌种发酵和混合物料发酵。混合菌种发酵是指选取的微生物能够分解利用豆粕，在以豆粕为底物的环境下生长、繁殖的速度足够快，菌体蛋白量较高、没有毒性，不会使动物致病，一般选取芽孢杆菌、霉菌、酵母、乳酸菌等(表 12-5)，这些微生物在发酵过程中产生蛋白酶、淀粉酶、纤维素酶、脂肪酶等活性较高的酶，能够有效降解豆粕中的大分子蛋白质，消除抗营养因子。混合物料发酵就是加入不同的物料和豆粕共同进行微生物发酵，从而达到在饲料中添加某种微量元素或物质或者促进豆粕分解的目的。

表 12-5 用于发酵饲料的微生物菌种

(引自高庚渠和郭杰，2020)

名称	作用说明
酵母菌	酵母菌是动物饲料发酵的常用菌种，因其自身就含有较高的蛋白质含量，而且还含有丰富的 B 族维生素，氨基酸组成合理，还能分泌很多水解酶
枯草芽孢杆菌	枯草芽孢杆菌在发酵过程中能够消除豆粕中大部分的抗营养因子，提高豆粕粗蛋白质及酸溶蛋白含量，发酵过程中能够产生蛋白酶、纤维素酶、淀粉酶等一系列消化酶，可有效降解豆粕中的抗原蛋白
米曲霉	米曲霉可以产生复合酶，最主要的是蛋白酶，它主要存在于动物的消化道中，在这种酶的作用下，可以将一些不容易消化的大分子蛋白质分解成多肽和氨基酸，并且能降解辅料中一些难吸收的物质，如纤维素、植酸等，还能把原料中各种淀粉降解成许多种低分子糖类以便于更易吸收
乳酸菌	乳酸菌在发酵的过程中会产生一些酶类，这些酶类可以在很大程度上降解豆粕中的大分子蛋白质，使其转变为氨基酸、小肽等易吸收物质，大大提高了动物对豆粕中营养物质的吸收和消化

豆粕经过发酵之后，会有更高的营养价值，如发酵过程中会产生大量的蛋白酶、纤维素酶等，可对豆粕中抗营养因子进行降解。豆粕经过发酵后会产生有机酸等风味物质，可以增加原料的适口性。同时微生物也可以将豆粕中的大分子蛋白降解为小分子蛋白（小肽）和氨基酸，微生物也会利用原料中的碳水化合物来维持自身的生长需求，故豆粕中碳水化合物的含量会降低，从而增加粗蛋白质的含量。

12.3.5 展望

随着畜牧业和微生物技术的发展，微生物饲料成为许多国家研究的热点。在青贮饲料方面，人们正在寻找优良的乳酸菌，主要以产酸能力和活性强、提升饲料有氧稳定性、耐胁迫能力强、抑菌能力较好为主要特征进行筛选从而提高青贮的利用率，促进青贮产业良性发展。在单细胞蛋白饲料方面，虽然其在缓解我国畜牧业蛋白质饲料匮乏的局面、促进我国畜牧业健康发展方面具有重要意义，但是还存在一些问题，如所获得蛋白质产品核酸含量较高，被牲畜食用之后，由于核酸经过分解后形成尿酸，在体内不能被降解而积累。在动物微生态制剂方面，能提高动物饲料转化率和畜禽生产性能，而且还可以防病治病，促进畜禽健康生长，提高畜产品品质，减少畜牧业生产过程造成的环境污染，具有很高的经济效益和社会效益，但还存在微生态制剂产品良莠不齐等问题。在发酵豆粕饲料方面，微生物发酵可以改善豆粕的营养价值，使抗营养因子得到充分的降解，产生的有机小分子有利于牲畜消化吸收和肠道健康，但仍然存在利用率低的问题需要解决。

本章小结

本章主要介绍了微生物生物技术在农业领域的应用，阐明了微生物肥料的种类与作用、微生物菌种、应用及发展趋势；微生物农药的种类、特点及作用，农用抗生素、微生物杀虫剂、除草微生物、抗病微生物、杀线虫微生物种类及各自的作用机理；微生物饲料中的青贮饲料、单细胞蛋白、动物微生态制剂、发酵饲料的生产菌种、分类、作用机理及应用前景。

复习思考题

1. 目前我国微生物肥料主要有哪几种？
2. 微生物肥料的菌种都有哪几种？
3. 试述微生物肥料的使用方法及合理施用的原则。
4. 微生物农药的种类有哪些？
5. 试列举农用抗生素的种类及其特点。
6. 试列举苏云金芽孢杆菌杀虫的活性物质种类。
7. 试述白僵菌作为真菌杀虫剂的作用机理。
8. 以真菌除草剂为例，阐述其作用机制及限制因素。
9. 试述抗病微生物的种类及其生防机制。
10. 简述微生物饲料的种类及各自特点。

第13章

微生物与能源

内容提示

人类社会进入经济全球化时代，经济的快速发展对能源的需求越来越大。现有能源不合理的开采和利用使得传统能源短缺的问题日渐严重，同时煤炭、石油等能源燃烧产生的二氧化碳和其他废弃物对环境造成很大污染。生物在生长繁殖的过程中，通过自身生理代谢可产生生物能源，在新能源开发中有广阔的应用潜力。本章将重点介绍沼气、生物制氢、燃料乙醇、生物柴油等当前应用较多的微生物能源，并阐述其原理、优缺点及当前产业应用现状。

教学目标

掌握沼气、生物制氢、燃料乙醇、生物柴油等常见微生物能源的生产工艺及产业应用现状，拓展学生知识面，激发学生学习热情，为将来从事相关科研工作打下基础。

13.1 沼气

沼气是一种可以燃烧的混合气体，因为这种气体最先是在沼泽中发现的，所以称为沼气。它的主要成分是甲烷，占 55%～70%，其次是二氧化碳(CO_2)，占 25%～40%，此外，还有少量氢气、硫化氢、一氧化碳、氮和氨等。沼气发酵又称厌氧消化，是指各种有机物在厌氧条件下，被各类沼气发酵微生物分解转化，最终生成沼气的过程。

13.1.1 沼气发酵过程

沼气发酵是一个复杂的微生物学过程，参加发酵的微生物数量巨大，种类繁多，主要包括发酵性细菌、产氢产乙酸菌、耗氧产乙酸菌、产甲烷菌等微生物类群，按照它们在发酵过程中的作用及对生存条件的要求，可以将沼气发酵过程分为液化、产酸和产甲烷 3 个阶段。

在液化阶段，发酵性细菌群利用它们所分泌的胞外酶，将有机物禽畜粪便、作物秸秆等大分子有机物分解成能溶于水的单糖、氨基酸、甘油和脂肪酸等小分子化合物。在产酸阶段，先由发酵性细菌将液化阶段产生的小分子化合物分解为乙酸、丁酸、氢和 CO_2 等，再由产氢产乙酸菌把发酵性细菌产生的丙酸、丁酸转化为甲烷菌可利用的乙酸、氢和 CO_2。另外，还有耗氧产乙酸菌群利用氧和 CO_2 或代谢糖类等有机物生产乙酸。液化阶段和产酸阶段是一个连续过程，统称不产甲烷阶段。在这个过程中，不产甲烷的细菌种类繁多，数量巨大，为产甲烷菌提供营养，并创造适宜的厌氧条件，消除部分毒物。在产甲烷阶段，产甲烷细菌群利用以上不产甲烷菌群所分解转化的甲酸、乙酸、氢和 CO_2 等小分子化合物生成甲烷。

13.1.2 沼气发酵微生物

13.1.2.1 发酵性细菌

用作沼气发酵原料的有机物种类繁多，如禽畜粪便、作物秸秆、食品加工废物和废水以及乙醇废醪等，其主要化学成分为多糖、蛋白质和脂类。其中多糖类物质是发酵原料的主要成分，它在水中不能溶解，必须首先被发酵性细菌所分泌的胞外酶水解为可溶性的糖、肽、氨基酸和脂肪酸后，才能被微生物所吸收利用。发酵性细菌将上述可溶性物质吸收进入细胞后，经发酵作用将它们转化为乙酸、丙酸、丁酸等脂肪酸和醇类及一定量的氢、CO_2。

参与水解发酵过程的发酵性细菌种类繁多，已研究过的就有几百种，包括梭状芽孢杆菌(*Clostridium*)、拟杆菌(*Bacteriodes*)、丁酸弧菌(*Butyrivibrio*)、双歧杆菌(*Bifidbacterium*)和螺旋体(*Treponema*)等属的细菌。我国已分离到的有乳酸链球菌、粪链球菌、乳酸杆菌、嗜热双歧杆菌、产气梭状芽孢杆菌、产琥珀酸梭菌、北京丙酸杆菌和产氢螺旋体等,这些细菌多数为厌氧菌,也有兼性厌氧菌。在沼气发酵中,发酵性细菌的数量可采用 MPN 法以葡萄糖为底物进行测定,根据它们是否产生有机酸而确定每毫升发酵液内细菌数量的多少。发酵性细菌在复杂有机物发酵时产生有机酸和氢,因而有人称它们为产酸产氢酶。在厌氧活性污泥中,发酵性细菌的数量可达 $10^8 \sim 10^{10}$ 个/mL。

13.1.2.2 产氢产乙酸菌

发酵性细菌将复杂有机物分解发酵所产生的有机酸和醇类,除甲酸、乙酸和甲醇外,均不能被产甲烷菌所利用,必须由产氢产乙酸菌将其分解转化为乙酸、氢和 CO_2。其主要反应过程举例如下:

丙酸:$CH_3CH_2COOH + 2H_2O \rightarrow CH_3COOH + CO_2 + 3H_2 \quad +76.1\ kJ$

丁酸:$CH_3CH_2CH_2COOH + 2H_2O \rightarrow 2H_2 + 2CH_3COOH \quad +48.1\ kJ$

乙醇:$CH_3CH_2OH + H_2O \rightarrow CH_3COOH + 2H_2 \quad +9.6\ kJ$

乳酸:$CH_3CHOHCOOH + H_2O \rightarrow CH_3COOH + CO_2 + 2H_2 \quad -4.2\ kJ$

经研究证明,上述反应过程除乳酸菌降解外,在标准状况下不但不能产生能量,反而要消耗能量,因而反应不能进行。只有当利用氢的产甲烷菌等和产氢产乙酸菌生活在一起时,将所产生的氢利用掉,使环境条件维持极低的氢分压时,上述反应才能进行。

13.1.2.3 耗氢产乙酸菌

耗氢产乙酸菌也称同型乙酸菌,这是一类既能自养生活又能异养生活的混合营养型细菌。它们既能利用 $H_2 + CO_2$生成乙酸,也能代谢糖类产生乙酸。

耗氢产乙酸菌在自然界中分布广泛,它们能转变多种有机物为乙酸。已分离到的耗氢产乙酸菌有伍德乙酸杆菌(*Acetobacterium woodii*)、威林格乙酸杆菌(*Acetobacerium wieringae*)、嗜热自养梭菌(*Clostridium thermoautotrophicum*)等多种。这些菌在厌氧消化中能增加乙酸的形成,消耗氢,因而在保持厌氧消化系统中较低的氢分压方面起一定作用。

通过上述 3 种耗氢产乙酸菌微生物的活动,各种复杂有机物可生成有机酸和 H_2/CO_2等,而生成有机酸的种类与沼气发酵过程中氢的调节作用有关。氢分压低时,三类菌的活动结果主要是生成乙酸;氢分压高时,除积累乙酸外,还会有丙酸、丁酸等较长链的有机酸生成。因此,通过有机酸成分含量的测定,可以知道厌氧消化过程的进行是否正常。

13.1.2.4 产甲烷菌

产甲烷菌是一类能够将无机或有机化合物厌氧发酵转化成甲烷和 CO_2 的古菌。在沼气发酵过程中,甲烷的形成是由一群生理上高度专化的古菌——产甲烷菌所引起的,产甲烷菌包括食氢甲烷菌和食乙酸产甲烷菌。产甲烷菌参与有机物厌氧降解的最后一步,可以在没有外源受氢体的情况下,把乙酸和 H_2/CO_2转化为气体产物——CH_4/CO_2,使有机物在厌氧条件下的分解作用得以顺利完成。近年来,随着厌氧分离技术的改进,结合先进的鉴定手段和分析方法,更多种类的产甲烷菌菌株被鉴定出来。迄今为止已分离到 70 多种产甲烷菌,现已命名的 10 科 31 属分属于 5 个目:甲烷杆菌目(Methanobacteriales)、甲烷球菌目(Methanococcales)、甲烷八叠球菌目(Methanosarcinales)、甲烷微菌目(Methanomicrobiales)和甲烷火菌目(Methanopyrales)。甲烷的生物合成有 3 种途径,包括以乙酸为底物,以 H_2/CO_2为底物,以甲基类化合物为底物的生物合成过程。研究表明,以乙酸盐为底物产生的甲烷占自然界甲烷量的 67%,而以 H_2/CO_2转化形成的甲烷不足自然界甲烷量的 33%。常见的产甲烷菌的共同生理特征如下。

1. 生长要求严格厌氧环境

产甲烷菌广泛存在于水底沉积物和动物消化道等极端厌氧的环境中,生长的氧化还原电位要求低于−0.33 V。在自然生态环境中或厌氧消化器中,共同生活在一起的产酸细菌,特别是发酵性细菌的代谢活动,会消耗氧气,产生大量还原物质,使环境氧化还原电位下降,为产甲烷菌的生长繁殖创造了条件。所以在厌氧消化生态系中,产酸菌既能为产甲烷菌制造食物,又创造了生活条件;而产甲烷菌则将产酸菌的代谢终产物——乙酸及 H_2/CO_2加以清除，保证产酸菌代谢路线的畅通。在厌氧污泥的微生态颗粒中，产甲烷菌生存于颗粒内，处于产酸菌及胶体物质的包围之中，因而容易得到低氧化还原电位的保护。

2. 食物简单

产甲烷菌只能代谢少数几种碳素底物生成甲烷，其主要反应及生成 1 mol 甲烷的自由能如下：

H_2/CO_2：$4H_2+CO_2 \rightarrow CH_4+2H_2O$　　-135 kJ

甲酸：$4HCOOH \rightarrow CH_4+3CO_2+2H_2O$　　-145 kJ

甲醇：$4CH_3OH \rightarrow 3CH_4+CO_2+2H_2O$　　-105 kJ

乙酸：$CH_3COOH \rightarrow CH_4+CO_2$　　-31 kJ

除上述 4 种基质外，有的产甲烷菌可代谢甲胺、二甲胺和三甲胺生成甲烷。在厌氧消化器中 70%以上的甲烷是由乙酸裂解形成的，而其余的大多数来自 H_2对 CO_2的还原。因此，乙酸是厌氧消化器中最重要的产甲烷前体物质。

产甲烷菌利用有机氮源的能力很弱，均以 NH_4^+作为主要氮素来源。产甲烷菌的生长还需要微量的镍、钴、钼和铁，它们是构成甲烷菌特有辅酶重要成分的元素，可有效提高产甲烷活性。

3. 适宜生长于 pH 中性条件

大多数产甲烷菌生长的最适 pH 在中性范围，甲酸甲烷杆菌最适生长 pH 为 6.6～7.8，史氏甲烷短杆菌最适 pH 为 6.9～7.4，巴氏甲烷八叠球菌最适 pH 为 6.7～7.2，索氏甲烷丝菌最适 pH 为 7.4～7.8。但也有个别种类可在 pH 为 4.0 或 9.2 条件下生长。在厌氧消化器里，当 pH 低于 5.5 时沼气发酵会完全停止。

4. 生长缓慢

由于产甲烷菌"吃"的是产酸菌代谢物，如乙酸、甲酸、H_2/CO_2等结构简单、含能量少的物质，又生活于严格厌氧条件下，所以生长繁殖缓慢。例如在最适生长温度下，可以利用乙酸、甲醇、H_2/CO_2的梅氏甲烷八叠球菌(*M. mazei*)，在以甲醇为底物时繁殖时间为 8 h/代，以乙酸为底物时为 17 h/代。巴氏甲烷八叠球菌(*M. barkeri*)为 24.1 h/代，嗜热自养甲烷杆菌(*Methatobacterium thermoautotrophicum*)为 24～26 h/代，索氏甲烷丝菌(*Methanothrix soehngenii*)则为 3.4 d/代。由于产甲烷菌繁殖缓慢，给沼气发酵带来很多困难和问题。

13.2 生物制氢

生物制氢是指生物质通过气化和微生物催化脱氢方法在生理代谢过程中产生分子氢的过程。氢气相对乙醇、柴油、沼气而言，产物只有水，比较简单、洁净，是非常理想的绿色能源。虽然微生物制氢与生物制乙醇、制柴油相比还处于实验室研究阶段，但其作用机理和方法已经比较明朗。

13.2.1 微生物制氢机理

目前发现的产氢微生物有很多，按照产氢机理的不同可以分为两大类：光合产氢微生物和发酵产氢微生物。

13.2.1.1 光合产氢机理

光合产氢微生物如一些藻类和光合细菌等可以利用光能产生氢气。绿藻中含有氢酶，在一定条件下能利用光能产生氢气，即水最终被多种酶分解为氢气和氧气。整个途径包括生成还原剂还原 CO_2的光系统Ⅰ(PSⅠ)以及水裂解和释放氧的光系统Ⅱ(PSⅡ)(图 13-1)。光合细菌在光照厌氧条件下，通过自身复合体上的细菌叶绿素和类胡萝卜素捕获高能光子，并将能量传递到光合反应中心，使高能光子发生电荷分离产生高能电子。高能电子经过环式磷酸化将光能转化成 ATP，为产氢过程提供能量。产氢过程中所需要的还原力来自有机物的氧化代谢，由细胞内还原性的铁氧还蛋白水平所决定。固氮酶是光合细菌光合产氢的关键酶，在细胞提供足够的 ATP 和还原力的前提下，固氮酶可以将氮气转化成氨气，同时质子化生成氢气(图 13-2)。

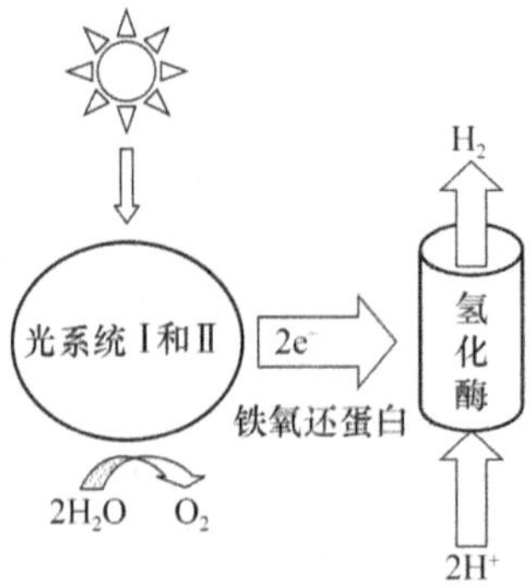

图 13-1　绿藻直接光解水产氢

(引自袁振宏，2012)

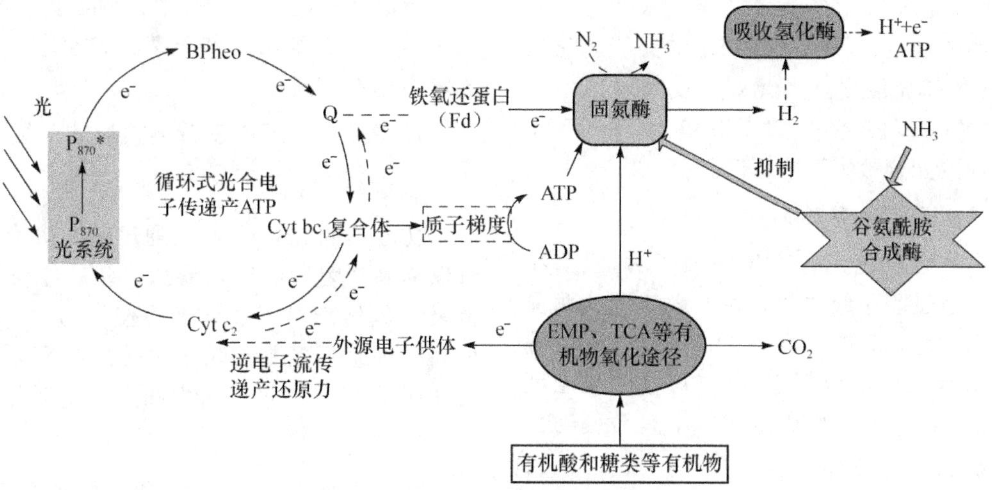

图 13-2　光合细菌的光合产氢途径

（引自袁振宏，2012）

13.2.1.2　厌氧发酵产氢机理

发酵产氢微生物可以在发酵过程中分解有机物产生氢气，包括肠杆菌属（*Enterobacter*）、梭菌属（*Clostridium*）、固氮菌属（*Azotobacter*）、鱼腥蓝细菌属（*Anabaena*）等。发酵产氢分为直接产氢的丙酮酸脱羧产氢和辅酶Ⅰ的氧化与还原平衡调节产氢两类。许多光合细菌在黑暗条件下也可以通过厌氧发酵产氢。

丙酮酸脱羧作用分为两种方式：第一种是丙酮酸首先在丙酮酸脱羧酶的作用下脱羧形成硫胺素焦磷酸-酶的复合物，同时将电子转移给还原态的铁氧还蛋白，然后在氢酶的作用下重新氧化成氧化态的铁氧还蛋白，产生分子氢（图 13-3）；第二种是通过甲酸裂解的途径产氢，丙酮酸脱羧后的甲酸及厌氧环境中 CO_2 和氢离子产生的甲酸可以通过铁氧还蛋白和氢酶生成 CO_2 和氢气（图 13-4）。

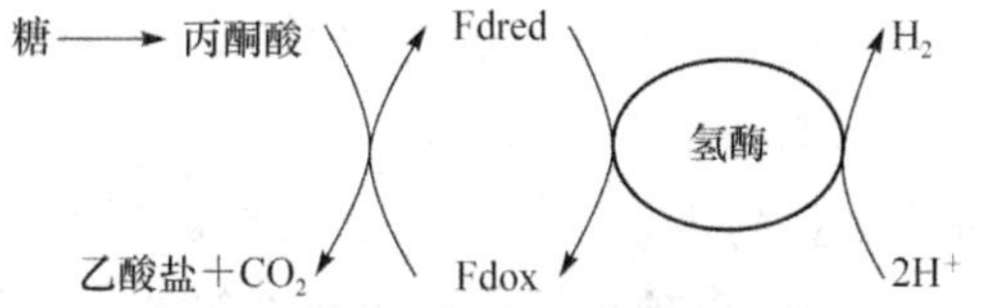

图 13-3　丙酮酸脱羧产氢途径

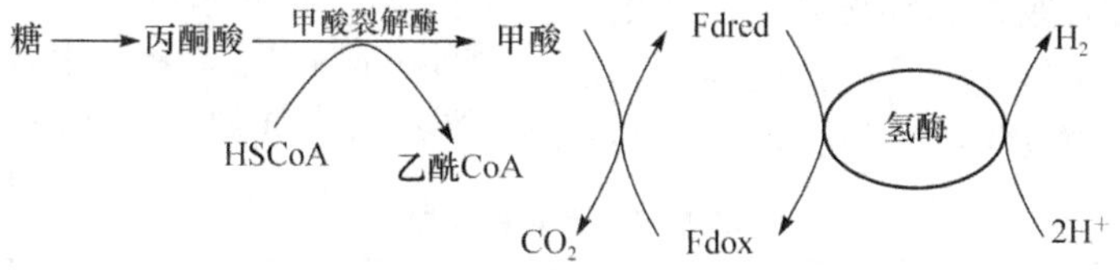

图 13-4　甲酸裂解产氢途径

（仿自陈火晴，2010）

辅酶Ⅰ的氧化与还原平衡调节产氢是在碳水化合物发酵过程中，经 EMP 途径产生的 NADPH 和氢离子可以通过与一定比例的丙酸、丁酸、乙醇和乳酸等发酵过程相偶联而氧化为 $NADP^-$，以保证代谢过程中的 $NADPH/NADP^+$ 的平衡，因而可以分为丁酸型发酵和乙醇型发酵。发酵细菌可以通过释放氢气的形式实现 NADPH 与 $NADP^+$ 之间转化，这种转化在标准状况下不会自发进行，但在 $NADP^-$ 铁氧还蛋白及铁氧还蛋白酶作用下能够进行，反应式是：$NADPH + H^+ \rightarrow H_2 + NADP^+$。

13.2.2　微生物制氢影响因素

13.2.2.1　光合制氢影响因素

1. 影响光合作用的因素

光合细菌中的细菌叶绿素是吸收光子、传递能量的重要物质。光合作用途径中，有以下几种因素能够影响光合作用：氧气、NH_4^+、光照。氧气的存在能够迅速抑制光合系统中细菌叶绿素的合成，使产氢量下降。铵盐中的 NH_4^+ 对光合磷酸化有解偶联的作用，能够干扰 ATP 的产生，但是该抑制作用可逆，当铵盐代谢完全后光合细菌又能正常产氢。光照波长与光照强度可以影响光合细菌的光能转化效率，进而影响其产氢能力。当光照强度超过某一极限值时，光合细菌体内会发生“光饱和”现象，使 PS Ⅰ过量激发导致光合效率下降，产氢受阻。

2. 影响固氮酶和氢酶的因素

固氮酶是光合细菌光合产氢的关键酶，氢酶在厌氧暗发酵产氢过程中起主要作用。影响固氮酶和氢酶的因素有铵盐、氧气、N/C、CO 和 NaCl 等。铵盐是光合细菌生长的有效氮源，但当铵盐的浓度大于 1 mol/L 时，铵盐将抑制固氮酶结构基因的转录，对固氮酶的合成产生“瞬间关闭”效应，终止固氮酶的合成。因此，可以通过控制环境介质中铵盐的浓度来增强固氮酶活性。环境中的氧气能够钝化固氮酶的合成，并且该抑制作用是不可逆的。培养基中的 N/C 是固氮酶表达的决定性因素，N/C 超过极限值，固氮酶活性就会消失。在有足够的还原力时，光合细菌中的氢酶可以通过厌氧暗发酵实现产氢，但氢酶还能发生吸氢反应回收能量。氧气能够使氢酶氧化失活，然而氢酶对氧气的耐受性却远高于固氮酶。此外，CO、NaCl 都能抑制氢酶的吸氢活性。

3. 其他影响因素

光合细菌的生长环境如 pH、温度、底物以及光合细菌的菌龄、接种量等也会影响产氢率。底物中的有机物和还原性物质可以为光合产氢提供质子或电子，在光照厌氧条件下，不同的菌种对底物有一定的选择性。菌种的接种量和菌龄会直接影响光合细菌的生理和生长状态，接种量超过一定范围不仅会引起细胞生长原料与产氢原料供给不足，同时较高的细胞浓度还会引起光合细菌的自我遮蔽现象。不同菌龄的光合细菌的产氢酶系发育程度不同，因此产氢率也不相同。

13.2.2.2 厌氧发酵制氢影响因素

1. 初始 pH

在合适的 pH 范围内，通过增加初始 pH 的方法可以提高产氢菌的产氢能力。在最佳初始 pH 时获得最大氢气产量。在低于最佳初始 pH 时，产氢潜力和产氢速率随着初始 pH 的提高而增加，在高于最佳初始 pH 时，产氢潜力和产氢速率会下降。

2. 温度

在合适的温度范围内，通过增加温度的方法也可以提高产氢菌的产氢能力。在最佳温度时获得最大产氢量和最大产氢速率。在低于最佳温度时，产氢量和产氢速率随着温度的升高而增加，在高于最佳温度时，产氢能力下降。

3. 有机负荷

有机负荷在合适的范围内，通过增加有机负荷的方法可以显著地提高厌氧活性污泥发酵产氢系统的产氢能力。在最佳有机负荷时获得最大产氢能力，在低于最佳有机负荷时，产氢能力随着有机负荷的增加而增加，在高于最佳有机负荷时，产氢能力出现下降趋势。

13.2.3 产氢微生物种类

产氢微生物可以大致分为光合产氢型和发酵产氢型，然而在实际分类中，有许多微生物是交叉型的，对此可以详细分为如表 13-1 所示种类。

表 13-1 产氢微生物

产氢种类	产氢酶	特点	抑制物	电子供体	代表性种
光合细菌	固氮酶	需要光；可利用的光谱范围较宽；可利用不同的废料；能量利用率高；产氢速率较高	O_2，N_2，NH_4^+	还原性有机物	球形红细菌 荚膜红细菌 深红红螺菌
发酵细菌	氢酶	不需要光；可利用的碳源多；可产生有价值的代谢产物如丁酸等；多为无氧发酵，不存在供氧；产氢速率相对最高；发酵废液在排放前需处理	CO，O_2	还原性有机物	丁酸梭菌 嗜热乳酸梭菌 巴氏梭菌 大肠杆菌
蓝细菌	固氮酶	需要阳光；可由水产生氢气；固氮酶主要产生氢气；具有从大气中固氮的能力；氢气中混有氧气；氧气对固氮酶有抑制作用	O_2，N_2，NH_4^+	水	鱼腥蓝细菌 丝状蓝细菌 颤蓝细菌 黏杆蓝细菌
真核藻类	氢酶	需要光；可由水产生氢气；转化的太阳能是树和农作物的 10 倍；体系存在氧气威胁；产氢速度慢	CO，O_2	水	绿球藻 莱茵衣藻

13.2.4 微生物制氢技术的发展

目前，微生物制氢技术还不太成熟，总体上处于试验研究阶段，研究大多集中在纯细菌和细胞固定化技术上，如产氢菌种的筛选及包埋剂的选择等。表 13-2 所示为微生物制氢方法的对比。

表 13-2 微生物制氢方法的对比

微生物制氢方法	产氢效率	反应底物	环境友好程度
光水解制氢	慢	水	需要光，对环境无污染
光发酵制氢	较快	小分子有机酸、醇类物质	可利用各种有机废水制氢，制氢过程需要光照
暗发酵制氢	快	葡萄糖、淀粉、纤维素等碳水化合物	可利用各种工农业废弃物制氢，发酵废液在排放前需处理
光发酵和暗发酵混合	最快	葡萄糖、淀粉、纤维素等碳水化合物	可利用各种工农业废弃物制氢，在光发酵过程中需要氧气

微生物制氢技术存在以下瓶颈：①产氢速度慢、产氢量低，形成的生物产品会污染环境等；②有关厌氧产氢的理论研究不够完善；③对发酵细菌厌氧发酵产氢的液相产物分布缺乏深入和系统的研究；④有关混合细菌产氢中微生物方面的研究比较少。

为提高产氢量，今后研究的重点应主要集中在以下 3 点：①微生物资源的获取。继续筛选自然界中光能要求小、产氢活性高的光合细菌。②微生物基因工程改造。就目前而言，基因工程是提高菌株氢产量的关键技术，寻找出整个产氢代谢过程的调控点，并对其进行遗传学改造，构建多功能光合产氢菌株。③生物反应器设计的改进。研制连续高效光生物反应器，并且提高光生物反应器对多种反应动力学指标的综合自动控制能力，以便为光合细菌提供最佳的生长产氢环境。

13.3 燃料乙醇

经济高速发展的同时，石油的需求也在快速增长，我国已成为世界第一大石油消耗国和第二大原油进口国。然而，我国人均可采石油资源量仅为世界平均水平 12%。我国政府非常重视可再生能源（如乙醇和生物柴油等）的发展，期望减少我国对石油的依赖程度。燃料乙醇的原料有糖质原料、淀粉质原料和纤维素原料。不同原料生产燃料乙醇的技术特性对比见表 13-3。

表 13-3 不同原料生产燃料乙醇的技术特性对比

项目	糖类	淀粉类	木质纤维素类
主要来源	甘蔗	玉米、大米、小麦、薯类	秸秆、麦秆、柳枝稷、高粱、木屑
预处理	压榨、调节	粉碎、蒸煮、糊化	粉碎、物理或化学处理
水解	/	易水解，产物单一，无发酵抑制物	水解较难，产物复杂，有发酵抑制物
发酵	耐乙醇酵母发酵六碳糖为乙醇	产淀粉酶酵母发酵六碳糖为乙醇	专用酵母或细菌发酵六碳糖和五碳糖为乙醇
乙醇提取与精制	/	蒸馏、精馏、钝化	/
综合利用	肥料、沼气、CO_2	饲料、沼气、CO_2	木质素、沼气、CO_2

第一代燃料乙醇是粮食乙醇，由于原料主要是糖质和淀粉，所以存在“与粮争地，与人争粮”等问题，而第二代燃料乙醇是基于木质纤维素原料发酵生产乙醇。与第一代生物燃料相比，原料来源更加广泛，综合性能更加优良，被视为是 21 世纪发展循环经济的有效途径之一，并已成为一个全球战略制高点和必争点。我们将从以下几个方面简单介绍纤维素乙醇的生产工艺流程以及我国目前工业化发展进程。

目前纤维素乙醇生产主要面临四大瓶颈：①原

料较分散,收集贮存成本较高;②木质纤维素原料结构紧密,很难被酶水解,需要进行预处理工艺;③水解中必需的纤维素酶系组成复杂,制造成本较高;④生物质三大组分之一的半纤维素水解生成的木糖等五碳糖较难发酵成乙醇。

13.3.1 木质纤维素原料预处理工艺

天然植物纤维性物质是由纤维素、半纤维素和木质素为主要成分相互结合而构成的超级结构。因此,在酶处理之前通常要对其进行预处理,以部分去除木质素和半纤维素等成分,破坏纤维素的结晶结构,增加生物质材料的多孔性,增加酶和原料的接触面积,提高酶的可及性,从而提高酶的水解效率。与此同时,在预处理时要尽可能地避免碳水化合物降解和生成对后续发酵过程有抑制作用的副产物,并尽可能地降低生产成本。

常见的物理预处理方法包括机械磨碎、高温热解、蒸汽爆碎等,目的在于降低纤维素的结晶度,破坏木质素和半纤维素的结合层,增加原料的比表面积。常用的化学预处理方法有酸法和碱法。稀酸处理已经成功地应用于木质纤维素原料的预处理。经稀酸预处理后纤维素的平均聚合度下降,反应能力增大,水解率显著提高。碱预处理的目的在于脱除原料中的木质素,同时纤维素由于碱的作用水化膨胀导致聚合度和结晶度有所下降,原料的多孔性增加,内比表面积增加,因而可改善酶的可渗透性、提高酶与纤维素的接触面积和酶水解速率。

13.3.2 纤维素酶及其生产工艺

纤维素酶转化纤维素为可发酵用糖的成本过高是纤维素乙醇生产的主要技术瓶颈。如何降低酶生产成本、优化酶系比例、提高酶组分间的协同作用等是目前纤维素酶研发中的关键问题。

13.3.2.1 纤维素酶

纤维素酶系统是一个复杂的酶体系,主要包括3类酶组分:内切-1,4-β-葡萄糖苷酶(endo-β-1,4-glucanase,EG),简称内切纤维素酶或内切酶;外切-1,4-β-葡萄糖苷酶(exo-β-1,4-glucanase),或称纤维二糖水解酶(cellobiohydrolase,CBH);β-葡萄糖苷酶(β-1,4-glucanase,BGL),又称纤维二糖酶(cellobiase,CB)。如图13-5所示,其中EG随机作用于无定形纤维素糖链的内部,生成随机长度的寡糖和新的链末端;CBH作用于纤维素链的还原性或非还原性末端,产物以纤维二糖(cellobiose)为主,也会有葡萄糖产生;BGL主要水解纤维二糖和低聚糖,产生葡萄糖或者从可溶性纤维寡糖的非还原末端移去糖残基。

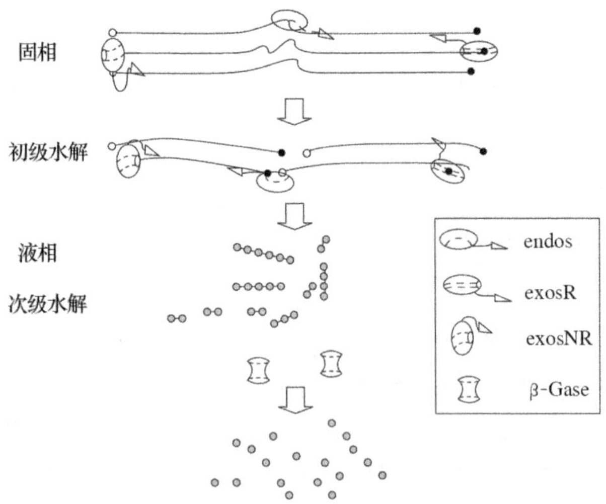

图13-5 瑞氏木霉纤维素酶的纤维素水解机制

13.3.2.2 纤维素酶产生菌

目前,用于生产纤维素酶的微生物大多属于丝状真菌。研究较多的有木霉属(*Trichoderma* sp.)、曲霉属(*Aspergillus* sp.)、青霉属(*Penicillium* sp.)等。其中木霉、青霉产生的纤维素酶活力往往最高,酶组分最全(完全酶系),应用也最广泛。曲霉和根霉产生的主要是内切纤维素酶(非完全酶系),多用于纺织、造纸等纤维的表面加工。

丝状真菌作为纤维素酶生产菌株具有诸多优点:产生纤维素酶为胞外酶,便于酶的分离和提取;产酶效率和比活性高,且产生纤维素酶的酶系结构较为合理;酶制剂中常含有许多半纤维素酶(hemicellulase)和淀粉酶(amylase)、蛋白酶(protease)等,对于组成复杂的天然木质纤维原料的水解而言,这些酶也起到了协同作用。

13.3.2.3 纤维素酶生产技术

选择优良的菌种是提高纤维素酶活力的关键,但还需要有适当的生产方法和培养条件才能充分发挥优良菌种的性能,得到较高的酶产量。纤维素酶的生产历史比较短、规模比较小、酶活力也比较低,生产工艺需要进一步研究和完善。

目前,纤维素酶的生产主要采用固态发酵或液体深层发酵培养。纤维素酶固态发酵过去主要采用传统酿酒制曲工艺技术。中国科学院过程研究所陈洪章等在固态发酵技术产业化方面开展了长期研究并设计了可实现纯种培养的 100 m^3 纤维素酶新型固态发酵反应器及其配套技术和设备。使用该反应器，以汽爆玉米秸秆为发酵的主要原料进行纤维素酶的生产，不仅缩短纤维素酶发酵周期，而且提高了纤维二糖酶活。用该设备生产纤维素酶，经过 5 批试验，平均纤维素酶活达到了 120 FPU/g 干曲，最高达到了 210 FPU/g 干曲。液体深层发酵使用液态培养基，一般在强化传质和传热的发酵罐中进行。National Renewable Energy Laboratory（NREL）在 1 000 L 发酵罐中使用 3%～5%稀酸预处理后脱毒的纤维素水解液，补加 4%纤维素、玉米浆和其他微量营养物，作为产酶培养基。使用氨水来控制 pH 并提供氮源。酶的得率为 150 FPU/g 纤维素，容积生产率达到 55 FPU/(L·h)。山东大学曲音波教授实验室使用自己选育的斜卧青霉（现更名为草酸青霉）的抗阻遏突变株，采用双阶段变温培养等措施，前期采用最适生长温度 31 ℃，后期采用最佳产酶温度 28 ℃，缩短了发酵时间，提高了产酶效率。在 50 L 发酵罐中进行的全废料培养基产酶试验显示，接种 48 h 后即达到 4.6 FPU/mL，容积生产率达到 100 FPU/(L·h)，酶得率达 264 FPU/g 纤维素。通过使用补料分批技术，在 48 h 后向发酵罐中间歇补入少量细杂纤维，可使酶活提高到 7.2 FPU/mL。该技术已经在宁夏夏盛实业集团有限公司等企业工业化生产纤维素酶多年。

13.3.3 纤维素乙醇生产工艺

经预处理后的纤维质原料过去常采用分步水解发酵（separated hydrolysis and fermentation，SHF），即纤维素酶解与乙醇发酵两种工艺在各自最适宜的条件下分步进行。随着研究的进一步深入，中外研究者逐渐倾向于将纤维素酶解与乙醇发酵在同一个反应器中同时进行，即同步糖化发酵（simultaneous saccharification and fermentation，SSF）。酶解过程中产生的葡萄糖被酵母菌迅速利用，解除了葡萄糖对纤维素酶的反馈抑制作用，提高了酶解效率。SSF 被认为是木质纤维素生物法转化为乙醇的最有效方法，国内外的纤维素乙醇中试车间基本都采用此法。

目前，乙醇发酵普遍使用的酵母菌不能利用戊糖产生乙醇。通过构建能同时发酵戊糖和己糖的基因重组菌株，发展起来了“同步糖化共发酵（simultaneous saccharification and co-fermentation，SSCF）”技术，该技术在解决了半纤维素利用问题的同时也提高了生物乙醇的终浓度，有利于精馏成本的控制。

此外，统合生物工艺（consolidated bioprocessing，CBP）的研发也在紧锣密鼓地进行中。该技术的核心是将纤维素酶生产、原料水解和乙醇发酵组合在一起，由一种微生物或一个微生物群体来完成整个生物转化过程，仅一步就包含了纤维素酶生产、纤维素水解和糖发酵生产乙醇 3 个步骤，减少设备投入，降低生产成本。

13.3.4 我国纤维素乙醇发展现状

国内近几年也在纤维素乙醇中试化生产方面下大力气进行研发。我国于 2002 年前后启动了纤维素乙醇的研发工作。2005 年，华东理工大学完成了国家“863”项目，即 600 t/年纤维素乙醇示范工厂。中粮集团于 2006 年 4 月正式在黑龙江启动建设 500 t/年纤维素乙醇试验装置，从试验结果看，各项技术指标均达到国际先进水平。该项目的预处理环节采用连续蒸汽爆破技术，其中酶制剂部分与世界上最大的酶制剂公司诺维信公司联合，据了解纤维素乙醇是目前诺维信公司的最大研发项目，其研发中心设在中国。

随着我国以玉米、木薯等淀粉质为原料的燃料乙醇生产技术日益提高，以秸秆等农林废弃物为原料的先进生物燃料技术又增添了产业化示范的新条件。国家能源局印发了《2021 年能源工作指导意见》，提出要持续优化能源结构，推进发展纤维素燃料乙醇等可再生生物质能的开发利用，推进纤维素等非粮生物燃料乙醇的产业示范，推动能源低碳转型和高质量发展。目前我国有两个纤维素乙醇示范项目正在有序开展工作。2020 年科莱恩公司利用 sunliquid 技术建设了一套农业废弃物生产纤维素乙醇的装置，该装置建在安徽阜阳，原料主要为本地的小麦秸秆和玉米秸秆，计划产能 5 万 t/年。同年，国投生物完成纤维素乙醇装置，该装置具有较为成熟的预处理技术、低成本酶解方案、醇电联产技术及完整工艺设计软件包，年产 2.5 万 t 纤维素燃料乙醇。期望经过持续攻关，我国具有自主知识产权的纤维素乙醇成套技术可以实现工业化，从而在乙醇生物燃料领域迈出关键的一步。

13.4 生物柴油

1983年美国科学家 Craham Quick 首先将亚麻籽油的甲酯用作发动机的燃料，并将可再生的脂肪酸甲酯定义为生物柴油。生物柴油是指用大豆油、花椒籽油等植物油，黄连木、麻风果等油料林木果实，工程微藻等水生油料植物，以及动物脂肪、废餐饮油等油脂为原料，在催化剂作用下，与甲醇或乙醇等醇类物质发生酯交换反应生成脂肪酸甲（乙）酯。生物柴油是一种长链脂肪酸单烷基脂，通常含有14～18个碳原子，接近于由15个烃链组成的石化柴油的平均相对分子质量，具有与石化柴油相近的理化性质。

13.4.1 制备生物柴油的原料

在制备生物柴油的过程中，60%～80%的成本都来自原料，寻找规模大、廉价、无污染、利用度高的原料油至关重要。不同国家根据其国情选择合适的油料进行制备，如欧洲国家生产生物柴油的原料是菜籽油，日本主要应用废油为原料。我国幅员辽阔，拥有丰富的生物柴油生产原料。

13.4.1.1 动植物油脂

动物油脂的来源比较丰富，主要从动物的屠宰、废动物皮毛处理及食用肉类残油中得到油脂。用猪油作为原料，醇油比5∶1，Novozyme 435（脂肪酶）3%，叔丁醇40%，50 ℃，240 r/min 反应24 h，生物柴油产率达到95.2%；以金枪鱼油为原料，采用固定化脂肪酶逐步醇解工艺，生物柴油收率达90%。美国、欧洲和日本已开始利用动物油脂制备生物柴油，而我国需要进口大量的动物油脂用于食用，因此动物油脂在我国可作为一种补充资源。

植物油脂包括豆油、花生油、菜籽油、芝麻油、玉米油等，是制备生物柴油最理想的原料之一。从麻风树的种子里提取出的麻风树油，在氢氧化钠（NaOH）用量为麻风树油质量的1%，油醇比为1∶6，65 ℃，搅拌30 min，得到的生物柴油能够达到0#柴油标准。利用大豆油为原料制备生物柴油时，反应温度为室温，其他条件与麻风树油相同，得到的生物柴油能够达到0#柴油标准，可以节约能耗以及设备损耗。棕榈油在 NaOH 用量为棕榈油质量的0.6%，油醇比为1∶8，40 ℃，搅拌1 h，生物柴油的产率可达到98%，为生物柴油的优质原料。

我国植物种植广泛，油脂年产量居世界前列。大规模发展油料植物不仅可以为生物柴油产业提供丰富的可再生原料，而且对改善生态环境、调整农业产业结构、促进农村经济可持续发展、增加农民收入等具有十分重要的意义。

13.4.1.2 废弃油脂

废弃油脂主要包括餐饮废油、地沟油、炒菜和炸食品过程产生的煎炸废油等。据不完全统计，我国每年产生的餐厨废弃物约有3 000万t，废弃油脂约有1 000万t。利用地沟油为原料，醇油比30∶1，催化剂浓硫酸为6%原料油，70 ℃，3 h，生物柴油的产率为87.5%，符合生物柴油的质量标准；利用火锅废油为原料，醇油比9∶1，浓硫酸为4%原料油，65 ℃，3 h，酯化率转化率大于96%。

13.4.1.3 微生物油脂

微生物油脂又称单细胞油脂，是由真菌、细菌或微藻等产油微生物利用糖类、烃类和一般油脂作为碳源，并配合氮源和无机盐辅助因子在特定情况下产生的物质。产油微生物主要有藻类、真菌和细菌。常见的微藻有小球藻属、刚毛藻属、鞘藻属、丝藻属、水棉属的绿藻类等。常见的产油霉菌有土霉菌、深黄被孢霉、高山被孢霉、葡酒色被孢霉、拉曼被孢霉、矮被孢霉等。常见的产油酵母有浅白色隐球酵母、斯达氏油脂酵母、茁芽丝孢酵母、产油油脂酵 母、胶粘红酵母、类酵母红冬孢等。常见的产油细菌有分枝杆菌、棒状杆菌、诺卡氏菌等。几种常见产油微生物的油脂含量如表13-4所示。

表13-4 几种常见产油微生物中油脂的含量

分类	产油微生物	油脂质量分数/%
真菌（酵母和霉菌）	*Cryptococcus curvatus*	58～60
	Lipomyces starkeyi	16.7～30.0
	Rhodotorula glutinis	60.7～72
	Rhodosporidium toruloides	>70
	Mucor circinelloides	12.4～30.9
	Aspergillus oryzae	37

续表 13-4

分类	产油微生物	油脂质量分数/%
	Mortierella alpine	50
藻类	*Botryococcus braunii*	28～51
	Chlorella vulgaris	22.1
	Haematococcus pluvialis	30～40
细菌	*Rhodococcus erythropolis*	21.0
	Nocardia coralline	23.9
	Rhodococcus opacus PD630	87
	Acinetobacter sp. strain 211	25

真菌和某些藻类真核微生物形成的油脂以甘油三酯为主。由表 13-4 可以看出：真菌的产油量最大，藻类次之，对于细菌类原核生物而言，虽然 *Rhodococcus opacus* PD630 的细胞全脂肪酸的含量很高，但其甘油三酯含量仅有 38%，其他细菌含量更低。甘油三酯的脂肪酸组成与可食用植物油类似，产甘油三酯越多的微生物越适合作为生物柴油生产原料。因此对于生产生物柴油，真菌和藻类更具有实际意义，所以对于产油微生物的研究也主要集中在真菌和藻类。

微藻是光合效率最高的原始植物之一，微藻富含油脂，产油率高，不占用耕地，能够大规模培养，是适合我国国情的制备生物柴油的理想原料。30 ℃，浓硫酸作为催化剂，甲醇/小球藻油脂/乙醚（体积比 20:20:60）的均相反应体系中能制备出符合国家标准的生物柴油。

微藻脂肪酸的含量影响着生物燃料质量，不同种类的微藻，细胞中的脂质含量（油与细胞干重之比）是不同的，甚至同一种的不同品系也存在着很大差别。近期的研究主要集中在一小部分生长速度快的微藻上，这些藻类在特定的条件下可以积累大量的脂质物质。在工程微藻生产生物柴油方面，美国走在世界的前列，NERL 通过现代生物技术建成“工程微藻”，即硅藻类的一种“工程小环藻”。在实验室条件下可使“工程微藻”中脂质含量增加到 60%以上，户外生产也可增加到 40%以上。

13.4.2 生物柴油制备工艺

13.4.2.1 转酯化反应制备生物柴油

生物柴油的制备方法主要有物理法、化学法两种。物理法包括直接混合法、微乳化法。直接混合法是指将植物油与石化柴油按不同的体积比例直接混合作为混合燃料使用。微乳化法是通过添加微乳剂使动植物油微乳化，从而达到改善其雾化性能的目的。两种物理法制备的生物柴油存在的主要问题在于其高黏度，容易在发动机燃料喷射口引发结焦堵塞、形成沉淀物。化学方法（高温裂解法和转酯化法等）是通过化学反应将高黏度的动植物油脂转化为黏度低、挥发度高的小分子油脂，从而使其能够作为发动机燃料直接使用。高温裂解法是指在很高的温度下将一种物质裂解转化成其他几种物质，虽然工艺过程简单、环保，但高温高压的条件对反应设备的要求较高、反应不容易控制、产物的收率低且裂解的产品更适合替代汽油而非柴油，故国内外应用最多的是转酯化方法。转酯化方法是在催化剂存在的条件下，用低碳醇与植物油发生转酯化反应生成脂肪酸烷基酯的过程（图 13-6）。转酯化方法可使油脂的分子质量降低至 1/3，而黏度降至原来的 1/8 且接近石化柴油，改善流动性的同时还提高燃料挥发度，因而是降低黏度最常用的方法。常用的转酯化催化剂包括无机酸（如硫酸、磺酸、固体酸等）、无机碱（如 NaOH、KOH 等）和脂肪酶（固定化脂肪酶、全细胞脂肪酶、游离脂肪酶）等。

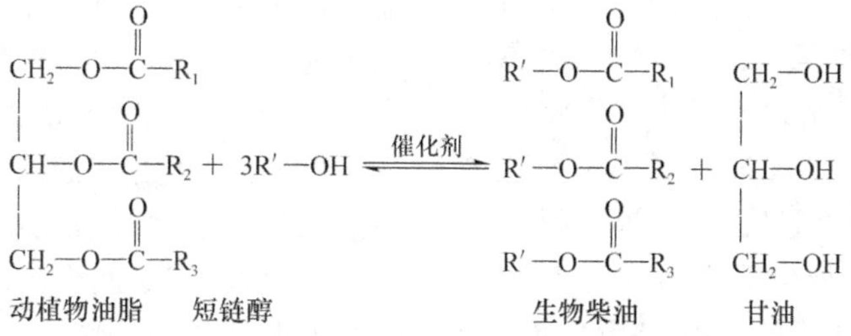

图 13-6 转酯化法制备生物柴油

脂肪酶在自然界分布很广，至少有65个属的微生物能产脂肪酶，包括细菌28个属、放线菌4个属、酵母菌10个属，其他真菌23个属，且不同微生物来源的脂肪酶其组成成分、理化特性各不相同。高产脂肪酶的菌株多来源于细菌、酵母菌和霉菌，其中得到深入研究的主要有根霉、曲霉、青霉、毛霉、假单胞菌等具有工业应用价值的菌种，以及与医学相关的金黄色葡萄球菌、钩端螺旋体、粉刺状杆菌等。目前，酶制剂的价格是制约生物柴油大规模产业化的一个重要因素。清华大学化学工程系刘德华教授实验室在以叔丁醇为反应介质的体系中使用Lipozyme TL IM和Novozym 435催化菜籽油制备生物柴油，生物柴油得率可达95%，并且可重复使用200批次(每批次12 h)，从而使固定化脂肪酶的成本显著降低。

需要说明的是，转酯化反应中的副产物甘油的产量很大：每3 mol脂肪酸甲酯可生产出1 mol甘油，相当于占总产物的10%(质量分数)。高效便捷分离甘油工艺以及合理化应用具有重要意义。例如，将含有盐等杂质的副产甘油直接用于发酵生产化工原料1,3-丙二醇，省去了甘油的纯化步骤，降低能耗的同时也解决了生物柴油企业甘油难以利用的难题。

13.4.2.2 微藻制备生物柴油工艺

微藻类的规模化培养是微藻生产生物柴油工艺的关键环节，特别是对于大规模的工业化生产。目前规模化藻类培养主要有开放式体系和封闭式体系2种方式。开放式培养就是利用户外的环境和条件进行微藻培养，其培养规模比较大，培养成本较低，但容易受到如养分与CO_2、光照时间、光照强度和温度等外界环境的影响。世界最大的开放式培养位于美国加利福尼亚州的螺旋藻生产基地。开放式培养主要以水池为主，通过水道完成循环，体系通过配有沉淀池来收集微藻。而封闭式培养则是利用生物反应器在密闭的环境中培养微藻。目前微藻反应器种类很多，尤其以管状和板状的封闭式光合生物反应器最为常见。它是一种由许多塑料或者一系列玻璃透明管道组成的密闭的光收集器，其管道直径小于10 cm，较适合培养单一藻种。反应器中连有机械泵、热交换装置、气体交换装置和清洁装置等设备，为其提供一个连续的湍流相，保持微藻生长最佳温差，输入微藻体系需要的CO_2，并及时将氧气和生物代谢废物输出反应器，使反应器处于微藻生长的最佳条件。

现阶段微藻生物柴油的制备流程主要包括三大步骤：藻体采收、微藻油脂的提取、生物柴油精炼。微藻藻体采收技术主要包括离心、过滤和化学絮凝等方法，随后利用高温干燥的方法将微藻细胞进行预脱水处理，再经过快速高温热解或高压液化的过程促使微藻细胞内的有机物质快速裂解为制备生物柴油所需的液体燃料。微藻油脂提取的常用方法主要有机械压榨法、有机溶剂(正己烷)提取法、超临界CO_2萃取法、超声波辅助提取法以及酶提取法等。微藻生物柴油的精炼工艺与生产食用植物油的工艺基本一致，主要包括水化脱胶、碱炼、脱色、脱臭等工艺。

从目前国内外的研究结果来看，微藻产油工艺尚存在诸如油藻进行高密度培养的技术不成熟、从培养器中完全分离微藻细胞较困难、藻类油脂的提取工艺复杂、污染大等难题。但随着研究的深入及技术水平的不断提高，相信不久的将来能够实现规模化养殖，为生物柴油产业获取油脂资源提供一条可靠的途径。

13.4.3 我国生物柴油产业现状

作为可再生、低碳的清洁能源，生物柴油对推进能源替代、实现降碳目标及控制大气污染具有重要意义。我国政府对生物柴油越来越重视。2004年科技部启动了“十五”国家科技攻关计划“生物燃料油技术开发”项目。2006年年底，国家发展改革委组织编制《可再生能源中长期发展规划》和《生物质能发展纲要》，明确提出以发展车用替代燃料为重点，到2020年生物柴油替代量达到500万t的战略目标。国家发展改革委和国家能源局2022年3月发布的《“十四五”现代能源体系规划》提出，要大力发展纤维素燃料乙醇、生物柴油、生物航空煤油等非粮生物柴油。我国生物柴油产业起步较晚，但发展比较迅速。截至2021年，我国生物柴油年出口量达129.36万t，占国内产量的85%以上。

清华大学化学工程系开发的新型酶法生产生物柴油工艺于2006年在湖南成功实现了年产2万t的产业化示范，而对此生产装置进行模拟和经济性评估对于进一步优化操作过程和降低生产成本显得尤其必要。其中固定化酶具有稳定性高、易从产品中分离、可重复使用等优点，具有良好的工业应用前景。中国科学院与中国石化2009年达成联盟，启动开发微藻生物柴油成套技术。在科研分工上，中国科学院主要研究上游藻种和反应器开发，中国石化则以微藻采收、藻油提取及工业应用研究为主。该成套技术各项研究进展顺利，可使微藻生物柴油的成本降至每吨6 500元以下。浙江工业大学浙江省生物燃料利用技术研究重点实验室利用废弃油脂实现了能源、材料、化学品的绿色高效制造，形成了高效、清洁、高品质的生物柴油生产成套技术，现已在浙江省、山东省、安徽省、江西省、贵州省、上海市等推广应用13家(总生产能力达到140万t)。运用该技术生产的生物柴油产品质量指标能稳定达到国家生物柴油BD100标准，且生产过程反应时间短、产品收率高、质量高、能耗低、三废排放量减少，具有显著的经济效益和社会效益。生物柴油技术为促进我国生物质能源的可持续发展，实现我国“碳达峰”和“碳中和”的目标做出贡献。

本章小结

沼气发酵是各种有机物在厌氧条件下，被各类沼气发酵微生物分解转化，最终生成沼气的过程。沼气的主要成分是甲烷和CO_2。参与沼气发酵的微生物主要包括发酵性细菌、产氢产乙酸菌、耗氧产乙酸菌、食氢产甲烷菌等。按照它们在发酵过程中的作用及对生存条件的要求，可以将沼气发酵过程分为液化、产酸和产甲烷3个阶段。产甲烷菌的生理特征：①生长要求严格厌氧环境；②食物简单；③适宜生长于pH中性条件；④生长缓慢。

生物制氢是指生物质通过气化和微生物催化脱氢方法在生理代谢过程中产生分子氢的过程。产氢微生物按照产氢机理的不同可分为两大类：光合产氢微生物和发酵产氢微生物。影响光合制氢的因素主要包括光合作用、固氮酶和氢酶。影响厌氧发酵制氢因素主要有发酵初始pH、温度和有机负荷。

第一代燃料乙醇是淀粉乙醇；第二代燃料乙醇是基于木质纤维素原料生产乙醇。纤维素乙醇生产主要面临四大瓶颈，制约其产业化进程。

天然植物纤维性物质的超级结构，难以被单一酶组分有效降解，在酶处理之前通常要对纤维素材料进行预处理，提高酶的水解效率。

纤维素酶系统是一个复杂的酶体系，主要包括EG、CBH和BGL 3种酶。纤维素酶系组成具有菌株差异，所产的纤维素酶根据组成成分不同，分为完全酶系与非完全酶系。

燃料乙醇的生产工艺包含两步发酵，即纤维素酶发酵和乙醇发酵。纤维素酶的生产主要采用固态发酵和液体深层发酵培养。纤维素乙醇生产工艺则根据设备、操作条件、菌株差异分为分步水解发酵工艺、同步糖化发酵工艺、同步糖化共发酵工艺以及统合生物工艺。

生物柴油是指用植物油、油料林木果实、水生油料植物，以及动物脂肪、废餐饮油等为原料，在催化剂作用下，与甲醇或乙醇等醇类物质发生酯交换反应生成的脂肪酸甲(乙)酯，是石化柴油的替代品。传统的生物柴油的制备方法主要有物理法、化学法两种。化学法中常用的转酯化催化剂包括无机酸法、无机碱以及生物酶(固定化脂肪酶、全细胞脂肪酶、游离脂肪酶)等。转酯化反应中的副产物甘油的产量很高，高效便捷分离甘油工艺以及合理化应用具有重要意义。

微藻类的规模化培养是微藻生产生物柴油工艺的关键环节。目前规模化藻类培养主要有开放式体系和封闭式体系2种方式。现阶段微藻生物柴油的制备流程主要包括三大步骤：藻体采收、微藻油脂的提取、生物柴油精炼。

复习思考题

1. 沼气发酵主要分为几个阶段？每个阶段的特点是什么？
2. 沼气发酵微生物可分为几类？主要作用和功能有哪些？
3. 简述微生物制氢的机理。
4. 影响微生物产氢的主要因素有哪些？
5. 产氢微生物的种类有哪些？
6. 试比较两代燃料乙醇的生产工艺。
7. 纤维素乙醇生产存在的四大难点是什么？
8. 纤维素酶是由哪几种酶组成的？其协同降解纤维素的过程是怎样的？
9. 试比较几种纤维素乙醇发酵工艺的优缺点。
10. 生物柴油的定义是什么？其生产的主要原料有哪些？
11. 酶法转酯化的优点有哪些？
12. 试简述微藻生产生物柴油的工艺及存在的问题。

第 14 章

微生物与环境保护

内容提示

本章主要介绍有害微生物对环境大气、土壤、水以及食品的污染及危害，系统地介绍人们利用某些特定功能微生物对环境中有毒或致癌物质进行监测的方法和原理。重点介绍微生物对环境保护的作用，主要是针对污染水体、土壤的微生物修复机理和技术。本章还详细介绍固体废弃物资源化过程中微生物所起的作用。

教学目标

掌握微生物对环境空气、水、土壤、食品等的污染和危害，以及常见的污染环境的病原微生物种类，基本掌握环境污染物的微生物监测方法及原理，学习、掌握利用微生物法修复污染土壤、水的方法及原理，熟悉利用微生物对固体废弃物资源化的方法和原理。

14.1　微生物与环境污染

14.1.1　微生物对大气的污染

大气微生物污染是环境污染之一，是指大气中的微生物遇到适宜的生存条件大量繁殖，造成其在一定的空间范围内数量骤增，使位于该区域免疫力低下的人和其他生物因接触、呼吸、吸食而感染，进而造成疾病大面积传播，对人们的生命财产及区域生物多样性产生极大的威胁。大气中营养物质极度贫乏，而且有较强的紫外线辐射，并非是微生物的理想生活环境，但却是传播微生物的良好介质。污染大气的有害微生物种类较多，如八叠球菌（*Sarcina*）、微球菌（*Micrococcus*）、枯草芽孢杆菌（*Bacillus subtilis*）以及霉菌的孢子，它们对外界环境变化有一定的抵抗能力，才得以在大气中能长期停留。经空气传播的传染病，如流行性感冒、结核等流行病，都与空气微生物污染有密切关系。

14.1.1.1　大气污染微生物的来源

大气微生物是指大气中细菌、霉菌和放线菌等有生命的活体，都是通过自然界进入大气当中的，主要来源于自然界的水体、土壤、动植物和人类生产活动。在一些人口密度高的大城市中，室内污染尤为严重。室内污染空气存在一些病原体，有时可导致某些传染病，如流感、麻疹、白喉、百日咳、军团病等传播，家用设备如空调、加湿器中也容易滋生细菌和真菌，成为室内空气微生物潜在污染源。研究者通过对一些公共场所的调查发现，军团菌（*Legionella*）普遍存在于空调冷却塔，可对暴露人群的健康造成威胁，引起发热、咳嗽、胸痛以及肺炎。

空气中的微生物黏附在各种尘埃、烟、雾等颗粒物上，以气溶胶的形式存在，其数量的多少、污染状况，直接影响到环境质量以及人类的健康状况。气溶胶的粒径主要在 0.25～30 μm 间变化，不同微生物气溶胶粒径大小也不同，细菌为 0.25～8 μm，真菌孢子为 1～30 μm，病毒则小于 0.3 μm。粒径越大，移动速度越慢，扩散能力就越低。高温、干燥和风有利于微生物气溶胶的扩散。

14.1.1.2　大气污染微生物的种类

1. 细菌

根据人们的生活场所不同，可将对大气污染的细菌分为室外污染细菌和室内污染细菌。

（1）室外污染细菌　寄生在人和动物体内的细菌，可从呼吸道排出，直接污染室外大气；也可随排泄物（如痰液、脓汁或粪便等）排出而进入地面，随灰尘飞扬，造成污染。此外，分布于沼泽、水稻田、江河、海洋、湖泊沉积物等生境中的产甲烷细菌，可以产生甲烷，以及通过硝化作用和反硝化作用过程形成氮氧化物，污染大气。在富含硫氧化物的厌氧环境中，由硫酸盐还原细菌形成的硫化氢散发入大气，造成局部大气环境的污染，产生令人不愉快的恶臭气味，甚至可引起人类和动物的中毒和窒息。这些室外空气中细菌的数量和所在地区人口密度、植物数量、土壤和地面铺垫的情况以及气温、大气湿度、气流和日照等因素有关。一般是靠近地面的空气污染程度最严重，随着高度的上升，空气中细菌的数量逐渐减少，大气上层几乎没有细菌。

(2)室内污染细菌　例如，在未经消毒处理的医院病房中，可能会有大量结核杆菌、白喉棒杆菌、葡萄球菌、溶血性链球菌等病原细菌，造成某些传染病的流行。防止室内大气细菌污染的措施有：①室内通风。通过空气流动，空气的稀释作用和细菌的沉降作用，可使室内空气中细菌数目明显减少。影剧院、礼堂、会议室等人员拥挤的场所应该采用这一措施。②空气过滤。对空气清洁程度要求较高的场所，如手术室、无菌实验室等可采用多种空气过滤器，以除去含有细菌的尘埃。③空气消毒。常用的空气消毒方法有物理方法、化学方法两类。物理方法主要是紫外线照射。2 000～2 967 Å(特别是2 650 Å)波长的紫外线，能有效地杀灭空气中的细菌。化学消毒方法主要是用各种化学药品喷洒或熏蒸。常用的药品有甲醛、乳酸、次亚氯酸钠(或漂白粉)、三乙烯乙二醇、过氧乙酸、丙二醇等。

2. 真菌

真菌是自然界分布最广的一类生物体，适合在温度、湿度较高的地区生长。人们受真菌感染后，易患脚气、皮炎、皮癣、湿疹等病症。有些真菌能通过其毒性代谢物霉菌毒素致癌。此外，空气中的各种真菌如青霉(*Penicillium*)、曲霉(*Aspergillus*)孢子能作为变应原，被人体吸入后，引起部分过敏体质人发生超敏反应性疾病，如哮喘、气短等。

3. 病毒

除空气原有的病毒粒子外，在人体、动物、土壤和植物碎屑中也往往携带一些病毒。许多病毒如流感、非典型性肺炎病毒、新型冠状病毒等，可以通过空气、唾液传染，引起呼吸道传染病。

14.1.2 微生物对水体的污染

饮用含有病原微生物的水可引起多种疾病，如军团菌病、霍乱、肺炎、急性胃炎等。目前饮用水中的致病性微生物超过140种，包括病毒、细菌和原生动物等。

14.1.2.1 水体中主要的病原微生物及其危害

1. 病原性细菌

(1)沙门菌(*Salmonella*)　沙门菌是一类能运动、无荚膜和芽孢、革兰氏阴性杆菌，需氧或兼性需氧，适合生活环境为37 ℃，pH为6.8～7.8。病人粪便、畜栏粪污和屠宰场污水中均可携带沙门菌。沙门菌属中的伤寒沙门菌(*S. typhi*)和副伤寒沙门菌(*S. paratyphi*)分别是伤寒和副伤寒疾病的病原菌，可引起急性肠胃炎和伤寒病。该类群是食品卫生指示菌，我国规定在食品中不得检出。

(2)志贺菌(*Shigella*)　志贺菌是一类不能运动、不产芽孢的革兰氏阴性杆菌，需氧型，适温37 ℃，不产生 H_2S，不能发酵乳糖。志贺菌主要通过食物或接触传染可引起细菌性痢疾，主要由人类粪便传入。该类群为食品卫生指示菌，我国规定在食品中也不得检出。

(3)霍乱弧菌(*Vibrio cholerae*)　霍乱弧菌是一类菌体短小呈逗点状、有单鞭毛和菌毛、能运动、无荚膜和芽孢的革兰氏阴性菌。霍乱弧菌是人类霍乱的病原体，而霍乱是一种古老且流行广泛的烈性传染病，曾在世界上引起多次大流行，主要表现为剧烈的呕吐、腹泻、失水，死亡率甚高。

(4)致病性大肠杆菌(*Escherichia coli*)　粪便中的某些大肠杆菌能引起水泻、呕吐等病症，称为致病性大肠杆菌。其中，有的大肠杆菌能产生肠毒素而导致强烈腹泻，称为产肠毒素大肠杆菌。

(5)钩端螺旋体(*Leptospira*)　钩端螺旋体是革兰氏阴性菌，菌体纤细，长短不一，一般为6～20 μm，宽0.1～0.2 μm。菌体具有细密而规则的螺旋，一端或两端弯曲呈钩状，常为“C”“S”等形状。钩端螺旋体能以水为媒介，通过破损的皮肤或黏膜侵入人体，引起出血性钩端螺旋体病，是在世界各地都广泛流行的一种人畜共患病。

2. 病毒

(1)肠道病毒(*Enterovirus*)　又称肠病毒，是一种主要存在于肠道的RNA病毒，虽然名为肠病毒，在人类却很少出现肠道的病状。肠道病毒颗粒小，呈二十面体对称，直径24～30 nm，对各种抗生素、去污剂、抗病毒药有抵抗作用。肠道病毒包括脊髓灰质炎病毒(*Poliovirus*)、柯萨奇病毒(*Coxsackievirus*)等,存在于人的肠道里并能通过粪便污染水体。

(2)甲型肝炎病毒(*Hapatitis A virus*,HAV) 病毒呈球形,直径约为 27 nm,无囊膜,且衣壳由 60 个壳微粒组成,呈二十面体对称。HAV 可以随患者粪便排出体外,通过污染水源、食物、海产品(如毛蚶等)、餐具等的传播可造成散发性流行或大流行。

14.1.2.2 水体中主要的耐药细菌及其危害

1. 水体中抗生素的来源

水体中残留的抗生素主要来自抗生素制备过程中产生的工业废水、医院废水及养殖废水等。据估计全球每年使用的抗生素达 10 万～20 万 t,而中国每年的使用量超过 2.2 万 t,其中超过 70%是以药物原形随粪尿排出而进入污水处理系统或直接进入水环境。此外,由于污水处理系统对抗生素的去除率低于 50%,污水厂出水中仍然含有高浓度的抗生素,它们将进入地表水或地下水甚至是饮用水中。目前的相关研究表明,在世界各国的地表水和饮用水中抗生素残留是比较普遍的现象,如美国 30 个州的 139 条河流中检测到 21 种抗生素残留;我国在 7 大典型河流水域共检出 8 类 49 种抗生素,并且水体中抗生素的检出种类普遍高于沉积物。

2. 常见的耐药细菌及其危害

水体中抗生素的残留会导致病原微生物产生耐药性,使得抗生素杀死细菌的有效剂量不断增加。而抗药性基因可以在代与代之间传递,又可以在不同细菌间传递。因此,一些耐药性细菌虽然不具有致病性,却能把耐药性基因传递给致病菌,耐药致病菌的增加和扩散,对人类健康造成潜在风险。例如,对国内各省区市主要医疗机构临床分离菌株进行抗菌药物敏感性试验,发现耐药细菌多是致病菌,其中最常见的主要有大肠杆菌(*Escherichia coli*)、肺炎克雷伯菌(*Klebsiella pneumoniae*)、阴沟肠杆菌(*Enterobacter cloacae*)、奇异变形杆菌(*Proteus mirabilis*)。此外,鲍曼不动杆菌(*Acinetobacter baumannii*)、铜绿假单胞菌(*Pseudomonas aeruginosa*)、嗜麦芽窄食单胞菌(*Stenotrophomonas maltophilia*)、洋葱伯克霍尔德菌(*Burkholderia cepacia*)和肠球菌属(*Enterococcus*)等条件致病菌也较为常见。水体中多种抗生素共存,可为诱导产生具有耐药性尤其是交叉耐药性的菌株创造了有利条件,导致"超级细菌"不断涌现。如果现在不采取有效措施,任由耐药性发展,那么预计到 2050 年,全球每年将有 1 000 万人死于耐药菌的感染,经济损失将达到 100 万亿美元,而细菌耐药性也会引发全球公共卫生危机。

14.1.2.3 水体富营养化及其危害

富营养化是指含有氮、磷等营养物质的废水大量排入湖泊、河口、海湾等缓流水体,从而引起水质恶化,由于藻类过量繁殖,从而破坏水体生态平衡的现象,以水华和赤潮这两种水污染现象最为常见。富营养化了的水体,即使切断外界营养物质的来源,水体也很难自净和恢复到正常状态。

1. 水华

水华(water bloom)是发生在池、河、江、湖或水库等淡水水体中,藻类本来以硅藻和绿藻为主,蓝藻的大量出现是富营养化的征兆,随着富营养化的发展,最后变为以蓝藻为主。藻类繁殖迅速,生长周期短,藻类及其他浮游生物死亡后被需氧微生物分解,不断消耗水中的溶解氧,或被厌氧微生物分解,不断产生硫化氢等气体,造成鱼类和其他水生生物大量死亡。藻类及其他浮游生物残体在腐烂过程中,又把大量的氮、磷等营养物质释放入水中,供新的一代藻类等生物利用。一般认为,水体中的总磷为 20 mg/m^3、无机氮达到 300 mg/m^3 以上就会出现水华现象。

2. 赤潮

赤潮(red tide)是指发生在河口、海湾或浅海等咸水区的水体,由城市工业废水和生活污水大量排入引起富营养化,导致其中的蓝藻、浮游植物和原生动物的暴发性增殖、聚集,进而产生毒素,引发水体呈红、棕色等异常的有害现象。真甲藻暴发性增殖会造成水面呈绿色的赤潮;某些硅藻会形成棕色或灰褐色的赤潮。赤潮发生后,不仅会改变海水的颜色,还会破坏海洋生态系统。大量增殖的蓝藻、浮游植物和原生动物会消耗水体内的二氧化碳,破坏水体酸碱平衡,打破原有的生态平衡,影响其他海洋生物的生长繁殖。此外,一些赤潮生物体内含有毒素或能够分泌有毒物质,如微囊蓝细菌毒素、短裸甲藻毒素和软骨藻酸等,对渔业和海产养殖业造成严重危害。

14.1.3 微生物对土壤的污染

14.1.3.1 土壤污染微生物的种类及其来源

土壤是微生物的“天然培养基”，土壤中的微生物种类繁多，有细菌、真菌、放线菌、病毒、藻类等，它们构成了一个相对稳定的生态群落。在这些微生物类群中，还存在一些外来的病原微生物，如传染性肝炎病毒、脊髓灰质炎病毒、烟草花叶病毒、螺旋体、大肠杆菌、沙门菌、志贺菌、假单胞菌、伤寒杆菌、芽孢杆菌、炭疽杆菌等，其中的部分菌株具有抗生素耐药性。未经处理的粪便、垃圾、城市生活污水，以及饲养场和屠宰场的污物等，均可带入有害微生物，造成土壤污染。其中，以传染病医院未消毒处理的污水和污物危害最大。在人口密度较高的大城市，居民的生活废弃物尤其是厨房垃圾成了土壤污染的主要污染源。相对于土壤中的土著微生物而言，多数进入土壤的病原微生物是外来异养微生物，对营养条件要求高，不能适应土壤环境，因此在土壤中不能长期存活。

14.1.3.2 土壤微生物污染的危害

1.对植物的危害

某些植物致病细菌，如是茄科劳尔氏菌(*Ralstonia solanacearum*)侵入土壤后，能够引起番茄、茄子、辣椒、马铃薯、烟草等百余种茄科植物和茄科以外植物的青枯病，也能够引起果树的细菌性溃疡和根癌病。致病真菌则能够引起大白菜、油菜、芥菜等根肿病，也能诱发茄子、棉花、黄瓜、西瓜等多种植物的枯萎病。菜豆、豇豆等的根腐病，是由真菌、线虫、细菌引起的植物病害；黑穗病是高粱、玉米等植物上发生普遍的病害，病原菌为孢堆黑粉，该菌主要以冬孢子在土壤中越冬，有些则混入粪肥或黏附在种子表面越冬。土壤带菌是最主要的初次侵染来源，种子带菌则是病害远距离传播的主要途径，孢子在土壤中能存活2～3年。

2.对人和动物的危害

土源性线虫和某些肠道原虫造成的污染在土壤环境生物污染中分布最广，是传播人和动物寄生虫病的潜在因素。寄生虫对宿主的危害表现在局部组织器官和全身，包括掠夺宿主营养、机械性损伤、免疫损伤、毒素作用和继发感染等。此外，某些土源性病原菌具有针对不同抗菌药物耐药的能力，这种能力不断强化，逐步从单一耐药到多重耐药甚至泛耐药，最终成为超级耐药，对临床各种抗菌药物都变得耐药，这极大地增加了人类疾病治疗的压力。

14.1.4 微生物对食品的污染

我国每年因微生物污染、腐败而损失的粮食、水果、蔬菜及各种副食产品数量惊人，70%的食源性疾病患者是由食用各种致病性微生物污染的食品和水引起的。根据对人体的致病能力可将污染食品的微生物分为4类：细菌引起的污染(涉及面广，影响最大，问题最多)、真菌引起的污染、病毒性污染(如牛海绵状脑病)以及寄生虫(寄生虫病)。

14.1.4.1 有害微生物污染食品的途径

1.通过空气传播

空气中的微生物主要来自人畜排泄物和土壤污染。这些微生物主要包括各种杆菌、葡萄球菌、青霉菌、曲霉、毛霉等，可随着灰尘、水滴的飞扬或沉降而污染食品。

2.通过水传播

在食品的生产加工过程中，水既是许多食品的原料或配料成分，也是清洗、冷却、冰冻不可缺少的物质，设备、地面及用具的清洗也需要大量用水。各种天然水源包括地表水和地下水，不仅是微生物的污染源，也是微生物污染食品的主要途径。

3.通过人及动物接触污染

从事食品生产的人员，如果他们的身体、衣帽不经常清洗，不保持清洁，就会有大量的微生物附着其上，通过皮肤、毛发、衣帽与食品接触而造成污染。在食品的加工、运输、贮藏及销售过程中，同样可能会造成食品的微生物污染。

14.1.4.2 食品中常见的细菌

1.假单胞菌属

假单胞菌属(*Pseudomonas*)是食品腐败性细菌的代表，为革兰氏阴性无芽孢杆菌，需氧，嗜冷，兼或嗜盐，多具有分解蛋白质和脂肪的能力，其中有些分解能力很强，在食品中增殖速度快。一些种能在5℃的低温下生长，具有很强的产生氨等腐败产物的能力。假单胞菌污染肉及肉制品、鲜鱼贝类、禽蛋类、牛乳和蔬菜等食品后可引起腐败变质，并且是冷藏食品腐败的重要污染菌。

2. 微球菌属

微球菌属(*Micrococcus*)是革兰氏阳性、过氧化氢酶阳性的球菌,嗜中温。因其营养要求较低而成为食品中极为常见的菌属,可分解食品中糖类并产生色素。它广泛存在于人和动物的皮肤上,是重要的食品腐败性细菌,在食品中检出率很高,可引起肉类、鱼类、水产制品、大豆制品等食品的腐败。

3. 葡萄球菌属

葡萄球菌属(*Staphylococcus*)为革兰氏阳性、过氧化氢酶阳性的球菌,厌氧。本属中与食品关系最为密切的是金黄色葡萄球菌,其最大的危害是产生毒素。被其污染的食物通常在 20~30 ℃下放置 3~5 h,就开始产生足以引起中毒的肠毒素,引起呕吐、腹痛、腹泻等中毒症状。

4. 芽孢杆菌属

芽孢杆菌属(*Bacillus*)是革兰氏阳性菌,需氧或兼性厌氧,包括人和动物的病原性细菌如炭疽芽孢杆菌(*B. anthracis*)、食物中毒性细菌如蜡样芽孢杆菌(*B. cereus*)、昆虫的病原菌苏云金芽孢杆菌(*B. thuringiensis*)。该属菌在自然界分布广泛,可形成芽孢,是罐头食品中常见腐败菌,对不良环境条件有很强的抵抗力。

5. 梭菌属

梭菌属(*Clostridium*)的绝大多数种为厌氧菌,其中的肉毒梭菌(*C. botulinum*)在食品中增殖时可产生肉毒毒素,主要存在于腐败变质的尸体、肉类、饲料及罐头食品中。当人们食入含有该毒素的食品时,可发生毒素型食物中毒,早期症状为全身无力、头痛、头晕,严重时导致死亡。

6. 李斯特菌属

李斯特菌属(*Listeria*)是革兰氏阳性菌,属于厚壁菌门。该属中的单核细胞增生李斯特菌(*L. monocytogenes*)是唯一能引起人类疾病的病原菌,主要以食物(如肉类、蛋类、禽类、海产品、乳制品、蔬菜等)为传染媒介,是最致命的食源性病原体之一。感染该菌后,健康成人个体可出现轻微类似流感症状,新生儿、孕妇、免疫缺陷患者表现为呼吸急促、呕吐、出血性皮疹、化脓性结膜炎、发热、抽搐、昏迷、自然流产、脑膜炎、败血症直至死亡。

14.1.4.3 食品中常见的真菌及毒素污染

1. 曲霉菌属(*Aspergillus*)

(1)黄曲霉(*A. flavus*) 黄曲霉毒素(aflatoxin, AF)是由黄曲霉产生的二次代谢产物,是一类基本结构含有二呋喃环和香豆素的化合物。在天然污染的食品中以黄曲霉毒素 B_1 最为多见,其毒性和致癌性也最强,非常稳定,耐热,常温不会分解,广泛地存在于花生、玉米、麦类、稻谷、高粱等农产品中。黄曲霉毒素在高温、高湿地区污染严重,因此南方食品中检出率普遍高于北方。

(2)赭曲霉(*A. ochraceus*) 赭曲霉毒素(ochratoxins,OT)是曲霉属(赭曲霉)和青霉属(疣孢青霉)所产生的代谢产物,具有强烈的肾脏毒和肝脏毒。赭曲霉毒素普遍存在于热带和气候温和的地区,常出现于燕麦、大麦、小麦和玉米等农作物上。残留在动物产品中的赭曲霉毒素可通过食品链传递给消费者。一些国家的政府已采取强硬的监管措施。例如在欧洲,所有食品中赭曲霉毒素的最高允许含量为 5 ppb;在丹麦,如果猪血液赭曲霉毒素的含量达到 25 μg/mL,认定猪的整个胴体被污染且不得食用。

(3)杂色曲霉(*A. versicolor*) 杂色曲霉毒素(sterigmatocystin,ST)主要是杂色曲霉和构巢曲霉的最终代谢产物,同时也是黄曲霉和寄生曲霉合成黄曲霉毒素过程后期的中间产物,能产生 ST 的菌种主要是杂色曲霉、构巢曲霉等。这些霉菌广泛存在于自然界,可污染大麦、小麦、玉米、花生、大豆、咖啡豆、火腿、奶酪等粮食、食品和饲草,尤其对小麦、玉米、花生等饲料和饲草污染更为严重,但杂色曲霉毒素污染范围和程度不如黄曲霉毒素。

2. 青霉菌属

青霉菌属(*Penicillium*)分布广泛,种类很多,经常存在于土壤和粮食及果蔬上,可引起水果、蔬菜、谷物及食品的腐败变质。冷藏的干酪经常被青霉的孢子污染。有些种及菌株同时还可产生毒素。常见的种类有岛青霉(*P. islandicum*)、黄绿青霉(*P. citreoviride*)、橘青霉(*P. citrinum*)、红色青霉(*P. rubrum*)、扩展青霉(*P. expansum*)等。

3. 镰刀菌属(*Fusarium*)

镰刀菌毒素是由镰刀菌产生的,对人畜健康威胁极大,与黄曲霉毒素一样被看作是自然发生的最危险的食品污染物。多种镰刀菌均可产生镰刀菌毒素。当前，镰刀菌毒素已发现有 10 多种，按其化学结构可分为以下 3 大类，即单端孢霉烯族化合物、玉米赤霉烯酮和丁烯酸内酯。

(1)单端孢霉烯族化合物(trichothecenes) 单端孢霉烯族化合物是由雪腐镰刀菌、禾谷镰刀菌、梨孢镰刀菌、拟枝孢镰刀菌等多种镰刀菌产生的生物活性和化学结构相似的有毒代谢物，分为 A 型与 B 型两组。目前已知天然污染谷物和饲料的 A 型主要有 T-2 毒素、HT-2 毒素、二醋酸藨草镰刀菌烯醇，B 型有雪腐镰刀菌烯醇、脱氧雪腐镰刀菌烯醇(deoxynivalenol，DON)和镰刀菌烯醇 X。其中，DON 在我国粮食和饲料中较为常见，主要存在于麦类赤霉病的麦粒中。DON 是镰刀菌对植物致病过程中重要的毒性因子之一，对植物的毒性表现在抑制种子萌发、根系生成、根茎及愈伤组织的生长。

(2)玉米赤霉烯酮(zearalenone) 粉红镰刀菌、禾谷镰刀菌、黄色镰刀菌、三线镰刀菌、木贼镰刀菌等多种镰刀菌均能产生玉米赤霉烯酮。玉米赤霉烯酮不溶于水，溶于碱性水溶液。如果人食用了含有玉米赤霉烯酮的畜产品，会发生一些疾病。

(3)丁烯酸内酯(butenolide) 丁烯酸内酯是三线镰刀菌、雪腐镰刀菌、拟枝孢镰刀菌和梨孢镰刀菌产生的，在碱性水溶液中极易水解。丁烯酸内酯在自然界是从牧草中被发现的，牛饲喂带毒牧草可导致烂蹄病。

14.2 微生物与环境监测

环境监测由物理监测、化学监测及生物监测组成。微生物监测是生物监测的重要组成部分，由于微生物与环境接触的直接性以及微生物对其反应的多样性和敏感性，使微生物成为环境污染监测中重要的指示生物，包括直接监测环境中微生物的数量以及以某种特定微生物作为指示菌来检测环境中有毒或致癌物质的存在与否。因此，微生物作为环境恶化的“举报者”可以指示环境状况，监测环境污染，评价污染物毒性。

14.2.1 环境污染的微生物监测

14.2.1.1 一般污染指示微生物

也称为指示菌(indicator bacteria)，是指在常规的环境监测中，用于指示环境样品污染程度，并评价环境污染状况的具有代表性的微生物。

1. 细菌总数(total bacterial count)

依据水体中细菌总数不同将水体划分为 5 类：菌落总数大于 10^5 CFU/mL，属于极不清洁水体；10^4～10^5 CFU/mL，属于不清洁水体；10^3～10^4 CFU/mL，属于不太清洁水体；10^2～10^3 CFU/mL，属于清洁水体；10～10^2 CFU/mL，属于极清洁水体。我国生活饮用水卫生标准(GB 5749—2022)规定每毫升饮用水中细菌总数不超过 100 个。

2. 霉菌和酵母菌总数

霉菌和酵母菌总数是指环境中每毫升或每克被测样品中所含的霉菌和酵母菌数量。检测霉菌和酵母菌，是从另一生物学层次反映环境的一般污染。此外，我国在食品、药品和化妆品也都规定了检出标准。例如，我国《化妆品卫生规范》(2002 年版)中规定每毫升或每克化妆品中霉菌和酵母菌总数不超过 100 个。

14.2.1.2 粪便污染指示菌

1. 总大肠菌群

大肠菌群是一群需氧和兼性厌氧的，能在 37 ℃ 培养 24 h 内使乳糖发酵产酸产气的革兰氏阴性无芽孢杆菌，包括埃希菌属(*Escherichia*)、柠檬酸杆菌属(*Citrobacter*)、肠杆菌属(*Enterobacter*)、克雷伯菌属(*Klebsiella*)等。在被污染的水中，大肠菌群的浓度大致与粪便污染的程度成正比，大肠菌群的生命力比一些致病菌要强，因此水中不含大肠菌群就能表明在细菌学上水是安全的。相反，如果水中存在大肠菌群意味着其他病原菌也可能存在，这样的水是不安全的。我国生活饮用水卫生标准(GB 5749—2022)规定每毫升饮用水中总大肠菌群不应检出。

2. 粪大肠菌群

粪大肠菌群指能够在 44.5 ℃(44～45 ℃)发酵乳糖的大肠菌群，也称耐热性大肠菌群(thermotolerant coliform)。粪大肠杆菌包括 4 个属，但以埃希菌属(*Escherichia*)为主。在人的粪便中，粪大肠菌群数量占总大肠菌群数量的 96.4%，而且在环境中粪大肠菌群不易繁殖，作为粪便污染指示菌意义更大。我国生活饮用水卫生标准(GB 5749—2022)规定每毫升饮用水中大肠埃希菌不应检出。

14.2.2 污染物毒性的微生物监测

污染物毒性的微生物监测是指利用生物的组分、个体、种群或群落对环境污染或环境变化所产生的反应，从生物学的角度，为环境质量的监测和评价提供依据。我国目前应用的微生物监测主要是监测农药和重金属对土壤环境的影响。

14.2.2.1 发光细菌监测

1. 发光细菌的概述

生物发光是某些生物的一种生理现象，海洋生物中更为多见。20 世纪 70 年代至 80 年代初，国外科学家首次从海鱼体表分离和筛选出对人体无害、对环境敏感的发光细菌，用于检测水体生物毒性，现已成为一种简单、快速的生物毒性检测手段。目前发现的主要有弧菌属、发光杆菌属、异短杆菌属，均为革兰氏阴性、兼性厌氧菌，大小为（0.4～1.0）μm×（1.0～2.5）μm，无孢子，无荚膜，有端生鞭毛，最适生长温度为 20～30 ℃，适宜 pH 为 6～9。其中应用最多的是明亮发光杆菌（*Photobacterium phosphoreum*）。

2. 细菌发光的生物学机制

$$FMNH_2 + O_2 + RCHO \xrightarrow{\text{细菌荧光素酶}} FMN + RCHOOH + H_2O + \text{光}$$

生物发光是发光细菌生理状况的一种反映，在生长对数期发光能力最强。人们筛选对环境敏感且对人体无害的菌株，用于快速监测环境毒物。发光细菌在正常的生理条件下能发出波长为 450～490 nm 的蓝绿色可见光，在一定的试验条件下发光强度是恒定的。当环境条件不良或有毒物存在时，细菌荧光素酶活性或细胞呼吸受到抑制，发光能力受到影响而减弱，其减弱程度与毒物的毒性大小和浓度或呈一定比例关系。环境污染物主要通过下面两个途径抑制细菌发光：第一，直接抑制参与发光反应的酶类活性；第二，抑制细胞内与发光反应有关的代谢过程。因此，通过灵敏的光电测定装置，检查在毒物作用下发光菌的光强度变化，可以评价待测物的毒性。

14.2.2.2 硝化细菌监测

1. 硝化细菌——硝化作用抑制试验

硝化细菌属于化能自养微生物，在自然界氮循环和废水处理中起着重要作用。完整的硝化作用包括两个阶段：亚硝化作用（由亚硝化细菌参与完成）和硝化作用（由硝化细菌参与完成）。硝化作用易受外界环境因素的影响，重金属、农药、有机污染物等可以通过抑制硝化作用的酶类（如氨单加氧酶、羟氨氧化酶、亚硝酸氧化酶）而影响这一过程的进行，导致亚硝化细菌和硝化细菌对底物的利用能力或产物生成量下降。根据这一原理，可以用硝化作用抑制试验，通过测量底物或产物的变化来检测污染物的毒性程度。

2. 检测方法

硝化作用抑制试验有单独选用亚硝化单胞菌属，也有选用硝化杆菌属，还有采用活性污泥中的混合菌。混合菌株更容易采集到，但纯菌种的试验条件容易控制，结果重复性和可比性比采用混合菌株好。

14.2.2.3 寡营养细菌监测

寡营养细菌（oligotrophic bacteria）是指在寡营养生态环境中生存的一类细菌，其主要生长在有机物质贫乏的极端环境中，如远洋、深海、冰川贫瘠土壤等。寡营养细菌个体微小，细胞体积 0.02～0.12 μm^3，远远小于那些常见的细菌细胞（0.34～6.0 μm^3），基因规模也相对较小。环境中高浓度的有机物质可以使专性寡营养细菌产生抑制生长的作用，对兼性寡营养细菌则诱导产生饥饿性反应。因此，利用寡营养细菌诱导饥饿性反应的特征成为监测水体富营养化的重要手段，尤其对重金属变化十分敏感。

目前，寡营养细菌在环境监测中作用主要体现在：第一，作为无菌环境的检测工具，传统检测为零的环境中仍存在寡营养细菌，在这些环境中寡营养细菌比其他细菌在数量上更占优势，因此寡营养细菌可以作为无菌环境的一种检测工具更实用和有意义。第二，作为湖泊营养状态的检测标志物，在富营养化水体中寡营养细菌数量较低，通过检测污染水体中的寡营养细菌数量，可以作为环境污染评价及湖泊营养状态的检测标志。第三，作为重金属污染的检测工具，对金属元素特别敏感，可作为检测评价重金属毒性的工具，该检测方法成本低、易于操作，检测限可达到 10^{-8} mol/L；但该方法的用时较长，一般耗时 4 d。

14.2.2.4 藻类检测

藻类广泛存在于水体中，对水体污染反应十分敏感，藻类的生长状况和水体污染的关系很大。主要是通过对藻类的生物量、生长量、光合作用、细胞代谢物质的变化的检测，来反映环境中毒性物质的毒性大小，所以在水质生物检测中比较常用。随着水体自净过程的进展，水中无机氮化合物含量不断增加，在光照和温度适宜时，藻类生长量也相应增加；反之，在含有毒物的水中，由于毒物的抑制作用，使藻类叶绿素浓度降低，影响了光合作用，藻类生长量也相应减少。同一种重金属由于价态、化合态和结合态不同，对藻类的毒性也不同，藻类对重金属的富集存在特异性。水质监测和毒性检测常用的有铜绿微囊藻（*Microcystis pyrencidosa*）、斜生栅藻（*Scenedesmus obliquus*）、羊角月牙藻（*Selenastrum capricormutum*）、普通小球藻（*Chlorella vulgaris*）。

14.2.2.5 致突变物与致癌物的微生物检测

埃姆斯（Ames）试验法是由美国埃姆斯等创立的一种致突变测定法。在该测定方法的设计中，利用了组氨酸营养缺陷型鼠伤寒沙门菌（*Salmonella typhimurium*）可发生回复突变的性能。在没有受到致突变物作用时，这种菌株不能合成组氨酸，它们不能在无组氨酸的培养基上生长。受到致突变物作用后，由于细菌 DNA 被损伤，它们可通过基因突变而回复为野生型菌株，从而可在不含组氨酸的培养基上正常生长。每次试验可同时使用几种菌株，只要其中任何一株发生回复突变，即属阳性结果。由此根据受试物可以使突变型沙门菌菌株在无组氨酸的培养基上的生长能力来衡量该物质的致突变能力。

Ames 试验法的准确性很高，研究者曾将烷化剂、亚硝胺类、多环芳烃等多种已知致癌物进行 Ames 试验，结果发现吻合率达 90%。此外，Ames 试验能检出微克水平的污染物致突性，既能检出单一物质（包括天然及人工合成物质），还能检出多种复杂化合物（如香烟浓缩物、大气烟尘、汽车尾气、染发剂）的致突性，较好地反映了多种环境污染物的联合效应。

14.3 环境污染的微生物修复

14.3.1 水体污染的微生物修复

14.3.1.1 地下水修复

地下水的污染主要来自污染物泄漏以及事故性排放，污染物中含有大量的脂肪烃、芳香烃以及相当多的酚类和有机氯等。以往常见的治理方法主要是隔离法、吸附法、电化学法等，近年来，地下水污染的生物修复技术得到了迅速的发展。由于地下水深埋于地下，生物修复技术的实施一般应结合污染的具体情况，采取不同的方法来实施。

1. 生物注射法

生物注射法（图 14-1）是在传统气提技术的基础上加以改进而形成的新技术，主要是将加压后的空气注射到污染地下水的下部，气流加速地下水和土壤中有机物的挥发和降解。这种方法主要是抽提、通气并用，并通过增加及延长停留时间以促进微生物的降解，提高修复效率。生物修复中一个最普遍限制因子是氧的可利用性。氧是好氧生物降解必需的一个基本因素，输氧方式主要包括空气注入、除氧注入、臭氧引入、过氧化氢溶液引入、胶态微气泡引入等。研究人员利用这一方法对污染地下水进行了修复，结果表明，生物注射大量空气，有利于溶解于地下的污染物向气相扩散，并有助于生物降解作用的进行。

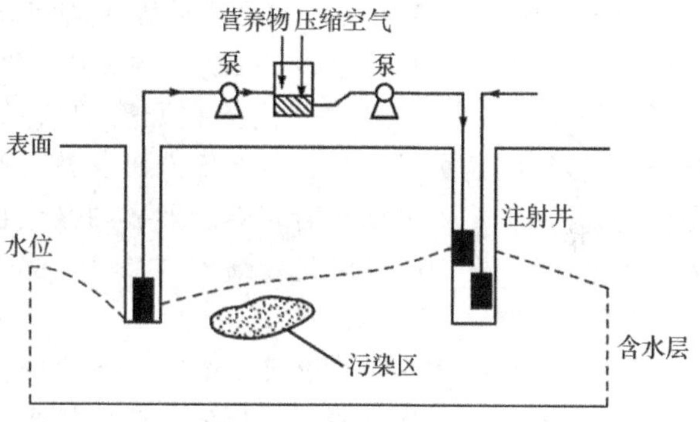

图 14-1 利用生物注射进行地下水生物修复

（引自和文祥和洪坚平，2007）

空气注射法去除有机物过程是一个多相传质过程，因而其影响因素很多，主要有以下 3 个方面：①土壤的物理特性；②空气注射的压力和流量；③地下水的流动特性。

2. 有机黏土法

有机黏土法是新发展起来的原位生物修复污染地下水的方法。它利用人工合成的有机黏土有效去除有毒化合物，即把阳离子表面活性剂通过注射井注入蓄水层，通过化学键键合到带负电的黏土表面，合成有机黏土矿物，从而形成有效的吸附区，控制有毒化合物在地下水中的迁移，利用现场的微生物，降解富集在吸附区的有机污染物，从而彻底消除地下水的有机污染物。该技术中所采用的表面活性剂主要是合成脂肪酸衍生物、烷基磺酸盐、烷基苯磺酸盐、烷基硫酸盐等有机化合物，由于其组成分子具有亲水性和疏水性两重性质，它们倾向于聚集在空气-水界面和油-水界面上，能降低表面张力，促进乳化作用。

3. 固体释氧化合物供氧法

固体释氧化合物（oxygen releasing compound，ORC）（如过氧化钙、过氧化镁等）能够与水反应并缓慢释放出氧气，从而促进地下水中有机污染物的好氧生物降解。对地下水的生物修复主要通过两种方式进行：ORC 与水混合成浆状，由高压泵注入土壤饱和区，通过扩散和对流作用分散进入含水层中；以滤袋的形式放入氧源井中，当释氧材料耗尽时，可以取出并替换新滤袋；ORC 与水反应除放出氧气外，只有微溶的氢氧化镁或氢氧化钙生成，不会对地下水造成二次污染。

14.3.1.2 富营养化修复

微生物修复主要是应用原位技术以及向水体投加有效微生物群，改善污染水体的透明度、化学需氧量（COD）、溶解氧（DO）、总氮（TN）、总磷（TP）、叶绿素 a 等，以达到减轻水体富营养化程度的效果。其中，有效微生物群是指从自然界筛选出各种有益微生物，并用特定的方法混合培养所形成的微生物复合体系，其微生物组合以光合细菌、放线菌、酵母菌和乳酸菌为主。

氮、磷元素含量过高是造成水体富营养化的主要原因，富营养化水体的脱氮主要依靠微生物来完成。氨化作用、硝化作用和反硝化作用与水体中氮元素的去除有密切关系。微生物通过上述作用把水体中的氨氮、亚硝酸氮（NO_2—N）和硝酸盐转化为 N_2，降低水体中的氨氮、亚硝基氮和硝酸盐，起到防止藻类大量繁殖的作用。目前富营养化水体除磷主要指沉淀除磷，而絮凝作用是沉淀除磷中的重要方法。相关的微生物主要有芽孢杆菌、不动杆菌、专性厌氧的脱硫弧菌、假单胞菌、产碱杆菌等有生物絮凝作用的微生物。此外，一些其他功能微生物相继被发现可以抑制和消除赤潮生物及其毒素。例如英国研究者发现某些节杆菌（*Arthrobacter*）、短杆菌（*Brevibacterium*）及红球菌（*Rhodococcus*）等 10 种细菌可以降解蓝细菌毒素；某些溶藻菌直接与藻细胞接触，释放可溶解纤维素的酶类，如纤维素酶等，进而消化藻类细胞的细胞壁，逐渐溶解整个藻细胞，从而杀死藻细胞。

近年来，人们开展了许多以植物为主体的水体生物修复技术，如人工浮床（岛）技术，将植物固定在一定的载体上，如塑料泡沫板，载体悬浮于水体表面，植物的根系介入水中吸收水中的营养物质。同时，植物根系及载体表面也是水体微生物的良好生活空间，其上生长着大量的微生物，促进水体有机营养物质的分解。

14.3.1.3 污水处理

污水中有毒物质的成分十分复杂，包括各种酚类、氰化物、重金属、有机磷、有机汞、有机酸、醛、醇及蛋白质等。微生物通过自身的生命活动可以解除污水的毒害作用，从而使污水中的有毒物质转化为有益的无毒物质，使污水得到净化。目前生物法处理污水应用中具有代表性的工艺主要有活性污泥法和生物膜法。

1. 活性污泥法

活性污泥（activated sludge）是由细菌、原生动物等微生物群体与污水中的悬浮物质、胶体物质混杂在一起所形成的，具有很强的吸附分解有机物能力和良好沉降性能的絮绒状污泥颗粒，具有生物化学活性。其中的细菌有生枝动胶菌（*Zoogloea ramigera*）、浮游球衣菌（*Sphaerotilus natans*）和假单胞菌（*Pseudomonas*）等；原生动物则以独缩虫（*Carchersium*）、盖纤虫（*Opercularia*）和钟虫（*Vorlicella*）为主。

活性污泥法工艺是一种应用最广泛的废水好氧生化处理技术，其主要由曝气池、沉淀池以及污泥回流系统等组成（图 14-2）。废水经初次沉淀池后与二次沉淀池底部回流的活性污泥同时进入曝气池，在空气分布管不断充气下，与活性污泥呈悬浮状态，并与废水充分接触。废水中的悬浮固体和胶状物质被活性污泥吸附，而废水中的可溶性有机物和毒物被活性污泥中的微生物所降解、氧化和吸附；同时，中间代谢物可用作自身繁殖的营养，代谢转化为菌体细胞。经过一段滞留时间，净化后的废水与活性污泥在二次沉淀池内进行分离，上层出水排放；分离浓缩后的污泥一部分返回曝气池，以保证曝气池内保持一定浓度的活性污泥，其余为剩余污泥，由系统排出。活性污泥对生活污水中的 BOD_5 去除率可达 95%左右。

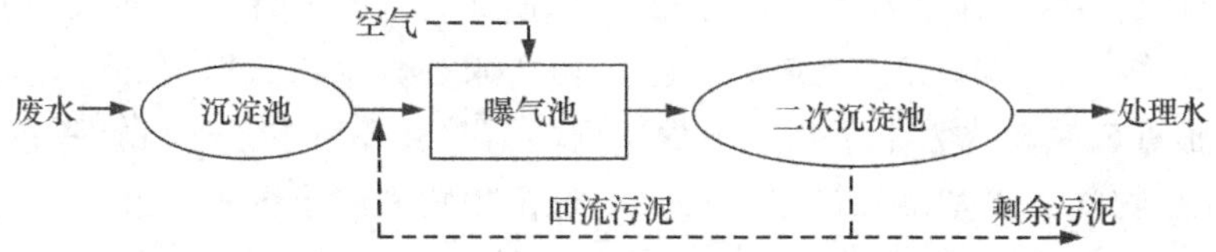

图 14-2 活性污泥法处理污水的工艺流程图

2. 生物膜法

生物膜(biomembrance)是由微生物群体组合的黏状物,生长于固着物的表面或孔隙中,由菌胶团和丝状菌组成。目前生物膜法中常用的生物器是生物转盘与生物滤池。在处理初期,污水中的有机物和毒物会被生物膜上的微生物所吸附,由好氧层的好氧菌(如一些芽孢杆菌和假单胞菌)将其分解,同时微生物也得到增殖,生物膜随之增厚。当生物膜增长到一定厚度时,向生物膜内部扩散的氧受到限制,其表面仍是好氧状态,而内层则会呈缺氧甚至厌氧状态,并最终导致生物膜的脱落。随后,填料表面还会继续生长新的生物膜,周而复始,使污水得到净化。由于生物膜法比活性污泥法生物密度大、耐污能力强、动力消耗小、不存在污泥回流和污泥膨胀、运行管理方便等特点,使用其替代活性污泥法的情况不断增加。然而,本法对于非生物降解的污染物的去除效果较差,一般需要辅以活性炭过滤或通氯气消毒等方法。

14.3.2 土壤污染的微生物修复

14.3.2.1 重金属污染土壤的微生物修复

土壤污染中所说的重金属一般指汞、镉、铅、砷、铬等。土壤微生物是土壤中的活性胶体,它们比表面积大、带电荷、代谢活动旺盛,因而在土壤污染治理方面的作用越来越受到广泛关注。通过对土壤中某些重金属的吸收、沉淀、氧化和还原作用,减少植物的摄入,从而降低重金属的毒性,有助于改善环境。

1. 重金属的微生物吸附

微生物对土壤环境中重金属离子的固定包括微生物的生物吸附和富集作用、胞外络合作用及胞外沉淀作用。微生物的细胞壁表面含有一些基团,如巯基、磷酰基羟基、羧基,这些基团都含有 P、O、S 等原子,它们使重金属结合在细胞壁上,微生物细胞膜上具有各类型吸附专性蛋白,因此重金属能在细胞壁细胞膜上富集结晶。革兰氏阳性细菌的细胞壁中含磷壁酸(带负电荷),可吸附阳离子。在革兰氏阴性细菌细胞壁中肽聚糖层的外层有脂多糖(带负电荷),能吸附重金属阳离子。真菌的细胞壁由甘露聚糖、葡聚糖、几丁质、纤维素和蛋白质等成分组成(带负电荷),能吸附金属阳离子。常用于吸附作用的细菌有动胶菌、诺卡斯氏链霉菌、柠檬酸杆菌、假单胞菌等,真菌主要是根霉。

通过上述各种作用,可将土壤中的重金属离子吸附、固定在微生物细胞的某一结构上;或者通过代谢产生一些具有沉淀作用的产物,降低重金属离子在土壤中的移动性和生物有效性,从而达到修复土壤重金属污染的目的。一些微生物的代谢产物(硫离子、磷酸根离子)与金属离子发生沉淀反应,使有毒有害的金属元素转化为无毒或低毒金属沉淀物。例如,硫酸盐还原细菌可将硫酸盐还原成硫化物,进而使土壤环境中重金属产生沉淀而钝化。另外,一些微生物能通过胞外沉淀作用固定重金属离子,这些微生物主要有:硫酸盐还原菌、硫弧菌、脱硫肠状菌、固氮杆菌属、假单胞杆菌属、根瘤菌属、土壤杆菌属、生枝动胶菌。

2. 重金属的生物甲基化

自 20 世纪 50 年代日本水俣湾发生甲基汞中毒事件以来,生物作用甲基化受到了广泛关注。环境中的汞、砷、镉、铅、锡、锑和钒都能形成相应的甲基化重金属有机物。一般甲基化后的重金属其沸点会降低,从而有利于从土壤或沉积物中挥发进入大气中,此过程称为生物挥发(biovolatilization)。微生物挥发作用是利用微生物的吸收、积累和挥发而减少土壤中一些挥发性污染物(如汞和硒),即微生物将重金属污染物吸收到体内后将其转化为气态,释放到大气中;或者利用某些微生物的甲基化作用,将金属转化成其相应的甲基化金属有机化合物,甲基化金属有机化合物的沸点降低,挥发性增强,有利于土壤中金属污染物的挥发。

硒的生物甲基化被认为是一种最有效的影响土壤中硒的移动性和毒性的方法,土壤中无机硒以 4 种状态存在:硒化物、元素硒(Se^0)、亚硒酸盐(Se^{4+})

和硒酸盐(Se^{6+}),无机硒(主要是 Se^{4+} 和 Se^{6+})的毒性要大于有机硒。微生物(青霉属、支顶孢属、镰孢霉属、其他土壤真菌)把重金属转化为甲基化重金属有机物后,有的金属化合物如二甲基硒和二甲基砷,毒性明显降低。

土壤中的离子态汞在厌氧细菌的作用下可以转化成对环境危害最大的甲基汞。通过细菌酶的作用将甲基汞和离子态汞转化为毒性小得多、可挥发的单质汞,已被作为一种降低汞毒性的微生物途径。由于汞在微生物的作用下可烷基化或脱烷基及还原挥发,并且环境中正存在着一些耐汞微生物,所以通过微生物去除土壤汞污染是可行的。硫酸盐还原菌(sulfate reducing bacteria)是主要的汞甲基化细菌,而铁还原菌(iron reducing bacteria)和产甲烷菌(methanogen)是最近新发现的主要的汞甲基化细菌。汞的生物循环如图 14-3 所示。

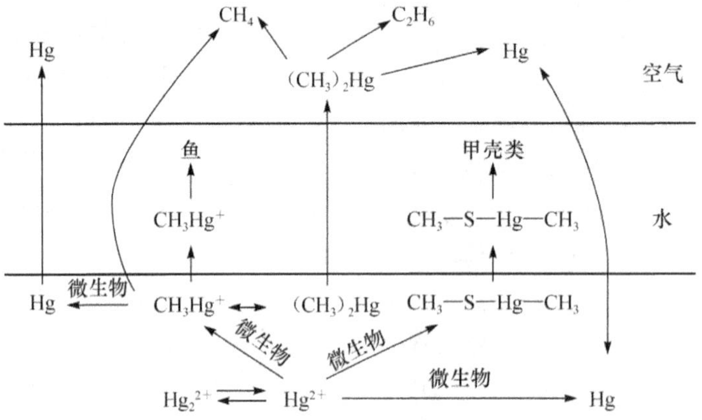

图 14-3 汞的生物循环

3. 重金属的微生物氧化还原

土壤中的重金属元素可以多种价态存在,它们呈高价离子化合物存在时溶解度通常较小,不易迁移,而以低价离子形态存在时溶解度较大,易迁移。微生物在氧化重金属的时候,常能得到能量,使其本身得以生长。某些微生物的转化作用增加了重金属的可移动性和生物可利用性,为超积累植物的植物提取或其他修复手段奠定基础,也能达到修复土壤重金属污染的目的。

自然界中能氧化还原金属的微生物种类很多。氧化亚铁硫杆菌、嘉利翁氏菌属(*Gollionalla*)、生金属菌(*Metallognium*)、生丝微菌属(*Hyphomicrobium*)等微生物能把 Fe^{2+} 氧化成 Fe^{3+},柠檬酸杆菌(*Gitrobacter*)、枯草芽孢杆菌、巨大芽孢杆菌能将元素汞氧化成离子汞。某些自养细菌如硫-铁杆菌类(*Thiohacillus ferrobacillus*)能氧化 As^{3+}、Cu^{+}、Mo^{4+}、Fe^{2+} 等,通过氧化作用使这些金属离子的活性降低。另外,一些微生物还可以通过对阴离子的氧化,释放与之结合的重金属离子。例如氧化铁-硫杆菌能氧化硫铁矿、硫锌矿中的负二价硫,使元素铁、锌、钴、金等以离子的形式释放出来。而另一些细菌如铜绿假单胞菌、大肠埃希菌、变形杆菌则能使无机或有机汞化合物中的二价汞还原成元素汞。一种反砷化作用的微生物如硫黄单胞菌属(*Sulfurospirillum*)能把砷酸盐还原成亚砷酸盐。由于亚砷酸盐不易吸附在土壤表面,其运动性比砷酸盐强,这样使砷化物容易从固相到液相,然后利用植物或其他的理化反应能有效去除土壤中的砷化物。土壤中的硒在微生物的作用下也能发生各价态间的转化,同时,微生物能大大提高植物吸收硒的能力。

14.3.2.2 石油污染土壤的微生物修复

石油工业的迅速发展带来了许多环境问题,在原油开采、运输、精炼和处置过程中,由于事故、不正常操作及检修等,会引起石油烃的溢出、泄漏、沉降及排放,使周围水体及土壤遭受严重污染。在微生物新陈代谢过程中得到较为彻底的转化和降解,而且最终产物是二氧化碳和水,不会产生二次污染,是有机污染物修复技术中最有效、最可行和最可靠的方法,越来越得到了人们的关注。

1. 降解石油污染物的微生物

降解石油的微生物广泛分布于自然界,能降解石油中各种烃类的微生物共 100 余属 200 多种,包括无色杆菌属、不动杆菌属、产碱杆菌属、节杆菌属、芽孢杆菌属等，可使乙烷、丙烷、丁烷等完全降解。降解石油烃的放线菌属主要有放线菌属、诺卡氏菌属，但对烃类降解不彻底。常见的降解石油的真菌有曲霉、青霉、木霉等属中的菌株。一般认为，细菌分解原油比真菌、放线菌容易得多，更能有效地降解原油。

2. 微生物降解石油污染的机理

微生物可利用石油烃类作为碳源进行同化降解，使其最终完全矿化，转变为无害的无机物质（CO_2和 H_2O）。降解效率的提高可以通过改变土壤理化条件（包括温度、湿度、pH、供氧量及营养添加等）来完成，也可以接种特殊驯化与构建的工程微生物来提高降解速率。

一般来说，石油当中所含的各种烃类中烯烃最容易分解，$C_8 \sim C_{18}$直链烃较易分解，烷烃次之，芳烃较难，多环芳烃更难，脂环烃类对微生物作用最不敏感。一般认为，不同烃类的微生物可降解性次序为：小于 C_{10}的直链烷烃＞$C_{10} \sim C_{24}$或更长的直链烷烃＞小于 C_{10}的支链烷烃＞$C_{10} \sim C_{24}$或更长的支链烷烃＞单环芳烃＞多环芳烃＞杂环芳烃。

14.3.2.3　农药污染土壤的微生物修复

农药的广泛使用对保障作物正常生长、提高作物产量起重要作用，但同时也对土壤造成了很大污染，其中有机磷和有机氯农药是造成土壤农药污染的主要种类。土壤中残留的农药，除一部分通过热分解、光分解和化学分解外，大部分可通过微生物的降解或转化作用，使有毒的农药转化为无毒或低毒的其他化合物。微生物降解农药包括酶促催化反应和非酶促降解反应。农药的降解与降解性质粒有密切的关系，许多降解基因均位于降解性质粒上，正是这些降解质粒表达产生的各种酶可以将复杂的农药分子逐步降解矿化，这些酶主要有加氧酶、脱氢酶、过氧化物酶、裂解酶等，这些酶既有胞内酶也有胞外酶。当化合物通过一定的方式进入细菌体内后，在酶的作用下，经过一系列的生理生化反应，最终将农药完全降解或分解成分子质量较小的无毒或毒性较小的化合物。芳香环族类农药的代谢中包含了许多羟基化开环的过程，单加氧酶将一个氧原子加入底物形成羟基或双加氧酶将两个氧原子加入底物形成两个羟基团导致开环作用，这一步骤在农药的矿化反应中起着非常重要的作用。非酶促降解是微生物降解化学农药的另一种方式，是指微生物活动过程中由于 pH 变化产生某些辅助因子、化学物质而使有机物降解的现象，如脱卤作用、脱烃作用、胺及酯的水解、还原作用、环裂解等。此外，微生物还能参与光化学反应，如微生物的产物能吸收光的能量转化成光敏体，再把能量转移给农药分子，使环境中化学农药转化分解。

到目前为止，人们已分离了许多可降解农药的微生物，这些微生物包括细菌、真菌、放线菌和藻类。其中，对细菌的研究较为深入，也以细菌的种类最多，其中假单胞菌是最活跃的，对多种农药等化合物有降解作用。其次是真菌，主要包括曲霉属（*Aspergillus*）、青霉属（*Penicillium*）、木霉属（*Trichoderma*）、镰刀菌属（*Fusarium*）、交链菌属（*Alternaria*）、头孢菌属（*Cephalosporium*）等。降解农药的放线菌主要有诺卡氏菌属（*Nocardia*）、链霉菌属（*Streptomyces*）、放线菌属（*Actinomyces*）。

微生物修复土壤技术虽然比一些常规技术具有无污染、费用低、周期短等优点，但也存在很多明显不足之处，如有些污染物在降解的过程中会转化成有毒的代谢产物、微生物不能降解所有进入土壤的污染物、物理因素（如低温）引起的低反应速率、部分有毒物质对微生物降解有抑制作用等。

14.3.2.4　抗生素污染土壤的微生物修复

1. 降解抗生素污染物的微生物

抗生素的生物降解以微生物代谢为主。近年来通过筛选、富集和驯化等方式分离获得了许多具有抗生素降解能力的细菌菌株，包括无色杆菌属（*Achromobacter*）、产碱杆菌属（*Alkaligenes*）、微杆菌属（*Microbacterium*）、氨氧化细菌（ammonia oxidizing bacteria，AOB）、苍白杆菌属（*Ochrobactrum*）、戈登氏菌属（*Gordonia*）、葡萄球菌属（*Staphylococcus*）、鞘氨醇菌属（*Sphingobacterium*）、栖热菌属（*Thermus*）、拉乌尔菌属（*Raoultella*）、伯克氏菌属（*Burkholderia*）、芽孢杆菌属（*Bacillus*）和假单胞菌属（*Pseudomonas*）等类群，参与磺胺类、四环素类、氟喹诺酮类、大环内酯类、β-内酰胺类和多肽等抗生素的分解，其中以磺胺类和四环素类为主。此外，抗生素类药物也可被一些真菌分解，包括白腐真菌

(white-rot fungi)、黄孢原毛平革菌(*Phanerochaete chrysosporium*)、变色栓菌(*Trametes versicolor*)和烟管菌(*Bjerkandera*)等。

2. 微生物降解抗生素污染的机理

微生物对抗生素的降解过程比较复杂,不同种类的抗生素由于结构不同,降解途径存在显著的差异。总的来说,微生物对抗生素降解的主要反应包括:羟基化、乙酰化、硝基化、氧化作用、取代作用等。而土壤碳氮源类型、温度会影响抗生素的降解效率,例如抗生素可作为降解菌株的碳源或氮源,当外加乙酸盐和硝酸铵进行共代谢时,抗生素的微生物降解率显著提高。目前,一些研究者将降解菌以固化小球的负载形式或设计降解菌群用作土壤修复剂治理磺胺类及四环素类抗生素的污染。此外,植物可以通过相关的根系分泌物和泌氧等生物过程为根系微生物提供更加适宜的生存环境,促进其生长繁殖,从而提高微生物对抗生素的降解能力,达到抗生素的高效修复。

14.3.3 固体废弃物的微生物转化

农业固体废弃物主要包括植物类废弃物、动物类废弃物、加工类废弃物和农村城镇生活垃圾等,其中主要是畜禽粪便和农作物秸秆等。微生物可以有效地利用废弃物中的碳源、氮源、能源,实现废物的减量化、资源化、有效化,在实际生产中有重要的指导意义。

14.3.3.1 有机废弃物的腐熟

通过添加具有降解腐熟等特定功能的微生物菌剂,可以有效地促进上述农业废弃物的堆肥腐熟进程,从而实现农业废弃物的循环利用和农业的可持续发展。常见的用于有机废弃物腐熟的微生物菌剂有 EM 菌剂(effective microorganisms)、酵素菌以及 VT 菌剂,一般由酵母菌、乳酸菌、固氮菌、解磷菌、解钾菌、光合细菌和芽孢杆菌等多种微生物组成。在畜禽粪便与秸秆等混合料中加入这些菌剂后,进行堆积发酵,有益微生物迅速繁殖,快速分解粪便和秸秆中有机质,产生生物热能,堆料温度可升至 60～70 ℃,抑制或杀死病菌、虫卵等有害生物;并在矿质化和腐殖质化过程中,释放出氮、磷、钾和微量元素等有效养分;还可以吸收、分解恶臭和有害物质。此外,有些菌剂还可提高种子发芽势和发芽率,促进植株幼苗的生长发育,增加其株高、茎粗、叶面积。

14.3.3.2 城市生活垃圾的生物处理

随着城市的发展,产生的生活垃圾等固体废弃物越来越多,有相当大一部分是有机固体废弃物,含有大量的致病菌而传播疾病;在堆积过程中可产生高浓度渗滤液,严重污染环境;同时还会产生沼气,具有潜在危险。近年来,科学家利用并强化微生物这一功能,发展出生物反应堆法处理有机废弃物,主要分为好氧生物处理(好氧堆肥)和厌氧生物处理两种类型。

1. 好氧生物处理(好氧堆肥)

现代化的好氧堆肥技术是保证堆肥效果的关键,堆肥的主要技术措施有:堆肥有机物含量、堆肥适合的含水率的调整、建立合适的通风系统、C/N 及 C/P 的调整、最佳温度控制、适宜 pH 等。垃圾堆肥过程适宜发酵温度以 35～55 ℃为宜,若发酵温度低于 15 ℃或高于 70 ℃,微生物将进入休眠状态或大量死亡,发酵缓慢甚至停止,适宜的 pH 为 6.5～7.5。在堆肥初期,由于酸性细菌的作用,pH 降到 5.5～6.0。随后由于以酸性物为养料的细菌的生长和繁殖,导致 pH 上升,堆肥过程结束后,物料的 pH 上升到 8.5～9.0。当 pH 过高(pH＞9)或过低(pH＜4)时,会减缓微生物降解速度,需要及时调整堆肥的 pH。堆肥原料的 C/N 一般控制在 20～30 比较适宜,若 C/N 过高,微生物增殖时由于氮不足,生长受到限制,有机物降解速率变得缓慢,堆肥时间变长;若 C/N 过低,则堆肥过程产生氨,不仅影响环境,而且造成肥分氮的损失。磷也是微生物所必需的营养元素,在垃圾中添加污泥进行混合堆肥,就是利用污泥中丰富的磷来调整堆肥原料的 C/P,堆肥原料适宜的 C/P 为 75～150。

2. 厌氧生物处理

厌氧生物处理是指水解细菌、产氢产乙酸菌群和产甲烷菌群等将复杂有机物在无氧情况下降解成 N、P 无机化合物和 CH_4、CO_2、H_2 等气体。厌氧降解过程包括 4 个阶段:水解、液化、产酸和产甲烷。①水解阶段:在一定温度下,借厌氧生物菌群的作用,将不溶性大分子的有机物(蛋白质、纤维素、脂肪、淀粉等)分解为小分子水溶性的低脂肪酸(葡萄糖、甘油、脂肪酸、氨基酸等）。②酸化阶段：不溶性大分子有机物经过水解溶入水中，酸化菌群将有机单体转化为挥发性脂肪酸、醇类、乳酸、H_2等。酸化阶段产酸过程进行的很快，致使料液pH迅速下降。③产氢产乙酸阶段：专性产氢产乙酸菌将上一阶段的产物进一步转化成H_2、HCO_3^-、CH_3COOH。此阶段会产生硫化氢、硫酸、粪臭素等副产物。由于大量有机酸的分解导致pH上升。④甲烷化阶段：产甲烷菌将乙酸转化为CH_4和CO_2，利用H_2还原CO_2成甲烷。

本章小结

微生物广泛分布于自然环境中，数量大、种群多，多数微生物是无害的，但是部分微生物及其代谢产物却可以造成对环境的污染，对空气、水、土壤、食品的污染主要指的是细菌性污染、病毒和真菌及其毒素的污染。污染环境的微生物监测主要包括直接监测环境中存在的病原微生物数量以及利用某种特定微生物作为指示菌，以检测环境中有毒或致癌物质的存在与否。微生物在自然界的生态平衡和物质循环中起着不可替代的作用，如修复重金属、石油、抗生素污染的土壤、水体有明显作用，此外微生物对固体废弃物资源化也有着显著的作用。

拓展阅读

二维码14-1　微生物技术助力破解塑料污染
——牢固树立可持续发展理念，为生态环境保护赋能

复习思考题

1. 有害微生物及其代谢产物对环境污染主要表现在哪些方面？
2. 简述环境污染微生物监测的常用技术及其特点。
3. 简述微生物修复土壤重金属污染的原理。
4. 简述微生物修复石油污染土壤的原理。
5. 简述农药污染土壤的微生物修复的原理。
6. 简述微生物修复抗生素污染土壤的原理。
7. 简述城市生活垃圾的生物处理的原理及影响因素。

参考文献

[1] 布莱克(Black J. G.). 微生物学:原理与探索(原著第六版). 蔡谨,译. 北京:化学工业出版社,2008.

[2] 蔡信之,黄君红. 微生物学实验. 4 版. 北京:科学出版社,2019.

[3] 常雪秀,张汉波,袁嘉丽. 环境污染微生物学. 北京:高等教育出版社,2006.

[4] 陈坚,堵国成. 发酵工程原理与技术. 北京:化学工业出版社,2012.

[5] 陈金顶,黄青云. 畜牧微生物学. 6 版. 北京:中国农业出版社,2017.

[6] 陈声明,林海萍,张立钦. 微生物生态学导论. 北京:高等教育出版社,2007.

[7] 陈雯莉. 微生物学. 7 版. 北京:中国农业出版社,2019.

[8] 陈玉连,潘杰,周之超,等. 滨海深古菌的研究进展. 微生物学通报,2017,44(7):1690-1698.

[9] 池振明. 现代微生物生态学. 2 版. 北京:科学出版社,2010.

[10] 丑敏霞,韦革宏. 微生物学. 2 版. 北京:科学出版社,2022.

[11] 楚侃侃,郭玲,陈利,等. 冠状病毒分类、宿主动物与所致人类疾病研究进展. 中国公共卫生,2022,38(6):815-820.

[12] 邓子新,陈峰. 微生物学. 2 版. 北京:高等教育出版社,2021.

[13] 刁治民,周富强,高晓杰. 农业微生物生态学. 成都:西南交通大学出版社,2008.

[14] 冯骁骋. 天然草地牧草青贮机理及品质调控研究. 呼和浩特:内蒙古农业大学,2014.

[15] 傅霖,辛明秀. 产甲烷菌的生态多样性及工业应用. 应用与环境生物学报,2009,15(4):574-578.

[16] 高庚渠,郭杰. 微生物发酵豆粕在养殖生产中的应用研究进展. 广东畜牧兽医科技,2020,45(1):10-13.

[17] 顾福康. 原生动物学概论. 北京:高等教育出版社,1991.

[18] 郭维烈,郭庆华. 新型蛋白饲料. 3 版. 北京:化学工业出版社,2005.

[19] 国家发展和改革委员会创新和高技术发展司,中国生物工程学会. 中国生物产业发展报告 2020—2021. 北京:化学工业出版社,2021.

[20] 韩东东,郝振宇,高广海. 寡营养细菌及其生态作用和应用的研究进展. 微生物学通报,2012,39(4):526-535.

[21] 韩学东,董锡文. 青贮饲料发酵过程及其影响因素分析. 饲料博览,2021(7):82-83.

[22] 何玉洁,周凯萍,饶怡璇,等. 土壤中抗生素的环境风险及污染土壤的生物修复技术. 生物工程学报,2021,37(10):3487-3504.

[23] 和文祥,洪坚平. 环境微生物学. 北京:中国农业大学出版社,2007.

[24] 贺霞,吴立新,薛敏. 单细胞蛋白在水产饲料中的研究进展和应用现状. 中国水产,2022(4):80-82.

[25] 洪健,李德葆,周雪平. 植物病毒分类图谱. 北京:科学出版社,2001.

[26] 胡付品,郭燕,朱德妹,等. 2018 年 CHINET 中国细菌耐药性监测. 中国感染与化疗杂志,2020,20(1):1-10.

[27] 胡小兵,钟梅英. 环境工程生物学. 合肥:合肥工业大学出版社,2008.

[28] 胡志红,陈新文. 普通病毒学. 2 版. 北京:科学出版社,2019.

[29] 黄文林. 分子病毒学. 3版. 北京:人民卫生出版社，2016.
[30] 黄熙泰，于自然，李翠凤. 现代生物化学. 2版. 北京：化学工业出版社，2005.
[31] 黄秀梨，辛明秀. 微生物学. 3版. 北京：高等教育出版社，2009.
[32] 黄秀梨，辛明秀. 微生物学. 4版. 北京：高等教育出版社，2020.
[33] 黄云. 植物病害生物防治学. 北京：科学出版社，2010.
[34] 霍乃蕊，于知和. 微生物生物学. 北京：中国农业大学出版社，2018.
[35] 江大可. 抗生素土壤污染及其修复探讨. 资源节约与环保，2019(4):139-140.
[36] 乐毅全，王士芬. 环境微生物学. 2版. 北京：化学工业出版社，2011.
[37] 乐毅全，王士芬. 环境微生物学. 3版. 北京：化学工业出版社，2019.
[38] 李阜棣，胡正嘉. 微生物学. 6版. 北京：中国农业出版社，2016.
[39] 李季伦. 微生物生理学. 北京:北京农业大学出版社，1993.
[40] 李铁民，马溪平，刘宏生. 环境微生物资源原理与应用. 北京：化学工业出版社，2005.
[41] 林稚兰，罗大珍. 微生物学. 北京:北京大学出版社，2011.
[42] 刘波，陶天申，王阶平，等. 芽胞杆菌第二卷：芽胞杆菌分类学. 北京：科学出版社，2016.
[43] 刘艳新，刘占英，倪慧娟，等. 微生物发酵饲料的研究进展与前景展望. 饲料博览，2017(2):15-22.
[44] 刘志恒，门大鹏，东秀珠，等. 现代微生物学. 2版. 北京：科学出版社，2008.
[45] 路福平，于同立. 微生物生态学. 北京：中国轻工业出版社，2005.
[46] 毛宏祥，宋鹏，胡杰，等. 发酵豆粕在犊牛饲料中的应用进展. 中国乳业，2021(10)：50-54.
[47] 闵航. 微生物学. 杭州：浙江大学出版社，2011.
[48] 尼克林，格雷米-库克，基林顿. 微生物学. 2版. 林稚兰，译. 北京：科学出版社，2004.
[49] 邱立友，王明道. 微生物学. 北京：化学工业出版社，2012.
[50] 曲音波，林建强，肖敏. 微生物技术开发原理. 北京：化学工业出版社，2005.
[51] 沈关心. 微生物学与免疫学. 7版. 北京：人民卫生出版社，2011.
[52] 沈萍，陈向东. 微生物学. 8版. 北京:高等教育出版社，2016.
[53] 沈萍，范秀容，李广武. 微生物学实验. 3版. 北京:高等教育出版社，1999.
[54] 宋敏，徐海涛，骆永明，等. 土壤污染修复原理与应用. 北京:化学工业出版社，2022.
[55] 隋新华. 原核生物进化与系统分类学实验教程. 北京：科学出版社，2015.
[56] 孙军德，杨幼慧，赵春燕. 微生物学. 南京：东南大学出版社，2009.
[57] 孙振钧，周东兴. 生态学研究方法. 北京：科学出版社，2010.
[58] 陶天申，杨瑞馥，东秀珠. 原核生物系统学. 北京:化学工业出版社，2007.
[59] 王贺祥. 农业微生物. 北京:中国农业出版社，2003.
[60] 王秋菊. 微生态制剂技术与应用. 北京：化学工业出版社，2018.
[61] 王相刚. 蕈菌学. 北京:中国林业出版社，2010.
[62] 王宜磊，方尚玲，刘杰. 微生物学. 武汉：华中科技大学出版社，2014.
[63] 王以燕，袁善奎，农向群，等. 我国微生物农药常见剂型种类及管理. 中国生物防治学报，2021，37(4)：640-645.
[64] 王寅炤，Yoichi KAMAGATA，李猛，等. 基于基因组信息指导的古菌培养新策略. 中国科学：地球科学，2021，51(11):1837-1855.
[65] 韦革宏，王卫卫. 微生物学. 北京:科学出版社，2008.
[66] 吴曼，孟翠萍，梁海燕，等. 国内外根瘤菌研究的文献计量学分析. 中国农学通报，2022，38(1)：155-164.
[67] 吴迎，冯朋雅，李荣，等. 环境抗生素污染的微生物修复进展. 生物工程学报，2019，35(11)：2133-2150.

[68] 席兴军，韩鲁佳，原慎一郎，等. 添加乳酸菌和纤维素酶对玉米秸秆青贮饲料品质的影响. 中国农业大学学报，2003(2):21-24.
[69] 徐耀先，周晓峰，刘立德. 分子病毒学. 武汉：湖北科学技术出版社，2000.
[70] 许庆方. 优质饲草青贮饲料的研究. 北京:中国农业大学出版社，2010.
[71] 闫洪雪，刘露，李丽，等. PGPR 的研究进展及其在农业上的应用. 黑龙江农业科学，2016(6):148-151.
[72] 杨家新. 微生物生态学. 北京：化学工业出版社，2004.
[73] 杨民和. 微生物学. 北京：科学出版社，2010.
[74] 杨苏声，周俊初. 微生物生物学. 科学出版社，2004.
[75] 杨文博，李明春. 微生物学. 北京：高等教育出版社，2010.
[76] 叶明. 微生物学. 北京：化学工业出版社，2010.
[77] 于俊堂，唐孝宣，邬行彦，等. 新版生物工艺学. 北京：化学工业出版社，2003.
[78] 虞方伯，王卉. 微生物与人类. 北京：中国农业出版社，2022.
[79] 袁红莉，王贺祥. 农业微生物学及实验教程. 北京:中国农业大学出版社,2009.
[80] 袁红莉，杨金水. 农业微生物学及实验教程. 3 版. 北京:中国农业大学出版社，2021.
[81] 袁振宏. 能源微生物学. 北京：化学工业出版社，2012.
[82] 原雪峰，于成明. 国际病毒分类委员会(ICTV)2017 分类系统与第九次分类报告的比较及数据分析. 植物病理学报，2019，49(2):145-150.
[83] 岳冰，夏立江，杜文利. 北京某垃圾填埋场空气微生物污染状况. 中国环境科学，2006(26)：102-105.
[84] 张凤民，肖红凌，彭宜红. 医学微生物学. 4 版. 北京:北京大学医学出版社，2018.
[85] 张家伟. 湛江湾红树林湿地阿斯加德古菌的基因组学研究. 湛江:广东海洋大学，2021.
[86] 张新旭，李猛. 海洋沉积物中几类常见古菌类群的分布与代谢特征. 微生物学报，2020，60(9):1907-0921.
[87] 张雪. 混菌发酵豆粕的工艺研究及其特性分析. 镇江:江苏大学，2014.
[88] 赵斌，陈雯莉，何绍江. 微生物学. 北京:高等教育出版社，2011.
[89] 赵光雷，郑赛，古芸，等. 利用豆粕和小麦秸秆生产多肽的固体发酵工艺条件优化. 应用与环境生物学报，2018，24(1):20-25.
[90] 郑平. 环境微生物学. 杭州:浙江大学出版社，2012.
[91] 周长林. 微生物学. 北京：中国医药科技出版社，2015.
[92] 周长林. 微生物学与基础免疫学. 南京：东南大学出版社，2009.
[93] 周德庆. 微生物学教程. 北京：高等教育出版社，1993.
[94] 周德庆. 微生物学教程. 2 版. 北京：高等教育出版社，2002.
[95] 周德庆. 微生物学教程. 3 版. 北京:高等教育出版社，2011.
[96] 周德庆. 微生物学教程. 4 版. 北京:高等教育出版社，2020.
[97] 周群英，王士芬. 环境工程微生物学. 北京：高等教育出版社，2016.
[98] 周少奇. 环境生物技术. 北京：科学出版社，2019.
[98] 朱玉贤，李毅，郑晓峰，等. 现代分子生物学. 5 版. 北京：高等教育出版社，2019.
[100] 诸葛健，李华钟. 微生物学. 北京：科学出版社，2010.
[101] 祝天赐 ，叶盛群，任清榆，等. 豆粕饲料综合利用的现状与前景. 粮食与饲料工业，2022(2):60-63,71.
[102] Amann R I, Ludwig W, Schleifer K H. Phylogenetic identification and *in situ* detection of individual microbial cells without cultivation. Microbiological Reviews,1995, 59(1):143-169.
[103] Amano Y, Kanda T. New insights into cellulose degradation by cellulases and related enzymes.

Trends in Glycoscience and Glycotechnology, 2002, 14: 27-34.

[104] Baker B J, Anda V D, Seitz K W, et al. Diversity, ecology and evolution of Archaea. Nature Microbiology, 2020, 5(7):1-14.

[105] Cai M, Liu Y, Yin X, et al. Diverse Asgard archaea including the novel phylum Gerdarchaeota participate in organic matter degradation. Science China Life Sciences, 2020: 1-12.

[106] Cai M, Yang L, Zhou Z, et al. Asgard archaea are diverse, ubiquitous, and transcriptionally active microbes. Cold Spring Harbor Laboratory, 2018.

[107] Canakci M, Erdil A, Arcaklioglu E. Performance and exhaust emissions or a biodiesel engine. Applied Energy, 2006, 83(6):594-605.

[108] Doudna J A, Charpentier E. Genome editing: The new frontier of genome engineering with CRISPR-Cas9. Science, 2014, 346(6213):1258096.

[109] Eriksson O E, Svedskog A, Landvik S. Molecular evidence for the evolutionary hiatus between *Saccharomyces cerevisiae* and *Schizosaccharomyces pombe*. Syst. Ascom., 1993, 11: 119-162.

[110] diCenzo G C, Zamain M, Checcucci A, et al. Multi-disciplinary approaches for studying rhizobium-legume symbioses. Canadian Journal of Microbiology, 2019, 65(1):1-33.

[111] H. G.施莱杰.普通微生物学.陆卫平,周德庆,郭杰炎,等译. 上海:复旦大学出版社,1990.

[112] Harvey R A, Champe P C, Fisher B D. 图解微生物学(原书第2版). 北京:科学出版社,2011.

[113] Hinkle P C. P/O ratios of mitochondrial oxidative phosphorylation. Biochim Biophys Acta, 2005, 1706(1-2):1-11.

[114] Hua Z S, Qu Y N, Zhu Q Y, et al. Genomic inference of the metabolism and evolution of the archaeal phylum Aigarchaeota. Nature Communications, 2018, 9(1):2832-2842.

[115] Jenner L C, Rotchell J M, Bennett R T, et al. Detection of microplastics in human lung tissue using μFTIR spectroscopy. Science of the Total Environment, 2022, 831:154907.

[116] Jiang F, Doudna J A. CRISPR-Cas9 structures and mechanisms. Annual Review of Biophysics, 2017, 46: 505-529.

[117] Jinek M, Chylinski K, Fonfara I, et al. A programmable dual-RNA-guided DNA endonuclease in adaptive bacterial immunity. Science, 2012, 337(6096): 816-821.

[118] Kathleen Park Talaro, Barry Chess. 微生物学基础. 9版. 北京:高等教育出版社,2016.

[119] Prescott M. Microbiology. 5th ed. 影印版. 北京:高等教育出版社,2002.

[120] Lewis W H, Tahon G, Geesink P, et al. Innovations to culturing the uncultured microbial majority. Nature Reviews Microbiology, 2020.

[121] Liu C, Du M X, Abuduaini R, et al. Enlightening the taxonomy darkness of human gut microbiomes with a cultured biobank. Microbiome, 2021, 9: 119.

[122] Liu Y, Makarova K S , Huang W C , et al. Expanded diversity of Asgard archaea and their relationships with eukaryotes. Nature, 2021:1-5.

[123] Liu Y C, William B W. Metabolic, phylogenetic, and ecological diversity of the methanogenic Archaea. Ann NY Acad Sci, 2008, 1125: 171-189.

[124] Madigan M T, Bender K S, Buckley D H, et al. Brock Biology of Microorganism. 16th ed. Pearson Education, 2021.

[125] Madigan M T. Brock Biology of Microorganisms. 6th ed. New Jersey: Pearson/Prentice Hall, 2022.

[126] Michael T M, John M M, Kelly S B, et al. Brock Biology of Microorganisms. 11th ed. New Jersey: PrenticeHall, 2006.

[127] Muck R E. Factors influencing silage quality and their implications for management. Journal of Dairy Science,1988,71(11).

[128] Nicklin J, Graeme-Cook K, Paget T, et al. Instant Notes in Microbiology. London: Taylor & Francis Ltd, 1998.

[129] Oberhardt M A, Zarecki R, Gronow S, et al. Harnessing the landscape of microbial culture media to predict new organism-media pairings. Nature communications, 2015, 6: 8493.

[130] P. F. 史密斯·凯利. 遗传的结构与功能. 褚启人,译. 上海:上海科学技术出版社, 1980.

[131] Pommerville J C. Alcamo's Fundamentals of Microbiology. 9th ed. Massachusetts: Jones and Bartlett Publishers, 2010.

[132] Prescott L M, Harley J P, Klein D A. Microbiology. 6th ed. New York: McGraw Hill, 2005.

[133] R. Y. 斯塔尼尔,E. A. 阿德尔伯格, J. L. 英格拉哈姆. 微生物世界. 北京:科学出版社, 1983.

[134] Seitz K W, Dombrowski N, Eme L, et al. Asgard archaea capable of anaerobic hydrocarbon cycling. Nature Communications, 2019, 10: 1822.

[135] Singleton P, Sainsbury D. Dictionary of Microbiology. Chichester: John Wiley, 1978.

[136] Sokatch J R, Ferretti J J. Basic Bacteriology and Genetics. Chicago: Year Book Medical Publishers, 1976.

[137] Sousa F L, Neukirchen S, Allen J F, et al. Lokiarchaeon is hydrogen dependent. Nature Microbiology, 2016, 1: 16034.

[138] Spang A, Caceres E F, Ettema T J G. Genomic exploration of the diversity, ecology, and evolution of the archaeal domain of life. Science, 2017, 357: eaaf3883.

[139] Spang A, Saw J H, Jørgensen S L, et al. Complex archaea that bridge the gap between prokaryotes and eukaryotes. Nature, 2015, 521: 173-179.

[140] Wang Y, Wegener G, Hou J, et al. Expanding anaerobic alkane metabolism in the domain of Archaea. Nature Microbiology, 2019, 4(4): 595-602.

[141] Willey J M, Sandman K M, Wood D H. Prescott's microbiology. 11th ed. McGraw-Hill Education, 2020.

[142] Xie R, Wang Y, Huang D, et al. Expanding Asgard members in the domain of Archaea sheds new light on the origin of eukaryotes. Science China Life Sciences, 2021:1-12.

[143] Zaremba-Niedzwiedzka K, Caceres E F, Saw J H, et al. Asgard archaea illuminate the origin of eukaryotic cellular complexity. Nature, 2017, 541(7637): 353.

[144] Zhang Y M, Zhou L G, Xia J L. Human microbiome and its medical applications. Frontiers in Molecular Biosciences, 2022, 8: 1-17.